JN296401

実験医学 **別冊**

ゲノム研究実験ハンドブック

高効率な発現解析から，多様な生物を用いた
機能解析と注目の疾患・創薬研究まで，
ゲノム研究法を完全網羅

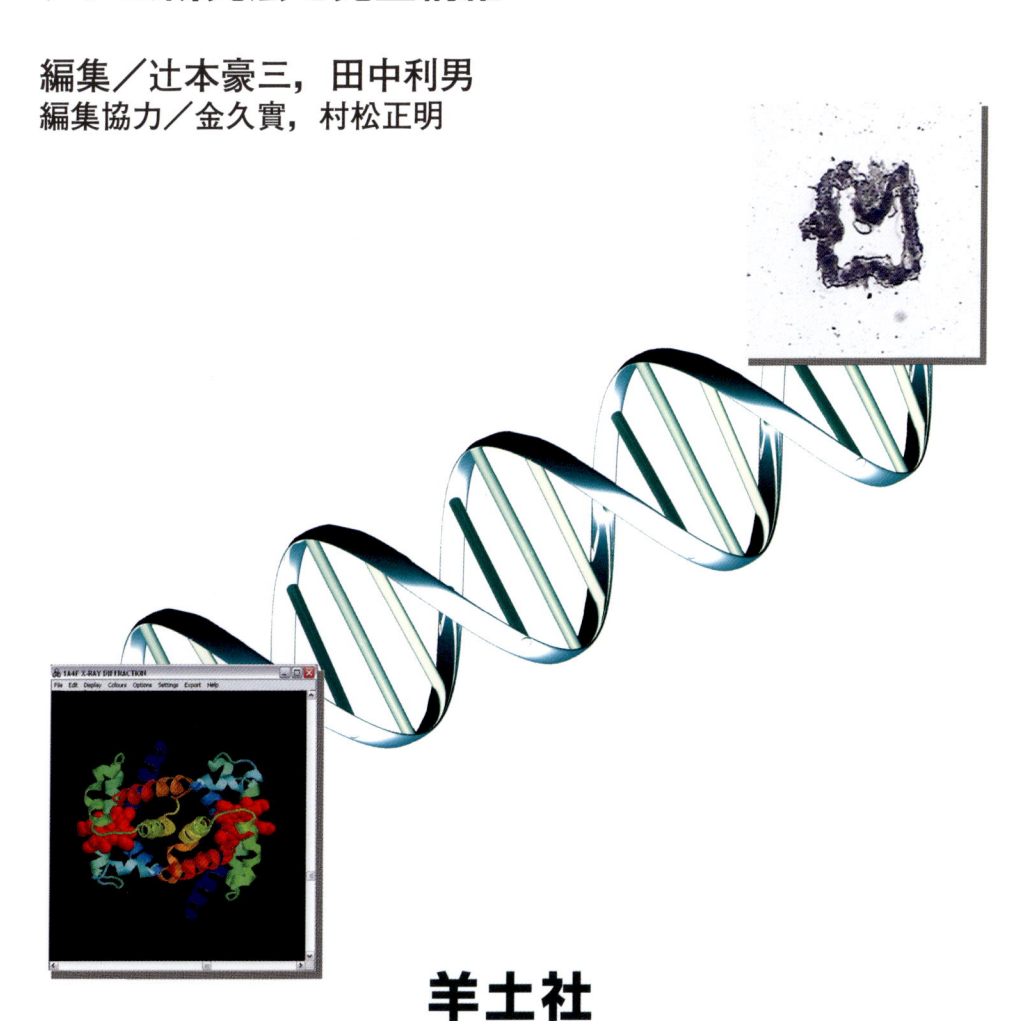

編集／辻本豪三，田中利男
編集協力／金久實，村松正明

羊土社

本書に掲載されているホームページ等のアドレスは,すべて2004年9月現在のものです.

羊土社メール配信サービスへ登録はお済みですか？

羊土社メール配信サービスでは,登録者の方に羊土社書籍情報,人材募集情報など皆様の役に立つ様々な情報や,登録者だけの特別サービスをお届けしております.登録・配信は無料です.まだ登録がお済みでない方は,今すぐ羊土社ホームページからご登録下さい！

ぜひご活用ください!!

羊土社ホームページ　http://www.yodosha.co.jp/

◆テーマ別やキーワードで書籍検索ができます.　◆書籍の情報量が充実！　◆人材募集・学会情報なども掲載！
◆希望書籍の購入ボタンを押すだけで,簡単に,しかも一括で書籍を購入できます.
◆翌日発送いたします（弊社休業日などは除きます）.　◆予約注文ができます（国内は送料無料）.

序

　2003年4月14日,「国際ヒトゲノム計画」におけるヒトゲノムシークエンスの解読完了が宣言され,すべての遺伝子の位置,構造,機能,発現,個体差に関する情報が急激に蓄積され,現実にポストゲノムシークエンス(機能ゲノミクス)時代が展開している.これらの成果は,従来の分子生物学,生化学,薬理学,生理学,病理学などの共通基盤科学として影響を与えただけではなく,臨床疫学,社会科学,心理学,倫理学,哲学などにも大きなインパクトとなりつつある.特にその原理から,医学生物学において初めてゲノムワイドな包括性と個体差の科学的基礎となり,明確なパラダイムシフトを実現した.

　本書は,ポストゲノムシークエンス時代に展開している新しい研究領域や実験プロトコールを中心に,解説している.最大の特徴は,ゲノムインフォマティクスを核に情報科学を冒頭に配位したことである(第1章–バイオインフォマティクス,第2章–生物学データベース).今や*in silico*研究は,従来の*in vitro*や*in vivo*研究に匹敵する重要性が明らかとなり,すべての医学生物学研究者にとって必須の研究技術である.

　DNAシークエンス解析は,多様なSNPs研究技術やハプロタイプ解析への展開が現在の焦点である(第3章–遺伝子多型解析).さらに精密なゲノムシークエンス情報は,トランスクリプトーム解析を可能にし,その技術的発展とトランスクリプトーム研究は全く新しい段階に突入した(第4章–トランスクリプトーム解析).

　機能ゲノミクスのキーテクノロジーは,モデル生物による個体レベルでの包括的機能解析が,数多くの種において実現し,比較機能ゲノミクスがようやく創成されつつある(第5章–モデル生物を利用した遺伝子機能解析).ヒト機能ゲノミクスにおいて現在最も急激な展開をしているのが疾患ゲノミクスと集団遺伝学である(第6章–疾患ゲノミクスと集団遺伝学).さらに,ヒト機能ゲノミクスの最初に果実が期待され,すでに行政レベルでも課題になっているのは,治療ゲノミクスである(第7章–ゲノム創薬と薬理ゲノミクス).付録として,研究のアウトソーシングリストを添付したのも本書の大きな特色であり,ご活用を期待している.

　最後に,本書の完成に尽力された執筆者の皆様と羊土社の編集者に,謝意を表したい.

2004年9月

辻本　豪三
田中　利男

実験医学 別冊

ゲノム研究実験ハンドブック

高効率な発現解析から，多様な生物を用いた機能解析と注目の疾患・創薬研究まで，ゲノム研究法を完全網羅

序 ……………………………………………………………… 辻本豪三　田中利男

第1章 バイオインフォマティクス

1. インターネットの利用 …………………………………………………… 片山俊明 ●20
2. バイオ関連ツール ………………………………………………………… 油谷幸代 ●30
3. 配列解析の実際 …………………………………………… 大安裕美　藤 博幸 ●38
4. バイオインフォマティクスにおけるデータマイニングの基礎 …… 渋谷哲朗 ●45
5. システム生物学 ………………………………… 宮野 悟　松野浩嗣　倉田博之 ●49
6. バイオインフォマティクス ……………………………………………… 佐藤眞木彦 ●55

第2章 生物学データベース

1. 生物学データベースの構築とデータベースのしくみ ……………… 佐藤賢二 ●61
2. 配列データベース ………………………………………………………… 内山郁夫 ●66
3. 構造データベース ………………………………………………………… 木原大亮 ●73
4. ヒトゲノムデータベース −Ensemblの利用法 ………… 谷口丈晃　矢田哲士 ●82
5. 生化学的パスウェイデータベース ……………………………………… 服部正泰 ●89
6. オントロジーとその活用法 ………………… 櫛田達矢　山縣友紀　福田賢一郎 ●95
7. 遺伝子発現プロファイルデータベース　GEOデータベース
　　　　　　　　　　　　　　　　　　　　 ポリュリャーフ ナターリヤ　藤渕 航 ●101

8．プログラムからの データベースアクセス ……………………………… 川島秀一 ●109

第3章 遺伝子多型解析

1．SNP解析の原理と ダイレクトシークエンス ………………………… 村磯 鼎 ●114
2．FRET原理を用いた SNPタイピング法 ………… 石井敬介　松浦 正　村松正明 ●121
3．DNAチップを用いたSNP解析 …………………………………… 天野雅彦 ●126
4．マススペクトロメトリーを用いたSNP解析 ………………………… 藤田 毅 ●133
5．プライマーエクステンションを 用いたSNP解析 ………… 西田奈央　徳永勝士 ●139
6．その他の新しい高速SNP解析 ………………………… 高山正範　加藤郁之進 ●145
7．SNPインフォマティクス ……………………………… 馬場昌法　村松正明 ●153

第4章 トランスクリプトーム解析

1．SAGE ……………………………………………………………… 橋本真一 ●161
2．ディファレンシャルディスプレイ ………………………………… 押田忠弘 ●168
3．アフィメトリックス社のGeneChip®システムによる微量DNAマイクロアレイ解析
　　two-cycle target labeling法による GeneChip®アレイ 解析
　　　　　　　　　…………… 厚井 融　鮫島永子　飯塚直美　樫木博昭　村上康文 ●173
4．DNAマイクロアレイ技術 ………………… 門脇正史　勝間 進　塩島 聡　辻本豪三 ●181
5．アレイ技術の応用（新しいアレイ技術）－トランスフェクショナルアレイ
　　　　　　　　　…………………………………… 山内文生　加藤功一　岩田博夫 ●198

第5章 モデル生物を利用した遺伝子機能解析

1．酵母 ……………………………………………………………… 浴 俊彦 ●203
2．線虫 ……………………………………………………………… 三谷昌平 ●213
3．ショウジョウバエ ………………………………………… 相垣敏郎　武尾里美 ●219

4．RDA法を用いたゼブラフィッシュの遺伝子マッピング
　　……………………………………………………和田浩則　岩崎美樹　岡本仁●227
5．シロイヌナズナ ……………………………………………櫻井望　柴田大輔●234
6．マウス ………………………………………高田豊行　吉川欣亮　米川博通●241
7．ラット ……………………………………………………………山下聡　牛島俊和●250
8．比較ゲノムインフォマティクス ……………………………谷嶋成樹　田中利男●258

第6章 疾患ゲノミクスと集団遺伝学

1．癌ゲノミクス ………………………佐々木博己　西垣美智子　大幸宏幸　青柳一彦●264
2．高血圧ゲノミクス ………………………………………………………………三木哲郎●271
3．トランスクリプトーム解析からの
　　動脈硬化のシステム生物医学 ………………………………………………児玉龍彦●277
4．糖尿病ゲノミクス ………………………………井上寛　野村恭子　板倉光夫●285
5．喘息ゲノミクス
　　………………………広田朝光　赤星光輝　松田彰　高橋尚美　清水麻貴子
　　　　　　　　　　　　小久保美紀　関口寛史　中島加珠子　程雷　小原和彦
　　　　　　　　　　　　　　　　　　　　玉利真由美　岸文雄　白川太郎●290
6．疾患モデル動物ゲノミクス ……………………………………樋野興夫　小林敏之●297
7．連鎖解析による疾患遺伝子座マッピング ………………………………井ノ上逸朗●302
8．量的形質遺伝子座位（QTL）解析による
　　糖尿病の疾患感受性遺伝子座位の同定 ………森谷眞紀　戸川克彦　板倉光夫●307

第7章 ゲノム創薬と薬理ゲノミクス

1．ゲノム創薬オーバービュー ……………………………………………………辻本豪三●313
2．薬理ゲノミクスと薬物応答 ……………………………………………………田中利男●317
3．薬物動態ゲノミクス ……………………………………………山下富義　橋田充●323

4. トキシコゲノミクス
.... 菅野 純　相﨑健一　五十嵐勝秀　小野 敦　中津則之 ●329

●付録：ゲノム研究関連アウトソーシング企業
.... 辻本豪三 ●338

●索　引
.... ●343

表紙写真解説

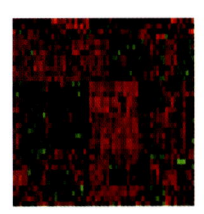

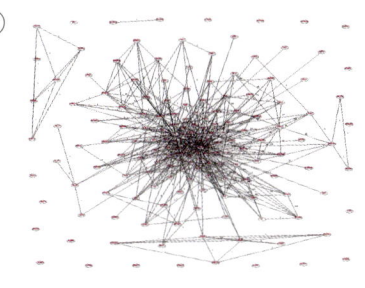

① RASMOLによる立体構造表示（本文80ページ参照）
② ECAチップシステム（本文131ページ参照）
③ クラスター解析例（本文196ページ参照）
④ 癌細胞塊（本文267ページ参照）
⑤ 薬理ゲノミクスデータベースによる脳血管障害における疾患遺伝子ネットワーク
　（本文321ページ参照）

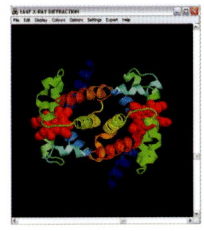

● 巻頭カラー

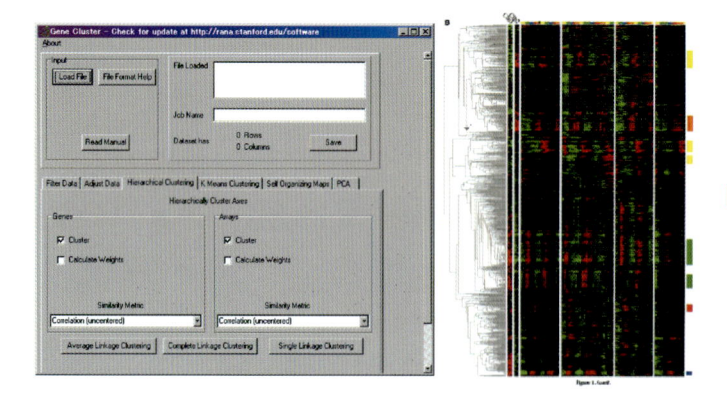

1 CLUSTER（左）とTree View（右）による解析例
本文33ページ図1参照．(Eisen, M.B. et al. Pro. Natl. Acad. Sci. USA 1998より改変．Spellman, P.T. et al. Mol. Cel. Biol. Vol.9 1998より転載)

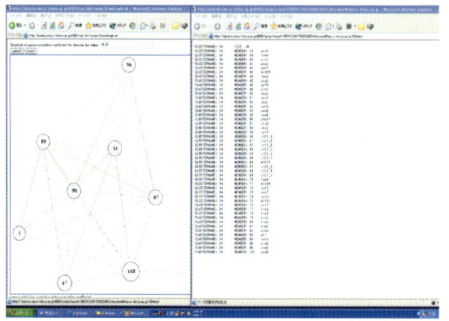

2 ASIANのウェブページ（左）と解析例（右）
本文34ページ図2参照

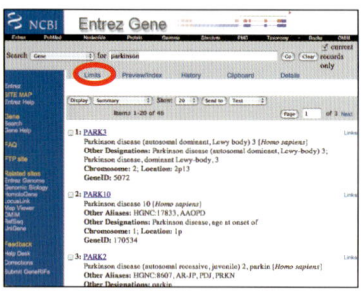

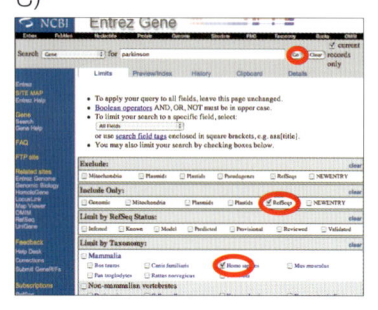

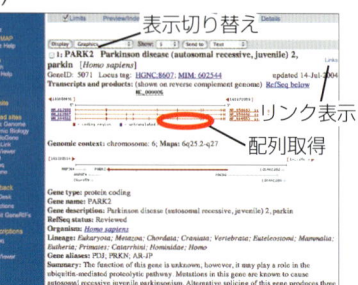

3 Entrez検索
A）統合データベース検索結果．B）Geneデータベース検索結果一覧．C）Limitsによる検索の絞り込み．D）Geneデータベースエントリー．本文69ページ図1参照

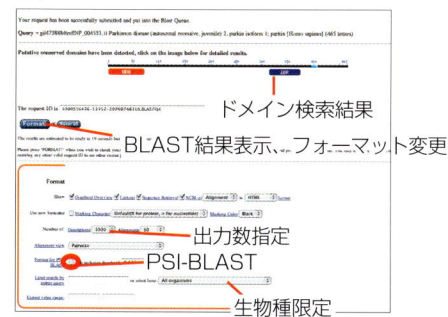

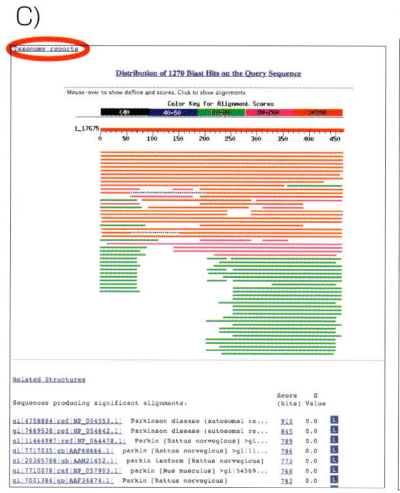

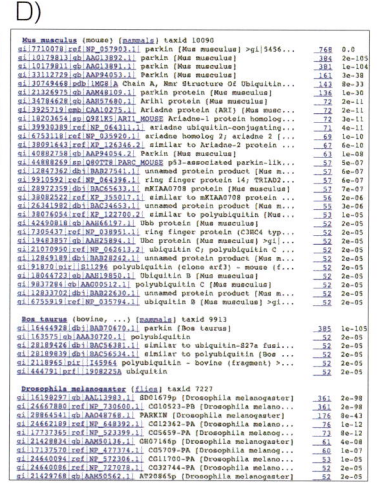

4 BLAST検索

A) クエリ配列入力画面. B) クエリ受付完了画面. ドメイン検索結果とBLAST結果の出力フォーマット設定フォームがついている. C) BLAST検索結果. ヒット領域のグラフィカル表示. D) Taxonomy report. 本文71ページ図2参照

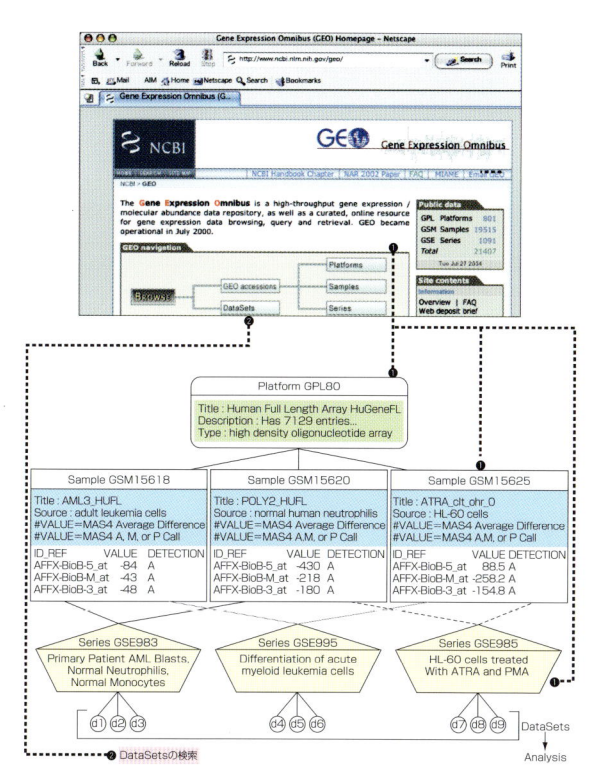

5 GEOの構成図

本文102ページ図1参照

● 巻頭カラー

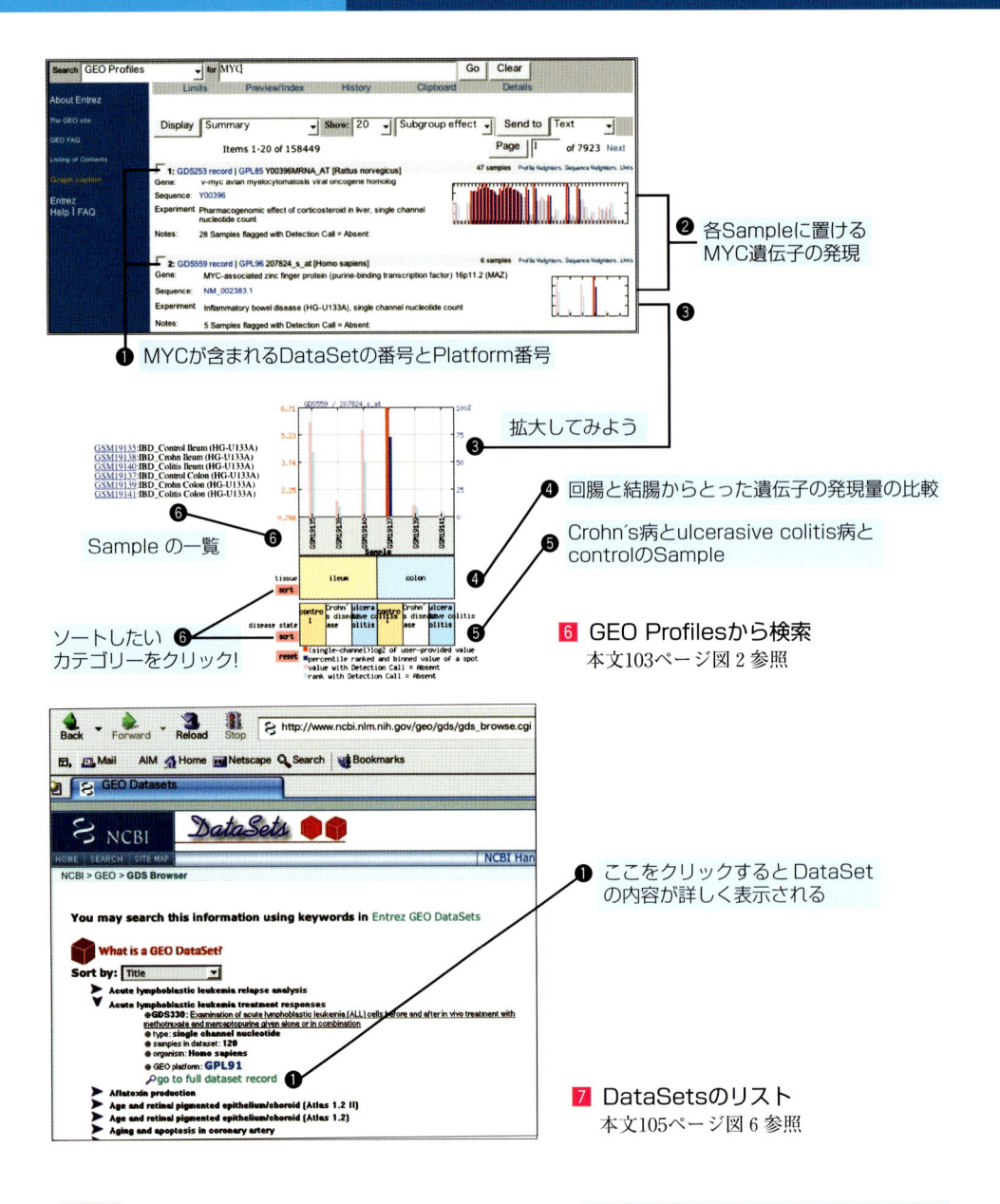

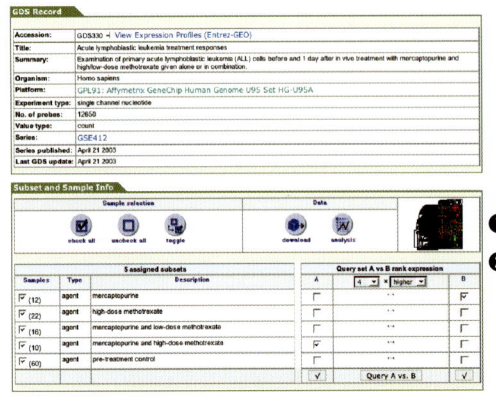

❶ MYCが含まれるDataSetの番号とPlatform番号
❷ 各SampleにおけるMYC遺伝子の発現
❸ 拡大してみよう
❹ 回腸と結腸からとった遺伝子の発現量の比較
❺ Crohn's病とulcerasive colitis病とcontrolのSample
Sampleの一覧
ソートしたいカテゴリーをクリック！

6 GEO Profilesから検索
本文103ページ図2参照

❶ ここをクリックするとDataSetの内容が詳しく表示される

7 DataSetsのリスト
本文105ページ図6参照

❶ クラスター解析．クリックして106ページ図8へ移る

❷ カラムAとカラムBにチェックされたサブセット中の遺伝子の発現量の比較ができる．ここで，カラムAにカラムBと比べて4倍増加した発現量の遺伝子の発現プロファイルを見ることができるように設定されてある
'higher' 以外に 'lower' や 'either' や 'same' といった比較条件があり，最初の二つは文字通りだが，'either' がどちらかに当たり，'same' が同じ発現量という意味である

8 DataSetsエントリー
本文106ページ図7参照

❶ 遺伝子間距離の計算法と
クラスタリング法の選択

❷ Sample 間の進化距離

❸ 遺伝子の範囲を選択する
オレンジ色のボックス

❹ 遺伝子名の一覧

9 クラスター解析の詳細
本文106ページ図8参照

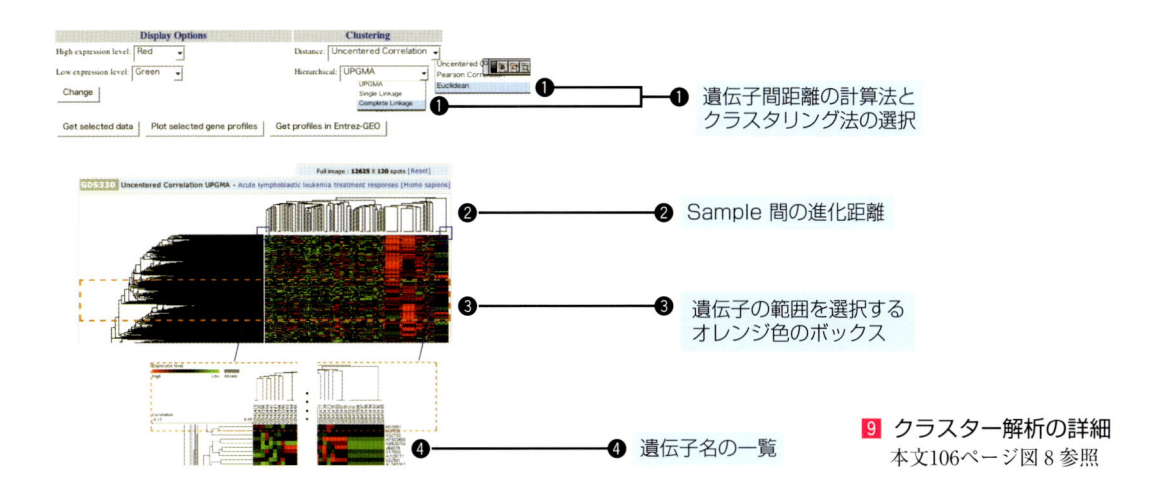

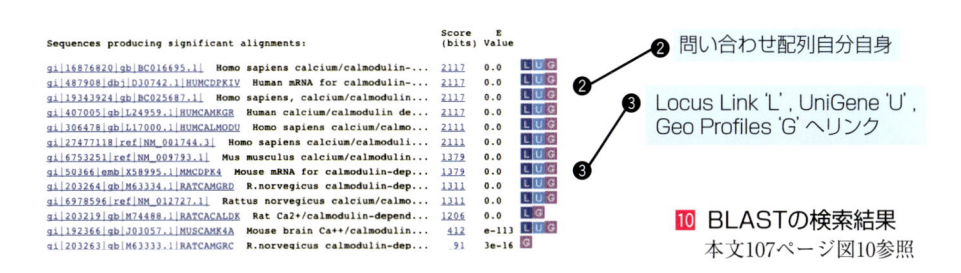

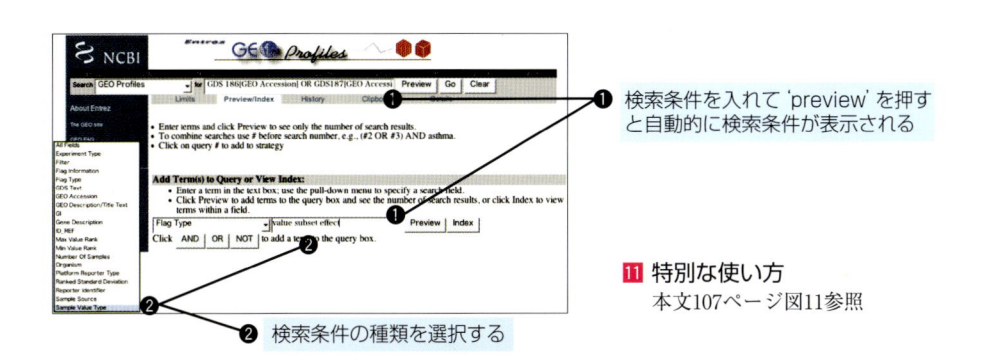

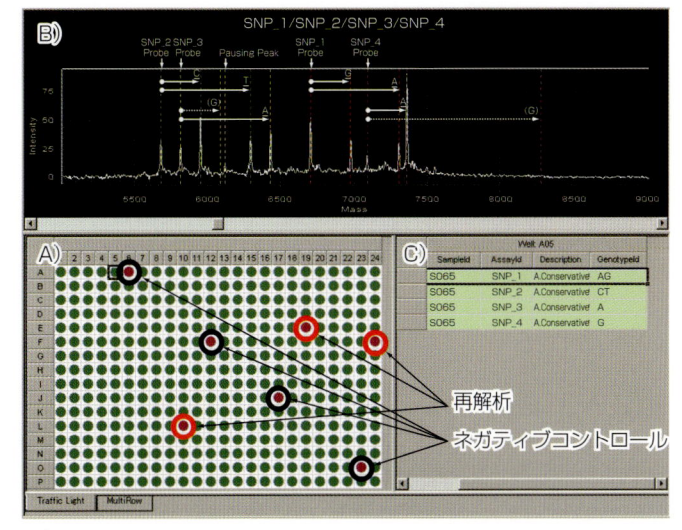

❷ 問い合わせ配列自分自身

❸ Locus Link 'L', UniGene 'U',
Geo Profiles 'G' へリンク

10 BLASTの検索結果
本文107ページ図10参照

❶ 検索条件を入れて'preview'を押す
と自動的に検索条件が表示される

❷ 検索条件の種類を選択する

11 特別な使い方
本文107ページ図11参照

再解析
ネガティブコントロール

12 解析結果の表示例
　A）Traffic Light, B）4
重化アッセイの質量スペク
トル, C）遺伝子型判定結
果. 本文137ページ図5参
照

● 巻頭カラー

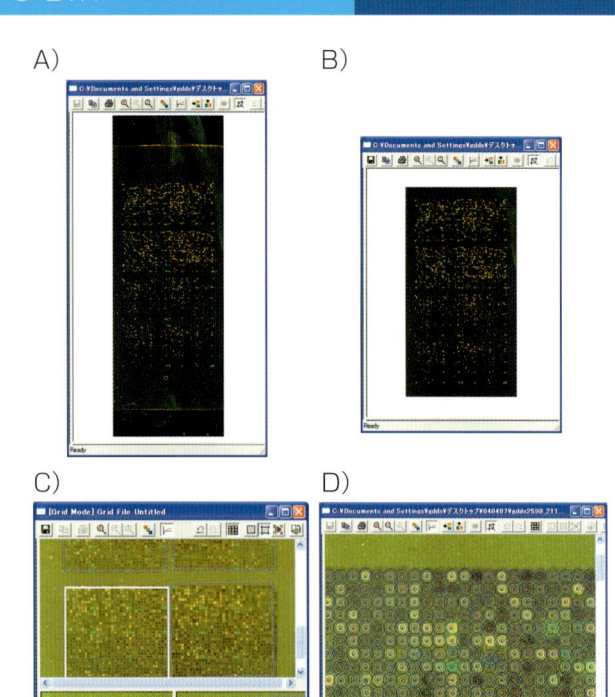

13 数値化解析ソフトによるスキャン画像の数値化

数値化解析ソフトFeature Extraction（Agilent社）を用いたスキャン画像の数値化処理．マイクロアレイスキャナーで読み取ったアレイ上の蛍光シグナルの画像を取り込み（A），数値化する領域を選択してclopping する（B）．clopping 画像は，プローブDNAのスポット位置情報をもとに，解析スポットの位置合わせを行う（C）．数値化解析ソフトは与えられた位置情報と画像ファイルのシグナル値の分布からスポットを解釈し（D），各スポットのシグナル値やバックグラウンド値の数値化を行う．本文188ページ図3参照

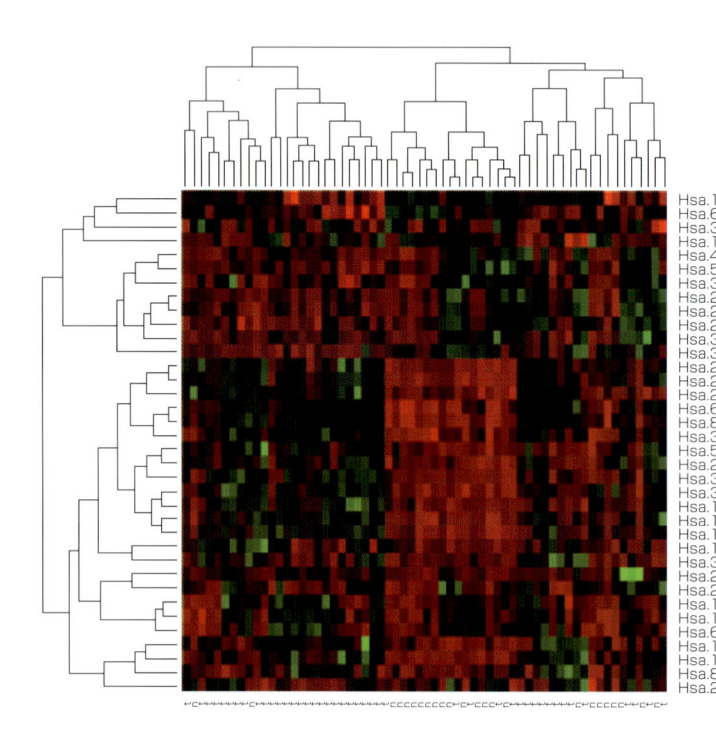

14 クラスター解析例

発現変動の大きい遺伝子を選びだし実験サンプル（縦），遺伝子（横）の両方に対して，階層的クラスタリングを行った結果．腫瘍サンプル（t）が大部分を占めるクラスターが認められる．（赤：発現増加，緑：発現減少）．本文196ページ図5参照

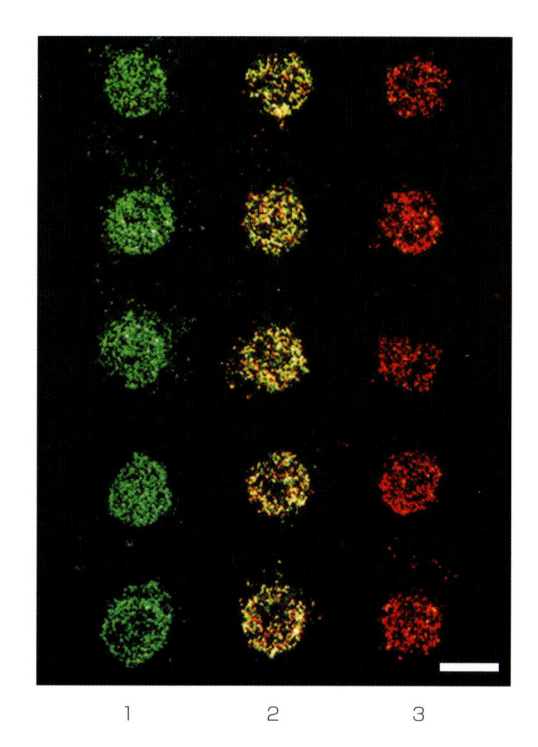

15 トランスフェクショナルアレイ上で培養された HEK293による緑色蛍光タンパク（EGFP）と赤色蛍光タンパク（DsRed）の発現

HEK293細胞をプラスミド担持アレイ上で72時間培養した後，蛍光顕微鏡によって観察した．レーン1：EGFP発現プラスミドをスポット．レーン3：DsRed発現プラスミドをスポット．レーン2では両プラスミドをスポット（Yamauchi, F. et al.：Biochim. Biophys. Acta, 1672：138-147, 2004より転載）．スケールバー＝1mm．本文201ページ図3参照

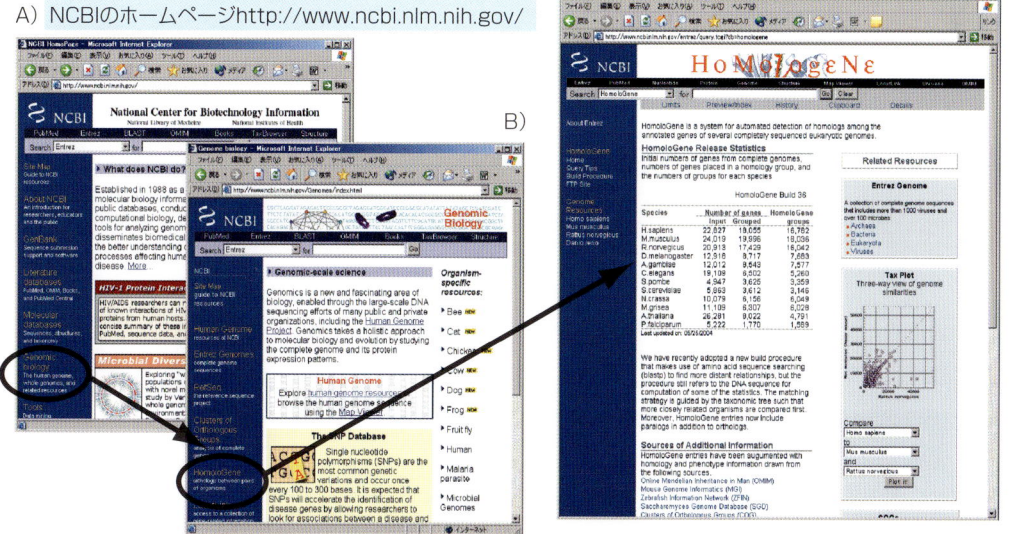

A）NCBIのホームページhttp://www.ncbi.nlm.nih.gov/

B）

C）HomoloGeneのトップページ

16 NCBIが運営する相同遺伝子データベースHomoloGene

A）Genomic biologyをクリック，B）HomoloGeneをクリック，C）ヒト，マウス，ラットなど合計12生物種の相同遺伝子を抽出することができる．本文259ページ図1参照

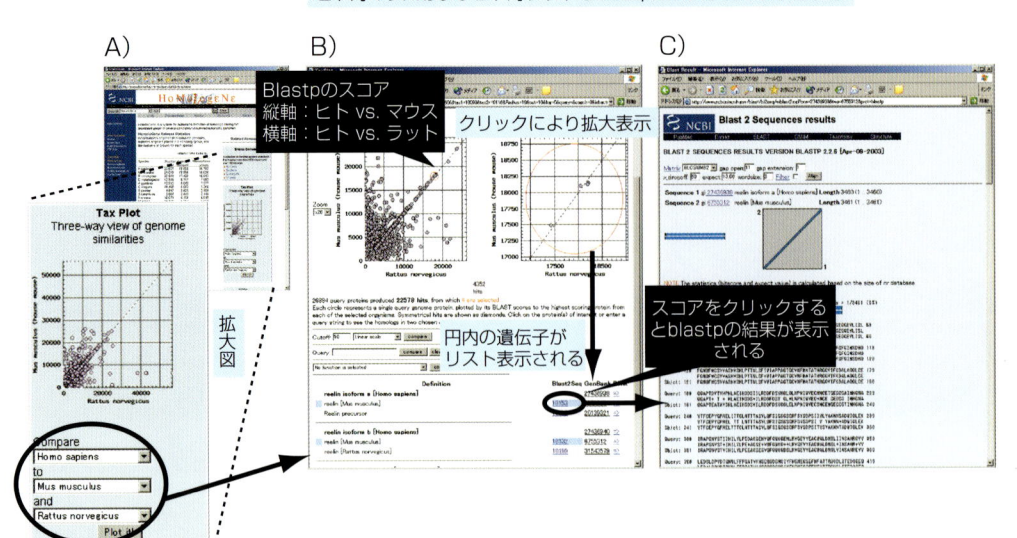

●巻頭カラー

ヒト対マウスおよびヒト対ラットのblastpスコアがプロットされる

A) B) C)

Blastpのスコア
縦軸：ヒト vs. マウス
横軸：ヒト vs. ラット

クリックにより拡大表示

円内の遺伝子が
リスト表示される

スコアをクリックする
とblastpの結果が表示
される

拡大図

17 HomoloGeneによる相同遺伝子の抽出例
A) ヒトに対してマウスとラットを比較する，B) マウスおよびラットに等しく相同性の高い遺伝子を探すことができる．この例では，Reelin遺伝子が抽出された，C) ヒトとマウスのReelin遺伝子配列のアライメント表示．アミノ酸配列はゲノム配列から予測されたものが使用される．本文259ページ図2参照

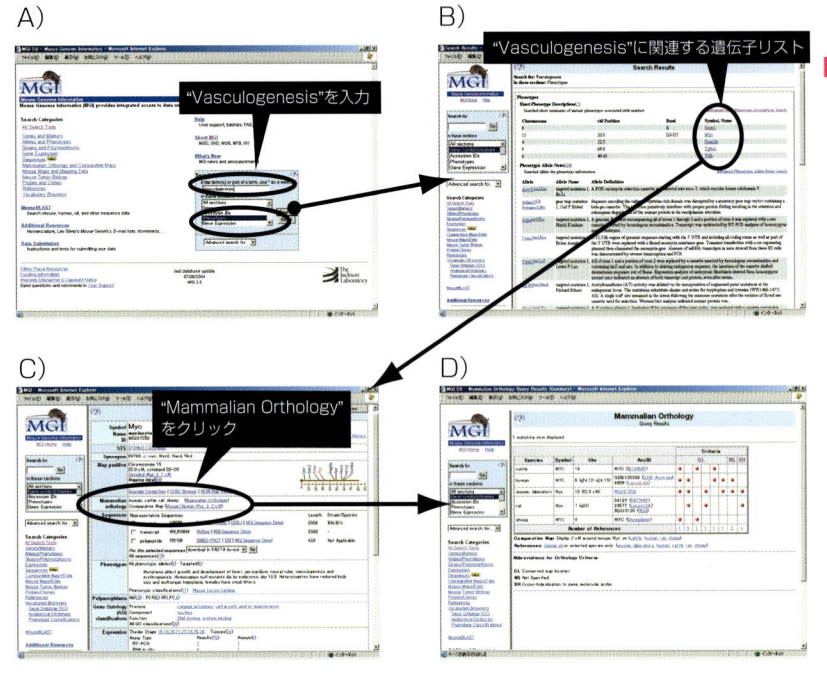

A) B)

"Vasculogenesis"を入力

"Vasculogenesis"に関連する遺伝子リスト

C) D)

"Mammalian Orthology"
をクリック

19 表現型からオーソログ遺伝子を探す

MGIのホームページ http://www.informatics.jax.org/，A) 血管発生（Vasculogenesis）に関係する表現型を検索する，B) 遺伝子（マーカー）と表現型がリストアップされる，C) 遺伝子の詳細画面．染色体マップ，表現型などに関する詳細な情報が表示される．哺乳類のオーソログ遺伝子へのリンク有り D) 他の哺乳類のオーソログ遺伝子が得られる．この例では，ヒト，ウシ，マウス，ラット，ヒツジの遺伝子がリストアップされている．本文262ページ図5参照

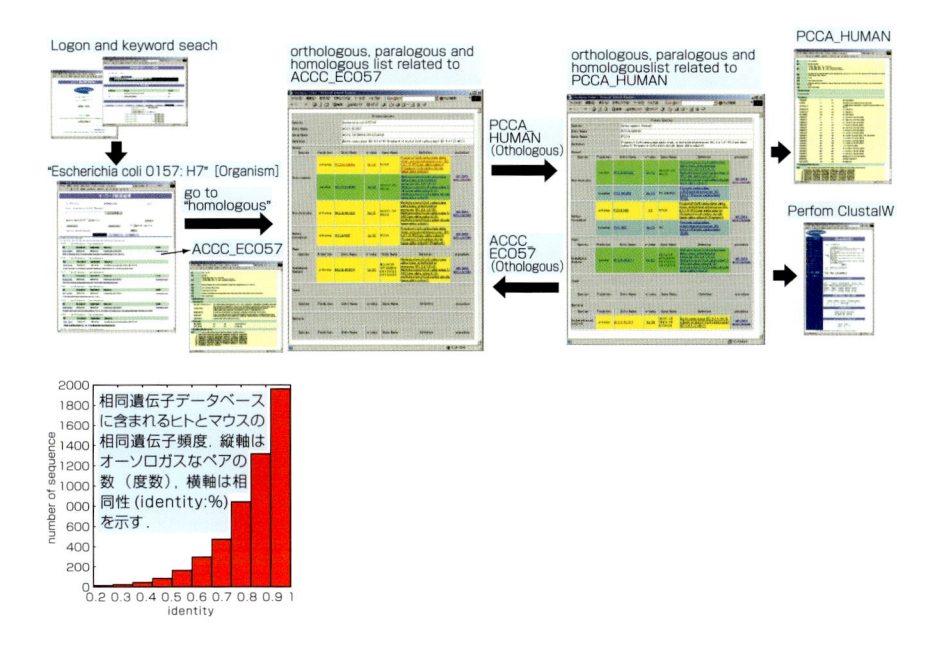

相同遺伝子データベースに含まれるヒトとマウスの相同遺伝子頻度。縦軸はオーソロガスなペアの数（度数），横軸は相同性（identity:%）を示す。

■ SWISS-PROT Rel.41に含まれる30,382エントリーからの相同遺伝子の同定
Table 1. Orthologous-like, paralogous-like, homologous pairs

		Escherichia coli O157:H7	Saccharomyces cerevisiae	Homo sapiens	Mus musculus	Rattus norvegicus	Danio rerio	Takifugu rubripes	Caenorhabditis elegans	Drosophila melanogaster	Arabidopsis thaliana	Oryza sativa
Escherichia coli O157:H7	ortholog											
	paralog	66										
	homolog	66										
Saccharomyces cereviside	ortholog	140										
	paralog	72	5,669									
	homolog	222	5,669									
Homo sapiens	ortholog	116	2,226									
	paralog	94	2,706	105,444								
	homolog	224	13,188	105,444								
Mus musculus	ortholog	88	1,524	10,458								
	paralog	56	1,776	5,626	39,863							
	homolog	156	7,794	119,748	39,863							
Rattus norvegicus	ortholog	66	898	5,634	4,790							
	paralog	38	1,356	5,712	3,852	18,862						
	homolog	112	5,336	68,732	47,590	18,862						
Danio rerio	ortholog	2	54	372	358	252						
	paralog	0	110	1,572	1,280	794	436					
	homolog	2	180	4,110	3,602	1,914	436					
Takifugu rebripes	ortholog	0	34	100	88	58	10					
	paralog	0	48	420	342	216	38	94				
	homolog	0	138	1,164	878	620	62	94				
Caenorhabditis elegans	ortholog	66	1,068	1,870	1,422	864	134	32				
	paralog	32	930	3,636	2,502	1,780	212	66	3,532			
	homolog	100	3,246	11,316	7,864	5,864	518	162	3,532			
Drosophila melanogaster	ortholog	40	862	1,866	1,488	908	158	40	952			
	paralog	4	946	4,152	2,824	1,958	356	56	870	9,827		
	homolog	44	3,582	20,086	14,986	13,470	756	268	4,580	9,827		
Arabidopsis thaliana	ortholog	94	9.8	1,108	800	526	56	14	634	624		
	paralog	56	1,578	2,396	1,648	1,256	206	42	982	1,168	17,611	
	homolog	158	5,342	16,374	11,470	11,264	348	168	4,152	13,472	17,611	
Oryza sativa	ortholog	18	278	304	244	178	36	6	224	218	542	
	paralog	6	370	826	504	328	16	20	224	238	876	490
	homolog	28	1,060	2,276	1,434	928	56	68	774	858	2,432	490
total number of query entris		379	4,892	9,172	6,000	3,226	238	60	2,291	1,763	1,952	409

total : 30,382 entries.

ホモログ遺伝子はNeedleman-Wunschアルゴリズムにより相同性をもつとされたオーソログ遺伝子，パラログ遺伝子など，他の遺伝子を含んでいる

18 相同遺伝子データベースの構築例（BioINTEGRA相同遺伝子データベース）

使用したデータベースSwissProt Release41に含まれるタンパク質のエントリー数は，ヒトが9,172配列，マウスが6,000配列であった．この内，オーソロガスであると予測された配列は5,229組あり，マウスの87％のタンパク質がヒトタンパク質とオーソログな関係にある，という結果が得られた．またオーソロガスなペアのアラインメントは，その約99.7％が30％以上の相同性をもっており，信頼性のある結果であることが示唆される．また，SwissProtは高いレベルのアノテーションが付加されているデータベースであり，その情報を用いて結果を検証した．オーソロガスペアの内，ヒトとマウスでそれぞれ同一の遺伝子名が付加されているペアは5,031組あり，全オーソロガスペアの96％にのぼる．ただし，この遺伝子名称とアミノ酸配列は1：1の関係ではなく，1つの遺伝子名称が複数のアミノ酸配列に付加されている場合が多く存在する．このような遺伝子は，サブタイプ間で共通に使われているものがほとんどで，相同遺伝子データベースによりヒトとマウス間で1：1の関係を確立することができた．遺伝子名が異なる残りの198組には，ヒトとマウス間でもっているサブタイプが異なるもの，ヒトとマウス間で遺伝子名の付け方が異なるものが含まれていた．例えば，ヒト白血球抗原（Human Leukocyte Antigen：HLA）は，ヒトにのみ付けられている遺伝子名称であり，ヒト以外の動物の場合はHistocompatibility Antigens（組織適合性抗原）と呼ばれている．相同遺伝子データベースでは，このように遺伝子名は異なるが機能が同じ遺伝子ペアについても，そのアミノ酸配列の相同性によりオーソロガスペアと予測している．本文261ページ図4参照

●巻頭カラー

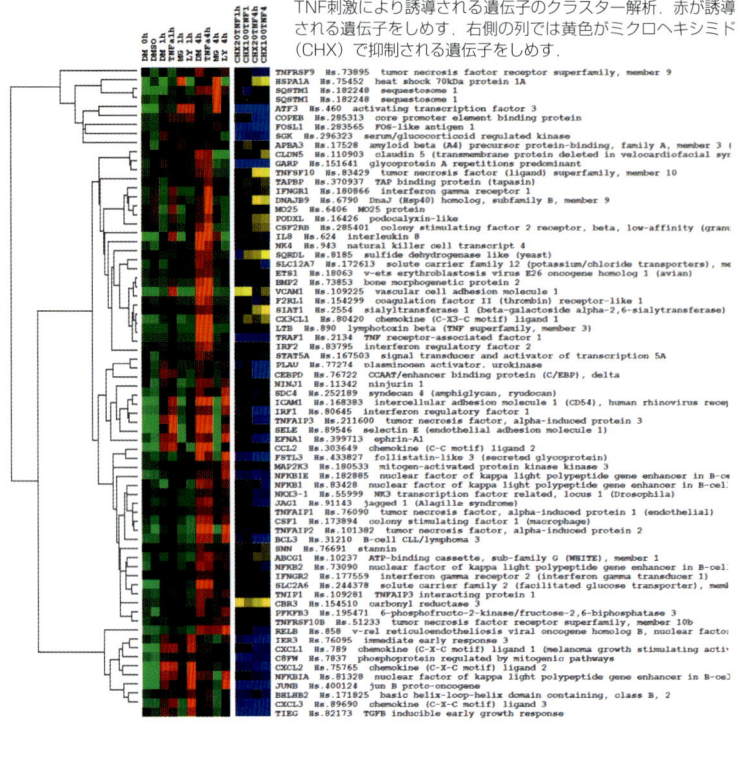

TNF刺激により誘導される遺伝子のクラスター解析．赤が誘導される遺伝子をしめす．右側の列では黄色がミクロヘキシミド（CHX）で抑制される遺伝子をしめす．

20 TNFα刺激後の血管内皮細胞のトランスクリプトーム変化

左側の列では赤い色が高い誘導を示す．TNFαでの誘導をプロテアソーム阻害剤（MG132）P13K阻害剤（Ly）で抑制した結果も示してある．左側の列ではシクロヘキシミド（CHX）により抑制された遺伝子を黄色で示している．シクロヘキシミドで抑制される遺伝子群（VCAM1，フラクタルカイン）などはLyでよく抑制されていることがわかってくる．本文280ページ図3参照

1つの化合物のデータは約45,000 probesetの曲面からなる
（MOE430 v 2GeneChipの場合）

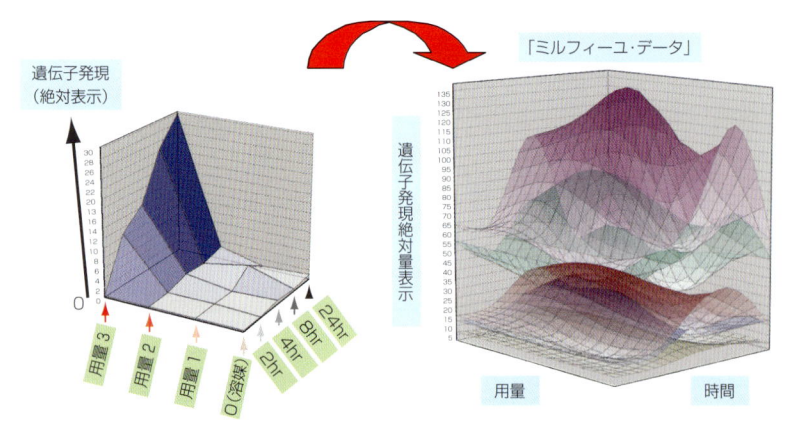

「ミルフィーユ・データ」

21 トキシコゲノミクス・プロジェクトにおける単回投与実験の基本構成とミルフィーユ・データ

時間と用量の組合せからなる4×4のマトリックス構造のプロトコールを示す．各群3匹，サンプルはプールせず個別にGeneChip解析を実施している．X軸に用量，Y軸に時間，Z軸に発現量（ゼロからの均等目盛り表示）をプロットすることにより，1つのプローブセットごとに1枚の発現局面を描くことができる．現在使用中のMOE430v2は約45,000のプローブセット情報を生成するため，1つの化合物のトランスクリプトーム情報は45,000枚の局面の集合体（ミルフィーユ・データ）であらわされる．本文337ページ図6参照

執筆者一覧

◆ 編　集

辻本豪三	(Gouzou Tsujimoto)	京都大学大学院薬学研究科ゲノム創薬科学分野
田中利男	(Toshio Tanaka)	三重大学医学部薬理学／三重大学生命科学研究支援センター・バイオインフォマティクス部門

◆ 編集協力

金久　實	(Minoru Kanehisa)	京都大学大学化学研究所
村松正明	(Masaaki Muramatsu)	ヒュービットジェノミクス（株）／東京医科歯科大学難治疾患研究所

◆ 執筆者（50音順）

相垣敏郎	東京都立大学大学院理学研究科生物科学専攻
相﨑健一	国立医薬品食品衛生研究所安全性生物試験研究センター毒性部
青柳一彦	国立がんセンター研究所腫瘍ゲノム解析・情報研究部
赤星光輝	理研横浜研究所遺伝子多型研究センターアレルギー関連遺伝子研究チーム
油谷幸代	東京大学医科学研究所ヒトゲノム解析センターバイオスタティスティクス人材養成ユニット
天野雅彦	株式会社TUMジーン
飯塚直美	株式会社バイオマトリックス研究所
五十嵐勝秀	国立医薬品食品衛生研究所安全性生物試験研究センター毒性部
石井敬介	ヒュービットジェノミクス（株）
板倉光夫	徳島大学ゲノム機能研究センター遺伝情報分野
井ノ上逸朗	東京大学医科学研究所ゲノム情報応用診断部門
井上　寛	徳島大学ゲノム機能研究センター遺伝情報分野
岩崎美樹	理化学研究所脳科学総合研究センター発生遺伝子制御研究チーム／科学技術振興事業団戦略的創造研究推進事業
岩田博夫	京都大学再生医科学研究所組織修復材料学分野
牛島俊和	国立がんセンター研究所発がん研究部
内山郁夫	自然科学研究機構計算科学研究センター
浴　俊彦	豊橋技術科学大学工学部エコロジー工学系生物基礎工学講座生物情報研究室
岡本　仁	理化学研究所脳科学総合研究センター発生遺伝子制御研究チーム／科学技術振興事業団戦略的創造研究推進事業
押田忠弘	田辺製薬株式会社薬理研究所
小野　敦	国立医薬品食品衛生研究所安全性生物試験研究センター毒性部
小原和彦	理研横浜研究所遺伝子多型研究センターアレルギー関連遺伝子研究チーム／日立化成工業株式会社ライフサイエンスセンタ
樫木博昭	株式会社バイオマトリックス研究所
片山俊明	東京大学医科学研究所ヒトゲノム解析センターゲノムデータベース分野
勝間　進	京都大学大学院薬学研究科ゲノム創薬科学分野
加藤郁之進	タカラバイオ株式会社
加藤功一	京都大学再生医科学研究所組織修復材料学分野
門脇正史	京都大学大学院薬学研究科ゲノム創薬科学分野
川島秀一	東京大学医科学研究所ヒトゲノム解析センターゲノムデータベース分野
菅野　純	国立医薬品食品衛生研究所安全性生物試験研究センター毒性部
岸　文雄	鹿児島大学大学院医歯学総合研究科健康科学専攻発生発達成育学講座分子遺伝学教室
吉川欣亮	財団法人東京都医学研究機構東京都臨床医学総合研究所実験動物研究部門
木原大亮	パーデュー大学生物科学・計算機科学科
櫛田達矢	科学技術振興機構バイオインフォマティクス推進事業
倉田博之	九州工業大学情報工学部
厚井　融	株式会社バイオマトリックス研究所
小久保美紀	理研横浜研究所遺伝子多型研究センターアレルギー関連遺伝子研究チーム
児玉龍彦	東京大学先端科学技術研究センターシステム生物学ラボラトリー
小林敏之	癌研究所実験病理部
櫻井　望	（財）かずさDNA研究所植物遺伝子第2研究室
佐々木博己	国立がんセンター研究所腫瘍ゲノム解析・情報研究部

佐藤賢二	北陸先端科学技術大学院大学知識科学研究科	野村恭子	徳島大学ゲノム機能研究センター遺伝情報分野／富士通株式会社共同研究員
佐藤眞木彦	前橋工科大学大学院工学研究科	橋田 充	京都大学大学院薬学研究科薬品動態制御学分野
鮫島永子	株式会社バイオマトリックス研究所	橋本真一	東京大学大学院医学系研究科分子予防医学教室
塩島 聡	京都大学大学院薬学研究科ゲノム創薬科学分野	服部正泰	京都大学化学研究所
柴田大輔	（財）かずさDNA研究所植物遺伝子第2研究室	馬場昌法	ヒュービットジェノミクス（株）
渋谷哲朗	東京大学医科学研究所ヒトゲノム解析センター	樋野興夫	順天堂大学第二病理／癌研究所実験病理部
清水麻貴子	理研横浜研究所遺伝子多型研究センターアレルギー関連遺伝子研究チーム	広田朝光	理研横浜研究所遺伝子多型研究センターアレルギー関連遺伝子研究チーム／鹿児島大学大学院医歯学総合研究科健康科学専攻発生発達成育学講座分子遺伝学教室
白川太郎	理研横浜研究所遺伝子多型研究センターアレルギー関連遺伝子研究チーム／京都大学大学院医学研究科社会健康医学系専攻健康要因学講座健康増進・行動学分野		
		福田賢一郎	産業技術総合研究所生命情報科学研究センター
		藤田 毅	株式会社日立製作所ライフサイエンス推進事業部
関口寛史	理研横浜研究所遺伝子多型研究センターアレルギー関連遺伝子研究チーム	藤渕 航	産業技術総合研究所生命情報科学研究センター配列解析チーム
大幸宏幸	国立がんセンター研究所腫瘍ゲノム解析・情報研究部	ポリュリャーフ ナターリヤ	産業技術総合研究所生命情報科学研究センター配列解析チーム
大安裕美	京都大学化学研究所	松浦 正	ヒュービットジェノミクス（株）
高田豊行	財団法人東京都医学研究機構東京都臨床医学総合研究所実験動物研究部門	松田 彰	理研横浜研究所遺伝子多型研究センターアレルギー関連遺伝子研究チーム
高橋尚美	理研横浜研究所遺伝子多型研究センターアレルギー関連遺伝子研究チーム	松野浩嗣	山口大学理学部
		三木哲郎	国立大学法人愛媛大学医学部老年医学講座
高山正範	タカラバイオ株式会社DNA機能解析センター	三谷昌平	東京女子医科大学医学部第二生理学教室
武尾里美	東京都立大学大学院理学研究科生物科学専攻	宮野 悟	東京大学医科学研究所
田中利男	三重大学医学部薬理学／三重大学生命科学研究支援センター・バイオインフォマティクス部門	村磯 鼎	Bio-Info-Design,Inc
谷口丈晃	三菱総合研究所先端科学研究センター	村上康文	株式会社バイオマトリックス研究所／東京理科大学基礎工学部／東京理科大学ゲノム創薬研究センター構造ゲノム部門
谷嶋成樹	三菱スペースソフトウエア株式会社		
玉利真由美	理研横浜研究所遺伝子多型研究センターアレルギー関連遺伝子研究チーム	村松正明	ヒュービットジェノミクス（株）／東京医科歯科大学難治疾患研究所
程 雷	京都大学大学院医学研究科社会健康医学系専攻健康要因学講座健康増進・行動学分野	森谷眞紀	徳島大学ゲノム機能研究センター遺伝情報分野
		矢田哲士	京都大学大学院情報学研究科知能情報学専攻
辻本豪三	京都大学大学院薬学研究科ゲノム創薬科学分野	山内文生	京都大学再生医科学研究所組織修復材料学分野
藤 博幸	京都大学化学研究所	山縣友紀	科学技術振興機構バイオインフォマティクス推進事業
戸川克彦	徳島大学ゲノム機能研究センター遺伝情報分野		
徳永勝士	東京大学大学院医学系研究科人類遺伝学教室	山下 聡	国立がんセンター研究所発がん研究部
中島加珠子	理研横浜研究所遺伝子多型研究センターアレルギー関連遺伝子研究チーム／京都大学大学院医学研究科社会健康医学系専攻健康要因学講座健康増進・行動学分野	山下富義	京都大学大学院薬学研究科薬品動態制御学分野
		米川博通	財団法人東京都医学研究機構東京都臨床医学総合研究所実験動物研究部門
中津則之	国立医薬品食品衛生研究所安全性生物試験研究センター毒性部	和田浩則	理化学研究所脳科学総合研究センター発生遺伝子制御研究チーム
西垣美智子	国立がんセンター研究所腫瘍ゲノム解析・情報研究部		
西田奈央	東京大学大学院医学系研究科人類遺伝学教室		

実験医学 別冊

ゲノム研究
実験ハンドブック

高効率な発現解析から，多様な生物を用いた
機能解析と注目の疾患・創薬研究まで，
ゲノム研究法を完全網羅

第1章 バイオインフォマティクス

1. インターネットの利用

片山俊明

> バイオインフォマティクスで用いられる主要なデータベースには，インターネットを通じて利用できるものが多い．本項ではこれらのデータベースからデータを入手する方法や，さまざまな検索サービスについて概観する．

はじめに

　メールやウェブといったインターネットの利用は研究生活のなかにすっかり溶け込んでいる．新しい研究成果は電子メールでいち早く伝えられ，電子ジャーナルを通じてすぐに最新の論文を入手することができる．国際的に広がる研究者コミュニティの連絡における情報伝達のスピードも飛躍的に向上し，今や時差以上のギャップはないともいえる．またネットワークの普及と高速化により，最新データベースの検索や大量データの送受信がどこからでも可能になってきた．

　バイオインフォマティクス分野の研究においては，インターネットでのデータやサービスの公開と，それらを利用した解析の重要性が非常に高くなっている．特に，文献やゲノム情報をはじめとする膨大なデータから必要な情報を見つけ出し，それらを組合せて新しい知見を得る過程において，インターネットやコンピュータはすでに欠かせない存在である．ここでは，インターネットを利用した情報検索，公共データベースへのアクセス，さまざまなデータ取得方法などについて概観したい．

ウェブ検索の利用

　ウェブ（WWW：world wide web）が普及し始めた頃には，これほどまでに短期間に多くの情報が電子化され検索できるようになるとは想像されなかったが，いまやウェブはインターネットの代名詞となり，ウェブを検索すれば調べたい情報はたいてい見つかるようになった．ウェブ上には，電子ジャーナルや生物学データベースなど大規模なリソースを集約したサイトと，個人や研究室レベルで情報公開している小規模なサイトがある．前者は特定分野の多くの情報が統一されたフォーマットで網羅されており，通常はサイトごとに内容にあった独自の検索方法が提供されている．後者は専門的な最新の内容を含んでいる場合があるが，まずはサイトに辿り着く必要があり，検索エンジンなどを使って探し出すことになる（逆に考えると，自分のサイトが検索されやすいように工夫することも重要）．必要な情報に応じてこれらを使い分けることで効率的に検索することができる．

　ウェブページを検索できるサービスが無料で提供されているおかげで，無数にあるウェブサイトのなかから必要なページを探し出すことができる．検索エンジンには，Googleのようにキーワード検索により指定した単語を含むページを探し出すものや，Yahooのよう

Toshiaki Katayama : Laboratory of genome database, Human Genome Center, Institute of medical science University of Tokyo（東京大学医科学研究所ヒトゲノム解析センターゲノムデータベース分野）

表 PubMedの検索フィールド指定に使われる修飾子

フィールド	修飾子	例
著者名	[au]	Horimoto K[au]
タイトル	[ti]	transcriptional regulation[ti]
ジャーナル名	[ta]	"j comput biol"[ta]
巻	[vi]	7[vi]
号	[ip]	12[ip]
出版日時	[dp]	2003[dp] 1990/01:1995/12[dp]
MeSH	[mh]	genome, human[mh]

にカテゴリごとにページが分類されているリンク集のようなスタイルのものがある．Googleは検索結果の精度の高さや，検索対象となっているページ数の多さが特徴で，ページへのリンク数などから決定されるPageRankと呼ばれる指標にもとづいて結果がソートされる．この方法により，検索結果が上位のページに，必要な情報が含まれていることが多く，広く使われるようになった．一方，カテゴリ別に整理されたリンク集は，特定の分野のさまざまな関連サイトを探す場合や，なかなか適切なキーワードを思いつかない場合に向いている．他にも，科学分野の検索に特化したScirusなど，検索エンジンにはさまざまな種類のものがある．

文献検索

一般的なウェブ検索エンジンの次によく使われるのが文献検索である．アメリカのNCBI（national center for biotechnology information）が提供しているPubMedサービスでは，医学生物学系を中心とした多数のジャーナルに掲載された論文のタイトル・著者・アブストラクトなどを検索できる．

PubMedの検索では，AND，OR，NOT（ブール演算）を使った絞り込み検索が有効である．例えば配列類似性を検出するソフトウェアであるBLASTの論文を検索する場合，ただBLASTをキーワードにしたのでは余りにもヒット数が多いが，著者名と組合せると大幅に絞り込むことができる．キーワードに続けて角括弧内に修飾子をつけることで，著者名やタイトルなど，検索するフィールドを指定することができる（表）．

BLAST AND（Altschul SF[au] OR Lipman DJ[au]）NOT GenBank[ti]

これは，BLASTという文字列を含み，著者がAltschulかLipmanの論文のうち，タイトルにGenBankという文字列を含まないもの，という例になる．この他には，出版された時期やジャーナルによる絞り込みがよく使われるが，MeSHタームによる検索も有用である．

MeSHはmedical subject headingsの略で，文献ごとに付加されている階層化された共通のキーワード集である．調べたい単語でまずMeSHデータベースを検索することで，同等の意味をもつ単語を含む論文を検索できるようになる（図1）．例えばretroposonを検索するとMeSHタームのRetroelementsが割り当てられていることが分かる．そこでPubMedの検索キーワードでretroposonの代わりにRetroelements[MeSH]を指定することで，retroposon，retroelement，retrotransposonなど表記の違う単語や，概念的に包含する下位のMeSH階層に対応する文献など，表記の違いを吸収した検索を行うことができる．

目的の論文が見つかった場合，Related Articlesのリンクからさらに関連する論文を探すことができる．これはタイトルとアブストラクトに出てくる単語やMeSHタームから自動的に計算された類似論文を表示する機能で，関連の深い論文を簡単に見つけることができる．

電子ジャーナル

PubMedで検索できるのは論文のタイトルやアブストラクトだけであるが，大学の図書館など所属機関が電子ジャーナルを購入している場合，紙媒体の冊子が届くよりも速く，最新の論文を読むことができる．多くの学術雑誌で，ウェブから論文の全文を読んだり，検索したりできるようになっており，印刷用にPDF版をダウンロードすることも日常的になっている．

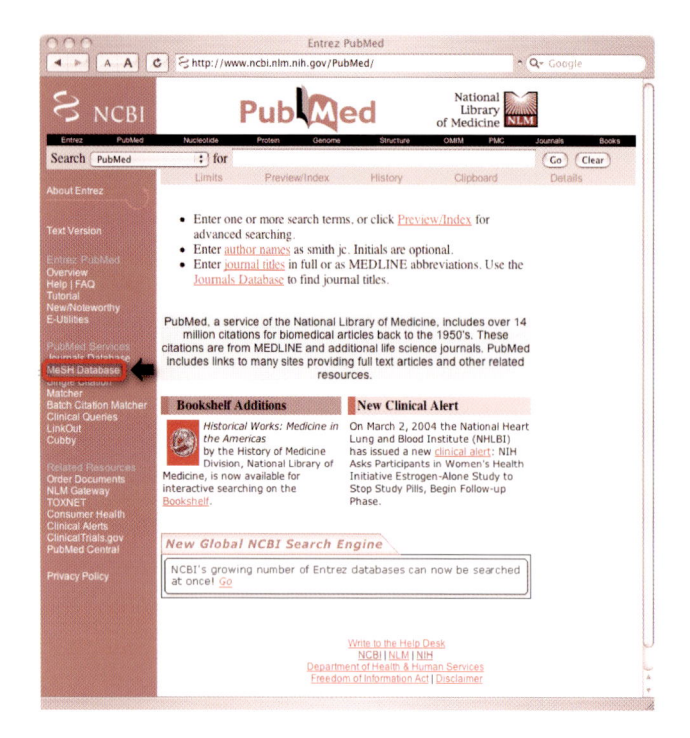

図1 PubMedの検索画面
MeSHデータベースを検索するには矢印部分のリンクを開く

電子ジャーナルの効用は，
- 出版されるとすぐに読むことができる
- わざわざ図書室に出向かなくてもよくなった
- 論文に入りきらなかったデータが付録として掲載される
- 紙の無駄と保存スペースが省ける
- 本文の中身や，古い文献も（電子化されていれば）容易に検索できる
- カラーできれいに印刷でき，冊子体をコピーする手間が不要

など色々と考えられる．ページをぱらぱらとめくって目を引く論文を探すような一覧性が低いことや，電子化されていないジャーナルもまだ残っている点，画面上では読みにくいためか，結局は気軽に印刷してしまい，必ずしも紙の無駄が省けていない，といった問題点もあるが，必要な論文を入手するのは，とても容易になったといえる．

一方で，電子出版によるコストの低下と情報の流通により，出版物の販売によって成り立ってきたジャーナルのあり方について，著作権の問題なども含めた議論も起こっている．これに伴い，論文の著者が費用を負担するシステムや，レビュー記事などは有料だが論文は無料とする方針を打ち出すジャーナルなども出てきている．しかし，多くの電子ジャーナルは有料のサービスとして提供されているので，利用可能なジャーナルは所属機関の図書部門などに問い合わせ，ライセンスを確認する必要がある．

生物学データベース

塩基やアミノ酸の配列，タンパク質の立体構造をはじめ，多くの生物学データベースはウェブから利用できるようになっている．これらのデータベースの具体的な中身と利用法については2章で解説されるので，ここでは主要なデータベースのサイトとデータ取得方法を中心に紹介していく．

1 塩基配列データベースの検索

NCBIは，アメリカの生命科学研究の中心となっている公的機関NIH（national institute of health）内にあるバイオインフォマティクスのセンターである．ゲノムや遺伝子などの塩基配列データベースはPubMedと同じくこのNCBIで提供されているGenBank，RefSeqがよく使われている．

GenBankはヨーロッパのEMBL，日本のDDBJと並ぶ塩基配列のレポジトリで，これまでに発表された

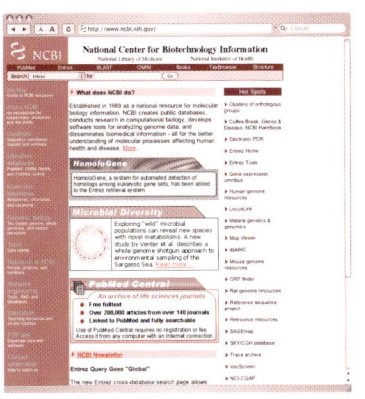

図2　NCBIのウェブページとEntrezの統合検索画面
詳細は本文を参照

配列を，網羅的に収録した巨大なデータベースである．現在3,000万を越えるエントリに370億文字にものぼる塩基配列が格納されており，その量は今も増加の一途をたどっている（ちなみにヒトのゲノムは30億塩基程度）．しかし，GenBankは発表されたものを集積しているだけなので，ほとんど同じ配列が多数あるなど冗長で，データの間違いも多いといわれている．これに対してRefSeqは，NCBIにおいて生物種・遺伝子ごとに配列を整理し直したデータベースで，ゲノム配列も断片が非冗長に繋げられて収録されている．RefSeqがマニュアルで整理されているのに対し，UniGeneデータベースはGenBank中のEST配列などを機械的にクラスタリングしたものになっている．また，真核モデル生物の遺伝子を中心に情報を集約したLocusLink（ゲノムの決まった全生物種を扱うEntrez Geneに移行中）も整備されている．

i）ウェブページでの検索

これらのデータベースを検索するには各データベースのウェブページを開けばよいのだが，Entrezの統合検索を使うと，どのデータベースを検索するか意識する必要がないので便利である（図2）．NCBIのトップページでSearchと書かれた検索フォームで検索対象がEntrezになっていることを確認し，遺伝子名やエントリのID，キーワードなどを入力して検索すれば，各データベースで何件ヒットがあったか表示される．GenBankの場合Nucleotide，RefSeqの場合Genomeのように表記されているが，これらの塩基配列データベース以外にも，SNP，アミノ酸配列，ドメイン，発現解析などさまざまなデータベースの検索結果も同時に知ることができる．それぞれのデータベースへのリンクをクリックすると，エントリのリストが表示され，配列やアノテーションをみることができる．

配列データベースに対しては，配列の類似性などによる検索が行われることも多い．類似性検索やモチーフ検索などの配列解析については，次項「バイオ関連ツール」を参照していただきたい．

ii）E-Utility を使ったウェブ経由のデータ取得

スクリプトを使ってNCBIの検索を自動化したい場合には，E-Utilityを利用する．E-Utilityは，検索用のESearchや，エントリ取得用のEFetchなど，さまざまなツールがURLの呼び出しで行えるCGI集で，PerlやRubyなどのスクリプト言語や，シェルスクリプトとwgetやcurlのようなコマンドラインのウェブ取得ツールなどを組合せて使用する．ESearchの場合，
http://eutils.ncbi.nlm.nih.gov/entrez/eutils/esearch.fcgi?
に続けて `db=pubmed&term=SARS+virus` や `db=nucleotide&term=cyclin` など，dbオプションにデータベース名，termに検索キーワードを（空白や記号はエスケープして）続けて呼び出すと，検索結果（エントリのID）のリストがXMLで返される．必要に応じて，正規表現やXMLパーザなどを使ってデータを取り出す．取得するエントリのIDが分かれば，EFetchを使って

```
% ftp ftp://ftp.ncbi.nih.gov/refseq/release/
ftp> cd viral
ftp> ls
-r--r--r--  1 ftp  anonymous   9579193     May  6 02:44 viral1.genomic.fna.gz
-r--r--r--  1 ftp  anonymous  23124287     May  6 02:44 viral1.genomic.gbff.gz
-r--r--r--  1 ftp  anonymous   6101607     May  6 02:44 viral1.protein.faa.gz
-r--r--r--  1 ftp  anonymous  11217903     May  6 02:44 viral1.protein.gpff.gz
ftp> get viral1.genomic.gbff.gz
ftp> bye
```

図3 　FTPによるRefSeqデータベース取得の例
詳細は本文を参照

```
%efetch="http://eutils.ncbi.nlm.nih.gov/entrez/eutils/efetch.fcgi"
% curl "${efetch}?db=nucleotide&rettype=gb&id=AJ617444"
```

などとすれば結果が取得できる（例は，bash, zshシェルなどでcurlがインストールされている場合）．

一度に取得できる結果はデフォルトでは20個なので，すべての結果を得るにはretstart, retmaxオプションを組合せて繰り返し呼び出す必要があるほか，呼び出す間隔を3秒以上あけることが求められている点，100回を越える呼び出しはアメリカ時間の夜間か週末に実行することが求められている点，などに注意する必要がある．E-Utilityのウェブページでオプションや使用条件について十分に確認してから利用する．

iii）FTPによるデータ取得

配列データベースはFTPサイトから全体をダウンロードすることもできるので，網羅的な配列解析に使う場合は全データをあらかじめ取得しておくのが効率的である．例えばRefSeqデータベースからウイルスのゲノム配列データを取得するには，ターミナルなどからftpコマンドを使って操作するか（図3），ウェブブラウザでFTPサイトを開いて必要なファイルを選んで保存する．ここでfnaは配列だけのFASTAフォーマット，gbffはアノテーションも含まれるGenBankフォーマットのファイルである．拡張子が.gzとなっているファイルはgzipで圧縮されているので，展開することでファイルの内容を参照できる．実際に各エントリの中身から必要なデータを抽出するには，EMBOSSのようなプログラムか，BioPerlやBioRubyなどのライブラリを使うのが便利だろう．

2 アミノ酸配列データベース

イギリスにあるEBI（European bioinformatics institute）はヨーロッパの各国で構成されるEMBL（European molecular biology laboratory）の一部で，欧州におけるバイオインフォマティクスの拠点となっている．EBIでもさまざまなデータベースとともに，検索サービスや解析プログラムが開発・提供されている．

UniProtは，Swiss institute of bioinformaticsで作成され広く使われてきたSwissProtとGeorgetown大学で作成されてきたPIRという2つのアミノ酸配列データベースに加え，塩基配列データベースEMBLを機械的にアミノ酸配列に翻訳したTrEMBLを統合した，アミノ酸配列の網羅的なデータベースである（図4）．現在120万エントリ含まれているUniProtのなかで似た配列を1つにまとめ冗長性を減らしたデータベースがUniRef（UniProt non-redundant reference database）で，100％同じ，90％以上同じ，50％以上同じという基準でUniRef100, UniRef90, UniRef50の3つが作られている．これにより，データベースのサイズはUniRef90で40％，UniRef50で65％小さくなり，配列類似性検索を効率的に行うことができる．また，UniProtに収録されていないデータベース由来の配列や，修正のあった配列の，過去のバージョンなども保存されているUniParc（UniProt archive database）も作られている．これらのデータベースはウェブ上で検索できるほか，塩基配列データベースなどと同様にFTPによるダウンロードも可能である*．

＊：Swiss-prot由来のUniProtエントリには商用利用にライセンスが課せられているが2005/1/1以降は必要なくなる．

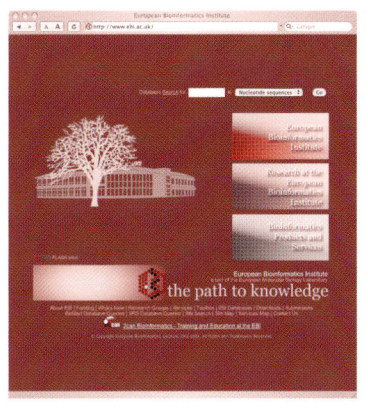

図4　EBIとUniProtのウェブページ
詳細は本文を参照

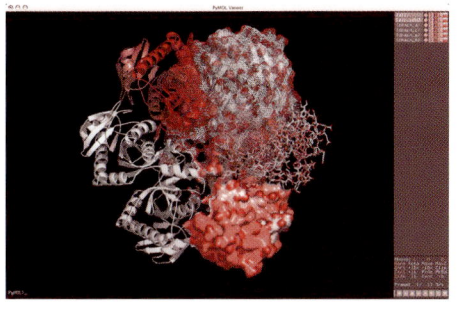

図5　PDBのウェブページとPyMOLでPDBの立体構造を表示する例
詳細は本文を参照

BioFetch

　NCBIのE-Utilityと似たCGIにBioFetchがある．これはBioPerlを中心とした各Open Bio＊プロジェクトで共通なエントリ取得方法（OBDA）の1つで，EBIにもサーバが置かれている．BioFetchではエントリの検索はできないが，エントリの取得に特化しているため利用方法は簡単である．

`% curl "http://www.ebi.ac.uk/cgi-bin/dbfetch?db=uniprot&id=FOS_HUMAN"`

のようにすれば，UniProtのエントリが取得できるほか，`&format=fasta` を追加するとFASTAフォーマットに変換される．dbオプションにデータベース名，idオプションに取得したいエントリIDのリストを渡す．BioFetchでサポートされているデータベースの種類はサーバによって異なる点に注意．

3 立体構造データベース

　タンパク質の立体構造のデータベースではPDB（protein data bank）が使われる．PDBには，X線結晶構造解析やNMRによる立体構造の3次元座標データが記載されている．遺伝子名やキーワードなどによりエントリを検索できるが，構造予測やドッキングなどの計算に用いるのでない限り，エントリの中身を直接みることは少なく，通常はPyMOLなどのソフトウェアを用いて，構造を可視化して考察を行う（図5）．最近になって増えてきたとはいえPDBのエントリ数はまだ2万5千程度であり，代表的な立体構造の全体をカバーするには至っていない．このため，あらかじめPSI-BLASTなどによる配列相同性検索を行って，類似配列の構造がPDBに登録されていれば参照する，といった利用方法がある．

　PDBに収録されているタンパク質の数が種類ごとに

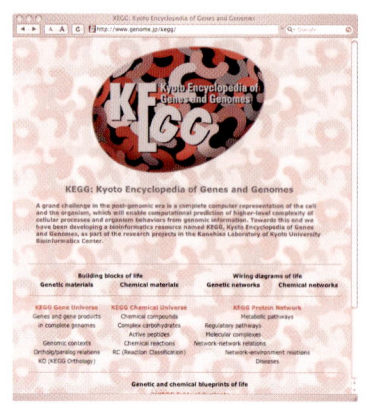

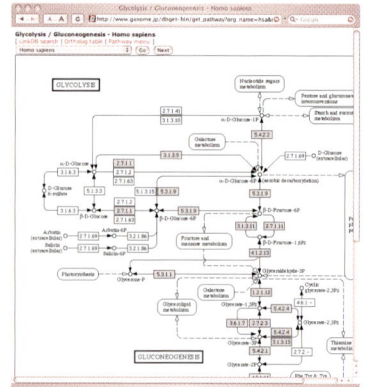

図6　KEGGのウェブページとPATHWAYの例
詳細は本文を参照

かなり偏っていることから，代表的な構造に分類しなおしたデータベースが作られている．また，構造ドメインで立体構造を階層的に分類したSCOPやCATH，FSSPのようなデータベースもあり，立体構造間の類似性を検討するのに役立つ．

4 KEGGとパスウェイデータベース

　KEGG（Kyoto encyclopedia of genes and genomes）は京都大学のバイオインフォマティクスセンターにより提供されているデータベースで，生物種ごとに遺伝子の機能や配列情報が整理されたGENESデータベースや，遺伝子産物の機能的なネットワークを描いたPATHWAYデータベースがよく使われている（図6）．データベースの具体的な内容は2章に譲るとして，ここではXMLとSOAPによるKEGGのデータ取得について触れておきたい．

　KEGGのPATHWAYは，代謝経路などのパスウェイを人間が見て分かりやすいように絵で表現したデータベースだが，画像のままではプログラムで解釈するのが難しい．そこでXMLによりPATHWAYの情報を表現したものがKGML（KEGG markup language）である．KGMLのなかにはパスウェイ上に載っている分子のリストや，分子間の関係がXMLで表現されているため，プログラムを使って容易にグラフとしてのデータを取得することができる．コンピュータを用いた遺伝子ネットワーク解析にはKGMLを利用するとよいだろう．

SOAPによるウェブサービス

　最近，プログラムによるデータ取得や連携を容易にするため，SOAPとWSDLという技術を使ったウェブサービスが広まってきている．SOAPはXMLを使ってデータをやりとりする規格で，通常はウェブ（HTTP）を通じて通信が行われる．SOAPを使えば，サーバで提供されている検索機能などの，さまざまなサービスをプログラムから簡単に利用できるほか，複雑なデータ構造をもつオブジェクトも容易にやり取りできる．WSDLは，サーバで提供されているサービスと使い方の一覧を，プログラムが理解できるように書かれたXMLファイルで，SOAPとWSDLを組合せるとサーバで提供されている機能を自動的に使うことができるようになる．

　KEGGではKEGG APIと呼ばれるウェブサービスが提供されており，データベースの検索，配列などのデータ取得ができるほか，オーソログやパラログ遺伝子のリストを得たり，パスウェイに載っている酵素や化合物などの情報を得る，パスウェイに自由に色づけを行う，といったさまざまな機能が利用できる．

　SOAP/WSDLを使ったウェブサービスはKEGG APIのほか，遺伝研でも早くから公開されており，DDBJなどのエントリ取得をはじめ，配列相同性検索やマルチプルアライメントの機能が提供されているほか，生物分類やSNPの情報などを得ることができる（図7）．EBIでもSOAPサービスが開発されているがWSDLには対応していないようである．

図7　KEGG API と遺伝研の SOAP サービスのページ
詳細は本文を参照

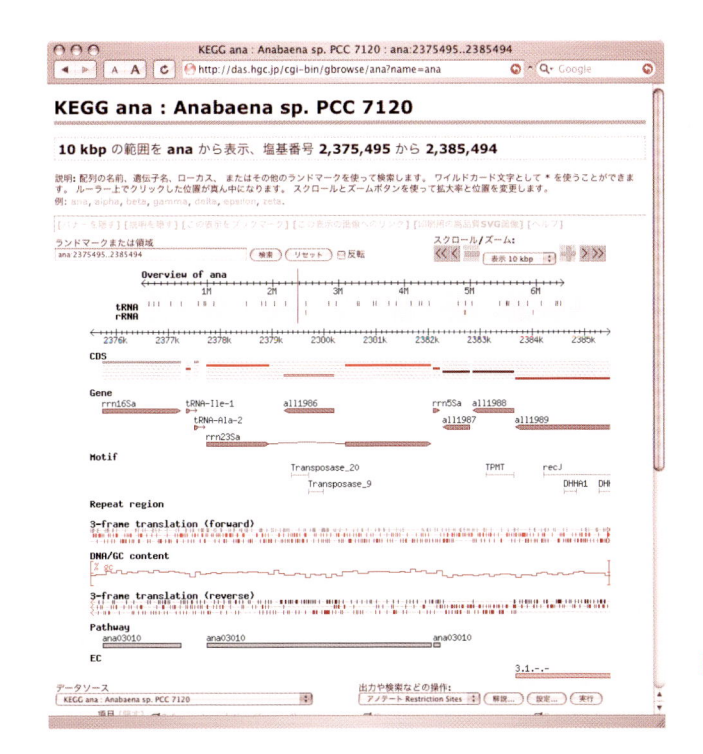

図8　KEGG DAS で生物種を選んでゲノムの領域を表示している例
詳細は本文を参照

5 ゲノムデータベース

　ゲノムプロジェクトの進展とともに，モデル生物のゲノムデータベースが数多く開発されてきた．EBIで開発されているEnsemblでは，ヒトをはじめとする真核生物のゲノムについて配列やアノテーションを参照することができる．ヒトに限ればUCSCのゲノムブラウザや，NCBIのGenomesとLocusLinkもよく使われている．一方，原核生物を含むその他のゲノムについては，NCBIのRefSeqに整理されているデータや，TIGR，JGIなどゲノム配列を多数シーケンスしているセンターのゲノムデータベースが利用される．

　これまでは各ゲノムプロジェクトごとに，ニーズに応じてゲノムデータベースが作成されてきていたが，最近GMOD（generic model organism database）という自由に利用できる汎用のゲノムデータベースが開発されている．GMODに含まれているゲノムブラウ

1章1．インターネットの利用　　27

```
% cvs -d:pserver:anonymous@cvs.song.sourceforge.net:/cvsroot/song login
CVS password:リターン（パスワードはない場合が多いがプロジェクトごとに異なる）
% cvs -d:pserver:anonymous@cvs.song.sourceforge.net:/cvsroot/song co ontology
% cd ontology
% cvs update（次回からはこれを実行するだけで最新版に更新される）
```

図9　CVSを使ったsequence ontologyの取得
詳細は本文を参照

ザを利用して，KEGGの遺伝子情報とパスウェイへのリンクなどをゲノム上でみられるようにしたものがKEGG DASである（図8）．ここではゲノム配列の決まった全生物種（現在170以上）が同じインターフェイスで閲覧できるほか，ユーザのアノテーション情報をアップロードすることも可能である．マイクロアレイなどの遺伝子発現データをゲノム上にマッピングしてみるような場合には特に有用である．またDAS（distributed annotation system）の機能を利用して，ゲノムのアノテーションや配列をXMLでも取得することができる．DASはゲノムアノテーションの相互利用のために開発された仕組みで，他のDASアノテーションサーバの情報と容易に重ね合わせることができる．

6 オントロジー

ゲノムや遺伝子の情報が統合的に集積され，生物種間の比較が行われるようになってくると，統一的な言葉の定義が求められるようになった．そこでGO（gene ontology）と呼ばれる生物学用語の階層的な分類が整備され，それぞれの遺伝子の機能をGOのなかで位置づけることが行われている．これにより，同じ基準で遺伝子の分類が行われるため，機能別に遺伝子数の統計を取ったり，生物種間で対応を取ることが可能になる．

GOに続いて，他にもSO（sequence ontology）などさまざまなオントロジーが定義されてきており，一覧がOBO（open biological ontologies）のサイトにまとめられている．

CVSによるデータやソースコードの取得

SOは遺伝子だけでなく，プロモーターやリピートなど，ゲノム上のさまざまな要素を表す用語のオントロジーだが，現在のところCVSと呼ばれる方法で配布されている（図9）．CVSは，もともとプログラムのソースコードをバージョン管理するために作られたもので，多くのフリーソフトウェアがインターネット上でCVSによって公開されている．なかでもSourceForgeでは，多くのオープンソースプロジェクトが無料でホスティングされており，GOやPyMOLなど，多数のバイオインフォマティクス関連プロジェクトも置かれている．OBF（open bio foundation）でも，BioPerlやBioRubyなどのプロジェクトが，CVSを使ってライブラリを開発しており，最新版は，やはりCVSを使って取得することができる．

おわりに

本項では，インターネットを利用したデータベース検索を中心に，ネットワークを利用したデータ取得について解説してきたが，実際のネットワークの利用はデータ公開に限らず，バイオインフォマティクスのソフトウェア開発，各種のメーリングリスト，Wikiやblogによる情報共有など多岐にわたっている．これらを活用することで，コミュニケーションをはかったり，さまざまな情報を得ることができる．

URL

検索エンジン

Google	http://www.google.co.jp/
Yahoo	http://www.yahoo.co.jp/
Scirus	http://www.scirus.com/

主要なデータベース提供サイト

NCBI	http://www.ncbi.nih.gov/
EBI	http://www.ebi.ac.uk/
EMBL	http://www.embl.de/

GenomeNet	http://www.genome.jp/		

文献データベース

PubMed	http://www.ncbi.nih.gov/PubMed/
MeSH	http://www.ncbi.nih.gov/entrez/query.fcgi?db=mesh

塩基配列データベース

GenBank	http://www.ncbi.nih.gov/GenBank/
RefSeq	http://www.ncbi.nih.gov/RefSeq/
UniGene	http://www.ncbi.nih.gov/UniGene/
LocusLink	http://www.ncbi.nih.gov/LocusLink/

アミノ酸配列データベース

UniProt	http://www.ebi.ac.uk/uniprot/
Swiss-Prot	http://www.ebi.ac.uk/swissprot/
TrEMBL	http://www.ebi.ac.uk/trembl/

立体構造データベース

PDB	http://www.rcsb.org/pdb/
SCOP	http://scop.mrc-lmb.cam.ac.uk/scop/
CATH	http://www.biochem.ucl.ac.uk/bsm/cath/
FSSP	http://www.ebi.ac.uk/dali/fssp/

パスウェイデータベース

KEGG	http://www.genome.jp/kegg/
KEGG KGML	http://www.genome.jp/kegg/xml/
KEGG PATHWAY	http://www.genome.jp/kegg/pathway.html
BioCyc	http://www.biocyc.org/

ゲノムデータベース

Ensembl	http://www.ensembl.org/
UCSC	http://genome.ucsc.edu/
NCBI Genomes	http://www.ncbi.nih.gov/Genomes/
TIGR	http://www.tigr.org/
JGI	http://www.jgi.doe.gov/
KEGG DAS	http://das.hgc.jp/

オントロジー

GO	http://www.geneontology.org/
SO	http://song.sourceforge.net/
OBO	http://obo.sourceforge.net/
SourceForge	http://sf.net/

データベース検索

Entrez	http://www.ncbi.nih.gov/Entrez/
E-Utility	http://eutils.ncbi.nlm.nih.gov/entrez/query/static/eutils_help.html
OBDA	http://obda.open-bio.org/
BioFetch	http://www.ebi.ac.uk/cgi-bin/dbfetch
	http://bioruby.org/cgi-bin/biofetch.rb
DBGET	http://www.genome.jp/dbget/

ウェブサービス（SOAP/WSDL）

KEGG API	http://www.genome.ad.jp/kegg/soap/
NIG	http://www.xml.nig.ac.jp/
EBI	http://www.ebi.ac.uk/Tools/webservices/

データベース関連ソフトウェア

EMBOSS	http://www.emboss.org/
OBF	http://www.open-bio.org/
BioPerl	http://www.bioperl.org/
BioRuby	http://www.bioruby.org/
PyMOL	http://www.pymol.org/
GMOD	http://www.gmod.org/
BioDAS	http://www.biodas.org/
BioMart	http://www.ebi.ac.uk/biomart/

参考文献

1）「バイオデータベースとウェブツールの手とり足とり活用法」（中村保一他／編），羊土社，2002
2）「バイオインフォマティクスの実際」（村上康文，古谷利夫／編），講談社，2002
3）Scott, M. & Darryl, L.：「Sequence analysis in a nutshell」, O'Reilly, 2003

第1章 バイオインフォマティクス

2. バイオ関連ツール

油谷幸代

実験系の研究者にとって，バイオインフォマティクスによって開発されたさまざまなツールを使いこなすことは，貴重な実験データからより多くの示唆や新規知見を見出すために必要な技術である．しかしながら，2004年のNucleic Acid Researchのdatabase issueをみてもわかるように，500を超える主要なデータベースやそれに付属したツールが存在するため，個々のツールを詳細に理解していくことは困難である．そこで，本項ではより実践的なゲノム機能解析研究の場において，「いつ」，「どのような」ツールを使用するのが効果的であるかに焦点をしぼり，代表的なツールの具体例をあげながら説明していこうと思う．

i）遺伝子解析関連ツール

1 配列解析

分子生物学系の研究室では，DNAの塩基配列を決定することが日常的作業となっている．決定された塩基配列はペアワイズアライメントやマルチプルアライメントによって機能や構造や進化についての情報の発見が行われる．このような配列アライメントの詳細については1章-4を参考にしていただくことにして，ここでは類似配列検索の場で最も使用頻度が高いと考えられるBLAST（Basic Local Alignment Search Tool）について，その特徴と簡単な使用方法を述べる．

BLASTは配列データベースの類似性検索を行う高速のプログラムであり，S. Altschulら（1990）によって開発された．これはNCBI（米国バイオテクノロジー情報センター）のウェブサイト（http://www.ncbi.nlm.nih.gov/BLAST）より広く使用されており，おそらく世界で最も使用頻度の高い配列解析のツールである．表1にNCBIで提供されているBLASTプログラムについてまとめた．

BLASTサーバでは，ユーザが選択できるオプションが豊富であり，それぞれの機能やパラメータ設定における選択や値の範囲については上記のメインウェブページで説明されている．また，後述するPSI-BLASTによって，調べるアミノ酸配列と類縁のより遠い類似配列も見出すことが可能となり，今日のように多く使用されることとなった．BLAST以外の配列データベース検索としてはFASTA（ftp://ftp.virginia.edu/pub/）やスミス-ウォーターマンダイナミックプログラミング法によるもの（Biv_sw：http://www.ebi.ac.uk/bic_sw/）などがある．

BLASTなどの配列データベース検索ツールは，実験室で配列が決定された遺伝子の機能を明らかにするときなどに大変有用である．機能未知の配列が新規に得られた場合，配列データベース中の既知の配列と類似な領域を検索し，見出された類似な領域の機能が既知であれば問い合わせた配列の機能を推定することが

Sachiyo Aburatani : Laboratory of Biostatistics, Human Genome Center Institute of Medical Science, University of Tokyo（東京大学医科学研究所ヒトゲノム解析センターバイオスタティスティクス人材養成ユニット）

表1 NCBIで提供されているBLASTプログラム

プログラム	問い合わせ配列	データベース	アラインメントの種類
BLASTP	タンパク質	タンパク質	ギャップあり
BLASTN	核酸	核酸	ギャップあり
BLASTX	翻訳された核酸*	タンパク質	各フレームごとにギャップあり
TBLASTN	タンパク質	翻訳された核酸	各フレームごとにギャップあり
TBLASTX	翻訳された核酸	翻訳された核酸	ギャップなし

*塩基配列を全6通りの読み枠で翻訳し，タンパク質配列と比較する

表2 代表的なゲノム配列の遺伝子領域予測プログラムとウェブサイト

サイト名	説明	ウェブアドレス
Genehacker	HMMによる微生物ゲノム解析	http://www-btls.jst.go.jp/GeneHacker/
GeneMark, GeneMark.hmm	隠れマルコフモデルを使用	http://opal.biology.gatech.edu/GeneMark
Geneparser	ニューラルネットワークとダイナミックプログラミング法を併用	http://brc.mcw.edu/MetaGene/General/engines/GeneParser.html/
Genescan	DNA配列のフーリエ変換による特徴的パターンの検索	http://www.appliedbiosystems.com/support/software/genescan.
Genie	HMMとニューラルネットワークによる10 kb DNAまでのヒト遺伝子とショウジョウバエでの検索	http://www.cse.ucsc.edu/~dkulp/cgi-bin/genie
Glimmer	内挿マルコフモデルによる原核生物遺伝子の領域検索	http://www.tigr.org/software/glimmer

原核生物の遺伝子領域予測では上記のGlimmerやGenehackerなどの使用頻度が高い．一方，真核生物における遺伝子領域予測おいては，1種類のソフトだけを使用して予測するのではなく，複数の予測ソフトを併用し，その結果多くの方法によって予測された領域を遺伝子領域と同定する方法が一般的である

できる．

また，ゲノム塩基配列上へのESTやcDNA配列のマッピングや遺伝子コード領域の発見にも使用される．この場合，データベース内の配列の機能が明らかになっているかどうかにかかわらず，既知配列とアラインメントが作成された領域が，転写あるいは翻訳されている領域であることが同定できれば，遺伝子発見の目的はひとまず達成されたことになる．

2 遺伝子領域予測

新規のゲノム配列が決定された後，生命活動にかかわる機能や分子進化に関する研究を行うためには，タンパク質をコードしている遺伝子領域の同定が必要である．タンパク質をコードするDNA塩基配列を見出す最も単純な方法はORFの検索である．ORF検索の際，塩基配列は全6通りの読み枠によって解析される．3つの読み枠は，先頭より1，2，3番目の塩基から始め，配列の5´側から3´側に進行していき，残りは相補鎖の先頭より1，2，3番目の塩基から始め，相補鎖の5´から3´方向に進む．原核生物のゲノムでは遺伝子のコード領域は開始コドンから終止コドンまでの連続した塩基配列で構成されることから，同じフレームで最初のMetコドンから次に出現する終止コドンまでの間が最も長いORFが，多くの場合タンパク質コード領域となる．一方真核生物のゲノムDNA配列上にはイントロン配列が存在していることから，遺伝子に対応するORFはイントロンで分断され，イントロンには大抵の場合，終止コドンがあらわれる．表2に代表的な遺伝子領域予測ソフトを示した．

表3　代表的なプロモーター領域予測プログラムとウェブサイト

サイト名	説明	ウェブアドレス
FastM	転写因子結合部位検索	http://genomatix.de
GeneExpress	TRRDデータベースを用いた転写調節解析	http://wwwmgs.bionet.nsc.ru/systems/GeneExpress/
NNPP	ニューラルネットワークによる原核生物と真核生物のプロモーター領域予測	http://www.fruitfly.org/seq_tools/promoter.html
Promoter 2.0	ニューラルネットワークによるPol II認識配列検索	http://www.cbs.dtu.dk/services/promoter
TargetFinder	選抜された注釈配列によるプロモーター領域検索	http://www.tigem.it/
TRANSFAC program	TF結合部位の検索	http://www.gene-regulation.com
TRANSFAC：MatInd	スコア行列の作成	http://www.gene-regulation.com
TRANSFAC：MatInspector	行列とのマッチの検索	http://www.gene-regulation.com

3 調節領域解析

分子生物学的解析において，遺伝子発現変化を指標とする解析は日常的に行われている．これらの解析において，ある生物学的現象が特定の遺伝子の発現変化に関連付けされたとき，次に問題となるのは，その遺伝子発現変化に対する制御機構の解明である．一般に遺伝子の転写調節は，転写因子（transcription factor：TF）と呼ばれる多数のタンパク質複合体が相互に結合し，またDNAのプロモーター領域で結合部位と相互作用することで制御される．これらのTFはそれぞれ固有のDNA結合部位配列を認識してDNAに結合していることから，遺伝子のプロモーター領域に，どのようなTFの結合部位配列が存在するかを検証することは必要である．しかしながら，真核生物の遺伝子において転写開始点の同定は困難であることから，隣接するプロモーター領域のゲノム配列が決定された遺伝子は少ない．

TF結合部位は転写開始点近傍数百から数千bpのプロモーター領域に集中して存在することから，このTF結合部位配列を，未知の配列上のプロモーター領域予測に適用させることが行われている．これまで，ゲノムDNA配列からRNA Pol IIプロモーター領域を予測する方法が数多く開発されており，表3に代表的なプログラムを示した．これらのプログラムを利用して，少数の新規プロモーター配列を試験的に解析した結果も発表されている．

4 発現プロファイル解析

マイクロアレイは細胞周期や，生物の発生過程のある時期に発現している遺伝子を明らかにする，あるいはある外部刺激に対して一定程度応答する遺伝子群を明らかにすることにより，ゲノムにおける遺伝子発現の全体像を提供する．このような発現プロファイルには，大別してクラスタリングとネットワーク解析という2種類の解析手法が適用されている．

クラスタリングとは，遺伝子を発現パターンの類似性によって分類・グループ化する手法であり，この解析から同じ反応を示す遺伝子群が同定されることが期待されている．類似した発現プロファイルをもつ遺伝子群をまとめる方法はいくつか考案されており，なかでも各遺伝子発現プロファイルを他のすべての遺伝子の発現プロファイルと比較することで，遺伝子類似度スコアを生成していく階層的クラスタリングはよく用いられている．

クラスタリングツールはStanfordやEBIなどの研究機関で開発されpublicに公開されている．図1では代表的なクラスタリングツールであるCLUSTERとクラスタリング結果をグラフィカルに表示するTreeViewによる解析例を示した．

1998年にM. B. Eisenらによって開発されたCLUSTERと，その結果をグラフィカルに表示する

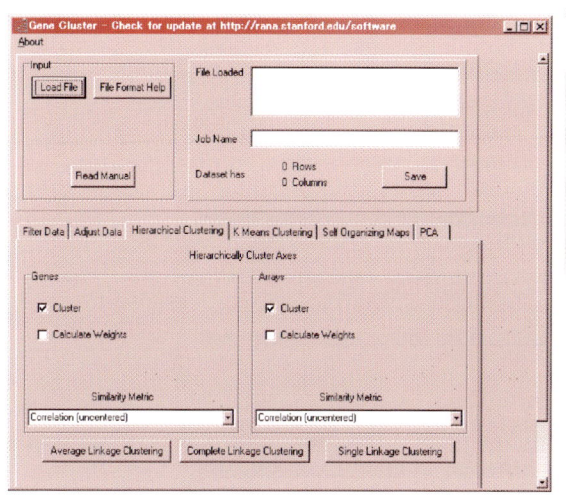

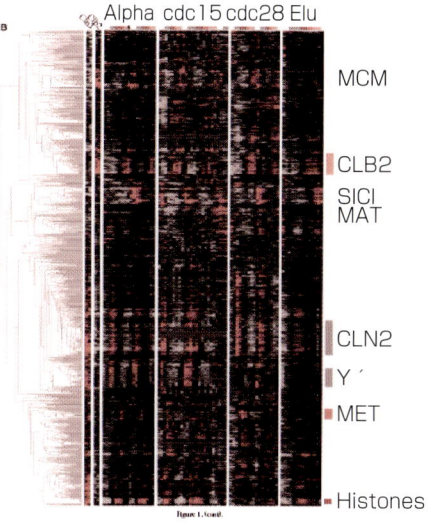

CLUSTER :
Eisen, M.B. et al. *Pro. Natl. Acad. Sci.* USA 1998

Spellman, P.T. et al. *Mol. Biol. Cel.*, 12 : 3273-3297, 1998

図1　CLUSTER（左）とTree View（右）による解析例
詳細は本文を参照（Spellman, P. T. et al. : Mol. .Biol. Cell, 12 : 3273-3297, 1998より転載.）→巻頭カラー1参照

TreeViewはウェブサイト（http://rana.lbl.gov/Eisen-Software.htm）からダウンロードさえすればWindowsに簡単にインストールできる（CLUSTERについてはUNIX, Linus, MacOSでも動作可能）などの理由から解析に使用されることが多く，その解析結果も1998年のP. T. Spellmanらによる出芽酵母の発現プロファイル解析を始めとして数多く発表されている．CLUSTERで行うことができるクラスタリング法は階層的クラスタリングとself-organizing maps, k-meansクラスタリング，主成分分析と4種類あり，階層的クラスタリング以外のクラスタリング結果についてはMaple Treeというグラフィカルな表示ソフトも用意されている．

発現プロファイル解析のもう1つの主流であるネットワーク解析は，数値データとして得られた発現プロファイルデータについて，数理モデルから遺伝子間相互作用を解明していこうとする研究である．ネットワーク解析のアルゴリズムとしてこれまでにboolean model, bayesian model, 微分方程式, graphical Gaussian modelなどが開発されてきた．ネットワーク解析は計算量が大きくなる傾向があることから，publicなツールの開発は大変遅れている．唯一のpublicなツールは，筆者の所属する研究室で公開している ASIAN（Automatic System for Inferring A Network：http://eureka.ims.u-tokyo.ac.jp/asian）であると思われる．図2にASIANのウェブページと解析例を示した．

ASIANは階層的クラスタリングとgraphical Gaussian modelによるネットワーク解析を統合したシステムであり，ウェブベースで使用する．従来のクラスタリングでは人為的にクラスター数を決定してしまうということが問題としてあげられるが，ASIANではクラスター数の決定はVIF値を用いて自動的に決定される．クラスタリングの後graphical Gaussian modelによって，各クラスター間の相互関係を解析していく．graphical Gaussian modelでは，一見関連がありそうな因子同士について，直接的関連か間接的関連かを区別し，グラフィカルに表示することができるため，遺伝子間の複雑な相互作用についても，より正確な解析を行うことができると考えられる．ユーザは解析結果をウェブベースでみることが可能である．クラスター間のネットワーク表示画面はクリッカブルマップとなっており，選択したクラスターに分類された遺伝子群についての情報は別ウィンドウでみることができる．

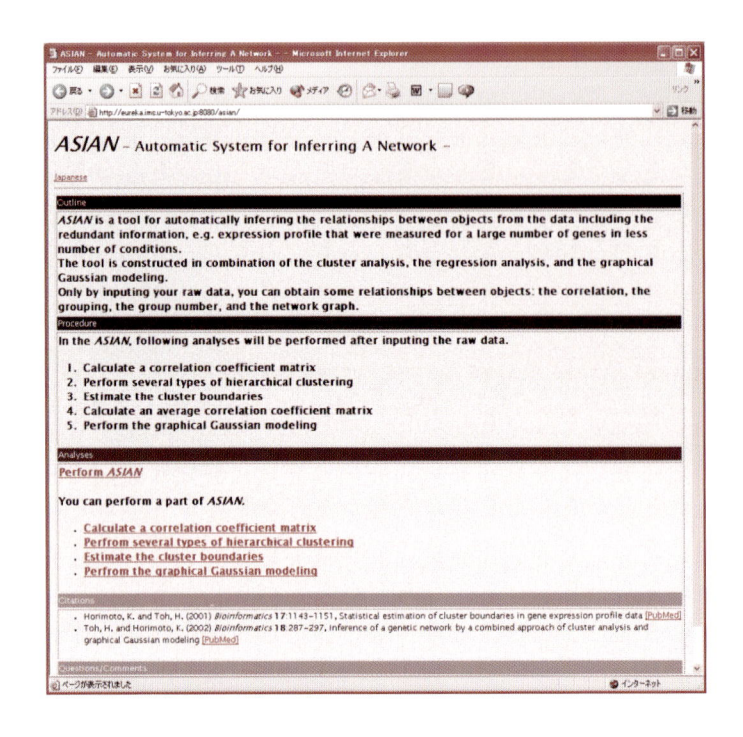

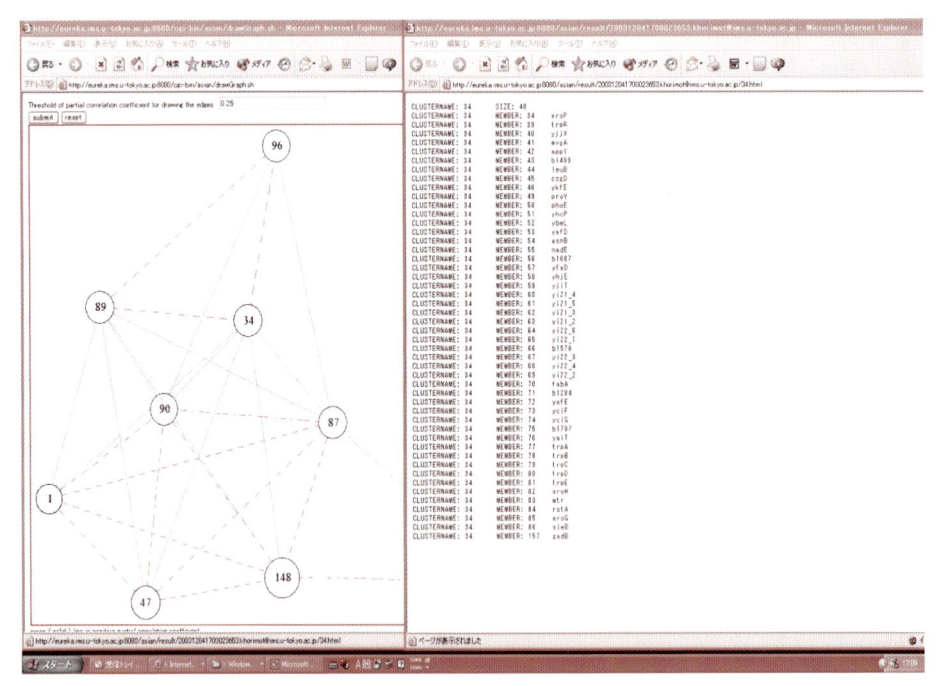

図2 ASIANのウェブページ（上）と解析例（下）
詳細は本文を参照．→巻頭カラー 2 参照

表4 代表的なモチーフ・プロファイル検索プログラムとウェブサイト

プログラム	検索されるデータベース	ウェブアドレス
MOTIF	PROSITE, BLOCKS, PRINTS, ProDom, Pfam	http://motif.genome.jp/
InterPro	PROSITE, PRINTS, ProDom, Pfam, SMART, TIGRFAMs	http://www.ebi.ac.uk/interpro/
ProDom	ProDom	http://prodes.toulouse.inra.fr/prodom/doc/prodom.html
Pfam	Pfam	http://www.sanger.ac.uk/Software/Pfam/

ii）タンパク質解析関連ツール

1 類似配列解析

単一の問い合わせ配列の代わりに，タンパク質ファミリーの保存配列をあらわすスコア行列を，配列データベースの検索に使うことによって，単一の問い合わせ配列では検索できなかったような，類似性の弱い（別の関連がある）配列を同定できるように配列データベースの検索を拡張することが可能となる．PSI-BLAST（position-specific-iterated BLAST）は，タンパク質ファミリーを見つけるためのBLASTの新しいバージョンであり（http://www.ncbi.nlm.nih.gov/BLAST），単一の問い合わせ配列によるBLAST検索から始めて，多様性のある情報を提供するように設計されている．

PSI-BLASTでは，
①問い合わせ配列を使用した類似配列の検索
②検索された類似配列をアライメント（マルチプルアライメント）
③アライメントとしたそれぞれの場所の多様性を示すスコア行列の生成

という一連の手順を反復することによって，もとの問い合わせ配列と有意に類似した新しい配列のファミリーを見つける．PSI-BLASTはマルチプルアライメント，境界の判定，スコア行列の計算などを自動化していることから，後述する他のモチーフ・プロファイル検索プログラムと比較して検出感度は高くはないが，タンパク質ファミリーを見つけるこのプログラムの単純さや，既知のモチーフにとらわれず，比較的高速に，弱い類似配列をすべて検索できることが広く使用されている理由である．

機能がわからないアミノ酸配列が得られた場合には，まず通常のBLAST法やモチーフ・ドメイン解析プログラムを試してみる．その結果，類似配列が検索されなかった場合や検索された配列がすべて機能未知のタンパク質であった場合にはさらに検出感度を上げる必要があるため，PSI-BLASTを使用する．その結果，1つでも機能がわかっているタンパク質が検索できれば，問い合わせ配列の機能推定の足がかりとなる．また，問い合わせ配列とモチーフやドメインを共有するタンパク質ファミリーを網羅的に検索する場合には，PSI-BLASTによってポジティブとネガティブの境界を際立たせることができる．

PSI-BLASTに類似したプログラムとしては，1998年にZ. ZhangらによるPHI-BLAST（http://www.ncbi.nlm.nih.gov/BLAST）がある．

2 モチーフ・プロファイル検索

モチーフとはタンパク質中で局所的に非常によく保存されているアミノ酸配列であり，機能と対応づけされたものが多い．タンパク質は，特有のモチーフセットを含んだドメインから構成されることが多いため，どのようなモチーフセットをもっているかでタンパク質の機能を分類することが可能である．よって，実験的に得られたアミノ酸配列中に，機能や構造が既知のタンパク質と共通のモチーフやドメインが存在することがわかれば，そのタンパク質の特性を推定することが可能である．表4に代表的なモチーフ・プロファイル検索ツールを示した．

検索されるモチーフやドメインのデータベースでは，保存領域のアミノ酸配列はパターンの形，あるいはプロファイルと呼ばれるある種のスコア行列で表現されているため，それぞれに対して検索方法が異なる．MOTIFは，ウェブ上でアミノ酸配列を問い合わせ配

表5　タンパク質二次構造予測プログラムとウェブサイト

プログラム	方法	ウェブアドレス
DSC	線形判別分析	http://www/aber.ac.uk/~phiwww/prof/
Jpred構造予測サーバ	NNSSP, DSC, PREDATOR, Mulpred, Zpred, Jnet, PHD	http://www.compbio.dundee.ac.uk/~www-jpred/
NNPREDICT	配列の周期性検出のためのニューラルネットワーク	http://www.cmpharm.ucsf.edu/~nomi/nnpredict.html
PSA	隠れマルコフモデル	http://bmerc-www.bu.edu/psa/index.html
PredictProtein	多重配列アラインメントのニューラルネットワーク	http://www.embl-heidelberg.de/predictprotein/predictprotein.html

表6　スレッディングサーバとプログラムソース

プログラム	方法	ウェブアドレス
123D	アミノ酸側鎖間の接触ポテンシャル	http://123d.ncifcrf.gov/123D+.html
3D-PSSM	位置特異的スコア行列を用いた配列一構造	http://www.sbd.bio.ic.ac.uk/3~uk3dpssm/
NCBI構造サイト	配列と構造のアラインメントを得るために用いられたギブスサンプリング	http://www.ncbi.nlm.nih.gov/Structure/RESEARCH/threading.html
ProsaⅡ, Prosa2003	接触ポテンシャル法によるフォールド認識	http://lore.came.sbg.ac.at/home.html
TOPITS	構造未知配列と既知フォールドの間に二次構造と溶媒露出度の類似モチーフを検出する	http://www.embl-heidelberg.de/predictprotein/doc/help_05.html#P5_adv_prd_topits

列として，上記に示された複数のモチーフ・ドメインデータベースに対してウェブ上で一気に検索を行うことができるツールであると同時に，自分で定義したパターンやプロファイルをクエリー（問い合わせ配列）としての検索も可能である．さらに，アミノ酸配列からプロファイルを自動生成する機能もある．EBIで開発されているInterProでは，InterProScanという検索プログラムをダウンロードし，各データベースの本体もダウンロードすればユーザ自身のPCでモチーフ検索を行うことができる．ProDomやPfamはデータベースであると同時に自身に検索ツールを保有している．MOTIFなど，他の検索ツールによって得られる情報は限られているが，データベース内の検索ツールを使用すると，ヒットしたドメインの立体構造，ヒットしたドメインを共通にもつ類縁タンパク質の情報，およびそれらの分子系統樹などの詳細情報を得ることができる．

モチーフ・プロファイル検索ツールは，ある遺伝子の配列解析が決定した後，コードタンパク質の構造や機能についての知見を得るときに使用される．特に配列解析における相同性検索でホモログが検索されなかった場合や，検索された相手がhypothetical proteinであった場合に有用な手段の1つである．

3 高次構造の予測

タンパク質の立体構造は機能を理解するうえで重要であり，近年のX線結晶回折やNMRによって解析が進んでいるものの，加速化するゲノム配列決定の速度は，タンパク質構造決定の速度をさらに上回ると予測される．これまでのタンパク質構造比較によって，新規タンパク質構造には，既知構造に類似の構造フォールドやアーキテクチャをもつことが多いことがわかってきたことから，タンパク質が三次元構造へと折りたたまれる様式の多くはすでに知られている可能性があ

る．そこで，アミノ酸配列のホモロジー検索と立体構造データを組合せた解析が行われている．特に，任意のアミノ酸配列を問い合わせ配列としてPSI-BLASTなどで類似配列検索を行い，そこでヒットしたアミノ酸配列のうちPDBで立体構造データがあるものについては，立体構造モデルを構築することが可能である．表5にタンパク質の二次構造予測を行うプログラムの一例を示した．

タンパク質の二次構造予測に広く使用されている方法は①Chou-FasmanおよびGOR法，②ニューラルネットワークモデル，③最近隣法，④隠れマルコフモデルである．現在，二次構造予測の精度は70〜80％程度であるが，タンパク質中の疎水性，荷電，極性アミノ酸の分布について調べることによって，上記の方法をより強力なものにすることができる．

前述したように，タンパク質の折りたたみ方の種類は限られていることから，アミノ酸配列からタンパク質のフォールドを予測する方法の1つに，配列スレッディングがある．表6にスレッディングサーバをいくつか示した．

タンパク質の構造予測精度の評価についてはCASPと呼ばれる一連のコンテストが提案されている．CASPでは，構造を公開しようとしている構造生物学者に依頼して，構造予測のコンテストのためにその配列を提供してもらっている．コンテスト参加者はその配列をもとに構造を予測し，新規に決定された構造と比較するのである．コンテストの結果についてはウェブサイト（http://predictioncenter.llnl.gov/casp5/casp5.html）でみることができる．

参考文献

1) Mount, D. W. :「Bioinformatics : Sequence and Genome Analysis」, Cold Spring Harbor Laboratory press, 2001
2)「バイオデータベースとウェブツールの手とり足とり活用法」（中村保一他／編），羊土社，2002
3) Galperin, M. Y. : The Molecular Biology Database Collection : 2004 update, Nuc. Aci. Res, 32 : D3-D22, Database issue, 2004
4) Simon, R. M. et al. :「Design and Analysis of DNA Microarray Investigations」, Springer, 2004

第1章 バイオインフォマティクス

3. 配列解析の実際

大安裕美　藤 博幸

タンパク質のアミノ酸配列には，機能や立体構造などの情報が隠されている．進化的に共通な祖先を有するタンパク質の配列比較により，タンパク質の機能や立体構造，分子進化を解析する手順について説明する．

ホモロジー検索

　機能や立体構造が未知であるタンパク質について，生化学的な情報を得る方法の1つに配列比較がある．これは，進化的に祖先を共有するタンパク質間では，構造や機能が類似していることが多いという経験則にもとづく解析方法である．ターゲットとする配列に対して各種データベースから類似配列を検出することを，ホモロジー検索という．ホモロジー検索の代表的なツールとして，FASTA，BLAST，PSI-BLASTがある．京都大学化学研究所のGenomeNet（http://www.genome.ad.jp/），国立遺伝学研究所のDDBJ（http://www.ddbj.nig.ac.jp/），アメリカの国立バイオテクノロジー情報センター（NCBI，http://www.ncbi.nlm.nih.gov/BLAST/）などでは，web上でホモロジー検索を実行できる．検索には，対象とする配列の種類（塩基orアミノ酸）によっていくつかの方法が用意されている．例えばBLASTにはblastn（問い合わせ配列：塩基vsデータベース：塩基），blastp（アミノ酸vsアミノ酸），tblastn（アミノ酸vs塩基），blastx（塩基vsアミノ酸）がある．ここではアミノ酸配列を比較するNCBIのPSI-BLAST[1]を紹介する．図1はPSI-BLASTの入力画面である．

PSI-BLAST入力画面

①問い合わせ配列の入力
　FASTA形式（例参照，>配列のID番号またはエントリー名の後に改行して，アミノ酸配列を1文字表記で記載）の配列データを入力する

②データベースの選択
　defaultはnrであり，全配列データベース（GenBank，RefSeq Proteins，PDB，SwissProt，PIR，PRF）から重複を除いたすべての配列データを対象としている

③CDD（conserved domain database）Search
　チェックをつけておくと，問い合わせ配列に対してSmart，PfamおよびNCBIのモチーフデータベースの検索が実施され，結果が中間画面に表示される（図2）

④スコア・マトリックスとギャップペナルティの選択
　問い合わせ配列とデータベースの各配列をペアワイズに比較する際，それらの間の類似度を定量化する必要がある．スコア・マトリックスとは，20種類のアミノ酸間の置換しやすさを数値化したものである．PSI-BLASTには2種類のマトリックス，PAM[2]とBLOSUM[3]があり，置換しやすい残基間に高い

Hiromi Daiyasu / Hiroyuki Toh : Institute for chemical Reseach, Kyoto Universtiy（京都大学化学研究所）

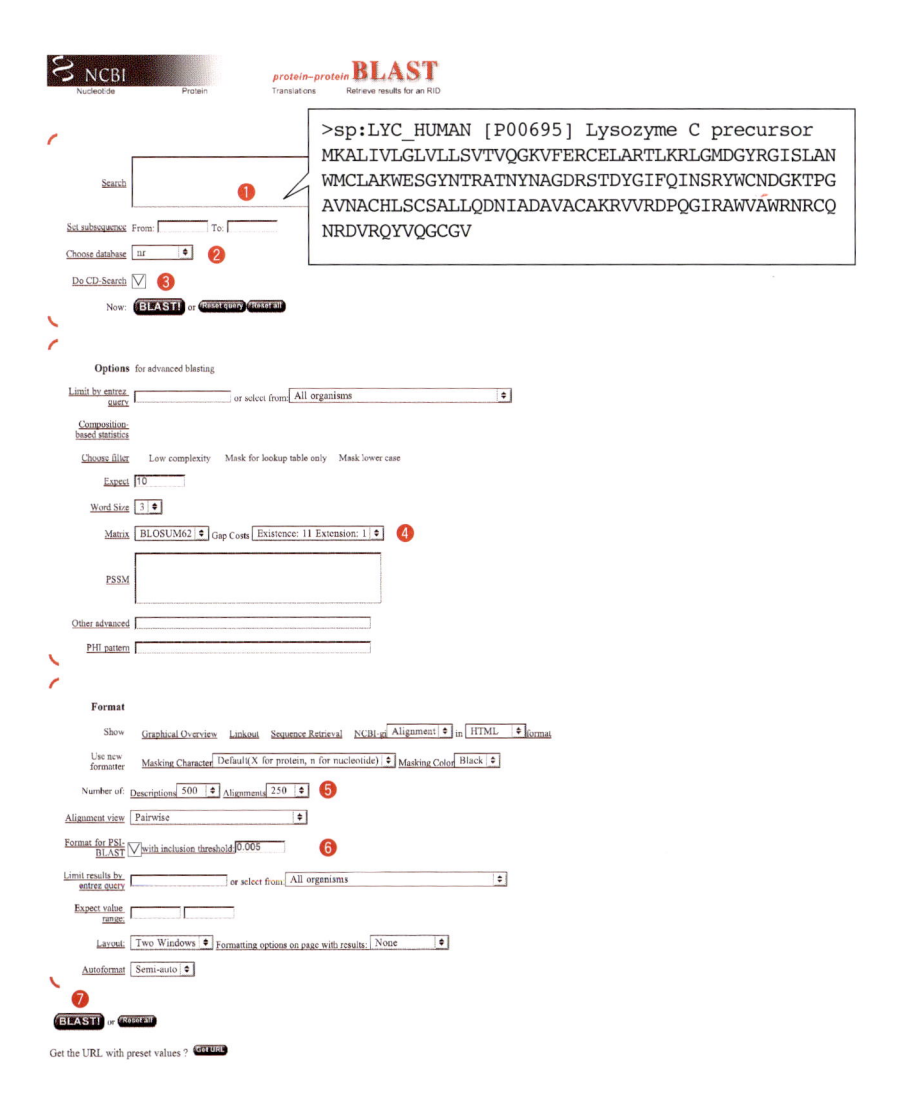

図1 PSI-BLAST 入力画面
詳細は本文を参照

値を割り当てるように得点化がなされている．PAMでは30, 70, BLOSUMには80, 62, 45といった数字が後ろにつけられており，PAMでは数字の大きい方，BLOSUMでは数字の小さい方がより配列類似性の弱い（進化的に遠い）配列を検出するのに適している．比較している配列間で，挿入/欠失により対応するアミノ酸がない場合には，ギャップ（-）を対応させる．連続したギャップには，その長さに応じてペナルティが与えられ，これは次の式で表される．

$g(L) = a + b(L-1)$

Lはギャップの長さであり，aはopen penalty（あるいはexistence），bはextension penaltyと呼ばれる．

⑤出力画面に表示する検出配列（Descriptions）数の上限と，問い合わせ配列と検出配列のペアワイズ・アライメント（Alignments）を表示する数の上限

⑥PSSMを構築するための配列を選択する際に基準とするE-valueの閾値（PSSMとE-valueについては後述）

⑦BLASTのボタンをクリックすると検索が実行され，

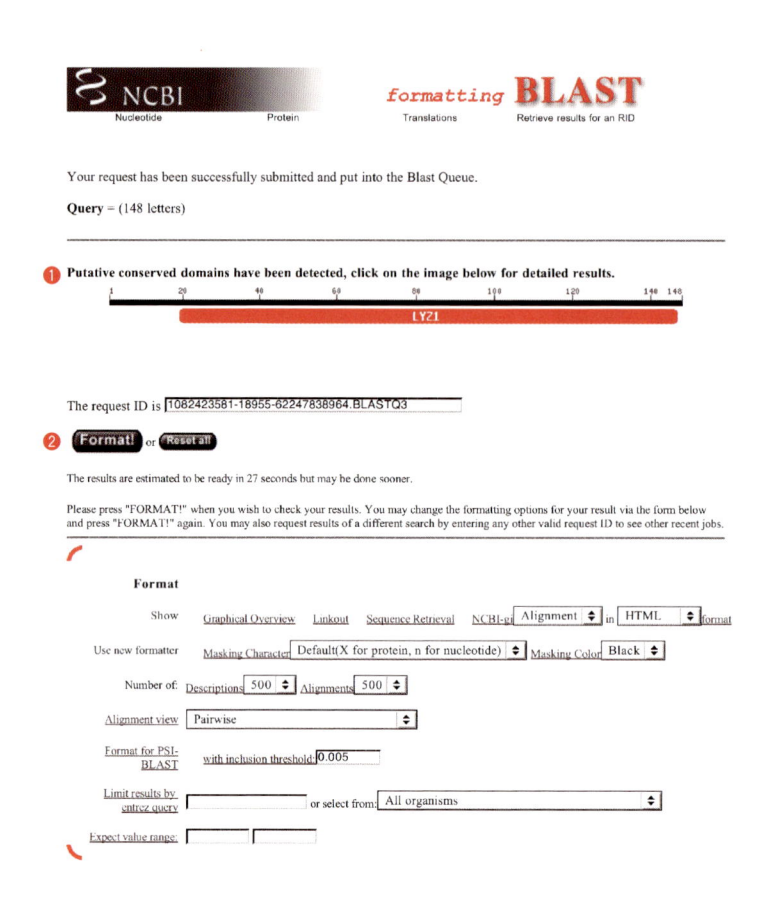

図2 PSI-BLAST 中間画面(CDD Search 結果)
詳細は本文を参照

中間画面に移動する

1回目の検索では，gapped BLASTが行われる．これは1本の問い合わせ配列（①）に対するデータベース検索である．

PSI-BLAST 中間画面（CDD Seach 結果）

図2-①に図1-③で説明したCDD Searchの結果が表示される．図はモチーフの情報にリンクされている．検索結果の出力へは，図2-②のFormatボタンをクリックすることで移動する

PSI-BLAST 検索結果の出力画面

図3-①入力配列と選択したデータベースの情報

図3-②検出配列を生物種ごとにソートした結果へ移動

図3-③検出された類似配列の総数

検出配列は，まずE-valueの昇順にリストアップされる（④）．配列名の左横にあるチェックボックスについては，後ほど説明する．E-valueとは，検出された配列と同じか，それよりも高いスコアを示す配列が同じサイズのデータベースから検出される回数の期待値である．この数値が十分に小さい場合，検出された配列について類似度の有意性が示唆される．次に，問い合わせ配列と各検出配列とのペアワイズ・アライメントが⑥のように出力される．各タンパク質のID番号から，データベースの対応するエントリーに移動することができ，タンパク質の詳細な情報を得ることができる．

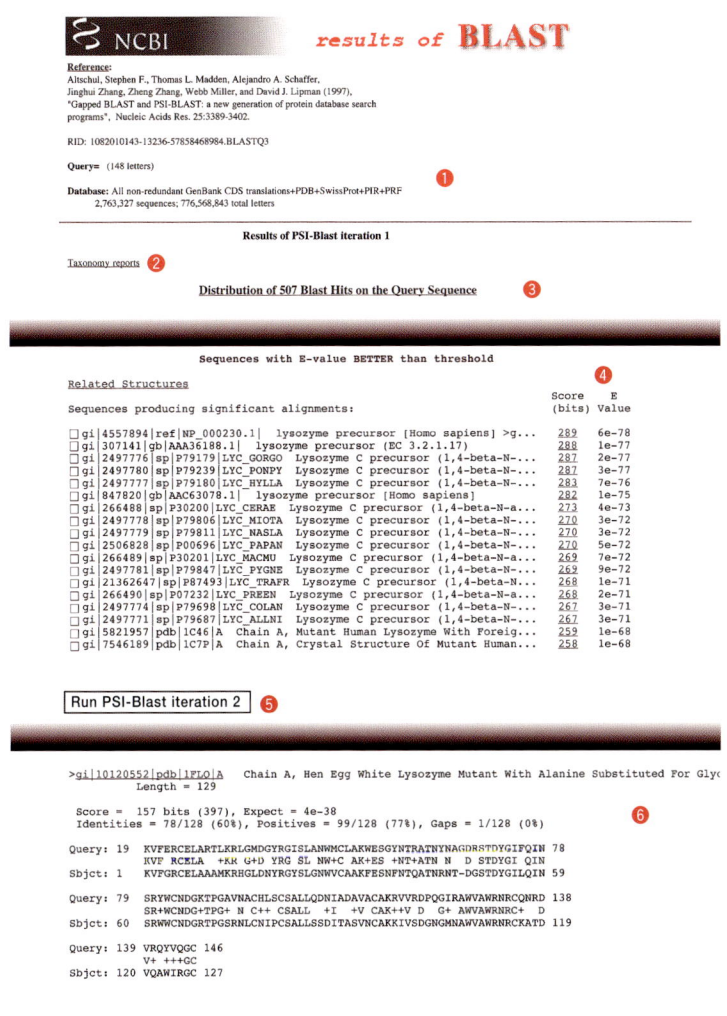

図3 PSI-BLAST　検索結果の出力画面
詳細は本文を参照

他のデータベース検索法と異なり，PSI-BLASTでは，検出された類似配列の情報を用いて，さらに高感度の検索を行うことができる．まず，図3-⑥で出力されたペアワイズ・アライメントからマルチプル・アライメントが作られて，問い合わせ配列の各サイトに対するPSSM（position-specific score matrix）が構築される．PSSMとは，マルチプル・アライメントから推定されたアミノ酸の出現頻度にもとづくサイト特異的なスコア表である．2回目以降の検索では，配列に代わってPSSMを問い合わせとして検索が行われる．PSSM構築に使用する検出配列はE-valueに従い自動選択されるが，図3-④のチェックボックスを用いてユーザーインタラクティブな取捨選択も可能である．これにより，各人の生化学的知識を駆使した類似配列の絞り込みが可能となる．このように2回目からはPSSMを用いた検索が実施され，その結果を受けて毎回PSSMを更新することで検索を繰り返すことができる．このような検索は，新規の検出配列がなくなるまで実行できる．2回目以降の検索は⑤のボタンで実行する．

マルチプル・アライメント

2つ以上のアミノ酸配列を比較する際に，必要になってくる操作がマルチプル・アライメントである．アライメントでは，スコア・マトリックスにもとづき，

1章3．配列解析の実際　41

図4 ClustalW　入力画面
詳細は本文を参照

配列間の類似度が高くなるように配列が並置される．複数本の配列の比較から，あるタンパク質ファミリーに保存されている特徴的な領域を検出できる．ここでは，代表的なアライメント・ツールであるclustalW [4]を紹介する．clustalWやグラフィカル表示機能をもつclustalXは ftp://ftp.ebi.ac.uk/pub/software/ からダウンロードできる．また，前述のGenomeNetやDDBJのサイトでも利用できる．ClustalWは，tree-base法によりアライメントが作成される．まず配列総当たりのペアワイズ・アライメントが行われ，各配列間の遺伝的距離が計算される．その結果から仮の系統樹（ガイドツリー）が構築され，その樹形に従って順次アライメントを行ってマルチプル・アライメントを作成する．図4にGenomeNetのclustalWの入力画面（http://clustalw.genome.ad.jp/）を示す．①では総当たりのペアワイズ・アライメントの方法を選択できる．やや時間がかかるがSLOW/ACCURATEを選択する方が良好な結果が得られる．②には，アライメント対象である複数の配列をFASTA形式で入力する．③ではギャップ・ペナルティ，④ではスコア・マトリック

```
CLUSTAL W (1.81) Multiple Sequence Alignments


Sequence type explicitly set to Protein
Sequence format is Pearson
Sequence 1: LYC_HUMAN       148 aa
Sequence 2: LYCP_MOUSE      148 aa
Sequence 3: LYC_CHICK       147 aa
Sequence 4: AAK85299.1      151 aa
Sequence 5: LYSP_DROME      141 aa
Start of Pairwise alignments
Aligning...
Sequences (3:4) Aligned. Score:  42
Sequences (1:2) Aligned. Score:  76
Sequences (3:5) Aligned. Score:  36
Sequences (1:3) Aligned. Score:  57
Sequences (1:4) Aligned. Score:  37
Sequences (1:5) Aligned. Score:  36
Sequences (4:5) Aligned. Score:  26
Sequences (2:3) Aligned. Score:  57
Sequences (2:4) Aligned. Score:  36
Sequences (2:5) Aligned. Score:  39
Guide tree        file created:    [clustalw.dnd]
Start of Multiple Alignment
There are 4 groups
Aligning...
Group 1: Sequences:    2        Score:2450
Group 2: Sequences:    3        Score:1305
Group 3: Sequences:    4        Score:1091
Group 4: Sequences:    5        Score:967
Alignment Score 4220
CLUSTAL-Alignment file created  [clustalw.aln]
CLUSTAL W (1.81) multiple sequence alignment
```

```
clustalw.alu
LYC_HUMAN       -MKALIVLGLVLLSVTVQGKVFERCELARTLKRLGMDGYRGISLANWMCLAKWESGYNTR
LYCP_MOUSE      -MKALLTLGLLLLSVTAQAKVYNRCELARILKRNGMDGYRGVKLADWVCLAQHESNYNTR
LYC_CHICK       -MRSLLILVLCFLPLAALGKVFGRCELAAAMKRHGLDNYRGYSLGNWVCAAKFESNFNTQ
AAK85299.1      -MRLAVVFLCLAWMSSCESKTLGRCDVYKIFKNEGLDGFEGFSIGNYVCTAYWESRFKTH
LYSP_DROME      MKAFLVICALTLTAVATQARTMDRCSLAREMSKLGVPRDQ---LAKWTCIAQHESSFRTG
                   :  :.   **.:    :  *:  ..  :..: *  ** :*

LYC_HUMAN       ATNYNAGDRSTDYGIFQINSRYWCNDGKTPGAVNACHLSCSALLQDNIADAVACAKRVVR
LYCP_MOUSE      ATNYNRGDRSTDYGIFQINSRYWCNDGKTPRSKNACGINCSALLQDDITAAIQCAKRVVR
LYC_CHICK       ATNRN-TDGSTDYGILQINSRWWCNDGRTPGSRNLCNIPCSALLSSDITASVNCAKKIVS
AAK85299.1      R--VRSADTGDYGIFQINSFKWCDDG-TPGGKNLCKVACSDLLNDDLKASVGCAKLIVK
LYSP_DROME      VVGPANSNGSNDYGIFQINNKYWCKPADGRFSYNECGLSCNALLTDDITNSVKCARKIQR
                   :  ..****:***. **.    . * : *. ** .::  ::  **: 

LYC_HUMAN       DPQGIRAWVAWRNRCQNRDVRQYVQGCGV-------
LYCP_MOUSE      DPQGIRAWVAWRTQCQNRDLSQYIRNCGV-------
LYC_CHICK       DGNGMNAWVAWRNRCKGTDVQAWIRGCRL-------
AAK85299.1      -MDGLKSWETWDSYCNGRKMSRWVKGCEQRKQSLRA
LYSP_DROME      -QQGWTAWSTWK-YCSG--SLPSINSCF--------
                 :*  :* :*  *...     :..*
```

```
clustalw.dnd
(((LYC_HUMAN:0.12185,LYCP_MOUSE:0.11464):0.10588,LYC_CHICK:0.20445):0.03857,
AAK85299.1:0.35214,LYSP_DROME:0.37835);
```

図5 ClustalW アライメント出力画面
詳細は本文を参照

スを選択できる（ホモロジー検索の項参照）．

例として5種類のlysozymeのアミノ酸配列を②に入力すると，実行結果は図5のようになる．はじめにアライメント対象の配列情報，次に各配列間でペアワイズ・アライメントした結果のスコアが示される．この結果からガイドツリーが作られ，画面の末尾clustalw.dnd以降に，newick形式で表示される．ガイドツリーに従って作成されたマルチプル・アライメントの結果はclustalw.alnとして出力される．各サイトの保存状態は，アライメントの下の'★'（不変サイト）や，':'または'・'（類似したアミノ酸で占められているサイト）で表示される．

clustalWは現在広く利用されているが，tree-base法には，その過程で生じた誤った残基対応が修正されないという欠点がある．そのため，アミノ酸残基の保存や立体構造の情報を用いて，出力を検討する必要がある．この欠点を修正した方法の1つとして反復改善法があり，これはCBRCのPAPIA（http://mbs.cbrc.jp/papia/papiaJ.html）で利用できる．

分子系統解析

マルチプル・アライメントから，タンパク質間の進化的関係を系統樹として推定できる．これを分子系統

解析という．系統樹作成法には，距離行列法と形質状態法に分類される．前者は，配列の違いからタンパク質間の遺伝的距離を計算し，進化的関係を推定する方法であり，UPGMA（平均距離法）やNJ（近隣結合）法などがある．後者は，共通祖先配列を推定し，現存の配列に至る系譜を解析する方法で，最節約法や最尤法がある．近縁なタンパク質間の系統関係はGenomeNetやDDBJにあるNJ法を利用できる．しかし，対象とする生物種が広範囲であったり，機能が多様化した類似度の弱い類縁配列の系統関係の解析には，距離の推定や尤度の解析などの詳細な検討が必要となる．そのような場合には，分子系統解析の種々のプログラムをパッケージ化したPHYLIP[5]やMOLPHY[6]が利用できる．これらは，以下のサイトからダウンロードできる．

PHYLIP 3.6

http://evolution.genetics.washington.edu/phylip.html

MOLPHY2.3

http://www.ism.ac.jp/ismlib/softother.html#molphy

推定された系統樹を描画するツールとしてTreeView[7]がある．これはhttp://taxonomy.zoology.gla.ac.uk/rod/treeview.htmlからダウンロードできる．分子系統解析の詳細は，文献8，9に詳しい．

参考文献

1) Altschul, S. F. et al. : Nucleic Acids Res., 25 : 3389-3402, 1997
2) Dayhoff, M. O. et al. :「A model of evolutionary change in proteins. In "Atlas of Protein Sequence and Structure, vol. 5, suppl. 3"」(Dayhoff, M. O. ed.), pp. 345-352, Natl. Biomed. Res. Found., 1978
3) Henikoff, S. & Henikoff, J. G. et al. : Proc. Natl. Acad. Sci. USA, 89 : 10915-10919, 1992
4) Thompson, J. D. et al. : Nucleic Acids Res., 22 : 4673-4680, 1994
5) Felsenstein, J. : J. Mol. Evol., 17 : 368-376, 1981
6) Adachi, J. & Hasegawa, M. :「MOLPHY Version 2.3 : Programs for Phylogenetics, ver. 2.3.」, Institure of Statistical Mathematics, 1996
7) Page, R. D. : Comput. Appl. Biosci., 12 : 357-358, 1996
8) 長谷川政美，岸野洋久/著：「分子系統学」，岩波書店，1996
9) 根井正利/著：「分子進化遺伝学」，培風館，1990

第1章 バイオインフォマティクス

4. バイオインフォマティクスにおけるデータマイニングの基礎

渋谷哲朗

> バイオインフォマクスにおいては，非常に大規模なデータを扱うことが多い．そういった大量のデータから何らかの意味のある情報や知識を取りだすためのデータマイニングと呼ばれる技術について簡単に紹介する．

データマイニングとは

　近年の技術進展に伴い，DNAやアミノ酸といった配列データや，DNAマイクロアレイの実験データなど，さまざまな種類の生物・医学データが大量に収集，蓄積されており，扱われるデータ量が指数関数的に増大している．そして，このような大量のデータのなかから人間がざっと全体を見渡すことによって，何らかの知識を得るといったことは，ますます困難になってきている．

　これに対し計算機を用いて，大量のデータのなかから意味のある情報（知識）を効率的に得ることを目指す手法のことを，総称してデータマイニング（data mining）といい，これがバイオインフォマティクス研究の1つの大きな潮流となっている．

　このデータマイニングといわれる手法にはさまざまな方法があるが，その多くは主に次の3つの戦略に分類される．1つ目はデータのなかから，何らかのパタンを発見（pattern discovery）する手法である．ここでいうパタンとはデータの集合を特徴づけるもののことで，数値の相関関係や，配列のなかのモチーフのようなパタンなど，さまざまなパタンがあり得る．

　2つ目は，さまざまな属性をもつ要素からなる大規模なデータがあるときに，それを利用することにより，属性のわからない要素の属性を予測（prediction）するような手法である．例えば大量の遺伝子のデータを利用して，新たにシークエンスしたDNA配列のなかから遺伝子領域を予測する，といったことがこれにあたる．やろうとしていることは大規模データから何らかのパタンを探し出し，それを用いて新たな要素の予測をする，ということであるが，このパタンは人間がみてわかりやすいパタンである必要はない，というところが1つ目の戦略と異なるところである．ただし，この戦略にもとづくアルゴリズムは，学習（learning）という分野に分類されることが多いため，この項では扱わない．

　もう1つは，整理されていないデータを，何らかの基準で，目的属性がはっきりしなくても整理するために分割する，というもので，クラスタリング（clustering）[1]と呼ばれる手法である．2つ目の戦略との違いは，分類すべき属性がわかっているか否か，というところにある．例えば，多数の遺伝子を，発現の挙動が似ているグループに分類する，といったことがこれに当たる．

　以下では上の3つの戦略のうち，パタン発見とクラスタリングの2つの戦略における基本的な手法について，バイオインフォマティクスへの応用という観点から簡単に紹介したい．

Tetsuo Shibuya：Human Genome Center, Institute of Medical Science, University of Tokyo（東京大学医科学研究所ヒトゲノム解析センター）

パタンの発見

　パタン発見は，与えられたデータ集合のなかから，その集合を特徴づけるようなものを探すことをいい，データマイニングのなかでは最も直接的な基本戦略であり，パタンといってもデータや用途によってさまざまな手法がある．それらのなかで最も基本的なデータマイニングの手法は，相関ルール（association rule）[2]を見つける，というものであろう．

　相関ルールとは，データベースのエントリが要素集合となっているときに，あるエントリが部分集合 X を含んでいる場合に，X とは素であるような部分集合 Y も含んでいる可能性が高い，というようなルールである．例えば，表は，A，B，…，Gといった遺伝子が，いくつかの実験のそれぞれにおいて，どの遺伝子が発現したか，というのを表したデータベースの例である．このとき，例えば，AとFが発現しているときに，同時にCが発現する確率が高い，といったようなことがもしあるとすれば，それが相関ルールの例である．これは式で {A, F} → {C} といったように表現することができる．

　この相関ルールを調べることによって，遺伝子同士の関係がわかってくることにより，遺伝子の新たな機能の解明に繋がる，といったことが期待できる．また，この相関ルールの延長線上に，マイクロアレイの時系列データからの遺伝子ネットワーク構築や，マイクロアレイの発現パタンを用いた転写因子予測，といったようなさまざまな研究がある．

　この相関ルールの良し悪しを決める基準としては，2つの指標がある．1つは，$X \to Y$ というルールに対し X が含まれるエントリのうち，Y も含むようなエントリの割合で表される指標で，これを確信度（confidence）と呼ぶ．例えば，同じ表において {A, F} → {C} といったルールの確信度は，{A, F} を含むエントリーのうち，C を含む割合が50％であるので，50％となる．この確信度がある程度以上高くてはじめて，このルールが存在するといえる．

　もう1つはサポート（support）と呼ばれるもので，$X \to Y$ というルールに対して {X, Y} を含むエントリの数のことをいう．これが少ないと，このルールの信憑性は低いということになる．例えば，表において，ルール {B} → {C} のサポートは2である．

表　遺伝子の発現のパタン

実験	発現した遺伝子
1	A, C, F
2	B, C, D
3	B, C, F, G
4	A, F, G
5	E, G

　あるサポート以上のルールを列挙するには，まずは大きさ1の部分集合で，そのサポート以上のものを列挙し，それから同じサポート以上の，大きさ k + 1 の部分集合を，大きさ k の部分集合のリストから作成する，ということを再帰的に行えばよい．さらに，与えられたサポート数以上の部分集合とそのサポートを用いて，確信度を計算することができるので，与えられたサポートと，確信度以上のルールを列挙する，ということが簡単にできる．このアルゴリズムは，ある意味，しらみつぶしに近いアルゴリズムではあるが，アプリオリアルゴリズム（apriori algorithm）[3]と呼ばれ，多くのデータマイニング手法の基礎となっている．

　DNAやタンパク質配列において，何らかの機能や立体構造と関連のある文字列上のパタンを，一般にモチーフという．DNAなどの配列データベースからパタンを見つける，というのもバイオインフォマティクスにおける重要なデータマイニングの課題である．通常のモチーフ発見は，まず似た機能あるいは構造をもった配列集合を集め，それらをアライメントすることで保存されている部位を探し出し，それを正規表現や，重み行列といったさまざまな表現方法で表す，といった形で行われる．

　しかし，このままではかなり人間の知識と手作業が必要とされる．そのため，もっとデータマイニング的な手法を用いて，大規模なデータから自動的にパタンを見つける研究も多く行われており，その多くで，上のアプリオリアルゴリズムに類似した方法が使われている．例えばBio-Dictionary[4]というデータベースは，タンパク質のデータベースなどから自動的に，塩基と'.'（どのような塩基でもよいことを表す文字）からなる簡単なパタンのなかより，パタン内の一定の長さの部分列中に一定数以上の塩基を含み，かつ頻出するものを列挙したものである．この列挙は短いパタンをまず見つけ，それらを繋げていくことで行っており，

前述のアプリオリアルゴリズムにおける，一定のサポート以上の部分集合の列挙と同様の手法といえる．

クラスタリング

先にも述べたように，クラスタリングとは，集合を似ている要素同士まとめてグループ化して分類することをいう．例えば，DNAマイクロアレイを用いた実験において，似た挙動をする遺伝子をグループ化することで，それらの遺伝子の機能を推測したり，遺伝子同士の関係を明らかにすることへと繋げていくことが期待できる．こういったことをするためには，「似ている」ことを定量的に測ることが必要である．例えば，塩基配列同士であれば，アライメントのスコアなどが使える．また，マイクロアレイの遺伝子発現データであれば，各実験での発現量をベクトルにして表現し，そのベクトル空間のなかでのユークリッド距離を指標として用いることができる．

このように，類似度の計算はデータによってさまざまに異なるため，クラスタリングを行う際は，対象とするデータの性質をよく知ったうえで行う必要がある．また，さらに，用いる類似度によっては，計算時間がかかり過ぎたり，あるいは使えないクラスタリングアルゴリズムも存在することに対しても注意が必要である．

このクラスタリングのアルゴリズムは，集合の要素をいくつかの部分集合に直接分割する方法と，図のように階層的に分割する手法の2つに大別することができる．以下では，その2つのそれぞれについて，最も基本的なアルゴリズムをいくつか紹介する．

集合を直接分割する手法のうち最も有名な古典的手法としてK-means法[5]がある．このアルゴリズムや，その派生アルゴリズムは，通常の幾何的に分布するような点のクラスタリングに非常によく用いられる．このアルゴリズムは次のようなものである．まずランダムにk個の要素を選びそれを中心とする．そして残りの要素を一番近い点に割り当てるようにして，まず暫定的なクラスタリングを行う．この暫定的なクラスターの重心を再び中心として同じことを繰り返し，その重心が動かなくなるまで繰り返すことでクラスターを求める，というものである．ただ，このアルゴリズムは，他と非常に離れた要素などが存在したときにうまくいかないことがあるため，重心ではなく，1番重心

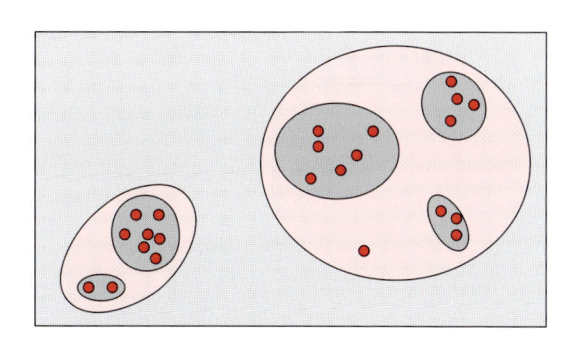

図　階層的クラスタリング
階層的クラスタリングの例．各点は個別のデータをあらわす．この例では全体の集合が2つの大きなクラスターに分割され，それぞれのクラスターが，さらにそれぞれ2つおよび4つの部分クラスタに分割されている

に近い要素を代表要素として選ぶ，というように改良したものをK-medoids法という．なおこのK-medoids法は計算時間が遅いため，さらにランダムサンプリングを用いて高速化したCLARANS (clustering large applications based on randomized search)[6]というアルゴリズムがよく使われている．

また別の基本的な分割法として，学習の分野でもよく使われる確率的クラスタリング (probabilistic clustering) 法[7]がある．これはすべての要素が，k個の確率分布（多くの場合正規分布など）にもとづいて出現しているものとして，実際の要素の集合が出現する確率が高くなるようなパラメータ（分布の中心，標準偏差，ある1つの確率分布が選ばれる確率など）を推定する，という方法である．なお，統計学や学習の分野においては，このような確率を最大化する手法は一般的にEM (ExpectationMaximization) 法[8]と呼ばれる．

これらの2つの方法は，空間上でのクラスタリングの際，凸状のクラスタを作ることが多く，凹んだ形や，輪のようなクラスタは通常作られることはない．しかし，そういったクラスタが欲しい場合もある．そのような場合に使われる手法として，DBSCAN (density-based spatial clustering of applications with noise) 法[9]がある．これは，距離がある閾値以下であるような要素間に枝があるグラフを考えて，それぞれの要素の次数がある一定以上で，かつ互いに接続しあっている要素を繋げていってできる要素集合と，それらに接続している要素を，1つのクラスタとして出力する，

というようなクラスタリング手法である．

　一方，階層的に分割する手法は大きく分けて，全体を順番に分割していくトップダウンな手法と，小さいものからクラスターを作っていくボトムアップな手法の，2つに分けられる．そのうちトップダウン型のアルゴリズムは，繰り返し2分割（あるいはk分割）を行うことによってクラスタリングを行うが，その2分割のアルゴリズムなどに関しては，上のK-meansなどの直接分割するようなアルゴリズムを用いることができるので，直接分割する方法の拡張とみることができる．そうではないトップダウンのクラスタリング手法としては，最小全域木（minimum spanninng tree）を作成し，その木のなかの最長の枝を切断することによって，2つのクラスタに分割するという方法[10]などがある．

　ボトムアップ型のアルゴリズムで最も基本的なのは，SLINK（single link）アルゴリズム[11]あるいはNN（nearest neighbor）法と呼ばれるものである．これは，最初は1つの要素のみからなる多数のクラスターから始めて，最も近いクラスターの組をまとめていくことによって，次第に大きなクラスターを作る，というものである．このときのクラスターの近さとしては，2つのクラスターに含まれる要素の組のなかで，最も近いものの距離を用いている．なお，この距離を別の定義に変えた，さまざまなクラスタリングアルゴリズムも数多くあり，実際に使う場合は用途に応じたものを使うべきである．

　以上，簡単にいくつかのデータマイニング手法について紹介したが，実際にデータマイニングをしていくにあたっては，自分が使っている手法についてきちんと理解するのは勿論のこと，その前に，データの性質によって，使うべきものはおのずと違ってくることを理解し，データにあった手法を選ぶようにして，その手法の傾向を見落として不適切な結果を導いてしまうようなことはないようにしたい．

参考文献

1) Kaufman, L. & Rousseeuw, P. J. :「Finding Groups in Data : An Introduction to Cluster Analysis.」, John Wiley and Sons, 1990
2) Agrawal, R. et al. : Proc. the 1993 ACM Conference on Management of Data : 207-216, 1993
3) Agrawal, R. & Srikant, R. : Proc. the 20th International Conference on Very Large Data Bases : 487-499, 1994
4) Rigoutsos, I. et al. : Proteins, 37 : 264-277, 1999
5) Hartigan, J. & Wong, M. : Applied Statistics, 28 : 100-108, 1979
6) Ng, R. T. & Han, J. : Proc. the 20th International Conference on Very Large Data Bases : 144-155, 1994
7) McLachlan, G. & Basford, K.「Mixture Models : Inference and Applications to Clus-tering.」, Marcel Dekker, 1998
8) Dempster, A. P. et al. : J. Royal Statistcal Society, 39 : 1-38, 1977
9) Ester, M. et al. : Proc. ACM SIGKDD, 94-99, 1996
10) Zahn, C. T. : IEEE Trans. on Computers, 20 : 68-86, 1971
11) Sibson, R. : Computer Journal, 16 : 30-33, 1973

第1章 バイオインフォマティクス

5．システム生物学

宮野 悟　松野浩嗣　倉田博之

> システム生物学を展開するために必要となるバイオインフォマティクス技術の観点から，遺伝子ネットワーク推定技術，パスウェイの数理モデル化とシミュレーションの技術，および生命システムの合成と解析について述べる．

システム生物学とは何か

細胞や組織では，DNA，mRNA，タンパク質，修飾を受けたタンパク質，およびそれらの複合体，外部からの刺激や糖などの物質がさまざまに作用して複雑なシステムを作りあげ，いろいろなパスウェイが機能している．こうした細胞内における分子の基本機能のほか，感染や免疫システム，心臓の電気生理などの臓器レベルでのシステム，糖尿病や喘息といった病理システムなど，分子から固体レベルまで，さらには地球生命系という環境まで含めた，複雑で巨大なシステムがシステム生物学（systems biology）が対象とするものである．

システム生物学は，生命のこうしたシステムをさまざまなレベルで解析し，そのシステム要素とその構成，およびそのシステムアーキテクチャを解明することにより，生命をシステムとして理解することを目指すものである．そのためには，まずシステムを構成するさまざまな要素の同定，およびそれらのネットワークとしての繋がりを明らかにすることに始まり，システムを数理的にモデル化して，シミュレーションやその可視化を通してシステムの予測ができるようになること，そしてモデルにもとづいて，薬などの分子やナノテクノロジーなどの新たな実験技術開発により生命システムを制御できるようになること，そして最終的には生命システムの設計を可能にすることなどの段階がある．細胞や組織で営まれている生命のメカニズムがシステムとして解明され，そのシステムをコンピュータ上でシミュレーションして現象を予測し，それにもとづいて新たな実験デザインを行うことが可能となれば，創薬や治療法の開発はとても効率化され，また医学・生物学自身も，この新たな方法論により大きな変革を遂げるものと考えられている[1]．

大規模・高速・先端計測実験機器開発と，バイオインフォマティクス技術がシステム生物学推進の両輪をなしている．例えば，高速DNAシークエンサーの開発によりゲノムが高速・低コストで解読されるようになり，バイオインフォマティクスとしては遺伝子コード領域予測技術を用いて，システムを構成する遺伝子の同定が容易になった．また，マイクロアレイ技術により，ゲノムワイドにmRNAの発現レベルを計測することができるようになり，クラスター解析をはじめとするバイオインフォマティクス技術を用いて，病気に関連する遺伝子の探索がゲノムワイドに可能になった．また，yeast two hybridシステムやMALDI TOF massなどの質量分析装置により，ゲノムワイドにタンパク質相互情報が得られるようになり，その解析のためのバイオインフォマティクス技術が開発されている．

Satoru Miyano[1] / Hiroshi Matsuno[2] / Hiroyuki Kurata[3]：Institute of Medical Science, University of Tokyo[1] / Faculty of Science, Yamaguchi University[2] / Faculty of Computer Science and Systems Engineering, Kyushu Institute of Technology[3]（東京大学医科学研究所[1] / 山口大学理学部[2] / 九州工業大学情報工学部[3]）

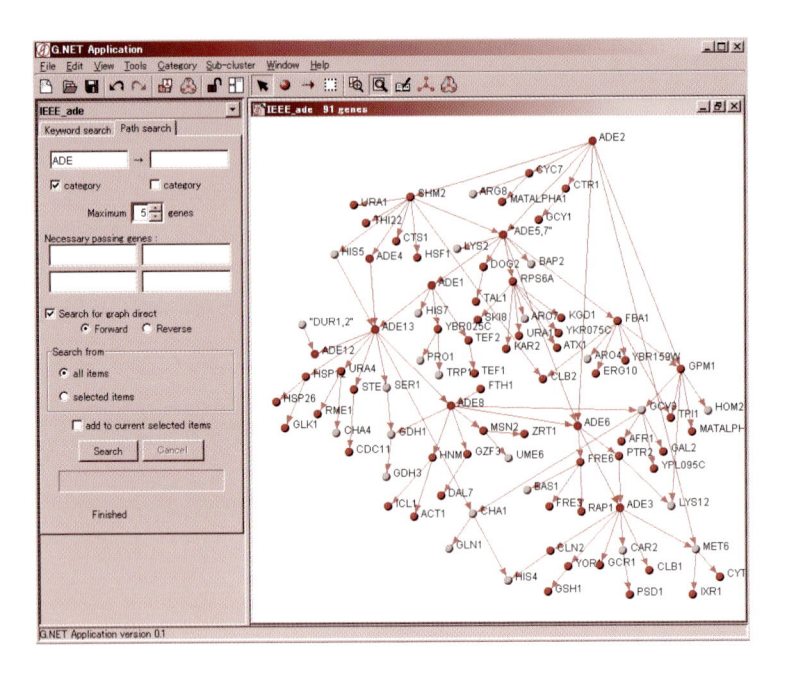

図1　推定された遺伝子ネットワーク
詳細は本文を参照

　本項では，システム生物学のためのバイオインフォマティクス技術観点から，システム要素とそのネットワークの同定として，マイクロアレイデータからの遺伝子ネットワーク推定技術とその応用，システムの数理モデル化とシミュレーションによる予測の方法，そして，生命システムの合成と解析について述べる．

遺伝子ネットワークの推定

　浸透圧などのショックや遺伝子破壊にもとづいたマイクロアレイ解析によりゲノムワイドに多様な遺伝子発現プロファイルデータが作り出されている．遺伝子間の制御関係をネットワークとして表現したものが遺伝子ネットワークであるが，このネットワークをこうしたマイクロアレイデータから推定することができる．推定方法としては，ブーリアンネットワーク（Boolean network），ベイジアンネットワーク（Bayesian network），常微分方程式系モデル，グラフィカル・ガウシアンモデル（graphical Gaussian model）などにもとづくものが提案されている．推定された遺伝子間の制御関係は図1のように有向グラフとしてあらわされる．
　ブーリアンネットワークは，遺伝子の発現状態を「発現している（ON）」と「発現していない（OFF）」で捉え，その制御関係を遺伝子の発現状態のブール関数であらわしたネットワークで，これにもとづいて遺伝子ネットワークを推定する方法が開発されている[2]．ブーリアンネットワークの場合，マイクロアレイデータの実数値を2値化する必要がある．2値化は，ノイズの大きかった初期のマイクロアレイデータに対しては，ノイズのフィルタリングの役割も担い有効であったが，閾値の決定法や近年の精度の上がったマイクロアレイデータに対しては情報の過剰な損失が問題となる．
　一方，ベイジアンネットワークは，遺伝子の発現量を確率変数として捉え，確率変数間の定性的な依存関係（遺伝子の制御関係）をサイクルなしの有向グラフとして表し，変数間の定量的な依存関係を，その変数の間に定義される条件付き確率によって表したものである．離散データに対するベイジアンネットワークモデルの他に，ノンパラメトリック回帰モデルを組合せたベイジアンネットワークも提案され，その有効性が示されている[3]．しかし，ベイジアンネットワークはサイクルをもたないことを前提としており，実際の遺伝子ネットワークには多数のサイクルを含む制御関係があることから，その点が実用上問題となる．その解

決策としては，時系列マイクロアレイデータが得られた際に，ダイナミック・ベイジアンネットワークモデルを利用することが提案されている．また，常微分方程式系モデルも時系列マイクロアレイデータを前提とした手法である．

マイクロアレイデータからの遺伝子ネットワーク推定に対しては，遺伝子数に対してマイクロアレイデータのもつ情報量の不足が常に問題となる．例えばパン酵母の約6,000遺伝子のネットワークを数百枚のマイクロアレイデータから推定するには根本的に情報が不足しているといわざるを得ない．そこで通常は，解析ターゲット遺伝子をある機能（例えば細胞周期など）に関するものに限定し，ネットワークに含まれる遺伝子数を減らすなどの処理が事前に行われる．

このような情報不足に対する解決策の1つとして，マイクロアレイデータに，他の生物学的データを付加情報として加えた解析が有効であることが実証されている．組合せる生物学的データとしては，網羅的なタンパク質間相互作用，タンパク質-DNA相互作用，プロモーター領域のモチーフ，タンパク質の細胞内局在情報，文献情報などが用いられている．また，推定された遺伝子ネットワークを利用して薬剤ターゲット遺伝子を同定する方法なども開発されている[4]．

シミュレーションの意味とツールの開発

遺伝子やタンパク質など，生命を構成する多くの個々の要素の機能を確かめただけでは生命機能の全体像を知ったとはいえない．すなわち，生命の構成要素がどのように連携し，システムとしてどう働いているのかを理解する必要がある．生命をシステムとして解明できれば，これをコンピュータ上に具現化することができるようになる．そうすれば，生命現象をシミュレーションすることが可能になり，実験過程で設定される仮説を生成する強力な道具となる．

シミュレーションツールが医学・生物学の分野の研究者にとって使いやすいものであるためには，①実験系の研究者の深い知見や洞察，非公開のデータなどがシミュレーションモデルに直感的・直接的に反映され，モデルの作り込みは，実験系の研究者自身によってなされること，②通常の微分方程式系やプログラミング言語を直接用いることなく，システムダイナミックスの記述ができること，③モデルは常に改定されることを前提としているので，その改定が容易であること，などの条件を満たしている必要がある．

これらに対応するために，最近開発されているシミュレーションツールでは，オブジェクト指向の概念を取り入れたり[5]，パスウェイ記述のためにさまざまのGUI（graphical user interface）を備えるなどの工夫がされてきている[6]．さらに，SBML（http://www.sbml.org）やCellML（http://www.cellml.org）など，パスウェイ記述のためのモデル言語をXMLを用いて標準化しようとする動きも活発である．システム工学分野で，並行システムをグラフィカルに記述して解析を行うために研究されてきたペトリネット（Petri net）という概念がある．これを，パスウェイのモデル化とシミュレーションに適するように拡張し，上記3つの条件を満たすように開発されたツールとしてGenomic Object Net（http://www.genomic.object.net/）がある．このツールもXMLをパスウェイ記述の形式として採用している．図2はこのツールを用いて作成した分裂酵母の細胞周期モデルであり，この他にも，このツールを用いてさまざまなモデルが作られている（http://genome.ib.sci.yamaguchi-u.ac.jp/~gon/）[7]．

シミュレーションによる新しい仮説を生成した具体例を紹介する．rum1$^+$（replication uncoupled from mitosis）は，分裂酵母のG2/M期を制御するタンパク質複合体Cdc2/Cdc13に対するCKI（CDK inhibitor）と呼ばれる阻害タンパク質である．図3はrum1$^+$遺伝子の変異体モデルのシミュレーション結果である．A）は野生型で，B）はrum1$^+$を失活させたモデルである．この失活モデルは，図2のコンピュータ上の野生型モデルにおいて，rum1$^+$のタンパク質Rum1の濃度の初期値を0とし，さらにRum1を増やそうとする機能を表す矢印を削除することで行った．rum1$^+$が失活しても細胞周期が止まることはないことがすでにわかっている．また，G1前停止期が存在しないともいわれている．シミュレーション結果でも細胞周期は野生型のモデル同様止まることはなかった．同時に，野生型よりも細胞周期の間隔が短くなっているのが観察できた．これはrum1$^+$失活によってCdc2/Cdc13複合体の活性化が抑制されなくなったためである．C）はrum1$^+$を強制発現させた場合である．この場合Cdc2/Cdc13の活性が強く抑制されるため，細胞は分

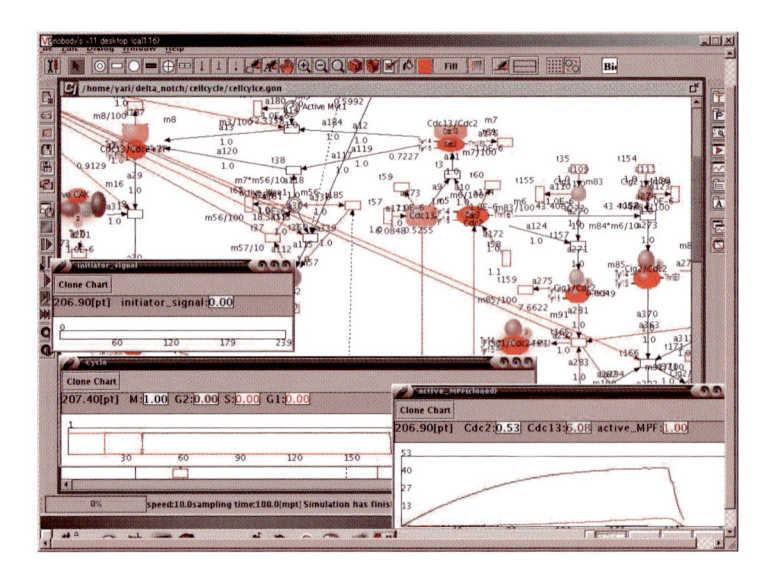

図2 Genomic Object Net を用いて分裂酵母の細胞周期をモデル化したスクリーンショット
詳細は本文を参照

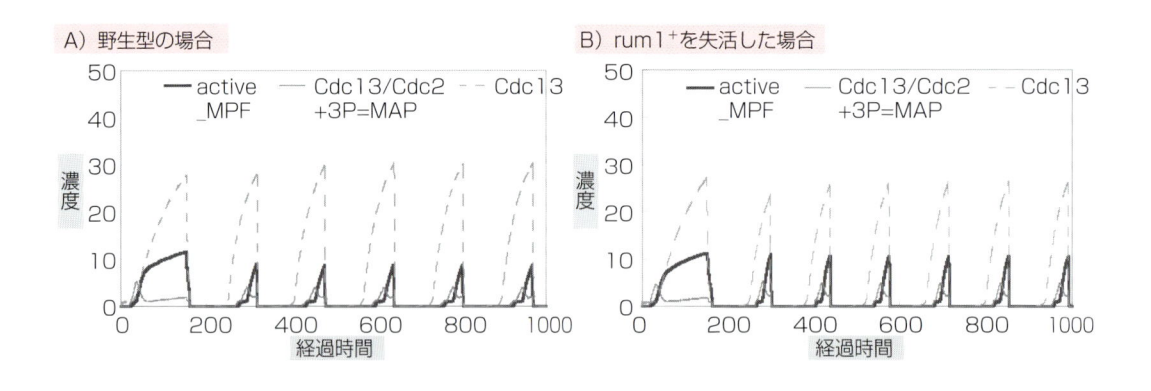

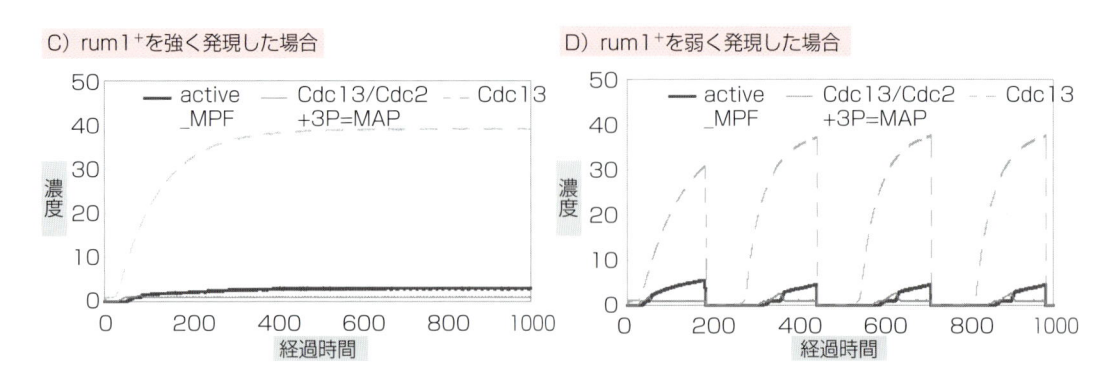

A) 野生型の場合

B) rum1+を失活した場合

C) rum1+を強く発現した場合

D) rum1+を弱く発現した場合

図3 分裂酵母rum1+遺伝子の変異体のシミュレーション結果
詳細は本文を参照

裂することができなかった．このことは生物実験によってもすでに確認されている．D）はrum1⁺を弱く強制発現させた場合である．細胞周期が野生型に比べて伸張していることが分かる．このような弱い強制発現をさせたという生物実験の例はないが，このシミュレーション結果は，Rum1がCdc2/Cdc13の抑制に働いていることから，Rum1の量が多くなれば細胞周期が伸張することを仮説として提示している．

生命システムの合成と解析

システム生物学の1つの目的は，細胞機能を生じさせる分子間相互作用の総体として，生命分子ネットワークを包括的に理解することである．細胞は，環境に適応するための機能を実現する生命分子ネットワークを作り上げるために，生化学的相互作用を組織化し，進化させてきた．それゆえ，生命システムを解読するためには，各相互作用の機能だけでなく，その機能が組合さって起こる，全体の仕組みを理解することが重要である．

生命分子ネットワークマップは，細胞内の個々の詳細な反応知識を集積するための共通の基盤であり，細胞の設計図と考えることができる．生命分子ネットワーク解明は，最初は成長因子にかかわる遺伝子制御に焦点があてられていたが，現在では，バクテリアから人間まで，広範な生物種で驚くほど速いスピードで研究が進展し，その生物学的重要性が証明されている．ネットワークマップをもとにして，バイオテクノロジーやゲノム創薬の発展に貢献することが期待されている．

遺伝子機能や分子間相互作用から，生命システムの精密な設計図を作るためには，生体内の個々の反応を厳密に定義し，それらの膨大な反応をコンピュータによって合成・解析できなければならない．大規模な代謝反応の知識データベースKEGG（http://www.genome.ad.jp/kegg/）においては，ノードが反応物，生成物，遺伝子を，矢印が反応をあらわすグラフ構造を用いて抽象的にあらわされることが多い．その一方で，遺伝子制御ネットワークでは，多様な種類の分子がシグナル伝達因子や制御因子（ホルモン，伝達物質，膜受容体，イオンチャネル，転写因子，金属イオン）としてかかわっているが，そのような複雑な反応の記述は厳密には定式化されていない．それに加えて，生命反応は不完全で不確実な知識を含むことが多い．

代謝回路の大規模なマップがKEGGとEcoCyc（http://ecocyc.org/）で表現されていることからもわかるように，生命分子ネットワークを精密に記述するための問題は，システム中にある反応数の大きさではない．問題は，複雑で多様な反応経路と，既知と未知の反応を明確に表現できる表記法を構築することである．そのような問題を解決するために，Kohn[8]は，反応と構成分子を表す新しい記述法を導入することによって，複雑なネットワークに対処する図式表記法を提案し，細胞周期の詳細な遺伝子ネットワーク地図を提示した．

またその延長として，シミュレーションを意識した生命分子ネットワークの表記法が研究され，それにもとづいて，生命分子ネットワーク設計支援システムCADLIVEというソフトウエアが開発されている[9]．そしてタンパク質相互作用などのポストゲノムデータとの統合を行うことにより，コンパクトな空間に大規模な生命分子ネットワークを構築できるプラットフォームが作られ，未知のネットワークの推定ができるようになっている．

生命分子ネットワークマップの解析法として，①ネットワークのトポロジカルな性質にもとづくマクロ解析，②代謝回路における代謝流束解析や代謝流束収支解析を用いた静的シミュレーション，③微分方程式にもとづく動的シミュレーションがある．①は，大規模生命分子ネットワークをグラフ化し，モジュール性，スケールフリー，階層性などの観点から理解して，人工物であるインターネットや電力送電ネットワークと比較解析する方法である．マクロな立場から，生命システム全体を理解する研究である．②は，主として，定常状態における代謝回路に適用される解析である．代謝流束解析（MFA）は，代謝反応の化学量論式にもとづいて，代謝流束を推定する技術である．また，代謝経路マップから，elementary modeやextreme pathwayを計算して，それにもとづいて，増殖速度や代謝物生産速度を最適化する手法として，代謝流束収支解析（FBA）が注目されている．③は，生命分子ネットワークにおける個々の分子の反応速度を微分方程式で記述する方法である．

微分方程式を用いたシミュレーションには大きく分けて，detailed kinetic modelとsimple kinetic model

がある．前者は生体内の詳細な反応機構を数値化して，生命現象を文字通り，分子レベルから再現するためのモデルである．後者は，生命分子反応ネットワークの基本的構造を抽出して，制御の観点から生命の設計原理を解明するためのモデルである．システムアプローチと呼ばれるものであるが，生命分子ネットワークのロバスト性が，多様な反応メカニズムによって，達成されていることが示されている．

　生命分子ネットワークの合成・解析を行うためには，ネットワークマップが共通の基盤になることを理解し，ネットワークマップをコンピュータ解析できるような形で，精密に定式化することが必要である．構築された生命分子ネットワークマップにもとづいて，ネットワークのトポロジカルな性質を理解し，静的・動的性質をシミュレーションすることが可能になる．生命の設計図を構築することによって，有用物質生産を促進するための標的遺伝子や創薬の標的となる遺伝子を推定することが可能になると期待される．また，生命実験と相互に補完しながら，発展していくことが期待される．

参考文献

1) Kitano, H.：Nature Rev. Cancer, 4：227-235, 2004
2) D'haeseleer, P. et al.：Bioinformatics, 16：707-726, 2000
3) Imoto, S. et al.：J. Bioinformatics & Comput. Biol., 1：231-252, 2003
4) Imoto, S. et al.：J. Bioinformatics & Comput. Biol., 1：459-474, 2003
5) 皿井伸明，他：シミュレーション, 23：4-13, 2004
6) Kitano, H.：BIOSILICO, 1：169-176, 2003
7) 松野浩嗣，他：実験医学, 20：1873-1878, 2002
8) Kohn, K. W.：Mol. Biol. Cell, 10：2703-2734, 1999
9) Kurata, H. et al.：Nucleic Acid Res., 31 (14)：4071-4084, 2003

第1章 バイオインフォマティクス

6．バイオインフォマティクス

佐藤 眞木彦

本項ではテキスト処理を念頭に置きUNIXの基本操作について説明する．バイオ系データはテキストデータが主流であり，UNIXの豊富なテキスト処理ツールが力を発揮する．またバイオインフォマティクスの主要なツールはUNIXで動くため，UNIXの習得は必須である．

はじめに

1970年代後半にアミノ酸配列，DNA配列がデータベース化され，それらのために1980年代初頭に開発された配列解析プログラムがバイオインフォマティクスの起源である．当初は配列解析から出発したバイオインフォマティクスだが，現在では発現プロファイル解析・データマイニング・高次元データの視覚化・遺伝子ネットワーク解析など，対象も手法も多岐に渡る学際的学問となっている．一方，インターネットとWEBアプリケーションの発展は，学術論文や大量データとその解析手法のタイムリーな共有を可能にしたことで，バイオインフォマティクスのありかたを大きく変えたといえる．いずれにせよ，近年ますますその増加率を増した溢れる生物学的データを解析するためには，コンピュータと情報科学的アプローチは不可欠なものになっている．ここで主に用いられるOSとデータ形式はUNIXと，文字データだけで構成されたテキストで，そのためバイオインフォマティクスにとってテキスト処理技術は必須である．

UNIXでは主にシェルにコマンドを打ち込んで操作する．このような操作をキャラクターユーザーインターフェイス（CUI）と呼び，ここではCUIを中心に基本的な操作法を説明する．一方，AppleのMackintosh，MicrosoftのWindows，UNIXのX-windowなどの，ウィンドウとマウスでの操作をグラフィカルユーザーインターフェイス（GUI）と呼ぶ．ただし，CUIといっても通常はX-window上のターミナルウィンドウ（xterm, ktermなど）のうえでシェルを起動して使用する．

CUIはGUIと比べると，UNIXコマンドを覚えたり，それらのコマンドを打ち込まねばならず面倒に感じるだろうが，CUIを使えるようになれば，沢山の処理を一度に実行したりさまざまなコマンドやプログラムを連携させたりするなど，GUIにはないメリットが数多くある．このような使い方は，バイオインフォマティクスを効率的に行う強力なツールになるので，ある程度は使える必要がある．

ⅰ）UNIXの基本的操作

ここではUNIXのlogin/logoutの操作は一通り行ったことがある読者を想定している．

ファイルシステム

UNIXのファイルシステムは以下の3つのファイル

Makihiko Sato : Department of Systems and Information Engineering Graduate School, Maebashi Institute of Technology（前橋工科大学大学院工学研究科）

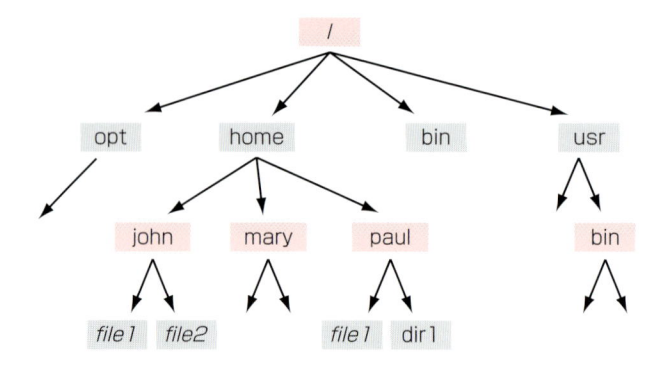

図1　ファイルシステムの木構造
UNIXのファイルシステムは，"/"（ルートディレクトリ）を頂点にディレクトリやファイルが階層的に配置され，全体として木構造を構成している．"/"直下の"/usr"，"/bin"などの一部のディレクトリ名は慣例的に名前とその内容が決められているが（UNIXの系統により構成は若干ことなる），本項ではそれらについては説明を省く．図の詳細については本文を参照

から構成されている．

- **通常のファイル**
  データやプログラムを収納したもの．
- **ディレクトリ**
  ファイルやディレクトリを収納したもの．Windowsのフォルダに相当する．
- **デバイスファイル**
  ハードウェアデバイスに関係したもの．ここでは説明を省く．

1 ファイルシステムの木構造

ファイルシステムは，あるディレクトリの下に他の複数のディレクトリやファイルを同等に置くことができ，その結果全体として木構造を構成している．図はこの木構造を示したものである．図では，"/"（ルートディレクトリ）を頂点に，その下にサブディレクトリが配置されている様子を描いている．

2 ワーキングディレクトリ，ホームディレクトリ

UNIXで作業をするときは，ユーザは必ずある1つのディレクトリにいる．そのディレクトリをワーキングディレクトリ（現在の作業ディレクトリ）という．システムにloginすると，ワーキングディレクトリは自動的にホームディレクトリに置かれる．例えば図の"/home"の下の"john"のように，uidが"john"でそのホームディレクトリが"/home"に設定されていれば，そのホームディレクトリは"/home/john"となる．ホームディレクトリは，そのユーザ固有のディレクトリで，各個人の作業は主にそのホームディレクトリの下に作られた一連のディレクトリのどれかをワーキングディレクトリとして行う．

3 パスの指定方法

木構造のファイルシステムのなかで1つのディレクトリの指定を"パス"という．このパスには絶対パスと相対パスがある．絶対パスとは，"/"から連なる一連のディレクトリを"/"を間にいれてつなげて指定する方法である．例えば図の最下部左の"file1"は，"/home/john/file1"と指定することができる．一方，相対パスとはワーキングディレクトリからの相対的な位置でのパス指定である．例えば，図のディレクトリ"/home/john"からpaulのホームディレクトリの下の"dir1"は，"../paul/dir1"と指定することができる．".."は，ワーキングディレクトリの1つ上のディレクトリを指定するもので，その他に相対パスの指定に使う指定として，"."：ワーキングディレクトリ，"~"：自分のホームディレクトリがある．

4 UNIXで用いられるデータファイル

UNIXで用いる基本的なデータファイルは，文字データだけで構成されたテキストファイルである．システムの設定ファイルもこの形式なので，そのファイルをエディタで変更し，設定を変えることが可能である．バイオインフォマティクスで用いる通常のデータもテキストファイルの形式でやり取りされる．

ディレクトリとファイルの操作

ディレクトリ，ファイル関連の主なコマンドとして，以下の表のようなものがある．

表では，コマンド　引数，機能の簡単な説明を示している．引数の表記として，<file>はファイル名，<dir>ディレクトリ名．また，引数として［ ］で囲われているものは省略可能，"|"はどちらかの指定が可能であり，"…"は直前に記されている引数を繰り返し指定できることを示す．機能にはそのコマンドの主要な機能を記述している．ほとんどのコマンドにはさまざまなオプションがあるが，誌面の関係上ここでは説明を省略する．詳しくはmanコマンドで調べられる．manコマンドは次のようなものである（オプションは省略）．

man <title>　<title>には調べたいコマンドが入る．

pwd
ワーキングディレクトリの名前を表示する．

cd　　［<dir>］
ワーキングディレクトリを指定したディレクトリに移動する．指定がなければ，ホームディレクトリに移動する．

mkdir　<dir>
ディレクトリを作成する．そのディレクトリがすでにあれば何もしない．

rmdir　<dir>
ディレクトリを削除する．ただし，安全のため中身が空の場合のみ有効．

ls　　［<dir>|<file>］
指定したファイルまたはディレクトリの情報を出力する．指定がなければ，ワーキングディレクトリの情報を出力する．

cat　　<file>・・・
ファイルの内容を連結して出力する．

cp　　<file>
　　　<file>|<dir>
　　　<file> … <dir>
第一引数のファイルを第二引数のファイルまたはディレクトリにコピーする．または複数のファイルを指定したディレクトリにコピーする．

mv　　<file>　<file>
　　　<dir>　<dir>
　　　<file>|<dir> … <dir>
ファイルやディレクトリの名前を変更する．または複数のファイルやディレクトリを指定したディレクトリに移動する．

rm　　<file>…
ファイルを削除する．

エディタ：vi

UNIXでの代表的なエディタとして，viを紹介する．viはほとんどすべてのUNIXにインストールされており，これを用いれば必要最低限の編集操作が可能になる．

1 viの起動と終了

viは，X-windowのkterm，xtermなどのうえで，新たに編集するファイル名を引数として下記のように起動する．すでに存在するファイルを指定して起動すれば，そのファイルの内容が表示される．

vi test.txt

すると，画面の最下段に下記のような表示がされ，viが起動される．

"test.txt"[New File]　　　　1,1

viを終了するためには，":q![Enter]"と入力する．

2 viのモード

viには，コマンドモード，入力モード，ステータス行モード，の3つのモードがある．

- コマンドモード
  主なモードである．viを起動するとこのモードになる．カーソルの移動や編集コマンドの入力はこのモードで行う．viが他のモードにあっても，[Esc]を打つことでコマンドモードに戻る．

- 入力モード
  コマンドモードで入力を要求するコマンドを入力すれば入力モードに移り，文字列を入力できるようになる．入力モードになっている場合は，画面の下部に"_INSERT_"などと表示される．入力モードから抜ける場合は，[Esc]を押す．

- **ステータス行モード**
  exコマンド（UNIXの行エディタ）を入力するモードである．":"を押すとこのモードになり，exコマンドを入力後[Enter]を押すとコマンドが実行されviのコマンドモードに戻る．

3 viのコマンド

ここでは編集のために必要な最低限の操作だけを説明する．

コマンドモードでの最低限のコマンドは次のとおりである．

h, j, k, l
カーソルを1つ動かすコマンドで，それぞれのカーソルを動かす方向は，次のとおりである．h：←，j：↓，k：↑，l：→

i, a
入力モードに移るコマンドで，"i"：挿入，"a"：追記，のどちらかを押し，入力したい文字列を入力する．

x, dd
xはカーソルの位置の1文字を削除する．ddはカーソルのある行を削除する．

ZZ
保存終了．

ステータス行でのコマンドは，次のとおりである．

:wq
保存終了である．保存せずに終了する場合は，":q!"を用いる．

:r file_name
file_nameで指定したファイルのテキスト全体を挿入する．

:行番号
カーソルを指定した行番号に移動させる．

ここで説明したものは編集に最低限必要な処理で，viにはその他にもさまざまなコマンドがあるので，マニュアルを参照していただきたい．またエディタとしては，emacsなどの高機能のエディタなど他にもいろいろある．UNIXに慣れてきたら色々と試していただきたい．

標準入出力，エラー出力，リダイレクション

多くのUNIXコマンドは標準入力からデータを受け取り，標準出力へ結果を出す．通常，標準入力とはキーボードからの入力で，標準出力は画面への表示になる．標準入力や標準出力の入出力を，指定したファイルに切り替えることが可能で，この機能をリダイレクションと呼ぶ．

<
指定したファイルを標準入力にする．

>
指定したファイルを標準出力にする．ファイルがある場合はそれを上書きし，ない場合は新たに作る．

>>
指定したファイルの末尾に標準出力を追加する．ファイルを上書きはしない．ファイルが存在しない場合は新たに作る．

例えば，file1の後にfile2を，その後にfile3を接続したファイルfile_123を作る場合は，catコマンドとこのリダイレクションを使って次のようにする．

 # cat file1 file2 file3 > file_123

さらに，file_123の後にfile4を追加する場合は，下記のようにする．

 # cat file4 >> file_123

標準出力に加えて，エラーや付加情報を出力する標準エラー出力がある．この標準エラー出力は通常，標準出力と同時に画面への表示として出力される．そのため，リダイレクションを使って標準出力を他のファイルやプログラムに出せば，この標準エラー出力だけが画面に表示される．

また標準エラー出力は標準出力と同様に，"2>error_file"のような形式でリダイレクションができる．標準エラー出力を標準出力に追加してリダイレクションするためには，標準出力のリダイレクションの他に，"2>&1"を追加する．

パイプ

プログラム間の標準出力と次のプログラムの標準入力をファイルに出力することなしにパイプと呼ばれる機能を用いて接続することが可能である．この指定を（"｜"）で行う．この機能を用いて複数のプログラムを入出力ファイルなしに結合し，さまざまな処理を連続して行うことができる．

例えば，data_fileのなかの冗長な行を除いた行数をカウントするために，sort（ソート），uniq（2つ以上の連続した行を1つにする），wc（文字数，ワード

数，行数を数える）などのプログラムを用いて，下記のようにパイプでつなぎ処理することができる．

sort data_file ¦ uniq ¦ wc

ワイルドカード

複数のファイルを同時に処理する場合，シェルがもっているワイルドカードの機能を使えば効率的な作業が可能になる．

ワイルドカードは下記のようなものが使える．

*
ファイル名中の長さ0以上の文字列と一致する

?
ファイル名中の任意の一文字と一致する

[ccc]
ファイル名中のcccのなかの任意の文字と一致する．0-9, a-zといった範囲指定も可能である

例えば，abc.txt, abc1.txt abc2.txt, abc.doc, abc.tmp のファイルがあるとすると，下記のような指定が可能になる．

ls *.txt → abc.txt abc1.txt abc2.txt
ls abc.* → abc.txt abc.doc abc.tmp

またシェルには for, while, until などのループが用意されており，上記のワイルドカードと組合せて，複数のファイルに対して処理を効率的に行うことも可能である．

その他の便利なツール

下記にさまざまな便利なツールとして使えるプログラムを示す．

各プログラムは，多様なオプションをもち，それらの指定で柔軟に希望する処理を行わせることができる．各オプションや詳しい使い方は man コマンドなどで調べていただきたい．

more, less
ファイルの内容を画面単位で改ページして表示する

head
ファイルの先頭の部分を表示する

tail
ファイルの末尾の部分を表示する

sort
テキストファイルをソートする

uniq
ソートされたファイルから重なった行を削除する

file
fileのタイプを判定する

grep
正規表現で指定したパターンの文字列を含む行を出力する

diff
2つのファイルの差分を出力する

find
ファイルを検索する

spli, csplit
ファイルを分割する

cut, past, join
ファイルの部分の切り出し，結合，マージ

wc
ファイルのバイト数，単語数，行数を表示する

環境設定

シェルには個々のユーザがシステムを快適に使えるよう，環境変数を設定することができる．コマンドプロンプトで"env"と打てば，自分の環境変数を表示させることができる．例えば下記のようになる．

# env[Enter]
PWD=/home/john
USER=john
SHELL=/bin/bash
TERM=kterm
PATH=.:/home/john/bin:/usr/bin:/usr/local/bin
#

シェルでコマンドを打つと，この環境変数のPATHで指定したディレクトリのなかから探され実行される．換言すれば，使用したいプログラムがあるディレクトリを，このPATHに設定しなければ，そのプログラムを起動するときは常にそのディレクトリもあわせてコマンドとして打たなければならないということである．

1章6．バイオインフォマティクス

上記のPATHの設定に，さらに"/opt/bioinformatics/bin"を付加したい場合は，viなどのエディタでファイルを以下のように編集する．この設定方法はシェルによって異なり，bashでは~/.bashrc，cshでは~/.cshrcの記述で設定することができる．

- bashの場合.bashrcを以下のように変更する．

export PATH=.:${HOME}/bin:/usr/bin:/usr/local/bin

↓

export PATH=.:${HOME}/bin:/usr/bin:/usr/local/bin:/opt/bioinformatics/bin

- cshの場合.cshrcを以下のように変更する．

PATH=.:${HOME}/bin:/usr/bin:/usr/local/bin

↓

PATH=.:${HOME}/bin:/usr/bin:/usr/local/bin:/opt/bioinformatics/bin

その他の環境変数の設定や変更も，同様に行うことができる．

おわりに

ここではバイオインフォマティクスを効果的に利用するためのUNIXおよびUNIX上でのテキスト処理の初歩を説明した．UNIXには伝統的にテキスト処理ツールが整備されており，それらとPerlなどで書いた独自の処理とをパイプによって結合して有機的に用いることが可能である．また，シェルスクリプトなどで複数のプログラムを連係させることにより，非常に効率的な処理が可能になる．そのためウェット系の研究者でもUNIXおよびCUIの操作に習熟することが望ましい．もし貴方が研究のためにキーボードやマウスを延々と操作せねばならない場合，最初は身近にいるコンピュータの専門家に相談してみることをお勧めする．おそらく貴方の手間を大幅に削減するよいアドバイスが貰えるだろう．誌面の関係もあり詳しくは述べられなかったがUNIXとそのテキスト処理については参考書も数多く出ているため，習熟度に応じてそれらの参考書にあたっていただきたい．

参考文献

1) Gibas, C. et al. :「An Introduction to Software Tools for Biological Applications」, O'REILLY, 2001
2) Kernighan, B. W. et al. :「UNIXプログラミング環境」（石田晴久/訳），海外ブックス，1985
3) 坂本 文：「たのしいUNIX-UNIXへの招待」, Ascii books, 1990
4) 坂本 文：「たのしいUNIX（続）」, Ascii book, 1993

第2章 生物学データベース

1. 生物学データベースの構築とデータベースのしくみ

佐藤賢二

具体的な各種データベースについては以後の節に譲り，本項では生物学データベースの構築において指針となるいくつかの考え方と技術を理解する．

原　理

　実験技術の進歩とともに生み出された大量の生物学データにより，現代の生物学研究はデータ駆動型になりつつある．特に，各種ゲノムプロジェクトにより決定された生体分子の一覧をもとに個々の分子間の関係や機能の解明を行うためには，コンピュータを使って多様なデータを網羅的に組合せ，短時間で候補や仮説を絞り込むことが必要である．このような背景で，GenBankやPubMedなどの巨大データベースから，研究室内で産出される小規模データのコレクションに至るまで，とりあえずコンピュータ上で整理しておくことにより以後の研究の利便を図る，ということが世界中で行われている．

　個々のファイルに記述されているデータのフォーマット（どういう項目があり，それぞれの項目にどのようなデータを入れるか，という取り決め）がバラバラでは，プログラムからアクセスしにくいことこのうえないが，例えば履歴書やアンケート，住所録，電話番号簿のようなものは，入力する項目の一覧をあらかじめ検討しておくことにより，同じフォーマットに従って大量のデータを整理し格納することが可能になる．このような目的で開発されたのが，データベース管理システム（DBMS）である．DBMSは，定型的なデータの扱いに特化したシステムである．オブジェクト指向型や関係型などデータ表現方法の違いによりいくつかの種類があるが，近年最も多く使われているのは関係データベース管理システム（RDBMS）である．RDBMSはすべてを表の形で管理するDBMSで，商用のシステムとしてはOracleやDB2，フリーウェアとしてはPostgreSQL[1]やMySQL[2]などが知られている．

　RDBMSの表は，スキーマと呼ばれる特殊な行（項目名の一覧を書いた行）と，実際のデータが入っている行（タプルと呼ばれる）からなる（図1）．つまり，1枚の表は，スキーマとそのスキーマに従ったデータ行の集合として表現できる（スキーマ自体も項目名の集合として表現できる）．RDBMSに格納される表は1枚とは限らず，表の集合を指してデータベースと呼ぶ．このように，関係データベース管理システムは，すべて集合にもとづいて設計されている．例えば，1枚の表から条件に適合する行だけを抜き出す操作は，元の表に含まれるデータ行集合から新しいデータ行集合を作り出す操作だし，指定した項目に関するデータだけを出力する操作も，元の表のスキーマに含まれる項目集合を操作して新しいスキーマ（項目集合）を作り出し，各データ行についてそのスキーマに対応するデータだけを出力する操作である．RDBMSの場合，これら集合操作に相当する検索処理や更新処理を簡単に行うため，SQLと呼ばれる言語をインタフェースと

Kenji Satou：School of Knowledge Science, Japan Advanced Institute of Science and Technology（北陸先端科学技術大学院大学知識科学研究科）

```
          テーブル名：yeast              属性
          ┌─────┬──────┬──────┬──────┐
スキーマ{  │ orf  │ gene │length│ seq  │
          ├─────┼──────┼──────┼──────┤
          │YAL067C│ SEO1 │ 593  │MISIV…│
          │YAL063C│ FLO9 │ 1322 │MSLAH…│
タプル{    │YAL062W│ GDH3 │ 457  │MTSEP…│
          │YLR234W│ TOP3 │ 656  │MKVLC…│
          │YLR244C│ MAP1 │ 387  │MSTAT…│
          └─────┴──────┴──────┴──────┘
                              ↑
                             属性値
```

図1　関係データベースの表の例

してもっている．SQLを使うと，select 〜 from 〜 where 〜 という典型的な構文を通して，多様な検索処理を指示することができる（図2〜4）．SQLについては初心者にも理解しやすい丁寧な説明が参考文献3にあるので，参照されたい．SQLに限らずDBMS関連の話題が豊富なサイトとしては，参考文献4をあげておく．

　データを整理格納し検索できることは重要であるが，それ以上に「大量データに対しても高速に検索処理を行える」ことがDBMSには期待される．近年ではコンピュータの処理能力が向上した結果，100メガバイト程度のデータなら無理にDBMSに格納しなくても単にテキストファイルとして格納しただけでも数秒で検索できる．しかし，一概にデータサイズでは決められないものの，ギガバイト級のデータや，百万件を超えるデータのなかから必要なデータを検索するには，現在のコンピュータをもってしても結構な時間がかかる．これを解決するのが，インデックスと呼ばれる技術である．インデックスは，DBMSが普通備えている機能であり，これを効果的に利用できるかどうかで，検索速度は天と地ほども違ってくる（より厳密には，データ件数の増大に伴う検索時間の伸び率が違う）．読んで字のとおり，インデックスは本の索引と同じ機能をもつ．すなわち，求めるデータがどこにあるかを前もって調べておくことにより，データベース全体をスキャンすることなく，指定されたデータを一瞬で取り出すことができる．インデックスのアルゴリズムとして代表的なのはハッシュとB-treeであり，多くのDBMSではこの2つを装備している．すべての項目にこれらのインデックスを付けておけば，どんな種類の

```
select * from yeast where orf = 'YAL062W';
                    ↓
┌─────┬──────┬──────┬──────┐
│ orf  │ gene │length│ seq  │
├─────┼──────┼──────┼──────┤
│YAL067C│ SEO1 │ 593  │MSLAH…│
└─────┴──────┴──────┴──────┘
```
図2　ORF名がYAL062Wの行を取り出す

```
select orf, gene from yeast;
            ↓
┌─────┬──────┐
│ orf  │ gene │
├─────┼──────┤
│YAL067C│ SEO1 │
│YAL063C│ FLO9 │
│YAL062W│ GDH3 │
│YLR234W│ TOP3 │
│YLR244C│ MAP1 │
└─────┴──────┘
```
図3　ORF名と遺伝子名の列を取り出す

```
select gene, seq from yeast where length < 500;
                    ↓
┌──────┬──────┐
│ gene │ seq  │
├──────┼──────┤
│ GDH3 │MTSEP…│
│ MAP1 │MSTAT…│
└──────┴──────┘
```
図4　配列長が500未満の行に対して遺伝子名と配列の列を取り出す

検索にも高速に結果を返すことができるが，インデックスの作成はディスクの消費を伴うので，一般には「どのような検索が頻繁に行われるか」を検討したうえで，各項目にどちらのタイプのインデックスを付けるかを検討することになる．

では，どんな種類の生物学データベースを構築する場合にもDBMSを使うべきか，というと，そうではない．多くのDBMSには「定型的なデータしか扱えない」という共通の欠点がある．RDBMSの例でいえば「表の形に整理できて」「スキーマをしっかり決められる」ような生物学データしか扱えないのである．前者の条件に関しては，例えばGenBankのデータや履歴書などのように，項目のなかがさらに小項目に細分化されているようなものは，表ではなくツリー状のデータ構造で表現すべきであり，その場合はオブジェクト指向データベース管理システム（OODBMS）を用いるか，XMLの形式でファイルに格納するのが最適である．後者の条件に関しては，例えばPubMedのようなアブストラクトデータは，一見すると著者名やタイトル，雑誌名，巻号ページなどを項目名としてRDBMSに格納すればいいように思えるが，そのままではアブストラクトの内容（文章）に対して高速な検索を行うことはできない．このように，自然言語で書かれたデータが主体の場合は，Webページの検索でも用いられている全文検索システムの方が適していることもある（最近のRDBMSは全文検索のためのインデックス機能をもつものが増えてきているので，この切り分けは曖昧になりつつある）．

実際に使ってみよう

1 データの性質を知り，どのように整理するかを決定する

生物学データベースにおけるデータの単位として，エントリという言葉がよく用いられる．エントリはデータベース中におけるひとまとまりのデータを示す単位である．例えば，PDBでは基本的に1エントリ＝1タンパク質，UniProtでは1エントリ＝1アミノ酸配列，PubMedでは1エントリ＝1文献というように，何らかの実体に対応させてエントリを定義し，エントリの集合体をデータベースとすることが多い．また，エントリのなかはさらに細分化され，多種多様なデータが詰め込まれている．どのようなフォーマットで，どのようにデータを詰め込むかは，データベースの作成者が自由に決めている．言い換えれば，自分がもっている生物学データをデータベース化したい場合，一般に以下のような作業が必要になる．

- エントリを何に対応付けるか（基本データ単位の決定）
- 1エントリのなかに格納すべき情報として，どのような項目が必要か（項目一覧の決定）
- 各項目について，どのような記述形式で記述するか（数値か文字列か自然言語文か，1項目に対してデータが1つ入るのか複数入るのか，複数入るとすれば区切り記号を何にするか，どの項目は必須でどの項目はオプションか，など）

ここで決めた事柄は後々変更することも考えられるが，重要なのはデータ入力の際に正確にこれらの事柄を遵守することである．これにより，プログラムからデータベースにアクセスする際，フォーマットに従うだけで正確にデータを取り出すことができるようになる．単なる実験ノートとデータベースの最大の違いはここで，「決められたフォーマットに従って正確にデータが格納されているかどうか」がこの2つを分けるといっても過言ではない（うまく項目を設定できない情報についても，「その他」あるいは「備考」など，何でも書き込める項目を1つ用意してそこにまとめるべきである）．

2 道具選び

さて，データを整理して保存しておくためには器がいるわけであるが，自分で決めたフォーマットに従ってテキストファイルに格納する方法（フラットファイルデータベース），テキストファイルにタブ区切りで表形式データを格納する方法，Excelのような表計算ソフトを使う方法，ファイルメーカのようなカード型のDBMSを使う方法，Oracleのような本格的なRDBMSを使う方法，全文検索システムを使う方法，XMLデータベースを使う方法など，多彩な選択肢が考えられる．それぞれの特徴を以下にまとめたので，参考にして欲しい．

- ファイルシステムはそれ自体がDBMSの機能の一部をもっている（入れ子になったフォルダ

列とファイル名を指定すれば一瞬で中身が取り出せる).例えば,ファイル名をエントリ名とし,テキストファイルのなかに自分が定めたフォーマットでデータを記述しておけば,それだけでもデータベースとして最低限必要な機能(データの整理・保存・アクセス)は満たしているといえる.Unixをベースにした最近のOSならば,数万～数十万個程度のファイルも問題なく取り扱えるし,CGIなどのプログラムからデータにアクセスするのも容易である.ただし,1エントリを取り出すのは簡単であるが,もっと複雑な処理,例えば特定の項目に関して検索を行うとか,取り出したエントリをフォーマットに従ってさらに分解し加工するなどの処理が必要な場合,この方法では限界がある.また,この方法の特殊な例として,タブなどで区切った表形式のテキストデータを格納しておく方法もある.この場合,フォーマットが単純なので分解のための負担は少なくなるが,表全体をプログラム中に読み込むケースが多くなるので,表の行数が多い場合はあまり適切な方法ではない.

- Excelに代表される表計算ソフトは,主にWindowsやMacOSなど,パソコン用のOSで動作し,洗練されたユーザインタフェースを備えているため,研究室内の小規模データを整理しておく目的では最も広く使われている.その反面,大規模なデータを扱うのは性能面で問題がある.

- ファイルメーカに代表されるカード型のデータベース管理システムは,表形式ではないが,Excelと似たような利点と欠点をもつ.中小規模向けのDBMSといえる.

- Oracleに代表される,本格的な関係データベース管理システムは,Excelと同様にデータを表形式で格納するが,巨大なデータベース構築にも十分耐えられる性能をもつ.その反面,使いこなすのが難しいため,数十万あるいは百万単位のエントリをもつ大規模データベースを構築する場合以外は検討しない方が無難かもしれない.

- 論文アブストラクトやWebページなど,主に自然言語で書かれたデータ(文書データ)に対しては,RDBMSよりも全文検索システムを使用した方が便利なことが多い.全文検索システムはRDBMSと異なり,WebのサーチエンジンのようにAND や OR でつないだ検索文を受け付け,それらのキーワードを含むエントリを返すことができる(筆者が公開している http://stag.genome.ad.jp では国産の全文検索システムであるNamazu[5]を用いて,各種生物学データベースのエントリを検索できるようにしている).また,MySQLは全文検索のためのインデックス機能を備えているので,RDBMSと全文検索システムのいいとこ取りをしたい場合は,一考に価する.

- XMLで記述されたデータをそのままデータベース化し,高速な検索を可能にしたものがXMLデータベースである.XMLデータベース管理システムは盛んに開発が行われている段階であり,決定版といえるものはまだないが,1～2年前に比べると完成度や性能面でかなりの改善がみられるので,大量のXMLデータをすでに手元にもっている場合は,検討してみる価値がある.

3 データを格納し検索可能にする

どの道具を選択したかにより,具体的な手順は異なる.ここでは参考になりそうなWebサイトをいくつか示すにとどめる.

日本PostgreSQLユーザ会　http://www.postgresql.jp/
日本MySQLユーザ会　http://www.mysql.gr.jp/
MySQL公認代理店　http://www.softagency.co.jp/
全文検索システムNamazu　http://www.namazu.org/

memo

プロトコルの 3 (あるいはさらに上流部分) に関連するが,生物学データベース構築で陥りがちな落とし穴として,データを正確に入力することへの注意が払われていない場合をあげておく.スペルミスや数字の打ち間違いなど,プログラムでチェックできない間違いもある一方で,日本人がパソコンでデータ整理をする際に頻繁に見受けられるのが,「全角と半角の不統一」「句読点とカンマピリオドの不統一」である.手書きでデータを入力する場合,テキストエディタやExcelを使うことが多いが,これらのツールは使いやすい反面,非常に高機能で自由度が高いため,ときに入力者の意図と異なる動作をすることがある.その結果,上記のような不統一が起こり,DBMSを使ってデータの格納や検索を行う際,奇妙なエラーを引き起こす可能性が高い.これを防止するには以下の2つの方法がある.

(次ページに続く)

- 典型的な入力間違いをみつけるためのエラーチェックプログラムを作っておく．例えば，海外からも問題なく参照できるような生物学データベースを構築したい場合，入力データ中に全角文字があるかどうかをチェックするのは必須である．

- エラーチェックの発展形として，データの入力方法自体をできるだけ限定する．具体的には，データ入力のためのWebページを作成し，フォームを埋めるだけで正確なデータ入力ができるような環境を作る．もちろん，フォームから呼び出されるCGIのなかでは，必須の項目がちゃんと入力されているか，入力されているデータに明らかなエラーがないかをチェックすべきである．例えば，全角／半角のチェック，文字データが入るべき所に数字が入っていないか，数字データが範囲外の異常な値になっていないか，文字データの前後に無駄な空白がないか，連続する空白がないか，などのチェックを行うべきだし，ついでに全角半角変換や連続空白の除去をCGI側で行えばさらに便利である．この方法は，不特定多数の人間がデータ入力を行う場合，とくに効果的である（フォームの各項目に典型的な入力例が添えてあると，さらに間違いが少なくなる）．DBMS側にも，型定義や制約の設定など，ある程度のエラーチェック機構が備わっているので，それを利用するのも手である．

4 Webインタフェースを開発する

　純粋に研究室内で使用する場合は除くが，利用者が快適にデータベースを利用できるよう，視覚的に使いやすいインタフェースを用意したうえで，作成した生物学データベースをWebで公開し，他の人に利用して貰うことがよく行われる．ApacheなどのWebサーバを立ちあげ，CGIプログラムを介してデータベースにアクセスできるようにするのが基本で，その場合，CGIに用いるプログラミング言語の選択が重要になる．例えば，RDBMSとしてPostgreSQLを使用する場合，プログラミング言語JavaからPostgreSQLを呼び出すためのJDBCというドライバが提供されているので，CGIをJavaで書けば，Web経由でデータベース検索を行うサービスを容易に構築できる．このように，データベース構築に使用した道具とリンクできる言語を選択することにより，Webインタフェース構築の負担を減らすことができる．Webページの基本文法であるHTMLは表現力と操作性に乏しいので，視覚的で使いやすいインタフェース構築のためにも，Javaの利用はお勧めできる．

おわりに

　ここまで述べてきた生物学データベース構築法は，GenBankやUniProt，PDBなど，伝統的なファクトデータベースを念頭において解説している．すなわち，各エントリは生体分子や文献など，何らかの実体に対応しており，それを基本に実体がもつ情報が整理される，という考え方にもとづいている．しかし，ゲノム研究の焦点が個々の実体から実体間の関係性の解明に移りつつある現在，これまでのような考え方では簡単にデータを整理格納できないことも予想される．例えば，Two-Hybrid実験の結果を格納するなら，baitの項目とpreyの項目を用意し，1行＝1相互作用として整理することができる．しかし，もしn-Hybridなる実験手法が開発され，1つの相互作用を構成するタンパクの数が不定ということになったら，Two-Hybridと同じやり方で項目の数を設定することは不可能になる（ExcelやRDBMSのような表形式のデータモデルが，このような不定個のデータを扱うには全く不向きなことは自明であろう）．これ以外にも，個別の実体を扱うのと実体間の関係性を扱うのでは，難しさのレベルが相当異なるため，将来的にはさらに高度な機能を備えたDBMSの登場が望まれる．

参考文献

1) 石井達夫：「PC UNIXユーザのためのPostgreSQL完全攻略ガイド―RDBMSの王道をひた走る強力フリーデータベース」，技術評論社，2004
2) 村上 毅 他：「実践MySQL4―MySQL4の標準機能を活用した開発とその応用」（ソフトエイジェンシー／監），ソフトバンクパブリッシング，2004
3) http://www.techscore.com/tech/sql/
4) http://www.atmarkit.co.jp/fdb/
5) 馬場 肇：「改訂Namazuシステムの構築と活用」，ソフトバンク，2003

第2章 生物学データベース

2. 配列データベース

内山郁夫

> 興味のある配列と同一または類似の配列を検索することにより，関連情報を引き出す．遺伝子の機能予測が代表的な使い方だが，データベースの充実が進む今日では，ゲノム地図や遺伝子構造，タンパク質立体構造，関連するパスウェイや病気など，多彩な情報が引き出せるようになってきた．

どんなデータベースがあるか

配列データベースの中身はDNAまたはタンパク質の配列情報とそれに対するアノテーション（注釈，意味づけ）が中心であり，問い合わせ配列と類似の配列を検索するホモロジー検索（特にBLAST[1]プログラムによる検索）が代表的な検索方法である．ただし，「網羅性」，「冗長性」，「アノテーションの豊富さ」などの点で異なるデータベースがいくつかある．最近では，使い勝手を向上させるため，データベースを整理して非冗長化や統合化を目指す取り組みが進んでいる．

1 核酸配列データベース

もっとも基本的かつ最新最大の配列データベースは，国際協力により構築されているDDBJ（遺伝研・日本），EMBL（EBI・欧州），GenBank（NCBI・米国）である．毎日更新されており，形式上の違いを除くとほぼ同一内容に維持されている．データ源は，本来は学術誌などに発表する配列を原著者自身が登録したものが中心だが，最近ではゲノムプロジェクトで産出された大規模配列の割合が突出している．その他に特許出願されて一定期間経過した配列なども含んでおり，事実上公表されたあらゆる配列データを含んでいるといえる．

データはいくつかの区分（division）に分けられており，Primate, Rodent, Vertebrateなどと生物種に応じて区分された主要部のほかに，ゲノムプロジェクトの中間的なデータとして転写産物の断片配列（expressed sequence tags：EST），マーカーとして使われるゲノム上の断片配列（sequence tagged site：STS），未完成のゲノム配列（high throughput genomic sequencing：HTG）などが独立した区分として収録されている．後者はゲノムプロジェクトにおいて有用な資源であり，たとえばESTはゲノム中の遺伝子を同定するのに威力を発揮するが，一方で冗長性がきわめて高く，ふつうは機能予測の役にも立たない．

こうした極端なケースを別にしても，核酸配列データベースは，個々の原著者が直接データを登録する方式であるために，総じて冗長性が高く，配列やアノテーションの質が不均一という欠点がある．あらゆる最新データが網羅されているのは魅力だが，利用者側がこうした欠点を認識したうえで使う必要がある．

2 ゲノム・遺伝子配列データベース

ゲノム配列が決定されれば，理想的には1本につながった染色体DNA配列のうえにすべての遺伝子（完全長cDNA）が張り付いたデータベースがあればよい．各ゲノムプロジェクトでは（必ずしも完全ではな

Ikuo Uchiyama : Research Center for Computational Science, National Institutes for Natural Sciences（自然科学研究機構計算科学研究センター）

いが）それを目指したデータベースが構築されている．例えばヒトなどの多細胞動物のゲノムデータベースとして著名な，カリフォルニア大サンタクルーズ校（UCSC）のGenomeBrowserやEBIのEnsemblでは，アセンブルされたゲノム配列上に，複数の遺伝子構造予測プログラムの結果と，既知遺伝子やESTに対するホモロジー検索の結果など多くの情報を，ブラウザ上で重ねて表示することができる．

一方，ESTプロジェクトは転写産物の配列情報を直接得るアプローチとして，ゲノム配列決定とは独立に多様な生物種に拡大しつつあるが，冗長性を排除するため，重複する配列をクラスタリングするなどの処理が必須となる．公的データベースに登録されたESTを，既知遺伝子と合わせてクラスタリングやアセンブルして整理したデータベースとしてUniGeneやTIGR Gene Indicesなどがある．

最終的には，ゲノム関連プロジェクトの成果にもとづいて，核酸配列データベース全体が再構築されることが望ましい．NCBIのRefSeq[2]プロジェクトは，まさにそれを目指すもので，ゲノム，mRNA，タンパク質の各単位で，冗長性がなく，かつ網羅されたデータベースに向けた整備が進められている．各エントリーにはGenBankとは別系統のアクセッション番号が割り当てられ，現在のレビュー状況とともに，独自のアノテーションが付加されている．今後整備が進むにつれて，ますます有用なデータベースになっていくと思われる．

3 タンパク質配列データベース

今日では，新規タンパク質配列のほとんどは遺伝子配列中のコード領域を翻訳することによって得られる．タンパク質配列データベースは，文献に記載された実験事実や計算機予測などにもとづいて，これに機能に関する記述や，活性部位や修飾部位の位置など，タンパク質固有のアノテーションを付加したものといえる．

SWISS-PROTはとくにアノテーションが充実したデータベースであり，翻訳後修飾，細胞内局在，組織特異性，関連する病気など多彩な情報を含むほか，他データベースへのクロスリファレンスも豊富である．ただし，専門家によるデータの検証やアノテーション付加の作業に手間がかかり，更新がデータの増大に追いついていない．このため，それを補う目的でEMBLデータベースの翻訳配列に自動的にアノテーションを付加したTrEMBLが作成されている．一方，PIRは長い歴史をもつデータベースで，相同性によって配列全体を分類した「スーパーファミリー分類」を行っている点などに特徴がある．最近までSWISS-PROT/TrEMBLとPIRとは独立に作成され，重複は大きいものの，それぞれ独自の配列も含んでいたため，配列検索の際は機械的に同一の配列をまとめたnon-redundant（非冗長）データベースを対象に行うことが通例であった．しかし，最近UniProt[3]プロジェクトが発足して，SWISS-PROT/TrEMBLにPIRの内容を取り込む形での統合化が行われ，今後の主流になるとみられる．また，UniProtでは100％同一の配列をまとめたnon-redundantデータベースに加えて，90％または50％以上一致という，より緩やかな条件でまとめることにより，さらに冗長性を落としたデータベースも作成されている．

4 タンパク質配列分類・ドメイン・モチーフデータベース

類似配列をまとめて冗長性を除くという方向性を進めれば，ホモロジーにもとづいて配列全体を分類する問題にいきつく．興味ある配列がどの分類群に属するかによって，機能や立体構造などの関連情報をまとめて引き出せれば，個別に類似配列を調べるより効率的だろう．多くの場合，配列単位のホモロジー検索と比べて検索精度も向上する．古典的な分類体系としては上述のスーパーファミリー分類があるが，今日では配列全体よりむしろ部分配列（ドメイン）単位での分類が重視され，関連したデータベースがいくつかある．PfamやSmartは，さまざまな配列に出現する主要なドメインについて，専門家による検証を経て作成されたデータベースで，付加情報が豊富で信頼性も高い．ProDomは総当たりのホモロジー検索にもとづいて，すべての配列を機械的にドメイン単位で分類したもので，ドメイン境界の精度などには難があるが，網羅性は高い．

一方，比較ゲノムの観点から，より精密な機能推定に向けた分類体系としてオーソログ分類がある．これは，ホモログのうち，ヘモグロビンのα鎖とβ鎖のようにゲノム内の遺伝子重複によって生じたもの（パラログ）は異なる機能に分化する可能性が高いのに対

し，ヒトとマウスのヘモグロビン α 鎖のように種分化によって生じたもの（オーソログ）はそれぞれの種において同等の機能を果たすという考えから，あくまでオーソログを基準とした分類を目指すもので，COGs（真核生物版は KOGs），HomoloGene，TIGRFAMs などがある．

これらの分類データベースを検索するには，ふつう配列集合中で共通にみられる特徴（パターン）を使う．この意味では，いわゆるモチーフ（相同配列間で，主に機能部位周辺の短い領域で高い保存性を示す配列パターン）を収集したデータベースである PROSITE や BLOCKS なども，同じ範疇に入る．共通パターンの表現方法には，コンセンサス配列，正規表現，位置特異的スコア行列（PSSM），隠れマルコフモデル（HMM）などいくつかあり，データベースによって異なる．そこで，さまざまなモチーフ・ドメインデータベースを統合したメタ・データベース InterPro[4] および検索プログラム InterProScan が開発され，検索方法の異なる複数のデータベースを一度に検索して，結果を集約することが容易にできるようになっている．同様に統合的なドメイン検索が行えるツールとして NCBI の CD search があるが，こちらは共通のプログラム（rpsblast）で検索できるように，オリジナルの形式を改変して統合した CDD（Conserved Domain Database）を対象としており，検索が速いのが特長である．

実際に使ってみよう

代表的な配列データベースに対する検索は，多くのサイトで行えるが，ここでは最も代表的な NCBI のサービス[5]を使ってみる．ただし，NCBI の BLAST 検索サービス[6]は，機能は豊富だがしばしば混んでいて遅いので，機能にこだわらなければ他のサーバを使った方が快適かもしれない．

1 キーワード検索と配列の取得

❶ NCBI の検索システム Entrez はきわめて強力で，トップページ（http://www.ncbi.nlm.nih.gov）の上部中央にある入力フォームにキーワードを入力してリターンを押すだけで，とりあえずは使える．ここでは，パーキンソン病にかかわる遺伝子を探すため，parkinson と入力してみよう．これで，配列関連データベースのほか，文献（PubMed）や遺伝病（OMIM），立体構造など多数のデータベースが検索され，結果の一覧が表示される（図1A）．配列関連のデータベースとしては Nucleotide や Protein に加えて，Genome，Gene，HomoloGene（オーソログ），UniGene（転写産物），CDD（ドメイン），SNP（一塩基多型）などがある．病気のデータベースとしては OMIM が定番だが，ここでは直接 Gene をみることにする（図1B）．

❷ 図1B では Gene に対して 48 件ほどヒットしているが，このなかには，配列データがないもの，およびヒト以外の遺伝子も含まれている．そこで，さらに絞り込むためにキーワード入力欄の下にある Limits をクリックする．ここでは代表的な絞り込み条件が簡単に設定できるようになっている（図1C）[*1]．「RefSeq の配列情報をもつヒトの遺伝子」に絞り込むため，Include Only の項の RefSeq，および Limit by Taxonomy の項の Homo sapiens をチェックし，入力欄右の Go ボタンを押す．図は略すが，図1B と同じ画面で 29 件に絞り込まれたので，このなかの PARK2（parkin）をクリックして中身をみてみる

> *1：ここにない条件についても，複数の条件を AND や OR，NOT でつないだ論理式の形でクエリを書き下すことによって，細かい指定ができる．たとえば，parkinson を含み，かつ生物種がヒトであるという条件は
>
> parkinson AND "Homo sapiens"[orgn]
>
> のように書ける．Limits の隣にある Preview/Index を使うと，こうした指定が比較的簡単にできる．詳しくはヘルプを参照のこと．

❸ Gene データベースでは，はじめに RefSeq レコードにもとづいて遺伝子の構造（alternative splicing があるときは複数）および周辺のゲノム地図が示され，続いて遺伝子の機能に関する要約が記載され，さらに機能アノテーションと関連文献のリスト，GeneOntology の割り当て，その他種々のデータベースへのリンクが続いている（図1D）．Display ボタン右のポップアップメニューで，Entrez 内の他データベースへのリンクを選択して Display ボタンを押すことにより，多様な関連データを表示できる．エントリータイトルの右端にある Links という小さな文字のリンクをクリックすると，NCBI 外も含めた，さらに多くのデータベースへのリンクを表示できる．分子生物学データの多くが「遺

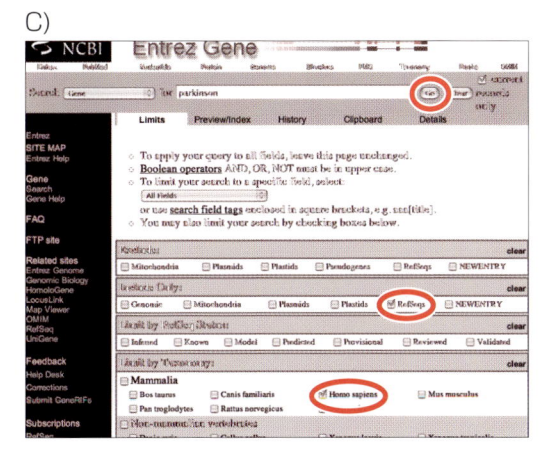

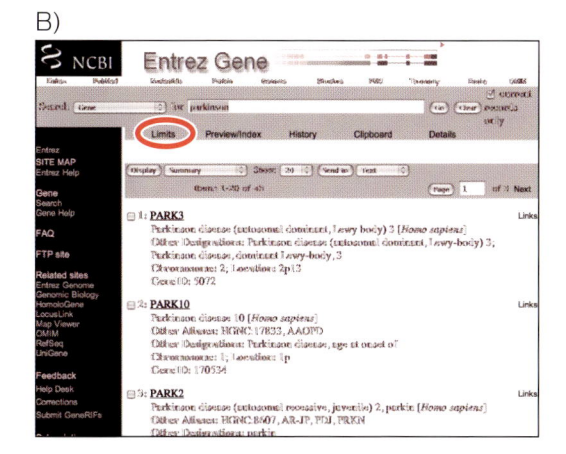

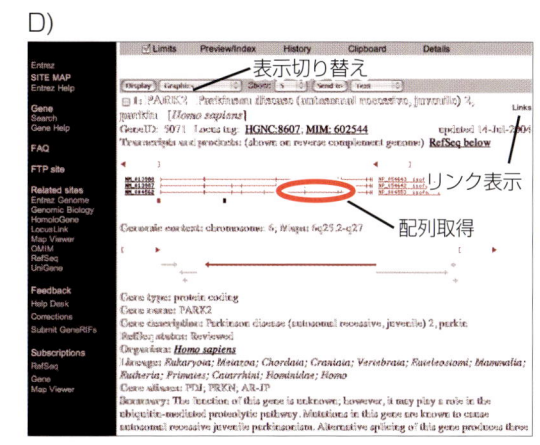

図1 Entrez検索
A) 統合データベース検索結果．B) Geneデータベース検索結果一覧．C) Limitsによる検索の絞り込み．D) Geneデータベースエントリー．→巻頭カラー3参照

伝子」という概念を中心として相互につながっていることが実感されるだろう[*2]

> [*2]：遺伝子を中心として多様なデータベースへのリンクを集めたデータベースとしてLocusLink[2)]があるが，Geneデータベースはその後継として作成されている．

❹ 最初の遺伝子構造の図をクリックすれば，Linksというメニューが開き，mRNAまたはタンパク質の配列を取得できる．他のプログラムの入力として使うために配列だけがほしい場合はFASTA形式を，注釈も含めてすべての情報をみたい場合はGenBank形式を選択するとよい．ここでは，次の検索で使うため，タンパク質配列NP_004553をFASTA形式で表示し，クリップボードにコピーしておく[*3]

> [*3]：Protein LinksのなかにBLinkとCDDという項目があり，それぞれホモロジー検索，ドメイン検索の結果をみることができる．つまり，次項では実例のために検索を行うが，実際には既知遺伝子に対するホモロジー検索結果はリンクをたどって直接みることができる．

2 ホモロジー検索の実行

❶ NCBIトップページのメニューバーからBLASTをクリックすると，検索メニューが開く．クエリ配列やデータベースの種類によって分けられているので，適切なものを選択する[*4]．ここでは，protein-protein BLASTを選択し，先ほど保存したparkinタンパク質をクエリとして，タンパク質データベースに対する検索を行ってみる

☞ ＊4：BLASTには伝統的に検索の種類（クエリ×データベース）に応じた5種類のプログラムがある：blastn　核酸×核酸，blastp　タンパク×タンパク，blastx　核酸翻訳×タンパク，tblastn　タンパク×核酸翻訳，tblastx　核酸翻訳×核酸翻訳．ただし，現在のコマンドライン版では，実際には1つのプログラム（blastall）の動作をオプションによって切り替えるようになっている．なお，プログラムの使い分けに関しては，左サイドメニュー中のEducationの項のProgram selection guideに詳しく書かれている．

❷ 検索は，基本的にはSearchと書かれた入力フォームに配列をペーストしてBLAST!ボタンを押すだけである（図2 A）．その下にあるOptionsでは検索時のオプションを指定するが，通常はデフォルトのままでよいだろう．その下のFormatは表示のオプションで，検索後にも修正できる．ただし，最大出力数（Number of Descriptions）はあとで増やせないので大きめの1,000にしておく＊5

☞ ＊5：上位のヒットだけに興味がある場合はむろん増やす必要はない．ここではあとでPSI-BLAST検索により類似性の低い相同配列の検出を試みるので大きくする．出力時に減らすことはできるので，大きめでもかまわない．

❸ 要求がBLAST Queue（待ち行列）に入力されたというメッセージが帰ってくる（図2 B）．サーバが混んでいなければ，この時点でドメイン検索（CD-search）の結果がついてくるので，図をクリックして結果を確認する（混んでいるときは，この結果をみるのにもしばらく待たされることがある）．ドメイン構成やそれを共有するタンパク質を知りたいときは，知りたい結果がこの段階ですでに得られてしまうことも少なくない

❹ BLAST検索結果を表示するには，Formatをクリックする（図2 B）．検索が終わっていなければ，終了するまで待ち状態になる．画面は自動的に更新され，検索が終了し次第，結果が表示される

3　ホモロジー検索結果の確認

❶ 検索結果は，ヒットした領域のグラフィカルな表示，ヒットした配列のリスト，アライメントの3部分からなる．最初のグラフィカル表示は，ヒットした領域をクエリ配列上にマップして並べたもので，これからクエリ配列のドメイン構成がある程度読みとれることが多い（図2 C）＊6．続いて，ヒットした配列がE-valueの小さい順に列挙される．ここで，E-valueとは，そのスコアを閾値としたとき，非相同配列が誤ってヒットする数の期待値を表し，有意性を主張するには，これが1より十分小さいことが必要である．最後のアライメントにも一通り目を通しておいた方がよい．ここで，何らかの極端に偏った傾向が認められた場合は要注意である＊7

☞ ＊6：ここで，ヒットした配列がある領域に集中し，他の領域にはほとんどないときは，データベース中に頻出するドメインのために他の領域でのヒットが取りこぼされている可能性がある．そういうときは，最初のクエリ入力画面に戻ってSet subsequenceの項目で検索対象とする領域を指定して検索し直すとよい．

＊7：E-valueの計算では，非相同配列のモデルとして，同じ組成でランダムな並び順のアミノ酸配列を仮定するので，配列上に何らかの偏りがある場合はその根拠が弱くなる．局所的にアミノ酸組成が偏った領域は，デフォルトで自動的にマスクされる（Xに置換される）が，とびとびでも一致するアミノ酸の種類が一定であるとか，明白な周期性が見られるなどの場合も注意が必要である．なお，検索オプションのComposition-based statistics[7]がオンのとき（デフォルト）は，配列ごとのアミノ酸組成の違いは統計モデルに組込まれるので，以前と比べて偏りの影響はずいぶん小さくなっている．

❷ グラフィカル表示の左上にあるTaxonomy reportsのリンクをクリックすると，ヒットした配列の生物種ごとの分布をみることができる（図2 D）．各生物種において最上位でヒットしている配列はオーソログの候補になる＊8

☞ ＊8：他の類縁生物種における最上位のヒットと比べて類似性が明らかに低い場合はオーソログでない可能性がある．より正確に調べるには配列をダウンロードして系統樹作成プログラムにかけるとよい．種の系統関係と一致するトポロジーを示す部分木（クラスター）があれば，それらがオーソログである．配列をダウンロードするには，各アライメントの先頭にあるチェックボックスをチェックしてGet Selected Sequenceボタンを押し，リストが表示されたらDisplayをFASTAにしてSend toボタンを押す．

❸ Formatのところで，表示する生物種を限定したり，アライメントの表示を変えたりなど，出力形式を変更できる（図2 B）．再検索とは違って，すぐに結果が返るので，いろいろ試してみるとよい

❹ 検索精度をさらに改善したい場合，ここで，Format for PSI-BLASTをチェックして再フォーマットし，再表示された結果中のRun PSI-Blast iterationボタンを押す．これによりPSI-BLAST検索へ移行できる＊9．PSI-BLAST[1]は，検索結果のなかで有意な類似性を示す（E-valueがinclusion thresholdで指定した値以下である）配列のアライ

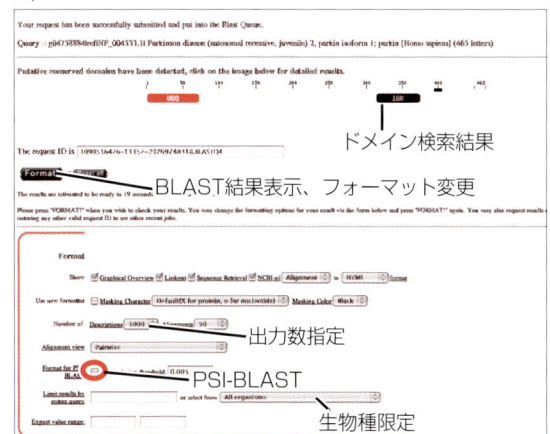

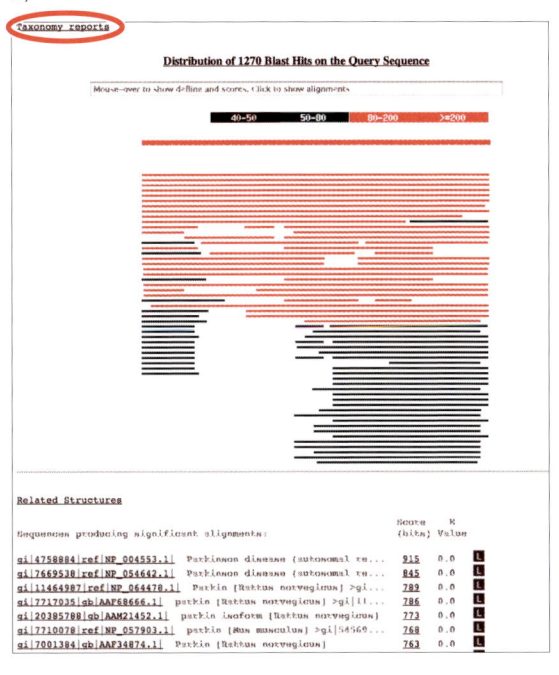

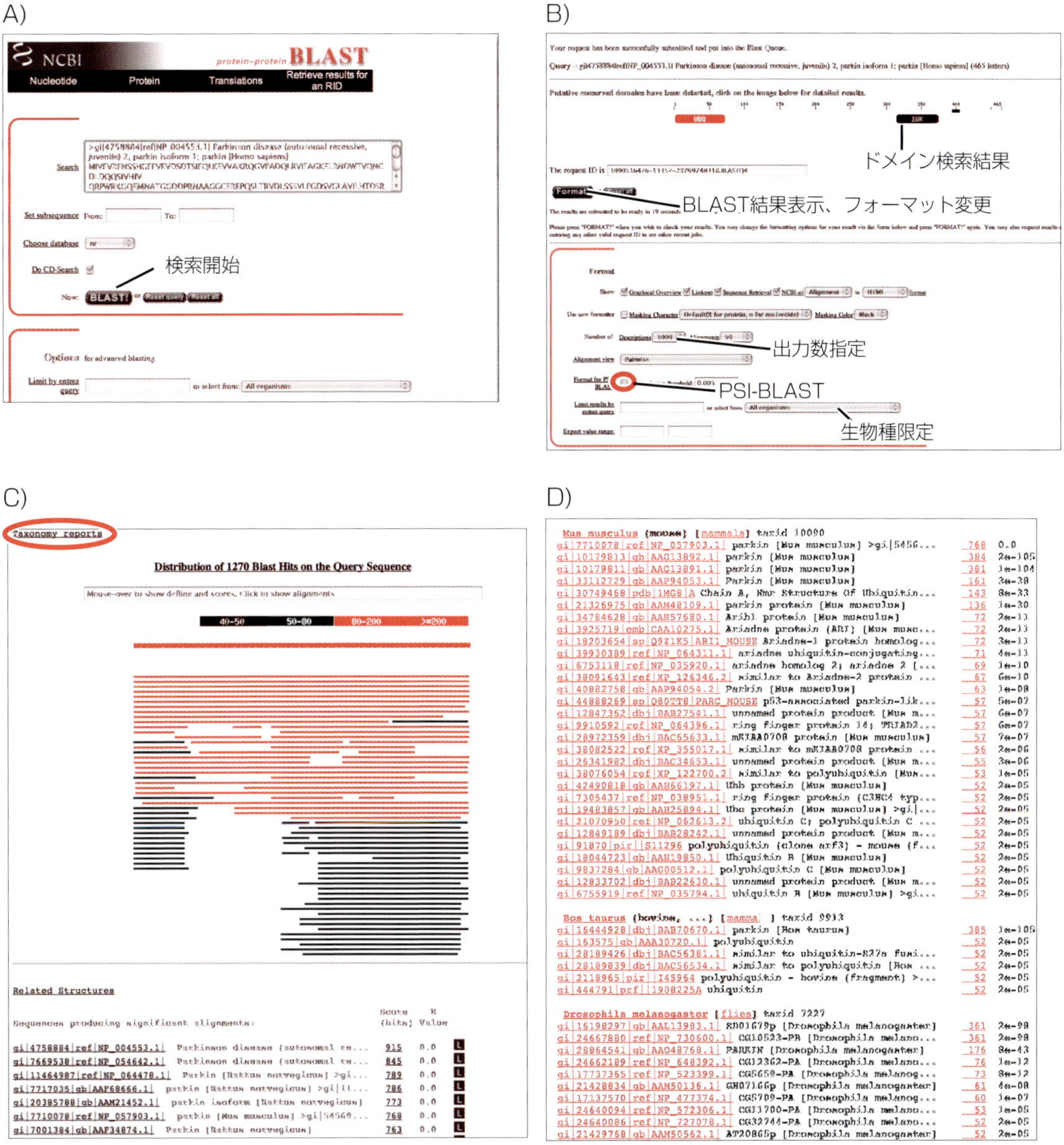

図2 BLAST検索
A) クエリ配列入力画面. B) クエリ受付完了画面. ドメイン検索結果とBLAST結果の出力フォーマット設定フォームがついている. C) BLAST検索結果. ヒット領域のグラフィカル表示. D) Taxonomy report. →巻頭カラー④参照

メントを用いて，位置特異的スコア行列を作成して再検索を行う．1本の配列を検索したときと比べて検索精度が改善され，今まで埋もれていた弱い類似性をもつ相同配列がヒットしてくることが多い

＊9 実際には，複数のドメインが存在するときは，詳しく調べたいドメインを絞った検索を行うのが効果的だろう．その場合は，最初のプログラム選択画面に戻ってPHI- and PSI-BLASTを選択してクエリ入力からやり直し，Set subsequenceで範囲を指定する．

❺ 検索要求が再びBLAST Queueに入り，最初のときと同様に待ち状態を経て検索結果が表示される．

NEWというマークが付いているものが新たにヒットしたエントリーである．この手続きは，新たなヒットが見つからなくなるまで繰り返すことができる

おわりに

本項では単純な検索例しか示せなかったが，ゲノム時代を迎えて配列データベースの利用法としてもいろいろなことが可能になってきた．例えば「ヒトゲノム中にプロテインキナーゼドメインをもつ遺伝子がいくつあるか」といった問い合わせはその1つである．考えられるアプローチを列挙してみると，①特定のファミリーについて専門的に調べたデータベースは多数存在しているので，自分の疑問に答えるものがあるかをWeb検索エンジンなどで探す，②ゲノムデータベース中にモチーフ・ドメイン検索の結果として出ているか調べる，③モチーフ・ドメインデータベース中に各ゲノム中の出現を調べた結果がないか探す，④PSI-BLASTなどを使って自分でモチーフを定義して，ゲノムデータベースに当ててみる，⑤ゲノム配列やモチーフをダウンロードして，自分でプログラムを動かして調べる，などなど．また，複数のゲノム間で遺伝子構成を比較するといった，比較ゲノム解析も本項で触れられなかった配列データベース活用法の1つである．これについては，本項で少し触れたCOGsなどのほか，筆者が作成している微生物ゲノム比較データベースMBGDにもアクセスしてみて欲しい．

ゲノム研究を進めるためには，必要に応じて自分でプログラムを組んで動かすことも大切だが，まずは既存のデータベースを十分に活用することが重要である．知りたいことに向けて最も効果的な方法をとれるよう，いくつかの選択肢をもつことが望ましいと思う．なお，本項では検索プログラムについての説明は省略したが，文献8も合わせて参照して頂けると幸いである．

参考文献

1) Altschul, S. F. et al.：Nucleic Acids Res., 25：3389-3402, 1997
2) Pruitt, K. D. and Maglott, D. R.：Nucleic Acids Res., 29：137-140, 2001
3) Apweiler, R. et al.：Nucleic Acids Res., 32：D115-119, 2004
4) Mulder, N. J. et al.：Nucleic Acids Res., 31：315-318, 2003
5) Wheeler, D. L. et al.：Nucleic Acids Res., 32：D35-40, 2004
6) McGinnis, S. and Madden, T. L.：Nucleic Acids Res., 32：W20-25, 2004
7) Schaffer, A. A. et al.：Nucleic Acids Res., 29：2994-3005, 2001
8) 内山郁夫：実験医学別冊「新遺伝子工学ハンドブック改訂第4版」（村松正實，山本雅／編），pp323-330，羊土社，2003

第2章 生物学データベース

3．構造データベース

木原大亮

> この項で紹介するデータベースでは，実験によって立体構造の決定されたタンパク質などの生体高分子の検索，その座標ファイルの取得，立体構造の画像表示，類似構造をとるタンパク質の検索，データベースの全エントリーのダウンロードなどができる．

どんなデータベースがあるか

　タンパク質を中心とする生体高分子の立体構造の一次データベースがPDB（Protein Data Bank）である．2004年7月20日現在で20,758のタンパク質・ペプチドの立体構造，1,021のタンパク質と核酸の複合体，742の核酸の立体構造が収められており，そのエントリー数は年々指数関数的に増大している．PDBはSan Diego Supercomputer Centerなどによって米国で共同運営されているが，日本では大阪大学蛋白質研究所にそのミラーサイトがある．

　関連するデータベースとして，PDBに収められたタンパク質の立体構造を階層的に分類したデータベース，CATH，SCOPの2つのデータベースも併せて紹介する．

　また，アミノ酸配列レベルである程度類似性があるタンパク質どうしの立体構造は，全体的にみて同様であることが多いため，1つのタンパク質の立体構造が実験的に決定されると類似配列をもつタンパク質の構造も予測することができる．ゲノム中のタンパク質遺伝子の予測立体構造のデータベース，ModBase，GTOP，GTDとあわせて，これらのデータベースのURLを表にまとめた．

実際に使ってみよう

1 PDBの基本検索
（ブラウザはNetscape Navigatorを使用）

　ここでは，例としてヘモグロビンの構造の検索をしてみよう．検索ウィンドウはトップページの中央部分，Search the Archiveにまとめられている（図1②）．検索ウィンドウ1つと4種類の検索ページへのリンク，"Quick Search!"，SearchLite，SearchFields，Status Searchが用意されている．このうち，PDBのウェブページ内における通常の単語検索（例えば"newsletter"など）にはQuick Search!を使う．トップページの検索ウィンドウはSearchLiteと同じ機能である．

　まずはこのトップページの検索ウィンドウを利用してみよう．キーワードにはワイルドカード（＊）を使うことができる．ヘモグロビンの場合，haemoglobinとスペルすることもあるため，h＊moglobinと＊を使って入力してやれば，hemoglobinとhaemoglobinと記述のある両方のエントリを取得することができる．なお＊は任意の複数の文字も補完するため，例えばh＊binと入力すればhemoglobin，haemoglobinの他にthrombinなども取得される．

　また，match exact wordのボックスをチェックすると，単語内に部分的にhemoglobinのつづり

Daisuke Kihara：Department of Biological Sciences / Computer Sciences, Purdue University（パーデュー大学生物科学・計算機科学科）

表 本項で紹介する構造データベース

分類	名称	URL
1次データベース	PDB	http://www.rcsb.org/pdb/ （http://www.pdb.orgでもよい） http://pdb.protein.osaka-u.ac.jp/pdb/ （阪大蛋白研）
構造分類データベース	CATH	http://www.biochem.ucl.ac.uk/bsm/cath/
構造分類データベース	SCOP	http://scop.mrc-lmb.cam.ac.uk/scop/
構造予測データベース	ModBase	http://alto.compbio.ucsf.edu/modbase-cgi/index.cgi
構造予測データベース	GTOP	http://spock.genes.nig.ac.jp/~genome/gtop-j.html
構造予測データベース	GTD	http://bioinf.cs.ucl.ac.uk/GTD/

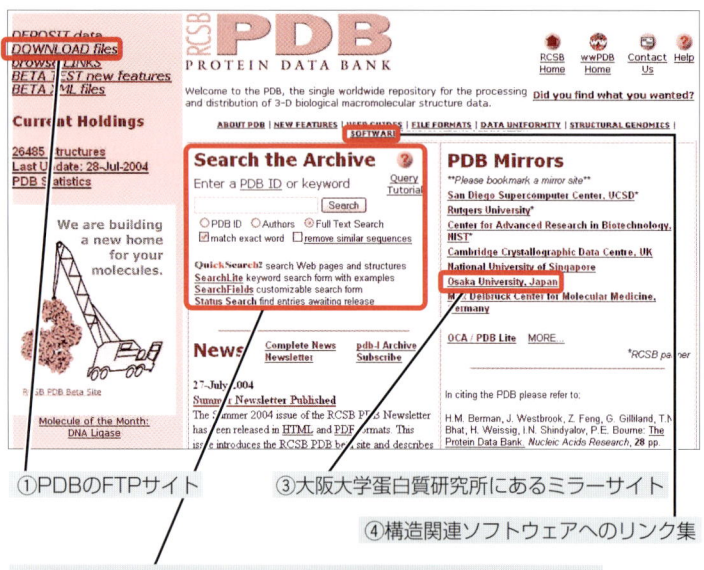

図1 PDBデータベースのトップページ
詳細は本文を参照

①PDBのFTPサイト
②検索ウィンドウ
　トップページのウィンドウはSearchLite検索ページと同様の機能
　SearchFields：検索項目のカスタマイズが可能な検索画面
　Status Search：リリース前のエントリの検索
③大阪大学蛋白質研究所にあるミラーサイト
④構造関連ソフトウェアへのリンク集

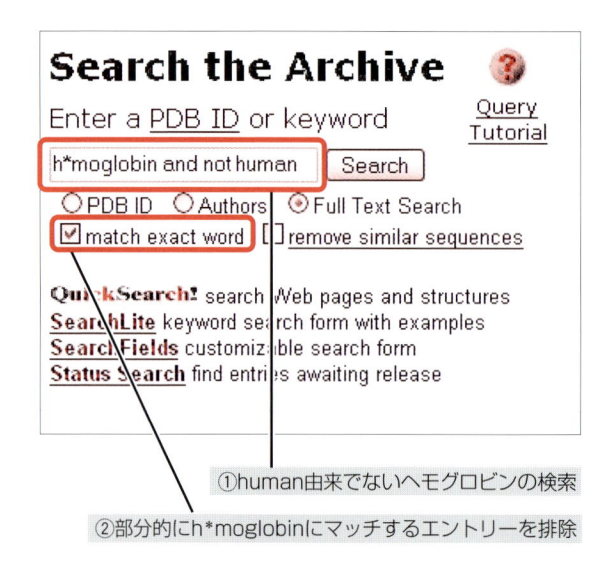

①human由来でないヘモグロビンの検索
②部分的にh*moglobinにマッチするエントリーを排除

図2 検索ウィンドウ
詳細は本文を参照

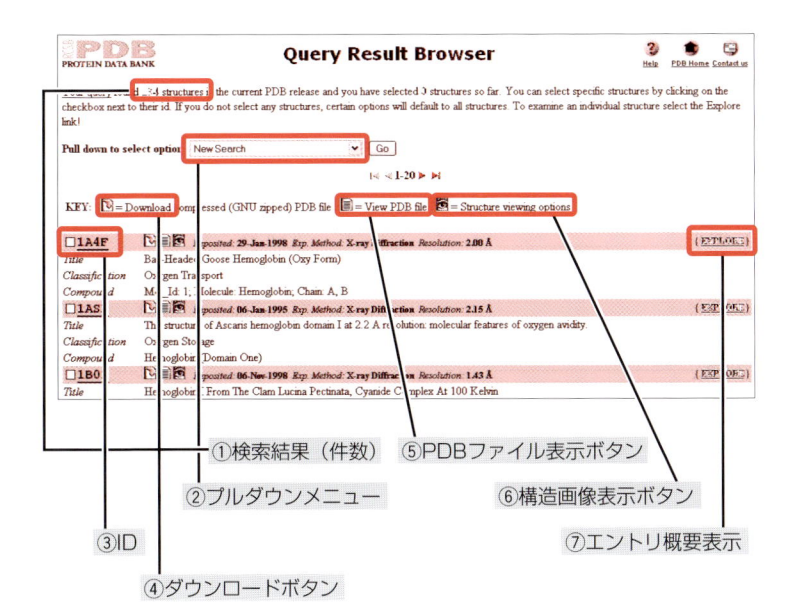

図3 検索結果
詳細は本文を参照

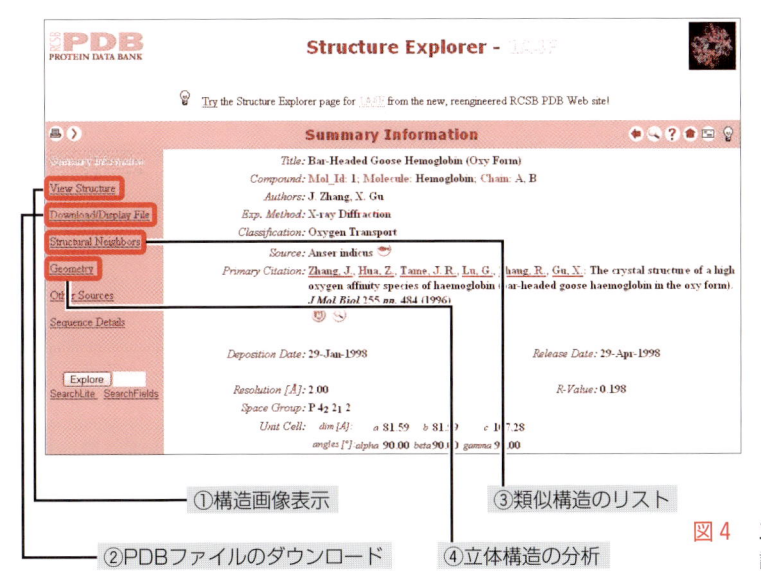

図4 エントリの概要ページの例（1A4F）
詳細は本文を参照

①構造画像表示
②PDBファイルのダウンロード
③類似構造のリスト
④立体構造の分析

①検索結果（件数）
②プルダウンメニュー
③ID
④ダウンロードボタン
⑤PDBファイル表示ボタン
⑥構造画像表示ボタン
⑦エントリ概要表示

をもつエントリ，leghemoglobinなどを排除することができる．検索には論理演算子，and，or，notを使うことができる．例では，human以外（and not）のヘモグロビンのエントリを検索した（図2）．もちろん，目的の構造のPDBのID（1ASHなど）を知っている場合は，PDB IDのボックスをチェックしてIDを入力すれば目的のファイルに直接到達する．

図3が検索結果である．134のエントリが取得されたことがわかる（①）．リストされたエントリのID（③），あるいは右端のEXPLORE（⑦）をクリックすると，エントリの概要が表示される（図4）．また，IDの横のボタンをクリックすることでファイルのダウンロード（④），表示（⑤），構造の画像表示（⑥）ができる（図3）．

2 検索結果ページのプルダウンメニュー

さて，図3に戻って，検索結果ページのプルダウンメニュー（②）（図5）を使うと検索されたエントリ全体に対していくつか便利な操作をする

2章3．構造データベース　　75

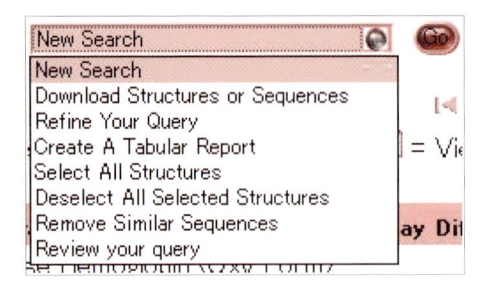

図5 検索結果ページのプルダウンメニュー
詳細は本文を参照

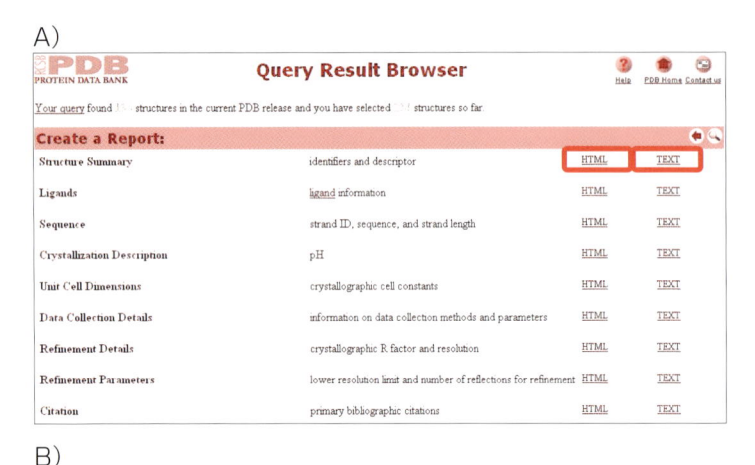

図6 検索結果の要約の表を作成するページ
A) 取得されたエントリの左側の項目の情報だけを表にして表示する．右側のHTML，またはTEXTをクリック．B) 表にする項目を選択できる．選択するには各項目のボックスをチェックすればよい

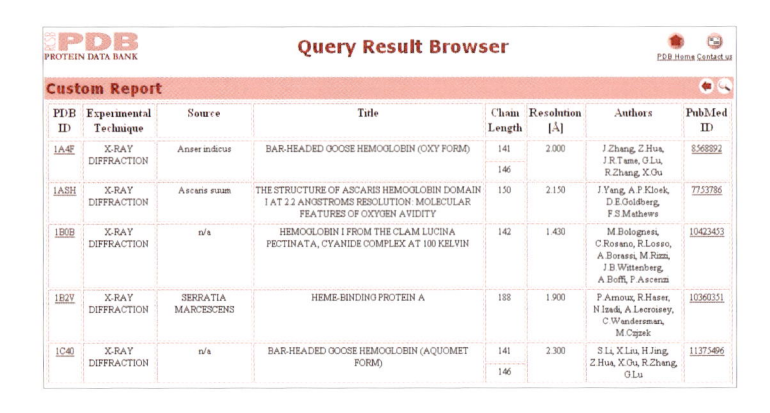

図7 要約の結果のページ（一部）
図6で選択された項目が表になっている．右端は文献データベース，PubMedのIDで，NCBIのPubMedのアブストラクトのページへリンクされている

76 実験医学別冊 ゲノム研究実験ハンドブック

図8 検索フォームのカスタマイズ
デフォルトの検索項目に加え，囲った4項目を検索に新たに追加するところ．項目を選択後，New Formボタンを押すと新たな検索フォームが作成される

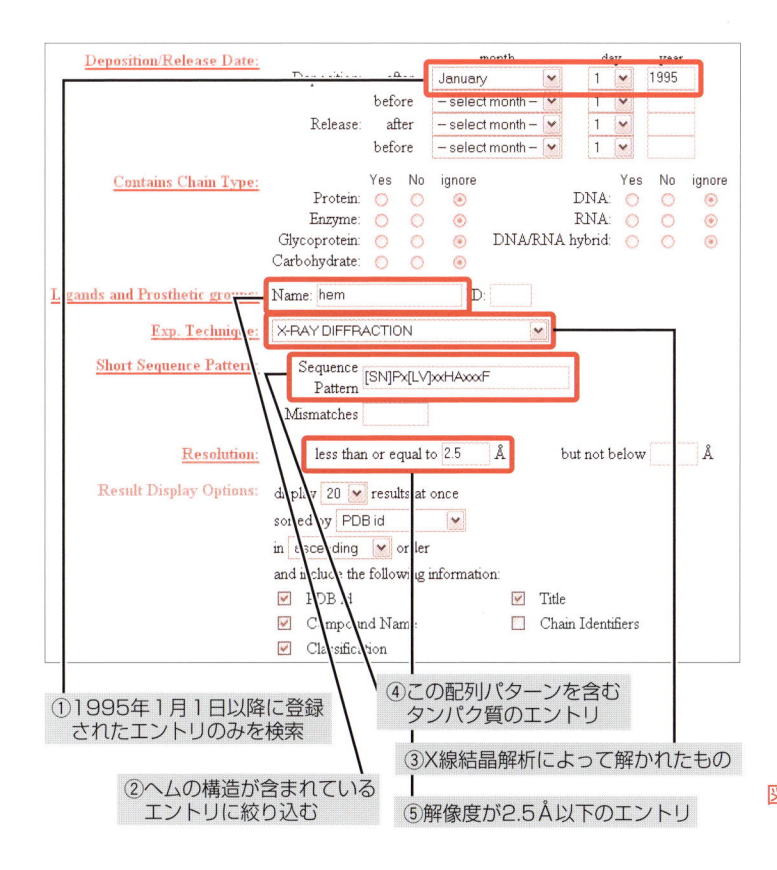

① 1995年1月1日以降に登録されたエントリのみを検索
② ヘムの構造が含まれているエントリに絞り込む
③ X線結晶解析によって解かれたもの
④ この配列パターンを含むタンパク質のエントリ
⑤ 解像度が2.5Å以下のエントリ

図9 カスタマイズされた検索ページ
詳細は本文を参照

ことができる．まず，検索された134エントリ全部のPDBファイルをダウンロードしたい場合，Select All Structuresを選択し，Goボタンをクリック（これによりリストのエントリの左のボックスにチェックが入る），さらにDownload Structures or Sequencesを選択→Goボタンクリックの2ステップで簡単に実現できる．もちろん，一部のエントリだけダウンロードしたい場合，そのエントリにチェックを入れてDownload Structures or Sequencesを選択すればいい．また，Remove Similar Structuresを選択すると，アミノ酸配列が90％以上同一であるエントリを排除して代表エントリだけ表示してくれる．ヘモグロビンの今回の例の場合，38エントリが選択された．

2章3．構造データベース

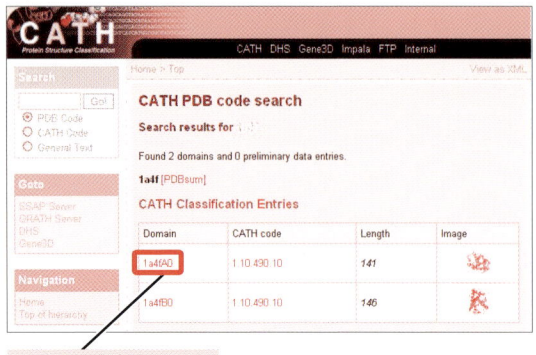

図10 CATCHタンパク質構造分類データベース（A）と，タンパク質の構造の階層（B）
詳細は本文を参照

　Create A Tabular Reportは，検索結果をまとめて表として表示してくれるので便利である．図6に表作成ページを示した．図6Aは表作成ページの上半分で，左側に並んだ項目について手早くまとめた表を作成してくれる．下半分のCustom Reportでは，表に記載する項目を自分で選択できる．図6Bに選択例，図7にその結果を示した．エントリの著者，解像度などを一目でチェックすることができる

3 詳細検索

　ここまでの検索は，トップページの検索ウィンドウから始めたものであった．さらに詳細な検索をしたい場合，図2のSearchFieldsを選んでみよう．検索画面の上半分にデフォルトの検索項目が並んでいるが，下半分のCustomize the search field on this query formで項目を選ぶことによって，さらにさまざまな検索が可能である（図8）．

　ここでは，デフォルトの項目に加え，「リガンドの情報」，「エントリの登録日」，「解像度」，「配列パターン」の4項目を追加してみた．作成された検索フォームが図9である．このフォームを使って，エントリの登録日が1995年1月1日以降で，ヘムを構造に含み，X線結晶解析によって解かれ，入力した配列パターン（ちなみにこれは植物のヘモグロビンの配列モチーフである　PROSITE ID：PS00208）を含むタンパク質で，かつ解像度が2.5Å下のエントリを検索した．（3件該当するエ

ントリがあった）．この配列パターンのなかで括弧で囲まれた残基は，「または」を示す．すなわち，例の配列パターンの場合，1番目の残基はSまたはN，4番目の残基はLまたはVを指定している．xは任意のアミノ酸残基にマッチする．なお，図8の検索項目のなかで，FASTA Searchを選ぶと，PDB全体に対してFASTA検索を行い，入力する配列に相同性のあるエントリが取得できるので便利である．

　また，トップページに戻りStatus Searchを選択すると，リリース前の作業中のエントリの状況も検索できる（図2）

4 個々のエントリのページ

検索については一通りみてきたので，ここで図4の取得された個々のエントリのページに戻ってみよう．左側のリンクの上から3番目，Structure Neighborsは，構造分類データベースへのリンクである．クリックすると，CATH，CE，FSSP，SCOP，VASTの5つのデータベースが並んでいるが，ここではCATHとSCOPの2つの代表的なデータベース（表1参照）をみてみることにする．

　CATHのタイトルの部分をクリックすると，まず図10Aのページが現れる．さらに，エントリ名1a4fA0をクリックして先に進んでみよう（図10B）．CATHは，PDBのタンパク質の構造を主に4階層〔大きい階層から，Class（α，αβ，βなどのフォールドのタイプ），Architecture（2次構造の空間配置），Topology（2次構造の繋がり具合），Homology（配列の類似性）〕に分類し

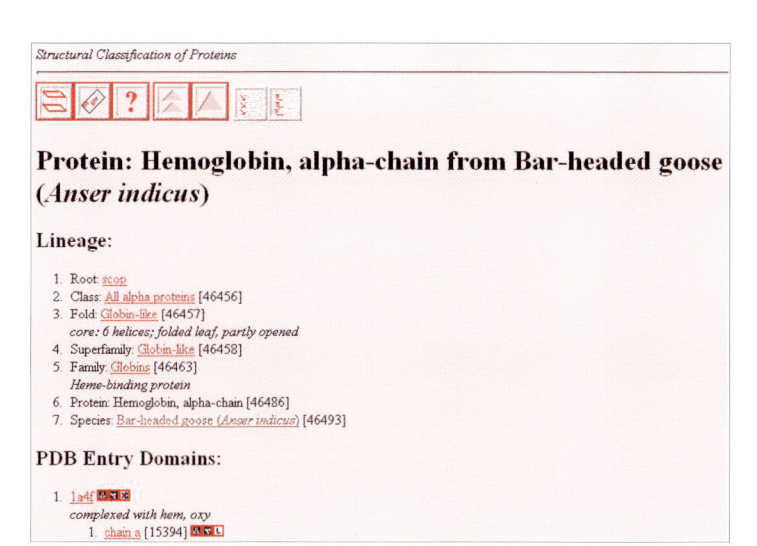

図11 SCOPデータベースの階層分類
詳細は本文を参照

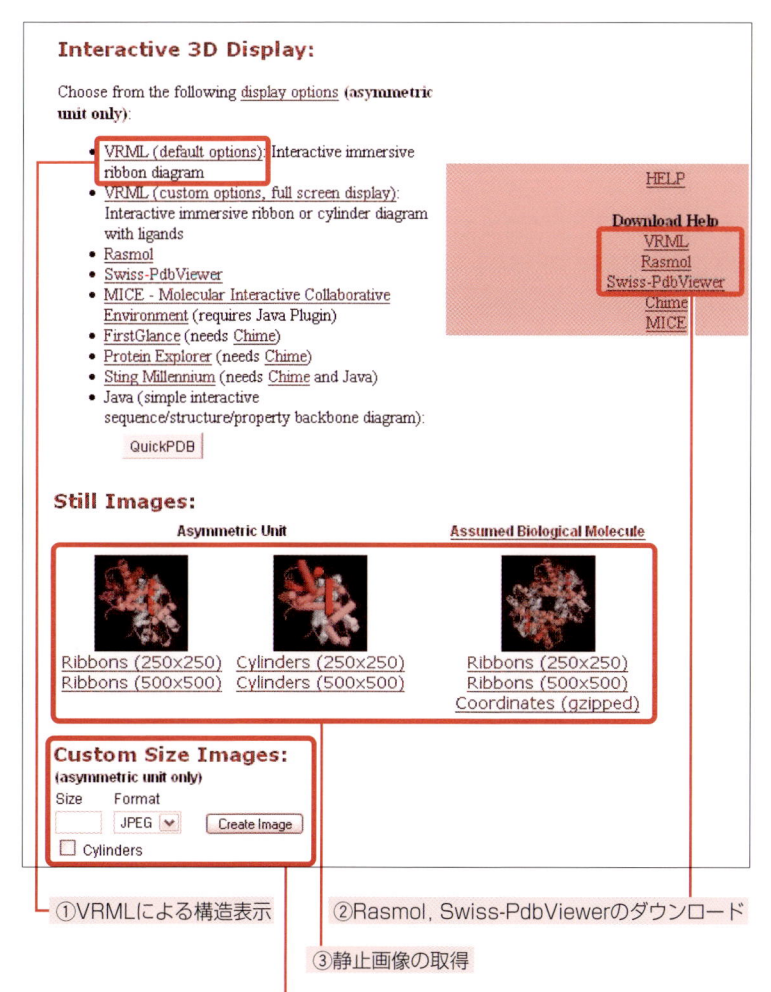

図12 立体構造画像の表示
詳細は本文を参照

①VRMLによる構造表示
②Rasmol, Swiss-PdbViewerのダウンロード
③静止画像の取得
④任意のサイズの静止画像の作成（サイズは縦横のピクセル）

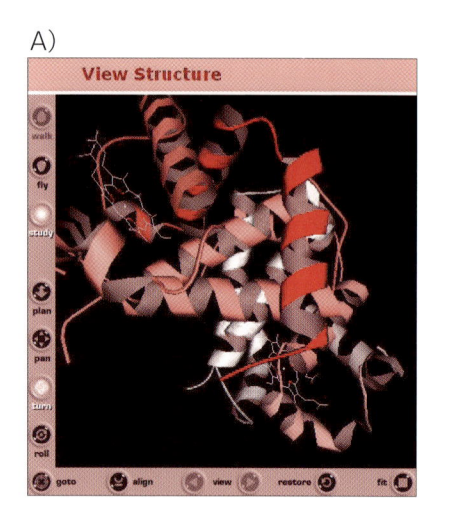

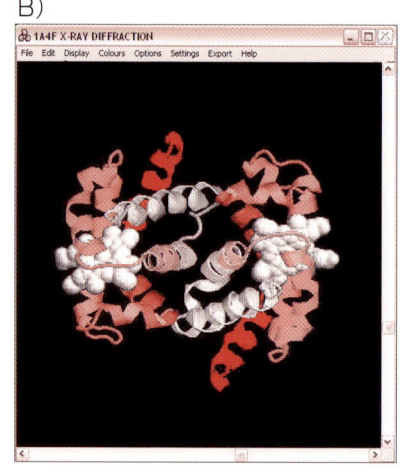

図13　A）VRMLによる立体構造表示，B）RASMOLによる立体構造表示
詳細は本文を参照．→表紙写真解説①参照

ている．各階層の分類番号をクリックすると，その階層に属する構造をもつ既知のタンパク質がわかるようになっており，タンパク質の進化的関係を構造のうえから考察するときに有用である．一方，SCOPのタイトル部分をクリックした結果が図11である．CATHと同様，この例では1a4fAの構造が階層的に分類されていることがわかるだろう．

さて，図4のその他のリンクをざっとみてみよう．上から4番目，Geometryからは，この構造のRamachandran Plotや2面角の統計などの構造の情報が得られる．上から2番目をクリックするとPDBファイルのダウンロード，ファイル自身の表示ができる

5 立体構造画像の表示

PDBを検索したからには，やはり立体構造をみてみたいだろう．構造の画像は図4の一番上のリンク，View Structureからいくつかの方法で得ることができる（図12）．上段のInteractive 3D Displayは，ウェブブラウザに構造表示ソフトをプラグインで追加してブラウザ上で見る方法である．ここではデフォルトのVRMLをみてみよう．このリンクをクリックすると，Windowsでネットスケープを使用している場合，プラグインの追加を促すページが出てくるので，それに従っていけば簡単にインストールできる．VRMLでは構造の回転，拡大などの操作ができる（図13A）．

また，専用の構造ブラウザをコンピュータにインストールしておき，PDBファイルをダウンロードしてウェブブラウザの外でローカルに構造をみる方が，さまざまな操作もできるので，いくつも構造をみるなら便利である．右側のDownload Helpにあげられたソフトのなかで，Rasmol，Swiss-Pdb Viewerが使いやすいのでお勧めである．Rasmolをクリック，出てくる説明書きのなかで，Click Hereをクリック，Rasmolのページへ飛ぶのでこのうち最新バージョン，2.7.2.1.1のMSWIN binariesとRasWin Help File（rawでも圧縮されたgzファイルでもどちらでもよい）をダウンロードして通常通りインストールすればよい．Helpファイルはバイナリーファイルと同じフォルダにおいておく．図13BはRasmolで1a4fを表示した例である．ヘムを赤で表示した．Swiss-Pdb Viewerも同様で，ソフトウェアのページに飛んだところでライセンスの承諾をクリックし，Microsoft Windowsをクリック，ダウンロードページ（http://us.expasy.org/spdbv/text/getpc.htm）からself extracting archiveまたはzip-file（777 kB）を選んで通常通りインストールすればよい．

タンパク質の静止画像だけでよいなら，中段のStill Imagesからあらかじめ用意された画像を，または下段のCustom Size Imagesからサイズ（縦横のピクセル数で指定），フォーマット（JPEGまたはTIFF）を選択して作成することができる

> **memo**
>
> さまざまなタンパク質の構造を日常的にみるなら，PDB全体をダウンロードしてローカルなコンピュータにもっておくのもよいと思う．必要なハードディスクの容量は現在のところ15GB弱である．それには図1の①にあるFTPサイトから，wgetなどを利用して一括ダウンロードすればよい（ftp://ftp.rcsb.org/pub/pdb/，阪大のサイトはftp://pdb.protein.osaka-u.ac.jp）．PDBファイルのあるフォルダは両サイトとも **pub/pdb/data/structures/all/pdb/**，もしくは **pub/pdb/data/divided/pdb/** のなかの各フォルダである．

おわりに

いくつかのStructure genomics projectの進展などにより，PDBには一週間に50～100個の割合で新しいエントリが増加している．このため，目的のタンパク質やその関連のタンパク質の構造がいつのまにか解かれていることも多く起こりそうである．しばらくPDBを検索していないなら，この機会に調べてみることをお勧めする．PDBの他にもさまざまな構造関連のデータベースが対象や目的にあわせて存在する．参考文献1はNucleic Acid Research誌が年に1度発行するデータベース特集号に載ったデータベースのリストである．構造関係のデータベースも61個収録されているので参考にされたい．

参考文献

1) Galperin, M. Y.：Nucleic Acid Res., 32：D3-D22, 2004

第 2 章 生物学データベース

4. ヒトゲノムデータベース
− Ensembl の利用法

谷口丈晃　矢田哲士

> Ensembl（http://www.ensembl.org/）は，大型ゲノムの配列を取り巻く生物学的な情報をまとめたデータベースである[1]．Ensembl には，インターネットブラウザによるインタラクティブなグラフィカルユーザインターフェイスが用意されている．Ensembl に格納されたデータは，誰でも自由にダウンロードすることができ，さらに，そのデータベースシステム一式をプライベートな環境にインストールすることもできる．

Ensembl を使ってできること

ヒトに代表される大型ゲノムのシークエンシングプロジェクトでは，決定された細切れの配列断片のデータが，何の付加情報もなくばらばらに，GenBank などの塩基配列データベースに登録されることが多い．また，シークエンシングプロジェクトの進展に伴って，配列断片はどんどんと長く繋がっていくので，データが冗長に登録されることになる．そのため，それらのデータをそのままの形でエンドユーザが利用することは，非常に難しくなっている．そこでEnsemblでは，それらの配列断片を染色体に沿って整列させた冗長性のない配列データを提供し，さらに，それらの配列に潜む遺伝子や反復配列などの生物学的な註釈データを併せて提供している．最近では，数々の大型ゲノムのシークエンシングプロジェクトが進展していることに伴い，それらの間のシンテニー関係やオーソログ関係のデータも提供している．このようにして，Ensembl は，ヒトという生き物の理解につながるモデル生物の情報を横断的に統合し，統合された機能単位を整理・分類することによって，その理解を深化させようとしている．

以下では，Ensemblの使い方に話題を絞って解説する．なお，Ensemblが提供する註釈データの生成プロトコルについては，参考文献 2 が詳しい．

Ensembl に関係するデータベース

前述したGenBankのように，研究機関が生成したデータをそのまま格納したデータベースを 1 次データベースと呼ぶことがある．一方，他のデータベースのデータを加工して構築したデータベースを 2 次データベースと呼ぶことがある．Ensemblはこの後者に分類される．

現在，ヒトに限らずさまざまな生物種について，上記したような 1 次・2 次データベースが存在している．そのなかからヒトに関係するものを，ごく一部だけではあるが，表にまとめる．

研究テーマに関係するありとあらゆるデータを収集したいのであれば，まずは 2 次データベースを活用するのが賢明である．表⑩〜⑮に示した 2 次データベースでは，関係性をもつデータ同士が相互に関連付けら

Takeaki Taniguchi[1] / Tetsushi Yada[2] : Mitsubishi Research Institute, Inc. Research Center for Advanced Science and Technology[1] / Department of Intelligence Science and Technology, Graduate school of Informatics, Kyoto University[2]　（三菱総合研究所先端科学研究センター[1] / 京都大学大学院情報学研究科知能情報学専攻[2]）

表　Ensemblに関係するデータベース

	カテゴリー	データベース名	URL
1次データベース	塩基配列のDB	①GenBank	http://www.ncbi.nih.gov/
		②EMBL	http://www.embl.org/
		③DDBJ	http://www.ddbj.nig.ac.jp/Welcome-j.html
	アミノ酸配列のDB	④SWISS-PROT	http://us.expasy.org/sprot/
		⑤PIR	http://pir.georgetown.edu/
	ヒトの遺伝疾患・疾患関連遺伝子に関する文献情報のDB	⑥OMIM	http://www.ncbi.nih.gov/entrez/query.fcgi?db=OMIM
	mRNAの発現プロファイルのDB	⑦BODY MAP	http://bodymap.ims.u-tokyo.ac.jp/
		⑧GEO	http://www.ncbi.nlm.nih.gov/geo/
		⑨ArrayExpress	http://www.ebi.ac.uk/arrayexpress/
2次データベース	mRNA・ESTの塩基配列に対するクラスタリング結果のDB	⑩UniGene	http://www.ncbi.nlm.nih.gov/entrez/query.fcgi?CMD=Search&DB=unigene
	ヒトゲノムに関する統合DB	⑪Ensembl	http://www.ensembl.org/
		⑫Genome Browser	http://genome.ucsc.edu/
		⑬Map viewer	http://www.ncbi.nlm.nih.gov/mapview/
		⑭HAL	http://hal.genome.ist.i.kyoto-u.ac.jp/
	ヒト遺伝子に関する統合DB	⑮GeneCards	http://bioinfo.weizmann.ac.il/cards/index.shtml

れてデータベースに格納されており，関連付けられたデータ群を一括して取得可能である．また，それらのデータベースはユーザインターフェースに非常に強力な検索機能を備えており，目的のデータにまで容易にアクセスすることが可能である．2次データベースを用いてデータを収集したうえでより詳細なデータが必要なのであれば，1次データベースにまで手を伸ばせばよい．

表⑪～⑭を運営する各研究機関は，それぞれが独自の解析手法をゲノム配列に適用し，その解析結果をゲノム配列に対する注釈データとしてエンドユーザに提供している．その解析手法・注釈データの違いが，各データベースを特徴付けている．また，エンドユーザの操作性向上を図るため，各データベースで独自の創意工夫がユーザインターフェースに凝らされている．どのデータベースを取ってみても遺伝コード領域予測結果やシンテニー領域予測結果など一通りの注釈データが揃っているし，その予測の精度や感度について良し悪しを一概に評価することは難しい．ただ，ユーザインターフェースの充実度でみればEnsemblが他を一歩リードしている感がある．

Ensemblを使ってみよう

1 染色体の特定領域を閲覧する

表現型に関与する遺伝子を探索する過程で，その遺伝子の存在位置を染色体の特定領域にまで絞り込むことができたとする．研究をさらに進めるためには，その領域に存在する遺伝子やSNPを調べ上げる必要があるかもしれない．この要望に対しては，Ensemblを使えば簡単に応えることができる．以下にその方法を説明する．

図1はEnsemblのWEBサイトのトップページである．このWEBサイトが立ちあがった2000年当初はヒトに関するデータのみを格納・公開対象としていたが，2004年8月の時点で13生物種にまで拡大している．現在は，その1つのディビジョンとしてヒトを対象とするデータベースが存在している．このページ上の"Human"をクリックするとヒトのディビジョンに入ることができる．

図2は，ヒトのディビジョンにおけるトップページである．図2に表示されている24種類の染色体から1つ選択しクリックすると図3のページにジャンプする[*1]．このページは"MapView"と

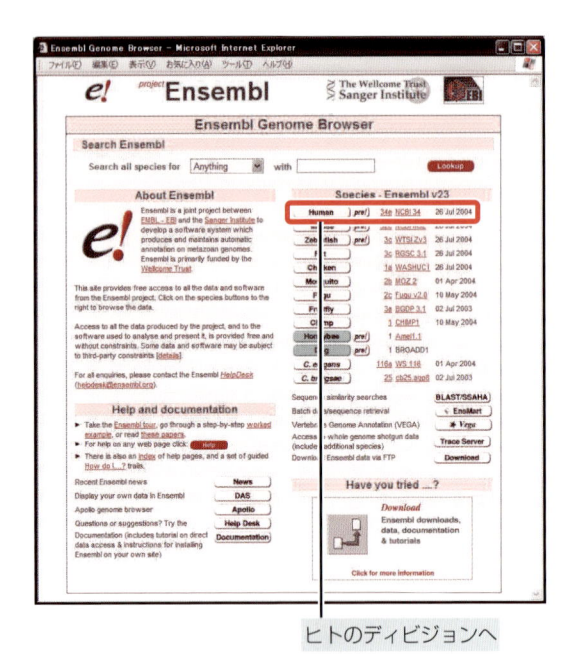

図1　Ensembl のトップページ
現在，Ensembl は 13 生物種のデータを格納している．トップページには，各生物種のディビジョンへの入り口や，データベースを操作するための各種機能が設置されている

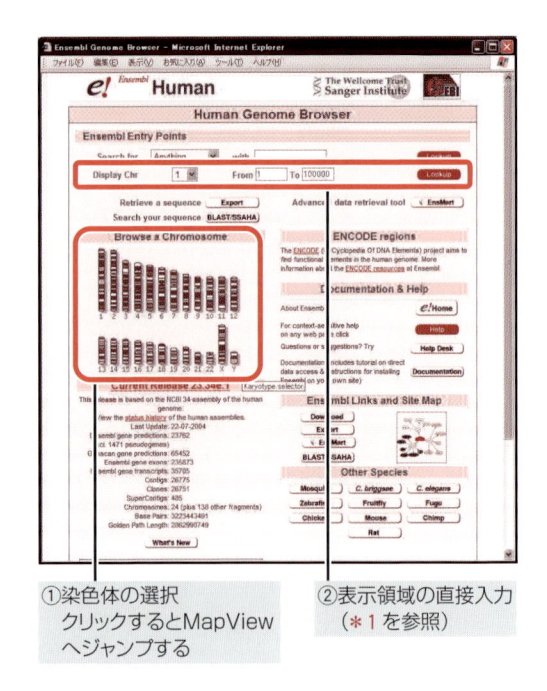

図2　ヒトのディビジョンのトップページ
全染色体の模式図やゲノムに関する統計情報が表示され，データベースを操作するための各種機能が設置されている

①染色体の選択
　クリックするとMapView
　へジャンプする

②表示領域の直接入力
　（＊1を参照）

ヒトのディビジョンへ

名付けられており，染色体に関する統計情報（図3①），染色体の模式図（図3②），染色体各位置に対する遺伝子・SNP の密度のグラフおよびG＋C含量のグラフ（図3③）が表示される．

＊1：Detailed view の表示領域を微調節することが可能である．図2②で，染色体の選択と表示領域の開始・終了位置の入力とを行いサブミットすればよい．

図3②もしくは図3③をクリックすると，そのクリックされた位置が拡大表示されたページへジャンプする（図4）．そのページには"ContigView"という名前が付けられている．

ContigView には，ゲノム配列と注釈データとの位置関係を示した模式図が表示される（図5）．模式図にはスケールの異なる4種類があり，スケールが大きい順に，"Chromosome"（図5①），"Overview"（図5②），"Detailed view"（図5③），"Basepair view"（図5④）という名前が付けられている．Chromosome と Overview は染色体を俯瞰させるために存在しており，Detailed view と Basepair view はより詳細なデータをみせるために存在している．Detailed view には遺伝子のエクソ

ン・イントロン構造や SNP の位置などが表示される．Basepair view にはゲノムの塩基配列や制限酵素切断位置などが表示される．Detailed view と Basepair view に対しては，表示領域を拡大・縮小させたり，ゲノム配列の上流もしくは下流へ表示領域を移動させることが可能である[*2]．

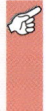

＊2：染色体の特定領域を閲覧したいときに，目印となる遺伝子，マーカ，SNP もしくはクローンが分かっているのであれば，名前やアクセッション番号などをキーワードとしてキーワード検索を実行する方が簡単に目的の領域にたどり着くことができる．

2　遺伝子の詳細データを閲覧する

先述のとおり，Ensembl には，独自の解析手法によって得られた遺伝子コード領域予測結果や，他のデータベースに格納されていた遺伝子コード領域がゲノム配列に対する注釈データとして格納される．前者の解析手法には現在のところ2種類があり，それぞれの予測結果に"Ensembl transcript"，"EST transcript"という名前が付けられている．これらのデータ同士でエクソン・イント

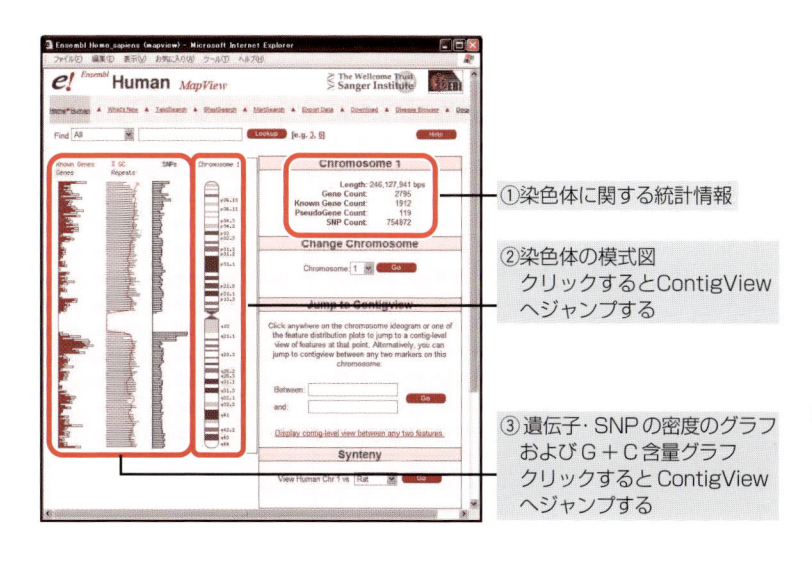

図3 MapView
ある染色体の模式図・統計情報が表示され，データベースを操作するための各種機能が設置されている

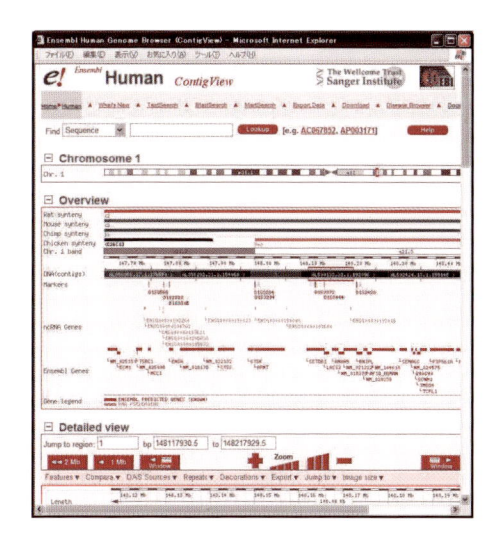

① 染色体に関する統計情報
② 染色体の模式図
クリックするとContigViewへジャンプする
③ 遺伝子・SNPの密度のグラフおよびG＋C含量グラフ
クリックするとContigViewへジャンプする

図4 ContigView
染色体のある領域についての詳細なデータが模式的に表示される

ロン構造を比較すると，オルタナティブスプライシングによって生じると考えられるデータ群が存在する．Ensembl transcriptについては，そのような関係性にあるデータ同士が関連付けられ，"Ensembl gene"としてデータベースに格納される（図6①）．ここでは，Ensembl geneを対象として詳細データを閲覧する方法を述べる．

Ensembl geneにアクセスするには，ContigViewを使用する手段と，キーワード検索を利用する手段がある．ContigViewを使用する場合，Detailed View中のEnsembl trans.と記された行のエクソン・イントロン構造をクリックすればよい（図6②）．その結果，図7①のページへジャンプする．

このページには"GeneView"という名前が付いている（図7①）．ここには，遺伝子名，遺伝子シンボル，エクソン・イントロン構造，オーソログ関係の予測結果，モチーフ予測結果などが表示される．GeneView中の転写産物に関する記述をクリックすると図7②へ，タンパク質に関する記述をクリックすると図7③へ，SNPに関する記述をクリックすると図7④へジャンプする．図7④には"TransView"という名前が付いており，転写産物の塩基配列などが表示される．図7③には"ProteinView"という名前が付いておりタンパク質のアミノ酸配列などが表示される．図7④には"GeneSNPView"という名前が付いており，エクソン・イントロン構造に対するSNPの位置や，SNPがタンパク質のアミノ酸配列に及ぼす影響などが表示される．

3 キーワードで遺伝子の詳細データにアクセスする

Ensemblのグラフィカルユーザインターフェースでは，どのページをとってみても，ページの上部にキーワード検索機能が配置されている（図8①）．プルダウンメニューから適当なデータフィールドを選択し，入力フォームにキーワードを入力してサブミットするとキーワード検索が実行される．

ここでは，キーワードとして"alzheimer"を入力し検索を実行しみる．するとアルツハイマーと

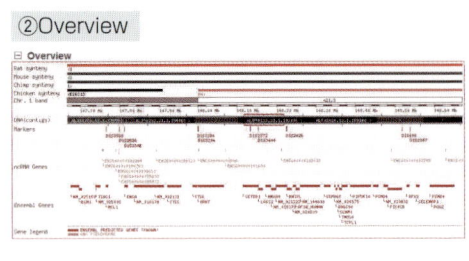

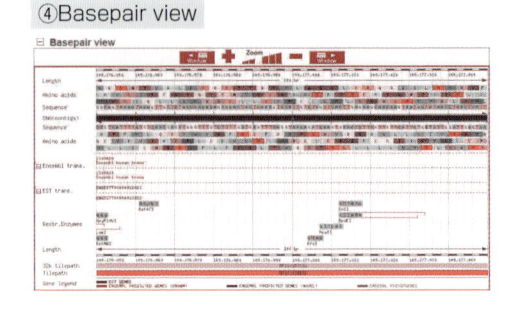

図5 ContigViewに表示される模式図
模式図にはスケールの異なる4種類が存在する．それぞれにおいて，表示される内容が異なる

①Ensembl gene

②Ensembl transcriptが表示される行
ここに表示されているエクソン・イントロン構造をクリックするとGeneViewへジャンプする

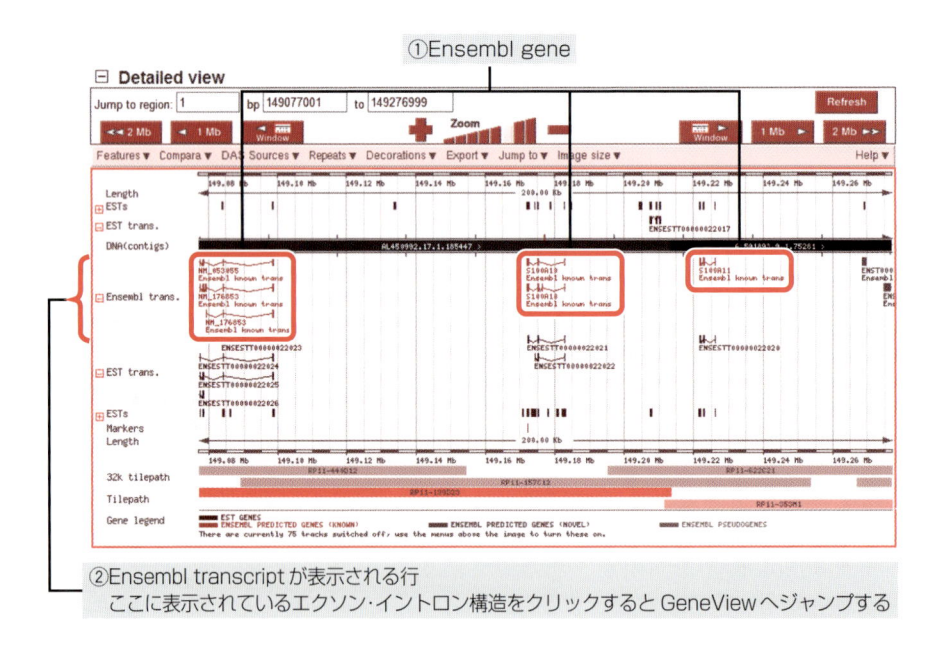

図6 Ensembl transcriptとEnsemble gene
オルタナティブスプライシングによって生じると考えられるデータ群は，関連付けられたうえでユーザーに提供される

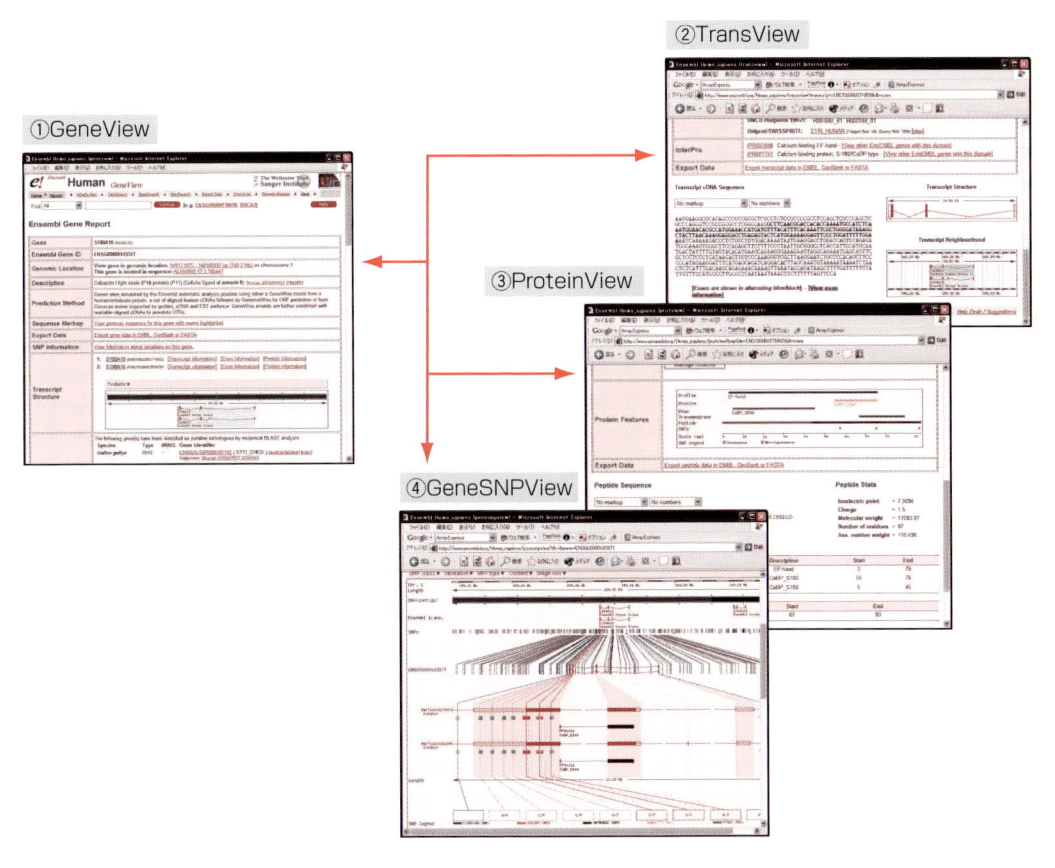

図7 GeneView，TransView，ProteinViewとGeneSNPViewのリンク関係
遺伝子に関するデータは整理分類され，それぞれ別のページに表示される

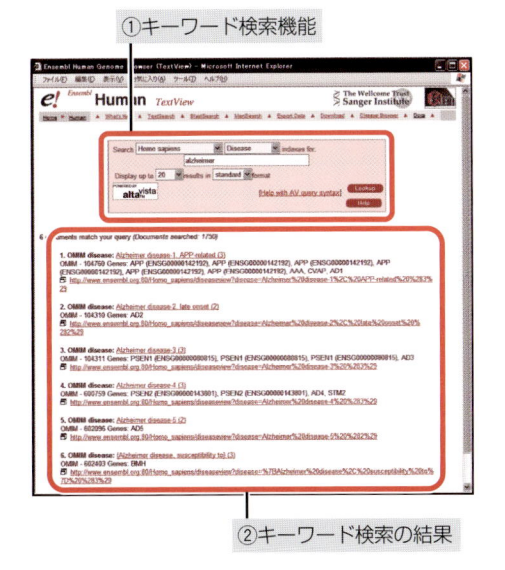

図8 キーワード検索機能とその検索結果
Ensemblに格納されたデータに対してキーワード検索を行うことができる．遺伝子シンボル，遺伝子名，アクセッション番号，疾患名などさまざまなキーワードを使用することができる

2章4．ヒトゲノムデータベース—Ensemblの利用法

の関連が知られている遺伝子がヒットする(図8②).リストアップされたこれらの遺伝子をクリックすると,その遺伝子に関する詳細情報の記述を閲覧することができる.

おわりに

本章で紹介した以外にも Ensembl にはさまざまな機能が用意されている.最後に"EnsMart"と"DAS"について簡単に触れたい.EnsMart は Ensembl に格納されているデータからエンドユーザが必要とするデータのみを簡単に抽出するための機能であり,これをうまく活用すれば研究効率をぐっと上げることができそうである.DAS はインターネットに接続されたサーバ間で注釈データを共有する機能であり,研究成果の迅速な公開や,共同研究における情報基盤整備に使えそうである.これらに興味のある方は,是非,試しに使ってみていただきたい.ご自身の研究ニーズにマッチしたならば幸いである.

参考文献

1) Birney, E. et al.: Genome Res., 14: 925-928, 2004
2) Curwen, V. et al.: Genome Res., 14: 942-950, 2004
3) Kent, W. J. et al.: Genome Res., 12: 996-1006
4) Wheeler, D. L. et al.: Nucleic Acids Res., 32: D35-40, 2004

第2章 生物学データベース

5. 生化学的パスウェイデータベース

服部正泰

生化学的実験によって明らかにされてきた代謝経路のネットワークのほか，遺伝子制御系やシグナル伝達経路などの細胞プロセスにかかわる制御ネットワークについて，分子間の相互作用の情報を整理しデータベース化したもの．

どんなデータベースがあるのか

タンパク質や核酸分子の配列情報，立体構造情報がデータベース化される一方で，それら個々の分子の相互作用に関する情報もデータベース化されてきた．ここで取り上げるパスウェイデータベースとは，代謝経路ネットワークや細胞制御ネットワークに関して，それらの相互作用の情報をデータベース化したものである．現在は，相互作用の情報をパスウェイマップと呼ばれる図面の形でグラフィカルに表示するデータベースが主流であり，ユーザーはマップ上の任意のオブジェクトをクリックすることで，より詳細な情報を入手できる．ここでは，パスウェイデータベースとして代表的なものをあげるとともに，それらの特徴を解説する．

1 Biochemical Pathways（ExPASy，スイス）

URL：http://www.expasy.ch/cgi-bin/search-biochem-index

ロシュによる有名な代謝パスウェイマップと細胞プロセスマップを，コンピュータ上でインタラクティブにアクセスできるようにしたデータベース．

化合物情報や遺伝子へのリンクはなく，酵素のみExPASyのENZYMEデータベースへリンクされている．従来は紙媒体で配布されていた図をWWWに載せただけなので，インターフェイスは使いにくく情報量も少ない．

2 KEGG/PATHWAY（京都大学化学研究所）

URL：http://www.genome.jp/kegg/pathway.html

代謝マップのほかに，転写制御，環境応答，細胞プロセス，ヒトの疾患にかかわる制御プロセスなど，生体関連分子のパスウェイマップ情報を多彩に収集し構築しているデータベース[1]．パスウェイマップはあらゆる生物種で共通なレファレンスパスウェイとして構築されており，生物種に強く依存するパスウェイのみ個別のマップを描くというのが基本的な姿勢である．パスウェイマップ上のほとんどすべてのオブジェクトは，KEGGの他のデータベース（GENESやLIGANDデータベースなど）へリンクされており，化合物や糖鎖の構造，酵素の情報，酵素反応の詳細，遺伝子あるいはタンパク質配列などをマウス操作だけで入手可能である．特に遺伝子データベースGENESに収録されている100を超える生物種のデータをパスウェイマップに投影し，それぞれの生物種がどの酵素反応を触媒可能かが一目でわかるようになっていたり，ゲノム配列比較より得られたオーソログ情報が表形式でまとめられていたりと，分子生物学研究には有用な情報が多

Masahiro Hattori：Institute for Chemical Research, Kyoto University（京都大学化学研究所）

い．その他，KEGG の運営基盤である GenomeNet にてサービスされているその他のデータベースへもリンクされており，現在もっとも自由度の高いパスウェイデータベースの1つになっている．XML 言語によるパスウェイ情報の標準化にもいち早く着手し KEGG Markup Language（KGML）を策定するとともに，KEGG API と呼ばれるインターネット向けインターフェイス環境の整備を行うなど，先進的な技術も積極的に取り込んでいる．

3 UM-BBD（ミネソタ大学，米国）

URL：http://umbbd.ahc.umn.edu/

主に生分解経路に着目し構築されている代謝パスウェイデータベースで，KEGG へのデータ提供も行われている．

このように書くと一見 KEGG のサブセットのようにも聞こえるが，決してそのようなことはなく，独自のインターフェイスと検索システムを備えインタラクティブに経路探索が可能なように工夫されている．ただし，パスウェイマップの表示は，自動描画に対応するために主にテキストベースの表示であり，その他のサイトで見られるグラフィカルな（ただしスタティックな）表示に比べて，見劣りしてしまうのは否めない．

4 BioCyc（SRI インターナショナル，米国）

URL：http://biocyc.org/

MetaCyc や EcoCyc などのデータベースを構築・提供しているほか，計算機的に再構築した代謝パスウェイマップもサービスされている．

MetaCyc は 150 生物種の代謝経路情報，酵素情報から構築されたいわゆるレファレンスパスウェイであり，この点は KEGG/PATHWAY の代謝マップと同様である．一方の EcoCyc は大腸菌（K12株）に特化しており，大腸菌のもつ代謝経路情報をインタラクティブに参照可能である．さらに，各酵素の遺伝子転写制御ネットワークの情報や化合物，遺伝子の情報までリンクをたどることで手に入れることが可能である．ただし，いわゆる細胞プロセスにかかわる制御パスウェイマップは構築されていない．

レファレンスマップではなく，特定の生物種に限って，代謝パスウェイ（場合によっては制御パスウェイも含む）を対象としたデータベースを構築し公開しているサイトもある．それらのうち代表的なもの3つを以下に示す．これらのうち，AraCyc と SGD は上述した BioCyc のシステムを利用していると思われ，BioCyc のトップページからもリンクが張られている．

5 AraCyc（TAIR，米国）

URL：http://www.arabidopsis.org/tools/aracyc/
シロイヌナズナ

6 Yeast Biochemical Pathways（SGD，米国）

URL：http://pathway.yeastgenome.org/biocyc/
出芽酵母

7 Malaria Parasite Metabolic Pathways（ヘブライ大学，エルサレム）

URL：http://sites.huji.ac.il/malaria/
マラリア原虫

以上のサイト以外にも，以下のような特徴的な代謝パスウェイデータベースが存在するが，分子生物学やバイオインフォマティクス的な研究用途にはあまり使われてはいない．ただし，これらのデータベースのもつ絵は非常にきれいであるので，初学者の教育用途には使えるかもしれない．また，PathDB のようなクライアントアプリケーションに JAVA を使ったインターフェイスは，これからの代謝パスウェイデータベースの1つの方向性を示しているといえる．

8 PathDB（NCGR，米国）

URL：http://www.ncgr.org/pathdb/

利用するには JAVA アプリケーションのインストールが必要であるが，インタラクティブな検索機能も提供される．

9 BioCarta（BioCarta，米国）

URL：http://www.biocarta.com/genes/index.asp

各パスウェイマップから薬品へのリンクがあり，商業的ニュアンスが強い．ただし，表示されるグラフィックスはきれいである．

以上，世界中に点在するパスウェイデータベースを概説したが，基本的な相違点は，①代謝経路のみか制御パスウェイも含むか，②パスウェイマップは自動描画であるかそうでないか，③レファレンスパスウェイの構築を目指すのか生物種固有の情報を目指すのか，④各パスウェイからどれだけの情報へリンクが張られているか（他のデータベースと協調できているか），といった点に集約される．

実際に使ってみよう

ここでは，数あるパスウェイデータベースのなかから，KEGG/PATHWAY データベースの特に代謝パスウェイマップを例にとって，実際にどういうことができるのかをみてみよう．

まず，コンピュータの Web ブラウザを立ちあげ，前述の KEGG/PATHWAY データベースのアドレスへアクセスする．（図1）アクセスすれば一目瞭然であるが，パスウェイマップは大きく①代謝経路，②遺伝子転写制御，③環境応答，④細胞プロセス，⑤ヒト疾患，に分類されており，トップページは各カテゴリがもつ詳細なマップへのリンク集となっている．最初から興味の対象となるパスウェイが決まっていれば，ここからクリックしてたどればよい．一方，どのパスウェイマップをみればよいかわからない場合には，後述するパスウェイ上のオブジェクト（すなわち代謝化合物や酵素，遺伝子など）の検索機能があるので，それを利用し目的とするパスウェイを探すこともできる．ここではまず，最初からみたいマップが「TCA サイクル」と決まっている場合の操作を例にとり，そのマップに一体どのような情報が載っているのか，あるいは他のどのようなデータベースと関係しているのかをみてみる．

代謝パスウェイのカテゴリから「Citrate cycle (TCA cycle)」をクリックすると図2のようなマップが表示される（余談だが，このマップに限らず KEGG で構築されているパスウェイマップは非常に大きい場合があるので，それなりに大きなディスプレイでないとブラウズには苦労するかもしれない）．

さて，このマップ上で各オブジェクトは図3の範例に従って表示されている．すなわち，化合物は小さな丸（○）で描かれ，それらが矢印（→）の酵素反応で互いに結合するというものである．

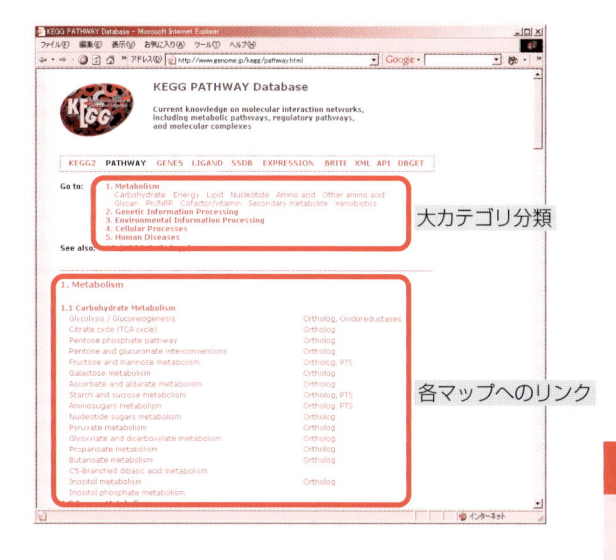

図1　KEGG/PATHWAY のトップページ
詳細は本文を参照

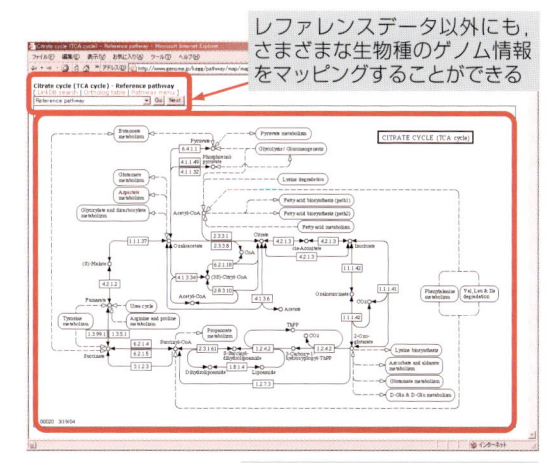

図2　TCA サイクルのマップ
詳細は本文を参照

酵素反応の矢印の上，またはそばには酵素番号を伴った四角の箱（□）が置かれている．酵素反応の矢印はその反応の方向性に従って，片方向または両方向の矢印になっている．さらに，このマップでは描ききれない代謝経路は，その他のマップへのリンクとして楕円のオブジェクトが描かれている．したがって，ユーザーは１つのマップから始まってパスウェイをたどりながら縦横にデータベース内をブラウズしていくことができるようになっている．

○　代謝化合物　　COMPOUND/GLYCAN

□　酵素番号　　ENZYME/GENES/REACTION

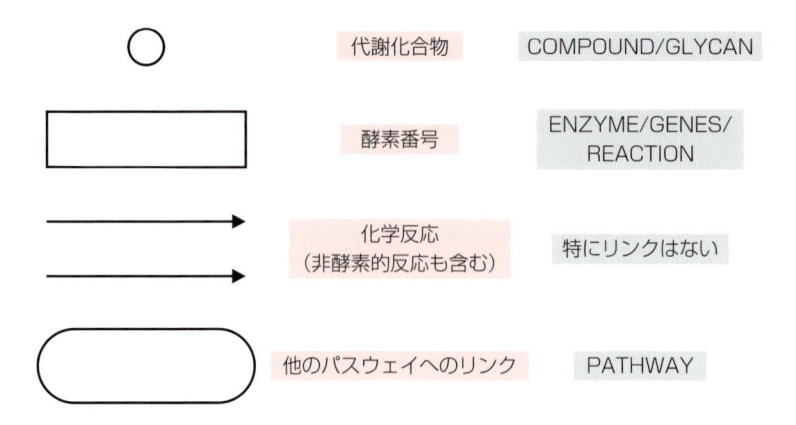

→　化学反応（非酵素的反応も含む）　特にリンクはない

◯　他のパスウェイへのリンク　PATHWAY

図3　マップ上でのオブジェクトの表示方法と主なリンク先
詳細は本文を参照

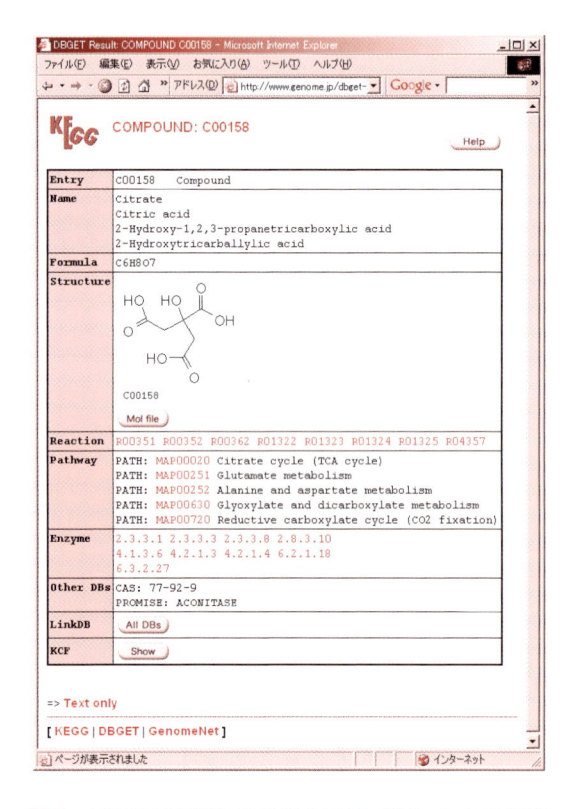

図4　KEGG/COMPOUND による「Citrate」の情報
詳細は本文を参照

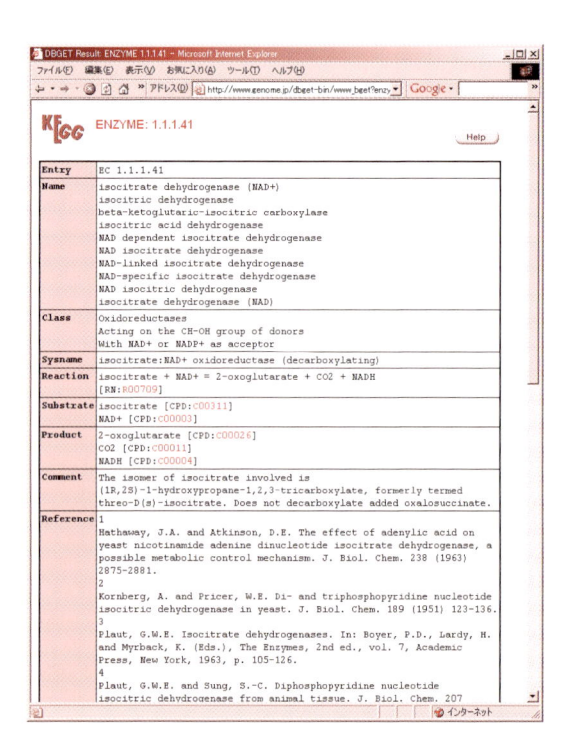

図5　KEGG/ENZYME による「EC1.1.1.41」の情報
詳細は本文を参照

　また，化合物，酵素番号などのオブジェクトにもリンクが張られており，これらはそれぞれ KEGG のほかのデータベースである COMPOUND や ENZYME へのリンクとなっている．図4と5は，それぞれ「Citrate の○」と「1.1.1.41 の□」をクリックしたときに表示されるそれらのデータベースのもつ情報である．詳細は省くが，これらのデータベースには正式名称，化合物なら構造情報，酵素ならば配列データベース（特に KEGG/GENES）へのリンク情報がある．さらに，化合物からはそれにかかわる酵素番号や酵素反応の模式図（KEGG/REACTION）へ，酵素からも触媒する化合物や酵素反応へのリンクがあり，PATHWAY を出発点として KEGG データベース全体が縦横無尽

に結びついている様子がうかがえる．

ゲノム情報のマッピング

つぎに少し応用的な使用方法をみてみよう．KEGG の GENES データベースには現在 100 種を軽く超える生物種のゲノム情報が収録されている．この GENES と PATHWAY データベースを組合せた操作例として，ある生物種がもつ酵素がどれなのかをマップ上でインタラクティブに確認できる方法があるので紹介する．

図 2 で，ページの上部にあるプルダウンメニューに注目していただきたい．最初ここには「Reference pathway」と表示されているはずであるが，プルダウンメニューを開くとさまざまな生物種を指定できることがわかる．

ここで，例えば「Homo sapiens」を選択し「Go」ボタンを押すと，図 6 のような緑色に色付けされたパスウェイが表示される．ここで，緑色の酵素の箱が意味するものは，その酵素をヒトゲノム中で見つけることができることを意味する．逆に，対応すべき酵素がないか現在のアノテーションの段階では見つかっていない場合，その酵素の箱は白いままで表示される．なお，このように緑色に色付けされた酵素は，もはや ENZYME ではなく GENES の対応する遺伝子エントリへのリンクになっている．

オブジェクトのマッピング

ブラウズしたいパスウェイマップがどれかが決まっていない場合，あるいはマイクロアレイの発現解析で共発現していると思われる酵素のセットが得られた場合，パスウェイオブジェクトの検索機能が有用である．それには，まず KEGG のコンテンツ一覧ページ（URL：http://www.genome.jp/kegg/kegg2.html）へ行って，「Search objects in KEGG pathways」のメニューをクリックする（図 7）．すると，検索ページに切り替わるので，クエリーを入力するテキストボックスに検索したい酵素番号や化合物のエントリ番号，遺伝子名などを入力し，「Exec」ボタンをクリックする．ここでは，例として，「1.1.1.37; 2.3.3.1; 4.2.1.3; 1.1.1.42; 1.1.1.41; 1.2.4.2; 2.3.1.61; 6.2.1.4; 6.2.1.5; 1.3.5.1; 4.2.1.2」という酵素番号列を与え

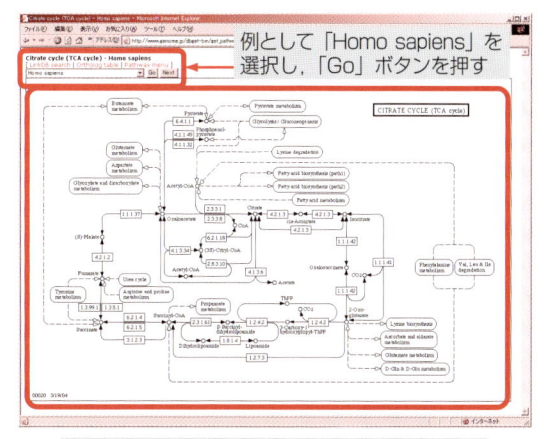

例として「Homo sapiens」を選択し，「Go」ボタンを押す

KEGG/GENES のアノテーション情報に従って，ヒトがもつ酵素のみが色づけされる

図 6　TCA サイクルにヒトゲノム情報をマッピングしたところ
詳細は本文を参照

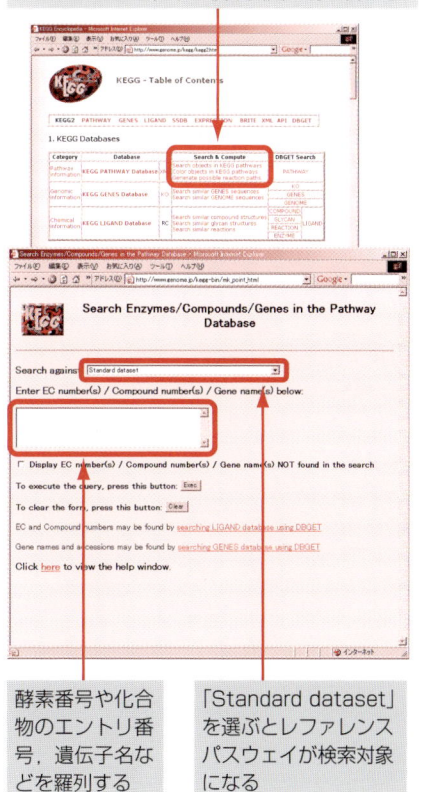

「Search objects in KEGG pathways」をクリックすると，下の検索画面に切り替わる

酵素番号や化合物のエントリ番号，遺伝子名などを羅列する

「Standard dataset」を選ぶとレファレンスパスウェイが検索対象になる

図 7　パスウェイマップ上のオブジェクトを検索する
詳細は本文を参照

図8 酵素番号の検索結果
詳細は本文を参照

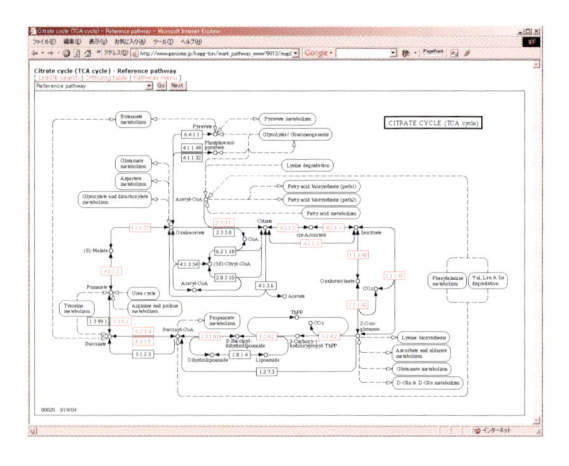

図9 検索結果をパスウェイにマッピングすることも可能である
詳細は本文を参照

た．与えるキーワードは，セミコロンやスペース，タブなどで適当に区切れば検索プログラム側が適切に処理するようになっている．この例の検索結果は図8のようになり，そのなかから一番多くの酵素が出現しているマップをクリックすると，検索結果をグラフィカルに確認することが可能である（図9）．

おわりに

KEGGには，この他にも，化合物の構造を入力し検索する方法や，2つの化合物をつなぐ代謝経路を計算する方法などもある．また，あるタンパク質配列の類似配列を検索することができたり，GENESをもとに構築された遺伝子のオーソログ情報をパスウェイマップに投影することも可能である．さらに，制御パスウェイのことは，ここではほとんど割愛している．このようなKEGGのより高度な使い方に関しては，少々記述が古くなっているが参考文献2が詳しい．もちろん，ここで紹介した以外にも代謝パスウェイデータベースを標榜するものは幾多も存在するし，そういったものも含めてほとんどのものはインターネットブラウザ経由で閲覧が可能である．それぞれのデータベースがもつ特徴に注目しながら，いろいろ試してみるのも面白いだろう．

参考文献

1）Kanehisa, M. et al.：Nucleic Acids Res., 32：D277-D280, 2004
2）「ゲノムネットのデータベース利用法 第3版」（金久 實／編），共立出版, 2002

6. オントロジーとその活用法

櫛田達矢　山縣友紀　福田賢一郎

生命科学分野のオントロジーの構築が進められている．その結果，生物種共通の体系化された用語で，遺伝子に機能を関連付けることが可能になった．オントロジーを利用することで，大量データをコンピュータで網羅的に解析することが期待されている．本項では，ゲノム科学分野で代表的なオントロジーの紹介とその基本的な使い方を解説する．

どんなデータベースがあるのか

オントロジーとは由来は哲学用語．存在論（ontology）と認識論（epistemology）．知識工学ではシステムがある世界を扱うのに必要とする概念と概念間の関係の形式的かつ明示的な定義をさす．バイオロジーでは統制語句集合，概念の包含関係，概念が従うべき制約などさまざまなレベルの体系化を含む．

Gene Ontology（http://www.geneontology.org/）は生物種を越えた遺伝子の機能のアノテーションに使用する用語の標準化を目指して開発されたオントロジーである[1)2)]．また，TAMBIS（http://imgproj.cs.man.ac.uk/tambis/）は生物学およびバイオインフォマティクスにおける幅広い知識を対象としたオントロジーで，抽象度の高い概念を扱っている．さらに，近年，ある特定の分野を対象とし，その領域の知識を形式化するために，データベースの構造をオントロジーできちんと定義したデータベースが増えている．IMGT（http://www.ebi.ac.uk/imgt/）は，免疫遺伝学に関するオントロジーを実装している[3)]．代謝反応を対象としたMetaCyc（http://metacyc.org/）[4)]，シグナル伝達を対象としたINOH（http://www.inoh.org/）[5)]，PATIKA（http://www.patika.org/）[6)]などのパスウエイデータベースもオントロジーによって定義付けられたデータベースである[*1]．

memo

*1：オントロジー記述言語およびフォーマット：各データベースシステムでは，XML形式によるデータ提供や，owlやDAG-EDIT形式によるオントロジーの提供を行い他のデータベースとの連携を目指すとともに，近年，cellML，SBML，CMLなどのXMLベースの記述言語の開発や，PSI，BioPAXなどプロテオミクスやパスウエイデータベースのデータフォーマットの標準化もすすめられている．

GOの成り立ち

ゲノム科学分野を代表するオントロジーであるGene Ontology™（GO）は，GOコンソーシアムが主催しており，1998年に3種類の高等真核生物のモデル生物データベースFlybase（ショウジョウバエ），SGD（酵母），MGD（マウス）の共同プロジェクトとして始まった．その後，植物，動物から微生物に至るまで現在は幅広い生物種のデータベースがプロジェクトに参加している．

Tatsuya Kushida [1)] / Yuki Yamagata [1)] / Ken Ichiro Fukuda [2)]：Institute for Bioinformatics Research and Development (BIRD), Japan Science and Technology Agency (JST) [1)] / Computational Biology Research Center (CBRC), National Institute of Advanced Industrial Science and Technology (AIST) [2)]（科学技術振興機構バイオインフォマティクス推進事業 [1)] / 産業技術総合研究所生命情報科学研究センター [2)]）

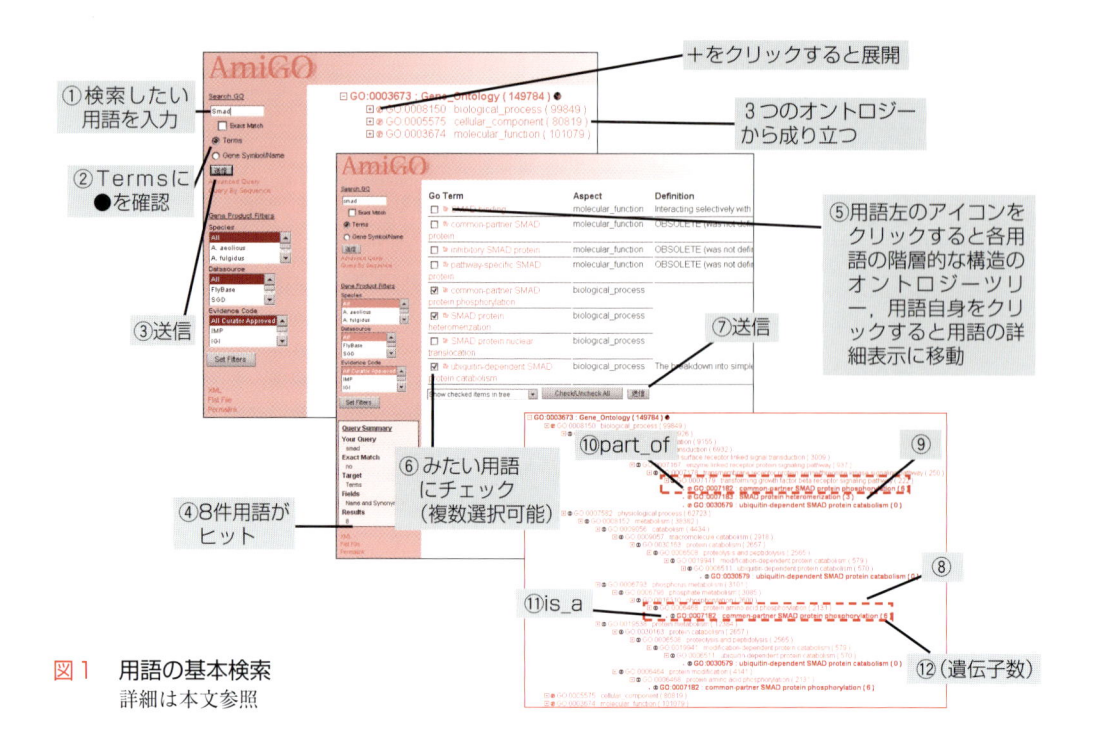

図1 用語の基本検索
詳細は本文参照

GOコンソーシアムでは，すべての生物種に適用可能な「controlled vocabulary」（統制語句）の構築を目的とし，大きく分けて，3つのオントロジーを構築している．

- molecular function ：分子機能
- biological process ：生物学的プロセス
- cellular component ：細胞内の分子の働く場所，構造および高分子複合体

GOの利用が急速に広まった背景として，GO termを用いてさまざまな種の遺伝子産物に対する機能の関連付け（アノテーション）が行われたことにある．タンパク統合データベースであるEBIのGene Ontology Annotation（GOA）[7]，UniProt，Swiss-Prot，InterPRO，NCBIのLocusLinkなどでGO termが活用されている．

オントロジーをうまく解析にとりこめば，実験データからまた新しい発見が期待される．ここでは，GOの代表的なブラウザであるAmiGOと，オントロジーの編集ツールであるDAG-Editの使い方を説明する．

実際に使ってみよう

マイクロアレイの実験をしていて「Smad」という遺伝子の発現量に何らかの差がみられたとしよう．これまでにSmadがどのような生命現象にかかわっていることが知られているか，そして自分の対象としている生命現象とどれくらい関連性があるのかを知りたいときに，オントロジーデータベースはあなたの研究をサポートする強力なツールとなる．

1 用語の基本検索

❶ AmiGOトップ画面左の検索ボックス（図1①）にSMADを入力，Termsにチェックが入っていることを確認し（図1②），「送信」ボタン（図1③）をクリックしてみよう．

❷ 今回8件SMADに関連する用語がヒットした（図1④）．各用語の詳細について知りたいときは，その用語をクリックすればよい．各用語の左のアイコン（図1⑤）を押すと各用語のオントロジーツリーが表示される．複数の用語のツリー構造を同時に見たい場合は該当するチェックボックスにチェックをいれ（図1⑥），画面下の送信ボタンをクリックする（図1⑦）．

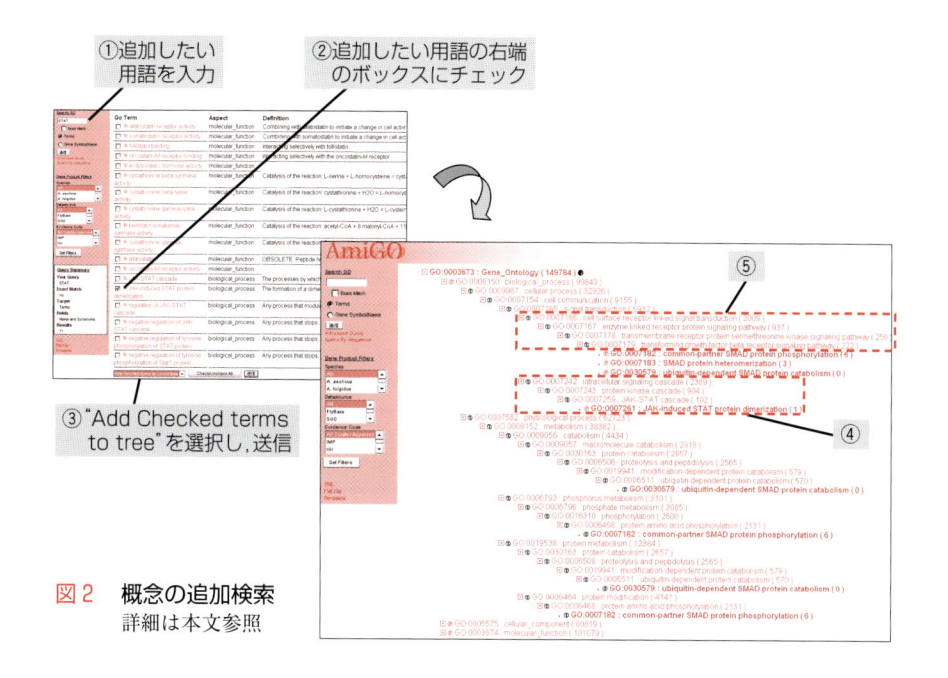

図2 概念の追加検索
詳細は本文参照

① 追加したい用語を入力
② 追加したい用語の右端のボックスにチェック
③ "Add Checked terms to tree"を選択し,送信

❸ 検索結果でヒットした用語は,太字で示される.子となる用語は,複数の親を持つことができる.例えば,"common-partner SMAD protein phosphorylation"は親として,"protein amino acid phosphorylation"(図1⑧)と"transforming growth factor beta receptor signaling pathway"(図1⑨)をもつ.用語同士は,汎化と特殊化の関係を表すis_a,もしくは全体と部分の関係を表すpart_ofの2つの関係で結びついている.親との関係はpart_ofの場合はピンク色の"Ⓟ"(図1⑩),is_aの場合は緑の"Ⓘ"(図1⑪)アイコンで表示される.各用語の右の括弧内の数(図1⑫)は,その用語にアノテートされた遺伝子数である.

2 概念の追加検索

❶ 例えば"SMAD"と"STAT"の関係を知りたい場合,❶のSMADの検索結果のツリーを表示したまま,検索ボックスでSTATを入力し(図2①),送信する.その結果,STATについての検索結果が表示される.

❷ ここで,さらに"STATの二量体化"と"SMAD"の概念と関係を知りたい場合,"JAK-induced STAT protein dimerization"の左のボックスにチェックを入れ(図2②),"Add Checked terms to tree"(図2③)を選択し,送信する.
その結果,ツリーの関係から,追加された概念"JAK-induced STAT protein dimerization"は,"JAK-STAT cascade"を親にもち,これらはpart_of関係にあることがわかる(図2④).また,各概念の上位の親との関係から"transforming growth factor beta receptor signaling pathway"は,細胞表面でシグナルを伝えるが(図2⑤),"JAK-STAT cascade"は細胞内でシグナルを伝えるということ(図2④)が,読み取れる.

3 用語の詳細表示と関連遺伝子

各用語をクリックすることでその詳細情報をみることができる.

各エントリーは,ID,同義語,定義,オントロジーツリー表示の他に,概念関係をグラフでみることができる(図3①).また,詳細表示では,InterProなど外部データベースへリンクがはられている(図3②).その下には,用語に関連する遺伝子産物の一覧が記載される.各GeneSymbolをクリックすると,遺伝子産物についての詳細が(図3③),各シンボル右肩のATGCCをクリックすると,その産物の配列情報が(図3④),さらにGOstをクリックすると,その配列のBlast検索の結果が(図3⑤)表示される.データソースをクリックすると,各データベースの該当エントリーが表示される(図3⑥).また,アノテーションの根拠を示すEvidence Code[*2]も示される(図3⑦).その他,図3⑧の選択ウインドウで子孫

2章6. オントロジーとその活用法 97

図3 用語の詳細表示と関連遺伝子
詳細は本文参照

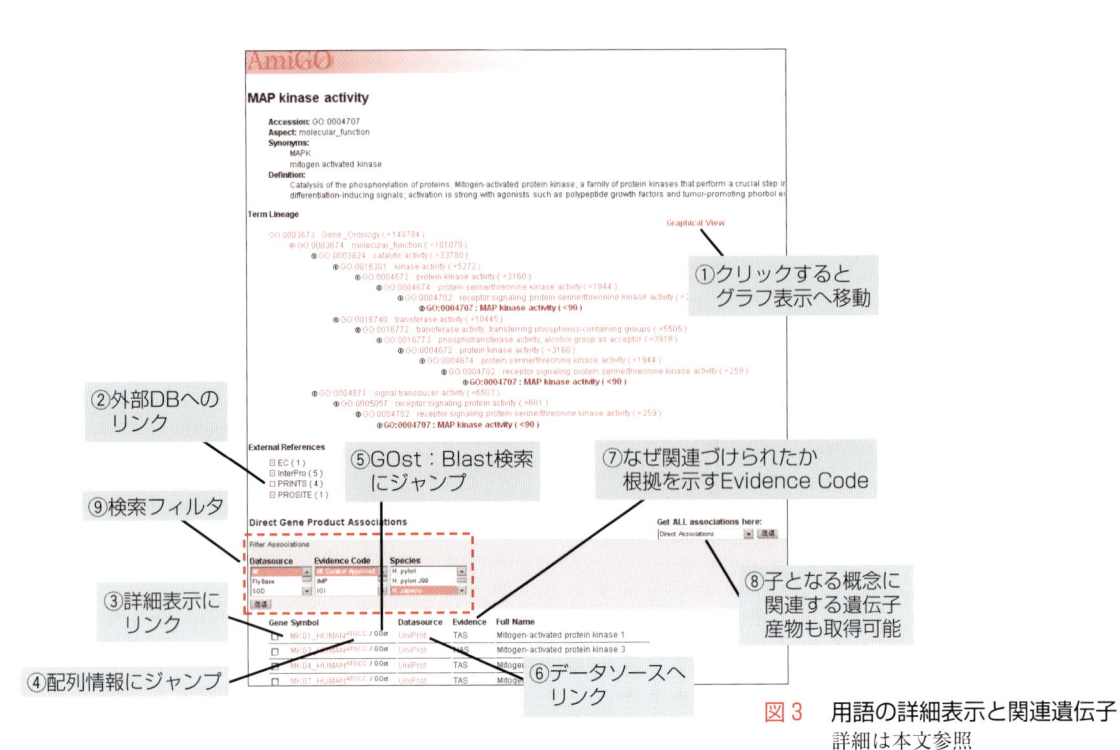

①クリックするとグラフ表示へ移動
②外部DBへのリンク
③詳細表示にリンク
④配列情報にジャンプ
⑤GOst：Blast検索にジャンプ
⑥データソースへリンク
⑦なぜ関連づけられたか根拠を示すEvidence Code
⑧子となる概念に関連する遺伝子産物も取得可能
⑨検索フィルタ

の概念の関連する遺伝子産物もリストアップすることができる．表示された遺伝子産物リストの数が多い場合，データソース，Evidence Code，生物種によるフィルターによる絞込みが有効である（図3⑨）．

4 遺伝子産物の検索

遺伝子名をキーワードとして，それに関連するGOTermを見つけることも可能である．
AmiGOトップページ画面左上の検索ボックスに遺伝子名を入力，その下のGeneSymbol/Nameを選択，送信ボタンを押す．この場合も，候補を絞り込むために生物種，データソース，Evidence Codeによりフィルターをかけることができる．

memo

＊2：GOアノテーションにはどのような理由で付けられたかを示す根拠であるEvidence codesを併記する必要があり，アノテーションを相互比較するときにクオリティーコントロールすることができる（図3⑥，⑨）．例えばISS（配列または構造類似性による機能予測），IDA（ダイレクトアッセイによる機能予測），IEA（コンピュータによる機械的自動注釈）などがある（http://www.geneontology.org/GO.evidence.html）．

DAG-Editの操作

ｉ）DAG-Editとは

GOに対するブラウジング，検索，編集用のツールとしてDAG-Editというフリーのソフトウエアがある．これは生物学研究者が自分の研究領域の用語や概念を整理し，オントロジーとして体系化する目的でも使用されている．このように構築されたオントロジーは，OBO（open biological ontologies；http://obo.source-forge.net/）[*3]と呼ばれるウェブサイトで公開され，生物学研究者のコミュニティーにおける共有の財産として，生物学の発展に寄与している．DAG-EditはOBOに登録されたオントロジーを閲覧，検索するうえでも便利なツールである．DAG-Editの特徴は，①直感的でわかりやすいインターフェイス，②強力な検索機能，③Windows, Mac, Unix, Linuxに対応，などがあげられ

memo

＊3：ゲノミクスおよびプロテオミクス分野の各種ontologyを集めた総合サイトで，例えばマイクロアレイの実験条件に関するオントロジーであるMGED ontology，ゲノム配列に関するSequence Ontologyなどがある．

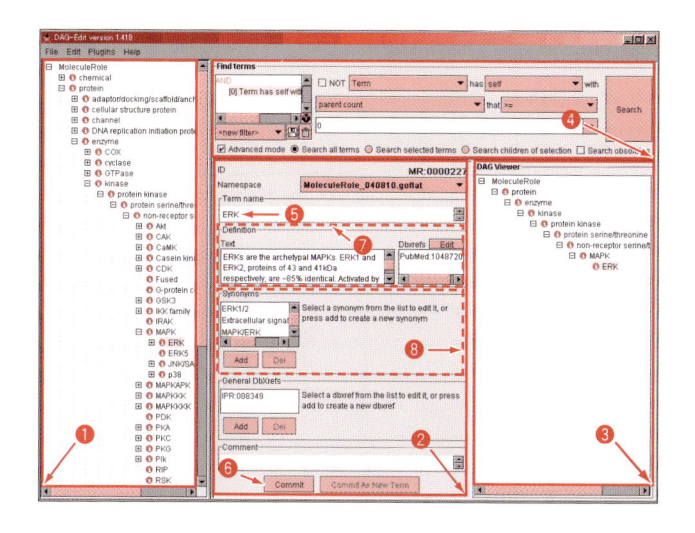

図4　DAG-Editの編集機能
詳細は本文参照

る．本項では，バージョン1.418 Windows版を用いてその使い方を紹介する．

ii) インストール・起動の仕方

DAG-EditはJavaアプリケーションである．事前にJavaをインストールしておく必要がある．DAG-Editは，http://sourceforge.net/project/showfiles.php?group_id=36855 からダウンロードできる．

iii) 画面の説明

DAG-Editのインターフェイスは，4画面から構成されている．Term Editor Panel（用語の階層を編集する画面，図4①），Text Editor Panel（用語の定義や同義語を編集する画面，図4②），DAG Viewer（編集中の用語の階層関係を表示する画面，図4③），Search/Filter Panel（検索に用いる画面，図4④）である．

iv) 操作方法1　既存のオントロジーファイルを開く

現在OBOで公開されている多くのオントロジーが採用しているGO Flat File形式のファイルを開くときの手順は以下のとおりである．Fileメニューから"Load Terms…"を選択，Choose data adapterから"GO Flat File Adapter"を選択．File pathsの"Add"を押す．File Name or URLおよびDefinition file nameの"Browse"を押し，それぞれOntology file, Defs fileを選択し，"OK"を押す．

v) 操作方法2　新規のオントロジーを編集する

次に，新規にオントロジーを構築する方法を紹介する．編集の前に，用語に割り振られるID番号のprefix（接頭辞）を設定する必要がある．このprefixはオントロジーごとにユニークでなければならず，Gene Ontologyの場合は，GOがそれにあたる．Prefixの変更は，"Plugins"メニューから"DAG-Edit Configuration Manager"を選択し，"Behavior"で行う．

用語に下位構造（子の用語）を作るときは，Term Editor Panelでその用語（親）を選択し，"Edit"メニューから"Add Term"を選択，Text Editor PanelのTerm nameの欄に，子にあたる用語を入力（図4⑤）．最後に"Commit"を押す（図4⑥）．子になる用語に複数の親の用語をもたす（多重継承の）場合，子にあたる用語を選択し，Shiftキーを押しながら，新たに親としたい用語の上に，Drag & Dropすればよい．各用語を削除するときは，対象となる用語を選択し，"Edit"から"Delete"，"Delete (recursive)"もしくは，"Destroy term"を選ぶ．いずれの操作も，"Undo"により，復帰させることが可能である

vi) 操作方法3　属性の編集

定義の入力．"Edit"を押し，出典もとのデータベース名，ID，キュレーターなどの名前などを入力（図4⑦）．同義語の入力．"Add"を押し，同義語名を入力，同義語のタイプを選択，"Edit"を押し，出典もとの情報を入力（図4⑧）．

2章6．オントロジーとその活用法　　99

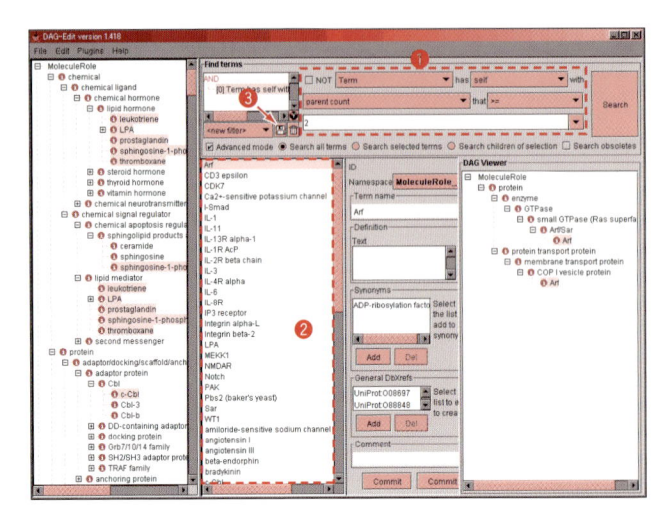

図5 DAG-Edit の検索機能
詳細は本文参照

vii）操作方法4　用語間の関係

用語間の関係を変更する方法は，変更したい関係のアイコンを選択し，"Edit"，"Change relationship type to"から適当な関係を選択．DAG-Editでは用語間の関係の新規追加も可能である．

viii）Filter（検索）機能

検索はSearch/Filter Panelで行う．

検索例：複数の親をもつ用語は？

検索条件の設定：ある"Term"のなかで，"self"（その用語自身）が，"parent count"（親の数）を，"2"個，">="（以上）もつものは（図5①）？

結果，"Arf"など約60個の用語が見つかる（図5②）．

and/orを用いて複数の条件を組合せて，複雑な検索も可能である．検索条件は保存可能である（図5③）．

おわりに

Gene Ontologyを中心にオントロジーについて述べた．さまざまな生物種がプロジェクトに参加し，概念が拡張，整備されているとともに，コンピュータによる遺伝子の機能予測や注釈付けにオントロジーがどんどん使われている．"オントロジー（存在論）"と聞いて訳のわからないものだとしり込みせず，生物学的な意味の注釈付けをするための有効なツールとして，積極的にどんどん活用していただきたい．オントロジーデータの発展により，今後ますますnew findingが得られるとともに新しい研究分野も生まれてくるであろう．

参考文献

1) The Gene Ontology Consortium.：Nature Genet., 25：25-29, 2000
2) The Gene Ontology Consortium.：Nucleic Acids Res., 32：D258-D261, 2004
3) Lefranc, M. P.：Nucleic Acids Res., 31：307-310, 2003
4) Krieger, C. J. et al.：Nucleic Acids Res., 32：D438-D442, 2004
5) Fukuda, K. et al.：In Silico Biology, 4：63-79, 2004
6) Demir, E. et al.：Bioinformatics, 20：349-356, 2004
7) Camon, E. et al.：Nucleic Acids Res., 32：D262-266, 2004
8) Lambrix, P. et al.：Bioinformatics, 19：1564-1571, 2003

第2章 生物学データベース

7. 遺伝子発現プロファイルデータベース GEOデータベース

ポリュリャーフ ナターリヤ　藤渕 航

ハイスループット遺伝子発現データのレポジトリであるGEOは，柔軟な構造をもち，DNAアレイだけでなく，抗体アレイやSAGEなどのデータも登録されている世界最大の公共データベースであり，実験の性質によって再編成されたDataSetsなどは，解析リソースとしての利用価値も高い．

基本的な知識を学ぼう

1 目的と特徴

GEO（Gene Expression Omnibus, http：//www.ncbi.nlm.nih.gov/geo/）は，米国バイオテクノロジー情報センター（以後NCBI）でハイスループットアレイデータのレポジトリとして1999年に始まったプロジェクトである．GEOは柔軟な構造をもち，遺伝子発現データに限らず，抗体アレイデータやアレイCGH（comparative genomic hybridization），またSAGE（serial analysis of gene expression）のデータなども登録されている．そこには実験やアレイの違いなどによって異なるが，数千個から数万個の遺伝子やタンパク質の大量発現データをエントリーとするデータが蓄積されている．このデータベースを利用することで，類似の発現プロファイルをもっている遺伝子群を検索でき，転写制御や機能の面で何らかの共通性をもつ遺伝子の検出や，新しい遺伝子の機能推定や遺伝子ネットワークの発見が可能である．

GEO以外にもいくつかのアレイデータベースが存在しているが（例えば：ExpressDB, ArrayExpressなど），限られた実験法のデータのみであったり，形式に対して複雑な基準を設けているために，一般には使用しにくい面をもっている．一方，GEOにはSOFT（Simple Omnibus Format）というデータ互換のための形式があり，わかりやすいテキスト形式で表現されている．ユーザーが自分のデータを公開する場合には，SOFT形式を通じて容易にデータをGEOに送信することができ，円滑にデータ登録が行える．それでは，実際にデータベースの中身をみてみよう．

2 データベースの構造

GEOはシンプルでありながらよく考えられた3つのコンポーネントから形成され，それらはGPL番号をもつPlatformとGSM番号をもつSample，GSE番号をもつSeriesと呼ばれている．現在のところ，Platformが825，Sampleが21,371，Seriesが1,159エントリー登録されている．この3つのコンポーネントの関係が図1に具体的な例としてあげられている．Platformには使用したアレイのタイプや名称，プローブのセットの情報が記録されている．またプローブセットによる一実験の測定値がSampleに記載され，複数のSampleがさらにSeriesによって大まかに実験のグループにまとめられて整理されている．例えば，図1に示されているようにPlatform 80の3つのSample（GSM15618, GSM15620, GSM15625）がさまざまな組合せで3つのSeries（GSE983, GSE995, GSE985）にまとめられている．例えば，GSE983では，癌細胞と正常細胞の

Natalia Polouliakh / Wataru Fujibuchi : Sequence Analysis Team, Computational Biology Research Center, National Institute of Advanced Industrial Science and Technology（産業技術総合研究所生命情報科学研究センター配列解析チーム）

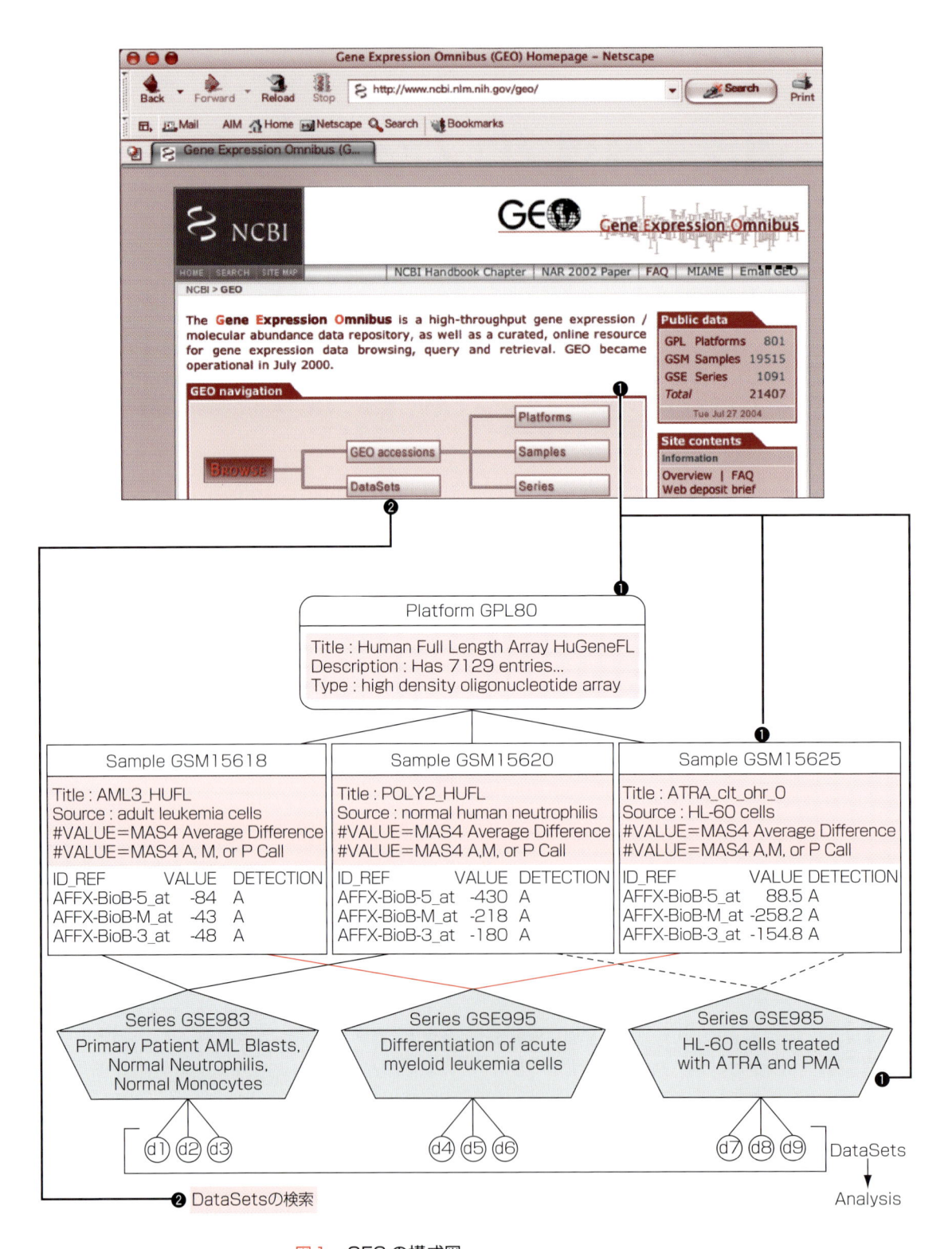

図1 GEO の構成図
詳細は本文を参照. →巻頭カラー 5 参照

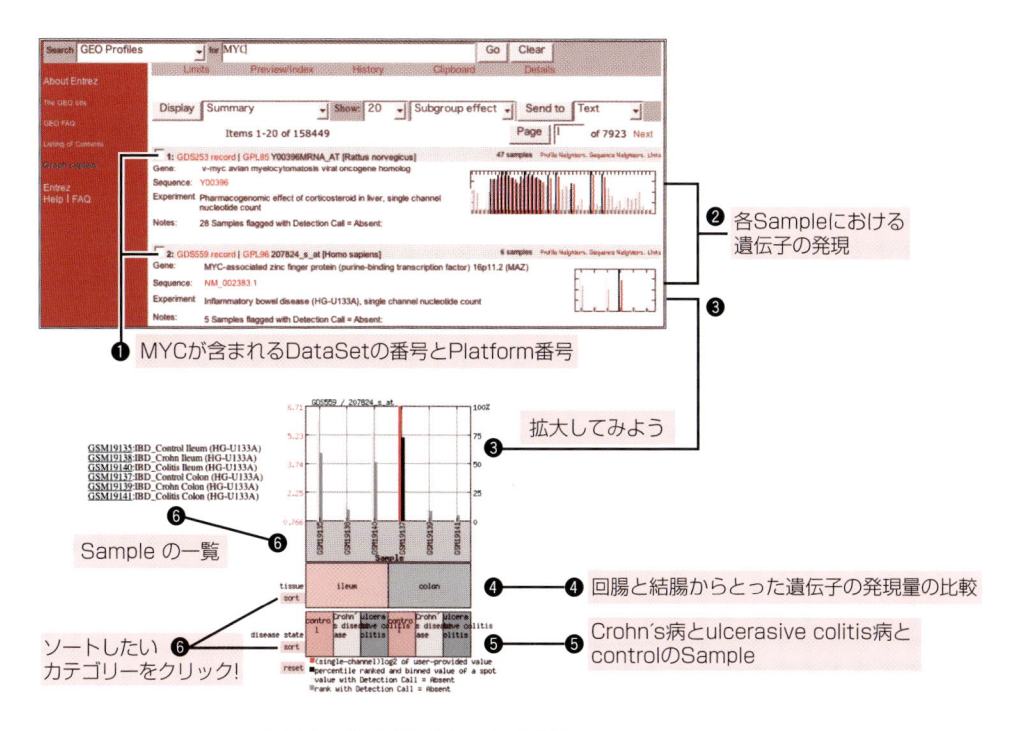

図2　GEO Profiles から検索
詳細は本文を参照．→巻頭カラー6参照

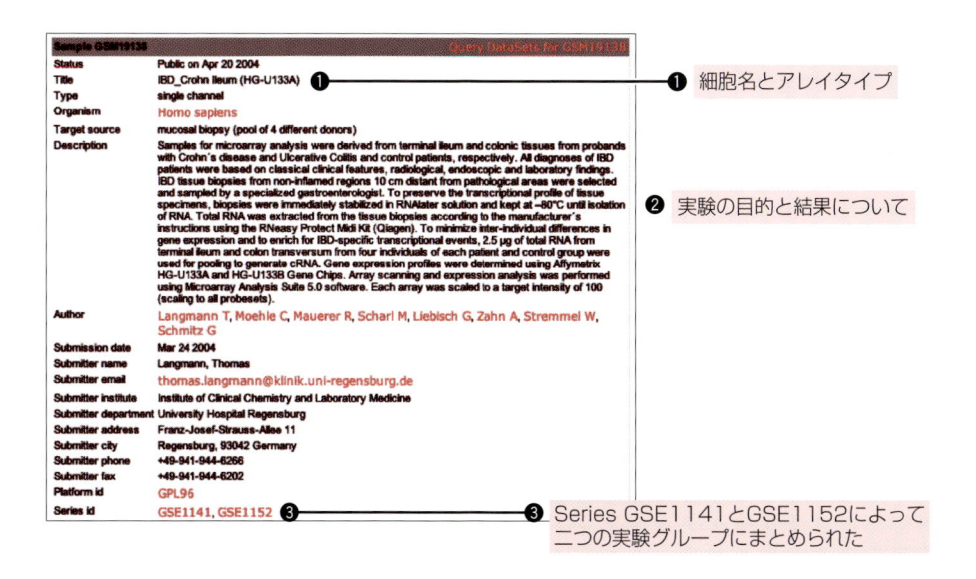

図3　Sample の内容
詳細は本文を参照

発現データの比較としてグループ化されている．

Seriesは主にデータの投稿者によってまとめられたグループであるために，そのグループ化が煩雑になる傾向がある．このため，何らかの生物学的な現象に関して強い関連をもっているSampleから再編成されたのがGEO Datasetである．DataSetに含まれているデータは比較や解析が可能であるように，データの投稿者によって標準化された値であり，ユーザーがすぐに使

2章7．遺伝子発現プロファイルデータベース　GEOデータベース　103

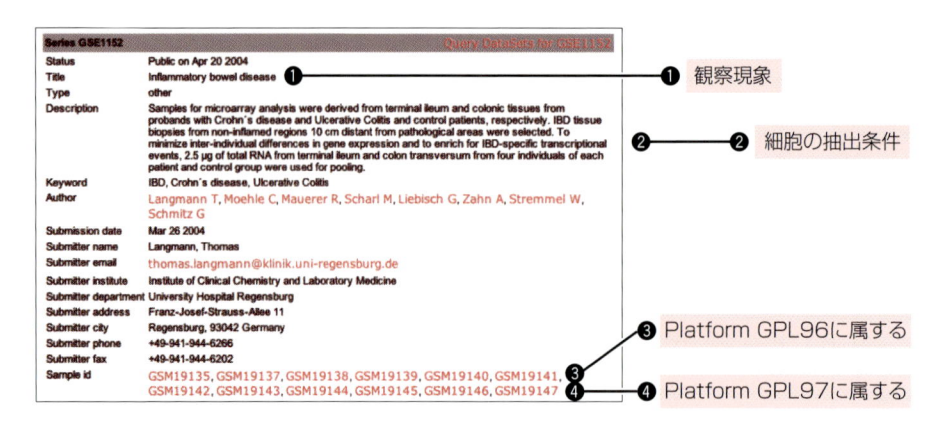

図4　Seriesの例
詳細は本文を参照

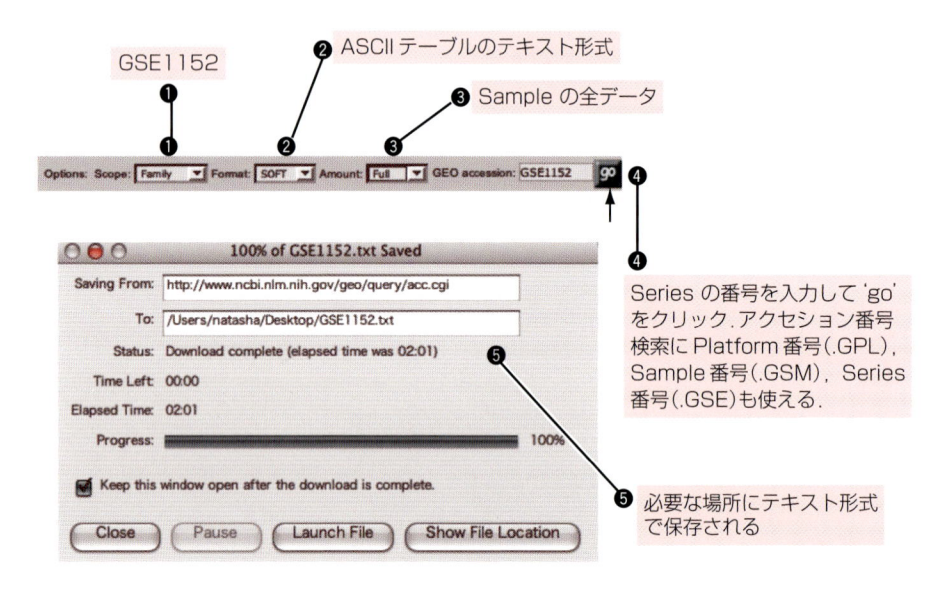

図5　アクセション番号でダウンロード
詳細は本文を参照

用できるデータである．上記の図のコンポーネントのうちどれから検索しても他のコンポーネントに辿り着くことができるが，実際にGEOを初めて使うユーザーにはDatasetまたはEntrezにあるGEOの検索ゲートから始めるのが最もわかりやすいであろう．

実際に使ってみよう

具体的な手順（本項はNetscape Navigatorを利用している）

1 GEO Profilesから検索

　GEOにあるいろいろな検索のなかで，最も簡単な使い方がGEO profilesからのキーワード検索である．例えば，GEO profilesという行にMYCというキーワードを入力すると，MYCのキーワードをもったプローブ（遺伝子）の発現プロファイルが検索される．図2に示されているように158,449 hitsがあった．そのうちの1つGDS559のprofileの図のうえをクリックしてみると，そこに6個のSample（実験）が発現量の図とともに現れる．

　Sampleはそれぞれカテゴリー内の種類に分類

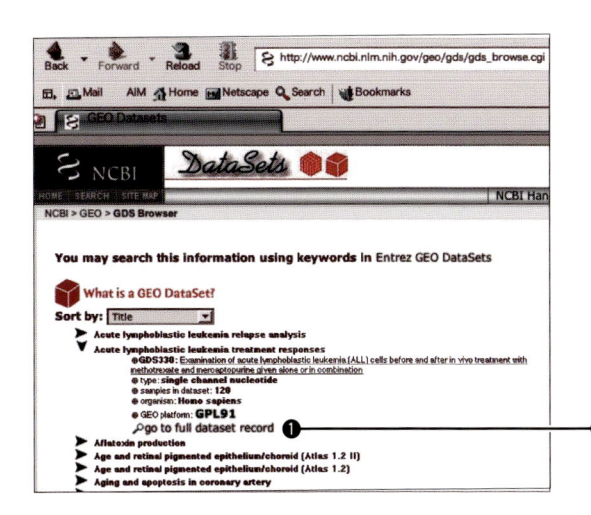

図6　DataSetsのリスト
詳細は本文を参照．→巻頭カラー7参照

されており，そのカテゴリーによってソートすることができる．例えば画面では回腸と結腸からなるカテゴリーとCrohn's病とulcerative colitis病からなるカテゴリーがあり，どちらでもソートし直してから発現量の比較ができるようになっている．

さらに図3のようにCrohn's病のデータを含むGSM19138をクリックしてみると，Sampleデータフォーマットが現れ，GSM19138のアレイ実験に対する記述，例えば登録日，アレイの種類，生物種や実験の記述，それに登録者などの情報を実際のアレイの測定値と一緒に得ることができる．

また，よくみるとGSM19138が2つのシリーズGSE1141とGSE1152に属していることがわかる．ここでシリーズGSE1152の方をクリックすると，今度はSeriesフォーマットが現れる．図4に示したように，内容はSampleフォーマットによく似ている．この例では，ここで新しく現れた6サンプルを含めて12個のサンプルが記載されている．

この12個のサンプルデータは同じ著者によってinflammatory bowel disease（炎症性腸疾患）について集められたものであるが，後者の6個のサンプルだけが別のPlatformであるGPL97に属していた．このように異なるPlatformから構成されるSeriesも実際に存在している．

さて，GEOにはデータをSOFTフォーマットと呼ばれるテキスト形式で簡単に保存できるという特徴がある．図5に出てくるような手続きで，データのうえの方にあるプルダウンメニューからScope（データの種類），Format（形式：ここではSOFT），Amount（データ量）を適切に選び，ファイルをセーブすればよい．最後にgoを押せば，誰にでも簡単にダウンロードができるようになっている．

2 GEO DataSetsは解析に便利

GEO DataSetsは行った実験のなかで，生物学的にまたは実験の方法などで強い関連をもっているデータをNCBIが独自に整理して保存したものである．すでにデータの投稿者によって統計的な処理を受け，発現の値が標準化されているので，ユーザーにとっては正にready to analyzeデータである．図6にあるようにGEOのトップページからDataSetというところをクリックしてその一覧のページに行ってみよう（http://www.ncbi.nlm.nih.gov/geo/gds/gds_browse.cgi）．このページでは，いくつかあるなかから好きなソートを選んでDataSetのリストを作成し直すことができる．例えば，DataSetのIDやOrganismなどでソートが可能である．そのなかから例を選んで，実際に使ってみよう．

図7にあるように，すべてのSampleが実験の違いによって5つのサブセットに分けて表示されてある．この画面からデータのダウンロードだけでなく，データの簡単な解析まですることができる．ここでは，acute lymphoblastic leukemia treatment responses（急性リンパ性白血病治療効果）を選択してみた．Summaryの部分にこの実験の概要が記述されている．またクラスタリングのサ

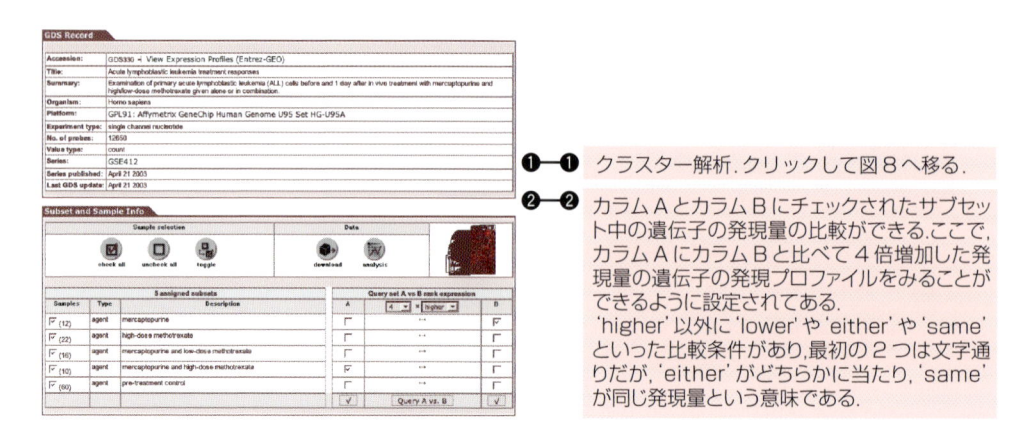

❶ クラスター解析．クリックして図8へ移る．

❷ カラムAとカラムBにチェックされたサブセット中の遺伝子の発現量の比較ができる．ここで，カラムAにカラムBと比べて4倍増加した発現量の遺伝子の発現プロファイルをみることができるように設定されてある．
'higher' 以外に 'lower' や 'either' や 'same' といった比較条件があり，最初の2つは文字通りだが，'either' がどちらかに当たり，'same' が同じ発現量という意味である．

図7　DataSets エントリー
詳細は本文を参照．→巻頭カラー 8 参照

❶ 遺伝子間距離の計算法とクラスタリング法の選択

❷ Sample 間の進化距離

❸ 遺伝子の範囲を選択するオレンジ色のボックス

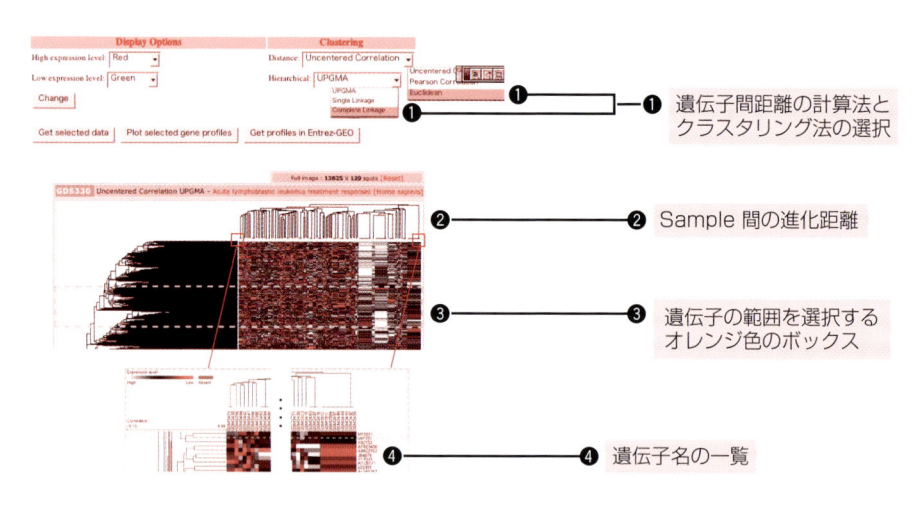

❹ 遺伝子名の一覧

図8　クラスター解析の詳細
詳細は本文を参照．→巻頭カラー 9 参照

ムネールが表示され，これをクリックするとクラスター解析のページへとジャンプする．また，解析用のツール群は analysis ボタンが用意されており，発現値のボックスプロットなどが装備されている．現在はまだ解析するツール数が少ないが，主成分分析など，基本的なツールが徐々に増強される予定であり，GEOのチームでは特に力を入れ始めているところである．さらに，5つのサブセットに分けられた Sample の表の右側にあるチェックボックスと，プルダウンメニューで閾値を選べば，発現量の値の差がある遺伝子を簡単に取り出すことができる．

図8はクラスタリングツールの詳細を示している．遺伝子間の距離を Uncentered correlation や Pearson correlation，または Euclidian distance などから選び，クラスタリングする．クラスタリング法にも UPGMA や single linkage または complete linkage 法を選択できる．クラスタリングの結果から，画面上方にあるオレンジ色のボックスを動かし，興味のある遺伝子の範囲を選択し，GEO Profile のボタンをクリックすれば，実際に発現量の結果をみることができる．

3 GEO BLAST

GEO BLAST データベースは Platform に記載されているマイクロアレイやSAGEのプローブ配列を載せた GenBank データから構成された配列データベースである．ユーザーがもっている DNA や

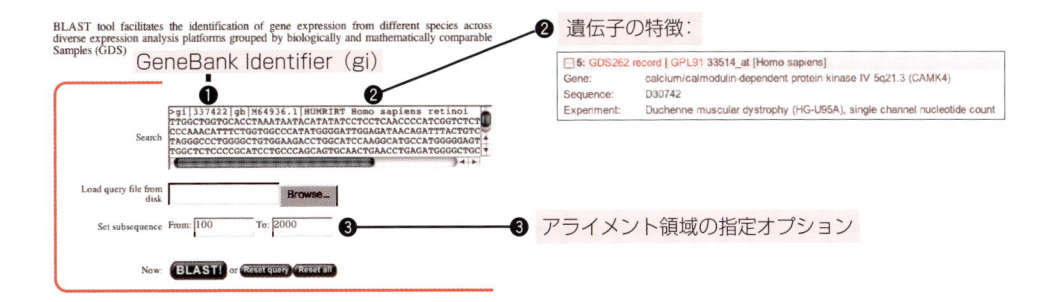

図9　BLASTでホモロジー検索
詳細は本文を参照

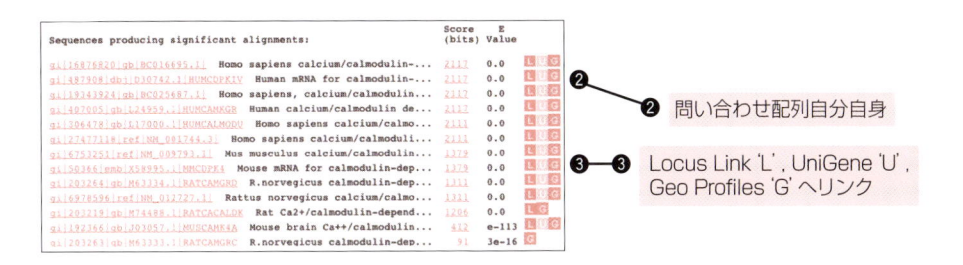

図10　BLASTの検索結果
詳細は本文を参照．→巻頭カラー10参照

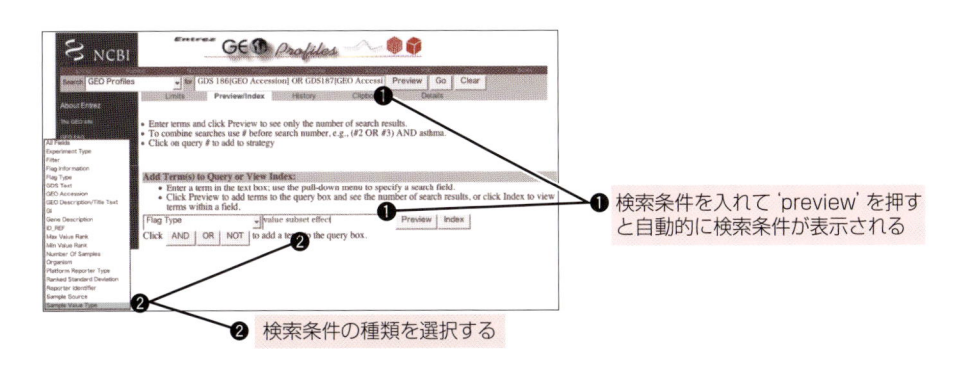

図11　特別な使い方
詳細は本文を参照．→巻頭カラー11参照

　タンパク質配列に対してGEOに存在する遺伝子発現のプロファイルを調べたい場合で，その配列が含まれるPlatformや配列のアクセッション番号を知らない場合，ホモロジー検索が有効である．ここでは，例として（GEOからあらかじめ作成しておいた）カルモジュリン依存キナーゼCAMK4の配列を使ってGEO Profilesのなかから関係している遺伝子を探してみよう（図9）．

　配列をGEO BLASTのウィンドウに貼付けて，プログラムを走らせると，図10のようにホモロジーが高い順にソートされて配列結果が現れる．この問い合わせ配列に対して28個のアライメントがみつかった．アライメントのスコアの横に並んでいる'L'，'U'，'G'がそれぞれLocus linkやUniGeneやGEO Profilesなどにリンクしている．このGEO Profileを通じて発現プロファイルの情報が得られるのである．

知っていると便利！こんな使い方

　GEO DataSetを使って，ユーザーがより詳細な質問を用いて，データセットの検索までができるようになった．上記に説明したようにデータセット中の遺伝子が実験のデザインによってサブセットに分けてある．そこで例えば，サブセット中から，より特徴的な発現プロファイルをもつ遺伝子を見つけるために，図11に示されているような条件付きの検索ができる．例えば，GDS186あるいはGDS187中に特徴的な発現プロファイルをもつ遺伝子を探してみよう．まず，'GDS186 OR GDS187'と打ち込んでから下のPreviewを押す．そうすると検索条件を入れるメニューが出現する．ここに詳細な条件でフラグされたエントリーを検索することができる．例えば，Gene DescriptionやID_REFなどがそうである．より一般的な検索として，例えば，マウスの糖尿病実験について調べたいときには，"diabes AND disease state [Flag Information] AND mouse [Organism]"と一行で入力することができる．

おわりに

　GEOは，現存する遺伝子プロファイルデータベースのなかで，最も大きいレポジトリである．手法やゲノムの種類にこだわらず，さまざまな実験で得られたデータをシステマティックに極めてシンプルな形式でデータを公開している．爆発的に増えている実験データを積極的に受け入れ，さらに，データの投稿者が論文を公開するまでの期間は，パスワードを発行し，本人以外にはデータを未公開にしていてくれるような親切な対応をとる組織であり，その利用価値は極めて高い．

参考文献

1) Edgar, R. et al. : Nucleic Acids Res., 30 : 207-210, 2002
2) Barrett, T. et al. : Nucleic Acids Res., in preparation, 2005

第2章 生物学データベース

8. プログラムからの
データベースアクセス

川島秀一

> KEGGのSOAPインターフェースであるKEGG APIの使い方を理解することで，Webブラウザを介することなしに，ユーザーのプログラムからKEGGサーバにアクセスして，データ解析の自動化，大量処理を行うことができるようになる．

背 景

インターネット上では，本書でも紹介されているように，さまざまな分子生物学データベースが公開されている．今日の分子生物学では，ネット上にどのようなリソース（データベースや解析プログラムサービスなど）があるかを知り，自分にとって有用なリソースを効果的に利用することが，研究を進めるうえで重要な部分を占めるようになっていると考えられる．

そうしたリソースは，最も一般的には，ウェブブラウザから対話的に利用する形で提供されている．例えば，利用者は，興味のある単語でデータベースに対してキーワード検索を行ったり，質問配列をサーバに送ることで，そのサーバで提供されているBLASTを実行し，結果をブラウザ上で閲覧したりする．

こういった利用方法は，検索したい事柄や，解析したい配列の数が少ない場合には問題はない．しかし，ある生物のもつ全遺伝子配列といった大量の遺伝子配列を解析したい場合や，大量のキーワード検索をしたい場合には，対話的な処理が向いていないのは明らかである．そのような場合には，例えば，自動的にサーバにアクセスして検索を実行し，結果のHTMLファイルをパーズするようなプログラムを作ったり，ローカルの計算機に，データベースや解析プログラムをインストールして，大量処理を行うプログラムを作ったりすることで対処する．このようなことは特にバイオインフォマティクスの分野では普通に行われている．

こういった解決方法で十分な場合もあるが，解析プログラムのバージョンが変わったときに，そのプログラムの出力するフォーマットが変わったり，サーバのWebページのデザインが変わったりすると，自動処理用スクリプトを書き直さねばならない．日々更新されるデータベースの内容を，ローカルの環境に反映させるのも大変な労力を要する．

こういった問題が起こる理由の1つは，プログラムの結果ファイルや，HTMLによるWebブラウザの画面が，人間が見ることを前提としたインターフェースだからである．人間ならば，さまざまな状況にある程度柔軟に対応できるので，例えばWebページのデザインが変更されたりしても，適当に理解し，必要な情報を知ることができる．しかし，それがプログラムだとそうはいかない．プログラムは厳密に定義された入力に対してだけ，きちんと動作し，入力が予想と違うものだと普通は誤動作するか，よくてエラーメッセージを出すくらいである．つまり，機械と機械（プログラムとプログラム）をつなぐインターフェースには，

Shuichi Kawashima : Laboratory of Genome Database, Human Genome Center, Institute of Medical Science, University of Tokyo
（東京大学医科学研究所ヒトゲノム解析センターゲノムデータベース分野）

```perl
 1 : #!/usr/bin/perl
 2 :
 3 : use SOAP::Lite;
 4 :
 5 : $wsdl = 'http://soap.genome.jp/KEGG.wsdl';
 6 : $serv = SOAP::Lite->service($wsdl);
 7 :
 8 : $result = $serv->get_best_neighbors_by_gene('eco:b0002', 1, 5);
 9 :
10 : foreach $hit (@{$result}) {
11 :   print "$hit->{genes_id1}\t$hit->{genes_id2}\t$hit->{sw_score}\n";
12 : }
```

図1　PerlによるKEGG APIの使用例
詳細は本文参照

あらかじめきちんとした定義が必要なのである．一見面倒くさいようであるが，きちんとした定義さえされていれば，プログラムによる処理が可能となるので，大量処理や複雑な処理も自動的にできるようになる．

このような点から最近注目されているのが，Webサービスと呼ばれるものである．Webサービスの定義は人によってもさまざまであるが，一般には，インターネット上で，アプリケーション・プログラム間の通信を可能にし，そのために，SOAPやWSDLといった，XMLをベースとしたインターネット標準技術を使用するようなものを指す．Webサービス自体は，それほど特別な技術というわけではなく，これまでにも，同様のサービスを提供するための技術は考案されてきた．ただし，Webサービスは，特定の実装技術に依存することなく，HTTPなどの既存のインターネット基盤上で，アプリケーション・プログラムの連携を行えるという点で注目されている．

本項では，KEGGデータベースに対するSOAPインターフェースであるKEGG APIを例にとって，プログラムから分子生物学データベースのWebサービスを利用する方法を解説する．

実際の方法

それでは，KEGG APIの使い方を，具体的に説明していく．基本的にUNIX系のOS上での利用を想定して説明していくが，他のOSでも大差なく利用できるはずである．特にOSXが動いているマッキントッシュであれば，UNIX系OSと同様に利用できるはずである．KEGG APIは，SOAPとWSDLが扱えれば，どのような言語からも利用可能である．具体的には，JAVA，Perl，Ruby，Python，PHPなどから利用可能なことを確認している．本項では，バイオインフォマティクス分野で広く利用されているということと，手軽さからPerlを使った例で説明する．また，国産のスクリプト言語であるRubyを使った例でも説明していく．

各言語の使い方や，ライブラリのインストール方法は別の本を参照してもらいたい．

PerlからKEGG APIにアクセスするためには，次のライブラリをあらかじめインストールしておく必要がある．
・SOAP::Lite
・MIME-Base64
・libwww-perl
・URI

これらのライブラリは，PerlモジュールのアーカイブであるCPANで見つけることができるはずである．

それでは，最初の使用例（図1）を解説する．図1の3行目では，SOAP::Liteモジュールを使うことが宣言されている．5行目では，KEGG APIのWSDLファイルがおかれているURLを変数$wsdlに代入している．6行目ではSOAP::Liteモジュールのserviceメソッドに変数$wsdlを渡すことで，KEGG APIにアクセスするためのオブジェクトを作成し，変数$servに代入している．PerlからKEGG APIを利用するのに必要な

```
eco : b0002    eco : b0002     5283
eco : b0002    ecj : JW0001    5283
eco : b0002    sfx : S0002     5271
eco : b0002    sfl : SF0002    5271
eco : b0002    ecc : c0003     5269
```

図2 図1の結果例
詳細は本文参照

フィールド名	フィールドの値
genes_id1	クエリーの genes_id (string)
genes_id2	ターゲットの genes_id (string)
sw_score	genes_id1 と genes_id2 間の Smith-Waterman スコア (int)
bit_score	genes_id1 と genes_id2 間の bit スコア (float)
identity	genes_id1 と genes_id2 間の アイデンティティ (float)
overlap	genes_id1 と genes_id2 のオーバーラップ領域の長さ (int)
start_position1	genes_id1 のアライメントの開始残基位置 (int)
end_position1	genes_id1 のアライメントの終端残基位置 (int)
start_position2	genes_id2 のアライメントの開始残基位置 (int)
end_position2	genes_id2 のアライメントの終端残基位置 (int)
best_flag_1to2	genes_id1 から見て genes_id2 がベストヒットか (boolean)
best_flag_2to1	genes_id2 から見て genes_id1 がベストヒットか (boolean)
definition1	genes_id1 のデフィニション文字列 (string)
definition2	genes_id2 のデフィニション文字列 (string)
length1	genes_id1 のアミノ酸配列の長さ (int)
length2	genes_id2 のアミノ酸配列の長さ (int)

図3 SSDBRelation 型の定義
詳細は本文参照

手順はこれだけである．

WSDLファイルには，そのWebサービスで提供されるすべてのインターフェース情報，プロトコル情報，エンドポイント情報などが記述されている．今回の場合でいうと，KEGG APIが提供するすべてのメソッドの引数や戻り値に関する定義が記述されている．つまりこの時点で，変数$servは，KEGG APIのすべての仕様を知っていることになる．

後は，変数$servに対して，使いたいKEGG APIのメソッドを呼び出すだけである．この例では，8行目で，get_best_neighbors_by_geneメソッドを呼び出している．このメソッドは，第1引数にKEGG/GENESデータベースのエントリーIDをとり，KEGG/GENESデータベースに含まれている各生物種のなかから最も相同性の高い遺伝子を探してくるメソッドである．第2引数と第3引数の1と5という数字は，全結果の1番目から5つ分の結果を返すことを意味している．この数字を変えることで欲しい部分の結果を得ることができるが，一度に取得できる結果の数は制限されているので，大量の結果を必要とする場合は，プログラム中でループさせる必要がある．10〜12行目で，結果を表示させている．

図1のプログラムを実行させると，図2のような結果が返ってくる．

図2の第1〜3カラムは，それぞれ質問エントリーID，各生物種で一番相同性の高かった遺伝子ID，Smith-Waterman スコア（類似度の指標）である．

8行目で，変数$resultに代入されているget_best_neighbors_by_geneメソッドが返す結果は，配列型であり，配列の各要素は，この場合ハッシュ型である．KEGG APIの各メソッドが返す型はWSDLで定義されており，get_best_neighbors_by_geneメソッドの場合，SSDBRelation型が返るようになっている．図3にSSDBRelation型の定義を示す．変数$resultの各要素は，図3における第1カラムをキーとしたハッシュとなっている．図1では，このうち，3つのキー，genes_id1, genes_id2, sw_scoreのみをprint文で表示させているが，実はすべてのフィールドに関して情報が返っているので，ユーザは必要なフィールド名をハッシュのキーとして指定することで，その情報を

```
 1: #!/usr/bin/ruby
 2:
 3: require 'soap/wsdlDriver'
 4:
 5: wsdl = http://soap.genome.jp/KEGG.wsdl
 6: serv = SOAP::WSDLDriverFactory.new(wsdl).create_driver
 7: serv.generate_explicit_type=true
 8:
 9: result = serv.get_best_neighbor_by_gene('eco:b0002',1,5)
10: result.each do |hit|
11:     print hit.genes_id1,"¥t",hit.genes_id2,"¥t",hit.sw_score,"¥n"
12: end
```

図4 RubyによるKEGG APIの使用例
詳細は本文参照

```
 1: #!/usr/bin/ruby
 2:
 3: require 'bio'
 4:
 6: serv = Bio::KEGG::API.new
 8:
 9: result = serv.get_best_neighbor_by_gene('eco:b0002',1,5)
10: result.each do |hit|
11:     print hit.genes_id1,"¥t",hit.genes_id2,"¥t",hit.sw_score,"¥n"
12: end
```

図5 BioRubyを用いた、図4と同等のプログラム
詳細は本文参照

```
 1: #!/usr/bin/perl
 2:
 3: use SOAP::Lite;
 4:
 5: $wsdl = 'http://soap.genome.jp/KEGG.wsdl';
 6: $result = SOAP::Lite
 7:              -> service($wsdl)
 8:              -> list_pathway("sce");
 9:
10: foreach $hit (@{$result}) {
11:     print "$path->{entry_id}¥t$path->{definition}¥n";
12: }
```

図6 S.cerevisiaeのKEGGパスウェイ一覧を返すKEGG APIの使用例（Perl版）
詳細は本文参照

取り出すことができる．

次に，図1と同じ処理をRubyで行うプログラムを図4に示す．Ruby 1.8.1以降を使っている場合は，標準でSOAP関連ライブラリが含まれているので追加インストールは必要ないが，Ruby 1.8.0以前のバージョンでは，SOAP4R，devel-logger，http-access2や，場合によってはSOAP4Rが必要とする他のライブラリもインストールする必要がある．これらは，Rubyアプリケーション・アーカイブ（RAA）で検索することで見つけることができる．Rubyの場合でも，KEGG APIのWSDLファイルを読み込んで，サーバオブジェクトを作成すれば，Perlの場合と同様にそこから好きなメソッドを呼び出すことができる．

Rubyの場合は，BioRubyライブラリを使うことでコードをさらに簡潔に書くことができる．BioRubyを使って，図4と同じ処理をするプログラムを図5に示す．

以上のように，一度KEGG APIのサーバ・オブジェクトを作成すれば，後はそれに対して好きなメソッドを呼び出せばよい．利用可能なメソッドの一覧はKEGG APIのサイトで参照することができる．次の例は，酵母 *Saccharomyces cerevisiae* のKEGGパスウェイ一覧を返すPerlとRubyの例である（図6, 7）．

Perlの例では8行目，Rubyの例では7行目で，メソッドlist_pathwayを呼び出している．このメソッドは，引数で与えた生物種（例では*S.cerevisiae*）のKEGGパスウェイの全エント

```ruby
1 : #!/usr/bin/ruby
2 :
3 : require 'bio'
4 :
5 : serv = Bio::KEGG::API.new
6 :
7 : list = serv.list_pathway("sce")
8 : list.each do |path|
9 :    print path.entry_id, "¥t", path.definition, "¥n"
10 : end
```

図7 *S.cerevisiae* のKEGGパスウェイ一覧を返すKEGG APIの使用例（Ruby版）
詳細は本文参照

```perl
1 : #!/usr/bin/perl
2 :
3 : use SOAP::Lite;
4 : $wsdl = 'http://soap.genome.jp/KEGG.wsdl';
5 : $serv = SOAP::Lite->service($wsdl);
6 : $genes = SOAP::Data->type(array=>["eco:b0118", "eco:b0720"]);
7 : $result = $serv->mark_pathway_by_objects("eco00020", $genes);
8 : print $result;
```

図8 KEGGパスウェイ上の遺伝子に色をつけるKEGG APIの使用例（Perl版）
詳細は本文参照

リーIDを返す．

　最後に，Perlでパスウェイに色づけする例を示す（図8）．この例で注意しなければならないのは，SOAP::Liteモジュールで引数に配列を渡すところである．例では6行目であるが，このように

```
SOAP::Data->type(array=>[value1, value2, ..]);
```

のような変換を行わなければならない．この例では，最後に色付けされたマップを参照できるURLが返される．この他にも，遺伝子配列を取得する，パスウェイに任意の色を付ける，各パスウェイに登場する酵素や化合物一覧を取得するなど，40以上のメソッドが用意されている．

おわりに

　本項では，KEGGのSOAPインターフェースであるKEGG APIの基本的な利用法について解説した．Webサービスに対応した分子生物学データベースのサイトはまだ多くはない．KEGG API以外でも，NCBIやEBI，遺伝研などでもSOAP/WSDLを用いた，それぞれ特徴的なWebサービスを提供している．SOAPのようなアプリケーション間で情報をやり取りする方法は，まだ発展途上であり，今後異なった手法やプロトコルが主流になる可能性もある．しかし，サーバー（プログラム）対人間というWebブラウザを介した対話的なインターフェースだけではなくて，サーバー（プログラム）同士が直接情報をやり取りして連携をとるというインターフェースも重要であるという方向性は変わらないであろう．今後，生物学研究においても，特に大量データ処理や自動化という部分においては，そのような技術を積極的に利用していく必要性が高まっていくと考えられる．

参考URL

- KEGG　　　http://www.genome.jp/kegg/
- KGG API　　http://www.genome.jp/kegg/soap/
- CPAN　　　http://www.cpan.org/
- RAA　　　　http://raa.ruby-lang.org/
- BioRuby　　http://bioruby.org/
- 遺伝研Webサービス
　　　　　　　http://xml.nig.ac.jp/wsdl/index.jsp
- NCBIWebサービス
　　　　　　　http://eutils.ncbi.nlm.nih.gov/entrez/query/static/esoap_help.html
- XEMBL　　 http://www.ebi.ac.uk/xembl/

第3章 遺伝子多型解析

1. SNP解析の原理とダイレクトシークエンス

村磯 鼎

本項では遺伝的多型研究において，個体間におけるゲノム配列の相違を迅速に大量に検出するには現時点でどのような方法があるか，今後どのような技術に可能性があるのか，その技術の概略を紹介するものである．個々の検出技術の詳細は本章の続く各項で具体的に論じられる．また多型の検出データを用いてどのように解析するかは本章の第7項および，第6章を参照していただきたい．

はじめに

ヒトゲノムが解読され，その研究対象の中心はゲノム配列と形質との関係を明らかにしていくものへと移行している．これをポストゲノムと呼ぶのであれば，ポストゲノム研究の流れは2つに大別される．その1つはゲノム配列の意味を機能の面からアプローチし，その配列の意味と形質との関係を明らかにしようとするもの．そして，もう1つは個体間におけるゲノム配列の相違と形質の変化との関係について統計学的手法を用いて明らかにしようとする多型の研究である．

世の中では，この2つの流れを相対立するものとして捉えがちである．しかし，機能面から研究する立場にある研究者は，将来その仮説の根拠を遺伝多型のデータのなかに求める必要が生じるであろうし，統計学的な立場から研究する者にとっては，将来その仮説を立証するために，機能面からの証拠の提示を求められることになる．この観点からすると，研究者自身がどちらの立場で研究するかは，実施している研究の段階を十分に考慮し，そのなかでバランスのとれた立場をとっていくことが今後ますます重要になろう．

SNP解析とは

SNPとはsingle nucleotide polymorphosm（一塩基多型）のことで，集団のなかに1％以上存在するゲノム配列内の一塩基の変異と定義される．なお，1％未満は突然変異として取り扱われる．遺伝的多型はいくつかの種類（一塩基多型，マイクロサテライト，挿入や欠失など）に分類される．SNPの定義からすると，広義には特定配列の繰り返しの変化や，欠失，挿入もSNPに含まれることになるが，一般的には単純な一塩基の変異を取り扱う（ことが多い）．遺伝多型の研究でSNP解析が中心に位置するようになった背景には，その検出が他の多型の検出よりもはるかに容易であり，また，解析技術の進歩により，多くの個体について多くのデータを1度に解析しやすくなったことがあるといえる．

通常SNP解析というと，「SNPマッピング」と「SNPタイピング」の両方の意味を含むが，「SNPマッピング」とはゲノム配列内に存在するSNPを発見することをいい，「SNPタイピング」とは既知のSNP部位において，各個体サンプルがどの塩基に変異しているか調べることをいう．なお，「SNPマッピング」の意味

Kanae Muraiso : Bio-Info-Design, Inc

合いに，各SNPに対して生物学的意味付け（例えば，疾患との関連性など）を行うことを含む場合もあるので注意が必要である．本項で紹介するのは「SNPタイピング」の技術である．

SNPタイピングの方法

SNPを検出する方法として基本的には，サンプルごとに目的の部位のDNA塩基配列決定を行えばよい．これには目的の部位を含むDNAフラグメントをサンプルから抽出，あるいは増幅し，通常DNAシークエンシングで用いられるsanger（サンガー法）でDNA塩基配列決定を行い，目的部位の塩基配列を観察すればよい．しかし，この方法では必要とする部位以外のデータをも産出することになり，目的からすると無駄が多く，塩基配列を決めるシークエンス反応そのものにコストがかかる．したがって最近では，目的とする部位の情報だけを迅速にかつ低コストで，大量に検出するためにさまざまな方法が考えられてきている．

その検出法の基本的な原理は大きく2つの方法に分類される．1つはプライマーエクステンションによる方法であり，プライマーから目的の場所に塩基が伸長したときの変化を検出する方法である．他方は，ハイブリダイゼーションによる方法で，プローブが目的DNAにハイブリダイズするときに生じる，塩基のミスマッチを検出しようとする方法である．そのほかに，例えば，生物学的システムを用い，組換え酵素を利用することでSNPを検出する方法など，多種多様な方法が考案され，検討されているが現時点では一般的でない．

以下に，現在世界的によく使用されているプライマーエクステンション法，ハイブリダイゼーション法によるSNP検出法の概略を述べる．

1 プライマーエクステンションによるSNP検出方法

この方法では調べたい部位の直前までの塩基配列をもつプライマーを設計し，そのプライマーを鋳型DNAにハイブリダイゼーションした後に，DNAポリメラーゼにより，伸張反応を行い，プライマーに続く塩基のバリエーションを調べようとする方法である（図1）．伸張反応に伴い続く塩基が何であるかを調べるその検出法についてはさまざまな方法が考案されてい

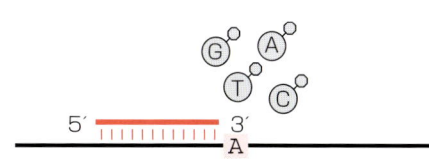

図1　プライマーエクステンションによるSNP検出
検出したいSNPの直前にプライマーを設計し，DNAポリメラーゼによる伸長反応により次に取り込まれた塩基が何であるかを判定することでタイピングする方法である

る．具体的な実験方法は3章第5項で取り扱うが，以下簡単に米国で人気の高い方法について紹介する．

Amersham Pharmacia Biotech社のSNuPe Genotypingでは，4色の蛍光色素で標識されたddNTPをシークエンス反応と同様の反応で一塩基だけ取り込ませ，電気泳動により決定する．この方法ではノイズを軽減するために電気泳動を用いているが，Orchid BioSciences社のSNP-ITでは，蛍光標識されたアシクロヌクレオチド（核酸類似体の一種）を用いて，直接マイクロタイタープレートのウェル内で一塩基伸張法により伸びた塩基を判定する方法をとっている．

Biotage社のPyrosequencingでは，プライマーからの伸張反応が行われる際に放出されるピロリン酸に注目し，塩基配列を決定する方法をとっている．これは伸張反応を行う際に，1種類のdNTPだけが添加され，どのdNTPを加えたときに，伸張反応で生成されるピロリン酸を放出するか測定するのである．ピロリン酸の検出法には，硫酸基転移酵素（ATP sulfurylase）を用い，アデノシン5′-ホスホ硫酸（APS, adenosine-5′-phosphosulfate）とピロリン酸によりATPが生成され，そのATPでルシフェラーゼが発光するという方法を用いている．

これらの方法は1塩基伸張反応を行った際に蛍光でその塩基を検出する方法であるが，ほかに1塩基伸張反応を行った後に，その生成産物の質量を質量分析法で調べ，伸張された塩基を検出する方法も多く用いられている．この方法で人気の高いものが米国Sequenom社のMassArrayである（詳しくは3章第4項を参照のこと）．この方法では伸張反応の際にSNP部位に対応した1種類のddNTPと他の3種dNTPを基質に，伸張反応を行い，ターミネーション反応が起きるまで伸張反応を行い，最終産物の質量を質量分析計で測定

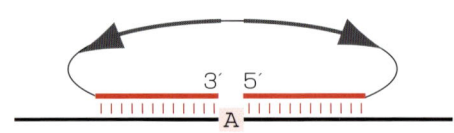

図2 MIP(molecular inversion probe) アッセイ
図のような相補的なDNAを合成し，各種dNTPの入る4種類のチューブに分けて1塩基伸長反応後，ライゲーション反応を行い，環状DNAを形成させる．次にチューブごとに異なる蛍光色素でラベルしながら，図の矢印のプライマーでPCRを行い，環状DNAだけが増幅される．その後，どのチューブのDNAが増幅されたかをDNAマイクロアレイで検出してSNPのタイピングを行う

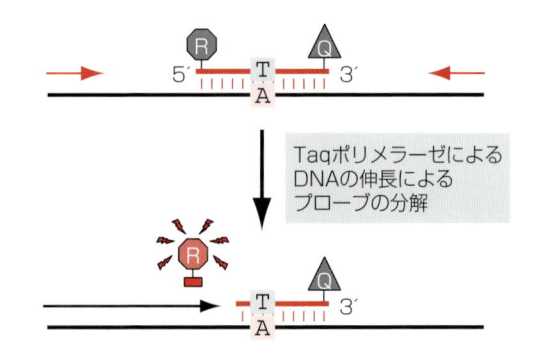

図3 TaqMan法の原理
プローブの5′側には蛍光物質（レポーター），3′側には消光物質（クエンチャー）が結合しており，このレポーターの蛍光はクエンチャーによって抑えられている．PCR反応中に，このプローブがターゲットにハイブリダイゼーションすると，Taqポリメラーゼの5′ヌクレアーゼ活性によりレポーターが切り離され，蛍光を発するようになる

する方法をとっている．また，これと似た方法でQiagen社のMasscode systemも多く用いられている．

国際HapMapプロジェクトの一員であるParAllele Bioscience社（http://www.p-gene.com/）では，MIP（molecular inversion probe）assayというユニークな方法でSNPタイピングを行っている．これは図2のようにSNP部位の両側に相補的なDNAを作製し，ゲノムDNAにアニーリングする．その後4種類のチューブに分け，各dNTPで1塩基の伸張反応を行った後に，ライゲーション反応で環状構造を作りあげ，PCR反応で増幅してチューブごとに異なる蛍光でラベルする．これをプローブにマイクロアレイ上でどの蛍光のプローブがハイブリダイゼーションするかを観察して各アレルの割合を判定する．この方法では10,000種類までの反応を1本のチューブで行うことができ，大量解析に向いているとされている．

2 ハイブリダイゼーションによるSNP検出法

この方法は，プローブのバリエーションを作り，鋳型DNAにはどのプローブがハイブリダイゼーションしやすいかを調べる方法である．このハイブリダイゼーションの差異を検出するためにさまざまな方法が考案されている．その代表的な方法がTaqMan法とinvader法である（詳しくは3章第2項を参照のこと）．このほか，大量解析のためにDNAチップを用いた方法，ビーズを用いた方法も多く利用されるようになってきている．

TaqMan法では，まず検出する部位を含んだ領域をPCRで増幅させる．これと平行して，プローブを増幅されたサンプルDNAにハイブリダイゼーションさせる（図3）．Taqポリメラーゼは，5′末端に対してエキソヌクレアーゼ活性をもっているので，PCRで伸長してきたストランドはこのプローブを5′末端から分解していくことになる．このプローブ自体には仕掛けがあり，プローブの5′末端には蛍光物質が，3′末端にはその蛍光の発光を抑えるクエンチャー（消光物質）が結合しており，プローブが分解しない場合（すなわちプローブがサンプルにハイブリダイゼーションしない場合）にはクエンチャーの抑制作用により蛍光は発しないが，エキソヌクレアーゼ活性によりプローブが分解した場合（プローブがサンプルにハイブリダイゼーションした場合）はクエンチャーが蛍光物質の発光を阻害することができないので，その蛍光を観察することができる．

一方のinvader法では，部位特異的なレポータープローブとインベーダプローブの2種類のオリゴDNAと検出用の蛍光で標識されたオリゴを用意する．図4に示すように，レポータープローブはSNP部位から3′側は鋳型DNAと相補的な配列をもっているが，5′側は無関係な配列をもっている．一方，インベーダプローブはSNP部位から5′側の鋳型DNAと相補的な配列である．この2つのプローブが鋳型DNAにハイ

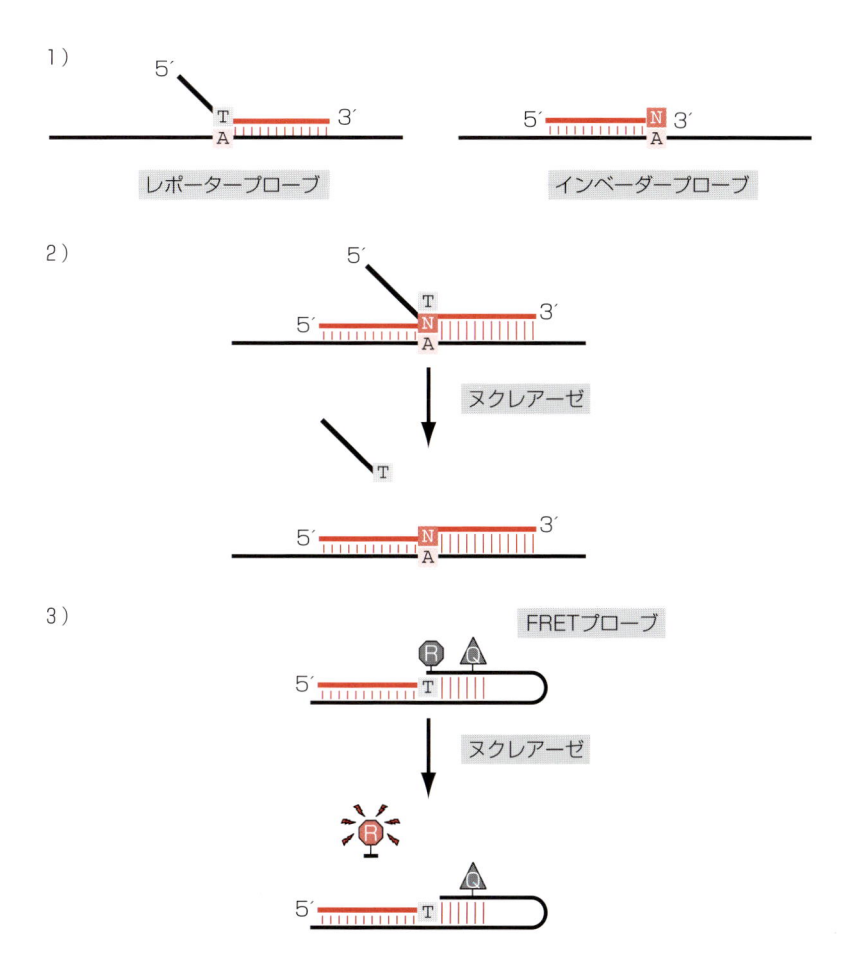

図4 Invader法の原理
1）レポータープローブはSNP部位から3′側に鋳型DNAと相補的な配列をもち，5′側は無関係な配列(フラップ)をもつ．一方，インベーダプローブはSNP部位から5′側の鋳型DNAと相補的な配列である．2）この2つのプローブが鋳型DNAにハイブリダイゼーションすると，SNP部位で特種な構造が形成され，レポータープローブと鋳型DNAとの間で形成した二重鎖に，インベーダプローブが一部侵入した構造が形成され，この構造を認識する特異的なヌクレアーゼがフラップの部分を切り出す．3）遊離したフラップDNAはさらに検出用のオリゴ（FRET）に結合し，フラップDNAに侵入された部分から5′側の部分はヌクレアーゼによって切り出される．この切り出される部分は蛍光色素で標識されており，消光物質から遊離するために蛍光を発するようになる

ブリダイゼーションすると，図4のような構造になり，あるDNA構造を認識するヌクレアーゼで反応を起こさせると，フラップの部分が切り出される．この遊離したDNAが図4に示すように，検出用のオリゴ（FRET）に結合し，同様に先ほどのヌクレアーゼが侵入された部分から5′側の部分を切り出す．この切り出された部分は蛍光色素で標識されており，消光物質から遊離するので蛍光を発するようになる．

TaqMan法とinvader法は簡便で高感度な検出法としてこれまでSNPのタイピング技術として利用されてきたが，1度の反応に1種類のSNPしか検出できないため，多部位をタイピングするには不向きであるという欠点がある．そこで，多種のプローブを利用して一度に多部位に対してハイブリダイゼーションできる方法が考案されている．その1つはDNAマイクロアレイであり，他方はビーズアレイである．DNAマイクロアレイとしては，Affymetrix社（http://www.affymetrix.com/index.affx）のHuSNP probe arrayなどが代表的な製品である．これは従来の蛍光による検出であるが，将来はより簡便で迅速な電気的検出法が主流になると予測される．その具体的な技術，方法については3章第3項を参照して欲しい．ビーズアレイ

技術としては，Illumina社（http://www.illumina.com/）のBeadArraysシステムが代表的である．Illumina社は国際HapMapプロジェクトの一員であり，NIHのハプロタイププロジェクトに採用されている．このBeadArraysでは1,500種類の識別可能なビーズ上にプローブを結合させ，サンプルDNAとのハイブリダイゼーションを蛍光で測定するが，ユニークな点はビーズ1個につき1本の光ファイバーで測定を行い，光ファイバーの束で一度に多量のSNPを測定可能であるということである．ビーズを用いた技術としては他にMSSP法を発展させた方法も人気が高い．これについては3章第6項を参照して欲しい．

ダイレクトシークエンス-次なるステップ

ここまでで紹介したように，さまざまな方法でSNP解析が行われている理由は，現状のゲノム解読技術（シークエンス決定技術）が大規模な解析には向いていないが故である．これまでサンガー法によるDNA塩基配列決定は30年近く基本的に変わらなかった技術であるが，すでにこの技術の成熟期はヒトゲノム解読を経てピークをむかえており，最近のさまざまな研究の動きをみると新しい技術に取って代わられようとしているように思われる．後半では新しいDNAシークエンス技術を紹介し，今後の方向性を探る．

1 サンガー法の限界への挑戦

今のサンガー法によるDNA塩基配列決定法は原理的にすでに限界に来ているが，その限界に果敢にチャレンジしているのがホワイトヘッド研究所，Network Biosystems社（http://www.genomems.com），島津製作所のチームである．間もなく登場すると予想されるBioMEMS-768 DNA sequencing systemでは，MEMS技術を用いて50 cm×25 cmのガラス板の上に非常に細かい384本の溝を切り，通常のキャピラリーシークエンスよりもさらに細い流路の中を電気泳動する方法を採用している．その結果，1レーンからの読み取りはこれまでと同等の800ベースであるが，フルオートメーションで1日あたり5メガベースのDNA塩基配列決定ができる．また同時に，必要なサンプル量も大幅に軽減され，通常の1％程度であることから，試薬のコストの面でも非常に魅力的なシステムになっている．

2 次世代DNA塩基配列決定法の開発

サンガー法を超える新しいDNA塩基配列決定法を模索する動きは，ここのところ欧米ではヒートアップしてきている．2003年9月のGSAC（international genome sequencing and analysis conference）ではクレイグ・ベンター氏が，1,000ドルでヒトゲノム解読する技術開発に対して，50万ドルの賞（http://www.venterscience.org/news.html）を設け，それに呼応して，NIHでは2004年2月から同様の技術開発のための長期的グラント申請（http://grants.nih.gov/grants/guide/rfa-files/RFA-HG-04-002.html, http://grants.nih.gov/grants/guide/rfa-files/RFA-HG-04-003.html）の受付が始まっている．一過性の熱から醒めたかのようにゲノムプロジェクトについて語らなくなった日本と違い，欧米ではこの話題は熱を帯びる一方である．それは，そこから見出される恩恵が計り知れないことに，多くの科学者らが気付いているためであろうと思われる．新しい動きはこの場合も2つの流れがある．1つはDNAのハイブリダイゼーションの性質を用いて配列決定していこうとするものであり，可能なすべての配列の組合わせをアレイ化し，そのハイブリダイゼーションのパターンでDNA塩基配列を決定していこうとする動きである．もう一方の動きは，ナノテクノロジーを駆使し，調べたいDNAを単一分子に分離し，単一分子上でプライマーからの伸張反応を行い，配列決定をしていこうとする方向性である．

3 ハイブリダイゼーションによる
DNA塩基配列決定
（sequencing by hybridization）

ハイブリダイゼーションによるアプローチはマイクロアレイを用いた方法がPerlegen社（http://www.perlegen.com/）により実現されている．Perlegen社ではAffymetrix社の技術を用いて，ヒトゲノムの再シークエンス用の巨大なマイクロアレイを作製しており，1度に15メガベースの配列決定ができ，1日当たり300メガベースの配列決定ができるとしている．

4 プライマーエクステンションによる
DNA塩基配列決定
（Sequencing by Synthesis）

われわれがここ数年間の欧米での研究などの流れを観

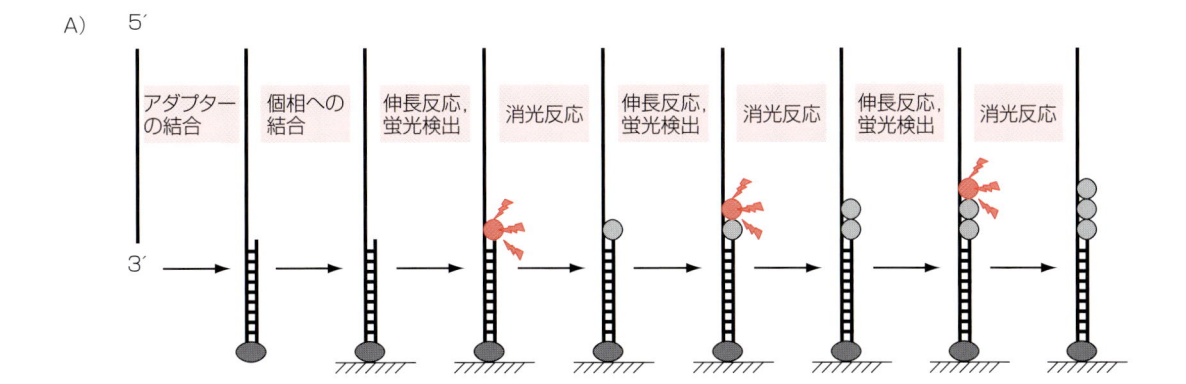

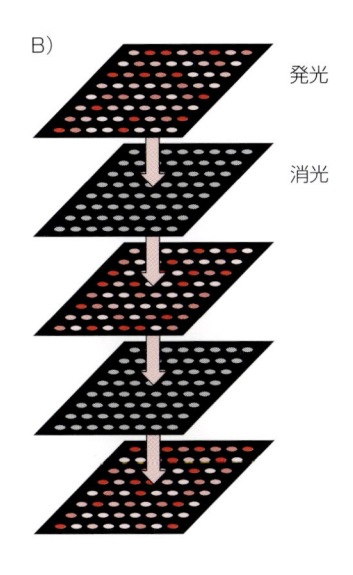

図5 ダイレクトシークエンス法の一例

A) ①ゲノムDNAは適度な大きさに切断され，一本鎖の状態にする．②この一本鎖DNAにアダプター分子を結合させ，③各一本鎖DNAが一定以上の間隔になるようにアダプター分子を固相に結合させる．④蛍光色素と結合したdNTPを基質にアダプター分子から1塩基伸長反応を行い，取り込まれたdNTPから発する蛍光をCCDカメラなどで記録する．⑤取り込まれた蛍光色素を分解する消光反応を行う．この伸長反応と消光反応を繰り返し，各スポットに結合しているDNAの配列を記録していく．B) 各スポットから数十から数百の塩基配列が記録され，数百万から数千万のスポットを記録していくことでゲノム全体の配列決定が一度に行える

察している限り，sequencing by synthesis methodによる方法の開発にしのぎを削っている大学，企業は非常に多い．この方法は図5のように，①ゲノムDNAを短い一本鎖DNAにして，その1分子DNAを十分に区別できる方法で固定し，②固定した各スポットでプライマーからの二重鎖合成反応を行い，取り込まれていくヌクレオチドを並列に検出していき，③決定された短鎖DNA配列情報をもとに全体の配列にアセンブリーする，という形でほぼ流れが固まりつつあるように思われる．

例えば，454 Life Sciences社（http://www.454.com/）ではDNAを分離する技術としてビーズを用い，DNAが固定されたビーズは，微小な六角形のウェルに1つずつ配置され，微小な各ウェルの中でシークエンシング反応を行い，CCDカメラで各ウェルごとの反応を観察する．完全な技術開示はされていないが，1日の処理能力は2.5メガベースであり，96KベースあるアデノウイルスDNA全体の配列を1日で決定したと報告している．ビーズは用いないが，同等の技術として，Solexa社（http://www.solexa.co.uk/），Genovoxx社（http://www.genovoxx.de/）がある．ワシントン大学のGeorge Church氏はアクリルアミドの中に1分子ずつのDNAを固定し，PCRで増幅後シークエンスするpolony法を考案している．コーネル大学のWatt Webb氏は，光の波長よりも小さい穴に1分子ずつのDNAとDNAポリメラーゼを閉じ込め，シークエンスするzero-mode waveguides法を考案している．DNAポリメラーゼが行う伸張反応で取り込まれた塩基をどのように検出していくかもさまざまな研究がなされている．例えばVisigen社ではDNAポリメラーゼ自体を改変し，取り込んだ塩基の違いをエネルギー共鳴で検出できるようにしている．Mobious Genomics社（http://www.mobious.com/）では分子共鳴法を用い，molecular resonance sequencingという方法を発表している．

第3の方法を求めて

　ここまで紹介してきたSNP解析技術，DNA塩基配列決定技術はDNAが相補的な二重鎖を作るという基本的な性質を利用して開発されている．すなわち，ハイブリダイゼーションと伸張反応にもとづいた方法である．この2つの性質を用いてこれまで技術は開発されてきているが，これを乗り越えた技術を今後開発する必要があるかもしれない．例えば，せっかく一重鎖を固定しているのに，そこから伸張反応を行わないと塩基配列を決定できないとする立場はその発想に限界があるのかもしれない．かつて塩基配列を決定する方法としてはマクサム・ギルバート法があったが，これは純粋に化学反応であった．このことより例えば，ナノの技術に有機化学反応を融合させた技術の開発にも余地があろう．現在自由な発想という立場で考えて興味を引く方法に，Agilentとハーバード大学が現在取り組んでいるnanoporeがある．このnanoporeでは，一本鎖のDNAが通れる小さな穴にディテクター分子を配し，一本鎖DNAが通り抜ける際にその塩基によって生じる電荷の変位を検出して配列を決定していこうとするものである．

おわりに

　SNPの解析法についてのoverviewの執筆を依頼されたが，近い将来ダイレクトシークエンスによる検出が主流になるものと思い，後半をその現状の報告に誌面を割かせていただいた．雨後の筍のように，欧米では日々新しい技術が紹介されているが，一部しかここでは紹介していない．2001年2月にヒトゲノムのドラフトが発表され，それを受けて，われわれを中心としたグループで，日本政府へゲノム解析にさらに力を入れるよう要望書を出した（http://biotech.nikkeibp.co.jp/news/detail.jsp?id=14424）．しかし，ヒトゲノムでは国際貢献度は7％といわれた日本の貢献度は，今では，生物全体のゲノム解読において1％程度になり，この凋落傾向には歯止めがかかりそうにない．われわれもDNA塩基配列法の新しい技術を開発する立場にあるが，この先，次世代のシークエンス開発分野に参入する日本人研究者が増え，この分野で日本の研究が再度活躍するようになることを強く望みたいと思う．

第3章 遺伝子多型解析

2. FRET原理を用いたSNPタイピング法

石井敬介　松浦 正　村松正明

> ポストシーケンス時代に対応した一塩基多型（SNP）の効率的なタイピング方法が臨床研究や疫学研究において求められている．蛍光共鳴エネルギー転移（fluorescence resonance energy transfer：FRET）の原理を用いたSNPタイピング法が簡便で精度の高い方法として注目されている．

はじめに

　ヒトゲノム配列解読が完了して，一塩基多型（SNP）と疾患の易罹患性や薬剤の反応性との関連をみる研究の重要性が増してきている．疾患の症例を多く集めて遺伝子多型解析をしたいと考えている臨床研究グループ，あるいは特定の遺伝子に照準を合わせて機能解析している基礎研究グループがその遺伝子と疾患が実際にかかわっているかどうか調べてみたいという場合に，候補遺伝子を定めた疾患関連研究が考えられる．実際には，これらの研究は共同研究という形で進められていくことが多いと予想される．

　これまでSNPを調べる方法としてはPCR-RFLP法が最もよく用いられてきた．これは多型部位が制限酵素サイトと重なっている場合に適応される．その方法は①多型（変異）を含むゲノム領域をPCRで増幅し，②増幅されたゲノム断片を制限酵素で切断し，③ゲル電気泳動にかけて，④ゲルを写真撮影して，⑤バンドパターンから遺伝子型を判定するというものである（図1）．この方法の利点は特別な装置を必要とせず，ごく通常の実験室の装置があればすぐに始められることである．用いる試薬もTaqポリメラーゼ，制限酵素，アガロースあるいはポリアクリルアミドゲルおよびバッファー類であり，入手も容易でコストもそれほどかからない．しかし，この方法の欠点としては，①制限酵素サイトがないと多型はみられないこと，②測定したいSNPを公共のSNPデータベースで探した場合，それが制限酵素サイトになっているかどうか判別することが困難なこと，③PCR−制限酵素消化−ゲル電気泳動−ゲル写真撮影−バンドパターンから遺伝子型を目視で判定，と実験手順が多く，手間がかかること，④制限酵素消化が不十分だった場合に誤った結果を得ること，などがあげられる．サンプル数および解析したいSNPが少ない場合は利便性の高い方法であるが，大量解析を目指すと，結局2つの酵素（Taqポリメラーゼおよび制限酵素），それにゲル泳動のコストがかかることになる．またサンプルの追跡管理や解析結果（データ）の保存管理が難しく，人為的ミスが入る余地が高い．サンプルやレーンを取り違えて再検することになれば，なおさら時間とコストがかさむことになる．以上の点から，ゲノム情報から大量のSNPデータが得られるようになった今日，より簡便で操作性のよいSNPタイピング方法が必要である．

　ここではSNPタイピング法のうちでもFRET原理を用いた方法を紹介する．FRETとは2つの蛍光物質，アクセプターおよびドナー（あるいは蛍光団と消光団）がある場合，それが近接して存在しているとき，一方の物質に照射した励起光から発した蛍光が他

Keisuke Ishii [1] / Tadashi Matsuura [1] / Masaaki Muramatsu [1, 2] : HuBit genomix, Inc [1] / Medical Research Institute, Tokyo Medical and Dental University [2] 〔ヒュービットジェノミクス（株）[1] / 東京医科歯科大学難治疾患研究所 [2]〕

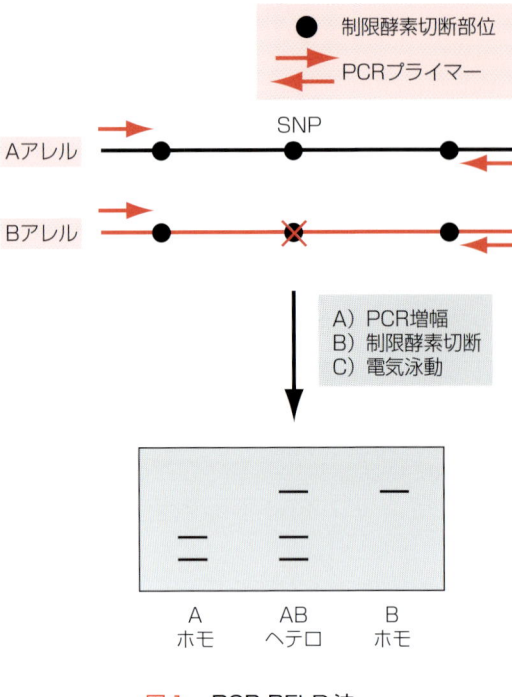

図1　PCR-RFLP法
詳細は本文を参照

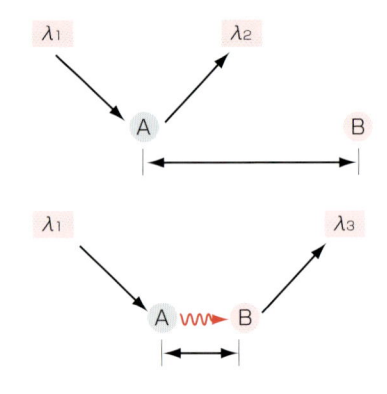

図2　FRETの原理
AB 2種類の蛍光物質はそれぞれドナーおよびアクセプター（あるいは蛍光団および消光団）である．励起光 λ_1 を入れたとき，ABが離れているときは蛍光 λ_2 を発するが，ABが近接しているときにはFRETが起こり，蛍光 λ_3 を発する

方の蛍光物質に入って，さらに異なる波長の蛍光を発する現象のことをいう（図2）．距離が離れている場合にはFRETは起こらない．どのようにこの原理を応用しているのか，みていくことにしよう．

ⅰ）FRETを用いたSNPタイピング法

1 TaqMan法[1)～3)]

TaqMan法でSNPを解析する場合は，SNPの2アレル性に対応して，各アレル特異的にハイブリダイズする2種類のアレルプローブ，およびこれを含むゲノム断片を増幅する共通のPCRプライマーのセットが必要になる．アレルプローブにはそれぞれ2つの蛍光物質が結合しており（それぞれ蛍光団と消光団と呼ぶ），同一プローブ上にあった場合はFRET反応を起こして蛍光を発しない．アレルプローブにはそれぞれ酵素としてTaqポリメラーゼを用い，その5´エキソヌクレアーゼ活性を応用する．SNPとハイブリダイゼーションした方のアレルプローブが，Taqポリメラー

ゼのエキソヌクレアーゼ活性で切断され，蛍光を発するようになる（図3）．

2 LightCycler法[4)5)]

LightCycler法もFRET原理を用いたタイピング法である（図4）．原理はまずPCRでSNPを含むゲノム断片を増幅し，SNPを挟む変異検出プローブ（蛍光団が結合）およびアンカープローブ（消光団が結合）をハイブリダイズさせる．温度をゆっくりと上げていき，融解曲線を蛍光量によって描かせることにより，その融解パターンの違いを検出してSNPのタイピングを行う．

これまでLightCycler法の反応装置は専用のキャピラリーしか用いることができず，汎用性がないために必ずしも実験の取り扱いが簡単ではなかった．しかし，同じ原理を用いて，96穴あるいは384穴プレートに対応するLightTyperの開発も進められており，大量解析への適応が期待される．

3 Invader法[6)7)]

Invader法はcleavaseと呼ばれるDNA切断酵素を応用したSNPタイピング法である．cleavaseは1塩基の三重鎖構造を認識して切断する．この活性原理を用いてSNP検出のためのプローブを設計する．すなわち，SNP部位にハイブリダイゼーションするアレルプローブとインベーダープローブを用意する（図5）．

図3　TaqMan 法の原理
各アレルに対応するプローブには異なる蛍光団（AまたはA´）と消光団Bが付加されている．PCRのサイクルが進むとアレルに対応してハイブリダイズしたプローブがTaqポリメラーゼの5´エキソヌクレアーゼ活性より分解され，蛍光を放つ

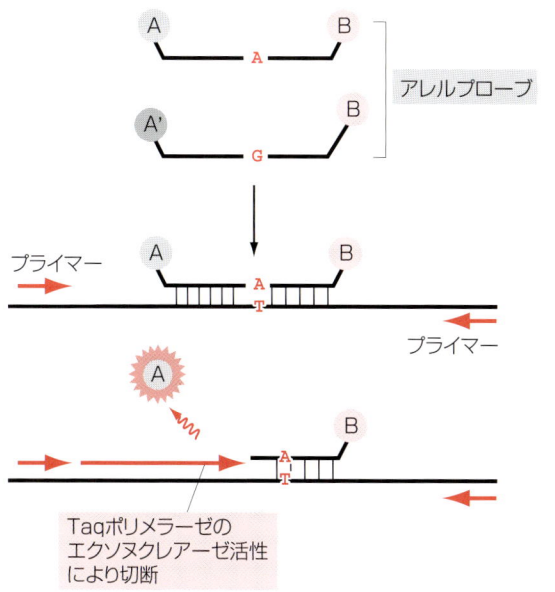

図4　LightCycler 法の原理
Aアレルのプローブがハイブリダイズした場合，温度上昇に伴ってAの蛍光は遅くA´の蛍光は早く減少する．変化量をピークとして描画する

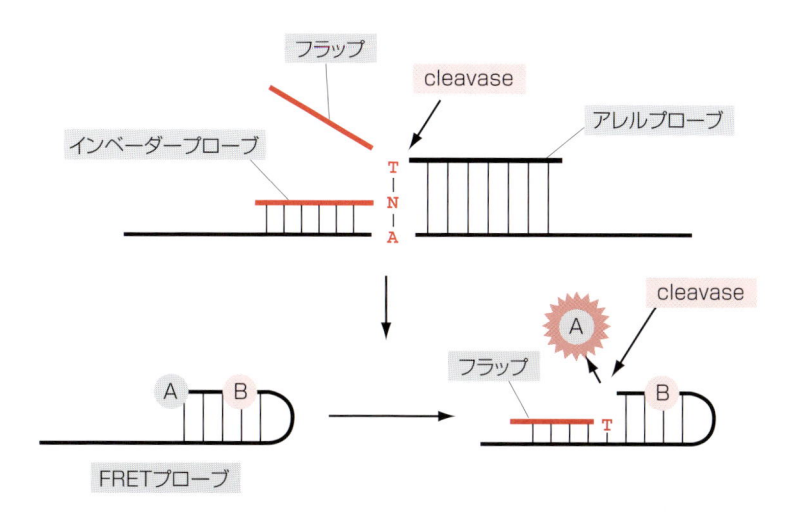

図5　Invader 法の原理
フラップ断片を介した2段階のcleavase反応でシグナルが増幅する

インベーダープローブの3´末端とアレルプローブの相補部分の5´末端がSNP上でハイブリダイゼーションして1塩基の三重鎖構造ができて，cleaseはアレルプローブを切断する．ちょうどインベーダープローブが1塩基侵入する形になるのでInvader法と呼ばれる．切断の際，酵素が認識するのはSNPの塩基とアレルプローブのハイブリダイズする最も5´側の塩基の相補性であり，1塩基侵入しているインベーダープローブの3´側の塩基には関係ない．SNPはバイアレリックなので，アレルプローブは2種類の異なるフラッ

3章2．FRET原理を用いたSNPタイピング法　　123

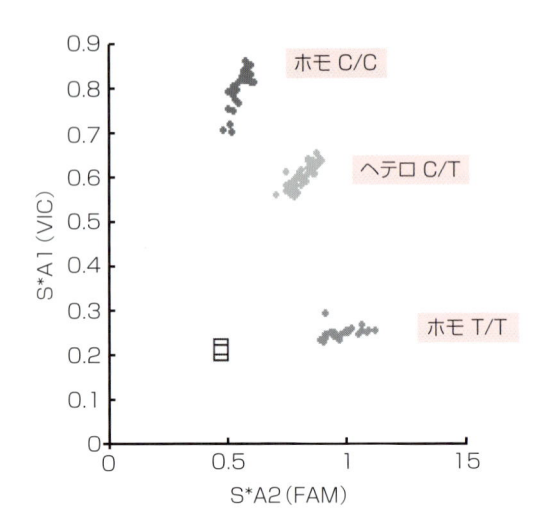

図6 TaqMan実験結果
Cアレル（A′）がVIC，Tアレル（A）がFAMでラベルされていた場合の例

プを用意しておき，どちらが切断されたかが判定できるようにする．判定には2段階目のインベーダー反応を用いる．それぞれのフラップと相補的にハイブリダイゼーションして切断される2種類のFRETプローブ（異なる蛍光色素を結合）を用意する．FRETプローブは切断により蛍光団が消光団から遊離して発光する．

Invader法はゲノムのPCR増幅を用いなくてもSNPタイピング可能であるが，このためには相当量のゲノムDNAが必要である．限られた量のサンプルから大量のSNPをタイピングする場合にはPCR増幅したゲノムに対してもInvader法を適用する必要がある．

ii）TaqMan法における実際の実験手順

i）でいくつかあげたSNPタイピング法のうち，ここではTaqMan法による実験手順を示す．

準備するもの

〈試薬，消耗品〉
- サンプルDNA
- TaqManプローブ[*1]

*1：TaqMan試薬はデザイン済みのTaqMan® SNP Genotyping Assaysおよびカスタムメイドの Custom TaqMan® SNP Genotyping Assaysの2種類がある．いずれも詳細についてはホームページ， http://www.appliedbiosystems.co.jp を参照されたい．

- master mix

〈機器〉
- PCR増幅機（96穴プレートに対応するもの）
- 蛍光検出機（ABI7700あるいは同等機）
- 分注機（必要に応じて使用）

プロトコール

❶ サンプルDNAはあらかじめ濃度を測定し，同一になるように調整しておく[*2]

*2：サンプルのDNA濃度を測定し，同じ濃度に調整しておくことは，貴重なサンプルを無駄にしないためにも，また実験の精度を確保する目的においても是非行いたい．1回のTaqMan反応で必要なDNA量もあらかじめ希釈試験で把握しておく（通常1反応あたり3〜10 ngである）．DNA濃度測定法としては，吸光光度計あるいはPicoGreenによる定量を用いる．

❷ TaqManプローブおよびMaster Mixを解析サンプル数に必要な分だけ調整して×1.25の混合液を作製する
❸ 96穴プレートの各ウェルに希釈したサンプルDNAを5 μl入れる
❹ それぞれのウェルに❷で調整した反応液を20 μl混合する
❺ PCR反応を行う
❻ 蛍光検出機で読む
❼ 蛍光パターンを二次元にディスプレーしたものを専用ソフトで読む[*3]

*3：密なクラスターに収束しない場合は推測してSNPを読むことをせず，その原因を考えるべきである．もとよりすべてのSNPがこの方法でタイピングできるわけではなく，周囲の配列によってはアッセイできない場合もある．また未知のSNPが近傍にあってマルチクラスターになることもある．

実験例

上記の方法でSNPタイピングした結果を示す（図6）．ホモ，ヘテロ，ホモの3つのクラスターが綺麗に分離すれば成功である．マイナーアレル頻度の低いものでは，マイナーアレルのホモが解析サンプルのなかにはなく，2つのクラスターになることもある．

おわりに

FRET原理を用いたSNPの大量かつ効率的なタイピング方法を紹介した．疾患関連のあるSNPはこれまでアミノ酸置換を伴うものが主に考えられていたが，プロモーターやイントロン内にあるSNPにも遺伝子調節に重要なものがあることが次第に明らかになりつつある．1つの遺伝子を包括的に調べたい場合はそのなかの複数のSNPを測定してハプロタイプを組むことが必要となる．

参考文献

TaqMan法

1) Livak, K. J. : Methods Mol. Biol., 212 : 129-147, 2003
2) Livak, K. J. : Genet. Anal., 14 : 143-149, 1999
3) Livak, K. J. et al. : PCR Methods Appl., 4 : 357-362, 1995

LightCycler法

4) Bennett, C. D. et al. : Biotechniques, 34 : 1288-1292, 1294-1295, 2003
5) Hiratsuka, M. et al. : Clin. Biochem., 35 : 35-40, 2002

インベーダー法

6) Fors, L. et al. : Pharmacogenomics, 1 : 219-229, 2000
7) Kwiatkowski, R. W. et al. : Mol. Diagn., 4 : 353-364, 1999

第3章 遺伝子多型解析

3. DNAチップを用いたSNP解析

天野雅彦

> DNAチップはハイスループットで遺伝子の解析を行える強力なツールである．その最も一般的な利用方法は遺伝子発現解析であるが，プローブや検出方法を工夫することにより遺伝子変異解析も行える．本項では電気化学変化を応用した，簡便かつ安価な，新しい検出方法での遺伝子変異解析用チップの紹介を行う．

はじめに

チップ上でのSNP解析はこれまでにも多くの報告がなされており，一部では商品化もなされている．その多くの手法は1塩基の違いをターゲットとプローブ間での結合力の差で測定している．しかしながらこの結合力の差はわずかなものであり，多数のプローブを用いたり[1]，温度[2]や電界[3]をコントロールすることによって，このわずかな差の判別を可能にしている．このほかにも1塩基伸長法[4]やライゲーション法[5]など酵素の力を借りた測定法があるが，そのほとんどが検出系には蛍光物質を用いている．

蛍光物質は現在多くの種類が市場に出回っており，容易に入手が可能であるため非常にポピュラーではあるが，検出には光源と検出部を光学系でつないだ比較的高価な測定器が必要である．また，明るい蛍光物質は高価であり，多くの実験を行うにあたっては出費が馬鹿にならない．

i) ECAチップシステム

現在のポストゲノムの研究スピードをみるに，近い将来これらゲノム情報が臨床応用に用いられることは明らかであり，そのときに簡便かつ安価な遺伝子解析装置は不可欠となる．そこで，われわれは新たな遺伝子変異検出の手法として，ECA（electrochemical array）システムと，SMMD法と名付けられたプロトコールを開発した．ECAはその名の示すとおり電気化学反応を用いた遺伝子検出方法であり，従来の蛍光を用いた測定システムに比べ，装置が小型化でき，物理的なショックなどにも強く，扱いやすくかつ安価であることが特徴である（図1A，B）．電気化学反応とは，電極に印加するポテンシャルを操作することによって起こる溶液中の酸化還元反応であり，このときに流れる電流，すなわち電子の移動を測定することにより，溶液中の分子の性質や動態を検出することができる．あらかじめ溶液中に酸化還元電位のわかっている物質を含めておき，ある電位をかけたときに流れる電流，すなわち電子の移動を測定すれば，電極近傍に存在する目的物質の濃度を知ることが可能となる．

電気泳動の実験においても，DNAを可視化する目的でエチジウムブロマイド（EtBr）がよく使用されるが，このように二重鎖DNAの塩基対の間に滑り込む

Masahiko Amano : TUM Gene, Inc.（株式会社TUMジーン）

A) ECAチップ　　B) 読取装置

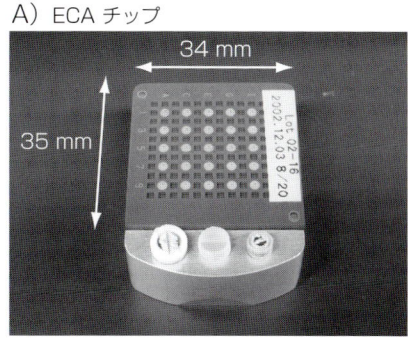

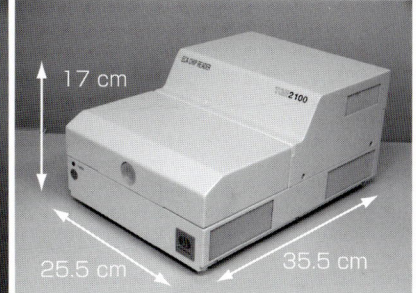

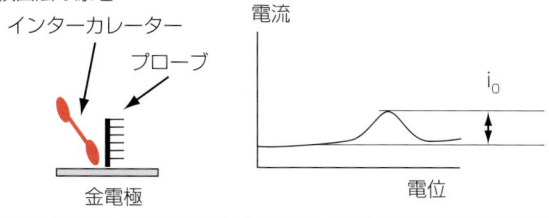

C) 電気化学検出法の原理

インターカレーターとDNAプローブとの静電相互作用にもとづく電流

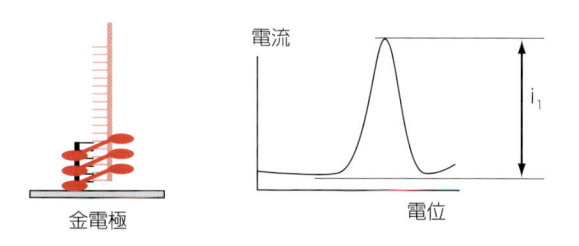

二重鎖DNAへの縫い込み型インターカレートにもとづく電流

$$\Delta i = (i_1 - i_0) / i_0 \times 100\,(\%)$$

図1　ECAチップシステムの測定原理および装置類
詳細は本文を参照

特徴をもった物質をインターカレーター（intercalator）と呼ぶ．このインターカレーター分子の両末端に電気化学活性をもったFND（ferrocenyl naphthalendiimide）と呼ばれる新たな分子が竹中らにより合成された[6]．電極上にDNAプローブを固定化し，これに標的核酸（DNAあるいはRNA）をハイブリダイゼーションさせたのち，このFNDを加えることにより，二重鎖が形成された電極表面にはこのFNDが濃縮されるため，大きな電流が流れるが，ハイブリダイゼーションの起こらなかった電極上には一本鎖DNAしかないため，わずかな電流しか流れない．（図1C）この違いをみることによりECAチップでは特定プローブに対するハイブリダイゼーションの有無を検出することが可能となっている．

上記の特徴を利用することにより，ECAチップシステムではラベリングをすることなしにサンプル中の遺伝子発現を検出することが可能となっているが，この延長線上にSNP解析がある．

ii) SMMD法

われわれは一塩基変異を捉える新たな手法としてSMMD（simultaneous multiple mutation detection）

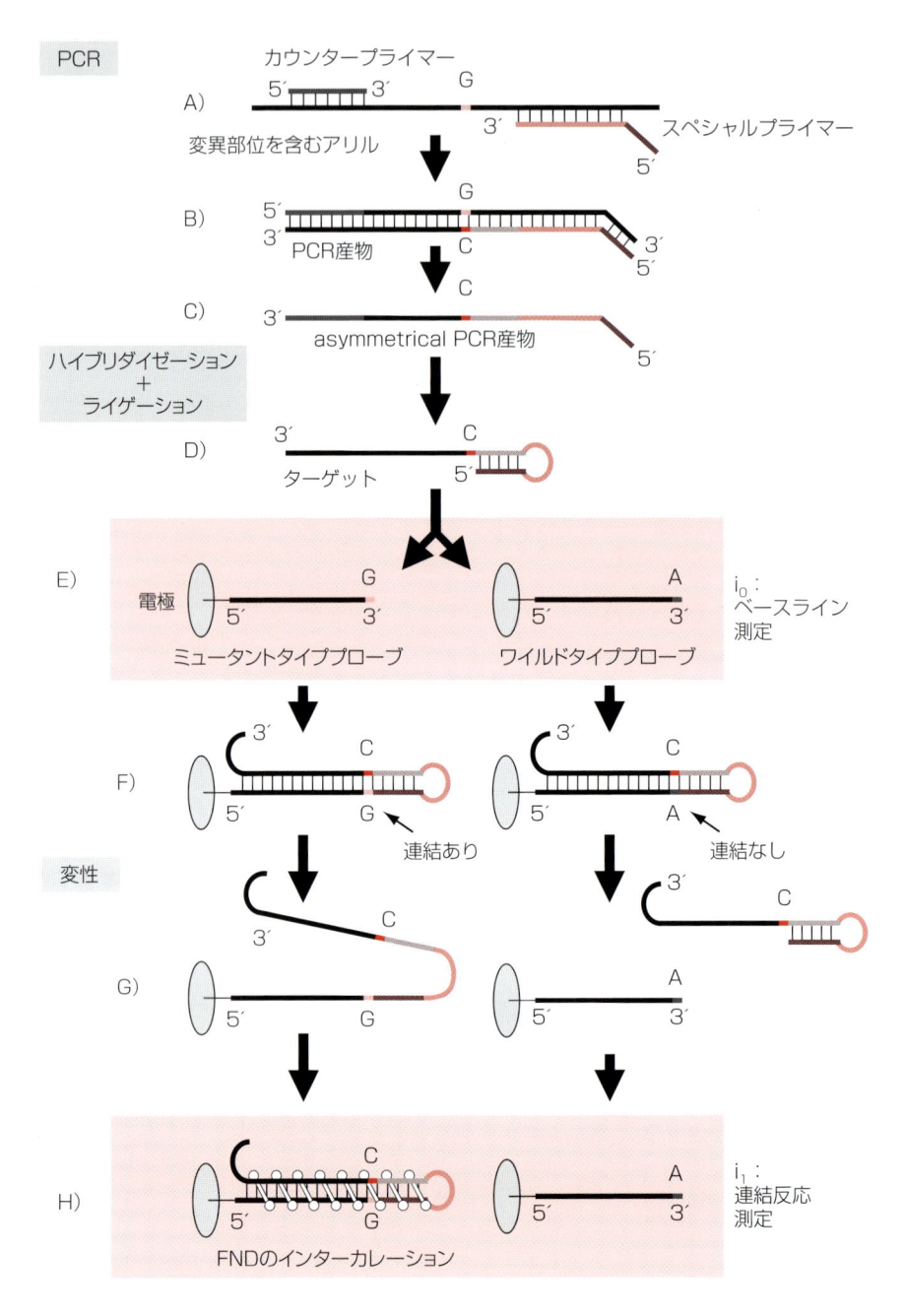

図2 SMMD (simultaneous multiple mutation detection) 法
詳細は本文を参照

法を開発した．この手法は同一チップ上で同時に多種塩基変異（1塩基置換，挿入，欠失，転座，STR数）を検出可能とする優れた手法である．この基本原理を図2に示す．

まずターゲットとなるゲノム上の変異部位をはさむようにスペシャルプライマーとカウンタープライマーを設計し（A），これをもってPCRを行う．このスペシャルプライマーの5′部位（■）には，このプライマーとTaqポリメラーゼによって伸張する3′下流の変異部位直前までのシーケンス（■）と，相補となるシーケンスをあらかじめ付加しておく．このときカウンタープライマー量よりもスペシャルプライマー量を多く

入れることによって，スペシャルプライマー側の産物が多く生成されるA-PCR（asymmetric PCR）を行う（B）．

このA-PCR産物を変性させて一本鎖を作ると（C），スペシャルプライマーの5′側と3′側から伸長した部分との間で自己相補によってループが作られる（D）が，このループをもったA-PCR産物をサンプルとして電極上のプローブとハイブリダイゼーションさせる．電極は末端1塩基（SNP部位）がワイルドタイプのプローブを載せたものと，末端1塩基に変異の入ったプローブを載せたものの2種類用意しておく（E）．これらプローブと上記サンプルを反応させると，すべてのプローブ・サンプル間でハイブリダイゼーションが起こる（F）．しかし，ハイブリダイゼーションと同時にリガーゼも反応液の中に入れておくので，末端1塩基が相補の場合はライゲーションが起こりうるが（F左側），非相補の場合にはライゲーションが起こらない（F右側）．この反応が終わった後に，もう一度変性を行うと，ライゲーションの起こった電極上では，サンプルとプローブが連結されているので，長い一本鎖DNAが残るが（G左側），ライゲーションの起こらない電極上では，プローブとサンプルが解離を起こし（G右側），プローブのみが残る．変性後に，適当な塩の含まれた室温環境に戻すと，連結反応の起こった電極上では再びプローブとサンプル間で二重鎖が形成されるが，連結反応の起こらなかった電極上ではプローブのみの短い一本鎖のDNAしか残らない．この状態で電気化学測定を行うと，インターカレーターは二重鎖DNAに特異的に濃縮されるので，連結反応の起こった電極には大きい電流値が，起こらなかった電極には小さな電流値があらわれる．プローブの配列とこの結果を照らし合わせることによって，ターゲットゲノム上の特定な1塩基を判定することが可能となる．

この手法の利点は，全く同一のプラットフォーム，プロトコールによって，1塩基置換，欠失，挿入，転座，およびSTRの数の認識が行えることにある．

準備するもの

〈材料・器具〉
- ECAチップリーダー（TUMジーン社）
- ECAチップ 遺伝子変異検出キット（TUMジーン社）
  次のものが含まれている
  Box #1：室温保存
Hybridization Buffer	500 $\mu l \times 1$
Washing Boat	$\times 4$
Alkaline Denature Solution	30 m$l \times 1$
Hybridization Sheet	5枚
Wash Cup	$\times 1$

  Box #2：4℃保存
ECA chip	2 pcs
1st Primer set	20 $\mu l \times 1$
Special Primer set	20 $\mu l \times 1$
Counter Primer set	20 $\mu l \times 1$
FND solution	2.0 m$l \times 3$

- サーマルサイクラー
- スターラー
- 回転子 10×3 mm ϕ
- 密封性の高い容器（タッパーウェアなど）

〈試薬〉
- QIAGEN RNA/DNA Mini Kit（QIAGEN社，Cat.No.14123）
- HS Taqポリメラーゼ（Takara社）

プロトコール

1 サンプル準備

❶ 細胞からゲノムの抽出を行う．プロトコールはキットに添付のものを使用

❷ 1st PCRを行う．組成およびサイクルは以下の通りである

- 1st-PCR反応条件

ゲノムDNA	25 ng
10×Taqバッファー	5 μl
2.5 mM dNTP mixture	5 μl
1st Primer set	10 μl
5U/μl HS-Taqポリメラーゼ	0.5 μl
total	50 μl*1

95℃　5分
▼
95℃　30秒
60℃　90秒　×40サイクル
72℃　10秒
▼
72℃　10分
▼
4℃で保持

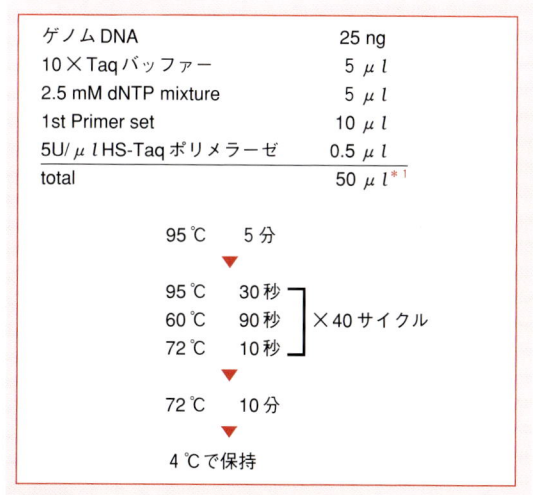

*1：ゲノムDNAは適当な濃度で水に溶けているものとし，指定試薬類を加えた後，水を適量加えて全量を50 μlとする．

❸ 2nd PCRを行う．組成およびサイクルは以下の通りである

・2nd-PCR反応条件

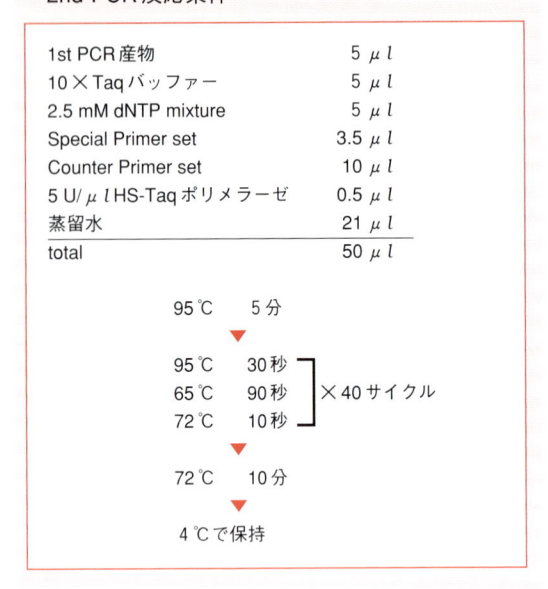

1st PCR産物	5 μl
10×Taqバッファー	5 μl
2.5 mM dNTP mixture	5 μl
Special Primer set	3.5 μl
Counter Primer set	10 μl
5 U/μl HS-Taqポリメラーゼ	0.5 μl
蒸留水	21 μl
total	50 μl

95℃　5分
▼
95℃　30秒
65℃　90秒 ×40サイクル
72℃　10秒
▼
72℃　10分
▼
4℃で保持

2 変性・洗浄

❶ キットのBox#1より添付のWashing boatを取りだし，Alkaline Denature Solutionを7.5 ml加え，10×3 mm φの撹拌子を入れてスターラーの上に置く（100〜120 rpm）*2

　*2：Alkaline Denature Solutionは強塩基なので手に付いた場合にはすぐに水で洗い流し，洋服などに付かないように十分気を付ける．

❷ チップを保存パックより取りだし，ピンの先端が上記のAlkaline Denature Buffer溶液につかるように，Washing boat上に乗せ，室温で5分間変性させる*3（図3A）

　*3：Alkaline Denature Solutionは強塩基（0.5 M NaOH）なので，直接下水に廃棄せずに中和操作を行うか専門業者に廃棄を依頼する．

❸ キットのBox#1より添付のWash Cupを取り出し，蒸留水を55 ml（口から1〜2 mmのところまで）加え，上記撹拌子を入れ，チップを乗せ室温で10分撹拌洗浄する（400〜500 rpm）．（図3B）

❹ 2つ折りにしたティッシュの上に，ピンが下になるように置き，電極上の余分な水滴をしみこませる*4（図3C）

　*4：このときに，チップをティッシュに押しつけたり，こすったりしないように気を付ける．

3 I_0測定

❶ 測定装置に付属のソケットにキットBox#2に含まれるFND solutionを2 ml入れる

❷ 上記のチップをソケットにセットし，ECAチップリーダーに装着し，保存するファイル名を付属のコンピューターで指定した後，測定を開始する．約3分ほどで全測定が終了する（図3D）

❸ チップを測定器から取り出し，2-❸で用意したWash Cupに新しく蒸留水を加え，同様に5分撹拌洗浄する（図3B）

❹ 2つ折りにしたティッシュの上に，ピンが下になるように置き，電極上の余分な水滴をしみこませる*5（図3C）

　*5このときに，チップをティッシュに押しつけたり，こすったりしないように気を付ける．

4 ハイブリダイゼーション・ライゲーション

❶ タッパーウェアなどの密封性のよい容器の中にティッシュを敷き，蒸留水を十分にしみこませて，ウェットボックスを作製する．この中にピンが上を向くようにチップを置く

❷ キットのBox#1よりHybridization Sheetを取りだし，ピンをすべてカバーするように乗せる

❸ 上記2nd PCR産物から35 μl取り，Hybridization bufferを15 μl加え，全体量を50 μlとして，これをHybridization Sheetの上にゆっくりと滴下する．この際すべてのピンがHybridization Sheetに接触し，かつ2nd PCR産物がすべてのピンにいき渡ることを確認する（図3E）

❹ ウェットボックスの蓋を閉め，室温で10分間インキュベーション（ハイブリダイゼーション）を行う（図3F）

❺ チップをウェットボックスから取り出し，Hybridization Sheetを取り除き，2つ折りにしたティッシュの上に，ピンが下向きになるように置いて，電極上の余分なPCR産物を取り除く*6（図3C）

　*6このときに，チップをティッシュに押しつけたり，こすったりしないように気を付ける．

❻ チップをウェットボックス内に，ピンが上向きになるように戻し，新しいHybridization Sheetを乗せる

❼ リガーゼを付属のバッファーで最適濃度に調整し，50 μlをHybridization Sheet上に滴下する．この際すべてのピンがHybridization Sheetに接触し，かつリガーゼがすべてのピンにいき渡ることを確認する（図3G）

❽ ウェットボックスの蓋を閉め，室温で5分間インキュベーション（ライゲーション）を行う（図3F）

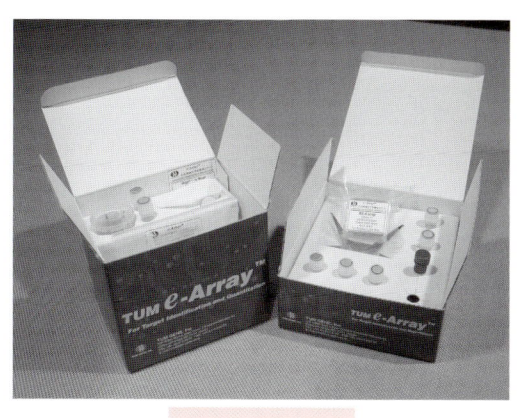

ECAチップキット

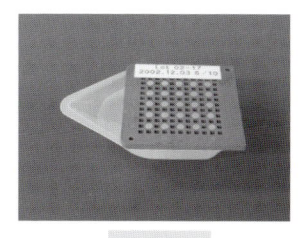

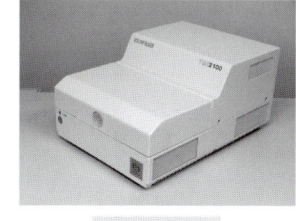

A) 変性 B) 洗浄 C) 拭き取り

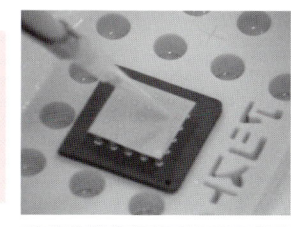

D) I_0 測定 E) ハイブリダイゼーション F) インキュベーション

洗浄・拭き取り

G) ライゲーション H) I_1 測定

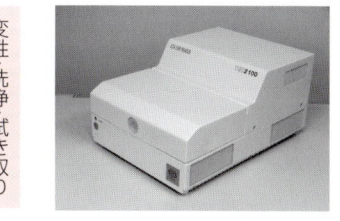

拭き取り インキュベーション 変性・洗浄・拭き取り

図3 ECAチップシステムとSMMD法による変異解析手順
詳細は本文を参照．→表紙写真解説②参照

❾ チップをウェットボックスから取り出し，上記の 2-❶〜❹ の変性，洗浄工程を繰り返す

5 I_1 測定
上記 3-❸〜4-❷ の測定を繰り返す（図3H）

6 解析
まず，各電極のΔiを以下の計算式によって算出する．

$$\Delta i = \frac{(i_1 - i_0)}{i_0} \times 100 \, (\%)$$

3章3．DNAチップを用いたSNP解析

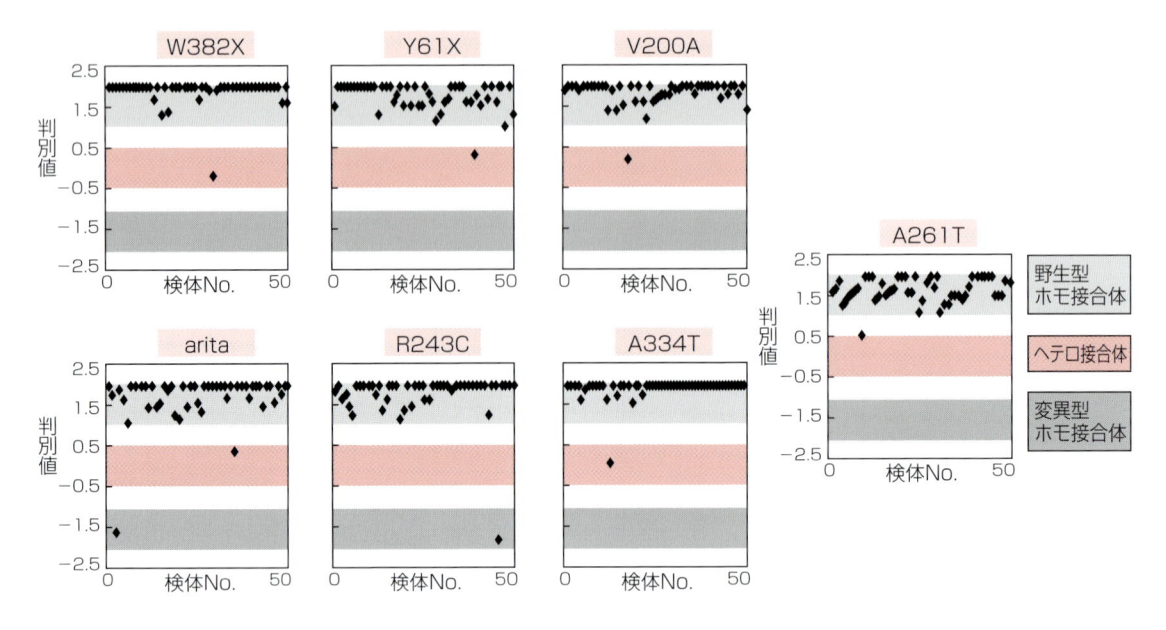

図4 ECAシステムとSMMD法を用いたLPL遺伝子変異7カ所の解析結果
すべての解析結果はシーケンスの結果と合致

次にそれぞれのプローブ（野生型あるいは変異型）の固定されている電極ごとにΔiの平均値を計算し，次の判定式用いてSNPの判定を行う

判定値＝2×｛X/（X＋Y）－Y/（X＋Y）｝
　X：野生型プローブのΔi平均値
　Y：変異型プローブのΔi平均値

この判定値が1.0から2.0の間であればワイルドタイプのホモ接合体，－0.5から0.5の間であればヘテロ接合体，－1.0から－2.0の間であればミュータントのホモ接合体と判定する．ただしΔiの値がマイナス値をもった場合にはすべて0に置き換える．

実験例

このECAシステムとSMMD法を用いて行った遺伝子変異解析の例をあげる．LPL（lipoprotein lipase）遺伝子は高脂血症に強いかかわりをもっている遺伝子であり，この遺伝子にヘテロで変異をもつ患者は健康的な生活を心がけないと，血中トリグリセド値が高くなり，やがては動脈硬化から心疾患を引き起こす危険性をもっている[7]．われわれは本システムの検証を行うため，ボランティアから集めた50検体を用いてブラインド試験を行い，シーケンスにより得られた変異部位の結果との照合を行った．その結果，50検体の変異部位7カ所すべてにおいてシーケンスの結果と合致した（図4）．この結果から，本システムは臨床への応用が可能な信頼性の高いシステムであることが明らかとなり，将来のオーダーメード医療には強力なツールとなりうることが予想される．

参考文献

1) Mei, R. et al. : Genome Res., 10 : 1126-1137, 2000
2) Jobs, M. et al. : Genome Res., 13 : 916-924, 2003
3) Sosnowski, R. G. et al. : Proc. Natl. Acad. Sci. USA, 94 : 1119-1123, 1997
4) Nikiforov, T. T. et al. : Nucleic Acids Res., 22 : 4167-4175, 1994
5) Radtkey, R. et al. : Nucleic Acids Res., 28 : E17, 2000
6) Sato, S. et al. : Nucleic Acids Symp. Ser., 44 : 171-172, 2000
7) Nojima, T. et al. : Anal. Sci., 19 : 79-83, 2003

第3章 遺伝子多型解析

4. マススペクトロメトリーを用いた SNP 解析

藤田 毅

> MALDI-TOF 質量分析計の特長を活かした MassARRAY システムは，ホモ，ヘテロ接合型の SNP アレルを質量数の異なるピークとして明瞭に分離し，高精度の SNP タイピング結果を高い成功率で得ることができる．スループットとともに，より正確さが求められるゲノム臨床研究において有効な解析技術である．

はじめに

SNP は各個人の遺伝的背景を層別化するのに最適であり，臨床情報（表現型）と比較するアソシエーションスタディを通じて，疾患原因遺伝子の探索，創薬ターゲットの探索，副作用の低減，レスポンダー・ノンレスポンダーの判断など，探索研究から臨床試験，市販後調査，診療など幅広い分野・段階での利用が期待されている．

米国 Sequenom 社で開発された MassARRAY システムは，独自のプライマー伸長反応と質量分析計の特長を活かした SNP 解析システムである．スループットに加えて極めて高い解析精度と成功率を兼ね備えたシステムとして注目されている．

原 理

i）プライマー伸長反応

本システムでは，Sequenom 社が独自に工夫したプライマー伸長反応（MassEXTEND）を採用している．MassEXTEND では，解析対象となる SNP を含む 100 塩基長程度の領域を PCR 増幅した後，これを鋳型として SNP 直前にハイブリダイズする第三のプライマーを用いた伸長反応を行う．このときにデオキシリボヌクレオチド（dNTP）とジデオキシリボヌクレオチド（ddNTP）を適切に組合せた反応基質（Termination mixture）を用いることにより，アレル特異的に塩基長の異なる反応産物を得ることができる[1]．

例えば図1 においては，伸長停止基質 ddATP と，伸長基質 dCTP/dGTP/dTTP を組合せることにより，アレルに応じて，プライマー＋1塩基〔(A) アレルの場合〕，およびプライマー＋3塩基〔(T) アレルの場合〕の反応産物を得る．

本法は4種類すべてのジデオキシヌクレオチド（ddATP/ddCTP/ddGTP/ddTTP）を用いる一般的なプライマー伸長法と異なり，アレルによって反応産物の塩基長が変わるので，得られる質量分析スペクトルが明瞭に区別できる．例えば図1の〔A〕/〔T〕ヘテロ接合体の場合，通常のプライマー伸長法では2つの質量スペクトルの差が ddATP と ddTTP との質量数差，わずか 9 Da となるのに比べ，MassEXTEND の場合は2塩基分，すなわち約 600 Da の質量数差となる．

Termination mixture は，ジデオキシヌクレオチドが1種類から3種類までのすべての組合せ（14種類）について提供されており，解析対象となる SNP に応じて選ぶことができる．このことにより tri-allelic な SNP や連続した SNP など，複雑な SNP 配列について

Takeshi Fujita : Life Science Group, Hitachi, Ltd.（株式会社日立製作所ライフサイエンス推進事業部）

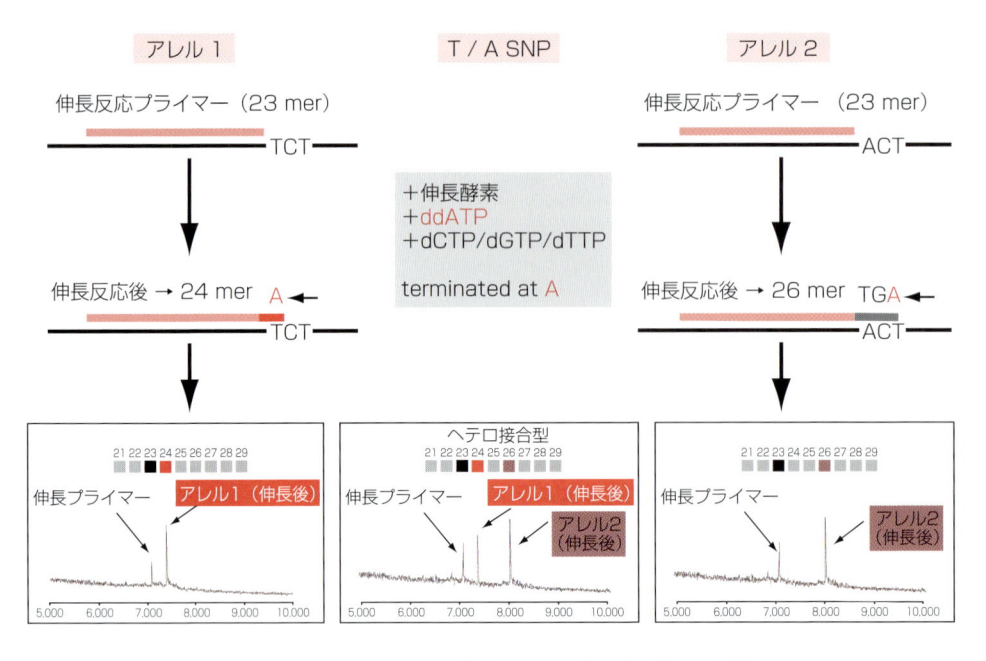

図1　MassEXTEND（プライマー伸長反応）の原理
詳細は本文を参照

ii）MALDI-TOF（matrix assisted laser desorption/ionization-time of flight）質量分析計によるSNPタイピング

　伸長反応産物をSpectroCHIPと呼ばれる特殊なチップにスポットし，質量分析計にセットする．SpectroCHIPは約2 cm×3 cmのシリコンチップで，この中に384のフォーマットで質量分析装置用のマトリクスがプレロードされている（図2）．

　チップにスポットされ，結晶化された反応産物は，質量分析装置内でレーザー光照射によりイオン化される（図3）．電荷を帯びた産物は，高電界場により加速され，真空空間を飛行して検出器に到達する．このレーザー光照射から検出器到達までの飛行時間（Time of Flight）は，一定の電界場・飛行距離においては分子の質量／電荷により一義的に決定するので，本原理を用いることにより目的産物の質量を決定することができる．

　計測後，あらかじめアッセイデザインとしてデータベースに登録された反応産物の質量数と，計測結果のスペクトルを比較し，遺伝子型判定を行う．

　このように本システムではプライマー伸長反応産物を直接イオン化して計測する．すなわち特殊なラベルを必要としないので，蛍光プローブなどを利用してSNP解析を行う実験系などと比較するとプローブ合成の簡易性やコストの面でも有利である．また，①PCR，②伸長反応といった2段階の特異的反応によってSNP箇所が認識され，加えて③伸長反応によって取り込まれた塩基を質量数という高い分解能で識別するため，得られたタイピング結果の信頼性は極めて高いものとなる．

準備するもの

＜材料，器具＞

- ゲノムDNA：2.5 ng/μl
  0.25 mM EDTA以下のTEバッファーに溶解
- MassARRAYシステム（Sequenom社）
  MALDI-TOF質量分析計（SpectroREAD），ナノスポッター（SpectroPOINT，もしくはSpectroJET），96チャネル自動分注ロボット（SpectroPREP）＊1

  > ＊1：Multimek 96（ベックマンコールター社）をMassARRAY用にカスタマイズしたものがSequenom社よりSpectroPREPとして提供されている．

- PCR反応装置（384ウェル）：GeneAmp 9700（Perkin-Elmer社，Dual 384）

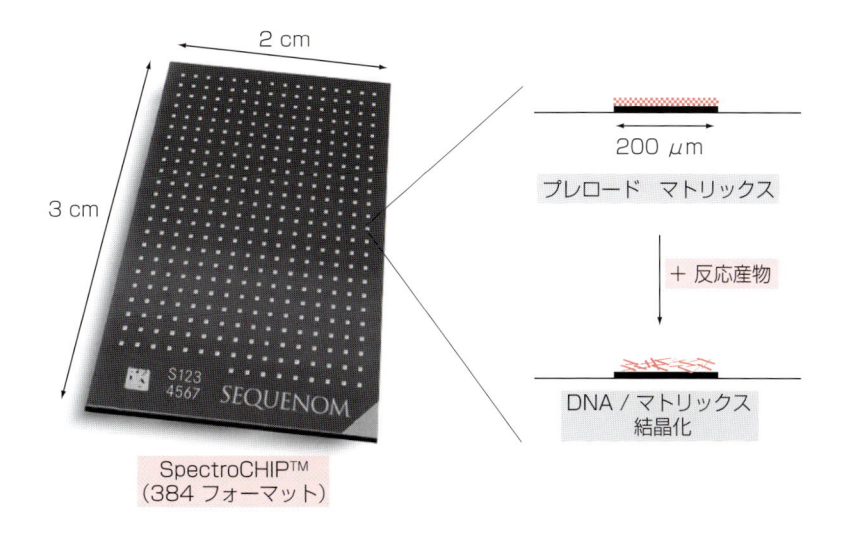

図2　MALDI-TOF質量分析用マトリクスチップ"SpectroCHIP"
詳細は本文を参照

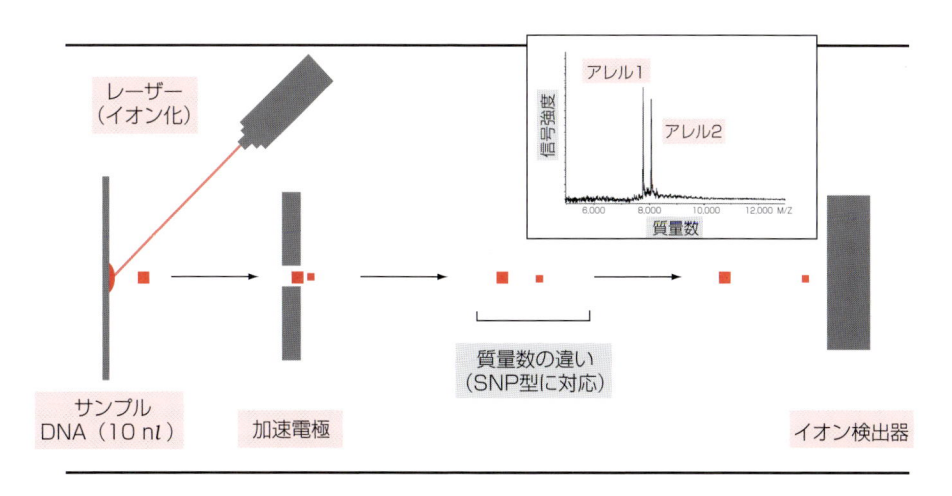

図3　MALDI-TOF質量分析計の原理図
詳細は本文を参照

- プレート遠心機：384ウェルプレートのスピンダウン用（日立製作所，CF-7D2など）
- ローテーター：SpectroCLEAN撹拌用（iuchi社，TR-118など）
- 384マイクロタイタープレート（MTP）（日本ジェネティクス社，TF-0384など）
- シール：MicroAmp Clear Adhesive seals（アプライドバイオシステムズ社）

<試薬>
- PCR反応液（1反応当たり）　　　　　　　　　　（最終濃度）
  10 × HotStar Taq PCR buffer（QIAGEN社）
  　　　　　　　　　　　　　　0.5 μl
  25 mM $MgCl_2$　　　　　　　0.2 μl（total 2.5 mM $MgCl_2$）
  PCRプライマー（1 μ M）　1.0 μl　（各200 nM）
  dNTPs（各25 mM）　　　　　0.04 μl　（各200 μ M）
  HotStar Taq Polymerase（QIAGEN社）
  　　　　　　　　　　　　　　0.02 μl　（0.4 U／反応）
  ゲノムDNA（2.5 ng/μl）　1.0 μl　（2.5 ng／反応）
  蒸留水　　　　　　　　　　　2.24 μl
  total　　　　　　　　　　　　5 μl

```
SNP配列情報の取得
アッセイデザイン
ゲノムDNA調製
      ↓
PCR増幅（2.5時間）           ↓2.5 ngゲノムDNA
                             ↓5μl PCR反応
                             ↓45～55サイクル
      ↓
SAP処理（0.5時間）           ↓2μl反応液分注
                             ↓37℃（20分）
      ↓
MassEXTEND反応（1.5時間）    ↓2μl反応液分注
                             ↓40サイクル反応
      ↓
SpectroCLEAN（脱塩）処理（10分） ↓試薬分注
                                ↓室温混合（10分）
                                ↓遠心（3分）
      ↓
SpectroCHIPへのスポッティング（12分）
      ↓
質量分析（12分／枚～）        ↓SpectroJET（55分／枚）
                             ↓SpectroPOINT（12分／枚）
      ↓
遺伝子型判定（12分／枚～）    ↓自動計測
                             ↓リアルタイムタイピング
```

図4　hME（homogeneous MassEXTEND）法のプロトコール
詳細は本文を参照

- SAP（shrimp alkaline phosphatase）反応液（1反応当たり）
  hME（homogeneous MassEXTEND）buffer（Sequenom社）
  SAP（Sequenom社）
  蒸留水
  total　　　　　　　　　　　　　　　　2.0 μl
- MassEXTEND反応液（1反応当たり）
  Termination Mix（Sequenom社）（最終濃度：各50 μM）
  伸長反応プライマー（100 μM）（最終濃度：約600 nM）
  ThermoSequenase（Amersham Biosciences社）
  蒸留水
  total　　　　　　　　　　　　　　　　2.0 μl
- 脱塩反応液（1反応当たり）
  SpectroCLEAN（粉末イオン交換樹脂系試薬）（Sequenom社）
  蒸留水
  total　　　　　　　　　　　　　　　　16 μl
- MALDI-TOF質量分析用チップ：SpectroCHIP（Sequenom社）
- 質量分析計Calibrant：3 point質量既知のオリゴヌクレオチド（Sequenom社）

memo

PCR反応以外の反応試薬はすべてSequenom社より購入できる．反応液組成の詳細は開示されていない．メーカー指定のプロトコールに従って調製する．SpectroCHIPは湿気によりマトリックスが劣化するので必ずデシケータ内で保存する．開封後は1週間以内には使い終えたい．

プロトコール

プロトコールの概略を図4に示す．

❶ アッセイデザイン（PCRプライマー，伸長プライマーおよびTermination mixtureの設計）

アッセイデザイン用ソフトウエア（SpectroDESIGNER）に所定の形式でSNPおよび周辺配列を入力する．出力結果を解析用DB（SpectroTYPER）に登録する

❷ PCR

前述の反応液を調製し384MTPにて反応する[*1]．反応条件は，

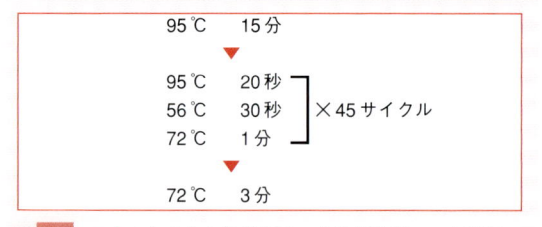

```
95℃  15分
  ▼
95℃  20秒 ┐
56℃  30秒 ├ ×45サイクル
72℃  1分  ┘
  ▼
72℃  3分
```

*1：われわれはMTPへの分注はBiomek2000（ベックマンコールター社）などを使って，反応試薬（4μl）とゲノムDNA（1μl）とを分注している．分注量安定のために所定量の1.4倍程度のoverhangを見込んで試薬調製をするのがよい．多重化レベルが高いときはサイクル数を55サイクルに増加する．以下の工程で試薬調製，反応後は毎回1000 rpm（1分）のスピンダウンを行い，液量を目視にて確認するとより確実である．またプレート，試薬類は可能な限り氷上に置くこと．

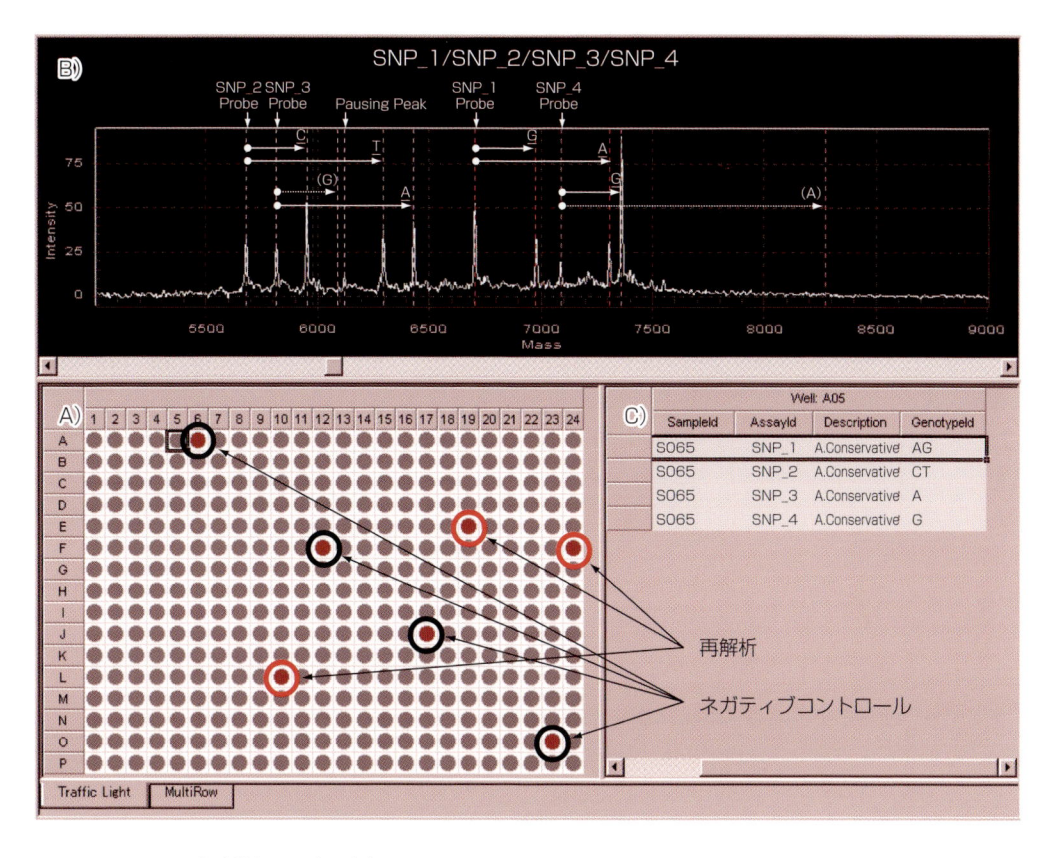

図5 解析結果の表示例
A) Traffic Light, B) 4重化アッセイの質量スペクトル, C) 遺伝子型判定結果
詳細は本文を参照. →巻頭カラー12参照

❸ SAP処理による未反応のdNTPの脱リン酸化
　2 μlの酵素反応液の分注後, 37℃ (20分) でインキュベーションし, 最後に酵素失活処理85℃ (5分) を行う
❹ プライマー伸長 (MassEXTEND) 反応
　SAP処理後の反応液に, MassEXTEND反応液 (2 μl) を分注しサーマルサイクル伸長反応を行う. 反応条件は

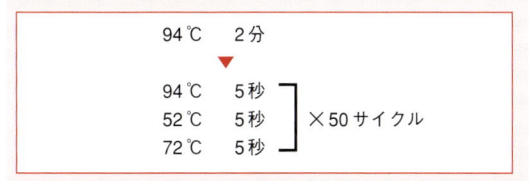

```
94℃   2分
  ▼
94℃   5秒  ┐
52℃   5秒  ├×50サイクル
72℃   5秒  ┘
```

❺ SpectroCLEANによる脱塩
　MassEXTEND後の反応液に, 蒸留水に懸濁したSpectroCLEAN (16 μl) を分注し, ローテーターで振盪 (10分程度) する. その後1,600 rpm (3分) の遠心操作を行い, 上清をスポッティングに用いる
❻ ナノスポッターを用いたサンプルスポッティング
　脱塩後の反応産物を専用のナノスポッターを用いてSpectroCHIPにスポットする. スポット量は10 nl程度. ナノスポッターには4ヘッド・インクジェットピペッター方式によるSpectroJET (55分/枚) と, 24ヘッド・アレイヤー方式によるSpectroPOINT (12分/枚) の2種類が準備されている
❼ 質量分析計による計測およびSNP型判定
　スポット後のチップを質量分析計にセットし, 分析および遺伝子型判定 (タイピング) を行う. 本システムは, リアルタイムにスペクトルを分析し, 適切なタイピングデータが得られないときには自動的に再計測を行う[*2]

> *2: スポット後のチップは, 直ぐに計測することが望ましい. 止むを得ず保管する場合でも, デシケータ内で1日以内としたい.

3章4. マススペクトロメトリーを用いたSNP解析

実験例

図5に解析結果の表示例を示す．図中A部分は「Traffic Light」と呼ばれる表示画面で，解析結果の成功率が一目で把握できる機能である．●で表示されているスポットはクオリティの高い結果が得られているスポットであり，一方●で表示されている物は十分なクオリティが得られていないスポットである．

本例では4重化の380スポット中3スポット（それぞれ1種類のSNP）が再解析を必要としており，成功率は99.8％であった．A6，F12，J17，O23にある4つの●スポットは，ネガティブコントロールである．われわれの施設では384プレート中に複数のネガティブコントロールを配置し，コンタミネーションが起こっていないことを常に確認している．

図中B部分は質量スペクトルである．「Traffic Light機能」でスポットを選ぶと，該当スポットのスペクトルを確認することができる．表示例は4重化解析例であり，アッセイデザインから予測された質量数におけるピーク有無を確認しヘテロ接合型，およびホモ接合型を判定する．図中Cの画面が遺伝子型を自動判定した結果である．本表にはサンプル名，アッセイ（SNP）名，遺伝子型に加えて，結果のクオリティーレベルが示される．判定レベルに3段階があり（A. conservative：極めて良好，B. moderate：良好，C. aggressive：不良だが判定可能，これ以下は判定不可），これらを考慮して解析結果の品質管理ができる．われわれの施設では，moderateはすべてのスペクトルを詳細に確認，aggressiveは不採用（再解析）とすることで，データの信頼性をより高めている．

おわりに

本システムを導入して，われわれは2001年よりSNP受託解析サービスを開始し高いパフォーマンスを実証している．また本項では紹介できなかったが，本システムの新アプリケーションとして数百検体のゲノムDNAをプールした，Pooled sampleによるアレル頻度解析[2]を始め，新規SNPの探索（Re-sequencing）[3]，発現解析[4]なども開発されてきている．今後さらにゲノム研究とその臨床応用の実現に貢献することを期待したい．

memo

MassARRAY, MassEXTEND, SpectroCHIP, SpectroTYPER, SpectroPREP, SpectroCLEAN, SpectroREADER, SpectroJET, SpectroPOINTはSequenom社の米国での商標です．

参考文献

1) Braun, A. et al. : Clinical Chemistry, 43 : 1151, 1997
2) Buetow, K. H. et al. : Proc. Natl. Acad. Sci. USA, 98 : 581, 2001
3) Hartmer, R. et al. : Nucleic Acids Res., 31 : e47, 2003
4) Ding, C. & Cantor, C. R. : Proc. Natl. Acad. Sci. USA, 100 : 3059, 2003

第3章 遺伝子多型解析

5. プライマーエクステンションを用いたSNP解析

西田奈央　徳永勝士

> SNP特異的プライマー伸長反応と蛍光相関分光法（fluorescent correlation spectroscopy）を組合わせた新しい大規模SNPタイピング法を紹介する．本法は，正確なジェノタイピングを低コストで行うことができるうえに，自動化が可能であることから大量検体に適していることが利点としてあげられる．

はじめに

　大規模SNPタイピングを低コストに行う方法の1つに，SSP-PCR（sequence specific primer-polymerase chain reaction）がある．SSP-PCRでは，3′末端がアレルに対応した塩基をもつSNP特異的プライマーを用意する．SNP特異的プライマーを用いたPCRにおいて，Taq（Thermus aquaticus）DNAポリメラーゼ酵素の3′末端塩基認識の特異性を利用することで，アレルに応じたPCR増幅産物を得ることができる．しかし，従来のSSP-PCRでは，最適な反応条件を決定するには大きな手間がかかるため，大規模なSNPタイピングを行うことは難しい．また，ミスプライミングにより生じる非特異的な増幅産物がシグナルノイズを上げてしまうといった問題を抱えていた．一方，本法ではSSP-PCRで使用していたリバースプライマーを取り除き，SNP特異的プライマーを用いたプライマー伸長反応を行う．SNP特異的プライマー伸長反応を行う際には，蛍光修飾したプライマーを用いるため，少ないプライマー量で反応を行うことができる．低いプライマー濃度で反応を行うことにより，SNPタイピングの特異性が上がることが確かめられている．また，2色の蛍光分子を用いた競合反応を行うことで2つのアレルを同一チューブで解析することができる．また，SNP特異的プライマー伸長反応ではミスプライミングが原因で非特異産物が生じたとしても，原理上，その非特異産物が増幅することはない（図1）．SNP特異的プライマー伸長反応で生じる非特異産物は，Taq DNAポリメラーゼの3′末端塩基認識のエラー率に依存する．Taq DNAポリメラーゼは，トランジションミスマッチでは10^{-3}から10^{-4}のエラー率，トランスバージョンミスマッチでは10^{-5}から10^{-6}のエラー率であることが報告されている[1]．

　プライマー伸長反応産物を検出する方法はいくつか考案されているが，その1つに蛍光相関分光法（FCS）の原理にもとづいた一分子蛍光測定がある．一分子蛍光測定装置は1フェムト（10^{-15}）リットルという微小体積を焦点とし，この焦点に出入りする蛍光標識分子に由来する蛍光のゆらぎを共焦点蛍光顕微鏡下で測定することができる．一分子蛍光測定装置により，蛍光標識された分子の大きさと数を知ることができ，また，溶液濃度が低い産物を高い精度で解析することが可能となる．SNP特異的プライマー伸長反応の結果，伸長した産物（100〜200塩基）と伸長しなかったプライマー（20塩基前後）の割合を測定することによって遺伝型の決定を行う[2)3)]．

Nao Nishida / Katsushi Tokunaga：Department of Human Genetics, Graduate School of Medicine, University of Tokyo（東京大学大学院医学系研究科人類遺伝学教室）

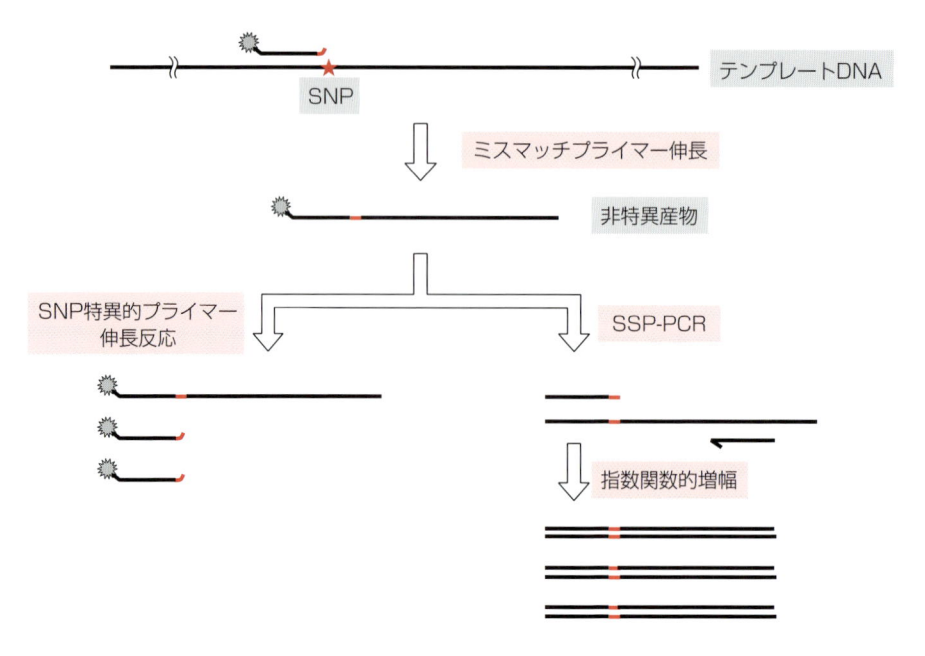

図1 SNP特異的プライマー伸長反応とSSP-PCRの違い
SNP特異的プライマー伸長反応では，ミスマッチプライマー伸長が原因で生じる非特異産物が増幅することはない．SSP-PCRでは，非特異産物が鋳型となって非特異産物の指数関数的増幅が引き起こされる

ⅰ) whole genome amplification

　SNPタイピング解析を行う際に，DNAサンプルの量が少ないと多数のSNPに対して十分な解析を行うことができないという問題が起こる．DNAサンプル量を増やす方法として，WGA（whole genome amplification）があげられる．WGAを行う方法として，PCRベースのPEP-PCR（primer extension preamplification-PCR）やDOP-PCR（degenerate oligonucleotide primer-PCR）と，鎖置換型増幅法であるMDA（multiple displacement amplification）が知られている．WGAでは，ある種のランダムプライマーを用いてゲノム全域を断片化して増幅を行う．SNPタイピングを正確に行うためには，アレル間での増幅効率が一様であることが求められる．この点において，PEP-PCRはアリル間で100～10,000倍の増幅バイアスがみられたのに対して，MDAではわずかに3倍の増幅バイアスであったいう報告がある[4]．また，MDAにより0.3 ng（90ゲノムコピーに相当）のゲノムDNAから，最終産物量として約30 μgの伸長反応産物を得ることができるという報告がなされている[5]．ここでは，MDAの原理（図2）にもとづいたGenomiPhi DNA Amplification Kit（Amersham Biosciences社）を用いたゲノムDNAの増幅反応を紹介する．

準備するもの

〈材料，器具〉
- サーマルサイクラー（MJ Research Waltham社，PTC-225など）
- 卓上遠心機（ミリポア社，チビタンなど）

〈試薬〉
- 精製DNA
  TE（10 mM Tris-HCl, pH 8.0, 0.1 mM EDTA）で5 ng/μlに懸濁したもの
- **GenomiPhi DNA Amplification Kit**（Amersham Biosciences社）
  ・Sample Buffer
  ・Reaction Buffer
  ・Enzyme Mix
- TE（10 mM Tris-HCl, pH 8.0, 0.1 mM EDTA）

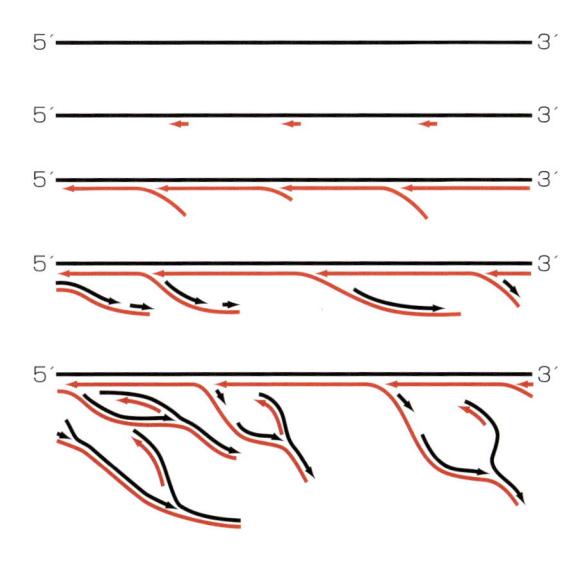

図2　WGA（MDA）の原理
ランダムヘキサマーを用いてΦ29ポリメラーゼによる伸長反応を行う．Φ29ポリメラーゼは合成された鎖を剥がしながら伸長反応を行えるので，ゲノム全域を均一に増幅できるという特徴をもっている

プロトコール

1. 1 μlの精製DNAをSample Buffer 9 μlに加えてサンプル溶液を調製する[*1]

   *1：1 ng以下のゲノムDNAを用いた場合にはプライマー由来の非特異産物が増幅されることがある

2. サンプル溶液を95℃で3分間インキュベートする

3. サンプル溶液を氷上へ素早く移し，スピンダウンしてサンプルをチューブ底に集める

4. Reaction Buffer 9 μlとEnzyme Mix 1 μlを混ぜて酵素反応溶液を調製する

5. 酵素反応溶液10 μlとサンプル溶液10 μlを混合する

6. 30℃で18時間インキュベートする

7. 65℃で10分間インキュベートし，酵素を失活させる[*2]

   *2：Φ29ポリメラーゼは3´-5´ヌクレアーゼ活性をもっているので，反応終了後は速やかに65℃，10分間の失活処理を行う

8. TE（10 mM Tris-HCl, pH 8.0, 0.1 mM EDTA）で25倍に希釈して，−20℃で保存

実験例

われわれは文部科学省科学研究費補助金特定領域研究「ゲノム医科学」において「ヒトSNPタイピングセンター」を担当し，数千検体について1日当たり1万タイピングという比較的大規模なSNP解析を実施している．WGAによりゲノムDNAを増幅することで，1回のタイピング分のゲノムDNAで300～400回のタイピングを行うことができることから，貴重な試料について多数のSNPタイピングを行う場合に有効な方法である．しかし，WGAでテンプレートとして用いるゲノムDNAの質は個々の試料でばらついている．WGAは個々の試料の質（ゲノムDNAの断片化など）の影響を受けやすいため，一部の検体については安定した結果を得られにくいことを経験している．

ii）SNP特異的プライマー伸長反応

WGA産物をテンプレートとしてSNP部位を含む領域をPCR（1st PCR）により増幅した後，1st PCR産物をテンプレートとしてSNP特異的プライマー伸長反応を行う．SNP特異的プライマー伸長反応では，5´末端を蛍光修飾したSNP特異的プライマーを用いる．解析対象となるSNP部位に対して，アレルに対応した3´末端塩基をもつSNP特異的プライマーを用意し，それぞれに異なる蛍光分子を修飾する．ここではそれぞれのアレルに対して，TAMRA（励起波長543 nm）とCy5（励起波長633 nm）の蛍光分子を用いて解析を行った．また，SNP特異的プライマーの設計を行う場合には，SNP部位の位置にプライマーを設計するしか方法はない．解析対象となるSNPごとにSNP特異的プライマー伸長反応条件が同じとなるように設計を行った[6]．ここでは，*TNFR1*（tumor necrosis factor receptor 1）遺伝子に存在する2カ所のSNP（IVS4-35C＞T，IVS6＋8G＞A）と，*TNFR2*（tumor necrosis factor receptor 2）遺伝子に存在する2カ所のSNP（K56K，M196R）の，合わせて4カ所のSNPを解析した結果を示す．

表 プライマー配列情報とアニーリング温度（Bannai M. et al., 2004）

1st PCR

	SNP	フォワードプライマー (5´-3´)	リバースプライマー (5´-3´)	アニーリング 温度（℃）
TNRF1	IVS4-35C>T	GACAACCAACTCCTCTCTG	TCACTTACTACAGGAGACACAC	64
TNFR1	IVS6+8G>A	CCAATGGTAGGGCCTCTGTTC	CAGCACTGTGGTGCCTGC	67
TNFR2	K56K	CCTTCCAGGTGGCATTTACAC	CATGGGCCAGTGCATAGAAC	64
TNFR2	M196R	ACTCTCCTATCCTGCCTGCT	TTCTGGAGTTGGCTGCGTGT	69

SNP特異的プライマー伸長反応

	SNP	TAMRA修飾SNP特異的プライマー (5´-3´)	Cy5修飾SNP特異的プライマー (5´-3´)	アニーリング 温度（℃）
TNRF1	IVS4-35C>T	GGGGTGCAGGCGCTC	GGGGTGCAGGCGCTT	68
TNFR1	IVS6+8G>A	GAGGACTCAGGTGAGGAGAA	GGACTCAGGTGAGGAGAG	63
TNFR2	K56K	CTCACCCGGCGAGCAT	CTCACCCGGCGAGCAC	68
TNFR2	M196R	CTGGGAATGCAAGCAT	CTGGGAATGCAAGCAG	60

準備するもの

〈材料，器具〉
- サーマルサイクラー（MJ Research Waltham社 PTC-225など）
- 卓上遠心機（ミリポア社 チビタンなど）

〈試薬〉
- 1st PCR カクテル（Applied Biosystems社）

		（最終濃度）
AmpliTaq Gold（5 U/μl）	0.1 μl	（0.5 U）
1st PCR用プライマーペア（10 μM）	0.5 μl	（0.5 μM）
100 mM Tris-HCl, pH 8.3	1 μl	（10 mM）
500 mM KCl	1 μl	（50 mM）
dNTP mix（2 mM each）	1 μl	（200 μM each）
25 mM MgCl$_2$	1.25 μl	（3.1 mM）
H$_2$O	4.15 μl	
	9 μl	

- SSP カクテル（Applied Biosystems社）　（最終濃度）

AmpliTaq DNA Polymerase, Stoffel Fragment（10 U/μl）	0.05 μl	（0.5 U）
TAMRA修飾SNP特異的プライマー（0.5 μM）	0.4 μl	（0.02 μM）
Cy5修飾SNP特異的プライマー（0.5 μM）	0.4 μl	（0.02 μM）
100 mM Tris-HCl, pH 8.3	1 μl	（10 mM）
100 mM KCl	1 μl	（10 mM）
dNTP mix（2 mM each）	1 μl	（200 μM each）
25 mM MgCl$_2$	1 μl	（2.5 mM）
H$_2$O	4.65 μl	
	9.5 μl	

- 1st PCR用プライマーペア（表）
- TAMRA修飾SNP特異的プライマー（表）
- Cy5修飾SNP特異的プライマー（表）

プロトコール

❶ 希釈したWGA産物1 μlに9 μlの1st PCRカクテルを加えて1st PCR反応溶液を調製する

❷ 1st PCR反応

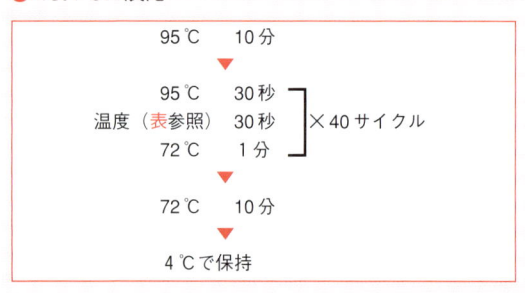

```
95℃      10分
    ▼
95℃      30秒  ┐
温度（表参照） 30秒 ├×40サイクル
72℃      1分   ┘
    ▼
72℃      10分
    ▼
4℃で保持
```

❸ 1st PCR反応産物 0.5 μlに9.5 μlのSSPカクテルを加えてSNP特異的プライマー伸長反応溶液を調製する

❹ SNP特異的プライマー伸長反応

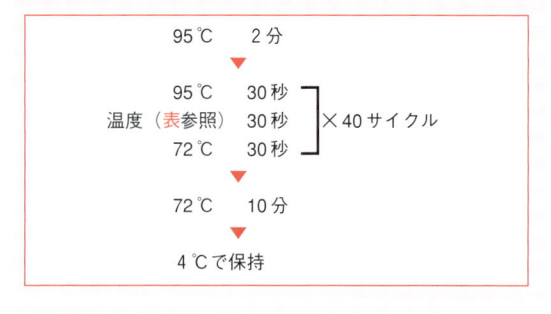

```
95℃      2分
    ▼
95℃      30秒  ┐
温度（表参照） 30秒 ├×40サイクル
72℃      30秒  ┘
    ▼
72℃      10分
    ▼
4℃で保持
```

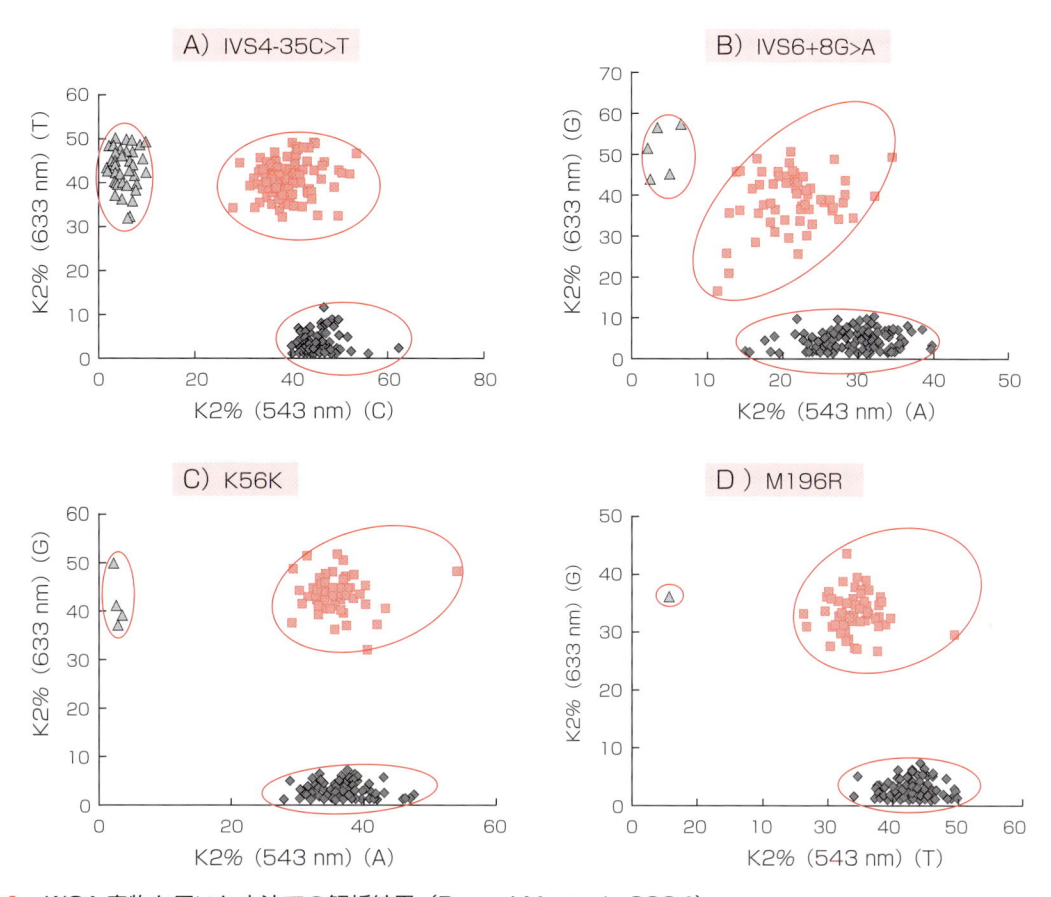

図3 WGA産物を用いた本法での解析結果（Bannai M. et al., 2004）
216検体を用いた解析の結果を示している．A) *TNFR1* IVS4－35C＞T，（◆）CC，（△）TT，（■）CT．B) *TNFR1* IVS6＋8G＞A，（◆）AA，（△）GG，（■）AG．C) *TNFR2* K56K，（◆）AA，（△）GG，（■）AG．D) *TNFR2* M196R，（◆）TT，（△）GG，（■）TG

実験例

1st PCRにおいて，WGA産物をテンプレートとした場合とゲノムDNAをテンプレートにした場合とで増幅される産物量に大きな違いがみられないことが確認されている．このことからMDAの原理にもとづくWGAにより，ゲノムの全領域を一様に含む増幅断片が得られていることがわかる．しかし，続くSNP特異的プライマー伸長反応において，GCリッチな領域に存在するSNPなど1割前後のSNPについては，正確な解析結果が得られないことがある．こうした場合には，SNP特異的プライマーの3´末端塩基よりも内側にミスマッチを導入したものを用意して，プライマー伸長反応を行う[7]．このようなミスマッチ塩基導入プライマーの設計方法はまだ確立された技術ではないため，正確なSNPタイピングが行えるかどうかは，やってみなければわからないというのが現状である．

iii）FCSを用いたプライマー伸長産物の測定

SNP特異的プライマー伸長反応で得られる伸長反応産物の量は，指数関数的な増幅が行われるPCR産物量と比較すると数桁少なくなる．SNP特異的プライマー伸長反応産物量はゲルベースの検出法では十分なシグナルを得ることができない．そこで，蛍光相関分光法（FCS）の原理にもとづいた一分子蛍光測定装置を用いて，蛍光修飾された（TAMRA，Cy5）SNP特異的プライマー伸長反応産物の大きさと数を測定する．測定の結果は，蛍光修飾分子全体に対する伸長したプ

ライマー伸長産物の割合（K2）として計算される．

準備するもの

〈材料，器具〉
- 一分子蛍光測定装置（Olympus社，MF10など）
- 384-ガラスボトムマイクロプレート（Olympus社）

〈試薬〉
- 10 mM Tris-HCl（pH 8.0）

プロトコール

❶ SNP特異的プライマー伸長反応産物4 μlを384-ガラスボトムマイクロプレートへ分注して，10 mM Tris-HCl（pH 8.0）24 μlで希釈する

❷ 一分子蛍光測定装置を用いて，希釈した産物の測定を行う

実験例

216検体を用いた解析の結果を図3にまとめる．励起波長543 nmに対するK2％と励起波長633 nmに対するK2％をそれぞれx，y軸にプロットした．解析対象とした4種類のSNPのそれぞれにおいて，3つのクラスターが重なることなく，正確なSNPタイピングが行われている様子がわかる．また，本法によるジェノタイピングの結果は，ゲノムDNAを用いてダイレクトシークエンシング法で解析した結果と完全に一致していた．

おわりに

SNP特異的プライマーによる伸長反応産物を一分子蛍光測定装置で解析することにより，SNPタイピングを行うという新しい大規模SNPタイピング法を紹介した．SNP特異的プライマー伸長反応産物は非特異産物を増幅することが少ないので正確なSNPタイピングを行うことができる．また，一分子蛍光測定装置は微小体積を焦点として解析を行うので，解析対象となる産物が少量でも定量的な測定を行うことができるという特徴をもっている．また，WGA産物を用いることで，1 μgのゲノムDNAからSNPタイピングを3万回程度行うことができるようになる．多数のSNPマーカーを用いたゲノムワイドな関連解析が開始されている現在，本法は少ないゲノムDNA量から正確かつ低コストなSNPタイピングを行う手法の1つといえる．しかし，検出された多数の候補領域における網羅的なSNP解析や将来の個人化医療実施のためには，一段と簡便かつ低コストなSNPタイピング法の確立が求められる．

参考文献

1) Huang, M. M. : Nucleic Acids Research, 20 : 4567-4573, 1992
2) Bannai, M . et al. : Analytical Biochemistry, 327 : 215-221, 2004
3) Tsuchiya, N. et al. : Immunological Reviews, 190 : 169-181, 2002
4) Lovmar, L. et al. : Nucleic Acids Research, 31 : e129, 2003
5) Dean, F. B. et al. : Proc. Natl. Acad. Sci. USA, 99 : 5261-5266, 2002
6) Santalucia, J. Jr. : Proc. Natl. Acad. Sci. USA, 95 : 1460-1465, 1998
7) Kwok, S. et al. : Nucleic Acids Research, 18 : 999-1005, 1990

第3章 遺伝子多型解析

6. その他の新しい高速SNP解析

高山正範　加藤郁之進

> MPSSはビーズ上に固定化されたDNA 100万個以上の配列を1度に並列解析して，遺伝子の絶対的な発現プロファイルを得る技術である．この新しい原理のシーケンス技術を応用して，ハイスループットで定量的なSNP解析が可能となってきた．

はじめに

SNPと諸疾患や薬剤応答性の関係を調べるには，患者群と健常者群などの集団間で数多くの部位のSNPを解析できる，高速かつ高感度なSNP解析法が必須である．SNP解析は既知SNPの型を調べる場合（SNPタイピング）と新規なSNPを探索する場合（SNPマインニング）の2種類に大別される．前者はインベーダー法など多くの解析法が考案されているが，既知の型のホモ／ヘテロ判定など定性的な解析が主流である．また，後者ではジデオキシ法を用いたDNAシークエンシングが今でも主流である．

本項では，遺伝子発現解析法として開発されたMPSS® (massively parallel signature sequencing)[1] の新原理にもとづくDNAシークエンス技術を応用した，定量的でハイスループット化が可能な2つのSNP解析法，MPDS (massively parallel diced DNA sequencing)（新規SNPの探索法）[2,3]，およびMPST (massively parallel SNP-typing)（SNPタイピング法）[3]，を紹介する．

本項では原著論文に添って原理および操作の目的を解説することに主眼をおいて述べる．

ⅰ）MPSS

MPSSはS. Brennerらによって開発されたユニークな遺伝子ディスプレイ技術とシークエンス法を組合せた遺伝子発現解析法である[1]．

MPSSでは，まず，メガクローン（Megaclone）と呼ばれる方法[4]で，試料中に含まれる100万種類（分子）以上のDNAを，それぞれ（1種類につき）1個のビーズ表面に固定化したマイクロビーズライブラリーを作製する．1個のメガクローンマイクロビーズ（以下MMBと略）上には$10^4 \sim 10^5$分子の1種類の配列のDNAが固定化され，そのまま酵素反応，化学反応，ハイブリダイゼーションなどに供される．このMMBを平面状に整列させ，並列的にビーズ上のDNA末端配列をシーケンス解析するのがMPSSである．本来のMPSSでは，試料中のmRNAをcDNAに変換してMMBを作製し，最も3′末端よりのGATC配列から下流の約17〜20塩基の配列（Signature配列）を読み取ることにより，その配列から遺伝子の種類を，出現頻度から発現頻度を解析する．

1 メガクローン（Megaclone）

図1にメガクローンの工程を模式的に示す．使用す

Masanori Takayama[1] / Ikunoshin Kato[2]：Takara Bio Inc. DNA Function Analysis Center[1] / Takara Bio Inc.[2]（タカラバイオ株式会社DNA機能解析センター[1] / タカラバイオ株式会社[2]）

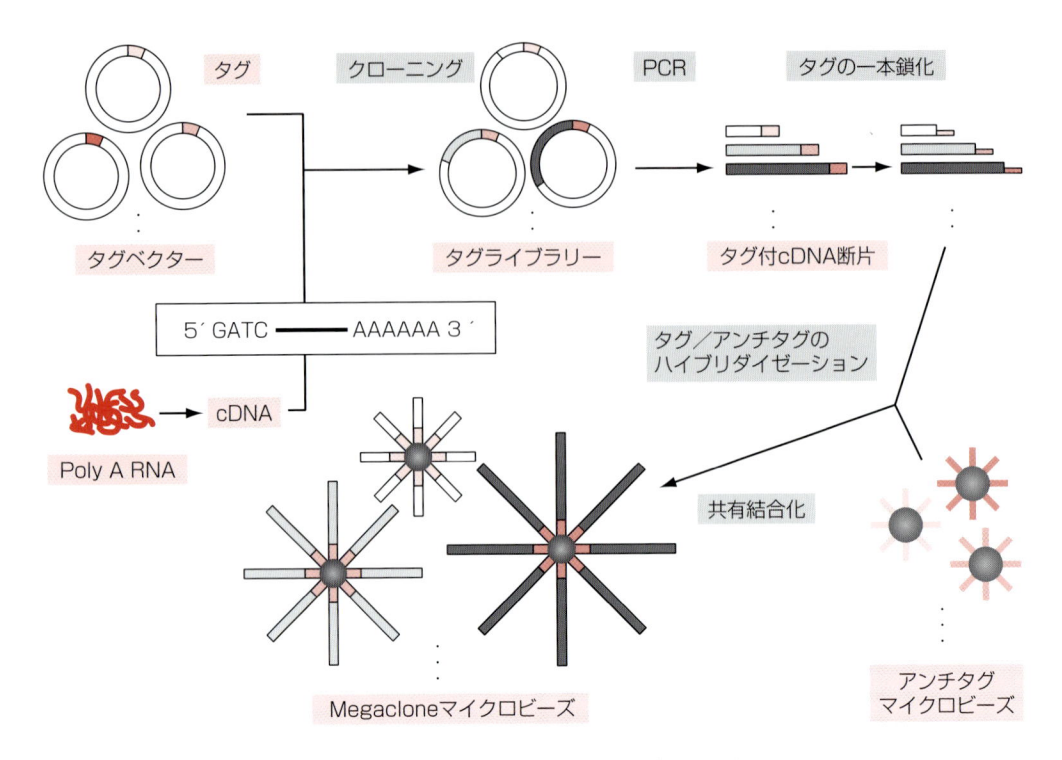

図1 Megacloneマイクロビーズ作製手順
詳細は本文を参照

るビーズの直径は約5μmで，それぞれの表面上には1種類のアンチタグと呼ばれるオリゴヌクレオチドが共有結合している．一方，固定化されるDNAには1種類のアンチタグに相補的な配列をもつタグが付加される．

アンチタグは，8種類のワードと呼ばれる4塩基のオリゴヌクレオチドが組合わされた32塩基からなり，$8^8=16,777,216$ 種類存在する．各ワードは，以下の配列からなる．

CATT　CTAA　TCAT　ACTA　TACA
ATCT　TTTC　AAAC

すべてのワードにはGがなく，1個のCと3個のATからなっており，4塩基中3塩基が異なるようにデザインされているため2次構造を取りにくい．またどのような組合せでもアンチタグ/タグ二本鎖のTm値は一定であるため，ハイブリダイゼーション条件を調整することにより，完全に相補的なアンチタグとタグのみを選択することが可能となる．

プロトコール

1. *Bsm*BI認識切断配列を含む5´ビオチン化オリゴdTプライマーを用いてpolyA RNAを逆転写し，2本鎖cDNAに変換する
2. *Dpn*II（!GATC）により消化し，ストレプトアビジンビーズで3´末端断片を回収する
3. *Bsm*BI［CGTCTC（1/5）］により消化し，3´末端断片を回収精製する
4. タグベクターにクローニングする[*1]

   > *1：タグベクターは，アンチタグ/タグ配列を挿入したベクターで，同じく16,777,216種類の混合物である．cDNAは3´末端側がタグ配列とつながる．

5. プラスミド混合物（タグライブラリープール）を調製する[*2]

   > *2：タグライブラリープールのタイターを十数万から100万クローンというようにアンチタグの種類よりも少なくなるようにコントロールすることによって，2種類以上のcDNAが結合するMBの比率は数%という低い値になる．

6. PCRを行い，タグ配列が付加されたcDNAを増幅する[*3]

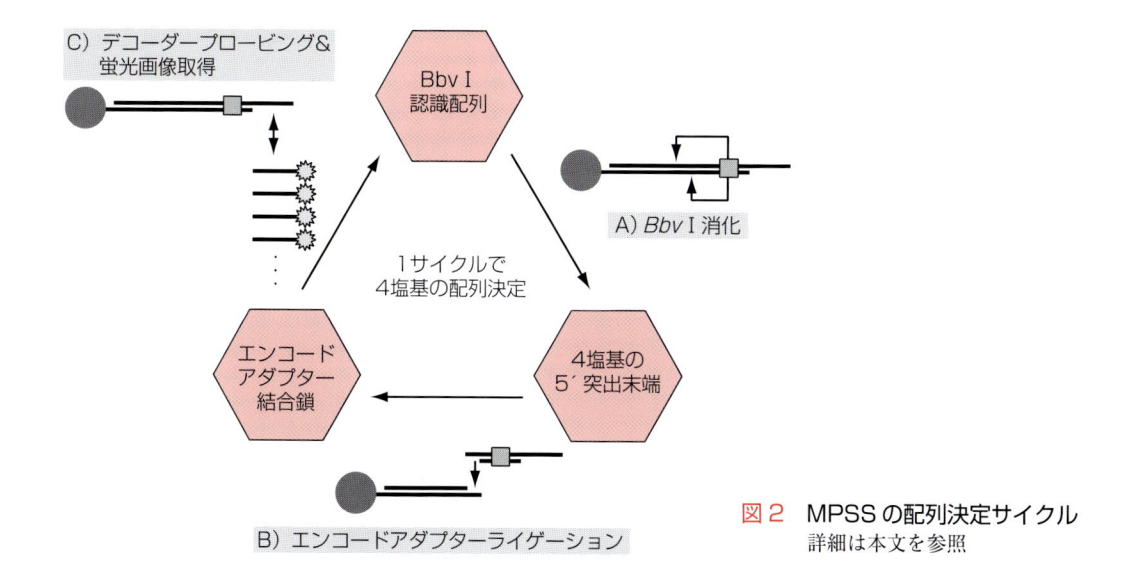

図2 MPSSの配列決定サイクル
詳細は本文を参照

☞ *3：基質に5´メチル化dCTPを用い，MPSS時に*Bbv*Ⅰ［GCAGC（8/12）］で内部の配列が切断されないようにする．

❼ *Pac*Ⅰ（TTAAT!TAA）消化後，dGTP存在下でT4 DNAポリメラーゼを作用させ，タグ部分を一本鎖化する*4

☞ *4：タグ配列にはCがないので，T4 DNAポリメラーゼのエキソヌクレアーゼ活性により*Pac*Ⅰサイトに続くアンチタグ配列は削られるが，タグに隣接するCCCという配列でポリメラーゼ反応はアイドリング状態となり，それ以上の一本鎖化は起こらない．

❽ アンチタグMBとハイブリダイゼーションさせる*5

☞ *5：ハイブリダイゼーション条件を調整することにより，完全相補的なアンチタグとタグのみをハイブリダイズさせることができ，その結果1個のMBに1種類のcDNAが結合したMBが調整される．

❾ cDNAが結合したMBを，セルソーターを用いて回収する*6

☞ *6：通常，10^8〜10^9個オーダーのMBを精製するため，DakoCytomation社の超高速セルソーターMoFlo™を用いて20,000〜35,000イベント／秒でソートしている．

❿ T4 DNAリガーゼでアンチタグとcDNAの間に共有結合を形成させる

⓫ ビーズ上のcDNAの5´側を*Dpn*Ⅱ消化後，dGTP存在下でT4 DNAポリメラーゼを働かせてGを埋めた後，*Bbv*Ⅰ認識配列を含む蛍光標識された開始アダプターを結合させる*7

☞ *7：ビーズ上のDNA鎖どうしが結合しないように回文構造を破壊する．

2 MPSS

調製したMMBをフローセルに平面状に充填後，A）*Bbv*Ⅰ消化による4塩基の5´突出一本鎖化，B）エンコードアダプターのライゲーション，C）蛍光標識されたデコーダープローブのハイブリダイゼーションと蛍光画像取得という3つのステップを繰り返しながら，1サイクルあたり4塩基ずつ塩基配列を読み取ってゆく（図2）．エンコードアダプターは1〜4塩基目決定用が各4グループ，合計16グループからなっており，二本鎖部分は共通で*Bbv*Ⅰ認識配列を含んでいる．ビーズ上のDNA断片と結合する末端はグループごとに1塩基が共通であり，反対側にデコーダープローブと結合する一本鎖領域がある（図3）．ここに蛍光標識したデコーダープローブをハイブリダイズさせて蛍光画像を取得し，どのグループのエンコードアダプターが結合されたかを解析することにより各ビーズ上のDNA配列を決定していく．最終的に得られた蛍光画像を自動解析して，100万個以上の各ビーズについてそれぞれ並列的に解析を行い塩基配列情報に変換される．

1塩基目決定用

NNN**A**ACGAGCTGCCAGTCCATTTAGGCG
TGCTCGACGGTCAG GTAAATCCGC

NNN**G**ACGAGCTGCCAGTCCTGATTACCG
TGCTCGACGGTCAG GACTAATGGC

NNN**C**ACGAGCTGCCAGTCACCAATACGG
TGCTCGACGGTCAG TGGTTATGCC

NNN**T**ACGAGCTGCCAGTCCGCTTTGTAG
TGCTCGACGGTCAG GCGAAACATC

*Bbv*I認識配列

3塩基目決定用

N**A**NNACGAGCTGCCAGTCCGAAGAAGTC
TGCTCGACGGTCAG GCTTCTTCAG

N**G**NNACGAGCTGCCAGTCTGGTCTCTCT
TGCTCGACGGTCAG ACCAGAGAGA

N**C**NNACGAGCTGCCAGTCTAGCGGACTT
TGCTCGACGGTCAG ATCGCCTGAA

N**T**NNACGAGCTGCCAGTCGGCGATAACT
TGCTCGACGGTCAG CCGCTATTGA

2塩基目決定用

NN**A**NACGAGCTGCCAGTCGGAACCTGAA
TGCTCGACGGTCAG CCTTGGACTT

NN**G**NACGAGCTGCCAGTCTGTGCGTGAT
TGCTCGACGGTCAG ACACGCACTA

NN**C**NACGAGCTGCCAGTCACCGACATTC
TGCTCGACGGTCAG TGGCTGTAAG

NN**T**NACGAGCTGCCAGTCATTCCTCCTC
TGCTCGACGGTCAG TAAGGAGGAG

4塩基目決定用

ANNNACGAGCTGCCAGTCGCATCCATCT
TGCTCGACGGTCAG CGTAGGTAGA

GNNNACGAGCTGCCAGTCCAACTCGTCA
TGCTCGACGGTCAG GTTGAGCAGT

CNNNACGAGCTGCCAGTCCACAGCAACA
TGCTCGACGGTCAG GTGTCGTTGT

TNNNACGAGCTGCCAGTCGCCAGTGTTA
TGCTCGACGGTCAG CGGTCACAAT

図3 エンコードアダプターとデコーダープローブ
詳細は本文を参照

プロトコール

❶ 懸濁したMMBをフローセルに流し込み，MPSS装置にセットする*1

＊1：送液ユニット，フローセル保持台，蛍光顕微鏡，コントローラーからなる．LYNX社製の装置は約160万個のビーズを充填した2枚のフローセルを約1週間で解析できる．

❷ フローセルにバッファーを流してビーズをパックして固定化する

❸ capアダプターとT4 DNAリガーゼを流して未反応の一本鎖アンチタグをブロックする

❹ ビーズの顕微鏡画像を取得し，各ビーズの位置を記録する

❺ *Bbv*Iを流してビーズ上のDNAのGATCに続く4塩基を5´突出一本鎖化する

❻ エンコードアダプターとT4 DNAリガーゼを流して，ビーズ上のDNAにエンコードアダプターを結合する

❼ T4ポリヌクレオチドキナーゼとT4 DNAリガーゼを流して，ビーズ上のDNAとアダプターの両ストランドを共有結合化させる*2

＊2：エンコードアダプターのDNAと結合する5´末端は脱リン酸化されているので，リン酸基をつけた後，共有結合させる．

❽ 16種類のデコーダープローブをそれぞれ流して蛍光画像を取得する

❾ ステップ❺から❽のサイクルを繰り返し，必要な長さの配列分だけ解析する．

❿ ベースコールを行い，画像データを配列情報に変換する*3

＊3：あいまいな配列を含むものは厳しく除去して，約100万個のビーズから50〜60万個の17塩基の配列が得られる．

実験例

本法はSAGEと同様に，得られた配列数より遺伝子発現解析を行う方法であるが，1回の解析で100万個以上のSignature配列情報が得られることから，その解像度はSAGEよりはるかに高く，特に微量に発現している遺伝子の解析においてその威力を発揮する．本項ではSNP解析にMPSSの原理を利用するために，シーケンス手法に重点をおいて述べた．遺伝子発現解析

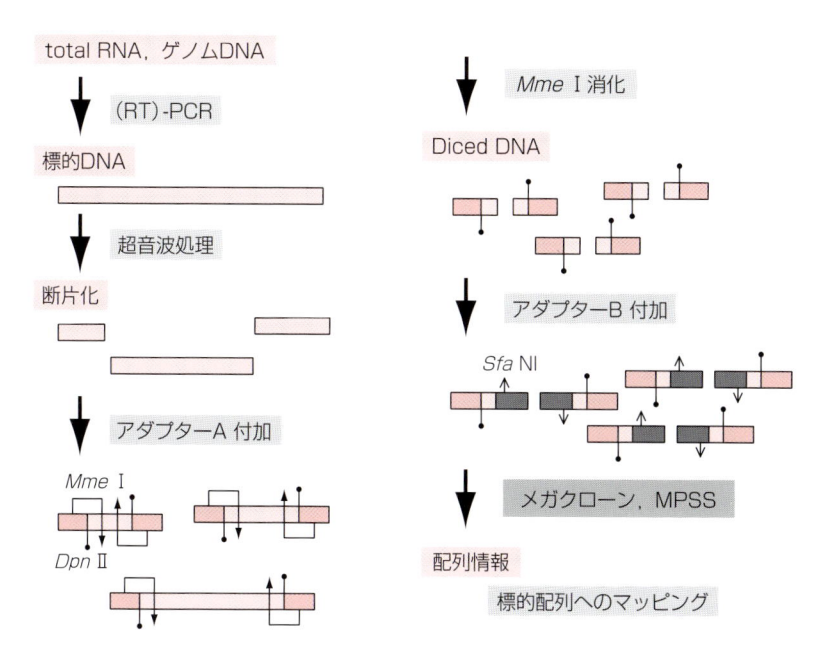

図4 MPDSの解析手順
詳細は本文を参照

については，詳細な手順や解析方法が原著論文1の他，文献5，6に記載されており，実際の解析データもヒトなどゲノム解析が進んでいる生物種を中心に発表されている[7)～9)]．また，詳細なデータを公開しているウェブサイト（http://mpss.udel.edu/）もあるので参照されたい．

ii）MPDS，MPSTによるSNP解析

MPSSは，17～20塩基のSignature配列を超並列的に決定する遺伝子発現解析法であるが，原理的には1回の解析で20塩基の配列を100万個以上，すなわち20 Mbの配列を決定することができる超ハイスループットDNA配列解析法といえる．この能力を利用したSNPの探索（MPDS）やSNPのタイピング（MPST）が可能となってきた[2) 3)]．これらの方法はMPSSの原理を用いていることから，試料に含まれる変異を定量的に解析することが可能であり，ミトコンドリアDNAのヘテロプラスミーの割合のように定量的な情報が必要な解析に威力を発揮する．

両法ともMMBに固定化するDNA，すなわちタグベクターに結合させるDNA断片の調製法を改変したものであり，その後の手順はメガクローン，MPSSと同じであるので，ここでは，それぞれについてDNA断片の調製法を中心に述べる．

1 MPDS

MPDSでは，ターゲットとする遺伝子をPCRで増幅した後，超音波処理などによりランダムに断片化し，各断片の両末端の配列をビーズ上に固定化したMMBを作製してMPSSの原理を用いてシーケンスする．得られた配列情報をもととなる標的配列と比較することにより新たなSNPを探索することができる（図4）．得られる配列は比較的短いため繰り返し構造などを含むような標的配列は正確にマッピングできない場合もあるが，SNP部位をいろいろな位置に含む複数個の配列情報が得られ，試料に含まれるすべての変異について正確で定量的な解析が可能である．

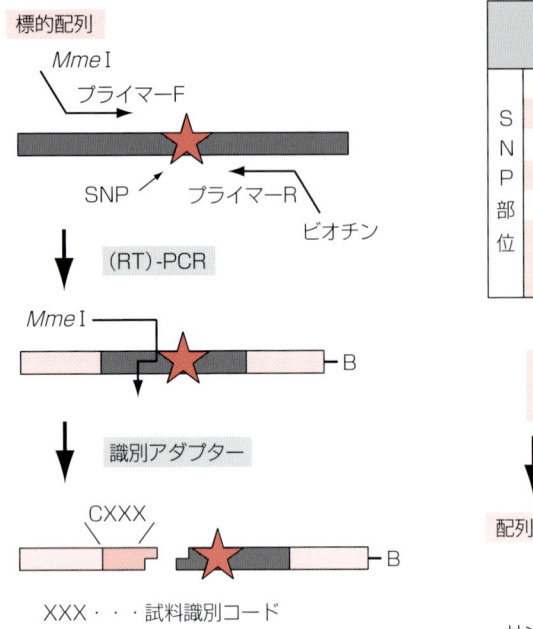

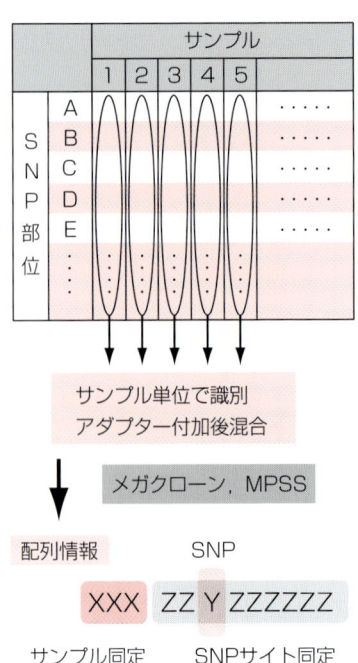

図5 MPSTの解析手順
詳細は本文を参照

プロトコール

❶ （RT）-PCRなどにより標的DNAを調製する*1

　*1：人工的な変異が入るのを防ぐため、PCRにはPyrobest DNA Polymerase（タカラバイオ社）などの忠実度の高い酵素を使用する．

❷ 超音波処理により標的DNAを断片化する*2

　*2：装置や処理条件により断片化効率が変わるため、予備試験を行って400～500 bpの断片が多くなるようにする．

❸ 末端を修復，リン酸化した後，平滑末端側にDpnⅡおよびMmeⅠの認識配列を含み，反対側の末端をビオチン標識してあるアダプターAを結合する

❹ スピンカラムによりゲル濾過して，未反応のアダプターを除去する

❺ MmeⅠ［TCCRAC（20/18）］消化により，各断片の両末端約20塩基の配列を切り出す*3

　*3：平滑末端のままタグベクターに挿入することも可能であるが，挿入断片の長さに差があるとライブラリーに偏りが生じる場合がある．MPSSの場合もMmeⅠを利用してSignature配列のみをクローニングする方法が採用されるようになってきている[6]．

❻ SfaNⅠ認識切断配列を含むアダプターBをライゲーションする

❼ SfaNⅠ［GCATC（5/9）］消化した後，ストレプトアビジンビーズを用いてDNA断片を回収する

❽ DpnⅡ消化によりDNA断片を切り出し，精製する

❾ タグベクターにクローニングする

❿ メガクローン，MPSSにより各断片の配列を解析する

⓫ 得られた配列を標的DNAの配列にマッピングし，SNPの情報を解析する

2 MPST

　MPSTでは，ターゲットとするSNP部位を含む領域をPCRで増幅し，メガクローン，MPSSによりシーケンスする．試料ごとに異なる識別用の配列を利用することにより，複数個体，複数サイトのSNPのタイピングを1回の解析で行うことができる（図5）．MPST法では，試料ごと，SNP部位ごとの4種類の塩基の比率がビーズのカウント数として定量的に得られ，また，既知のSNP部位に新規のSNPタイプがあった場合にもタイピングが可能である．

配列	検出数	方向	A	G
ALDH2 (NM_000690) position 1951, dbSNP:671				
CAGGCATACACTA	70	R	70	
CAGGCATACACTG	86	R		86
AGGCATACACTAA	148	F	148	
GGCATACACTAA	119	F	119	
GCATACACTAAAG	96	R	96	
CATACACTAAAGT	226	R	226	
CATACACTAAAGT	165	F	165	
ATACACTAAAGTG	255	R	255	
ATACACTGAAGTG	70	R		70
CACTAAAGTGAAA	84	F	84	
CTAAAGTGAAAAC	52	F	52	
TAAAGTGAAAACT	305	R	305	
TGAAGTGAAAACT	59	R		59
-CAGGCATACACTGAAGTGAAAACT-	合計		1,520	215
			88%	12%

表 MPSTの解析例
ALDH2遺伝子をMPDSで解析した実験結果[3]より，アルコール感受性に関連するといわれるSNPについて抜粋．1,951番目の塩基（AとG）をいろいろな位置に含む両方向の配列データが得られ，AとGの比率は88：12（PCR産物の混合比＝95：5）であった

プロトコール

❶ 試料ごとにSNP部位を含むDNAをPCRで増幅する[*1]

> *1：目的のSNP部位を増幅可能なFとRの2つのプライマーをデザインし，FはSNP部位の手前で切断可能なように*Mme*I認識配列を，Rはクローニング用の*Sfa*NI認識切断配列をそれぞれ5′側に付加させる．また，Rは5′ビオチン標識しておく．

❷ 試料ごとに増幅DNAを混合後，*Mme*I消化によりSNP部位近傍で切断する

❸ 試料ごとに異なる識別コードアダプターを結合する[*2]

> *2：試料識別コードとして2〜6塩基の配列を*Dpn*II認識配列に続いて結合末端にデザインしておく．また，*Mme*Iと結合する末端は3′突出NNとする．

❹ すべての試料を混合して*Dpn*II消化後，ストレプトアビジンビーズを用いてSNP部位を含むDNA断片を回収する

❺ *Sfa*NI消化によりDNA断片を切り出し，精製する

❻ タグベクターにクローニングする

❼ メガクローン，MPSSにより各断片の配列を解析する

❽ 得られた配列の識別コードから試料を，それに続く配列からSNPの情報を解析する

実験例

表にMPDSによりALDH2遺伝子のSNPを解析したモデル実験の結果の一部を示す．この実験では，2種類の細胞のRNAからRT-PCRにより増幅した約2.3 kbのALDH2のcDNA断片を1：19の割合で混合したものを対象にMPDSを行った[3]．その結果，13塩基からなる合計約105万個の生データが得られ，フィルタリング後に得られた約74万個の配列は，対象領域の約87％にわたって冗長度100以上で標的配列にマッピングされた．

表に示した以外にもPCR産物のダイレクトシークエンスから予想された部位ではMPDSでも多型がみられた．同様に，5種類の細胞株のSLC，CYPおよびALDH2遺伝子の既知のSNP部位について，細胞株ごとに3塩基の試料識別コードを付加して行ったMPSTのモデル実験では，12塩基からなる約117万個の配列

が得られ,解析した114部位のうち105部位(細胞株により97〜102部位)のタイピングが可能であった[3].

おわりに

本項で紹介した,MPDS,MPSTの解析例は,まだモデル実験の段階のものであり,メガクローン,MPSSの能力を最大限に利用してはいない.1解析20 Mb以上の高い塩基配列決定能力を生かせるように,マルチプレックスPCRなどサンプル前処理段階でのさらなるハイスループット化が次の課題である.

参考文献

1) Brenner, S. et al.: Nature Biotech., 18: 630-634, 2000
2) 小山信人,他:生化学,75: 1152, 2003
3) 小山信人,他:臨床化学,32: 141, 2003
4) Brenner, S. et al.: Proc. Natl. Acad. Sci. USA, 97: 1665-1670, 2000
5) 高山正範,加藤郁之進:「ゲノミクス・プロテオミクスの新展開」(今中忠行/監),エヌ・ティー・エヌ pp. 1129-1138, 2004
6) Ruan, Y. et al.: Trends Biotech., 22: 23-30, 2004
7) Jongeneel, V. C. et al.: Proc. Natl. Acad. Sci. USA, 100: 4702-4705, 2003
8) Meyers, B. C. et al.: Plant J. 32: 77-92, 2002
9) Stauffer, Y. et al.: Cancer Immunity, 4: 2, 2004

第3章 遺伝子多型解析

7. SNPインフォマティクス

馬場昌法　村松正明

前項まで各種のSNP（single nucleotide polymorphism，一塩基多型）タイピング手法が紹介されてきたが，次の段階ではSNPタイピング解析（ウェットの解析）に引き続いて計算機上での解析（ドライの解析）が必要となる．本項では，疾患易罹患性や薬剤感受性に関する遺伝子を同定するための遺伝的，統計的手法を，これから重要になるゲノムワイドのケース・コントロール関連解析を中心に，極力実用に即して解説する．

はじめに

単一遺伝子の異常によって引き起こされる遺伝病の原因遺伝子探索は主として大家系を用いた連鎖解析によって行われ，さまざまな疾患の原因遺伝子座位が同定されてきた．一方，生活習慣病をはじめとする多因子疾患では，遺伝子，環境因子とも複数存在し，各因子の相対危険度が比較的低いため，連鎖解析では原因遺伝子座位を検出することが難しい．そこで比較的高い検出力が得られるケース・コントロール関連解析〔→i)-1 ケース・コントロール解析の原理〕が注目されている．ケース・コントロール関連解析では，疾患感受性に関与する遺伝子変異と多型マーカーとの連鎖不平衡〔→i)-2 SNPをマーカーとした疾患関連解析と連鎖不平衡〕を利用して疾患感受性遺伝子を探索する．

連鎖解析では，多型性の高いマイクロサテライト（数塩基の繰り返し回数の違いによる多型）マーカーが用いられるが，ケース・コントロール関連解析では主としてSNP（一塩基多型）が用いられる．SNPはゲノム中に数百万個存在するため，高密度にマーカーを配置する必要がある連鎖不平衡を利用した解析に適している．また，基本的に対立遺伝子（アレル）数が2つであるためタイピングが比較的容易であり大量解析に適している．

また，連鎖解析では，通常感受性座位を数センチモルガン（およそ数百万塩基対）まで絞り込むことができるが，SNPを用いた関連解析では，数千から数万塩基対という単一の遺伝子のみを含むような狭い領域まで絞り込むことも可能である．このため家系解析を主とした連鎖解析においても，最終段階で責任遺伝子や責任変異を絞り込むときには，この方法は欠かせない．

昨今のゲノムデータベースの充実は目を見張るものがあり，これによって連鎖解析であれ，関連解析であれ，これらのデータを駆使することにより効率的で，網羅的な解析が可能になってきた．それに伴い，ゲノム解析を支える基本的な技術としてバイオインフォマティクスの重要性が一層増してきている．本項ではSNPをマーカーとして用いたゲノムワイドのケース・コントロール関連解析を視野に入れて，データの集計からハプロタイプ解析までをSNPインフォマティクスと位置づけ，その具体的な手法について取り扱っていく．

Masanori Baba[1] / Masaaki Muramatsu[1,2] : HuBit genomix, Inc[1] / Medical Research Institute, Tokyo Medical and Dental University[2] ［ヒュービットジェノミクス（株）[1] / 東京医科歯科大学難治疾患研究所[2]］

原 理

ⅰ）単SNP関連解析

1 ケース・コントロール解析の原理

SNPを用いて多因子疾患の疾患感受性遺伝子を同定する代表的な方法として，ケース・コントロール関連解析があげられる．ケース・コントロール関連解析では，患者（ケース）群と対照（コントロール）群を選び出し，両群の間で多型の頻度に統計的な有意差があるかどうかを調べることにより，疾患感受性遺伝子を探索する．ここで最も重要なことはそれぞれの群の設定であり，検出したい特性（ここでは主として遺伝子型）以外のもの（年齢，性比，環境因子など）はなるべく両群で揃えるようなスタディデザインが重要である．これによってその後の解析の精度や結果意義の有無までも決まってしまうので，慎重に行う必要がある．

ケースはたいていの場合，医療機関にかかる患者なのでサンプリングしやすいが，コントロール群のサンプリングはこれに比べて難しい．最も有効な方法の1つは特定のサンプリング集団を設定し（例えば同一地域の住民），そのなかでケース・コントロールを組む，いわゆるネステッドケース・コントロール法である[*1*2]．さて，典型的なケース・コントロール研究において，あるSNPの測定結果をアレルについてまとめると例えば表1のようになる．このように2つの因子についてそれぞれサンプルを2分割して度数を表記した表を2×2の分割表（contingency table）という．この分割表から，ケースの母集団でのアレル頻度とコントロールの母集団でのアレル頻度との間に，統計的に有意な差があるかどうかを比率の差の検定という手法で評価する．

まずそれぞれの群の母集団においてアレル頻度に差がないという仮説（帰無仮説）を設定する．その仮説のもとで，実際の分割表にみられるような偏りが発生するのはどれくらい稀な事象であるかを統計的に評価する．その確率があらかじめ設定した閾値よりも低ければ，帰無仮説を棄却，すなわちケースとコントロールのアレル頻度に有意な差があったと解釈する．このあらかじめ設定した閾値のことを有意水準（通常αと表記）という．有意水準は任意に設定することができ

表1 ケースコントロール研究における2×2分割表の例

	患者	対照	
T	283	302	585
C	117	98	215
	400	400	800

るが，0.05や0.01といった値が用いられることが多い．有意水準を高く設定すれば実際は母集団に差がないのに偶然の偏りのために誤って有意と判定される確率が高くなり，有意水準を低く設定すると実際には母集団に差があるのに有意でないと判定される確率が高くなる．これら2種類の誤りをそれぞれ第1種過誤，第2種過誤と呼び，その確率をそれぞれα，βと表記する．一般にαは有意水準の値に等しい．

検出力とは，検定しようとしている仮説が真であるときに正しく有意であると判定できる確率（より厳密には，帰無仮説が誤っているときに帰無仮説を正しく棄却できる確率）のことで，$1-\beta$（βは第2種過誤の確率）で表される．

SNPを用いた関連解析の場合，検出力はサンプル数，アレル頻度，オッズ比，有意水準によって決定される．

一般に，検定によって仮説を検証する形の研究では，研究デザインの一環として事前に検出力の評価を行っておく必要がある（後で検出力を評価したら非常に低く，最初から有意な結果が得られる可能性がほとんどなかった，ということになれば，それまでの作業はすべて無駄になってしまう）．しかし，研究開始の時点では検出力を計算するためのパラメータはほとんど未知か未決定である．そこで，検出したい変異の頻度，オッズ比を予想し，その変異を例えば$1-\beta=0.8$の確率で検出するのに必要なサンプル数を求め，サンプル収集の方針を決める．生活習慣病などの多因子疾患の場合，例えば$\alpha=0.05$，$1-\beta=0.8$，オッズ比$=2.0$，アレル頻度$=0.3$程度の値を用いて計算する．

多くの統計解析パッケージが検出力算出プログラムをもっている．フリーのプログラムとしてはG*Power[1]などがある．

memo

＊1：集団の構造化
ケース・コントロール関連解析では，集団の構造化による擬陽性が大きな問題となる．集団の構造化を調べるツールとしては structure [2) 3)]，集団から外れた遺伝的背景をもつ個人を検出するツールとしては checkhet [4)] などが知られている．

＊2：ネステッドケースコントロール研究法
コホートなどの特定集団のなかからケース群を選び，年齢，性別などの因子をマッチさせたコントロールを同集団のなかから選んで行うケースコントロール研究法．交絡の可能性がある因子でマッチングすることにより不適切なサンプル選定による擬陽性を抑制することができる．

2 SNPをマーカーとした疾患関連解析と連鎖不平衡（linkage disequilibrium：LD）

メンデルの独立の法則では2つの遺伝子座のアレルは互いに独立に子へと分配されることを示しているが，2つの遺伝子座が同一の染色体上に存在する場合には2つの座位のアレルが配偶子に分配される際に自由にシャッフルされないためこの法則は成立しない．この現象を連鎖という．連鎖する2つの座位のアレルをそれぞれA/B，C/Dとし，集団内でのそれぞれの頻度をP_A，$1-P_A$，P_C，$1-P_C$とする．このとき，ハプロタイプ〔同染色体上のアレルの並び，→ii) ハプロタイプ解析〕はA-C，A-D，B-C，B-Dの4種類考えられ，仮に独立の法則が成り立つとすると，4つのハプロタイプの頻度はそれぞれ$P_A P_C$，$P_A(1-P_C)$，$(1-P_A)P_C$，$(1-P_A)(1-P_C)$となるはずだが，遺伝的距離が比較的小さい2つの座位では，この頻度からのずれが生じる．この現象を連鎖不平衡という．連鎖不平衡の強さを評価する基準としてはD，D′，Δ^2（r^2）などさまざまな指標が考案されている[5)]．遺伝子多型の測定結果から連鎖不平衡の指標を計算するツールとしては，例えばLDMAX [6)] があり，同じ作者によるGOLD [7)] を用いれば連鎖不平衡の状況を可視化することができる．

さて，SNPを用いた疾患関連解析は原理的にこの連鎖不平衡を利用する．

全ゲノム中には数百万個のSNPsが存在しており，そのなかのいくつかは疾患感受性に関与していると考えられるが，多くのものは関与していない．また現在の技術ではすべてのSNPsを測定することは現実的でない．疾患関連解析は，問題となっている疾患感受性に直接関与する多型が周辺のSNPと連鎖不平衡にあることを利用し，絞られた数のマーカーSNPを測定することによって疾患に寄与する座位を検出しようとする方法である．

マーカーSNPをどの程度の間隔でとればよいかは連鎖不平衡が及ぶ距離に依存する．一般に連鎖不平衡の及ぶ距離はゲノム上の位置によって大きく異なり，また対象とする集団によって異なるため，事前に知ることは困難であるが，日本人集団の場合およそ数十kbp（数万塩基対）程度であるといわれている．連鎖不平衡とマーカーSNPのとり方については「ii)-**2** 連鎖不平衡ブロック」で改めて取り上げる．

3 SNPを用いた関連解析の実際

SNPは基本的に2つの対立遺伝子（アレル）をもつ多型であるが，それぞれの個人は一対の相同染色体をもつため，個人の遺伝子型（genotype）は2種類のホモおよびヘテロの計3種類となる．例えば2つのアレルをA，Bとすると，AA，AB，BBの3つの遺伝子型があらわれる．遺伝子型とケース・コントロールの間に有意な関連があるかどうかを検定するとき，以下のように遺伝子型を2つにまとめ，2×2の分割表に落として比率の差の検定を行うことが多い．

①遺伝子型頻度比較

2つのアレルをA，Bとしたとき，遺伝子型AAとABを合わせたもの，および遺伝子型BBの2つの型に分ける方法，AAおよびABとBBを合わせたものの2つの型に分ける方法を優性・劣性モデルと呼ぶ．いずれが優性でいずれが劣性かはAを主体としてみるかBを主体としてみるかによって異なり，SNPのふるいわけ（スクリーニング）の段階では特に両者の区別をせず，AA＋AB対BB，AA対AB＋BBの両方について検定を行う．

この方法では，危険因子であるアレルを少なくとも1つもつときに疾患リスクが上がる場合（優性）か，危険アレルを2つもったときに初めて疾患リスクが上がる場合（劣性）のいずれかにあてはまる場合に最も検出しやすくなる．実際，多因子疾患の1つ1つの遺伝因子をみた場合，多くの場合はいずれかに近い遺伝様式となると予想される．

②アレル頻度比較

2つのアレルをA，Bとしたとき，ケース群，コントロール群でそれぞれアレルAをもつ染色体の数，アレルBをもつ染色体の数を数え，2×2分割表による検定を行う．ヘテロの遺伝子型をもつ個人はアレルA，アレルBの両方にカウントされるため，優性，劣性のいずれかに近い遺伝様式に従っていた場合①に比べてオッズ比は小さくなり，検出は難しくなる．一方サンプル数は①の2倍となり，その分検出力は上がる．

①②いずれの方法が検出力が高くなるかは場合によって異なり，通常は事前に知ることはできない．スクリーニングの段階では，両方行うのがよい．

さて，2×2分割表ができたらそれに対して比率の差の検定を行う．

4つのセルの度数がそれぞれa，b，c，dであるような2×2分割表（表2）について，

$$X^2 = \frac{n(ad-bc)^2}{(a+b)(c+d)(a+c)(b+d)}$$

ただし $n = a+b+c+d$

は近似的に自由度1のカイ二乗分布に従う［より一般的には，$m \times n$ 分割表のカイ二乗統計量は自由度 $(m-1)(n-1)$ のカイ二乗分布に従う］．この統計量をあらかじめ設定した有意水準に相当するカイ二乗値（たとえば $\alpha = 0.05$ の場合3.84）と比較することにより，検定を行う．

現在は高速なPCと統計解析プログラムが手軽に入手できるので，通常はPC上のプログラムで計算する．プログラムで計算する場合は，通常カイ二乗などの統計量のみでなく，確率値（p値）が出力されるので，そのp値を有意水準の値と比較して，帰無仮説の採択，棄却を判定すればよい．

また，カイ二乗分布へのあてはまりが悪くなるような分割表の場合には，Fisherの正確確率や並べ替え（permutation）法にもとづいた確率計算を行うのがよい[*3]．

表2　2×2分割表 一般例

	X1	X2	
Y1	a	b	a+b
Y2	c	c	c+d
	a+c	b+c	n

memo

[*3]：カイ二乗近似の限界とFisherの正確確率検定，並べ替え検定の利用

カイ二乗分布による分割表の検定では，整数値をとる分割表の度数を連続分布にあてはめようとするため，分割表に期待数が低いセルがある場合には近似からの解離が大きくなる．一般に，期待数が5未満のセルが全セルの20%以上ある分割表の検定にカイ二乗近似を適用するのは不適切であるといわれている．このような場合には確率分布を仮定しないFisherの正確確率検定（Fisher's exact test）や，並べ替え検定（permutation test）を行うとよい．これらの手法はカイ二乗検定に比べて計算量が多くなるが，計算機パワーに余裕があれば常にこれらの手法を用いてもよい．例えばGNU projectの1つとして開発が進められている統計解析パッケージR[8]では，以下のような書式でFisherの正確確率検定を行うことができる．

>fisher.test（matrix（c（283,302,117,98），2））（数値は表1の例より）

ii) ハプロタイプ解析

1 ハプロタイプとは

生活習慣病などのありふれた病気の疾患感受性アレルは，1人または少数の創始者から何世代もかけて広まったものと考えられている．疾患感受性アレルをもつ創始者の染色体は，そのまま子孫に受け継がれるわけではなく，減数分裂時の相同組替えによって他の祖先由来の染色体とのつぎはぎ状態となるが，現在でも疾患感受性アレルの周辺にはある程度の幅にわたって共通の配列が残っていると考えられる．このように1本の染色体上に並んだアレルの組合せパターンをハプロタイプと呼ぶ．連鎖不平衡の強い領域〔連鎖不平衡ブロック→ii)-2〕では，ハプロタイプは比較的原型をとどめたまま祖先から子孫へと受け継がれていると考えられる．

単一のSNPのアレルは，複数のハプロタイプをまとめたものと考えることができる．1つ1つのSNPで検

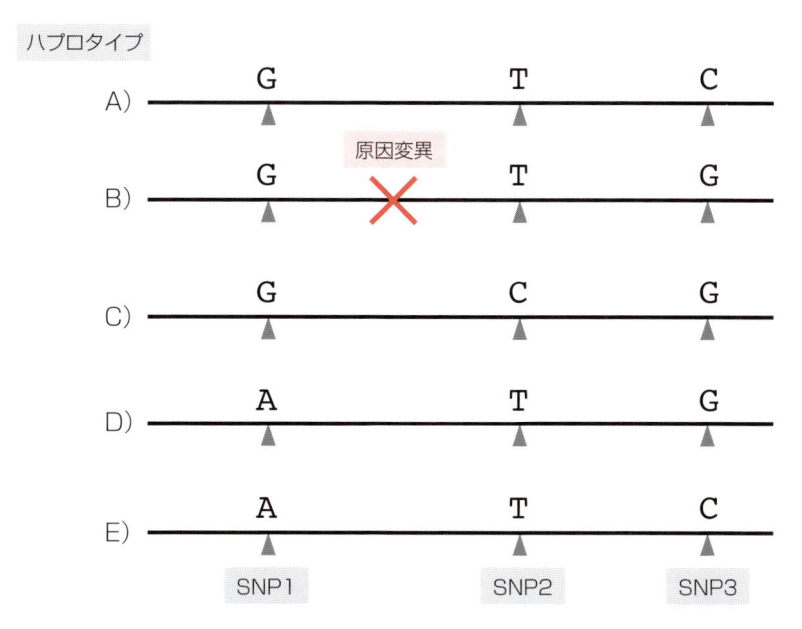

図　ハプロタイプ関連解析の利点
SNP1とSNP2の間に未測定の疾患原因変異があり，ハプロタイプB）のみが疾患のリスクを上げる変異型アレルをもっているとする．このような場合，1つ1つのSNPについて検定を行ってもリスクの高いアレルを検出できるかもしれないが，SNP1, SNP2, SNP3のハプロタイプでみれば，ハプロタイプB）のリスクが高いことがより明確に示されると考えられる

定を行うかわりにハプロタイプで疾患との関連を検定することにより，ケース群とコントロール群との差をより明確に示すことができる（図）．そのため，スクリーニング段階でハプロタイプ関連解析を行うことにより単点のSNP解析では検出できない関連を検出できる可能性がある．

2 連鎖不平衡ブロック

連鎖不平衡ブロック（LDブロック）はハプロタイプブロックとも呼ばれる．連鎖不平衡ブロックは相同組換えが高頻度で発生する領域（リコンビネーションホットスポット）に挟まれた比較的組換えの発生頻度が低い領域のことで，その領域内ではハプロタイプのパターンが比較的安定した形で引き継がれていると考えられる．連鎖不平衡ブロックは，①ブロック内の座位は互いに強い連鎖不平衡にある，②ハプロタイプの多様性が比較的小さい，などの性質をもつ．そのため，ブロック内に疾患と強く関連した多型があった場合，同じブロック内の他の多型でもその関連を検出できる可能性があり，またそのブロックで決定したハプロタイプは，連鎖不平衡ブロックではない領域で決定したハプロタイプと比較して，疾患アレルとの関連がより顕著にあらわれる可能性が高い．また，多くの人がもつメジャーなハプロタイプを表現する最小限のSNPを見つけて疾患関連解析を効率化しようとする「タグSNP」が考案されている．タグSNPの考え方においても，連鎖不平衡ブロックごとにハプロタイプのパターンを決定する作業が必要となる．そのため，連鎖不平衡ブロックを決定することは，疾患関連解析との関連においてますます重要視されるようになっている．

連鎖不平衡ブロックの存在やその重要性については広く認められているが，連鎖不平衡ブロックを推定する方法やその適用範囲についてはいまだ議論がある[9]．

さまざまな連鎖不平衡ブロック推定法が提案されているが，i)-2 で触れた連鎖不平衡の指標を2つのSNPの組合せすべてについて計算して，閾値によってブロックに分割する方法と，ハプロタイプの多様性によって境界を決める方法に大別される．前者の例としては，すべてのSNPの組についてD'を計算し，その平均値が閾値（例えば0.9）を超えた領域を連鎖不平衡

ブロックとする方法がある．後者の例としては，ハプロタイプ推定アルゴリズムと組合された各種手法が開発されている[10]．

連鎖不平衡の状態はゲノムの領域により，また対象とする集団により異なることが知られている．そのため，連鎖不平衡ブロックは関連解析の対象となる集団，領域ごとに評価することが望ましい．一方，連鎖不平衡ブロックは人種，民族などの比較的広い集団内で共通しているという考えのもと，複数の人種について，ゲノムの連鎖不平衡ブロック構造をデータベース化し，タグSNPを決定しようというHapMapプロジェクト[11]が進行している．近い将来，その成果を利用して，より効率的な疾患関連解析が実現することが期待される．

3 ハプロタイプ推定手法

ハプロタイプを直接測定する効率的な手法は実用化されていないため，通常は個々のSNPを測定し，その結果からハプロタイプを推定することになる．ハプロタイプを構成するすべてのSNPの型がホモであった場合，または1つのみがヘテロであった場合は，その個人がもつ2つのハプロタイプは一意に決定される．しかし，ハプロタイプを構成するSNPのなかに2つ以上のヘテロ接合が観測された場合（ダブルヘテロ），ハプロタイプの組をユニークに決定することができない．例えば，3つのSNPサイトの測定結果がAA-TC-AGであったとすると，ハプロタイプの組は，A-T-A/A-C-Gか，A-T-G/A-C-Aのいずれかとなる．このような，「相が不明瞭な」データから，実際のハプロタイプを推定するためのさまざまな手法が開発されている．

代表的なハプロタイプ推定法としてはClarkの方法[12]，EM（expectation-maximization）アルゴリズム（EH[13]，LDSuppor[14]），Gibbs samplerを用いたベイズ推定法（HAPLOTYPER[15]，PHASE[16]）などがあげられる．現在は，推定精度が高く，比較的計算時間が短くて済むEMアルゴリズムが広く用いられている．

EMアルゴリズムは不完全データからの最尤推定を行う手法で，Excoffierらによってハプロタイプ推定に用いられるようになった[17]．EMアルゴリズムによるハプロタイプ推定では，ハーディー・ワインベルグ平衡（Hardy-Weinberg equilibrium）[*5]を仮定し，最尤推定によって，個人のハプロタイプの組合せの確率分布から集団全体のハプロタイプ頻度，集団のハプロタイプ頻度から個人のハプロタイプの組合せの確率分布を交互に求め，収束するまで繰り返す．結果として，集団内のハプロタイプ頻度と，個人がもつハプロタイプの組合せの確率分布（事後確率分布）が求まる．個人のハプロタイプの組合せが一意に決定された場合は，個人がもつ表現型データとハプロタイプの相関をさまざまな角度から検討することができる．一意に決定できない場合（ヘテロ接合度の高いSNPが多い場合や，欠損値がある場合に多い）は，ケース集団，コントロール集団それぞれで推定したハプロタイプ頻度を用いてケース・コントロール解析を行うことができる．

> **memo**
>
> ***5：ハーディー・ワインベルグの法則**
> 十分大きな集団で任意交配（自由婚）が行われた場合，2つの対立遺伝子A，Bの頻度をそれぞれp_A, p_B（$p_A + p_B = 1$）とすると，遺伝子型AA，AB，BBの頻度はそれぞれp_A^2, $2p_Ap_B$, p_B^2となる．何らかの理由でずれが生じたとしても，常染色体上の遺伝子の場合，一世代の任意交配で遺伝子型頻度はこの比率に落ち着く．これをハーディー・ワインベルグの法則といい，この平衡状態のことをハーディー・ワインベルグ平衡（Hardy-Weinberg equilibrium，略してHWE）という．測定されたSNPの遺伝子型頻度がハーディー・ワインベルグ平衡から大きくずれているときは，まずタイピングに誤りがないか再確認する必要がある．
> 遺伝子型頻度の観測値がハーディー・ワインベルグ平衡に適合しているかどうかを判断するには，ハーディー・ワインベルグ平衡に適合するという帰無仮説を設定し，以下の統計量を求める．
>
> $$X^2 = \frac{n\left\{\left(\frac{n_{AB}}{2}\right)^2 - n_{AA}n_{BB}\right\}^2}{\left\{\left(n_{AA} + \frac{n_{AB}}{2}\right)\left(n_{BB} + \frac{n_{AB}}{2}\right)\right\}^2}$$
>
> ただしn_{AA}, n_{AB}, n_{BB}はそれぞれ遺伝子型AA，AB，BBをもつサンプルの数，$n = n_{AA} + n_{AB} + n_{BB}$
> この統計量は自由度1のカイ二乗分布に従うので，有意水準を5％とすると，この値が3.84より大きければ仮説を棄却し，H-W平衡に適合しないと判断する．

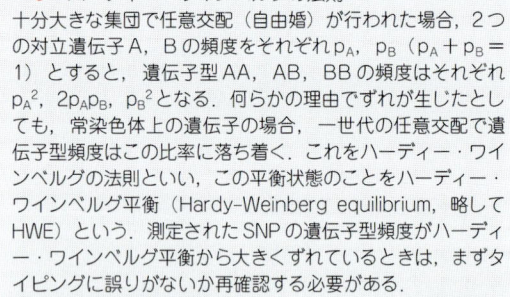

4 ハプロタイプと疾患との関連解析

ハプロタイプでケースコントロール解析を行う際，ハプロタイプ数がm個ある場合は，基本的には$2 \times m$の分割表に対して独立性の検定を行う．ハプロタイプにn個のSNPが含まれる場合最大2^n種類のハプロタ

イプが出現する可能性がある（連鎖不平衡の強い領域では、より少ないハプロタイプに収束する）。サンプル数が同じならば、ハプロタイプの種類が多くなるにつれ疎な分割表となり、自由度 $m-1$ のカイ二乗分布への当てはまりが悪くなる[*3]。そこで、$2 \times m$ の分割表を以下のような方法で処理する。

- Fisher の正確確率検定、並べ替え検定

i)-[3] でも述べたとおり、カイ二乗分布への適合度が低い場合[*3]には、Fisherの正確確率検定や並べ替え（permutation）検定が有効である。

- 低頻度のハプロタイプをまとめる方法

有病率の高い多因子疾患では、比較的頻度の高いハプロタイプが疾患に関連していると考えられている。この説によれば低頻度のハプロタイプは疾患関連解析において重要でないため、閾値（例えば0.1）より頻度が低い κ 個のハプロタイプを「その他のハプロタイプ」という1つのグループにまとめることができる。これにより、$2 \times m$ の分割表が $2 \times (m-\kappa+1)$ の分割表になり、分割表が疎になることを避けることができる。

- 2×2 の分割表検定

1つのハプロタイプと、それ以外のハプロタイプの2グループにまとめて 2×2 の分割表検定を行う。$2 \times m$ 分割表検定で有意となったブロックに対してこの方法を適用することにより、責任ハプロタイプを検出することができる。ただし、リスクが高くなるようなハプロタイプが複数存在するとき、1つのハプロタイプ対その他のハプロタイプとの比較では検出力が低くなる。以下に紹介するCLUMPではそのようなケースに有効なまとめ方もサポートされている。

- CLUMP による検定

CLUMPは $2 \times m$ の分割表の列を、上で述べたようないくつかの方法でまとめ直して並べ替え検定（permutation test）を行い、2群間の分布の差を検出しようとするツールである[18]。CLUMPは以下の4つの検定を行う。

T1：$2 \times m$ の表をそのまま用いた検定

T2：期待度数が5未満の k 個の列をまとめた $2 \times (m-\kappa+1)$ の分割表についての検定

T3：1列ごとに着目して、（着目している列）対（その他の列）の 2×2 表に対する分割表検定を、m 個のすべての列に対して行い、最も顕著な差がでたものを出力する

T4：カイ二乗値が最も大きくなるように列を2つのグループに分け、2×2 の分割表検定を行う

ハプロタイプを用いた関連解析では、比較的疎な（度数の小さいセルが多い）分割表となることが多く、また列（すなわちハプロタイプ）をまとめることによって複数のリスクハプロタイプが存在する場合にも高い検出力が得られることから、CLUMPは好んで用いられる。

おわりに

ウェットラボからあがってきた生のSNPデータをドライラボで解析する方法について概説した。ここでは統計解析や検定法、連鎖不平衡やハプロタイプなどについてごく実践的に必要な知識にとどめたので、より詳細な解析原理などについては成書を参照されたい[2]。今後はSNPデータもケース・コントロール解析で用いるのみでなく、多くの臨床データと付き合わせて解析することが必要となると考えられるので、大量のSNPデータをいかに多変量解析に組入れるかも重要な課題である。またゲノムレベルでのパスウェイ解析なども進められており、その成果を融合させるような取り組みも今後必要になってくるものと思われる。

留意しなければいけないことは、このような関連解析から得られた結果はあくまで「統計的に確からしい疾患関連遺伝子」を抽出したものであるということであり、最終的には実験系による機能解析によって検証する必要があることである。そうであったとしても、貴重な遺伝子サンプルを用いての解析データから、最大限の意義を抽出するためのSNPインフォマティクスはますます重要になるに違いない。

参考文献

1) Erdfelder, E. et al.: Instruments, & Computers, 28 : 1-11, 1996
 G*Power：http://www.psycho.uni-duesseldorf.de/aap/projects/gpower/how_to_use_gpower.html

2) Pritchard, J. K. et al.: Genetics, 155 : 945-959, 2000

3) Pritchard, J. K. et al. : American Journal of Human Genetics, 67 : 170-181, 2000
   structure：http://pritch.bsd.uchicago.edu/software.html
4) Curtis D. et al. : Ann. Hum. Genet., 66 : 235-244 : 2002
   CHECKHET：http://www.mds.qmw.ac.uk/statgen/dcurtis/software.html
5)「ポストゲノム時代の遺伝統計学」（鎌谷直之／編），pp183-201，羊土社，2001
6) LDMAX：http://csg.sph.umich.edu/pn/index.php?furl=/abecasis/GOLD/docs/ldmax.html
7) Abecasis, G. R. & Cookson, W. O. : Bioinformatics., 16 : 182-183, 2000
   GOLD：http://csg.sph.umich.edu/pn/index.php?furl=/abecasis/GOLD/docs/graphic.html
8) R：http://www.r-project.org/
9) van den Oord, E. J. & Neale, B. M. : Mol. Psychiatry, 9 : 227-236, 2004
10) Zhang, K. et al : Proc. Natl. Acad. Sci. USA, 99 : 7335-7339, 2002
    HapBlock：http://www.cmb.usc.edu/msms/HapBlock
11) Internatinal HapMap Project：http://www.hapmap.org/
12) Clark, A. G. : Mol. Biol. Evol., 7 : 111-122, 1990
13) Xie, X. & Ott, J. : Am. J. Hum. Genet., 53 : 1107, 1993
    EH：ftp://linkage.rockefeller.edu/software/eh
14) Kitamura, et. al. : Ann. Hum. Genet., 66 : 183-193, 2002
15) Niu, T. et al. : Am. J. Hum. Genet., 70 : 157-169, 2002
16) Stephens, M. & Donnelly, P. : Am. J. Hum. Genet., 68 : 978-989, 2001
17) Excoffier, L. & Slatkin, M. : Mol. Biol. Evol., 12 : 921-927, 1995
18) Sham, P. C. & Curtis, D. : Ann. Hum. Genet., 59 : 97-105, 1995
    CLUMP：http://www.mds.qmw.ac.uk/statgen/dcurtis/software.html

第4章 トランスクリプトーム解析

1. SAGE

橋本真一

> SAGE法は，未知，既知にかかわらず遺伝子の発現を何万という単位で包括的に調べることが可能な方法であり，遺伝子の発現頻度を正確に測定できる．

はじめに

　SAGE法はDNAチップとともに包括的遺伝子解析法として1995年のVelculescuにより開発された[1]．SAGE法は，未知，既知にかかわらず遺伝子の発現を何万という単位で包括的に調べることが可能な方法であり，発現解析データを数値化できるところが特徴である．例えば，ある細胞で発現している遺伝子のコピー数，種類を示し，プロファイルを作製してしまえば，ほかの細胞（癌化，分化，遺伝子導入，薬物処理したものなど）との比較がコンピュータ上で容易にできる．現在，Johns Hopkins大学のグループを中心にSAGE法により多種の癌組織，癌細胞の遺伝子解析が精力的に進められ癌特異的な抗原ならびに，癌化に関与する遺伝子の同定が行われ，解析した転写産物はすでに約700万個以上にのぼる．この方法を用いることにより各疾患での欠落または過剰に発現している遺伝子を同定することも可能である．また，SAGE法を用いたシングルセル，および微量のサンプルでの解析法，さらに5′末端の転写開始点および発現量の包括的な解析法[2]も開発され，現在，定量的な包括的遺伝子発現解析としてSAGE法が多く利用されている．

原　理

1 original SAGE法

　SAGEの基本的な原理[3]は，1分子のmRNAの名札になる部分をシークエンスし，これらの出現頻度と種類を解析するものである．名札になる部分は遺伝子をコードするcDNAのpoly A tailに一番近い制限酵素（*Nla* III）部位（4塩基認識制限酵素：理論的にcDNAが平均256 bpに1つの割合で切断される）の下流10〜11 bpである（long SAGEでは16〜17 bp，後に説明）．この10〜11 bpの情報があれば，ほとんどの遺伝子は同定可能である．この10〜11 bpをtag（名札）と呼び，このtagをもとに遺伝子を特定し，同じtagの個数を数えれば発現量がわかる．cDNAライブラリーのクローンをランダムにシークエンスすれば同様な結果が得られるが，SAGEの場合tagを数珠つなぎにして，シークエンスを読むのでESTなどの方法と比べて，シークエンス効率が30倍以上よい．また，最近，キャピラリーシークエンサーなど解析技術が向上したことによって1〜2日でも5万個以上のtagを解析することも可能となった．

　おおまかな手順を以下に示す．cDNAを*Nla* IIIで切断し，polyAを含む断片を精製する（図1）．ここに*Bsm*F1サイトをもつリンカーをつけ，この酵素で切

Shinichi Hashimoto : Department of Molecular Preventive Medicine, Graduate School of Medicine, University of Tokyo（東京大学大学院医学系研究科分子予防医学教室）

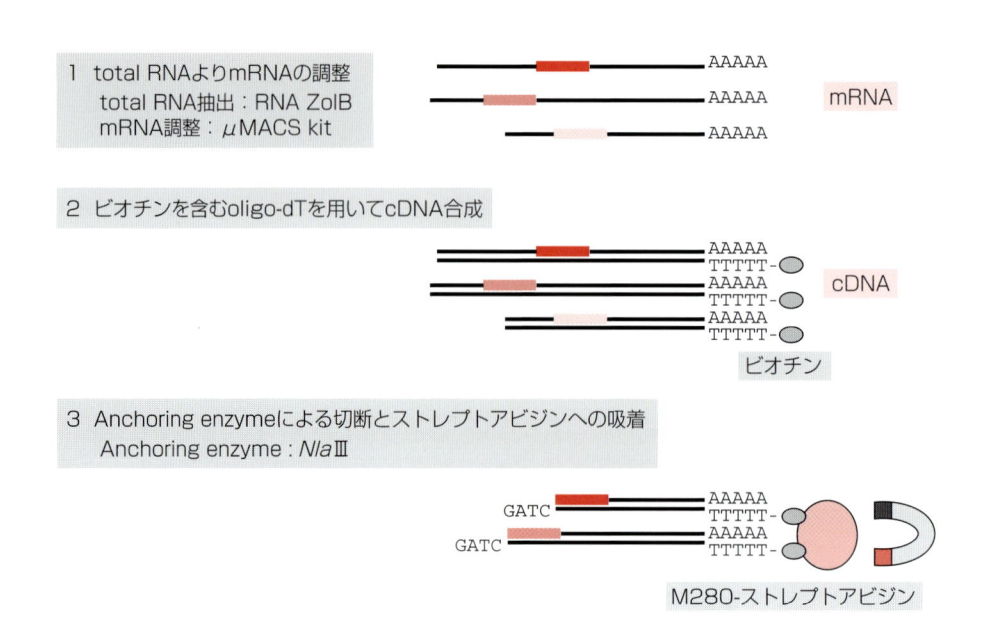

図1　cDNA の合成および 3´末端の固定

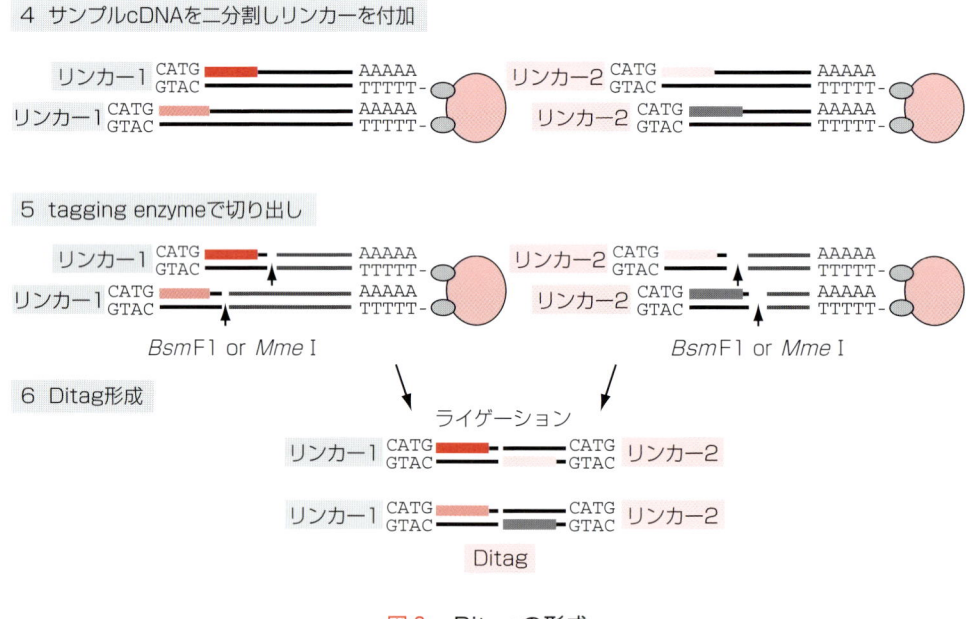

図2　Ditag の形成

断する（図2）．するとmRNAの最も3´末端に近いCATG配列の下流11 bpを含む断片が得られる．これを2個ずつ組みにしてPCR増幅し，リンカー部分を再びNla IIIで切断して除く．これで11 bpのtagが2個つながったditagが得られる（図3）．これを集めてライゲーションしコンカテマーを作製し，サブクロー ニングして配列を読む（図4）．配列データは，CATGが一定間隔で出現し，その間にditagのシークエンスが含まれる．理論的には22 bpの長さになるはずであるがBsmF1の消化には1 bpぐらいの誤差が生じるため，われわれはditagの両端から10 bpのシークエンスを用いて解析を行っている．これらのデータをJohns

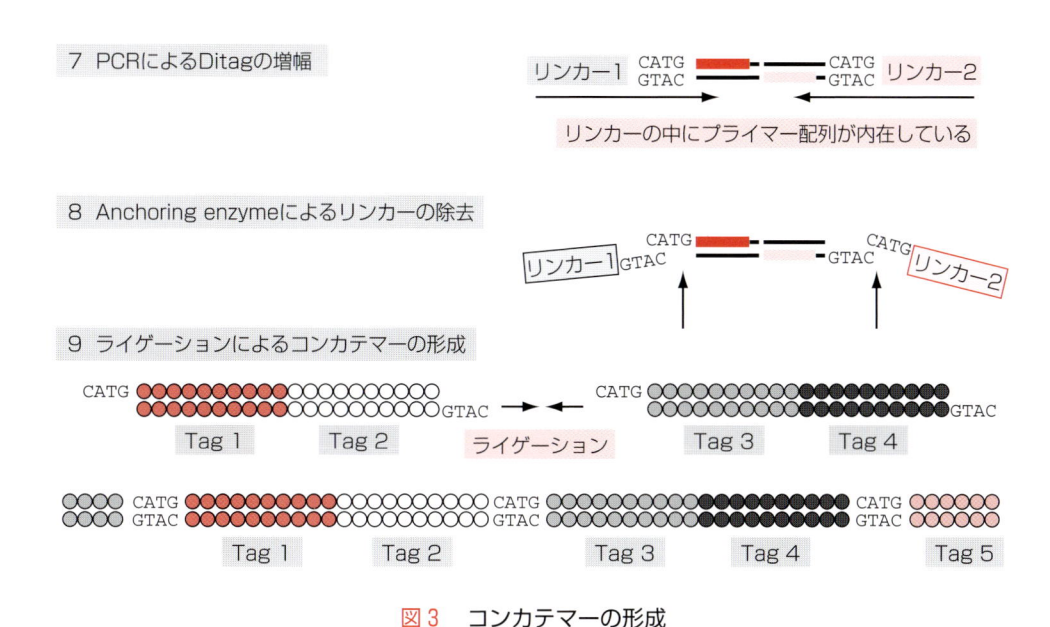

7　PCRによるDitagの増幅

リンカー1　CATG　　　　　　CATG　リンカー2
　　　　　GTAC　　　　　　GTAC

リンカーの中にプライマー配列が内在している

8　Anchoring enzymeによるリンカーの除去

リンカー1 CATG　　　　CATG　　　CATG リンカー2
　　　　　 GTAC　　　　GTAC

9　ライゲーションによるコンカテマーの形成

CATG　　　　　　　　　　　　　GTAC　　　CATG　　　　　　　　　　　　　GTAC
　Tag 1　　Tag 2　　ライゲーション　　　Tag 3　　Tag 4

CATG　　　　　　　　CATG　　　　　　　　CATG
GTAC　　　　　　　　GTAC　　　　　　　　GTAC
　Tag 1　　Tag 2　　Tag 3　　Tag 4　　Tag 5

図3　コンカテマーの形成

10　電気泳動によるコンカテマーの分離
　　サブクローニングに適した長さ
　　（600～1000 bp）のものを切り出し

- 1,000 bp
- 600 bp

11　ベクターへのライゲーション
　　「CATG」断端となる*Sph*Iで切断した
　　pZero-1ベクターにサブクローニング

12　形質転換

コンカテマー

*Sph*I　　*Sph*I
M13F　　　M13R
　　pZero-1

13　コロニーPCR
　　M13FおよびM13Rプライマーを用いて増幅．
　　シークエンスの効率がよい，長いインサートが
　　入ったクローンを電気泳動で選択

14　PCR産物をシークエンス

図4　コンカテマーのベクターへの挿入

Hopkins大学のDr. Kinzlerから供与されたSAGEソフトを利用し解析している．このソフトはシークエンスデータからtagを切り出し出現頻度を解析し，さらに遺伝子の同定を行うこともできる．また，遺伝子の同定にはNCBI上にあるSAGEのサイト（http://www.ncbi.nlm.nih.gov/SAGE/）を利用して解析することも可能である．

2 longSAGE法

一方，ゲノム情報およびESTの情報解析が進むにつれオリジナルのSAGE法では特定できない遺伝子が出現することがわかってきた．そこでSahaらは酵素を変えることによって21 bpを特定できるlongSAGE法を開発した[4]．longSAGEの基本的な原理はオリジナルのものとほとんど同じあり，相違点は制限酵素*Mme*Iを使うことによってCATGの下流17塩基の切

断が可能となることである．この結果，CATGと合わせて21 bpを同定できることになり，ゲノムの情報から遺伝子の同定が可能となる．この情報を利用することでオリジナルSAGEでは特定ができなかった遺伝子を明らかにできるだけでなく，コンピュータソフトでは同定されてない発現遺伝子発見や，遺伝子の発現様式を知ることが可能となる．

準備するもの

〈機器〉
- 恒温水槽
- 試験管ミキサー
- 冷却微量遠心機（トミー社，MX300など）
- 縦型スラブ電気泳動装置（ガラス板：16 cm × 16 cm）
- 厚さ1と2 mmのスペンサー
- 定電源装置

〈プライマー〉
- ビオチン化オリゴdT18 プライマー
 5′-［5ビオチン-TEG］-TTTTTTTTTTTTTTTTTT-3′
 （株式会社 ゲノムサイエンス研究所）
- リンカー用オリゴヌクレオチド
 original SAGE
 1A：5′-TTTGGATTTGCTGGTGCAGTACAACTAGGCTTAATAGGGACATG-3′
 1B：5′-［5phos］TCCCTATTAAGCCTAGTTGTACTGCACCAGCAAATCC（C7-amino-modified-3′）
 2A：5′-TTTCTGCTCGAATTCAAGCTTCTAACGATGTACGGGGACATG-3′
 2B：5′-［5phos］TCCCCGTACATCGTTAGAAGCTTGAATTCGAGCAG（C7-amino-modified-3′）
- PCR プライマー
 1：5′-GGATTTGCTGGTGCAGTACA-3′
 2：5′-CTGCTCGAATTCAAGCTTCT-3′

〈試薬類〉
- グリコーゲン（Boerhinger Mannheim社：Cat. No.901-393）
- LoTE バッファー［3 mM Tris-HCl（pH 7.5），0.2 mM EDTA（pH 7.5）］
- NlaⅢ（10 U/μl, Cat. No. R0125S）
- BsmⅠ（NEW ENGLAND BioLabs社，2 U/μl：Cat. No. R05725）
- クレノーフラグメント（pharmacia社，1,000 U/μl：Cat. No. 27092901）
- T4 DNA リガーゼ（Invitrogen社，5 U/μl：Cat No. 15224-017，1 U/μl, 15224-041）
- pZero-1（Invitrogen社：Cat. No. K2500-01）
- Superscript Choice system for cDNA synthesis（Invitrogen社：Cat. No. 18090-019）
- ダイナビーズ M-280 ストレプトアビジン（Dynal社：Cat. No.112.05）
- マグネット（Dynal社，Cat. No.120.04），SpinX（costor社：Cat. No.8160）
- 2×B&W バッファー［10 mM Tris-HCl（pH 7.5），1 mM EDTA，2 M NaCl］
- 10×PCR バッファー
 166 mM（NH$_4$）$_2$SO$_4$，670 mM Tris-HCl（pH 8.8），67 mM MgCl$_2$，100 mM β-メルカプトエタノール
- PCR 反応液
 テンプレート1 μl，DMSO 3 μl，25 mM dNTPs 3 μl，プライマー1，2 各0.5 μl，純水36 μl，Taqポリメラーゼ1 μl（ABI社，AmpliTaq）
- 12% PAGE［40% Polyacrylamide（19：1 acrylamide：bis）10.5 ml
 dH$_2$O 23.5 ml，50×TAE 700 μl，10% APS 350 μl，TEMED 30 μl］
- 8% PAGE［30% Polyacrylamide（29：1 acrylamide：bis）9.4 ml
 dH$_2$O 25.6 ml，50×TAE 700 μl，10% APS 350 μl，TEMED 30 μl］
- ElectroMAX DH10B（Invitrogen社：Cat. no. 18290-015）
 microSAGE用
  ビオチン化オリゴdT18-beads（DYNAL社：Cat. No. 610.11）
 LongSAGE用
  MmeⅠ（NEW ENGLAND BioLabs社：Cat. No. R0637S）
- リンカー用オリゴヌクレオチド（下線部のヌクレオチドのリボース3′末端をアミノ化）
 1A：5′-TTTGGATTTGCTGGTGCAGTACAACTAGGCTTAATATCCGACATG-3′
 1B：5′-［5phos］TCGGATATTAAGCCTAGTTGTACTGCACCAGCAAATCC with C7-amino-modified-3′
 2A：5′-TTTCTGCTCGAATTCAAGCTTCTAACGATGTACGTCCGACATG-3′
 2B：5′-［5phos］TCGGACGTACATCGTTAGAAGCTTGAATTCGAGCAG with C7-amino-modified-3′
 PCRプライマー（ビオチンが5′に2つ結合しているもの）
 プライマー1：5′-［5-2ビオチン］-GTGCTCGTGGGATTTGCTGGTGCAGTACA-3′
 プライマー2：5′-［5-2ビオチン］-GAGCTCGTGCTGCTCGAATTCAAGCTTCT-3′

プロトコール

1 リンカーの作製

❶ 1B，2Bの5′末端はT4DNAポリヌクレオチドキナーゼでリン酸化しておく．1B，2Bの3′末端塩基のアミノ化はオリゴヌクレオチド合成の際に依頼しておく

❷ 1Aと1B，2Aと2Bを等量混合し，95℃2分，65℃10分，37℃10分，室温20分と徐々に冷やしながらアニールさせる

2 cDNAの合成

1. mRNA 1.0〜2.5 μg（original SAGEの場合）より，ビオチン化オリゴdT18 プライマーを用いて常法によりcDNAを合成する．われわれはGIBCO BRL社のcDNA Synthesis Systemを用いている
2. LoTE10 μlに溶解する（一部取ってcDNAが8 kbぐらいまで伸びているか確認する）

3 cDNAの断片化

1. cDNA 20 μlを200 μlの系でNlaⅢ 50 Uを用いて消化する（37℃，overnight）
2. フェノールクロロホルム抽出を1回行い，200 μlサンプル，3 μlグリコーゲン，100 μl 10 Mアンモニウムアセテート，700 μlエタノールで室温15分遠心後，70％エタノールで2回洗う
3. LoTE10 μlに溶解する（われわれは朝，さらにNlaⅢを20 μlたして2時間インキュベートし完全にNlaⅢサイトを消化している）

4 poly A末端を含む断片の精製

1. ダイナビーズM-280 ストレプトアビジン100 μlを2本用意し，1×B&Wバッファー200 μlで1回洗い，2×B&Wバッファー100 μlに懸濁する
2. cDNAサンプルを二分して，おのおのに純水90 μlを加えた後に上記のビーズ100 μlを加え撹拌し，室温で3分間に一度タッピングしながら15分間放置する
3. 1×B&Wバッファー200 μlで4回，LoTEで1回洗う

5 リンカーのライゲーション

1. 2つのサンプルを5 μlのリンカー1（200 ng/ml）と2（200 ng/ml），10×T4 DNAリガーゼバッファーを含む反応液38 μlに溶かし，50℃で2分加熱した後，室温で15分間放置する．
2. T4DNAリガーゼ2 μl（10 U）を加え16℃にて2時間反応させた後，マグネットを用いてフリーのリンカーを取り除く．
3. 1×B&Wバッファー200 μlで7回，1×NEB4バッファー200 μlで1回洗う

6 Tagの切り出し

1. 2つのサンプルを100 μlの系でBsmF1 4 Uを用いて65℃，1時間（10分ごとに軽く撹拌）消化する（longSAGEの場合はMmeⅠ 4 Uと付属のバッファー 37℃，2.5時間，10分ごとに軽く撹拌）．
2. 上清をマグネットを用いて採取し，フェノールクロロホルム抽出，300 μlサンプル，3 μlグリコーゲン，100 μl 10 Mアンモニウムアセテート，1,099 μlエタノールで室温15分遠心後，70％エタノールで2回洗う（以下この割合でエタノール沈澱を行う）
3. LoTEに10 μlに溶解する

7 クレノーフラグメントによる平滑末端化（LongSAGE法ではこの操作はいらない）

1. サンプルを50 μlの系でクレノーフラグメント4 Uを用いて平滑末端化する
2. （37℃，30分）反応終了後，フェノールクロロホルム抽出，エタノール沈澱を行い，LoTEに6 μlに溶解する

8 平滑末端のライゲーション

2つのサンプルおのおの2 μlを混合し，6 μlの系でT4DNAリガーゼ0.8 μl（4 U）を用いて16℃にて一晩反応（longSAGEは2.5時間）させる

9 ラージスケールPCR

1. ライゲーション産物にLoTE 14 μlを加えた後，1/5〜1/20倍の間で希釈系列を作りPCRを行う
2. （95℃30秒，55℃1分，70℃1分）を26サイクル最後に70℃で5分．12％ PAGE（160V，2.5時間）で，最適な希釈率を決定した後，上記反応液を100〜200本分作製し，PCRを行う

10 Ditagの精製

1. PCR産物をエタノール沈澱し，まとめてLoTE 216 μlに溶解し，dyeを加えて12％ PAGEにて分離する（160V，2.5時間）
2. 目的の102 bp（longSAGEは125 bp付近）のバンドを切り出し，ゲル断片を破砕しLoTE 300 μlを加え65℃で15分インキュベート後，SpinXでゲル断片を取り除きエタノール沈澱する
3. エタノール沈澱したものをLoTEに溶解して1本

表 long SAGEとoriginal SAGEの比較

	No.				
LPSlong	LPS	Mono	Long_Tag	UniGene Cluster	Description
1277	1195	66	GCACCAAAGCCACCAG	73817	CCL3 (MIP-1 alpha)
1032	317	60	TGGAAGCACTTTAAGT	624	interleukin 8
426	534	471	TTGGGGTTTCCTTTAC	62954	ferritin, heavy polypeptide 1
367	215	2	GATAACACATTTGATT	75703	CCL4 (MIP-1-beta)
361	318	9	TGTTTTCATAATAAAA	75703	CCL4 (MIP-1-beta)
234	152	73	CTAAGACTTCACCAGT		Tag matches mitochondrial sequence
209	169	170	GTTGTGGTAATCTGG	75415	beta-2-microglobulin
187	66	1	ACTGTGGCGGCGGGTG	112242	NMES1 normal mucosa of esophagus specific 1
175	101	41	TAACAGCCAGGAGTGT	81328	nuclear factor of kappa light polypeptide
167	60	4	GCTTGCAAAAAGTAAA	177781	superoxide dismutase 2, mitochondrial
159	4	3	ACCATCCTGCAGGCCC	76095	Immediate early response3
133	180	414	TGTGTTGAGAGCTTCT	181165	eukaryotic translation elongation factor 1 alpha 1
130	30	27	GCCATAAAATGGCTTT	1908	proteoglycan 1, secretory granule
128	47	64	TGATTTCACTTCCACT		Tag matches mitochondrial sequence
117	591	355	CCCTGGGTTCTGCCCG	111334	ferritin, light polypeptide
117	69	98	GCGGTTGTGGCAGCTG	79356	Lysosomal-associated multispanning membrane protein-5
113	77	668	GTGGCCACGGCCACAG	112405	S100 calcium-binding protein A9 (calgranulin B)
102	166	11	TAGCCCCCTGGCCTCT	172010	tumor necrosis factor (TNF superfamily, member 2)
100	11	0	TATTTGCAACAGCAGA	75703	CCL4 (MIP-1-beta)
99	35	44	TTGGCCAGGCTGGTCT		Multiple hit to genome

LPS刺激ヒト単球の発現遺伝子トップ20のリスト．遺伝子の特定は16 bpのSAGE tagを用いGenBankとゲノム情報をもとに決定された．それぞれのtagは35,800に標準化されている．

にまとめる．これを100 μlの系でNla III 100 Uで消化する（37℃，1時間）
❹ フェノールクロロホルム抽出，エタノール沈殿を行い，LoTE 16 μlに溶解する
❺ 先ほどと同様に12％PAGEを行い，24〜26 bp（longSAGEは35 bp付近）のバンドを切り出しDNAを溶出しLoTE 8 μlに溶解する

▪ Concatemerの作製
❶ サンプルを10 μlの系でT4リガーゼ1 μl（5 U）を用いて16℃で2時間反応させる
❷ 反応終了後，フェノールクロロホルム抽出，エタノール沈殿を行い，LoTEに6 μlに溶解する
❸ サンプルバッファーを加え，65℃で30分間加温後，8％アクリルアミドゲルで電気泳動し，600

bp 以上を切り出して精製する
❹ このサンプルを *sph*1 で消化した pZero1 にライゲーションし，大腸菌にエレクトロポレーションを用いてトランスフェクトする．
❺ シークエンスはコロニー PCR にて行う

☞ リンカー用のオリゴヌクレオチドは PAGE 精製する．
エタノール沈澱には 20 mg/m*l* グリコーゲン 3 μ*l* をキャリアーとして加える．

memo

SAGE の詳細なプロトコールおよびソフトウェアは Johns Hopkins 大学のグループが作っている SAGE のホームページ（http://www.sagenet.org/）で取得できる．また，NCBI, serial analysis of gene expression tag to gene mapping サイト（http://www.ncbi.nlm.nih.gov/SAGE/）に SAGE tag と unigene のデータを相関させた情報が公開されている．血液細胞[6]に関しては（http://bloodsage.gi.k.u-tokyo.ac.jp/）でみることができる．
The CANCER GENOME ANATOMY PROJECT の SAGE Genie サイト（http://cgap.nci.nih.gov/SAGE）でも，現在まで行われた SAGE のデータがダウンロードできる．

実験例[5]

表は LPS 刺激単球を longSAGE 法にて解析し，今までの SAGE 法によるヒト単球，LPS 刺激単球とを 35,000 に標準化して比較したものである．longSAGE 法により遺伝子の同定率が上昇していることや，LPS で単球を刺激するとケモカインの産生が顕著に上昇していることがわかる．これらのデータを新たに行ったライブラリーと比較することも可能である．

おわりに

今後，さらに SAGE のデータベースが増えていくと予想され，これらをうまく利用することでノーザンブロッティングなどに代わり特定の組織や細胞の発現量の測定が可能となるであろう．また，ゲノムの解析から mRNA に転写される部分の解析にはこの個々の遺伝子の 3′ 末端が特定できる SAGE のデータが利用されると考えられる．

参考文献

1) Velculescu, V. E. et al. : Science, 270 : 484, 1995
2) Hashimoto, S.-i. et al. : Nature Biotech, 22 : 1146-1149, 2004
3) Velculescu, V. E. et al. : Cell, 88 : 243, 1997
4) Saha, S. et al. : Nature Biotech, 20 : 508. 2002
5) Hashimoto, S.-i. et al. : Scand J. Infect. Dis., 35 : 619, 2003
6) Hashimoto, S. -i. et al. : Blood 101 : 3509, 2003

第4章 トランスクリプトーム解析

2. ディファレンシャルディスプレイ

押田忠弘

不特定多数の遺伝子についてそのmRNAレベルを細胞間，組織間で比較し，変動することが知られていなかった遺伝子を見出す方法である．遺伝子情報が乏しく，網羅的mRNA解析手段が他にない生物種の解析に，また微量試料の解析に有効である．

はじめに

LiangとPardee[1]によって開発されたディファレンシャルディスプレイ（DD）法は，異なる条件下の細胞の遺伝子発現の差をゲル上のバンドプロフィールの差として捉え，その遺伝子を回収，同定する方法である．ある条件下でmRNA発現レベルが上昇したり，減少したりするような新規配列の遺伝子を探索する有力な手法である．種々の改良が加えられたなかでも，伊藤ら[2]による蛍光ディファレンシャルディスプレイ（FDD）法はアンカープライマーの塩基配列を工夫し，さらに蛍光標識することによって，簡便性と実験の再現性を高めた優れた方法である．

mRNAの発現の差を検出する他の方法と比べた場合，DD法の利点は少量のRNAで，多数の試料を同時に比較できること，さらに，オリゴヌクレオチドやcDNAアレイと比べ，高価な専用装置を必要としないことである．欠点は定量性がないこと，mRNA全体を網羅的に調べる方法ではないこと，疑陽性が多いことなどである．したがって，微妙な発現の差異を捉えるのには適さず，刺激を入れた場合など大きな変動が予測される解析に適する．また，クローニングと配列解析によって遺伝子を特定するので，手間がかかる．ゲノムやcDNAの情報が乏しく，網羅的mRNA解析の手段がない生物種には試みる価値のある方法であろう．

われわれはアレルギー性疾患特異的に発現量が異なる遺伝子を探索するために，10 mlの末梢血から調製したT細胞や好酸球を，数十試料同時に比較するようなFDDを行った[3][4]．ここで紹介する方法は，微量試料に適用するためと大規模な運用のために，反応量をスケールダウンしたり，ゲルイメージの解析にFMBIO IIを使い，発現量の確認にはABI PRISM 7700を使うなどの工夫がなされている．

原理

FDD法の原理を図1に示す．トータルRNAから蛍光アンカープライマーで第一鎖DNAを合成する．これを鋳型にして，任意プライマーと蛍光アンカープライマーを用いたPCRを行い，複数のcDNA断片を増幅する．PCR産物を変性ポリアクリルアミドゲルで分離後，蛍光イメージを取得してプライマー特異的なバンドプロフィールを得る．被験試料間でプロフィールを比較し，バンド強度（発現量）が異なるDNAバンドを選択する．DNAバンドを切り出し，再増幅，クローニング，塩基配列決定を行う．

なるべく多くの，配列の異なるDNA断片をスクリーニングするために，ゲルで分離するDNA断片を増

Tadahilo Oshida : Discovery & Pharmacology Research Laboratories, Tanabe Seiyaku Co., LTD.（田辺製薬株式会社薬理研究所）

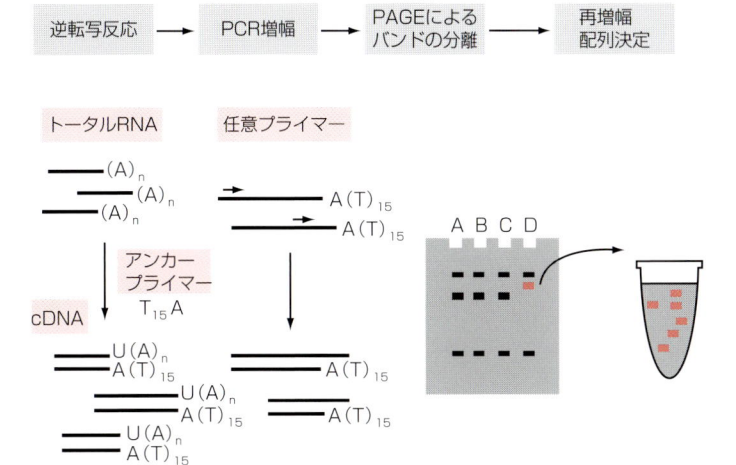

図1 ディファレンシャルディスプレイによる発現変動遺伝子の分離

被験試料より調製したトータルRNAからアンカープライマーを用いてcDNAを作製する．得られたcDNAを鋳型にして，任意プライマーとアンカープライマーを用いてPCRを行う．ゲル電気泳動により発現量の異なるバンドを見出す．バンドを切り出して同じ任意プライマーとアンカープライマーでPCR増幅する

幅する際，アンカープライマーと任意プライマーを変えて多種類のPCRを行う．解析に十分な数の候補バンドを得るために，普通数十から数百種類の反応を行う．また，DD実験自体の再現性を確認するために，可能ならばRNA試料の調製から再度行うことが望ましい．

DD法は疑陽性が多い手法なので，配列決定された遺伝子が目的の発現様式をしているかどうかを，もとのRNA試料に戻って別な方法で確認することが必須である．ノーザンハイブリダイゼーションや半定量的RT-PCR法で確認することができるが，ここでは，リアルタイムRT-PCR法（TaqMan，ABI PRISM 7700）を示した．

プライマー設計，ゲル泳動，ゲルイメージの取得，分離DNA断片の精製，発現様式の確認など，それぞれの段階に多数のバリエーションがあるので，いろいろな応用例を参考にして各自の目的と実験環境にあった方法を選ぶべきである[5)〜7)]

準備するもの

<器具・機械>

- 96穴サーマルサイクラー（PE Applied Biosystems社，GeneAmp PCR system 9700など）
- 電気泳動装置一式：無蛍光ガラス板使用のもの
- 蛍光イメージアナライザー：（HITACHI社，FMBIO Ⅱなど）
- DNAシーケンサー
- リアルタイムRT-PCR測定装置（PE Applied Biosystems社，ABI PRISM 7700 Sequence Detector）

<試薬>

- DNase（ニッポンジーン社，RT Grade）
- RNaseインヒビター（Amersham Biosciences社，RNAguard）
- アンカープライマー
  GT15A，GT15CまたはGT15GをDEPC処理水で50 μMに調製する．蛍光検出には5′末端をローダミン（ROX）標識したものを，クローニングには無標識のものを使用する．
- 逆転写酵素（LIFE TECHNOLOGIES社，Super Script Ⅱ）
- 任意プライマー
  10マーのオリゴDNAを任意に設計，または市販のものを使用（Operon社，10マーキットなど）＊

  ＊：市販のプライマーを皆が使用すると同じような遺伝子群を探索しているという結果になる可能性がある．一方，自分で設計した場合，配列特異的な遺伝子が得られる可能性が高くなる．GC含量が50%のランダムな配列をもつ10マーを設計し，300種ほど試してみたが，ほとんど（95%以上）が満足するラダーを生じた．

- TaqDNAポリメラーゼ（日本ジーン社，GeneTaq，PE Applied Biosystems社，AmpliTaq）
- 6%変性ポリアクリルアミドゲル
  6% Long Ranger Gel Solution（FMC社），6M尿素，1×TBE
- 蛍光サイズマーカー（バイオベンチャー社，Bio-Markar100〜1,000 bp Rhodamine）
- 変性ローディング色素液

ブルーデキストラン	80 mg
（シグマ社 D-5751，MW 2,000,000）	
ホルムアミド	9.5 ml
0.5 M EDTA	0.08 ml
水	0.42 ml
Total	10.0 ml

- TAクローニングのための試薬，器材一式
- oligo（dT）12〜18プライマー（LIFE TECHNOLOGIES社）
- アセチル化BSA（acetylated bovine serum albumin）（LIFE TECHNOLOGIES社）

- ABI PRISM 7700 Sequence Detector の TaqMan プローブとプライマー

プロトコール

1 トータル RNA の DNase 処理

染色体 DNA を鋳型にした DNA バンドの増幅を防ぐために，細胞や組織から調整した RNA を DNase 処理する．ここから，逆転写反応が終了するまでは RNase フリーの試薬，器材を用いること．

10×DNase バッファー	10 μl
RNase インヒビター	50 U
トータル RNA	数 μg〜数十 μg
DEPC 処理水	98 μl にフィルアップ
Total	98 μl

❶ DNase（1U/μl）を 2.0 μl 加え 37℃で 15 分反応させる

❷ PCI（フェノール：クロロホルム：イソアミルアルコール＝25：24：1）処理後，キャリアー（エタ沈メイト 1 μl など）を加えてエタノール沈殿を行い RNA を回収する

❸ DEPC 処理水 10〜20 μl に溶解し，使用するまで−80℃に保存しておく

2 アンカープライマーを用いた逆転写反応

❶ RNA 0.04 μg〜1.0 μg にいずれかの標識アンカープライマー 25 pmol を加え，DEPC 処理水で全量を 5 μl にする*1

> *1：われわれは臨床由来の貴重で，微量な RNA 試料を用いて DD 実験を行った．各実験に使用する量は，例えば DNase 処理済みの RNA が 1 μg ある場合，0.5 μg で 200 種類のプライマーの組合せで PCR を行う（再現性確認のため PCR はそれぞれ 2 回）．残りの 0.5 μg を用いれば約 40 の候補遺伝子について ABI PRISM7700 による定量実験が可能である．

❷ 70℃で 10 分加温し，氷水で急冷する．管壁についた水滴をスピンダウンする

❸ 2×RT ミックスを混合し，25℃で 10 分，次いで 42℃で 50 分，最後に 70℃で 15 分加温する．40 μl の TE（pH 8.0）を加える

❹ 2×RT ミックス（使用直前に作製）

5×ファーストストランド バッファー	2 μl
0.1 M DTT	1 μl
10 mM dNTP	0.5 μl
DEPC 処理水	1 μl
SuperScript II	0.5 μl
Total	5 μl

3 任意プライマー，アンカープライマーを用いた PCR 反応*2

> *2：3 種のアンカープライマーは末端が 1 ベース異なるだけであるので，増幅配列の選択性はあまり高くない．増幅する配列の種類を増やすために，3 種のアンカープライマーそれぞれに，異なる任意プライマーを組合せるようにしている．

❶ 以下の操作はサーマルサイクラーにかける直前まで，できるだけ氷上で行う．8 連ピペットを使うと便利．96 穴 PCR プレートの各ウェルに任意プライマー（2 μM）を 2.5 μl ずつ分注する

❷ PCR ミックスを 7.5 μl 加え，ピペッティングで混合する．キャップを閉め，スピンダウンする

❸ PCR 反応を行う．簡便なホットスタートを行うために，サーマルサイクラーの温度が，最初に 94℃に上昇する過程の 60℃を越えたあたりで，プレートを装置にセットする

・PCR 反応条件

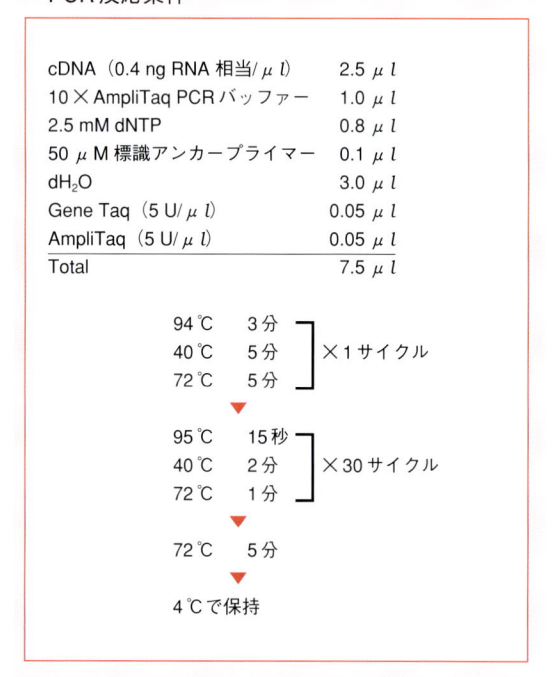

cDNA（0.4 ng RNA 相当/μl）	2.5 μl
10×AmpliTaq PCR バッファー	1.0 μl
2.5 mM dNTP	0.8 μl
50 μM 標識アンカープライマー	0.1 μl
dH$_2$O	3.0 μl
Gene Taq（5 U/μl）	0.05 μl
AmpliTaq（5 U/μl）	0.05 μl
Total	7.5 μl

```
94℃  3分  ┐
40℃  5分  ├ ×1サイクル
72℃  5分  ┘
   ▼
95℃  15秒 ┐
40℃  2分  ├ ×30サイクル
72℃  1分  ┘
   ▼
72℃  5分
   ▼
4℃で保持
```

4 ゲル電気泳動

❶ 20 cm×47 cm の無蛍光ガラスゲル板を用いて

6％変性ポリアクリルアミドゲル（FMC社，Long Ranger Gel Solution）を作製する．バンド切り出しの際の位置決めのために，ガラス板の内側に油性ペンで線を引き印をしておく．予備泳動を30Wで10分行う

❷ PCR反応液に5μlの変性ローディング色素液を混合し，90℃で3分変性後，氷上で急冷する．蛍光サイズマーカーも同様に変性する

❸ 2.5μlの試料をアプライし，40Wで3～4時間泳動する．小さいバンドはゲルから流し出してしまい，百数十bp以上のバンドを観察している

❹ 日立製蛍光イメージアナライザーFMBIO II を用いてゲル板をスキャンし，泳動画像を得る（300 dpi, スキャン数1,000回）*3

☞ *3：この段階で初めて実験結果が出てくる．バンド画像が出ない場合は根本的なミスの場合が多いので，試薬を調製し直し，一連の反応を再度行う．また，増幅反応が不十分な場合や，試料やレーンによってシグナルが極端に異なるときは，RNAの質が悪い可能性やPCR反応が悪い可能性が考えられる．RNAの質が悪いか量が少なすぎる場合は，RNAを調製し直す．しかし，使用するトータルRNA量が元々の総量で0.1～0.3μgしかないという場合にはうまくいかない場合が多い．また，PCRに原因がある場合は，PCRプレートの密閉不十分や，反応前の混合が不十分である場合がある．ピペッティングによる撹拌を十分に行う，PCRプレートのウェルのうち，蒸発が起こりやすい端の部分は使用しないなどの処置を行う．

5 目的バンドの切り出しとクローニング

どのDNAバンドを解析するかを決める重要な段階であり，後の作業効率に大きく影響する．比較する試料間でバンド強度が明瞭に異なるものを選択すること．微妙な差しかないバンドは，再現性が得られない場合が多いので取らない．多様な組合せでPCRを行い，はっきりした差のあるバンドを数十以上，なるべくたくさん集める．そのなかから，検討している現象を説明できる遺伝子が数個でも出てくれば万々歳である

❶ 泳動画像を観察し，切り出すバンドを決定する
❷ 実寸大でプリントした画像上に，片側のガラス板をはずしたゲルを乗せ，印をもとに正確に位置決めする
❸ 目的バンド上のゲルを極細のピンセットでつまみあげ，手術用極小ハサミで小片（1mm²位）を切り取る
❹ 50μlのTEにゲル片を入れ，60℃で10分加温する
❺ 目的のバンドが切り出されたことを，ゲル板を再度スキャンして確認する

❻ 切り出したDNAバンドをPCR増幅する．目的以外のDNAの増幅を最小限にするために，サイクル数はできるだけ少なくする

- PCR反応条件

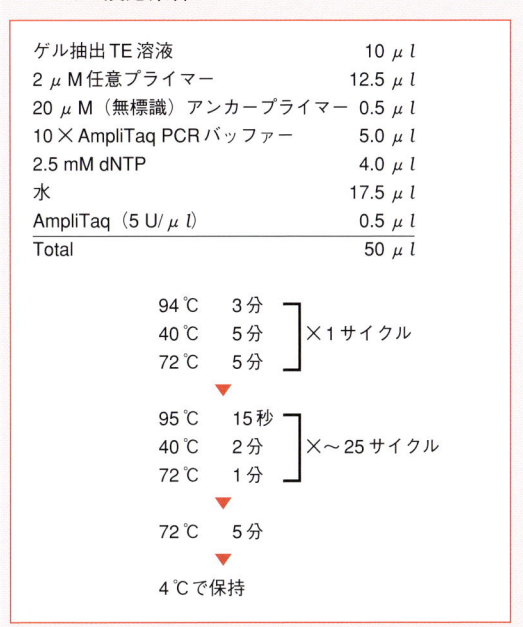

ゲル抽出TE溶液	10μl
2μM任意プライマー	12.5μl
20μM（無標識）アンカープライマー	0.5μl
10×AmpliTaq PCRバッファー	5.0μl
2.5 mM dNTP	4.0μl
水	17.5μl
AmpliTaq（5 U/μl）	0.5μl
Total	50μl

```
94℃   3分
40℃   5分  ×1サイクル
72℃   5分
  ▼
95℃   15秒
40℃   2分   ×～25サイクル
72℃   1分
  ▼
72℃   5分
  ▼
4℃で保持
```

❼ 増幅DNA断片のサイズと純度をアガロースゲル電気泳動で確認する

6 クローンの選択と配列解析

❶ 得られたDNA断片を用いて常法によりTAクローニングを行う

❷ 形質転換して生じた白コロニーを無作為に8～16選び，プラスミドを調製し，インサートの塩基配列を決定する

❸ 一番多く出現する配列を目的クローンとする．出現率が50％以上を占めるのが望ましい．配列がイントロンや遺伝子以外のゲノム配列，説明できない配列の場合，深追いしない．ORFがはっきりしているようなバンドをねらう

7 リアルタイムRT-PCRによる発現様式の確認

ABI PRISM7700はPCR増幅されたDNA鎖を蛍光色素を用いてリアルタイムに検出する装置で，遺伝子の定量法として，広く使われている．RNA量が限られノーザンハイブリダイゼーション実験ができない場合には遺伝子の発現様式を確認する

のに便利である

❶ DDに使用したものと同じトータルRNAから，ABI PRISM7700測定用のcDNAを作製する．オリゴdTプライマーを用いてSuper Script Ⅱの説明書通りに作製する．ただしアニーリング後の反応液中に20μl当たり1μgのアセチル化BSAを添加してから逆転写反応を行う．RNAaseフリーの試薬，機材を使うこと[*4]

> [*4]：使用するRNA量が少なくなるにつれて，一定のRNA量から得られるcDNA量は減少する傾向があり，特に0.1μg以下では著しい（原因が逆転写の効率なのか回収率なのかは明らかではない）．アセチル化BSAを添加することによってRT-PCRの感度が上昇することが報告されており[8]，われわれの結果でも得られるcDNA量は増加する．

❷ DDで得られた遺伝子配列をもとに，TaqManプローブとプライマーを作製し，1ウェル当たり5 ng RNA由来のcDNAを用いて，プロトコール通りに定量する．未知遺伝子の場合はEST配列情報なども利用して設計に十分な配列を得る．mRNAの存在量により使用するcDNA量を増減する．コピー数の標準にはDD実験で得られたプラスミドを用いる

❸ 内標としてβ-アクチンやGAPDHについても同様に測定し，遺伝子コピー数の補正を行う

❹ 目的の発現プロフィールの遺伝子が得られているかを確認する

実験例

ヒト末梢血T細胞を用いたFDDゲル画像（図2）．アンカープライマーと任意プライマーの1つの組合せで増幅したDDバンドのプロフィールを示した．各レーンはそれぞれ異なる個人由来の試料をあらわす．数字はマーカーのサイズ（bp）をあらわす．300bpの少し上に個人によって発現強度が異なるDDバンドが存在した．このような実験にもとづき，われわれはアレルギー患者さんのT細胞において発現レベルが異なる複数の遺伝子を同定した[3)4)]．

おわりに

ゲノム情報やcDNA情報がまだ整備されていない多くの生物種において，ディファレンシャルディスプレイ法は新規配列遺伝子を探索する手法として利用価値

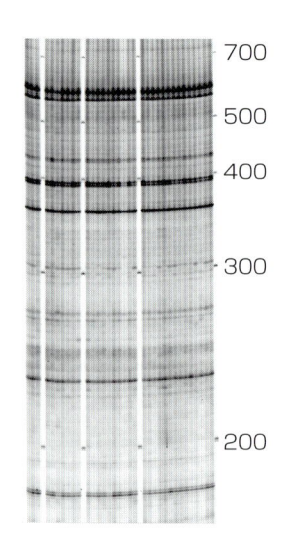

図2　ヒト末梢血T細胞を用いたFDDゲル画像
詳細は本文を参照

がある．DNAバンドをスクリーニングするときの，バンド強度の検出は蛍光でなくエチジウムブロマイド染色で検出することも可能であるし，発現量の確認はTaqMan法を使わず，PCR後アガロースゲル電気泳動でバンドの強さを検出する方法でも十分可能である．研究室の環境にあわせた手法で未知の遺伝子を探求するという楽しみを味わうことができる．

参考文献

1) Liang, P. et al. : Nucleic Acids Research, 21 : 3269-3275, 1993
2) Ito, T. & Sakaki, Y. : Methods Mol. Genet., 8 : 229-245, 1996
3) Matsumoto, Y. et al. : Int. Arch Allergy Immunol., 129 : 327-340, 2002
4) Imai, Y. et al. : Biochem. Biophys. Res. Commun., 297 : 1282-1290, 2002
5) Linskens, M. et al. : Nucleic Acids Research, 23 : 3244-3251, 1995
6) Callard, D. et al. : BioTechniques, 16 : 1096-1103, 1994
7) Mathieu-Daude, F. et al. : Nucleic Acids Research, 24 : 1504-1507, 1996
8) Fox, D. K. & Nathan, M. : FOCUS, 19 : 50-51, 1997

第4章 トランスクリプトーム解析

3. アフィメトリックス社のGeneChip®システムによる微量DNAマイクロアレイ解析

two-cycle target labeling法によるGeneChip®アレイ解析

厚井 融　鮫島永子　飯塚直美　樫木博昭　村上康文

> アフィメトリックス社[1]のGeneChip®システムはDNAマイクロアレイの世界標準ともいえるシステムである．これまでは比較的大量の出発材料が必要であったが，two-cycle target labeling法を用いることで，one-cycle target labeling法では解析ができなかったような微量サンプル（total RNA 10〜100 ng）のGeneChip®アレイ解析が可能となった．これにより，今までは調べることが困難だった微細な病変部位の試料（レーザーキャプチャーマイクロダイセクション試料），生体試料（バイオプシー試料）のような，量的制限がある材料を対象としたGeneChip®アレイでの遺伝子発現解析が可能となる．

はじめに

マイクロアレイを用いた遺伝子発現解析は，組織全体または培養細胞を対象とした解析から組織の一部または少量の細胞を対象とした解析へと移りつつある．試料となる細胞数が減少すれば，当然，得られるRNAサンプル量も減少する．このような現状に対応すべく，微量RNAサンプルに含まれるmRNAのポピュレーション変化を最小限に抑えつつ，必要量のラベル化cRNAターゲットを得るtwo-cycle target labeling法が開発された．

two-cycle labeling法を用いることでtotal RNA 10 ngという微量のRNAサンプルのGeneChip®アレイ解析が可能となった．一方，RNAサンプルはone-cycle target labeling法で許容されるよりもさらに質のよいものが要求される．また，one-cycle target labeling法（図1A）より作業日数が1日多く必要となる．本項では，今後解析の中心となるであろうcRNA合成を2回行うtwo-cycle target labeling法について紹介する．

原理

two-cycle target labeling法は微量RNAサンプルから，cDNA合成とin vitro転写反応を2度行うことで必要量のラベル化cRNAターゲットを得る方法である．2回のT7-オリゴ（dT）プライマーによる反応があるため（図1B），one-cycle target labeling法に比べて調製されるターゲットの割合は3´側が多くなってしまう．調製されたcRNAターゲットを精製してラベル化する操作以降はone-cycle target labeling法による解析と基本的に同じである．

Toru Koui[1] / Eiko Sameshima[1] / Naomi Iizuka[1] / Hiroaki Katagi[1] / Yasufumi Murakami[1)〜3)] : Bio Matrix Research Inc.[1] / Faculty of Industrial Science and Techonology, Tokyo University of Science[2] / Genome and Drug Discovery Research Center, Tokyo University of Science[3]（株式会社バイオマトリックス研究所[1] / 東京理科大学基礎工学部[2] / 東京理科大学ゲノム創薬センター構造ゲノム部門[3]）

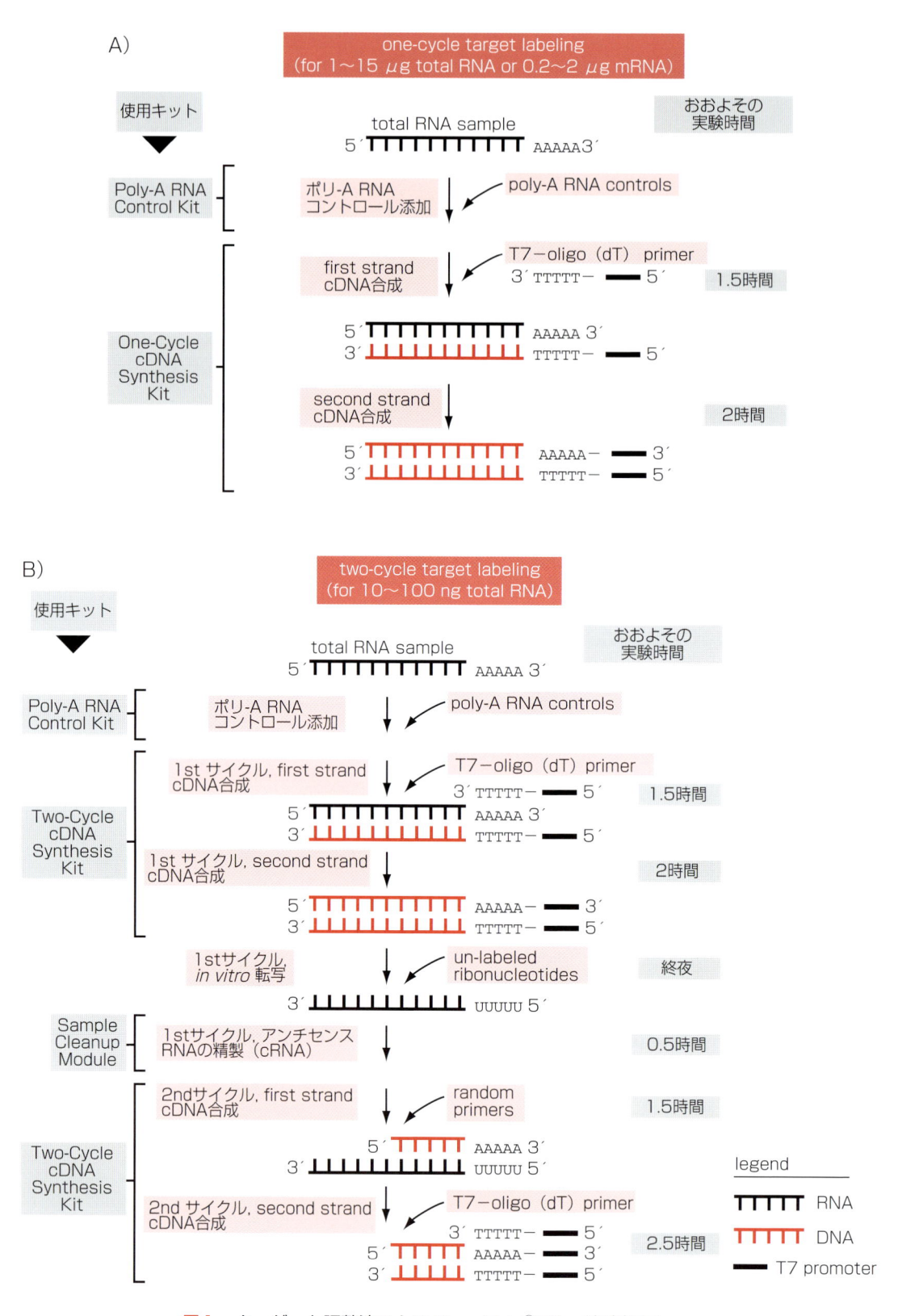

図1　ターゲット調整法ごとの GeneChip® アレイ解析フロー
　　A）one-cycle target labeling 法，B）two-cycle target labeling 法

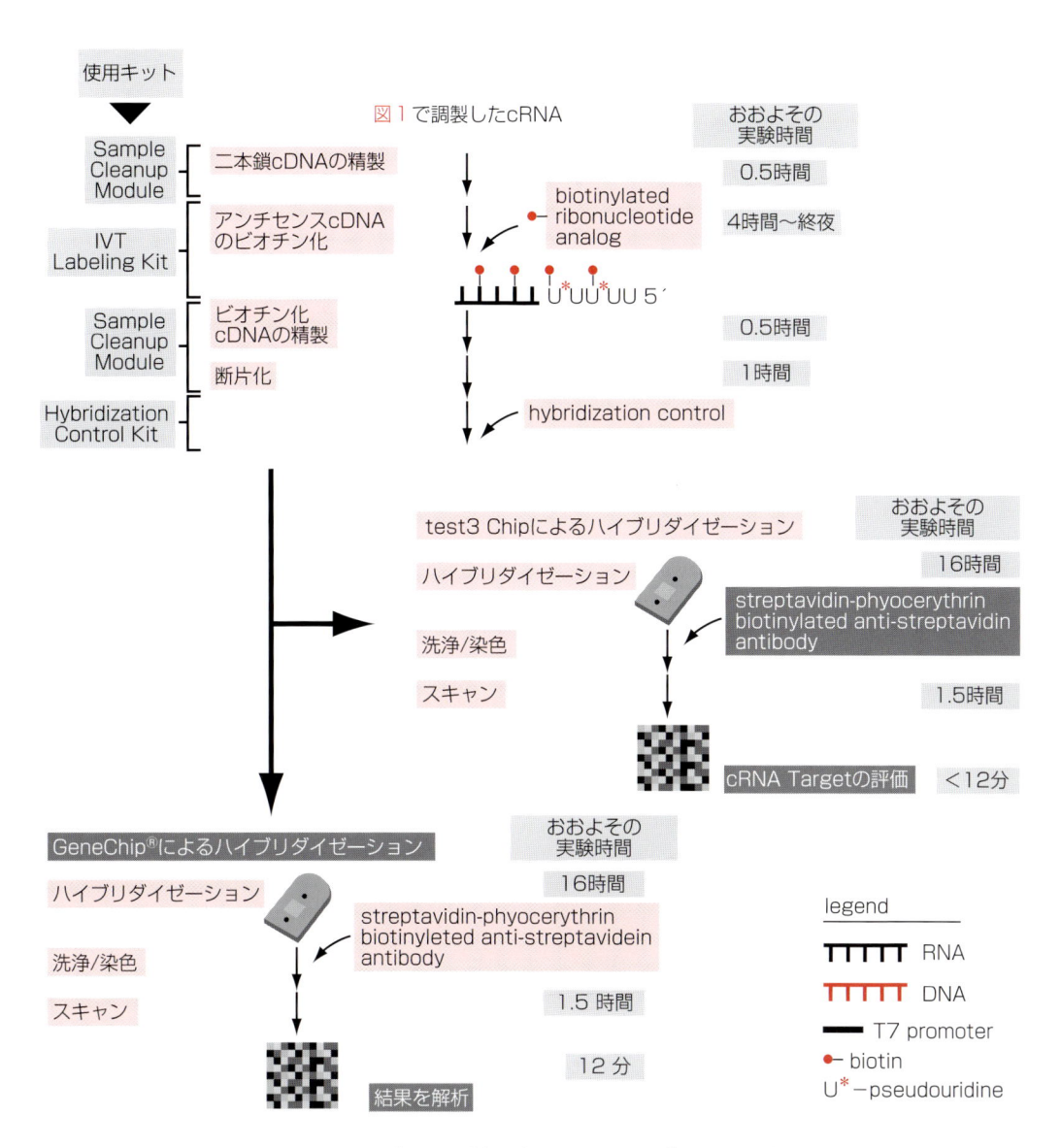

図2 cRNAターゲット調製以降のGeneChip®アレイ解析フロー

準備するもの

- total RNA

〈two-cycle target labeling法に必要なもの〉
ターゲットの調製で必要なもののみをリストアップ
- Two-Cycle cDNA Synthesis Kit（Affymetrix社）
- Eukaryotic Poly-A RNA Control Kit（Affymetrix社）
- MEGAscript® T7 Kit（Ambion社）
- GeneChip® Expression 3´-Amplification Reagents for IVT Labeling Kit（Affymetrix社）
- Sample Cleanup Module（Affymetrix社）

プロトコール[2]

ここではスタートtotal RNA量が10～100 ngの場合を例として，two-cycle target labeling法で行われる操作（図1B）を中心に記述した．one-cycle target labeling法との共通操作であるターゲットcRNAの精製以降（図2）については詳述をさけ，注意点の記述にとどめた．

取り扱い液量が少ないので，カラムによる精製操作と2ndサイクル，second-strand cDNA合成

表1 ポリ-A RNAコントロールの希釈

開始total RNA量	希釈系列				最終希釈率
	第1段階	第2段階	第3段階	第4段階	
10 ng	1:20	1:50	1:50	1:10	1/500,000
50 ng	1:20	1:50	1:50	1:2	1/100,000
100 ng	1:20	1:50	1:50		1/50,000

の一部操作を除き，反応は200 μlチューブで行うとよい．

1 ポリ-A RNAコントロールの準備

使用キット：Two-Cycle cDNA Synthesis Kit
　　　　　　Eukaryotic Poly-A RNA Control Kit

❶ スタートtotal RNA量にあわせてpoly-A RNA controlの段階希釈を行う（表1）
❷ T7-oligo（dT）primer/poly-A control mixを調製

T7-oligo（dT）primer/poly-A control mix	
T7-oligo（dT）primer	2 μl
希釈poly-A control	2 μl
RNase free water	16 μl
Total	20 μl（10反応分）

2 1st サイクル first-strand cDNA 合成

使用キット：Two-Cycle cDNA Synthesis Kit

❶ スタートtotal RNAと2 μlのT7-oligo（dT）primer/poly-A control mixを混合し液量を5 μlに調整
❷ タッピングで混合してスピンダウン後，70℃，6分の反応
❸ 4℃に冷却し，壁面についた水滴をスピンダウン
❹ 1st cycle, first-strand master mixを調製（サンプル数に合わせて調製）

1st cycle，first-strand master mixの組成	
5×1st strand reaction mix	2.0 μl
DTT（0.1 M）	1.0 μl
RNase Inhibitor	0.5 μl
dNTP（10 mM）	0.5 μl
SuperScript II	1.0 μl
Total	5.0 μl

❺ ❸の液に5 μlの1st cycle, first-strand master mixを加え，タッピング混合してスピンダウン
❻ 42℃，1時間の反応
❼ 70℃，10分で逆転写酵素を失活させ，4℃で冷却後，壁面についた水滴をスピンダウンして，すみやかに 3 へ進む

3 1st サイクル second-strand cDNA 合成

使用キット：Two-Cycle cDNA Synthesis Kit

❶ 1st cycle, second-strand master mixの調製（各試薬が微量なため，少なくとも4サンプル分以上まとめて調整するとよい）

1st cycle, second-strand master mixの組成	
RNase-free water	4.8 μl
$MgCl_2$（17.5 mM）（用時調製）	4.0 μl
dNTP（10 mM）	0.4 μl
E. coli DNA polymerase I	0.6 μl
RNase H	0.2 μl
Total	10.0 μl

❷ 10 μlの1st cycle, second-strand master mixを混合し，再び，タッピングで混合してスピンダウン
❸ 16℃，2時間の反応後，75℃，10分で酵素を失活させ，4℃で冷却後，壁面についた水滴をスピンダウン

4 1st サイクル IVT 合成（室温＊）

使用キット：MEGAscript® T7 Kit

❶ 1st cycle, IVT master mixの調製（サンプル数に合わせて調製）

1st cycle, IVT master mixの組成	
10×reaction buffer	5 μl
ATP solution	5 μl
CTP solution	5 μl
UTP solution	5 μl
GTP solution	5 μl
enzyme mix	5 μl
Total	30 μl

❷ 3-❸の反応液に30 μlの1st cycle, IVT master mixを加えて全液量を50 μlに調製し，タッピング混合後スピンダウン
❸ 37℃，16時間の反応後，スピンダウン

＊：氷上での反応液調整はDTT（10×reaction bufferに含まれる）析出の可能性があるため，enzyme mixの取り扱い以外は室温で行うこと．

5 1st サイクル cRNA の精製

使用キット：Sample Cleanup Module

❶ **4**-❸ 反応液を1.5 mlチューブに移し，50 μlの RNase free water を加えボルテックスで撹拌
❷ サンプルに350 μlのIVT cRNA binding buffer を加えボルテックスで3秒撹拌
❸ サンプルに250 μlのエタノールを加えピペッティングでよく混合（稀に沈殿が生じる場合もあるが，沈殿ごとよく混合し次の操作に用いる）
❹ サンプル700 μlをIVT cRNA cleanup spin column に移し，8,000 G，15秒遠心
❺ 濾液を捨て，カラムを新しいチューブに移す
❻ カラムに500 μlのIVT cRNA wash buffer を注ぎ，8,000 G，15秒遠心，濾液は捨てる
❼ カラムに500 μlの80％（v/v）エタノールを注ぎ，8,000 G，15秒遠心，濾液は捨てる
❽ カラムキャップをはずした状態で最高速（25,000 G以下），5分遠心を行い完全にエタノールを取り除く
❾ カラムを新しいチューブに移す
❿ 13 μlの RNase free water をカラムのフィルターに直接しみこませ，1分静置
⓫ 最高速（25,000 G以下），1分の遠心を行い，cRNAを溶出
⓬ 溶出量を測り収量を測定*

☞ ＊：スタートtotal RNA量が50 ng以下の場合もしくはcRNAの収量が600 ng未満の場合は全量を❻へもち込み，それ以外の場合は600 ng相当を❻へもち込む．

❻ 2ndサイクル first-strand cDNA 合成

使用キット：Two-Cycle cDNA Synthesis Kit

❶ 2 μlのrandom primers（3 μg/μl）を28 μlのRNase free water に希釈（用時調製）
❷ ❺-⓬に2 μlの希釈したrandom primers（0.2 μg/μl）を加え，RNase free water で液量を11 μlとする
❸ 70℃，10分の変性後，4℃で冷却し壁面についた水滴をスピンダウン
❹ 2nd cycle, first-strand master mix の調製（サンプル数に合わせて調製）

2nd cycle, first-strand master mix の調製	
5×1st strand reaction mix	4 μl
DTT（0.1 M）	2 μl
RNase inhibitor	1 μl
dNTP（10 mM）	1 μl
SuperScript II	1 μl
Total	9 μl

❺ ❸に9 μlのfirst-strand master mix を加え，タッピング混合後スピンダウン
❻ 42℃，1時間の反応後，4℃で冷却し壁面についた水滴をスピンダウン
❼ 1 μlのRNase H を加え，タッピング混合後スピンダウン
❽ 37℃，20分の反応後，95℃，5分で酵素を失活させ，4℃に冷却後，壁面についた水滴をスピンダウン

❼ 2ndサイクル second-strand cDNA 合成

使用キット：Two-Cycle cDNA Synthesis Kit

❶ 2 μlのT7-oligo（dT）primer（50 μM）を18 μlのRNase free water に希釈
❷ 4 μlの希釈したT7-oligo（dT）primer を❻-❽の反応液に加え，タッピング混合後スピンダウン
❸ 70℃，6分の反応後，4℃で冷却し壁面についた水滴をスピンダウン
❹ 2nd cycle, second-strand master mix の調整

2nd-cycle, second-strand master mix の調整	
RNase-free water	88 μl
5×2nd strand reaction mix	30 μl
dNTP（10 mM）	3 μl
E. coli DNA polymerase I	4 μl
Total	125 μl

❺ ❸の反応液を1.5 mlのチューブに移し，125 μlの2nd cycle, second-strand master mix を加え，タッピング混合後スピンダウン
❻ 16℃，2時間の反応後，2 μlのT4 DNA polymerase を加え，タッピング混合後スピンダウン
❼ 16℃，10分の反応後，4℃で冷却し壁面についた水滴をスピンダウン*

☞ ＊：4℃のまま長時間放置しない

❽ 二本鎖 cDNA の精製

使用キット：Sample Cleanup Module

☞ ＊：one-cycle target labeling法と共通の操作を行う

❾ ビオチン化 cRNA 合成

使用キット：GeneChip® Expression 3′-Amplification Reagents for IVT Labeling Kit

❽ においてcDNA elution buffer で溶出した全量のds cDNA をcRNA合成反応に用いる

❿ ビオチン化 cRNA の精製と定量

使用キット：Sample Cleanup Module

精製後の定量において，測定値にもとづくRNA量

A)
B)

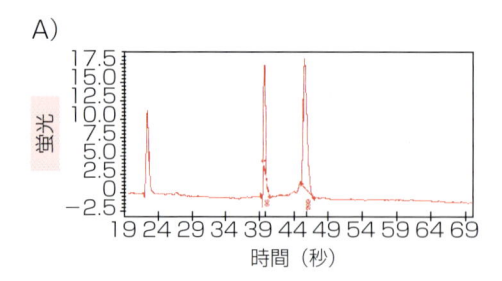

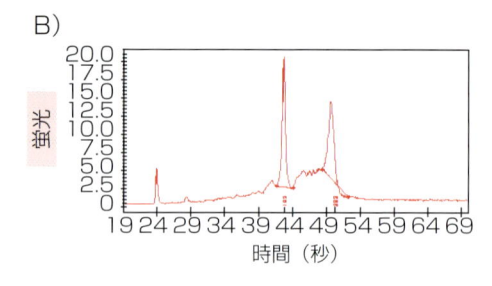

図3 BioAnalyzer の electropherogram による RNA サンプル比較
A）分解の進んでいないRNAサンプル（本項の実験例で用いたRNAサンプル），B）分解の進んだRNAサンプル

表2 RNAサンプルのクオリティーとアクチン遺伝子の3′/5′比[*1]

		one-cycle target labeling法	two-cycle target labeling法
スタートtotal RNA量	分解の進んでいないサンプル[*2]	7 μg	100 ng
	分解の進んだサンプル[*3]	1 μg	100 ng
アクチン遺伝子の3′/5′比	分解の進んでいないサンプル[*2]	1.04	2.55
	分解の進んだサンプル[*3]	1.26	12.28

[*1]：one-cycle target labeling法においてAffymetrix社が示す許容値は3程度である．[*2]：分解の進んでいないRNAサンプルとして，図3AのRNAを用いた．[*3]：分解の進んだRNAサンプルとして図3BのRNAを用いた

表3 スタートのtotal RNA量とGeneChip®アレイ数

	one-cycle target labeling法		two-cycle target labeling法	
	分化誘導前	分化誘導後	分化誘導前	分化誘導後
total RNA 量[*1]	7 μg	7 μg	100 ng	100 ng
GeneChip®アレイ反復枚数[*2]	4	4	3	3

[*1]：各ラベリング法1回当たりに用いたスタートのtotal RNA量．[*2]：mouse expression array 430Aの枚数

からスタートtotal RNA量を差し引いて補正することがマニュアルには記載されているが，two-cycle target labeling法ではそもそもスタートtotal RNA量が微量であるためこの補正は無視できる

11 cRNAの断片化
使用キット：Sample Cleanup Module

12 ハイブリダイゼーション（test3アレイおよびGeneChip®アレイ）
two-cycle target labeling法で調製したビチオン化cRNAを用いる場合，hybridization cocktailに終濃度10％となるようにDMSOを加える

13 洗浄とスキャン（test3アレイおよびGeneChip®アレイ）
GCOS®（GeneChip Operation system®：Affymetrix社）において，使用したキット，GeneChip®アレイに適した洗浄プロトコールを選択する必要がある

memo

RNAサンプルのクオリティーが重要である．図3のBioAnalyzerによる結果が示すようにピークが分解し，波形ベースラインが高くなったサンプル（図3B）を用いてターゲット調製を行った場合，one-cycle target labeling法では問題なくターゲットcRNAが得られたことに比べ，two-cycle target labeling法では調製されたターゲットの3′/5′比が著しく高くなってしまう（表2）．

表4 発現が確認された遺伝子とターゲットクオリティーの比較[*1]

	one-cycle target labeling法		two-cycle target labeling法	
	分化誘導前	分化誘導後	分化誘導前	分化誘導後
presentフラグが付いた遺伝子(%)[*2]	63.2	62.2	54.8	53.7
ハウスキーピング遺伝子3´/5´比アクチン	1.04	1.01	2.52	2.37
GAPDH	0.87	0.8	2.13	3.21

*1：反復試験における平均値を示した．*2：GCOS®が出力するフラグコールをもとに分類

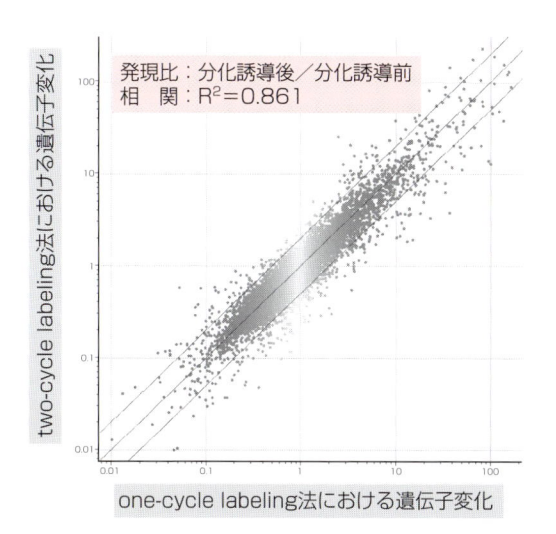

発現比：分化誘導後／分化誘導前
相　関：$R^2=0.861$

図4 one-cycle labeling法とtwo-cycle labeling法における遺伝子発現比のばらつき
X軸にone-cycle labeling法における発現比（分化誘導後/分化誘導前）をY軸にtwo-cycle labeling法における発現比をプロットした．X＝Yの上下の直線内にある遺伝子（プロット）はラベリング法による変動が2倍以内であるものを示している

実験例

two-cycle labeling法の評価実験として，同法の結果をone-cycle target labeling法および定量的RT-PCR（quantitative real-time RT-PCR）法の結果と比較した．

レチノイン酸による分化誘導前と分化誘導後のマウスES細胞からRNeasy Mini Kitを用いてRNAサンプルを調製し，NanoDrop（NanoDrop Technologies社）とBioAnalyzer（Agilent Technologies社）により，RNAの質と濃度を確認後total RNAサンプルとした．

解析にはmouse expression array 430Aを用いた．one-cycle target labeling法とtwo-cycle labeling法でのスタートtotal RNA量と反復の実験回数は表3の通り．

ターゲット調製法の違いによる評価手順

①GCOS®により出力されたデータをGeneSpring® Ver. 6.1（Silicon Genetics社）に取り込む．チップごとにグローバルノーマライゼーションを適用して解析

②GCOS®によりpresentと判定された遺伝子*を抽出し，反復間の平均値を求める．平均値から発現比（分化誘導後／分化誘導前）を算出

＊：実際には転写産物と表記した方がよいが，本項では遺伝子と表記

③散布図により，全体的なラベリング手法間でのばらつきを評価．定量的RT-PCR法との比較から個々の遺伝子の発現比を評価（図3）

GCOS®より出力される，presentのフラグコール（遺伝子が有意に発現していたことを示す）の割合をone-cycle target labeling法とtwo-cycle labeling法で比較すると（表4），前者では約6割程度が確認されたことに対し，後者では約5割程度にまで減少している．一方，ターゲットの質を表す3´/5´比をみると，前者では1に近い値が得られているのに対し，後者では2.5付近の値となっている．one-cycle target labeling法においてAffymetrix社が示す許容値が3程度であるので，two-cycle target labeling法においてもほぼこの基準をみたしているといえる．しかし，one-cycle target labeling法に比べ，ターゲットの質

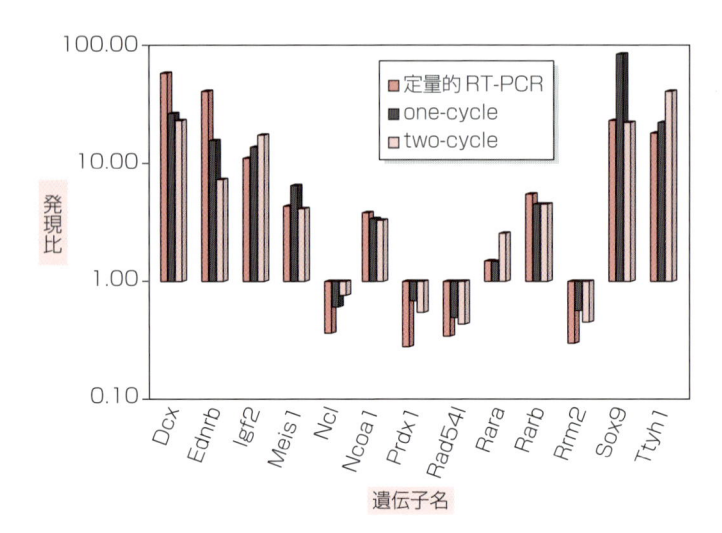

図5 定量的RT-PCR法との比較
GeneChip®アレイ解析により得られたone-cycle target labeling法（one-cycle）とtwo-cycle labeling法（two-cycle）の発現比（分化誘導後／分化誘導前）を定量的RT-PCR（quantitative real-time RT-PCR）法により得られたそれと比較した

は低下している．

一方，two-cycle target labeling法の結果から，分化誘導前と分化誘導後において有意に発現していたとされる遺伝子（約14,000）について遺伝子の発現比を求めると，その変動はone-cycle target labeling法のそれとどのような相関が得られるであろうか．これを散布図で示したのが次の図4である．

ラベリング法による発現比（分化誘導後／分化誘導前）とばらつきはほぼ2倍のばらつき中におさまっており，相関（$R^2 = 0.861$）も高いことが示された．

さらに，GeneChip®アレイ解析と同一のtotal RNAサンプルを用い，13遺伝子についてTaqMan® probe法による定量的RT-PCRを行った．解析結果から分化誘導前と分化誘導後の発現比（分化誘導後／分化誘導前）を求め，これをone-cycle target labeling法とtwo-cycle labeling法で求めた発現比と比較した．（図5）

RNAサンプルに含まれるmRNAの量をマイクロアレイ解析よりも高精度に検出できる定量的RT-PCRの結果とGeneChip®アレイ解析の結果は同様の傾向が認められ，個々の遺伝子に絞った評価においてもone-cycle target labeling法とtwo-cycle labeling法ともに信頼性のある結果が得られていたといえる．

おわりに

two-cycle target labeling法は微量RNA試料しか得られない実験において，非常に有効なターゲット調製法である．しかし，遺伝子発現解析実験の信頼性を保つためには分解の少ない良質なRNAサンプルを準備する必要がある（MEMO参照）．

3′/5′比の結果が示すように，微量RNAサンプルから2度の増幅反応を行うことによりある程度，ターゲットの質が低下することは避けられない．これを補うためには十分な反復実験を行い，実験結果の信頼性を確保する必要がある．さらに，フラグコールにおける発現遺伝子数の減少という問題も存在しており，リスクを考慮した実験計画が重要である．定量的RT-PCRのデータからも明らかであるように，GeneChip®アレイにより得られるデータの質は飛躍的に向上した．このシステムで有意の変動を示した遺伝子は他の手法で確認してもほとんどの場合同様の結果が得られる．またこのような高い解析精度は受託分析を活用すれば誰でも得ることができる．すでにGeneChip®システムに関しては精度を云々する時代は去ったことを最後に書き添えて結びとしたい．

参考文献

1) Affymetrix社（http://www.affymetrix.com/index.affx）
2) 「GeneChip® Expression Analysis Technical Manual Rev. 5」，Affymetrix社

4. DNAマイクロアレイ技術

門脇正史　勝間進　塩島聡　辻本豪三

> DNAマイクロアレイはガラスやシリコン製の小基盤上にDNA分子を高密度に配置したものであり，数千から数万種といった規模の遺伝子発現を同時に観察することができる手法である．この技術を用いることによって，病態などにおける特異的な遺伝子発現パターン（プロファイル）を同定することができる．

はじめに

ヒトゲノム配列が決定された現在，世界の研究者の関心はDNAの一次構造（塩基配列）から，ゲノムに埋め込まれている遺伝子機能の解読，すなわち機能ゲノム科学へと移行している．DNAマイクロアレイ技術に代表されるトランスクリプトーム解析技術は，機能ゲノム科学を支える大きな柱となっている．

DNAマイクロアレイは，その作製原理によってAffymetrix社方式とスタンフォード方式の2つに大別される．Affymetrix社方式のオリゴヌクレオチドアレイ（GeneChip™）は，フォトリソグラフィック技術と光照射化学合成を組合せて，基盤上で20塩基程度のオリゴヌクレオチドを合成するのに対し（4章-3参照），後者はPCR産物や70mer程度のオリゴヌクレオチドをスライドガラス上に，高密度にスポットしたものである．

DNAマイクロアレイの利点は，研究対象にあわせて独自のアレイを作製できるところにある．例えば，解析対象となる臓器や細胞のcDNAライブラリー由来のクローンをスポットすることによって臓器，および細胞特異的アレイを作製することができる．また，癌などの疾患特異的に発現するクローンをあらかじめ選定し，それらをスポットすることによって，疾患特異的アレイを作製することができる．本項では，大腸菌クローンからのDNAマイクロアレイ作製法とそれを用いた発現プロファイル解析法に関して詳説する．

原理

2つのサンプル（例えば正常組織と病態組織）より調製したRNAを，逆転写時に異なる蛍光色素（通常Cy3とCy5）を用いて標識することによりターゲットDNAを調製する．このターゲットDNAを，DNAマイクロアレイ上で競合的にハイブリダイゼーションさせた後，各スポット（プローブDNA）のシグナルを数値化することにより，相対的な遺伝子発現量の変化を解析する（図1）．実際の実験の流れを図2に示す．この図ではマイクロアレイを用いた遺伝子発現解析研究について理解を助けるため，各段階での操作を大きく5つに分類した．このうちDNAマイクロアレイの作成は市販のアレイなどを用いる場合には必要としない．ターゲットcDNAの調製では遺伝子発現解析を行う試料は，抽出したRNAを蛍光標識し，ターゲットcDNAとして準備する．ハイブリダイゼーションで得られた発現データは画像データから数値化データとして取得され，ここまでが，手を動かす実験操作になる．さらに遺伝子発現プロファイルは，スキャンで得

Tadashi Kadowaki / Susumu Katsuma / Satoshi Shiojima / Gouzou Tsujimoto : Department of Genomic Drug Discovery Science, Graduate School of Pharmaceutical Sciences, Kyoto University（京都大学大学院薬学研究科ゲノム創薬科学分野）

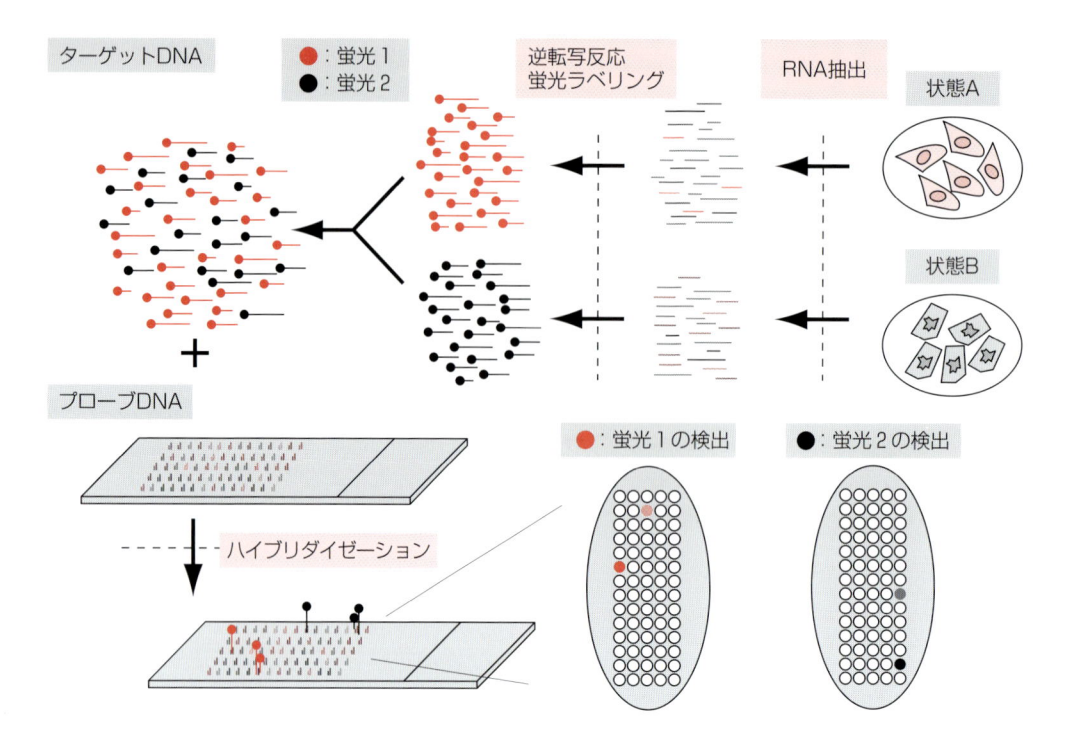

図1 DNAマイクロアレイの原理

スタンフォード方式のDNAマイクロアレイでは，一般的に検出波長の異なる2種類の蛍光色素を用いて標識cDNAを合成し，競合的なハイブリダイゼーションを行うことでトランスクリプトームの相対的な発現比を検出する．各状態のトランスクリプトームを標識して得られたターゲット分子を，アレイ上に固定化されたプローブ分子と競合的にハイブリダイズさせ，マイクロアレイ蛍光スキャナーによるスキャニングで，その蛍光強度を計測する．スキャナーより得られたそれぞれの検出波長の画像データを数値化することで，遺伝子発現強度を数値データとして得ることができる

られた数値データを元に必要な補正処理などを行い，分かりやすい形で発現変動を視覚化することで多くの場合表現される．

i) DNAマイクロアレイの作製

1) プラスミドDNAの調製

準備するもの

＜材料，器具＞
- cDNAクローン保持大腸菌ストック（96穴プレート）
- ディープウェルプレート（Corning社，#431140）
- Air pore Tape sheet（Qiagen社，#19571）
- プレート遠心機
- MAFB マルチスクリーンプレート（Millipore社，MAFBN0B50）
- MAFC マルチスクリーンプレート（Millipore社，MAFBN0B50）
- Vacuum Manifold Basic kit（Millipore社，MAVM 096 OR）
- 96 ウェル v-ボトムプレート（Corning社，#3894）

＜試薬＞
- 2×LB（適当な抗生物質を含む）
  bacto tryptone 20 g
  bacto yeast extract 10 g
  NaCl 10 g/1L
- solution 1
  30 mM glucose
  15 mM Tris-HCl（pH 8.0）
  30 mM EDTA Na_2
  60 μg/ml RNaseA
- solution 2
  0.2 N NaOH
  1% SDS
- solution 3
  3.6 M KOAc
  6 M AcOH
- TE buffer
  10 mM Tris-HCl pH 8.0
  1 mM EDTA Na_2
- binding buffer（8M guanidine-HCl）
- 80％エタノール

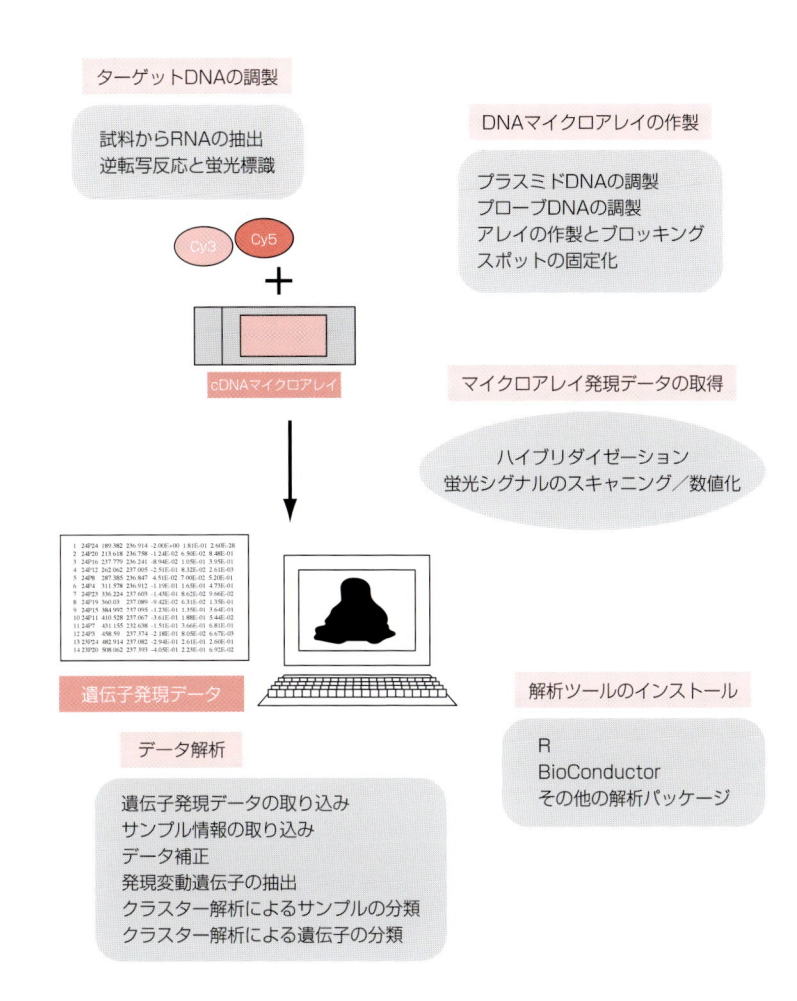

図2　DNAマイクロアレイを用いた遺伝子発現研究の流れ
詳細は本文を参照

プロトコル

❶ 適当な抗生物質の入った2×LBをディープウェルプレートに1,200 μl/ウェルずつ分注する[*1]

☞ ＊1：96ウェルプレートをベースとした作業はrobotics（Biomek2000など）やマルチピペットを用いて行う．

❷ 大腸菌クローンストックプレートから，2×LBを分注したディープウェルプレートに植菌する[*2]

☞ ＊2：各ウェル間のクロスコンタミには十分注意する．

❸ ディープウェルプレートにAir pore Tape sheetを貼り付け，37℃にて振盪培養する（>300 rpm，20時間以上）[*3]

☞ ＊3：大腸菌が増殖していないウェルはチェックしておく．

❹ プレートを遠心し（3,000 rpm，15分），上清をデカンテーションし，残った培地はキムタオルにたたきつけて取り除く

❺ 80 μl/ウェルずつsolution 1を加え，よく懸濁する

❻ 90 μl/ウェルずつsolution 2を加え，よく懸濁する

❼ 90 μl/ウェルずつsolution 3を加え，よく懸濁する

❽ 懸濁液を全量MAFCマルチスクリーンプレートに移す

❾ MAFBマルチスクリーンプレートに100 μl/ウェルずつbinding bufferを分注する

❿ MAFCプレート（溶菌液）を上，MAFBプレート（binding buffer）を下にしてバキュームマニホールドにて吸引し，MAFBプレートに回収する

⓫ MAFB プレート上で溶菌液と binding buffer をピペッティングにて混合する
⓬ MAFB プレートをバキュームマニホールドにて吸引し，混合液を濾過する
⓭ 80 μl/ウェルずつ 80％エタノールを加え，バキュームマニホールドにて吸引する．この操作を3回繰り返す（洗浄）
⓮ 遠心にて余分な水分を取り除いた後，80 μl/ウェルずつ TE buffer を加え，室温で10分放置する
⓯ MAFB プレートを上，回収用96ウェルプレートを下に重ねて遠心し，プラスミド DNA を回収する

2）プローブ DNA の調製

準備するもの

<材料，器具>
- Thermofast96（日本ジェネティクス社，#AB0600）
- Easy-peel Film（日本ジェネティクス社，#AB0745）
- 96ウェル v-ボトムプレート（Corning 社，#3894）
- MANU マルチスクリーン PCR（Millipore 社，MANU03050）
- Vacuum Manifold Basic kit（Millipore 社，MAVM 096 OR）
- 遠心エバポレーター（96穴プレート対応のもの）

<試薬>
- Takara Ex Taq（Takara 社，#RR001）
- フォワードプライマー（10 μM），リバースプライマー（10 μM）

プロトコール

❶ 前項で精製したプラスミド DNA 4 μl に蒸留水196 μl を加え，鋳型 DNA 溶液を調製する[*1]

☞ ＊1：ステップ❶で残った鋳型 DNA は DNA 濃度の測定に利用する．

❷ Thermofast96 に以下の組成で PCR 溶液を作製する

フォワードプライマー（100 μM）	10 μl
リバースプライマー（100 μM）	10 μl
2.5 mM dNTP	8 μl
10×Ex Taq buffer	10 μl
Ex Taq（5 U/μl）	0.5 μl
dH$_2$O	11.5 μl
鋳型 DNA	50 μl
Total	100 μl

❸ Easy-peel Film にてシールした後，Thermal cycler にて PCR 反応を行う

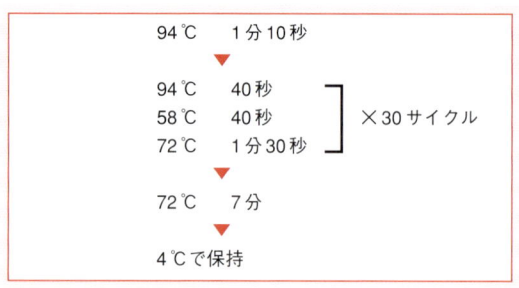

```
94℃   1分10秒
  ▼
94℃   40秒  ┐
58℃   40秒  ├ ×30サイクル
72℃   1分30秒 ┘
  ▼
72℃   7分
  ▼
4℃で保持
```

❹ PCR 反応液を MANU マルチスクリーン PCR に移す
❺ バキュームマニフォールドで吸引する
❻ 100 μl の蒸留水を加え，バキュームマニフォールドで吸引する
❼ 100 μl の蒸留水を加え，バキュームマニフォールドで吸引する
❽ 110 μl の蒸留水を加え，ピッペティングし，80 μl 溶液を96ウェル v-ボトムプレートに回収する
❾ 50 μl の蒸留水を加え，ピッペティングし，80 μl 溶液を同じ96ウェル v-ボトムプレートに回収する
❿ 遠心エバポレーターにて dry up する
⓫ 80 μl の蒸留水を加え，振盪しながら再溶解する4時間以上）[*2]

☞ ＊2：ステップ⓫で得られた DNA 1 μl を用いて電気泳動し，増幅を確認する．

⓬ 低速遠心後，－20℃にて保存する

3）アレイの作製とブロッキング

準備するもの

<材料，器具>
- 384ウェルプレート（NUNC 社，#265196）
- Air pore Tape sheet（Qiagen 社，#19571）
- 分注機（Multimek96 など）
- Affymetrix 417 arrayer（Affymetrix 社）
- マイクロアレイ用スライドガラス（松浪硝子社，高密度化アミノ基導入タイプ，#SD00011）
- デシケータ
- UV クロスリンカー（Stratagene 社）
- ダイヤモンドペン
- OA クリーナー
- 染色壺
- 染色バスケット
- スライドケース

<試薬>
- 1-methyl-2-pyrrolidinone（Sigma 社，#44397-8）
- 無水コハク酸（Wako 社，#198-04355）
- 3×SSC
- 1M ホウ酸（pH 8.0）[*1]

☞ ＊1：1 Mホウ酸は用時調製のものを使用する．

- 0.2％SDS
- 95％エタノール
- ブロッキング溶液＊2
  無水コハク酸2.7 gを164.7 mlの1-methyl-2-pyrrolidinoneに溶解し，その後15.3 mlの1Mホウ酸（pH 8.0）を加えることでブロッキング溶液を作製する．

☞ ＊2：ブロッキング溶液は調製後直ちに使用する．

プロトコール

❶ 分注機（Multimek96）を用いてPCR産物を384ウェルプレートに移し替える
❷ Air pore Tape sheetを貼り，遠心エバポレーターでdry upする
❸ 3×SSCを15 μl/ウェルで分注し，プローブDNAを再溶解する
❹ arrayerの操作説明書に従い，プローブDNAをスライドガラスにスポットする
❺ スライドケースに入れ，デシケータ内で72時間以上乾燥させる
❻ スポット位置を確認し，マージンをもたせてスポット面側にペンでマーキングする
❼ ペンでつけた印をガイドにスポット裏面にダイヤモンドペンで傷を付ける．その後，OAクリーナーを吹き付けることでガラスの破片などを取り除く
❽ スライドガラスを80℃インキュベーター内で1時間ベーキングする
❾ スライドガラスをUVクロスリンカー内に並べ，クロスリンクする（60 mJ）
❿ 固定化したスライドガラスを染色バスケットに入れ，0.2％SDS中で2分間洗浄する＊3

☞ ＊3：0.2％SDS，および蒸留水中での洗浄は1回／2秒の割合でバスケットを出し入れしてよく行う．

⓫ ブロッキング溶液を染色壺に移し，20分間スライドガラスを浸す＊4

☞ ＊4：ブロッキング溶液は時間経過とともに白濁し，沈殿物が現れる．ブロッキング操作中は2分に1回程度溶液を混合し，沈殿物を均一にするようにする．

⓬ スライドガラスを蒸留水中で洗浄する（1分×3回）
＊5

☞ ＊5：ブロッキング後の洗浄は激しく行い，ブロッキング溶液を完全に洗い流すこと．スライドの表面を水がなめらかに流れることを洗浄終了の目安とする．上記の洗浄1分×3回）でも洗い流せないときは，適宜洗浄回数を増やす．

⓭ 沸騰した蒸留水中に2分間スライドを浸す
⓮ 95％エタノールに1分間スライドを浸した後，スライドケースに移し低速遠心にて乾燥させる1,000 rpm，5分）

ⅱ）ターゲットDNAの調製，およびハイブリダイゼーション

準備するもの

<材料，器具>
- total RNA 5〜50 μg，またはpoly（A）＋RNA 0.2〜1 μg
- ヒートブロック（42℃，65℃，70℃）
- 65℃ウォーターバス
- スライドバケット一式
  A. staining dish（ThermoShandon 112）
  B. staining dish cover（ThermoShandon 111）
  C. staining rack 19（ThermoShandon 109）
- ハイブリチャンバー（corning #2551）
- ハイブリスリップ（ギャップカバーグラス，松浪硝子社，#CS03401）

<試薬>
- CyScribe First-Strand cDNA Labelling kit（Amersham Biosciences社，#RPN6200）
  random nonames
  Anchored loigod（T）
  5×CyScript buffer
- FluoroLink Cy3-dUTP（Amersham Biosciences社，#PAS53022）
- FluoroLink Cy5-dUTP（Amersham Biosciences社，#PAS55022）
- QIAquick PCR Purification kit（Qiagen社，#28104）
- 1N HCl
- alkaline solution（1N NaOH/20 mM EDTA）
- 20×SSC
- 10％SDS
- DEPC水
- COT-1 DNA（human社，#15279-011；mouse，#18440-016）
- poly（A）（Roche社，#108626）
  20 μg/μlに調製
- tRNA（Sigma社，#R8759）
  20 μg/μlに調製
- ウォッシュバッファー1（2×SSC，0.1％SDS）
- ウォッシュバッファー2（0.2×SSC，0.1％SDS）
- ウォッシュバッファー3（0.2×SSC）

プロトコール

❶ 適当量*1のtotal RNAまたはpoly（A）＋RNAを9μlのDEPC水に溶解する

☞ *1：組織や細胞によってRNAのラベル効率は異なるので，至適RNA量を検討する必要がある．

❷ RNAにrandom nonamers 1μl，およびAnchored oligo d（T）1μlを加え，70℃で5分間インキュベーションする

❸ 室温で10分間静置した後，軽く遠心する

❹ RNA/primer溶液に5×CyScript buffer 4μl，0.1M DTT 2μl，dUTP nucleotide mix 1μl，Cy3-dUTP（またはCy5-dUTP）1μl，およびCyScript RT 1μlを加えタッピングにて混合した後軽く遠心する（全量で20μl）*2

☞ *2：一連の標識/ハイブリ操作では蛍光色素保護のため，できるだけ遮光下で行うこと．

❺ 42℃で1.5時間インキュベーションする

❻ alkaline solutionを1.5μl加えた後，65℃で10分間インキュベーションする

❼ 1N HClを1.5μl加え，反応溶液を中和する

❽ Cy3およびCy5でラベルした反応溶液を1つにまとめ，COT-1 DNAを20μg加えた後，溶液量が100μlとなるようDEPC水を加える

❾ QIAquick PCR Purification kitにてラベル化cDNAを精製する（30μlのelution bufferにて溶出）

❿ 真空遠心乾燥機にてcDNA溶液をdry upする

⓫ cDNAを18μlのDEPC水に再溶解し，tRNA 3μl，poly（A）3μl，20×SSC 5.1μl，および10% SDS 0.9μlを加え全量30μlにする

⓬ 100℃で2分間変性させた後，室温で30分間放置する

⓭ ハイブリチャンバーにスライドガラス（DNAアレイ）をセットする

⓮ スライドガラスにハイブリスリップをかぶせ，横からターゲット溶液を流し込む*3

☞ *3：使用するマイクロアレイの面積とカバースリップのタイプによって，ハイブリダイゼーション溶液の液量を変えること．

⓯ ハイブリチャンバーに乾燥防止用の超純水を加えた後，蓋を閉め，65℃ウォーターバスにて13時間ハイブリダイゼーションを行う

⓰ 反応終了後，ウォッシュバッファー1中でハイブリスリップを外し，staining rack 19にセットする*4

☞ *4：ハイブリ終了後は洗浄操作が終了するまでチップ表面を乾燥させないこと．

⓱ ウォッシュバッファー1中にて10分間，回転子を用いて溶液を撹拌し洗浄する

⓲ ウォッシュバッファー2中にて10分間，回転子を用いて溶液を撹拌し洗浄する

⓳ ウォッシュバッファー3中にて10分間，回転子を用いて溶液を撹拌し洗浄する

⓴ staining rack 19のまま，キムワイプに乗せ，2,000 G，2分間遠心することで乾燥させる*5

☞ *5：洗浄後は速やかにスキャニングすること．

ⅲ）スキャニング

準備するもの

- ハイブリダイゼーション後洗浄したDNAマイクロアレイ
- Agilent2100，マイクロアレイスキャナー
- エアーダスター

プロトコール

（準備）レーザー起動時間を見込んで本体の電源を入れておく（約20分）

❶ PCの電源を入れてログインし，コントロールアプリケーション「Agilent Scan controller」を起動する*1

☞ *1：コントローラーが起動するとスキャナー本体を認識し，自動的にスキャナーのInitializeが開始する．コントローラー画面上，左下ステータス表示が「Status：Scanner ready」となり本体yellow灯の消灯で準備完了となる．

❷ エアーダスターで埃を落とし，保持カートリッジに，洗浄後のマイクロアレイを装着する*2

☞ *2：スキャンされる面を十分確認すること．

❸ アレイを装着したカートリッジをカルーセルに順次装填する

❹ カルーセルの蓋を正しい位置にあわせ，カルーセルを本体に装填する

スキャン条件の設定とスキャン

❺ データを保存する新規フォルダを作製する

❻ ＜Agilent scan control＞でスキャン条件を入力する*3

```
operator：実施者の名前
End slot：スキャンするアレイ数
descriptionに各チップの定義，実験番号などを記入する
Output path：ファイルを保存するディレクトリ
Scan power：スキャニング強度
```

☞ *3：画像データとアレイとの対応はここでつけられるので，バーコードリーダーを活用するなどしてデータの取り違いを防ぐことは重要である．

❼ Scan slotでスキャン開始（約8分／チップ）
❽ スキャン結果のレポートを確認して，Scan Progressをcloseするとロックが外れるのでチップを取り出す
❾ 「Agilent Scan controller」を終了し，PC，本体の電源を順次落とす

iv）スキャン画像の数値化

準備するもの

- スキャン後の画像ファイル
- 数値化解析ソフト
  「Feature Extraction v.7.1 スキャナーに付属するソフトウェア」

プロトコール

❶ Feature Extractionを起動する
❷ File→Open→から選択し，スキャン画像を読み込む（図3 A）
❸ 数値化領域のcroppingを行う（図3 B）
❹ Save modified image（FDアイコン）→ Save Modified Imageでcroppingした画像を保存する
❺ Grid Mode On/Off（Gridアイコン）→ GAL Format Fileを選択→OK→スポット情報を記述したgalファイルを読み込む
❻ Geometry Informationでアレイに応じたパラメータを設定する

```
Normal spacing between subgrids: Column=40, Row=130
```

❼ Auto Fitでスポットの位置合わせを行う*1

☞ *1：このときToggle Log（Scalelogアイコン）により画像をlog表示にすると，以降の操作が容易である．

❽ Adjust Subgrid→1つずつGridを選択し，移動および回転により可能な限り四隅を正しく合わせる．

（図3 C，四隅をドラッグすると回転，それ以外は移動．必ず角がスポットの円の内部に入るようにする）
❾ Save grid（FDアイコン）→保存でグリッド情報を保存する
❿ Grid Mode On/Off（Gridアイコン）によりGrid Modeを解除する
⓫ Feature Extraction → Feature Extractor → Result files（すべてのfileを選択）→ MOREを選択→ FindSpots → Dev Limit=50に設定→ Run → OKによりFeature Extractionを行う
⓬ Resultsウィンドの内容を確認→ OK
⓭ スポット位置の自動認識の結果を確認する（図3 D）
⓮ Feature Extractionを終了する

☞ *2：設定パラメータの詳細などはソフトウェア付属のマニュアルを参照すること．

v）DNAマイクロアレイデータの解析

1）解析ツールのインストール

DNAマイクロアレイデータの解析を行うには，さまざまな統計解析手法が利用可能で，自由度が高く，かつ，簡単に扱えるソフトウェアが望ましい．そのような要求に一番答えられると期待されているソフトウェアがS言語あるいはR言語（以下Rとする）[3]である．RはS言語との互換性が高いフリーソフトウェアである．また，R上で動く，DNAマイクロアレイ解析パッケージも開発されている．ここでは，RおよびDNAマイクロアレイ解析パッケージのBioConductor[4]をインストールする．

準備するもの

- 解析用コンピュータ（Linux, Mac, Windows）
- インターネット接続環境

プロトコール

❶ 以下のサイト（http://cran.r-project.org/のミラーサイト）より，統計解析システムのRの最新版（2004/06現在 1.9.1）をダウンロードし，インストールする

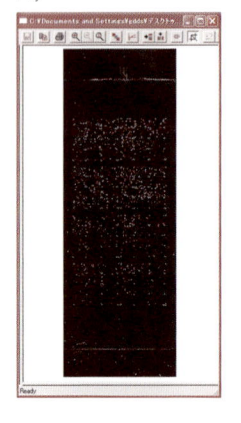

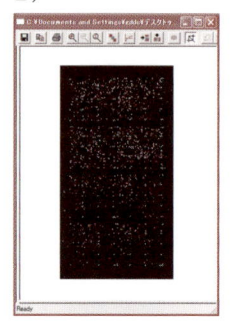

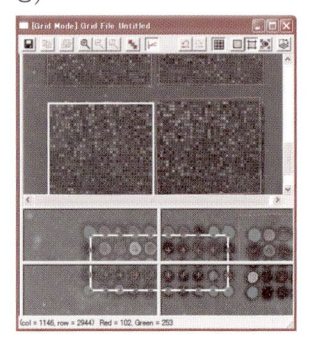

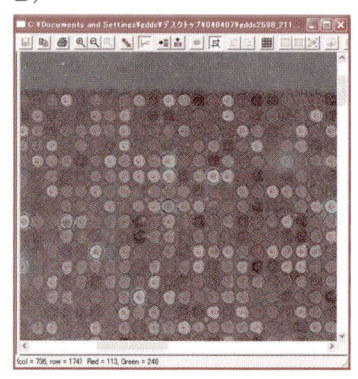

A) B)

C) D)

図3 数値化解析ソフトによるスキャン画像の数値化

数値化解析ソフトFeature Extraction（Agilent社）を用いたスキャン画像の数値化処理．マイクロアレイスキャナーで読み取ったアレイ上の蛍光シグナルの画像を取り込み（A），数値化する領域を選択してclopping する（B）．clopping 画像は，プローブDNAのスポット位置情報をもとに，解析スポットの位置合わせを行う（C）．数値化解析ソフトは与えられた位置情報と画像ファイルのシグナル値の分布からスポットを解釈し（D），各スポットのシグナル値やバックグラウンド値の数値化を行う．→巻頭カラー13参照

```
http://cran.md.tsukuba.ac.jp/bin/linux （Linux）
http://cran.md.tsukuba.ac.jp/bin/macosx （Mac）
http://cran.md.tsukuba.ac.jp/bin/windows （Windows）
```

❷ 管理者権限でRを起動し以下のコマンドを実行して，BioConductor（http://www.bioconductgor.org/）をインストールする．（">" はRのプロンプトを表す．この文字はキーボードからは入力しない．）以下の操作はすべてLinux上で動作確認を行った

```
> source("http://www.bioconductor.org/getBioC.R")
> getBioC(libName="all", bundle=TRUE)
```

インストール中はさまざまなメッセージが表示される

❸ BioConductorで用意されているサンプルデータをインストールする

```
> getBioC(libName="colonCA", bundle=FALSE)
```

インストール中はさまざまなメッセージが表示される

❹ その他，解析に必要なパッケージをインストールする

```
> options(CRAN="http://cran.md.tsukuba.ac.jp")
> install.packages("e1071", "~/lib/R/library")
> install.packages("rpart", "~/lib/R/library")
> install.packages("som", "~/lib/R/library")
> install.packages("tree", "~/lib/R/library")
```

❺ Rを終了する

```
> q()
```

"Save workspace image? [y/n/c]:"と表示されるので，"y"と答えて終了する

2）マイクロアレイデータの補正，発現変動遺伝子リストの作製

cDNAマイクロアレイは2色の蛍光色素を用いて2種類のサンプルのRNAを標識するため，色素間で偏りが生じる．（図4参照）このような偏りを取り除く操作を行う必要がある[5]．また，実験ごとに色素とサンプルRNAの対応を変えている場合，以後の計算で間違いが起きないように，反転操作などを適切に行って

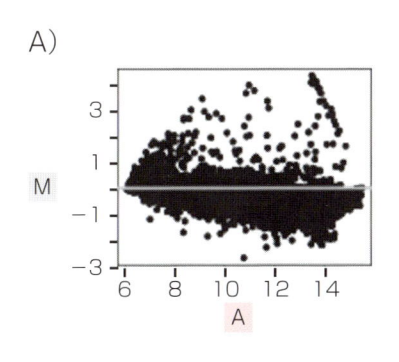

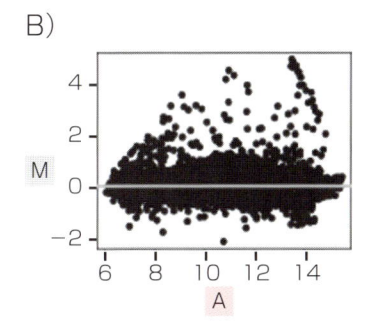

図4　LOESSによるデータ補正
生データ（A）では，発現量は多いほど，Cy3の蛍光強度が高いことがわかる．補正後（B）はそのような傾向が消えている．図横軸（A）：平均発現強度，図縦軸（M）：発現強度比

おく．色素の割り当てをうまく選ぶことで，誤差を最小限にすることができる[6]．最後に，複数の実験をまとめ，発現変動の大きな遺伝子のリストを作製する．発現変動の大きな遺伝子は，病態のマーカーになる可能性がある．1つのマーカーで十分でない場合は，複数の遺伝子のセットでマーカーとすることもできる．これを行うのが判別器である（後述）．

準備するもの

- 解析用コンピュータ（Linux，Mac，Windows）
- 数値化されたマイクロアレイデータ
- 各アレイで用いたサンプルに関する情報

プロトコール

❶ Rを起動する

❷ 必要なパッケージの読み込み

```
> library("marray")
```

❸ サンプルデータの準備

```
> data(swirl)
```

❹ データ補正（スポットピンごとのLOESS補正）

```
> swirl.norm <- maNorm(swirl)
```

❺ プロットオプションの変更

```
> par(ask=TRUE)
```

❻ 生データおよび補正データのプロット（図4）{x軸は，平均発現強度：A＝[log2（Cy5）＋log2（Cy3）]/2，y軸は，発現強度比：M＝log2（Cy5）－log2（Cy3），となっている}

```
> maPlot(swirl[,1])
> maPlot(swirl.norm[,1])
```

❼ サンプルデータ内の実験サンプル情報の取得，表示（入力例A）

❽ 実験サンプルを平均化

```
> dye.reversed <- experiment.info$"experiment Cy3" == "swirl"
> dye.reversed
 [1] TRUE FALSE  TRUE FALSE
> M <- maM(swirl.norm)
> A <- maA(swirl.norm)
> M[,dye.reversed] <- -M[,dye.reversed]
> M.mean <- apply(M, 1, mean, na.rm=TRUE)
> M.median <- apply(M, 1, median, na.rm=TRUE)
```

❾ 発現変動遺伝子リストの表示（ここでは，平均で3倍以上変化のある遺伝子を選んでいる）（入力例B）．

meanではあがっていた7-K10，7-K22がmedianではなくなっている．これは1番目のチップのデータが何らかの理由ではずれ値になっているが，medianの場合ははずれ値の影響を受けにくいことが確認できる．

❿ Rの終了

```
> q()
```

memo

再度同じ解析ができるように，Rのコマンドをファイルに保存しておくとよい．history()を実行すると過去に実行したコマンドをみることができる．また，savehistory("history.txt")を実行すると，history.txtというファイルを作成

（次ページに続く）

```
> experiment.info <- maInfo(maTargets(swirl))
> experiment.info
  # of slide Names        experiment Cy3  experiment Cy5  date        comments
1   81       swirl.1.spot swirl           wild type       2001/9/20   NA
2   82       swirl.2.spot wild type       swirl           2001/9/20   NA
3   93       swirl.3.spot swirl           wild type       2001/11/8   NA
4   94       swirl.4.spot wild type       swirl           2001/11/8   NA
```

入力例 A

```
> Gnames <- maInfo(maGnames(swirl.norm))
> str(Gnames)
`data.frame':  8448 obs. of  2 variables:
 $ "ID"  : Factor w/ 7681 levels "control","fb16a01",..: 1 1 1 1 1 1 1 1 1 1 ...
 $ "Name": Factor w/ 7769 levels "1-A1","1-A10",..: 7721 7722 7723 6145 6145 7700 7721 7722 7723 6145 ...

> sel <- abs(M.mean) > log2(3.0)
> data.frame(name=Gnames[sel, "I"Name I""], M[sel,])
   name     swirl.1.spot swirl.2.spot swirl.3.spot swirl.4.spot
1  6-I1     -1.680680    -1.2527500   -1.9560574   -2.4851115
2  BMP2     -2.402489    -1.8754343   -3.1010906   -1.9553440
3  Dlx3     -2.092580    -2.0725066   -2.6448144   -1.9132425
4  18-F10   -2.243854    -2.8429400   -2.6272862   -2.8856239
5  BMP2     -2.305218    -1.7497788   -2.9306567   -1.9497070
6  Dlx3     -2.133333    -2.0907559   -2.5980338   -1.9527848
7  7-K10    -4.757698    -0.4536396   -0.5019478   -0.7524334
8  7-K22    -3.839321    -0.9302031   -0.7402433   -1.0549076
9  11-L19   -1.509595    -1.8528349   -1.3224445   -1.6976463

> sel <- abs(M.median) > log2(3.0)
> data.frame(name=Gnames[sel, "I"Name I""], M[sel,])
   name     swirl.1.spot swirl.2.spot swirl.3.spot swirl.4.spot
1  6-I1     -1.680680    -1.252750    -1.956057    -2.485112
2  BMP2     -2.402489    -1.875434    -3.101091    -1.955344
3  Dlx3     -2.092580    -2.072507    -2.644814    -1.913242
4  18-F10   -2.243854    -2.842940    -2.627286    -2.885624
5  BMP2     -2.305218    -1.749779    -2.930657    -1.949707
6  Dlx3     -2.133333    -2.090756    -2.598034    -1.952785
7  11-L19   -1.509595    -1.852835    -1.322444    -1.697646
```

入力例 B

し履歴を保存してくれる．履歴ファイルはテキスト形式のため，エディタなどで開くことができる．また，コマンドを書いたファイルを用意して，source（"kaiseki.txt"）のように書いた内容を実行することができる．

実際のデータをインポートする際には，read.marray-Layout,read.marrayInfo,read.marrayRaw 関数を用いる．数値化ソフトに GenePix や Spot を利用している場合には，gpTools や spotTools など，特定のフォーマットに特化したインポート用の関数が用意されている．データのインポートには実験の数値化データ以外に，スポットされている遺伝子情報のファイルや，実験サンプルの情報などが必要になる．

析である．マイクロアレイデータの解析では，クラスタリングや主成分分析がよく用いられている．これらの手法により，発現プロファイルの似ているサンプルをグループにまとめることや，同じ挙動をする遺伝子をグループにまとめることができる[7)8)]．解析をする際にデータ行列を転置することで，同じ手法でもサンプルのクラスタリングや遺伝子のクラスタリングを行うことができる．

3）マイクロアレイデータの多変量解析

多くのデータを解析する際に有用な手法が多変量解

準備するもの

- 解析用コンピュータ（Linux, Mac, Windows）
- 数値化されたマイクロアレイデータ
- 各アレイで用いたサンプルに関する情報

プロトコル

❶ R を起動する

❷ 必要なパッケージの読み込み

```
> library(Biobase)
> library(colonCA)
```

❸ サンプルデータの準備[データは腫瘍サンプル（t）40個，正常サンプル（n）22個からなる]

```
> data(colonCA)
> expr <- log2(exprs(colonCA))
> colnames(expr) <- pData(colonCA)$class
> expr <- expr[grep("Hsa", rownames(expr)),]
```

❹ データ補正（global normalization）

```
> expr.mean <- mean(expr)
> expr <- apply(expr, 2, function(x){x-mean(x)+expr.mean})
```

❺ 全実験サンプルデータの平均から仮想的な対象実験用のデータを合成し，各実験サンプルデータの発現変動量を計算する

```
> expr <- apply(expr, 1, function(x){x-mean(x)})
```

❻ データマトリックスの転置

```
> expr <- t(expr)
```

❼ 発現変動遺伝子の絞り込み用の関数を定義

```
> gene.filter <- function(x, fold, change, valid) {
    (sum(abs(x) > log2(fold), na.rm=TRUE) >=
length(x)*change) &&
    (sum(is.finite(x), na.rm=TRUE)       >= length(x)*valid)
  }
```

❽ 遺伝子間での発現パターンの類似性をコサイン係数距離で評価するための関数の定義

```
> cos.dist <- function(x) {
    n <- nrow(x)
    dist.tmp <- matrix(0, ncol=n, nrow=n)
    sel <- is.finite(x)
    for(i in 1:(n-1)){
      for(j in (i+1):n){
        sel.tmp <- sel[i,] & sel[j,]
        dist.tmp[i,j] = 1 - sum(x[i, sel.tmp]*x[j, sel.tmp])/
          sqrt(sum(x[i, sel.tmp]^2, na.rm=TRUE)*
            sum(x[j, sel.tmp]^2, na.rm=TRUE))
        dist.tmp[j, i] = dist.tmp[i, j]
      }
    }
    dist <- as.dist(dist.tmp)
    names(dist) <- rownames(x)
    dist
  }
```

❾ 実験サンプル間での発現パターンの類似性をピアソンの相関係数で評価するための関数の定義

```
> cor.dist <- function(x) {
    as.dist(1 - cor(t(x)))
  }
```

❿ 発現変動遺伝子の選択（ここでは，9割以上のデータが有効で，7割以上の実験サンプル（1.5倍の発現変動のあるスポット）を選びだした結果，37スポット見つかった）

```
> sel <- apply(expr, 1, gene.filter, 1.5, 0.7, 0.9)
> sum(sel)
[1] 37
```

⓫ 選択したスポットに複数の同じ遺伝子がある場合は median を取り，1つにまとめる

```
> gene <- rownames(expr)
> gene.sel <- unique(gene[sel])
> expr.sel <- NULL
> for (g in gene.sel) {
    index <- gene == g
    if (sum(index) > 1) {
      expr.sel <- rbind(expr.sel, apply(expr[index,], 2, median))
    } else {
      expr.sel <- rbind(expr.sel, expr[index,])
    }
  }
> rownames(expr.sel) <- gene.sel
```

⓬ プロットオプションの変更

```
> par(ask=TRUE)
```

⓭ 階層的クラスタリングを行い，樹形図およびヒートマップの作成（入力例 C）

⓮ k-means クラスタリングを行い，サンプルがどのクラスタに分けられたのかを表示する．（ここでは k＝2, 3, 4で実行している）

```
> for (k in 2:4) {
    km.clust <- kmeans(t(expr.sel), k, iter.max=50)
    cat("\n", "k=", k, "\n")
    for (i in 1:k) {
      cat(" ", i, " ", colnames(expr.sel)[km.clust$cluster == i], "\n")
    }
    print(table(colnames(expr.sel), km.clust$cluster))
  }

k= 2
 1 nnnnnnnnnnnnntntnnttnn
 2 tttttttntttttntttttttttttttttnttntttt

    1  2
n  18  5
t   4 35

k= 3
 1 nttnntntnnnttnn
 2 tttttttttnttttttttttttttttttttttt
 3 tntnnnnntntnnnnnt
```

（次ページに続く）

```
> sample.clust <- hclust(cor.dist(t(expr.sel)))
> plot(sample.clust, hang=-1)
> gene.clust <- hclust(cos.dist(expr.sel))
> plot(gene.clust, hang=-1)
> heatmap(expr.sel, as.dendrogram(gene.clust), as.dendrogram(sample.clust),
        col=maPalette(low="green", mid="black", high="red", k=50))
```
入力例 C

```
> for (nxy in list(c(1, 2), c(2,3))) {
   nx <- nxy[1]
   ny <- nxy[2]
   som.clust <- som(t(expr.sel), nx, ny)
   cat("\n", "nx=", nx, "\n", "ny=", ny, "\n")
   for (i in 1:nx) for (j in 1:ny) {
     sel.tmp <- som.clust$visual$x == (i-1) &
          som.clust$visual$y == (j-1)
     cat(" ", i, j, ":", colnames(expr.sel)[sel.tmp], "\n")
   }
   plot(som.clust)
   print(table(colnames(expr.sel),
          paste(som.clust$visual$x+1, som.clust$visual$y+1, sep=":")))
 }

 nx= 1
 ny= 2
  1 1 : tttttttntttttntnttttttttttttttnttnttt
  1 2 : nnnnnntnnnntntnntntnnttnn
Hit <Return> to see next plot:

     1:1  1:2
 n    5   18
 t   32    7

 nx= 2
 ny= 3
  1 1 : ttttttttt
  1 2 : tttntnttt
  1 3 : nnntntnnttnn
  2 1 : tttttnttt
  2 2 : ttttntnntttttt
  2 3 : nnnnnnnnn
Hit <Return> to see next plot:
```
入力例 D

（前ページの続き）

```
     1  2  3
 n   9  2 12
 t   6 28  5

 k= 4
 1 tntnnnnntntnnnnnt
 2 ttnttnttttt
 3 nnntntnntnn
 4 tttttttttntttttttttttttttt

     1  2  3  4
 n  12  2  8  1
 t   5  8  3 23
```

⓯ 自己組織化マップを行い，サンプルがどのクラスタに分けられたのかを表示する．（ここでは1＊2, 2＊3で実行している）（入力例 D）
⓰ 主成分分析を行い，結果をプロット（入力例 E）

4）マイクロアレイデータを用いた判別器

　前述の解析は，遺伝子発現データのみを用いてパターンの類似性から分類を行った．判別器では，サンプルごとの属性（例えば，腫瘍と正常部）を推測するこ

```
> library(lattice)
> pca <- function(dat) # http://aoki2.si.gunma-u.ac.jp/R/pca.html
  {
  nr <- nrow(dat)
  nc <- ncol(dat)
  heikin <- apply(dat, 2, mean, na.rm=TRUE)
  bunsan <- apply(dat, 2, var, na.rm=TRUE)
  sd <- sqrt(bunsan)
  eval <- (result <- eigen(r <- cor(dat, use="pairwise.complete.obs"),
                    symmetric=TRUE))$values
  evec <- result$vectors
  cum.contr <- cumsum(contr <- eval/nc*100)
  fl <- sqrt(matrix(eval, nc, nc, byrow=TRUE))*evec
  fs <- scale(dat) %*% evec * sqrt(nr/(nr-1))
  names(heikin) <- names(bunsan) <- names(sd) <- rownames(r) <-
    colnames(r) <- rownames(fl) <- paste("Var", 1:nc)
  names(eval) <- names(contr) <- names(cum.contr) <- colnames(fl) <-
    colnames(fs) <- paste("PC", 1:nc)
  list(mean=heikin, variance=bunsan, standard.deviation=sd, r=r,
     factor.loadings=fl, eval=eval, evec=evec, contribution=contr,
     cum.contribution=cum.contr, fs=fs)
  }
>
> pca.res <- pca(t(expr.sel))
> plot(pca.res$fs[,1:2], pch=colnames(expr.sel))
> pca.data <- data.frame(pca.res$fs[,1:3], row.names=NULL)
> colnames(pca.data) <- c("PC1", "PC2", "PC3")
> pca.class <- colnames(expr)
> cloud(PC3 ~ PC1 * PC2, pca.data, cex=2, pch=pca.class,
    col=as.numeric(factor(colnames(expr))))
```

入力例 E

```
> gene <- rownames(expr)
> gene.sel <- unique(gene[sel])
> expr.train <- expr.test  <- NULL
> for (g in gene.sel) {
   index <- gene == g
   if (sum(index) > 1) {
     expr.train <- rbind(expr.train, apply(expr[index, train], 2, median))
     expr.test  <- rbind(expr.test,  apply(expr[index, test], 2, median))
   } else {
     expr.train <- rbind(expr.train, expr[index, train])
     expr.test  <- rbind(expr.test,  expr[index, test])
   }
  }
> rownames(expr.train) <- rownames(expr.test) <- gene.sel
> data.train <- data.frame(NT=colnames(expr.train), t(expr.train), row.names=NULL)
> data.test  <- data.frame(NT=colnames(expr.test),  t(expr.test),  row.names=NULL)
```

入力例 F

とを目的とする．判別器のアルゴリズムはさまざまであり，その性能を評価することが重要である．性能の評価にはデータを学習データ（発現パターン）とテストデータに分けて，学習データとそのデータの属性を用いて学習を行い，次にテストデータのみを与えて，その属性の推定を行う．1回の評価では適切に評価することができないため，通常はクロスバリデーション法やブートストラップ法を用いて，さまざまなデータセットランダムサンプリングにより作り出し，平均的な性能の評価を行う必要がある．判別に用いられる遺伝子セットは，病態のマーカーと同じような利用が可能である．

```
> library(rpart)
> rpart.res <- rpart(NT ~ ., data.train)
> plot(rpart.res)
> text(rpart.res)
> print(table(predict(rpart.res, data.test, type="class"), data.test$NT))

    n  t
  n 7  2
  t 4 19
```

入力例 G

```
> nnet.res <- nnet(NT ~ ., data.train, size=3)
# weights: 172
initial  value 22.632422
iter 10 value 3.823114
iter 20 value 3.525702
iter 30 value 3.525506
final  value 3.525462
converged
> print(table(predict(nnet.res, data.test, type="class"), data.test$NT))

    n  t
  n 9  9
  t 2 12
```

入力例 H

```
> library(e1071)
> svm.res <- svm(NT ~ ., data.train)
> print(svm.res)

Call:
 svm.formula(formula = NT ~ ., data = data.train)

Parameters:
   SVM-Type:  C-classification
 SVM-Kernel:  radial
       cost:  1
      gamma:  0.01818182

Number of Support Vectors:  28

> print(table(predict(svm.res, data.test, type="class"), data.test$NT))

    n  t
  n 9  2
  t 2 19
```

入力例 I

```
> knn.res <- knn(t(expr.train), t(expr.test), colnames(expr.train), k=3 )
> print(table(knn.res, data.test$NT))

knn.res n  t
      n 9  2
      t 2 19
```

入力例 J

```
> library(tree)
>
> tree.res <- tree(NT ~ ., data.train)
> print(tree.res)
node), split, n, deviance, yval, (yprob)
      * denotes terminal node

1) root 30 40.38 t ( 0.4000 0.6000 )
  2) Hsa.692 < 0.584883 21 17.22 t ( 0.1429 0.8571 )
    4) Hsa.2354 < 0.699825 16  0.00 t ( 0.0000 1.0000 ) *
    5) Hsa.2354 > 0.699825  5  6.73 n ( 0.6000 0.4000 ) *
  3) Hsa.692 > 0.584883  9  0.00 n ( 1.0000 0.0000 ) *
> plot(tree.res)
> text(tree.res)
> print(table(predict(tree.res, data.test, type="class"), data.test$NT))

     n  t
  n  8  6
  t  3 15
```

入力例 K

準備するもの

- 解析用コンピュータ（Linux, Mac, Windows）
- 数値化されたマイクロアレイデータ
- 各アレイで用いたサンプルに関する情報

プロトコール

❶ 前記のデータをそのまま用いる
❷ データを学習データ（30個）とテストデータ（32個）に分割する

```
> train <- sample(ncol(expr.sel), 30)
> test  <- -train
```

memo

＊：データをモデルに従って分割する場合，いくつに分割するのが最適なのかという問題がある．生物学的な根拠にもとづいて判断をすることが多いと思われるが，統計学的に情報量基準を用いて最適な分割数を決めることも可能である．

❸ 発現変動遺伝子の選択〔ここでは，9割以上のデータが有効で，7割以上の実験サンプル（1.5倍の発現変動のあるスポット）を選びだした結果，54スポット見つかった〕

```
> sel <- apply(expr[,train], 1, gene.filter, 1.5, 0.7, 0.9)
> sum(sel)
[1] 54
```

❹ 選択遺伝子のデータ行列を学習用とテスト用に作成（入力例 F）
❺ 再帰分割解析（recursive partitioning analysis）を用いた場合の予測精度の見積り（入力例 G）
❻ ニューラルネットワークを用いた場合の予測精度の見積り（実行の度に結果は異なる）ここでは，中間層の素子の数を3にしている（入力例 H）
❼ サポートベクターマシンを用いた場合の予測精度の見積り（入力例 I）
❽ k最近傍法を用いた場合の予測精度の見積り（実行のたびに結果は異なる）（図 J）
❽ 決定木を用いた場合の予測精度の見積り（図 K）

memo

＊1：用いる手法によって，パラメータを指定することができる．パラメータが予測精度に大きく影響を与えることがあるが，ここでは，パラメータの最適化などは行っていない．
＊2：Rに関する日本語のサイトとしては，RjpWiki（http://www.okada.jp.org/RWiki/）がある．

実験例

Rを用いて解析を行った例を図で示す．図4Aはスキャナーの数値化ソフトにより得られたCy3，Cy5のデータをもとに，遺伝子ごとに2つのチャンネルの平均発現量，発現変動をプロットしたもの．発現量に依存して分布が上下に変化していることがわかる．
このデータから，local regression（loess）を用い

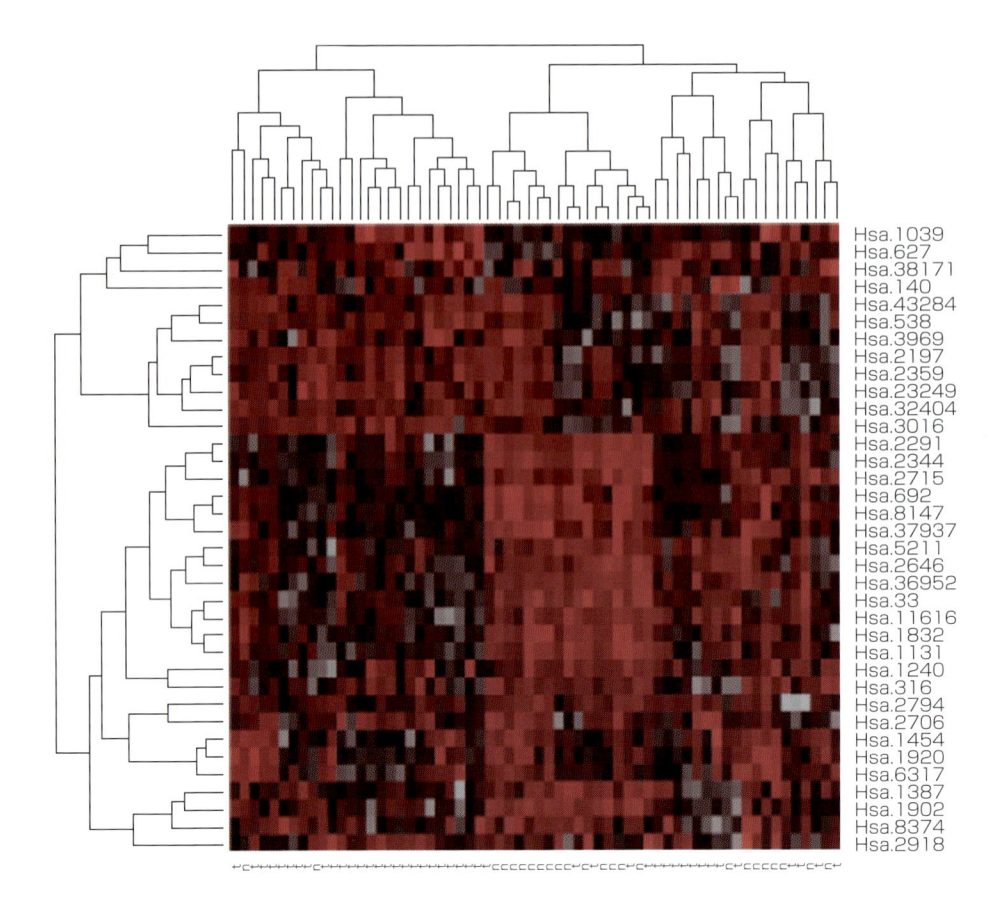

図5 クラスター解析例
発現変動の大きい遺伝子を選びだし実験サンプル（縦），遺伝子（横）の両方に対して，階層的クラスタリングを行った結果．腫瘍サンプル（t）が大部分を占めるクラスターが認められる（■：発現増加，■：発現減少）．→表紙写真解説③，巻頭カラー14参照

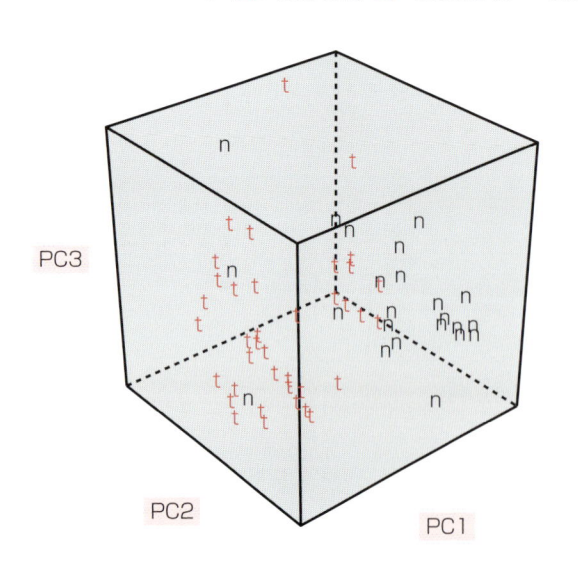

図6 主成分分析による解析例
主成分分析によって得られた，第1主成分（PC1）から第3主成分（PC3）を軸にしたサンプルの散布図

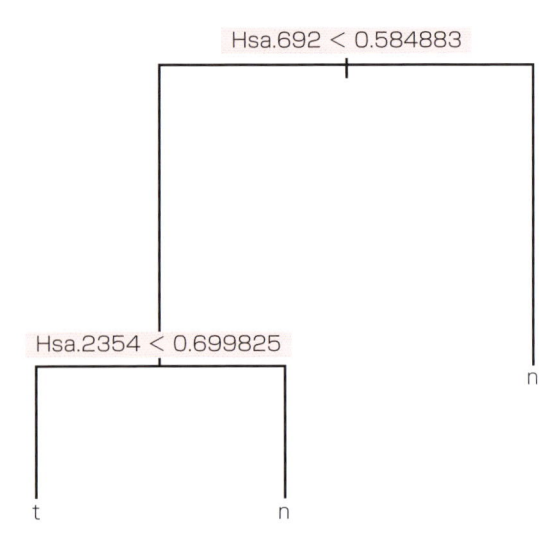

図7 決定木による分類例
2つの遺伝子によって腫瘍部と正常部を分類している

てベースラインを求めて引くことで補正を行った（図4 B）．

補正後のデータをもとに実験サンプル，および発現変動の大きさで選び出した遺伝子に対して階層的クラスタリングを行った（図5）．階層的クラスタリングによりある程度，腫瘍サンプル（t）と正常サンプル（n）が分離できていることがわかる．遺伝子は大きく2種類のパターンが確認できる．また，主成分分析を行うことでも，サンプルを分離できることが確認できる（図6）．発現プロファイルデータから，サンプルのカテゴリーを分類するモデルを構築することもできる．図7は決定木を用いてサンプルを腫瘍と正常に判別するモデルである．テストデータを用いた予測の感度は，71%であった．

おわりに

マイクロアレイ技術は遺伝子の発現を測定するだけでなく，スプライスバリアントの検出や，新たな転写ユニットの検出など，さまざまな目的への応用が進められており，現在何がマイクロアレイで測定できるのかを知っておくことが，最適な実験計画を立てるうえで重要である．

また，今日，配列データベースが非常に多くのデータを蓄えることになったように，発現プロファイルデータベースもいずれ非常に多くのデータを提供していくものと考えられる．

今後は，遺伝子配列データベースを参照し情報を得るだけでなく，発現データベースから情報を抽出して実験に役立てていくようになるだろう．また，パスウェイや転写因子，相互作用ネットワーク，オントロジーなどの情報を取り入れた解析を行っていくことが重要であろう．

参考文献

1) http://www.r-project.org/
2) http://www.bioconductor.org/
3) Quackenbush, J. : Nature Genet., 32 suppl. : 496-501, 2002
4) Churchill, G. A. : Nature Genet., 32 Suppl. : 490-495, 2002
5) Slonim, D. K. : Nature Genet., : 32 suppl., : 502-508, 2002
6) Butte, A. : Nature Rev. Drug Discov., 1 : 951-960, 2002
7) 塩島聡, 辻本豪三：「先端バイオ研究の進めかた」（辻本豪三, 田中利男／編）, pp117-121, 羊土社, 2001
8) Steen Knudsen：「DNAマイクロアレイデータ解析入門」（塩島聡他／監訳）, 羊土社, 2002

第4章 トランスクリプトーム解析

5. アレイ技術の応用
（新しいアレイ技術）

トランスフェクショナルアレイ

山内文生　加藤功一　岩田博夫

> 多種類の遺伝子発現ベクターをアレイ状に担持した基板上で細胞を培養し，それぞれの遺伝子を細胞に導入し，それらがコードするタンパク質を発現させることができる（トランスフェクショナルアレイ）．多種類の遺伝子の機能を同一基板上で同時に細胞レベルで解析したり，新規創薬ターゲットのスクリーニングが可能になるものと期待される．

はじめに

　トランスフェクショナルアレイの使用目的は，多種類の遺伝子の機能を細胞レベルで同時に平行して調べることである．現在，ポストゲノム研究の焦点は膨大な数の新規遺伝子を対象とした網羅的かつ体系的な機能解析へと移行している．それに伴い，遺伝子機能解析の効率化や新しい技術の開発が強く望まれている．2001年にJ. ZiauddinとD. Sabatiniによって，ポストゲノム研究の次世代を担う新しい技術の1つとしてトランスフェクショナルアレイが開発された[1]．この方法では，プラスミドに組込まれた遺伝子をスライドガラス上にアレイ化し，その系に遺伝子導入用カチオン性脂質を加える．その表面上で細胞を培養することで，アレイ状に配置された多種類の遺伝子が細胞に導入され，各種の外来遺伝子の発現した細胞マイクロアレイが作製される．

　本項では，トランスフェクショナルアレイの作製法についてわれわれの例をもとに述べる．プラスミドの細胞への取り込みを促進する方法として，まず前半部分で，カチオン性脂質とプラスミドの複合体を利用するきわめて簡便な方法を説明し，後半部分で遺伝子導入部位と時期を厳密にコントロールできるエレクトロポレーション法を説明する．これらの方法では，細胞が生きた状態のまま，多種類の遺伝子の機能を時間を追って観察することができ，また，非常に微量のプラスミドで実験を行うことが可能である．

i）カチオン性脂質-プラスミド複合体を用いたトランスフェクショナルアレイ

原　理

　トランスフェクショナルアレイ法の概略を図1に示す．実験の流れは，A）基板へのプラスミドの担持，B）細胞播種・培養，C）D）遺伝子導入，E）発現解析となる．高い遺伝子導入効率を実現するためには，プラスミドの担持方法，導入するプラスミドの量，細胞密度，遺伝子導入の方法を最適化する必要があるが，まず，ここで紹介する方法を用いて試してみることをお勧めする．まずはじめに，市販の遺伝子導入用カチオン性脂質とプラスミドの複合体をプレートに担持させ，接着細胞であるHEK293細胞をその表面上で培養し，プラスミドを細胞へ導入する方法について述べる．プラスミドの担時は，カチオン性脂質-プラスミド複合体とプラスミドを交互に吸着させることで行う（図2）．モデル遺伝子として緑色蛍光タンパク質

Fumio Yamauchi / Koichi Kato / Hiroo Iwata : Department of Reparative Materials, Institute for Frontier Medical Sciences, Kyoto University（京都大学再生医科学研究所組織修復材料学分野）

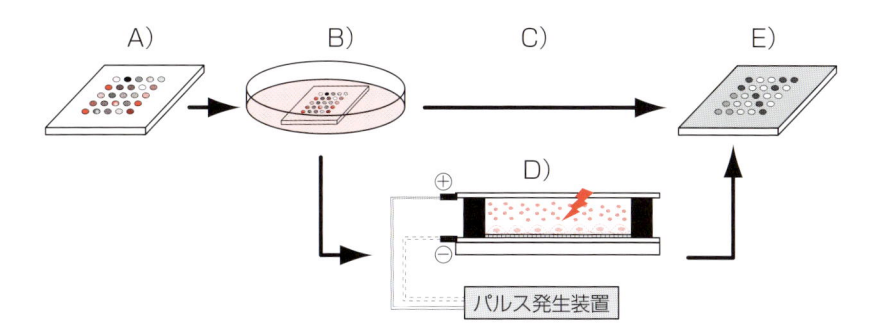

図1 トランスフェクショナルアレイ法の概略図
A) 各種のプラスミドをアレイ状に配置，B) マイクロアレイ上で細胞培養，C) カチオン性脂質-プラスミド複合体による細胞へのプラスミドの導入，D) エレクトロポレーションによる細胞へのプラスミドの導入，E) 遺伝子を発現した細胞マイクロアレイ

であるEGFPをコードするプラスミドならびに赤色蛍光タンパク質であるDsRedをコードするプラスミドを用い，遺伝子導入とその発現の確認はEGFPとDsRedの蛍光を蛍光顕微鏡により観察することで行う．

準備するもの

〈材料，器具〉
- ヒト胎児腎臓由来細胞（HEK293）
- ガラス基板（市販のスライドガラス）
- 蛍光顕微鏡
- CO_2インキュベーター（5% CO_2，37℃）
- マイクロピペッター（エッペンドルフ社など，容量0.1～2.5 μl）

〈試薬〉
- ゼラチン溶液（シグマ社，2%水溶液）
- シリコーンオイル（信越化学社，KF54, KF96など）
  5%のヘキサン溶液として用いる
- 滅菌したリン酸緩衝生理食塩水（PBS）
- カチオン性脂質-プラスミド複合体溶液
  われわれはカチオン性脂質として，LipofectAMINE2000試薬（インビトロジェン社）を用いている

  > カチオン性脂質-プラスミド複合体は，LipofectAMINE2000試薬の説明書に従って調製する．50 μlのOPTI-MEMと3 μlのLipofectAMINE2000をチューブに取り，ピペッティングにより撹拌し，5分間静置する．次に，50 μlのOPTI-MEMに1 μgのpEGFP-C1を溶解する（コトランスフェクションの場合，さらにpDsRed-C1を1 μg加える）．これらの溶液を混合し軽くピペッティングした後，室温で20分間静置することで脂質-プラスミド複合体を形成させる．

- 無血清培地（GIBCO社，OPTI-MEM）
- プラスミド溶液（クロンテック社，pEGFP-C1, pDsRed-C1）
  市販のDNA精製キット（QIAGEN社，EndoFree Plasmid Kitなど）で精製し，終濃度0.01 $\mu g/\mu l$となるようにOPTI-MEMに溶解させたもの
- 細胞増殖用培地（10%非働化FBS，ペニシリン/ストレプトマイシンを含むMEM培地）

プロトコール

1. マイクロピペッターを用いてゼラチン溶液をガラス基板にスポットする．一滴の容量を0.2 μlとし，スポットの間隔を2 mm程度にする．ゼラチン溶液のスポットされた基板をシリコーンオイルの5%ヘキサン溶液に5分間浸漬させ，ゼラチンスポット周囲をシリコーンでコートする[*1]

   > *1：ゼラチンの代わりに1%アガロース水溶液を用いることもできる．

2. 基板をアセトンで十分に洗浄した後，熱湯でゼラチンスポットを溶解させることで，ガラス表面の露出したスポットの並んだパターン化基板を得る[*2]

   > *2：パターン化基板としてマイクロパターニングされたアルカンチオールの自己組織化単分子膜（self-assembled monolayer：SAM）も利用できる．（ii部のプロトコールを参照）

3. パターン化ガラス基板をクリーンベンチ内に移して，エタノール中に基板を浸漬させ，直ちに取り出し，自然乾燥させて滅菌を行う（以後の操作はクリーンベンチ内で無菌的に行う）．スポット内に，カチオン性脂質-プラスミド複合体の溶液をマイクロピペッターを用いて0.2 μlスポットする．

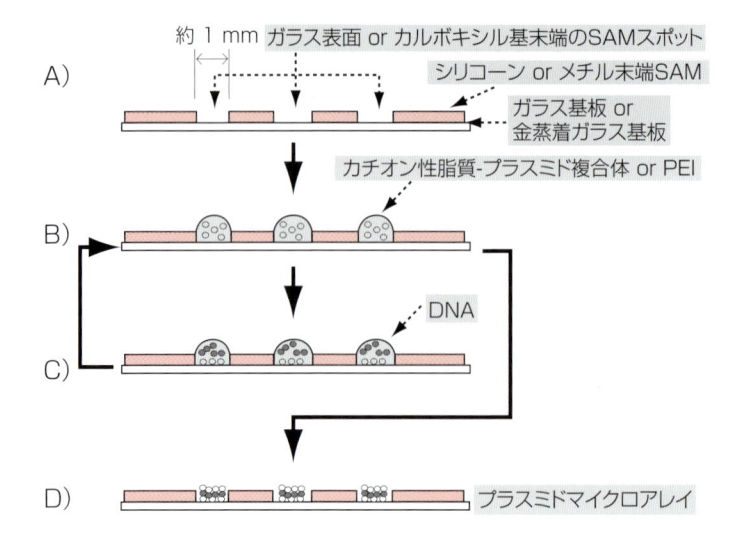

図2 交互吸着法によるトランスフェクショナルアレイの作製法
A) 多数のスポットが配列したパターン化基板，B) カチオン性脂質-プラスミド複合体溶液，もしくはポリエチレンイミン（PEI）溶液をスポッティング，C) プラスミド溶液をスポッティング．B) とC) を繰り返すことでプラスミドを担持させる

5分後，スポット上の溶液を吸い取る．次に，プラスミドの溶液を同様にスポットし，5分間吸着させる．この操作を2回繰り返し，カチオン性脂質-プラスミド複合体とプラスミドを交互に吸着させる（図2）．最後に，カチオン性脂質-プラスミド複合体の溶液をスポットし，5分後，スポットの溶液を吸い取り，基板をPBSの入った35 mmのポリスチレン培養シャーレに沈める*3

☞ *3：基板を冷却すると，親水性の高いスポットのみに空気中の水分が結露し，スポットの位置が容易にわかる．また，スポットした溶液が乾燥しないように注意する．基板を35 mmのポリスチレン培養シャーレ内に置き，基板周囲に滅菌水を満たしながら作業することで，溶液の乾燥を防ぐことができる．

❹ プラスミドを担持する間に，トリプシン処理によってシャーレから剥がしたHEK293細胞を増殖用培地に懸濁しておく．基板の入ったシャーレ内のPBSを吸い取り，HEK293細胞懸濁液を基板表面に添加する．基板をCO_2インキュベーターに移し，48～72時間培養する*4

☞ *4：細胞播種密度は，HEK293細胞の場合，4～6×10^4 cells/cm^2程度がよい．

❺ 目的タンパク質（EGFP，DsRed）の発現を蛍光顕微鏡を用いて観察することにより評価する

実験例

図3に細胞播種から72時間後の蛍光顕微鏡観察の結果を示す（基板としてマイクロパターン化SAMを用いた）[2]．各スポット上の細胞は，担持されていたプラスミドを取り込み，EGFPならびにDsRedを発現した．両者を混合したスポット上の細胞は両方のタンパク質を共発現した．EGFP陽性細胞率は高く，最適条件下で85％であり，蛍光タンパク質の発現は10日間以上持続した．パターン化基板を利用することで，プラスミドのスポット間でのクロスコンタミネーションを回避することができ，場所を厳密に限定した遺伝子導入を高効率に行うことができる．

ii）プラスミドアレイ基板を用いた細胞へのエレクトロポレーション

原理

次に紹介するのは，基板表面に担持したプラスミドをエレクトロポレーションによって細胞に導入する方法である（投稿準備中）．プラスミドをアレイ化した基板は，マイクロパターニング自己組織化単分子膜

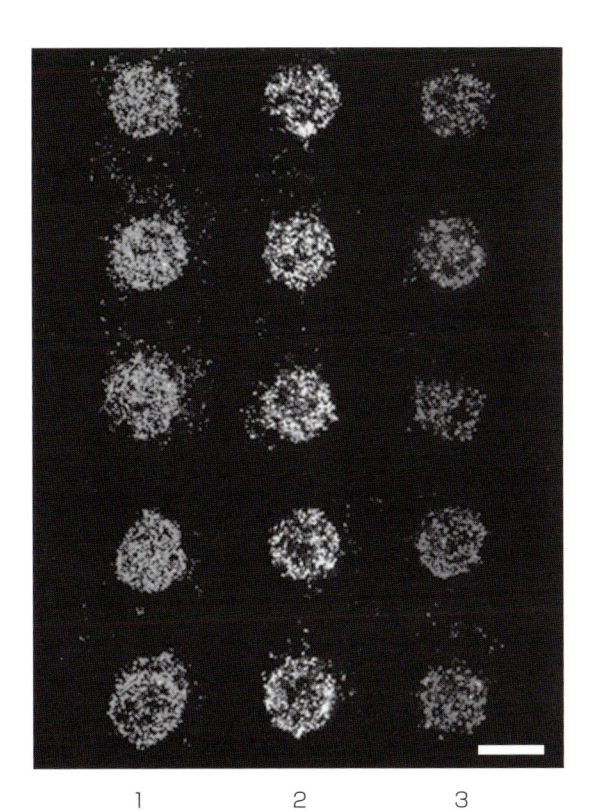

図3 トランスフェクショナルアレイ上で培養されたHEK293による緑色蛍光タンパク（EGFP）と赤色蛍光タンパク（DsRed）の発現

HEK293細胞をプラスミド担持アレイ上で72時間培養した後，蛍光顕微鏡によって観察した．レーン1：EGFP発現プラスミドをスポット．レーン3：DsRed発現プラスミドをスポット．レーン2では両プラスミドをスポット（参考文献2より転載）．スケールバー=1 mm．→巻頭カラー15参照

（SAM）基板を利用し，カチオン性ポリマー，プラスミドの順にイオン間相互作用を利用して吸着させることで作製できる．プラスミド担持基板を電極として，細胞に電気パルスを与えることで，細胞膜に穿孔を形成させ，プラスミドを細胞内に導入する．

準備するもの

〈材料，器具〉
- ヒト胎児腎臓由来細胞（HEK293）
- 蛍光顕微鏡
- CO_2インキュベーター（5% CO_2，37℃）
- 金を蒸着したガラス基板（25 mm × 25 mm × 1 mm）
  クロム1 nmを蒸着後，金を19 nm蒸着する
- 紫外線照射装置（超高圧水銀ランプ，ウシオ電機社製，SX-UI500HQなど）
- フォトマスク
  石英ガラスにクロムパターンを蒸着したもの（われわれは中沼アートスクリーン株式会社に作製を依頼している）
- シリコーンスペーサー（内面積：1.3 × 1.3 cm^2，高さ2 mm）
  厚さ2 mmのシリコーンゴムシートをカットして作製し，エタノールで滅菌したもの
- 高電圧パルス発生装置（BTX社，Electrosquareporator T820）
- マイクロピペッター（エッペンドルフ社など，容量0.1～2.5 μl）

〈試薬〉
- 滅菌したリン酸緩衝生理食塩水（PBS）
- 滅菌水
- プラスミド（クロンテック社，pEGFP-C1）溶液
  終濃度が0.05 $\mu g/\mu l$となるようにPBSに溶解させたもの
- ポリエチレンイミン（アルドリッチ社，PEI：重量平均分子量=800）を1%の濃度でPBSに溶解し，1 M HCl溶液でpH 7.4に調整した後，濾過滅菌したもの
- 1-ヘキサデカンチオール（東京化成工業社）
- 11-メルカプトウンデカン酸（アルドリッチ社）

プロトコール

1. 金の薄膜を片面に蒸着したガラス基板を1-ヘキサデカンチオールの1 mMエタノール溶液に室温で24時間浸漬させ，SAMを形成させる．水とエタノールで基板を洗浄し，窒素ガスで乾燥させる
2. フォトマスク（1×1 mm^2スポット，5×5点）を介して紫外線を2時間照射し，照射部のSAMを光分解により脱離させる．基板を水とエタノールで洗浄し，金の露出したスポットが25点配列したパターン化基板を得る
3. 次に，このスポット内に11-メルカプトウンデカン酸のSAMを形成させるため，基板を11-メルカプトウンデカン酸の1 mMエタノール溶液に2時間浸漬する．その後，水とエタノールで洗浄する
4. パターン化SAM基板をクリーンベンチ内に移して，エタノール中に基板を浸漬させ，直ちに取り出し，自然乾燥させて滅菌を行う．以後の操作はクリーンベンチ内で無菌的に行う
5. シリコーンスペーサーを基板表面に圧着する
6. 0.2 μlのPEI溶液をマイクロピペッターでカルボキシル基スポット表面に添加し（図2），室温で30分間静置する*1

*1：スポットした溶液が乾燥しないように注意する（i部メモ*3参照）．

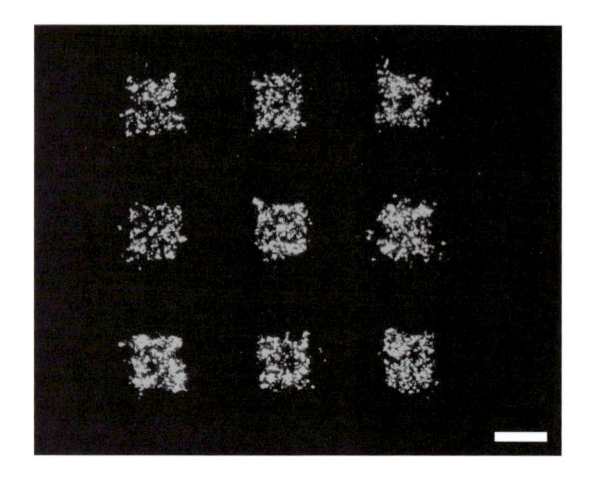

図4 マイクロパターン状にプラスミドを担持させた基板上におけるHEK293細胞へのエレクトロポレーション（電場強度：75 V/cm）
詳細は本文を参照．スケールバー＝1 mm

⑦ PEI溶液を吸い取り，基板表面を滅菌水で洗浄する．プラスミド溶液をPEI吸着スポットへ添加し，室温で2時間静置することで，プラスミドを静電相互作用によって吸着させる
⑧ プラスミドの溶液を吸い取り，スペーサー内の基板表面をPBSで3回洗浄し，遊離のプラスミドを除去する
⑨ プラスミドアレイ基板の表面に，HEK293細胞の懸濁液を添加し培養することで，細胞を表面に接着させる*2

☞ *2：細胞播種密度は，HEK293細胞の場合，1.5〜3.5×10^4 cells/cm^{2}程度が望ましい．24時間後には60〜80％コンフルエントに達している．

⑩ 24時間後，培地をPBSに交換し，非接着細胞を除去する．次いで，第2電極（金蒸着ガラス基板）をシリコーンスペーサー上に固定する．この際，電極間に気泡が入らないように注意する
⑪ 細胞へのエレクトロポレーションを行うため，プラスミド担持基板を陰極，他方を陽極として高電圧パルス発生装置に接続し，電気パルスを印加する*3

☞ *3：パルス条件は細胞の種類にもよるが，HEK293細胞の場合，電場強度75〜100 V/cm，パルス幅10 msec，パルス回数1回の条件で，遺伝子導入効率と細胞生存率ともに良好な結果が得られた（遺伝子導入効率80％，細胞生存率85％以上）．

⑫ 室温で10分間放置した後，スペーサーを取り外し，血清含有培地に移して，細胞培養を継続する
⑬ エレクトロポレーションから48時間後に蛍光顕微鏡を用いてEGFPの蛍光を観察する

実験例

図4に，プラスミドアレイ基板を用いてエレクトロポレーションを行った例を示す．HEK293細胞はプラスミドが担持された部位においてのみEGFPを発現しており，細胞集団内の特定の部位に限定した遺伝子導入が可能であることがわかる．この方法では，カチオン性脂質などの遺伝子導入剤を用いないため，それらが有する細胞毒性の問題は回避できる．さらに，プラスミドは基板表面に安定に担持されており，電気パルスを印加するまで，プラスミドは細胞に取り込まれることはない．培養開始から3日間程度であれば，高い効率で遺伝子導入することができる．

おわりに

本項で紹介した実験例では，高い効率で遺伝子導入できる細胞を用いているが，初代神経細胞や胚性幹細胞への遺伝子導入にも利用することができる．導入する物質として，発現プラスミドベクター以外にもsiRNAを用いることも可能である[3)4)]．また，細胞や培養環境を変化させることで，多種多様な実験系を組立てることが可能であり，非常に柔軟なシステムといえる．特に本項の後半で述べたプラスミドアレイ基板上でのエレクトロポレーションでは，遺伝子導入の部位と導入のタイミングを任意に設定することが可能であり，遺伝子機能研究における有用な手法になるであろう．

参考文献

1) Ziauddin, J. & Sabatini, D. M. : Nature, 411 : 107-110, 2001
2) Yamauchi, F. et al. : Biochim. Biophys. Acta, 1672 : 138-147, 2004
3) Mousses, S. et al. : Genome Res., 13 : 2341-2347, 2003
4) Kumar, R. et al. : Genome Res., 13 : 2333-2340, 2003

第5章 モデル生物を利用した遺伝子機能解析

1. 酵母

浴 俊彦

酵母（出芽酵母）の相同組換えを利用して，遺伝子破壊株を作製し，遺伝子機能欠損による表現型を解析することができる．またタグ融合遺伝子導入株を作製し，目的の遺伝子産物について相互作用するタンパク質群の探索や細胞内局在の解析が可能となる．

i）モデル生物の特徴とゲノムプロジェクトの成果

モデル生物として利用される酵母には，出芽酵母（Saccharomyces cerevisiae）と分裂酵母（Schizosaccharomyces pombe）があるが，ここではゲノム機能解析の進んでいる出芽酵母を取りあげる．単純な真核生物である出芽酵母は，その名の通り娘細胞が出芽することで細胞が分裂し，増殖する．酵母は大きさが4～6μmの単細胞生物であり，一倍体（半数体）あるいは二倍体で存在する．二倍体酵母は栄養飢餓状態では減数分裂を経て，胞子嚢あたり4個の一倍体の胞子を形成する．4個の胞子はa型およびα型と呼ばれる異なった接合型（性）をもった2個ずつの胞子からなる．栄養が豊富な条件では胞子は発芽し，一倍体として増殖を始める．天然の酵母と違い，実験室で使用する一般的な酵母株は接合型の変換の起こらないヘテロタリズム株が用いられる．そのため二倍体酵母から胞子を形成させ，各胞子を単離することで各接合型の一倍体酵母を作製し，安定に維持することができる．逆に異なる接合型の酵母を混ぜることで容易に二倍体酵母を作製することもできる．

酵母を他のモデル生物と比較した場合，長所としては，①費用的に安価であり，凍結保存が可能なため維持・管理が容易であること，②数万個の株を扱うことが可能で，ハイスループットスクリーニングなどの網羅的な遺伝子機能解析に向いていること，③真核生物の基本的な細胞機能（細胞分裂や物質代謝など）を有しており，これらの研究分野ではホモログの解析を通じて高等生物のモデルとして利用できること，④変異体などの研究材料や過去の文献情報が充実していること，⑤相同組換え活性が高いため容易に遺伝子置換体を作製できること，⑥合成致死変異やマルチコピーサプレッサーを利用した遺伝的相互作用解析が駆使できること，⑦網羅的な遺伝子機能解析が最も進んだモデル生物であり，ゲノム解析材料と機能情報が充実していること，などがあげられる．逆に短所としては，①単細胞生物であるため，多細胞生物のもつ高次生命機能（発生・分化，免疫，神経機能など）に関しては解析の対象となり得ないこと，②遺伝子機能を研究するうえで細胞増殖や形態観察以外に比較的容易に解析できる表現型に乏しいこと，③高い分解活性や細胞壁の存在により生化学的な遺伝子産物の解析にあまり適していないこと，④遺伝的バックグラウンドの違いにより，用いる細胞株で表現型解析の結果が異なる場合があること，などがあげられる．出芽酵母に関する一般的知識および実験手法については参考文献1～6を参

Toshihiko Eki：Division of Bioscience and Biotechnology, Department of Ecological Engineering, Toyohashi University of Technology（豊橋技術科学大学工学部エコロジー工学系生物基礎工学講座生物情報研究室）

照されたい．

出芽酵母ゲノム（14 Mb）の解読は国際共同コンソーシアムにより1996年に完了している[7]．その結果判明した約6,000個の遺伝子についてさまざまなアプローチによる機能解析研究が進められ，①全遺伝子に関する配列情報解析，②多様な条件における全遺伝子の発現解析，③酵母two-hybrid解析，あるいは高感度質量分析を利用したプロテオーム解析によるタンパク質間相互作用ネットワークの解析，④全遺伝子破壊株の作製と表現型解析，⑤タンパク質の細胞内局在解析，⑥メタボローム解析，などの報告がなされている（詳細については総説[8] [9]を参照）．これらの遺伝子機能情報の多くは代表的な酵母ゲノム情報データベースSGD（Saccharomyces genome database）[10]やCYGD（the MIPS comprehensive yeast genome database）[11]などから入手できる．

ⅱ）相同組換えを利用した遺伝子置換法

はじめに

酵母を利用する遺伝子機能解析法にはさまざまなものが存在するが，ここでは酵母のもつ高い相同組換え能を利用した遺伝子置換法を紹介する．遺伝子置換法を遺伝子の破壊やタグ融合遺伝子の作製などに応用することで，遺伝子機能欠損株の表現型解析，遺伝子産物のプロテオーム解析や細胞内局在解析などの幅広い遺伝子機能研究が可能となる．現時点でこのような高効率で自在な遺伝子の改変は一部のトリ細胞株を除き，主要モデル生物では酵母にのみ可能な実験手法である．本法を遺伝子破壊に適用する場合を例にあげて説明する．

原　理

遺伝子置換法は酵母の相同組換えを利用した遺伝子改変技術である．酵母は2本の二重鎖DNA上に存在する相同な塩基配列部分を認識して，2つのDNAを組換える相同組換え能をもつ．そのため酵母ゲノム上の特定の塩基配列をもったDNAを作製し，酵母に形質転換することで，導入したDNAとゲノムの相同配列との間で人工的に組換えを起こすことができる．PCRを利用した遺伝子置換法の概略を図1Aに示す．まず形質転換用DNAとして，標的遺伝子の上流と下流の40塩基の相同配列を両端にもたせた選択マーカー遺伝子を含むDNAをPCRにより調製する．このDNAを一倍体酵母に形質転換し，標的遺伝子の両端で相同組換えを起こさせ，ゲノム上の標的遺伝子を選択マーカー遺伝子で置換させる．遺伝子置換体（遺伝子破壊株）はマーカー遺伝子の表現型をもった形質転換株として選択できる．また形質転換用DNAの構成を工夫することで，本法をゲノム上の標的遺伝子プロモーターの置換（図1B）やC末端タグ融合遺伝子の作製（図1C）などに応用することも可能である[12]．

遺伝子破壊には通常，二倍体酵母株を親株として使用し，最初に遺伝子置換により片方の遺伝子座を破壊した形質転換株を作製する（図2）．形質転換体で正しく遺伝子置換が起こっていることを確認したあと，胞子を形成させ，胞子嚢の4個の胞子を顕微鏡下で1つずつ分離し，培養することでコロニーを形成させて2個の一倍体の遺伝子破壊株を得ることができる．4個の胞子のうち，4個とも発芽しコロニーを形成した場合，標的遺伝子は生存に必須ではないことが，逆に2個の胞子しかコロニーを形成しなかった場合は2個の遺伝子破壊株は致死であり，標的遺伝子は必須遺伝子であることがわかる（以上の操作を四分子解析と呼ぶ）．二倍体を用いた遺伝子破壊は標的遺伝子が機能未知という前提にたって行うが，もし標的遺伝子が必須遺伝子ではない場合には一倍体株を親株として遺伝子置換を行い，形質転換体を遺伝子破壊株として得ることができる（この場合，四分子解析の操作は不要となる）．ここでは選択マーカー遺伝子としてカンジダ（Candida glabrata, Cg）のHIS3遺伝子[13]を使用する方法を紹介する．

準備するもの

〈合成DNA（図2）〉
- 遺伝子破壊用フォワードプライマー
  60 mer，Nは開始コドンを含む標的遺伝子の上流40塩基の配列（フォワード方向）であり，以降の20 merはCgHIS3遺伝子の5′上流側の塩基配列（629-648）に相当する
  5′-(N)$_{40}$-CACCGATCAACGTACAGTGG-3′

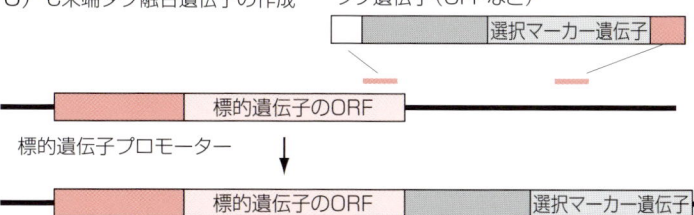

図1 遺伝子置換法の概略と応用例

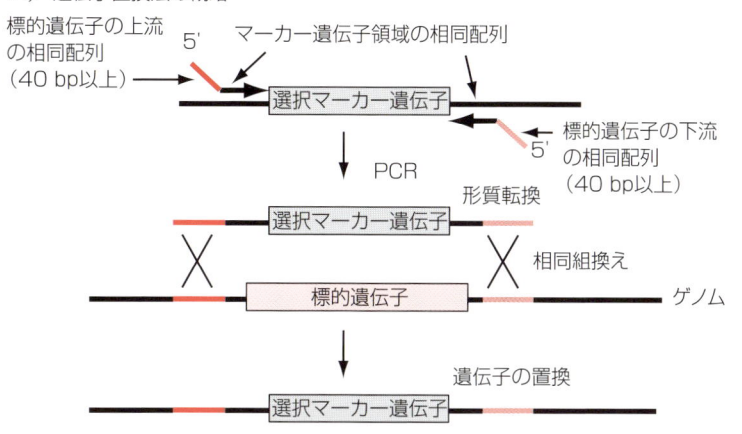

A) 遺伝子置換法の概略
B) プロモーターの置換
C) C末端タグ融合遺伝子の作成

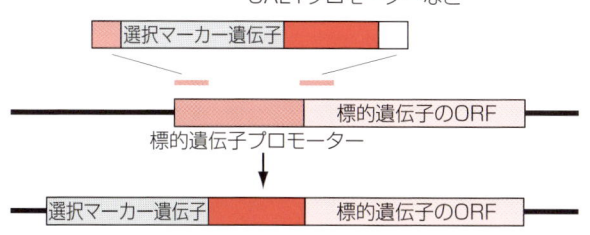

酵母の相同組換えを利用したPCR産物による遺伝子置換法（A），および同法を用いたプロモーターの置換（B）とC末端タグ融合遺伝子の作製（C）の概略を示した．B, Cについては本文の手順を参考にされたい．B, Cの■は相同配列部位を示す．プロモーター置換用，およびタグ融合用の遺伝子マーカーカセットについては文献12を参照のこと

- 遺伝子破壊用リバースプライマー
  60 mer, Nは標的遺伝子の下流40塩基の配列（リバース方向）であり，以降の20 merはCgHIS3遺伝子の3′下流側の塩基配列（1741-1760）に相当する）
  5′-(N)$_{40}$-TGACAATCTGGCAGCTCGCT-3′
- 遺伝子置換確認用プライマー
  CgHIS3遺伝子特異的プライマー
  ・CgHIS3-F（フォワード方向）（1025-1048）
    5′-TATGCTAGTGGTGATGGGCAGACC-3′
  ・CgHIS3-R（リバース方向）（1129-1153）
    5′-GATGTGCAAGTCCCCTATACACTCC-3′

遺伝子特異的プライマー（25 mer程度）
・#1：遺伝子上流側（フォワード方向）
・#2：遺伝子下流側（リバース方向）

遺伝子置換確認用のPCRには，#1とCgHIS3-R（上流側）および#2とCgHIS3-F（下流側）の2種類のプライマーペアを使用する[*1]

*1：遺伝子破壊には標的遺伝子の上流と下流に2カ所の標的配列（40 bp）が必要である．通常，上流でORFの開始コドンを含む領域，下流で終止コドン周辺領域で標的配列を設定し，ORF全体を欠失させるようにする（図2）．隣接する遺伝子あ
（次ページに続く）

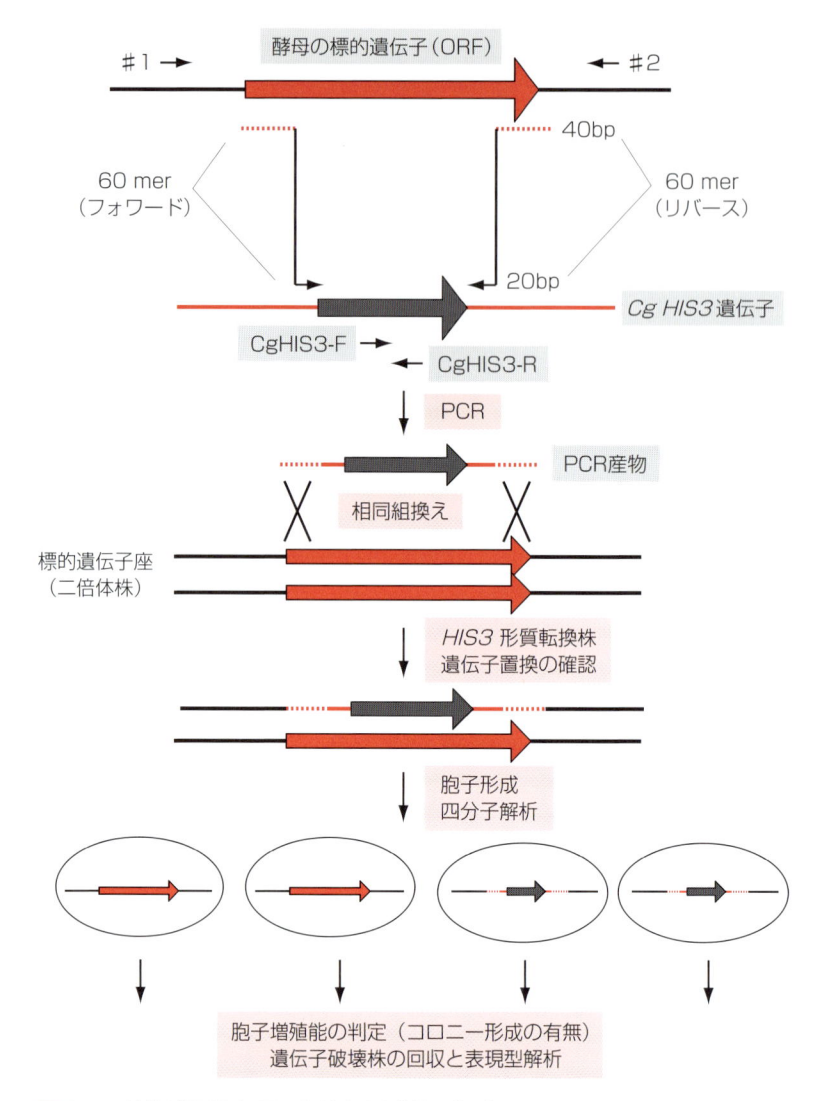

図2 二倍体酵母株を用いた遺伝子破壊の概略
二倍体酵母株を親株にした遺伝子破壊の手順を示した．標的遺伝子が非必須遺伝子の場合，一倍体酵母を親株に同様の操作を行う．その場合，四分子解析は必要ない．➡赤矢印は遺伝子置換確認用のプライマーを示す．詳細は本文および文献14を参照

るいはプロモーター領域を一緒に破壊しないように注意する．またタグ遺伝子の付加やプロモーター置換を行う場合には，インフレームになるようにDNA配列のデザインを行う．括弧内の番号はGenBankに登録されたCgHIS3遺伝子領域の部分配列（accession番号AF107116）での対応する塩基配列番号を示した．確認用のプライマーはPCR産物のサイズが1kb程度になるように設計する．

*2：CgはATCC2001株として米国ATCC（代理店は住商ファーマインターナショナル社）より入手可能である．酵母ゲノムDNAの調製法に準じてCgゲノムDNAを調製する．出芽酵母HIS3遺伝子をマーカーとして使用すると，標的遺伝子よりも染色体上のHIS3遺伝子と相同組換えを起こすことが多い．CgHIS3遺伝子と酵母HIS3遺伝子との間では種の相違により塩基配列相同性が低いためにこのようなHIS3遺伝子間での組換えは起こらず，標的遺伝子での相同組換えの頻度を上げることができる．同じ理由でGeneticin耐性（kan）遺伝子も酵母の遺伝子置換マーカーとしてよく使われる（200μg/mlのG418で選択可能）．

〈試薬類〉
- 選択マーカー遺伝子を含むDNA
  CgゲノムDNAまたはベクターにクローン化されたCgHIS3 DNA[*2]

- PCR試薬キット
  TaKaRa Ex Taq（Takara社），Expand High-Fidelity PCR system（ロシュ社）など*3

  > *3：通常の*Taq*ポリメラーゼでも構わないが，変異導入を最小限にするため，より高い忠実度で長鎖のDNA合成が可能なPCR用キットを使用する．形質転換用DNAの調製には増幅効率の高いもの，遺伝子置換の確認には長鎖DNAの合成効率のよいものが適している．

- 酵母株
  *his3*変異を有する一倍体または二倍体の出芽酵母株*4

  > *4：代表的なバックグラウンドの酵母株を選択するのがよい．例えば，一倍体酵母株としてW303-1a（ATCC208352）やBY4741（ATCC201388），二倍体株としてBY4743（ATCC201390）など（すべてATCCより入手可能）．バックグラウンドの影響を考えて通常，表現型の解析には二種類以上の酵母株を用いて解析することが多い．栄養要求性をもたない酵母株には*kan*遺伝子などのポジティブ選択可能なマーカー遺伝子を使用する．二倍体株は四分子解析を行うので胞子形成率の高いものが扱いやすい．使用する酵母株はYPDプレート上でコロニーを作らせ，数個のクローンについて栄養要求性を確認しておく．二倍体酵母では胞子形成能および四分子解析後の胞子増殖能をチェックしておく．まれに自然突然変異により栄養要求性の復帰変異，温度感受性や致死変異が入っている場合がある．チェック後の酵母株は20％グリセロール存在下で−80℃にて凍結保存しておくとよい．

- TEバッファー
  1 M Tris-HCl pH 7.5　　5 ml
  0.5 M EDTA pH 8.0　　1 ml
  蒸留水で500 mlに調整後，オートクレーブ滅菌する
- エタノール（100％，70％）：−20度に保存
- 20 mg/mlグリコーゲン（ロシュ社，分子生物学用）
- 10 M酢酸アンモニウム
  酢酸アンモニウムを蒸留水に溶解し，0.45 μmのフィルターを通しておく．室温保存
- フェノール・クロロフォルム
  結晶フェノールを水で飽和させ，終濃度0.1％の8-ヒドロキシキノリンを加えたものに，クロロフォルムを体積比で1：1に混合する．冷蔵保存
- TE飽和エーテル
  ジエチルエーテルを少量のTEバッファーで飽和させたもの
- 75％グリセロール
  グリセロール（和光純薬社，特級）を蒸留水で75％にしてオートクレーブ滅菌する
- 0.15 M酢酸リチウム溶液
  1.53 g酢酸リチウム（SIGMA社，L-6883）を上記TEバッファーに溶解し，100 mlに調整した後，フィルター滅菌する
- PEG溶液
  ポリエチレングリコール4000（関東化学社，特級）5.25 gを5.7 mlのTEバッファーに暖めながら溶かしたのち，フィルター滅菌する
- YPD培地（栄養培地）
  10 g bacto yeast extract〔BD社（旧Difco社）〕
  20 g bacto peptone（BD社）
  を蒸留水950 mlに溶解し，オートクレーブ滅菌したのち，フィルター滅菌した40％グルコース50 mlを加える．YPDプレートの場合は，オートクレーブ前に20 g bacto agar（BD社）を加えて同様に作製したものを10 cm滅菌シャーレに20 mlずつ分注・固化させる
- ヒスチジン要求性プレート（栄養選択用寒天培地）
  6.7 g Bacto yeast nitrogen base w/o amino acid（BD社）
  栄養素混合物（ヒスチジン不含）*
  以上を蒸留水950 mlに溶解後，20 g bacto agar（BD社）を加え，オートクレーブ滅菌したのち，フィルター滅菌した40％グルコース（和光純薬社）50 mlを添加したものを10 cm滅菌シャーレに20 mlずつ分注・固化させる

  ＊栄養素混合物（ヒスチジン不含）*5

アデニン硫酸塩	20 mg/l（最終濃度，以下同じ）
ウラシル	20 mg/l
L-トリプトファン	20 mg/l
L-アルギニン塩酸塩	20 mg/l
L-メチオニン	20 mg/l
L-チロシン	30 mg/l
L-ロイシン	100 mg/l
L-イソロイシン	30 mg/l
L-リシン塩酸塩	30 mg/l
L-フェニルアラニン	50 mg/l
L-グルタミン酸	100 mg/l
L-アスパラギン酸	100 mg/l
L-バリン	150 mg/l
L-トレオニン	200 mg/l
L-セリン	400 mg/l

  > *5：試薬は和光純薬社（特級）を使用．使用時に試薬を1つ1つ混合するのは大変なので，あらかじめ必要な試薬の粉を秤量して混合し，乳鉢で細かくパウダーにしたものをコニカルチューブなどに保存しておくと便利である．

〈機器・器具〉*6

> *6：フリーザーやオートクレーブなどは省略．四分子解析を行う場合は以下の装置・器具が必要になる．
> ・顕微鏡（ニコン社，X2-UDなど．四分子解析専用の機種もある．）
> ・胞子解剖用マニピュレータ（ナリシゲ社，NM-151など．顕微鏡に装着する）
> ・胞子解剖用ステージおよびガラス針

- 高速冷却微量遠心機（トミー精工社，MX-300など）
- 恒温水槽
- ボルテックスミキサー
- クリーンベンチ
- 分光光度計（600 nmが測定可能なもの）
- 遠心機（トミー精工社，LX-130にスイングローターTS-39LBなど）
- 恒温振盪培養器（タイテック社，BR-15など．恒温培養器にシェーカーを入れてもよいが使用時に温度を30℃に維持できること．）
- 恒温培養器（30℃）
- タッパーウエア（大きめで密閉できるもの）
- PCR装置（Perkin Elmer社，GeneAmp9600など）
- ミニアガロースゲル電気泳動装置（ミューピッドなど）
- 白金耳，コンラージ棒

プロトコール

1 形質転換用 DNA の調製

❶ 以下の反応組成と条件で PCR 反応を行う.

```
反応液：400 μl（50 μl/tube）
CgHIS3 鋳型 DNA
    （ゲノム DNA の場合）              5 ng
    （プラスミド DNA の場合）         150 ng
遺伝子破壊用フォワードプライマー    1.25 μM
遺伝子破壊用リバースプライマー      1.25 μM
dATP, dGTP, dCTP, dTTP              200 μM
1×PCR 反応用バッファー（最終濃度：2 mM MgCl₂）
DNA ポリメラーゼ                     10 U

    94℃   30秒
    50℃   30秒    ×40 サイクル
    72℃   30秒
         ↓
    72℃   10分
         ↓
    4℃で保持*7
```

> *7：ここに示した条件はあくまで目安である．反応の至適条件は PCR に用いる試薬や装置に依存するので前もって条件検討を行っておく．

❷ 反応液の一部を 1％アガロースゲル電気泳動で展開し，エチジウムブロマイド染色により約 1 kb の DNA が増幅されていることを確認する*8

> *8：PCR 産物をゲルから切り出し精製するステップは特に必要ない．また 1 回の形質転換には約 1 μg の形質転換用 DNA を使用する．そのため電気泳動の際，量を振った 1 kb 程度のマーカー DNA をサンプルと一緒にゲルで泳動して，臭化エチジウム染色によりバンドの濃さの比較を行い，大まかでよいので反応産物の量を見積もっておくとよい．

❸ 反応液を 2 本のエッペンドルフチューブに集め，等量のフェノール・クロロホルムで抽出する

❹ 水層を別のエッペンドルフチューブに移し，0.8 ml の TE 飽和エーテルで抽出する（上層のエーテルを除く）

❺ 水層に 2 μg のグリコーゲンと 1/4 倍量の 10 M 酢酸アンモニウムを加えて混ぜ，さらに 2.5 倍量のエタノールを加えて混合し，−80℃で 15 分間置く

❻ 12,000 rpm 15 分間（4℃）の遠心により沈殿を回収し，上清を除いたあと，0.8 ml の 70％エタノールで沈殿を洗う

❼ 遠心後，上清をよく除いて沈殿を風乾し，最後にチューブ当たり 3 μl の TE バッファーに溶解する．サンプルは−20℃で保存する（反応効率に依存するが数回分のサンプルに相当）

2 形質転換株の調製

❶ YPD プレート上の酵母のコロニー 2，3 個を白金耳で掻き取り，10 ml の YPD 培地を含むコニカルチューブに無菌的に植え込む（以降の操作もすべて無菌的に室温で行う）

❷ 30℃で一晩，振盪培養を行う

❸ 前培養した菌液 1 ml を 10 ml の YPD 培地を含むコニカルチューブに植え込み，OD_{600} が 1.0 程度になるまで 30℃で 2 時間程度，振盪培養を行う*9

> *9：酵母の増殖は OD_{600} を指標にする．培地をブランクに分光光度計でモニターを行う．

❹ 3,000 rpm 10 分間の遠心で細胞を集める

❺ 上清を除き，細胞を 20 ml の TE バッファーにサスペンドして遠心（3,000 rpm，10 分間）で洗う

❻ 細胞を 10 ml の 0.15 M 酢酸リチウム溶液にピペッティングでサスペンドして，室温に 10 分間置く

❼ 3,000 rpm 10 分間の遠心で細胞を沈殿させ，上清を除く

❽ 綿栓付きブルーチップをつけたマイクロピペッターを使って細胞を 0.3 ml の 0.15 M 酢酸リチウム溶液にサスペンドする

❾ 1/5 倍量の 75％グリセロールを加えて，同様に混合したものをコンピテント酵母液として形質転換に使用する*10

> *10：コンピテント酵母液は使用時調製にする．酵母の形質転換の際，キャリアーDNA は加えなくても問題ないようである．

❿ 必要な本数の滅菌エッペンドルフチューブに 30 μl ずつコンピテント酵母液を分注する

⓫ 1 で調製した形質転換用 DNA（約 1 μg，3 μl 程度）を加えて軽くチューブの底を横から叩くようにして混ぜ，10 分間室温に置く*11

> *11：この際，ネガティブコントロール（DNAを入れない）のチューブを作るのを忘れないこと．

⓬ 先太の滅菌イエローチップをつけたマイクロピペッターで 2 倍量（例えば DNA 溶液が 3 μl の場合，30＋3＝33 μl なので 33×2＝66 μl）の PEG 溶液を加え，ボルテックスミキサーを使いよく混ぜる

⓭ 室温に 30 分間置く

⓮ 42℃の恒温水槽で 30 分間加温する（途中，2，3 回軽く混ぜる）*12

> *12：最終濃度 10％の DMSO を添加すると形質転換効率が上がることがある．加えるときボルテックスは使わず，指で丁寧に混ぜる．

⑮ 6,000 rpm，1分間（室温）の遠心後，マイクロピペッターで上清を除き，150 μl 程度のTEバッファーによくサスペンドして，全量を2枚のヒスチジン要求性プレートに播く*13

☞ *13：プレートによって播く量を変えるとよい（20 μl と 130 μl など）．プレートはあらかじめ30℃の培養器に1時間程度置いて乾かしておく．細胞はコンラージ棒で伸展して播く．ステップ⑮の遠心操作を省略して，そのままのサンプルを直接プレートに播いて問題ない（PEGの結晶がでることがある）．

⑯ プレート表面の水気が切れたら，ひっくり返して湿度を保ったタッパーウエア（蒸留水を含ませたキムワイプを数枚入れておく）に入れて，30℃で2，3日間培養し，形質転換体のコロニーを形成させる*14

☞ *14：PCRプライマーのデザインや使用するDNA量，酵母株の種類などによって出現するコロニーの数は変動する．少なくとも5，6クローンの形質転換体を得ておくことが望ましい．ネガティブコントロールではコロニーが出現しないことを確認する．形質転換体のコロニーが得られなかった場合，再度，DNA量を増やして実験を試みる．これでもだめな場合は標的遺伝子のプライマーの設定部位を変えて実験をやり直してみる．

3 コロニーPCRによる遺伝子置換の確認*15

☞ *15：導入したDNAが目的以外の遺伝子領域に組込まれていることがあるため，得られた形質転換体で正しく遺伝子置換が起こったかどうかをPCRで必ず確認しておく．できれば CgHIS3 と標的遺伝子の各プローブを用いたサザン法によっても確認しておく．

❶ 前もって必要な本数のPCRチューブに以下の反応液を調製しておき，氷上に準備しておく

```
反応液：10 μl
 遺伝子置換確認用プライマーセット     各1.2 μM
  上流側確認用
   ＃1（フォワード）とCgHIS3-R（リバース）
  下流側確認用
   CgHIS3-F（フォワード）と＃2（リバース）
 dATP, dGTP, dCTP, dTTP           200 μM
 1× Ex Taq 反応用バッファー（Takara社）
 Perfect Match Polymerase
    Enhancer（Stratagene社）        0.05 unit
 Ex Taq DNA ポリメラーゼ（Takara社）  0.3 unit
```

❷ 直径2 mm くらいのコロニーのごく一部を滅菌したP-2チップの先端で掻き取り，PCRチューブに擦りつけるようにして反応液に加える．親株を入れた反応チューブをネガティブコントロールとして用意する*16

☞ *16：菌体を移す際，寒天などをもち込まないよう注意する．菌体量が多すぎると反応を阻害するので，液が菌体で軽く濁る程度にする．反応を阻害することがあるので爪楊枝は使わない．テストしたコロニーは，FUNA Colony Sheet などを底に貼ってクローンの識別を可能にしたヒスチジン要求性プレート，および1 ml の選択用液体培地を入れた2 ml の滅菌丸底エッペンドルフチューブに，滅菌した爪楊枝を使って植え込み，バックアップ用に培養しておくとよい．液体培養はふたをビニールテープでよくシールし，静置培養で構わない．2，3日後にグリセロールストックを作製して−80℃に凍結保存しておく．

❸ PCR反応を行う．

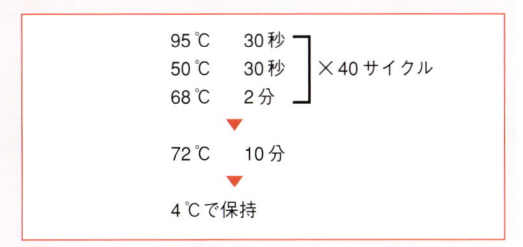

```
95℃  30秒
50℃  30秒  ×40サイクル
68℃   2分
  ↓
72℃  10分
  ↓
4℃で保持
```

❹ 反応液の全量を1％アガロースゲル電気泳動で解析し，プライマーの設定位置から予想されるサイズの産物が増幅されていることを確認する*17

☞ *17：標的遺伝子の上流と下流の2カ所の反応で予想されたバンドが検出されなくてはならない．コロニーPCRは手軽に行えて便利であるが，実際に行うと目的のバンドがなかなか検出できないこともある．そのような場合には形質転換株を少量培養し，調製したゲノムDNAを鋳型に反応をやり直すとうまくゆくことが多い．このゲノムDNAを用いたサザン法により遺伝子置換の確認を行うこともできる．

❺ 確認の終わった株は選択培地で培養し，グリセロールストックを作製して−80℃に保存する*18

☞ *18：形質転換体は一個ではなく，必ず独立したクローンを複数確保し，以降の実験に用いる．まれに変異の入った形質転換体を単離してしまい，表現型の解釈を誤ることがある．

4 四分子解析

　二倍体酵母を用いた遺伝子破壊では，四分子解析により標的遺伝子の増殖必須性を判定し，非必須遺伝子の一倍体遺伝子破壊株を作製することができる．顕微鏡下の細かい作業であり専用の装置と習熟が必要であるため，近くに酵母を扱っている研究室があれば装置を借りて教わりながら行うのが効率的である．具体的な操作などについては，参考文献1～3を参照されたい

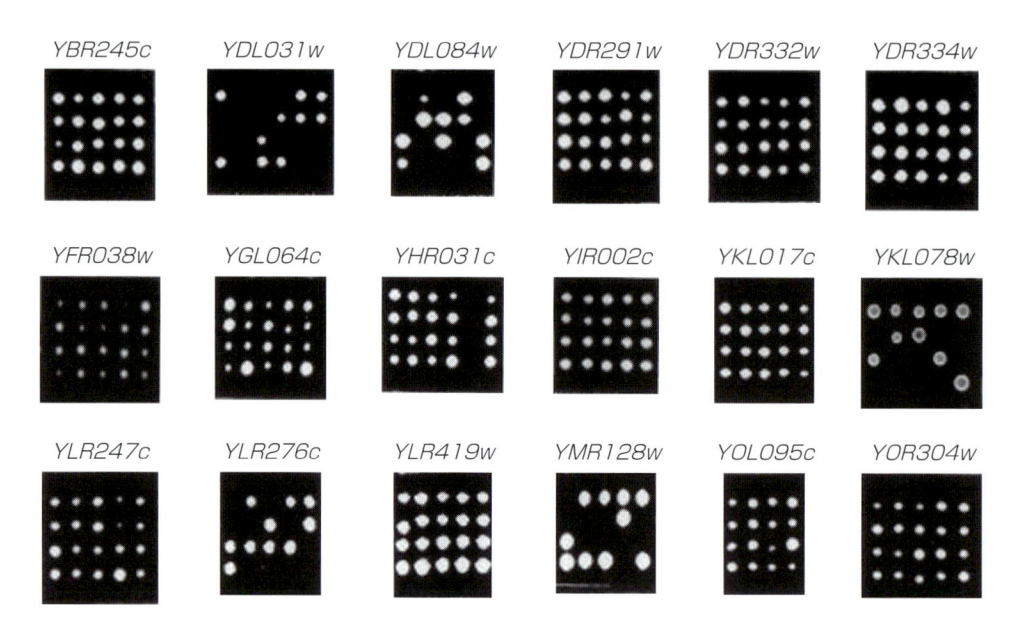

図3 酵母ヘリカーゼ様遺伝子破壊株における四分子解析の例
詳細は本文を参照

実験例

上記の方法に従い二倍体酵母RAY3A-Dを親株として新規ヘリカーゼ様遺伝子の破壊株を作製した[14]．四分子解析の結果を図3に示す．対応する遺伝子の形質転換体を胞子形成させたあと，4〜5個の胞子嚢を解剖し，4個の胞子を縦一列に均等に分離した．写真はYPDプレート上で増殖させたコロニーを示す．4個の胞子のうち2個しかコロニーの形成が見られなかった5個の遺伝子（YDL031wなど）が増殖に必須な新規遺伝子として同定された．

また一倍体W303-1a株を親株に，同様の方法で非必須遺伝子の破壊株を作製し，各株の増殖に関する温度感受性（非許容温度37℃）を評価した．YPDプレートに5μlずつ各遺伝子破壊株の菌液をスポットしたのち，各温度で2日間培養した後の細胞増殖の状態を示した（図4）．コントロールとして親株（WT）とCDC28の温度感受性変異株（$cdc28^{ts}$）を用いた．3個の非必須遺伝子破壊株（ygl064cΔなど）で温度感受性が認められた．

おわりに

酵母ではすでに全遺伝子破壊株（kan遺伝子マーカー）のコレクション[15]が作製され，遺伝子発現パターンと表現型との相関解析[16]，二重欠損変異体の作製による遺伝的相互作用解析[17]，メタボローム解析[18]，ヒト遺伝病関連の研究[19]などに利用されている．遺伝子破壊株のコレクションなどはいくつかの業者や機関から有料で購入できる（詳細はSaccharomyces genome deletion projectやEUROSCARFのホームページ[20] [21]を参照）．遺伝子置換法は遺伝子破壊だけでなく，デグロンタグ融合遺伝子による条件致死変異体の作製[22]，クロマチン免疫沈降法を用いたDNA結合因子のゲノム結合部位の解析[23]，各種タグ融合タンパク質発現株を利用したプロテオーム解析[24] [25]，タンパク質の細胞内局在解析[26]，プロテインチップ解析[27]などのゲノム機能解析に幅広く利用されており，アイデアや工夫次第でさまざまな遺伝子機能解析に応用できる．

酵母two-hybrid法など酵母自体を試験管として利用する実験手法が普及したことで，初心者が酵母を使用する際に受ける心理的・技術的なバリアは以前と比べて格段に低くなっていると思われる．機能未知遺伝子を対象とした機能研究を行う場合，もし酵母ホモロ

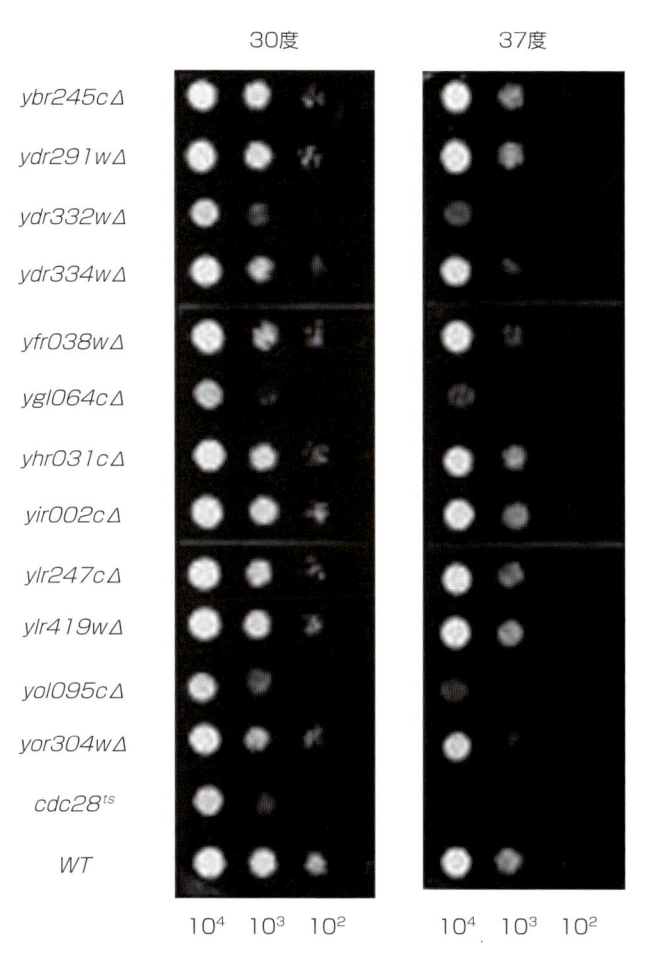

図4　遺伝子破壊株の表現型解析の例
一倍体酵母株を親株に各ヘリカーゼ様遺伝子（非必須遺伝子）の破壊株を作製し，増殖に関する温度感受性を検討した結果を示す．下段の数字は植え込んだ細胞数を示す．詳細は本文を参照（参考文献14より転載）

グが存在するようであれば，膨大なゲノム機能情報に加えて，酵母のさまざまな遺伝学的手法[6]を駆使することで分子機能解明への突破口が開かれる可能性は高い．今後，酵母の研究分野においては豊富な機能情報を利用して，個別の遺伝子の機能解明が大幅に進むとともに，情報学との融合が進み，システムズバイオロジーに代表される細胞システムを統合的に分子レベルで再構成する研究が加速することが予想される．

謝辞

本項の作成にあたり，貴重なコメントを頂いた宇津木孝彦先生（東京理科大学），北田邦雄先生（中外製薬）に感謝致します．

参考文献

1) 水野貴之：細胞工学別冊目で見る実験ノートシリーズ「バイオ実験イラストレイテッド7　使おう酵母　できるTwo Hybrid」，秀潤社，2003
2) Burk, D. 他：「酵母遺伝子実験マニュアル」（大矢禎一/監訳），丸善，2002
3) 「酵母ラボマニュアル」（山本正幸，大矢禎一編），シュプリンガー・フェアラーク東京，1998
4) 大嶋泰治：生物化学実験法39「酵母分子遺伝学実験法」（駒野徹他/編），学会出版センター，1996
5) 「The Molecular and Cellular Biology of the Yeast Saccharomyces」Vol. 1-3 （Jones, E.W., Pringle, J.R. & Broach, J.R. Eds.），Cold Spring Harbor Laboratory Press, 1991, 1992, 1997
6) 「Methods in Microbiology 26」, Yeast Gene Analysis (Brown, A. J. P. & Tuite, M. F. Eds.), Academic

Press, 1998
7) Goffeau, A. et al. : Nature, Suppl., 387, 1997
8) Barder, G. D. et al. : Trends Cell Biol., 13 : 344-356, 2003
9) Grunenfelder, B. & Winzeler, E. A. : Nature Rev. Genet., 3 : 653-661, 2002
10) SGD : http://www.yeastgenome.org/
11) CYGD : http://mips.gsf.de/genre/proj/yeast/index.jsp
12) Longtine, M. S. et al. : Yeast, 14 : 953-961, 1998
13) Kitada, K. et al. : Gene, 165 : 203-206, 1995
14) Shiratori, A. et al. : Yeast, 15 : 219-253, 1999
15) Winzeler, E. A. et al. : Science, 285 : 901-906, 1999
16) Giaever, G. et al. : Nature, 418 : 387-391, 2002
17) Tong, A. H. Y. et al. : Science, 303 : 808-813, 2004
18) Allen, J. et al. : Nature Biotech., 21 : 692-696, 2003
19) Steinmetz, L. M. et al. : Nature Genet., 31 : 400-404, 2002
20) *Saccharomyces* Genome Deletion Project : http://www-sequence.stanford.edu/group/yeast_deletion_project/deletions3.html
21) EUROSCARFホームページ : http://www.rz.uni-frankfurt.de/FB/fb16/mikro/euroscarf/index.html
22) Kanemaki, M. et al. : Nature, 423 : 720-724, 2003
23) Ren, B. et al. : Science, 290 : 2306-2309, 2000
24) Gavin, A. C. et al. : Nature, 415 : 141-147, 2002
25) Ko, Y. et al. : Nature, 415 : 180-183, 2002
26) Kumar, A. et al. : Genes Dev., 16 : 707-719, 2002
27) Martzen, M. R. et al. : Science, 286 : 1153-1155, 1999

第5章 モデル生物を利用した遺伝子機能解析

2. 線虫

三谷昌平

線虫 *C. elegans* は単純な多細胞モデル生物である．全遺伝子のアノテーションが入手可能であり，RNA干渉法，変異体株やトランスジェニック株を用いることにより，幅広くかつ詳細な遺伝子機能解析が行える実験システムである．

i）線虫の特徴とゲノムプロジェクトの成果

線虫 *Caenorhabditis elegans* の研究の歴史はまだ30余年でしかないが，ショウジョウバエとならんで多細胞生物の遺伝学的解析のための重要なモデル生物としての位置付けがなされてきた[1]．

遺伝学的材料として，線虫は便利な生物である．20℃で飼育して，生活環が3日であり，雌雄同体として増えるが（1匹の個体から200～300匹の子供が産まれる），雄も出現するので，交配実験を行うこともできる．Brennerは，運動異常（Unc）や，太くて短い形態異常（Dpy）などの変異体を多数集め，同一染色体上に存在する遺伝子にグループ化し（リンケージグループと呼ばれた）組換え率を測定することで，基準となる遺伝子地図を作成した[2]．その後，多くの研究者がいろいろな表現型を指標に変異体の分離や染色体上にマッピングを進め，原因遺伝子をクローニングするという作業が，線虫のゲノム解析以前から続けられていた．

Coulsonらは線虫ゲノムDNAをランダムに有するコスミドクローンを集めた[3]．既存の変異体遺伝子との位置関係などを考慮して，ゲノム物理地図が作成された．おのおのの，繋ぎ合わされたコスミド（場合によってはYACやPCR産物）の塩基配列決定を行い，1998年末には遺伝子の密度の高い部分の，ほぼ全領域の塩基配列決定が終了した．全ゲノム塩基配列決定は，線虫を用いる研究において，ポストゲノムシーケンス時代の幕開けを示すものであった[4]．

すなわち，従来の遺伝学的解析への使いやすさから，ゲノム機能解析へのツールとして重要な点が多い．例えば，「ヒトの疾患遺伝子が多型解析で見つかったが，その遺伝子の機能はまだ理解されていない．オーソログが線虫に存在することは，データベース検索によりわかったので，分子としてどのように働くものか，線虫を使って調べてみたい．」というような状況が発生し得る．

実際の線虫を用いたゲノム機能解析は，ゲノムワイドな視点に立つものではあるが，ほとんどの研究者にとっては，個々の着目する遺伝子と，それがかかわる生命現象の厳密な個別研究の蓄積と，インターネットを介して得られる膨大な遺伝子情報との関係として考えることが必要である．

線虫では，19,000強のタンパク質が作られると推定されている．タンパク質に翻訳されないRNAもたくさん存在する．最近では，RNAiのようなメカニズムが正常個体で使用されているかもしれない短いRNAが多数見つかり，microRNAという名前で呼ばれて，新たにゲノム注釈に加えられた．

Shohei Mitani: Department of Physiology, Tokyo Women's Medical University School of Medicine（東京女子医科大学医学部第二生理学教室）

ⅱ）相同組換えを利用した遺伝子置換法

はじめに

　線虫のゲノム機能研究においては，強力なRNA干渉法が重要である．しかしながら，ヨーロッパおよび日本のグループなどにより，全遺伝子にわたるRNA干渉法によるサーベイが行われ[5)6)]，単純な表現型という意味では，すでにデータベース（Wormbase）に記載されている．

　また，線虫でのRNA干渉法は，本来，線虫で発現している遺伝子のノックダウンを主目的としている．一方，多くの研究者は，個別の遺伝子の詳細な機能解析を行うケースが多く，その場合には，RNA干渉法と欠失変異体株を併用した解析が進みつつある．すなわち，欠失変異体株の分離は，安定な株が残る点において，RNA干渉法がもつ一過性の解析という弱点を埋めるメリットが大きい．しかし，遺伝子ノックアウト法については，ほとんどの研究室にとっては，膨大な労力がかかるわりには，変異体分離ができなかったり，他生物と同様に容易に表現型が観察されなかったりするリスクもある．

　筆者の研究室では，文部科学省のナショナルバイオリソースプロジェクトを介して変異体の分離および分譲を行っており，多くの研究者には近道と思われる．

　したがって，今回は，データベースの記載の見方や，リソースの入手法などを中心とした解説を行い，このような形で変異体などが得られるという前提で，どのように解析を進めていくかを例示することを主眼としている．遺伝子はすべて記載されているので，いかにして，線虫の遺伝学の従来の知識をフルに活用し，新たな機能解明に繋げていくかが重要なのである．

原理

　上述のように，線虫は，徹底的に調べ上げられ，網羅的かつ詳細に情報が収集され，研究者間での協力体制が築かれてきた．Wormbaseを代表とする情報発信のwebsiteがあるので，それらの使い方と，その情報をベースにした研究の組立て方を理解することが重要である．そのうえで，各自の興味に従って実験的な解析を進めていくのが望ましい．

準備するもの

　線虫の既存情報を使用して，実験計画を組立てるためには，インターネット接続環境さえあれば可能である．一方，線虫の実験に必要なものは，低温恒温インキュベータ（通常は15℃〜25℃の範囲で飼育する），簡単な遺伝学的操作を行うための実体顕微鏡，および，GFPなどの発現を観察するための微分干渉装置付きの蛍光顕微鏡である．

　線虫の実験の多くはトランスジェニック解析を行うので，この場合には，マニピュレータ付きの倒立微分干渉顕微鏡を用いる．トランスジェニック解析などを行うためには，各施設での組換えDNA安全指針に従い，遺伝子操作ができる環境や，個体レベルでGFPレポータによる遺伝子発現などを行うために，実験室に対してのP1Aの許可をしてもらう必要がある．

　それ以外の装置は行う実験によって必要に応じて導入する．このような基本的な操作については，既刊ラボマニュアルを参考にされるとよい[7)]．

プロトコール

1 Wormbaseへのアクセスと遺伝子情報の入手

　遺伝子情報のアクセスは，各種websiteを介して行うことができる（表1）．Wormbaseは統合的な線虫データベースであり，膨大な情報が格納されている．

　本項では，Wormbaseのホームページ（図1）からスタートし，そこにある遺伝子構造情報を入手し，機能解析のための基礎情報を入手する流れをまとめてみる．

　ホームページにいくと，デフォルト画面では遺伝子名で検索するようになっている．ここに，遺伝子名をキーボード入力し，（コスミドなどによる遺伝子名でも，3文字表記の遺伝子名でもよい），Enterキーを打つと，その遺伝子の情報ページへジャンプする（図2）．

　個々の遺伝子の多数のリンクについては，紙面の関係で説明することはできないが，最も主要な情報は，このページに記載されている．例えば，

表1 有用なウェブサイト

ウェブサイト名	URLと主な特徴
Wormbase	http://www.wormbase.org/ 線虫統合データベース
CGC	http://biosci.umn.edu/CGC/CGChomepage.htm 線虫変異体などのリソースセンター
NBRP線虫	http://shigen.lab.nig.ac.jp/c.elegans/index.jsp?lang=japanese 新規変異体の分譲およびスクリーニング依頼
KO consortium	http://www.celeganskoconsortium.omrf.org/ 新規変異体のスクリーニング依頼
NEXTDB	http://nematode.lab.nig.ac.jp/ 線虫のESTプロジェクト

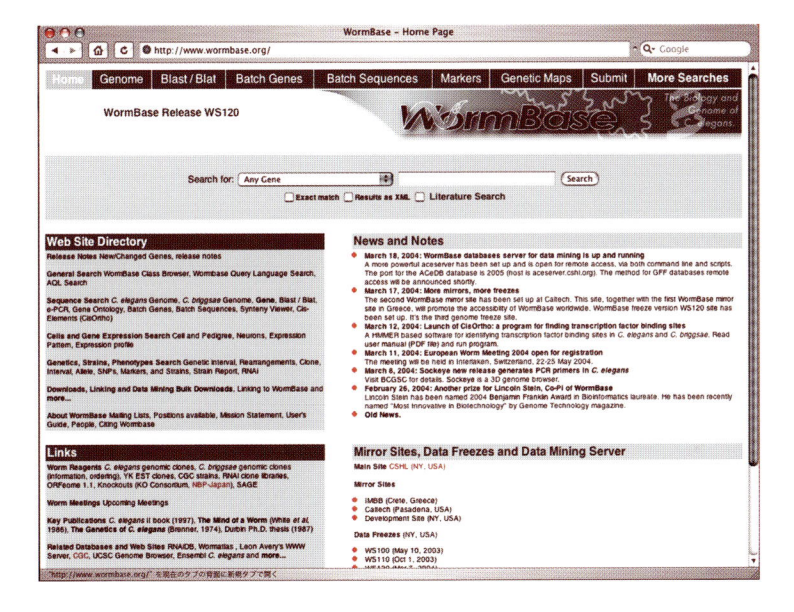

図1 Wormbase ホームページのトップ画面
詳細は本文を参照

遺伝子名は，コスミドなどの名前に由来するGene modelという欄に記載されている名前と，小文字3個プラス数字で表される名前とがある（このうち，CGC approvedと記載されている名前は線虫研究者コミュニティーのなかで定着したものである）．遺伝子の簡単な説明や，どのようなモチーフを含んでいるか，アミノ酸残基数などが存在する場合にはalternative splicingのパターンごとに記入されている．

やや下にスクロールすると，遺伝子のエキソン構造がグラフィカルに表示されている．この図のなかには，それ以外の情報，エキソンのフレームや向き，変異体の存在やSNPsの位置などが記入されていることもある．もし，ここに，明らかな欠失部位が入った変異体アレルの記載がある場合，下記のように，筆者の研究室またはCGCから入手できる可能性が高い．

さらに下にスクロールすると，RNAiの表現型，変異体の表現型，他生物のホモログとの比較を行った表や，発表論文など，遺伝子ごとに入手可能な範囲で，詳細な情報が記載されている．ここを調べることにより，その遺伝子の構造と機能について，どれくらいのことがすでに記載されているのか大凡知ることができる．逆にいうと，あまり多くの予備知識がなくても，このページで自分が考えた疑問が解かれているかいないかを，垣間見ることができるのである．

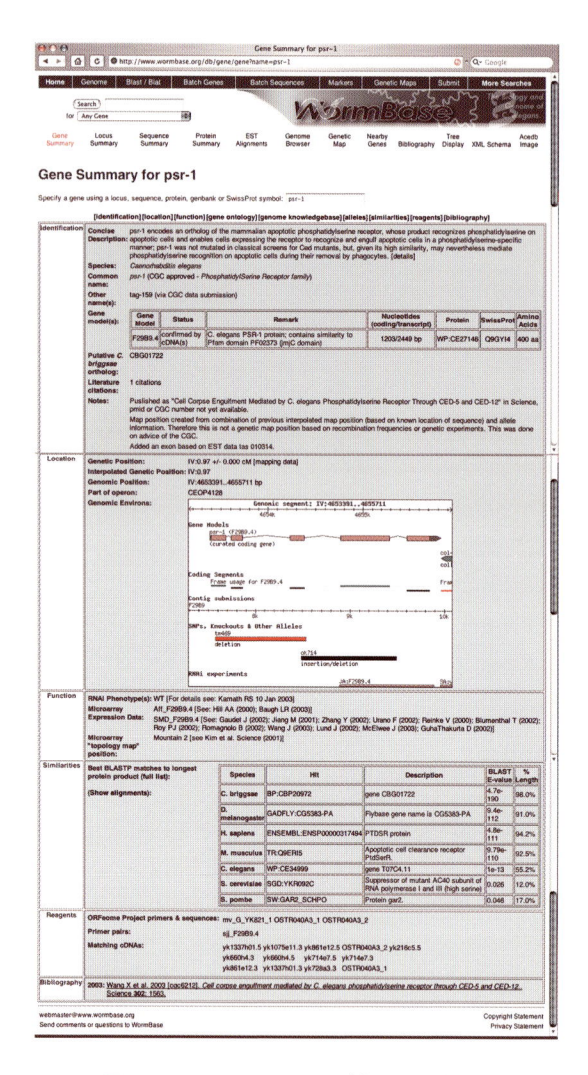

図2　Wormbaseでの遺伝子の説明例
詳細は本文を参照

2　欠失変異体などの入手

　現在は，多くの変異体に対して，少数の変異体分離に秀でた研究室［バンクーバーのMoerman研究室，オクラホマのBarstead研究室，東京の三谷（筆者）研究室］がさまざまな研究室の要望に答えたスクリーニングを行い，それを公共の使用に公開するという方式が定着しつつあり，変異体の数も着実に増えている．外国の2グループは分離した変異体をCGC（caenorhabiditis genetic center）に送っているので，従来，世界中の研究者が分離・解析・発表してきたフォワードスクリーニングなどによって得られた変異体も，ここから得られる．

　CGCのホームページにアクセスすると，検索画面へのリンクが表示されており，クリックすると，とてもシンプルな検索画面にたどり着く（図3）．この空欄の部分に遺伝子名を入れ，Enterキーを打つと，CGCが保有するその遺伝子を含む変異体や，トランスジェニック株の一覧が出てくる．上述のように，筆者の研究室では，文部科学省のナショナルバイオリソースプロジェクトを介して変異体の分離，および分譲を行っており，そのホームページから分譲依頼やスクリーニング依頼ができる（図4）．

　線虫遺伝子欠失変異体の有用性は，トランスジェニック解析の可能性にある．RNA干渉法では，発現するRNAを（多少の配列の違いがあっても）分解することで作用する．したがって，RNA干渉法で遺伝子機能破壊を行った個体では，ヒトの相同遺伝子を用いたトランスジェニック機能解析を行うことができない．

　もちろん，線虫の遺伝子そのものに改変を行った遺伝子導入なども可能で，RNA干渉法では得難い，遺伝子の構造と機能の詳細な関係を調べることが可能である．

実験例

　変異体およびいろいろなアポトーシス関連遺伝子を，特異的プロモーターまたは熱ショックプロモーターで発現させたときの咽頭部の死細胞数のカウント例を表2に示す．*psr-1*遺伝子変異体では，約16個強の死細胞が観察されるが，これに*ced-1*遺伝子プロモーター（貪食細胞で発現する）を用いて*psr-1*遺伝子を発現させると平均8.6個と減少する．すなわち，死細胞がより速やかに貪食され，観察されなくなる．これは，熱ショックプロモーターで*psr-1*遺伝子を発現させた場合でもほぼ再現され，ヒトの*psr-1*遺伝子でもある程度の回復が認められた（平均11.5個）．

　このアッセイでは，不完全な*psr-1*遺伝子では回復がみられず，*ced-2*，*ced-5*，*ced-10*，*ced-12*遺伝子の強制発現では回復がみられた．一方，*ced-1*，*ced-6*，*ced-7*遺伝子の強制発現では回復がみられず，PSR-1受容体は，*ced-2*などの経路と一緒に働いているらしいことが示唆された．

図3　CGCホームページの検索画面
詳細は本文を参照

図4　ナショナル・バイオリソース・プロジェクト「実験動物・線虫」のトップページ
詳細は本文を参照

表2　*psr-1*変異体での死細胞数のカウントを用いた遺伝子導入レスキュー実験

Transgene	Heat Shock	死細胞数
なし	−	16.1±4.0
	＋	16.8±3.8
P_{ced-1}psr-1	−	8.6±1.2
P_{hsp}psr-1	−	16.7±1.7
	＋	8.9±1.6
P_{hsp}hPSR	−	15.5±1.2
	＋	11.5±1.5
P_{hsp}psr-1Δ	−	15.7±0.9
	＋	15.2±1.1
P_{hsp}ced-2	−	15.1±2.2
	＋	9.3±1.7
P_{hsp}ced-5	−	16.1±2.4
	＋	9.2±1.7
P_{hsp}ced-10	−	14.3±1.8
	＋	8.6±1.2
P_{hsp}ced-12	−	16.2±2.8
	＋	8.6±1.2
P_{hsp}ced-1	−	16.2±1.9
	＋	15.9±1.6
P_{hsp}ced-6	−	16.2±2.5
	＋	16.6±2.1
P_{hsp}ced-7	−	16.7±1.7
	＋	16.7±1.4

文献8より改変して引用

おわりに

　線虫は扱いやすいモデル生物である．そのゲノム機能解析といっても，個人で網羅的にすべての遺伝子を端から調べていくというのは，大変な労力であるが，少数の研究室がRNAi法で記載したものが論文発表されているので，それをインターネットでみながら，より詳細な実験を計画することが可能である．ある程度少ない数の遺伝子ファミリーや機能群については，特定の表現型についてRNAi実験でサーベイし（網羅的RNAiでは調べられていない表現型も多い），有意な表現型が得られそうなものについて，欠失変異体でトランスジェニック解析も加えながら，より精度の高いデータを取得するのが効率がよさそうである．

memo

　例として，われわれが上述の遺伝子psr-1について行った機能解析例を簡単に示すことにする．psr-1遺伝子は，phosphatidylserine receptorをコードする線虫遺伝子であり，構造などは図2に示されている通りである．線虫では，アポトーシスが起こる過程が詳細に調べられてきたが，まだ，すべてが明らかになっているとはいいがたい．phosphatidylserineは，細胞膜の内側に存在し，細胞がアポトーシスを起こす際に，外側に呈示されて，「eat-me」シグナルとして働く可能性が示されていた．すなわち，死につつある細胞が周囲の細胞に貪食されるために働いていると考えられる．線虫で細胞がアポトーシスを起こすと多くは30分程度で周囲の細胞に貪食されるが，死につつある細胞は，しばしば咽頭部で観察されるので，その数を計測することで機能解析が可能となる．この解析は，行動解析などのときのように，野生型個体でさえばらつきが大きいため，変異体の解析によって，明確な答えが引き出せた例である．

参考文献

1) Wood, W. B. ed. :「The nematode Caenorhabditis elegans.」, Cold Spring Harbor Laboratory, 1988
2) Brenner, S. : Genetics, 77 : 71-94, 1974
3) Coulson, A. et al. : Nature, 335 : 184-186, 1988
4) The C. elegans Sequencing Consortium : Science, 282 : 2012-2018, 1998
5) Maeda, I. et al. : Current Biology, 11 : 171-176, 2001
6) Kamath, R. S. et al. : Nature, 421 : 231-237, 2003
7)「線虫ラボマニュアル」（三谷昌平／編），シュプリンガー・フェアラーク東京, 2003
8) Wang, X. et al. : Science, 302 : 1563-1566, 2003

第5章 モデル生物を利用した遺伝子機能解析

3. ショウジョウバエ

相垣敏郎　武尾里美

> ショウジョウバエの強制発現ベクター挿入系統を用いた変異誘発法により，遺伝子機能に関する新しい情報を得ることができる．また，遺伝子ターゲティング法により，特定の遺伝子について機能破壊変異体を作製できる．

i) モデル生物としての特徴とゲノムプロジェクトの成果

　キイロショウジョウバエ（以下ショウジョウバエ）は体長数ミリ，体重数ミリグラム，双翅類に属する完全変態昆虫である．遺伝学の材料として適している理由は，①世代時間が短い，②飼育，交配が容易である，③多数の個体を扱える，④ゲノム構造を可視的にとらえることができる唾腺染色体をもっていることなどがあげられる．このような生物学的特徴に加えて，突然変異体のコレクション，それらを安定に維持するためのバランサー染色体，あるいはゲノムの約85％をカバーする欠失染色体キットなど，遺伝学的解析を行うための技術的基盤が整備されている．ゲノム配列，cDNA配列，発現データの取得は，生物種を問わず可能であるが，機能に関して最も直接的な情報をもたらす突然変異体の作製や解析となると，生物種によって大きく異なる．ショウジョウバエは変異体作製と解析のための方法論の豊富さにおいて，抜きん出たモデル生物である[1]．

　2000年に全ゲノム配列の第1版が発表され，その後のアップデートにより2004年3月現在，第3.2版となっている（http://flybase.net）．全長137.5 Mbのゲノムには13,473個の遺伝子がアノテーションされている．オーバーラッピング遺伝子や，ネステッド遺伝子，多数の選択的スプライシングバリアントを産生する遺伝子など，複雑な構造が数多く存在する．また，ヒト疾患遺伝子のうち，約74％はショウジョウバエのゲノムにそれらの相同遺伝子が存在することから，疾患モデルとしても利用されている．

　ゲノム配列が解読されたことにより，ショウジョウバエを用いた遺伝子機能解析のスピードは格段に速くなった．化学変異原を用いた突然変異誘発はゲノムを満遍なくヒットできるため，依然としてよく使われている．それらの原因遺伝子を特定するためには，できるだけ正確にマッピングする必要がある．ゲノム配列解読を契機に多数のSNP（1塩基多型）マーカーが同定され，EMSなどの化学変異原で誘発した突然変異の高精度マッピングに利用されている．また，変異体の原因遺伝子クローニングが容易であるという利点から，トランスポゾンを用いた挿入変異誘発法が頻繁に使われているが，全ゲノム配列が決定されたことにより，トランスポゾンベクターの挿入サイトを迅速にマッピングできるようになった．挿入サイトが遺伝子の近傍に存在することがわかれば，ベクターを再転移させることにより，隣接するDNAの欠失を誘発して機能破壊変異体を作製することができる．すなわち，これらの系統は即座にリバースジェネティクスの材料として使えることを意味する．そのためトランスポゾン挿入系統を大規模に作製して，表現型の有無を問わずにマッピングされている．これらの系統は，主に米

Toshiro Aigaki / Satomi Takeo : Department of Biological Sciences, Tokyo Metropolitan University（東京都立大学大学院理学研究科生物科学専攻）

国，欧州，日本の各ストックセンターで維持・分与されており，貴重な研究リソースとして貢献している．

ii）強制発現ベクター挿入系統を用いた変異体作成法と遺伝子ターゲティング法

はじめに

フォワードジェネティクスにおいては，最初にランダムな変異を誘発し，そのなかから目的の表現型を示すものをスクリーニングして，最終的に原因遺伝子を特定するというのが基本的な手順である．上述したトランスポゾン挿入系統の作製は比較的容易で，変異原トランスポゾンをもつミューテーター系統を，トランスポゾン転移酵素（トランスポゼース）を発現するジャンプスターター系統に交配するだけでよい．

現在，変異原として最も多く利用されているのはP-エレメントである．ベクター挿入によって遺伝子機能異常を引き起こすだけではなく，その内部構造を改変して，エンハンサートラップ，ジーントラップ，プロテイントラップ，あるいは強制発現の誘導などの付加的な機能をもつものが開発されている．これらのベクター挿入系統のコレクションは世界的に充実する傾向にあり，研究者にとって心強い[2)3)]．

しかし，一方でトランスポゾンの挿入が高頻度に起こるホットスポットや，逆にほとんど起こらないコールドスポットが存在する．また，ネステッド遺伝子やオーバーラップ遺伝子が数千のオーダーで存在するため，単一の遺伝子にだけ影響を与えるような挿入変異を全遺伝子について網羅することは困難である．したがって，特定の遺伝子に狙いを定めて変異体を作製するリバースジェネティクスのアプローチも不可欠である．その方法論の1つとして，近年開発された相同組換えを利用した遺伝子ターゲティング法はきわめて有用である[4)]．本項では，ゲノム配列解読の成果と連動して比較的新しく登場した方法論として，強制発現ベクター挿入系統を用いた変異体作製法，および遺伝子ターゲティング法について紹介する．

1）強制発現ベクター挿入系統を用いた変異体作製法

遺伝子機能の解析は機能破壊変異体を用いて行うのが基本であるが，ゲノム中の3分の2の遺伝子は機能を破壊しても顕著な表現型を示さないものと推定されている．これは，ゲノムの遺伝子の機能的な冗長性によるものと考えられる．

強制発現の場合には強制発現された産物の生物学的作用によって優性の形質を示すことが多く，その表現型が遺伝子機能を示唆する場合がある．細胞死を誘導する遺伝子，器官形成のマスター遺伝子，あるいはストレス耐性遺伝子などは，機能破壊変異よりも，むしろ機能獲得変異として検出されやすいと考えられる．最終的には，機能破壊変異体もあわせて解析する必要があるが，強制発現による表現型は解析の対象となる候補遺伝子を選択する指標としては十分使える．

比較的大規模に樹立されている強制発現ベクター挿入系統としては，米国で樹立されたEP系統[5)]とわれわれのGS系統[6)]がある．どちらも同じ原理にもとづくものであるが，ここではGS系統について述べる．

ベクター内部に酵母の転写因子GAL4の標的配列UAS（upstream activation sequence）とhsp70由来のコアプロモーターが外向きに挿入されている（図1）．これをショウジョウバエゲノムに導入した系統を多数作製し，GAL4タンパク質を発現する系統と交配する（図2）．F1個体において発現されたGAL4は，ベクター内部にあるUASに結合して，hsp70由来のプロモーターを活性化することにより，隣接するゲノムDNAの強制的な転写を引き起こす．ベクター挿入サイトが遺伝子の5´側ならば完全長mRNA，遺伝子内部ならばアンチセンスRNAや部分的mRNA，3´側ならばアンチセンスRNAの転写が起こり，それらの産物の生物学的作用が表現型としてあらわれる．

EP系統，GS系統ともに，ほとんどの系統がゲノム上にマップされており，データベースを参照することにより，強制発現された遺伝子を推定することができる（図3）．最初から，多数の系統をスクリーニングするのではなく，データベースにある挿入サイトの情報にもとづいて，特定の候補系統をあらかじめ選んでから実験をスタートするという戦略もある．

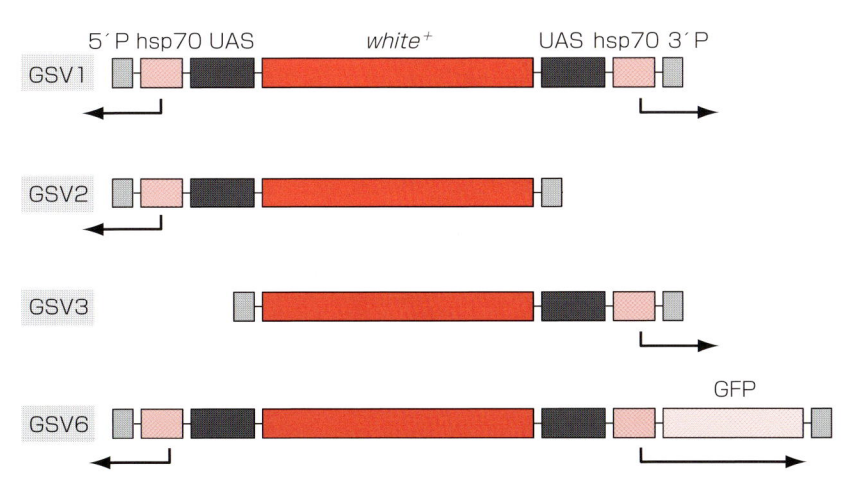

```
         5´P hsp70 UAS       white⁺           UAS hsp70 3´P
GSV1  ▭▭▬▬▬▭▭▭▭▭▭▭▭▭▭▭▭▭▭▬▬▬▭▭▭
        ←

GSV2  ▭▭▬▬▭▭▭▭▭▭▭▭▭▭▭▭▭▭▭▭▭▭▭▭
        ←

GSV3        ▭▭▬▬▬▭▭▭▭▭▭▭▭▭▭▬▬▬
                                   →

                                           GFP
GSV6  ▭▭▬▬▬▭▭▭▭▭▭▭▭▭▬▬▬▭▭▭▭▭▭▭
        ←
```

図1　GSベクターの構造
詳細は本文，およびGSDBホームページ（http://www.comp.metro-u.ac.jp/~Eatsugyou/gs/Methods/Vectors/GSvectors.html）を参照

準備するもの

〈材料〉
- GS系統
  ショウジョウバエ遺伝資源センター（http://www.dgrc.kit.ac.jp/），または著者の研究室から入手する
- GAL4系統
  目的にあったパターンでGAL4を発現する系統．一般的によく使われる系統
  elav-GAL4（全神経），GMR-GAL4（複眼神経），ptc-GAL4（成虫原基の一部），actin-GAL4（全細胞），hs-GAL4（熱ショックでGAL4発現を誘導できる）

〈器具・試薬類〉
分子生物学に必要な一般的器具・試薬

プロトコール

1 交配

GAL4系統のハエとGS系統を交配する．特定の突然変異やトランスジーンとの遺伝学的な相互作用を示すものをスクリーニングする場合，あるいは組織や細胞形態などのマーカーとしてレポータートランスジーンを利用する場合には，それらをGAL4系統に組込んでおく

2 スクリーニング

GAL4とGS挿入を両方もっているF1の表現型をスクリーニングする．例：致死性，妊性，形態や行動など

3 原因遺伝子の推定

GS系統データベース（GSDB）で陽性系統のベクター挿入サイトを確認し，原因遺伝子を推定する（http://www.comp.metro-u.ac.jp/~taigaki/gs/）．系統番号を入力すると図3に示したMapView画面が表示される．GSベクターの挿入サイトと強制転写の方向が三角形によって表示されている（詳細はGSDBに解説がある）．同一領域の異なるサイトに挿入されているものや，逆向きに挿入されているGS系統についてのスクリーニング結果も参照する

4 強制発現遺伝子の確認

特定のGS系統についての本格的な研究を始める前に，原因候補遺伝子が強制発現されていることを確認する．hs-GAL4系統と問題のGS系統を交配し，F1を熱処理し，遺伝子特異的プライマーを用いてRT-PCRを行う．強制発現される遺伝子はベクター挿入サイトに最も近い遺伝子である場合がほとんどであるが，例外もあるので注意を要する．

> **memo**
> GSV6にはUAS-GFPが導入されている．GAL4の発現マーカーとして便利な点がある反面，他に特別なGFPレポーターを使う必要がある場合には使えないことがあるので注意を要する．GSDBにはGSV7も登録されている．このベクターはP末端配列の内側にloxPサイトを導入してあるので，Creと組合わせることによってベクター内部を反転させることができる．

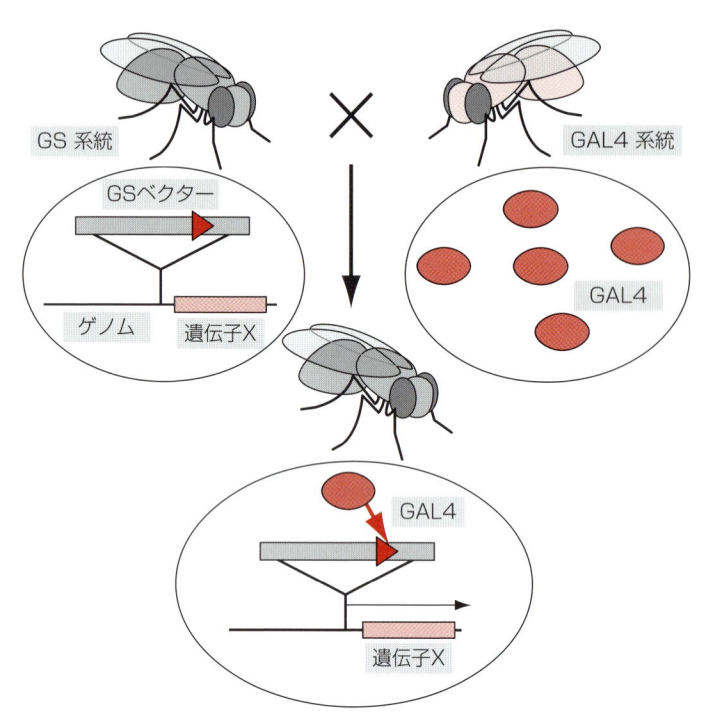

図2　Gene Search（GS）系統を用いた強制発現変異体の作製
GS系統：図1に示したGSベクターをショウジョウバエのゲノムに導入した系統．GAL4系統：酵母由来の転写因子GAL4タンパク質を発現する系統．これらの2つの系統の交配から生まれるF1において，GSベクター挿入サイトに隣接する遺伝子XがGAL4の発現パターンに従って強制的に発現され，遺伝子産物の生物学的作用が表現型としてあらわれる

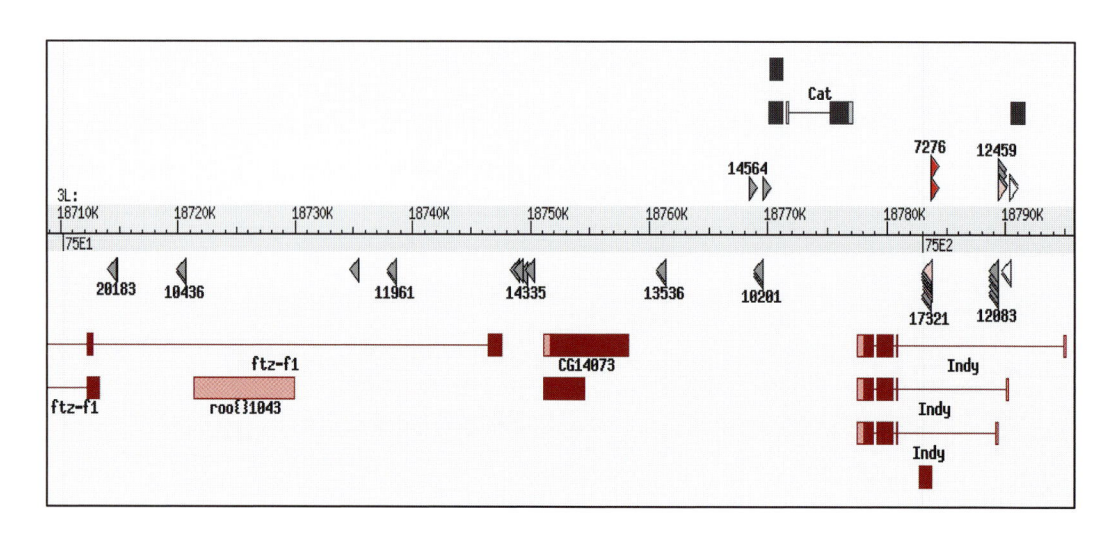

図3　GSDBのMapView画面（GSベクター挿入サイトを表示）
GS系統名，あるいは特定の遺伝子名を入力することによって，該当するゲノム領域のマップが表示される．ベクター挿入サイトは三角形で表示され，その水平方向の頂点がGAL4依存的な強制転写の方向を示す

実験例

変異体の出現頻度や表現型は，交配したGAL4系統の発現特性に依存する．例えば，すべての成虫原基において広範に発現されるGAL4系統と交配した場合には，約20％以上のGS系統が致死，あるいは複眼形態，剛毛の数や配向，翅の形や翅脈パターンなどの形態異常を示した（図4）．

2）遺伝子ターゲティング

ターゲティングのやり方には，エンズイン法とエンズアウト法の2種類がある．前者においては，ターゲ

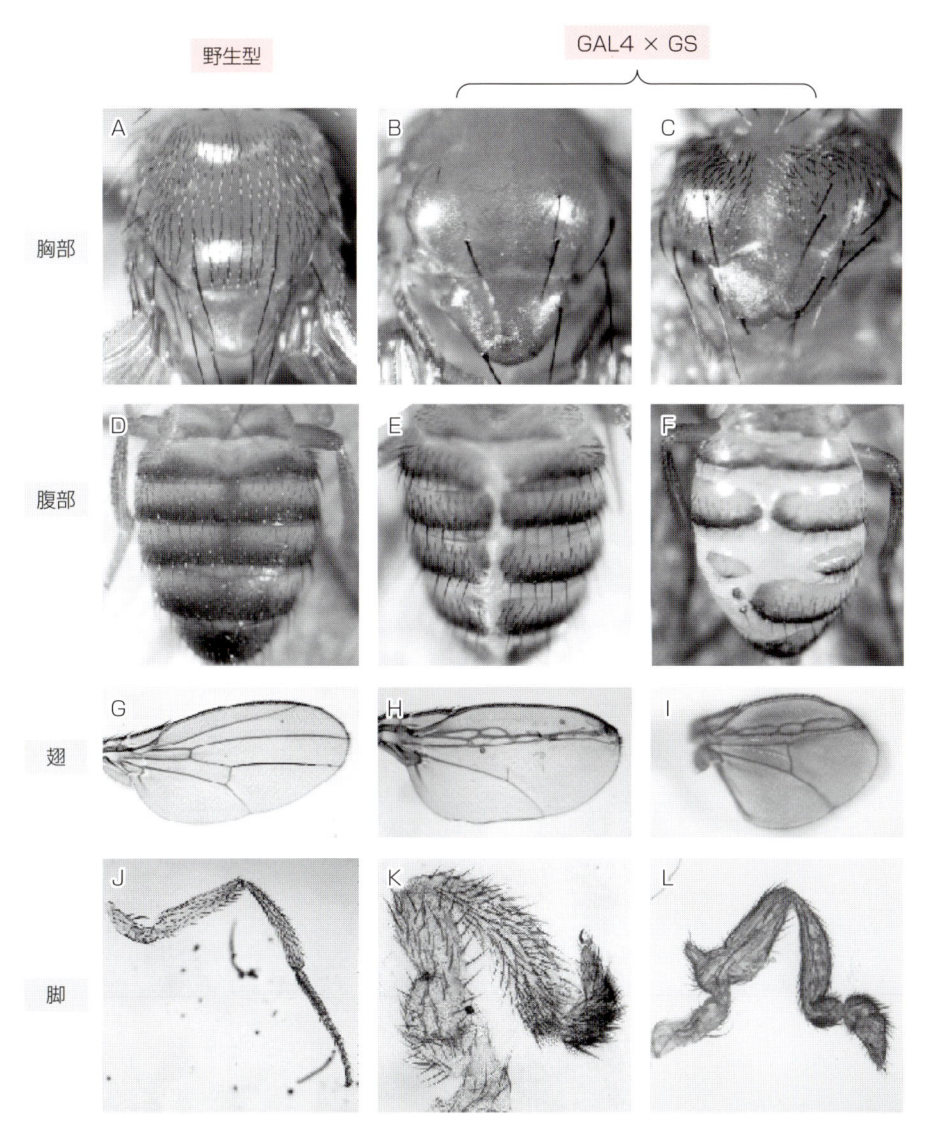

図4 強制発現による変異体表現型の実例
図2に示した交配によって生じるF1の形態学的表現型．同一のGS系統を用いても，交配するGAL4系統によって異なる表現型を生ずる

ット配列の1カ所で二本鎖切断（Double strand break：DSB）を誘発して，ゲノムに挿入する．一時的に野生型と変異遺伝子がタンデムに重複した状態になるので，2つのコピーの間でもう1度DSBを誘発して，野生型のコピーを欠失させる．最終的に余分なDNAを全くもたない厳密な部位特異的変異体を作製できるのが利点である[7]．後者においては，ターゲット配列の2カ所でDSBを誘発し，ゲノム配列を置換する．遺伝子の機能破壊を目的とするもので，ドナーコンストラクトの構築やターゲティングの手順は，前者に比べて単純である．ここでは，一般的に利用頻度が高いと考えられるエンズアウト法について解説する．

ショウジョウバエでは，個体の生殖系列に導入できる幹細胞培養系が確立されていないので，個体のなかの生殖系列で相同組換えを起こしたものを選択するという戦略をとる．そのために，ドナーコンストラクトを通常の形質転換法で導入したトランスジェニック系統を一旦樹立し，ターゲティングを誘発する交配を行う．この交配により生じるF1個体において，染色体上にあるドナーコンストラクトが環状DNAとして切

P{donor}の構築：pP{EndsOut2}にターゲット配列とマーカー（w^+）を挿入する

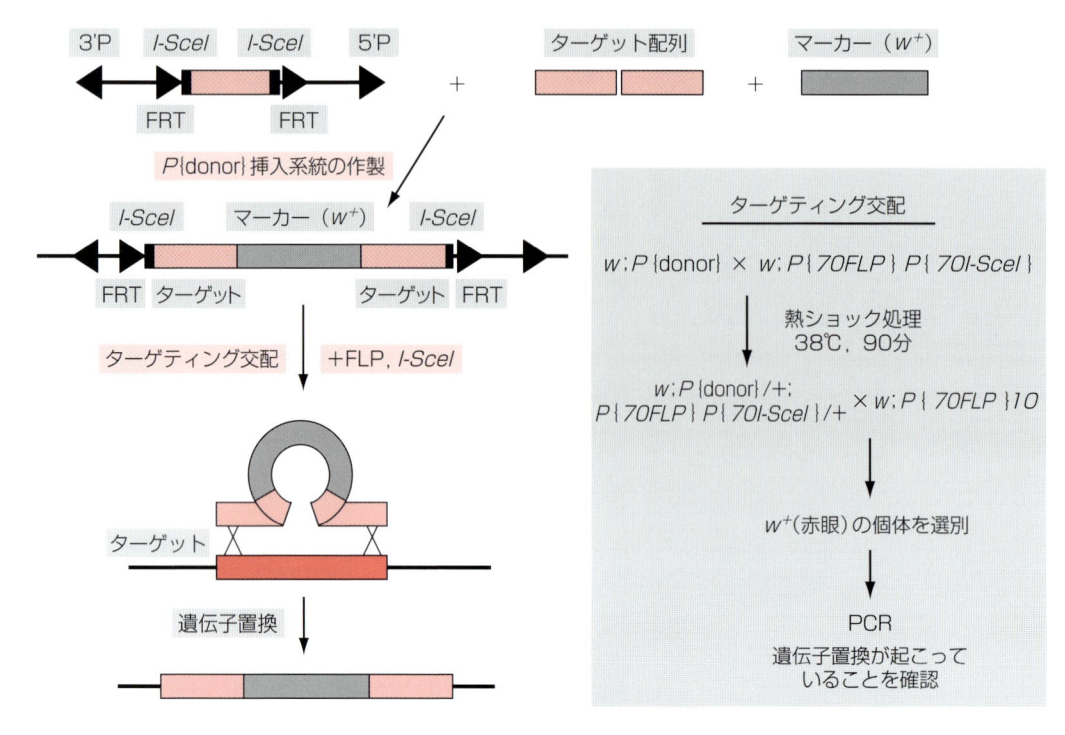

図5　遺伝子ターゲティング（エンズアウト）法の概略
詳細は本文参照

り出されると同時に，相同配列領域の両側2カ所でDSBが誘発され，その結果相同配列組換えが起こる．

ノースキャロライナ大学のSekelskyによって構築されたエンズアウト用ターゲティングベクター（pP{EndsOut2}）には，染色体から切り出すために必要なFRT配列（FLP組換え酵素の標的），その内側にDSBを起こすためのI-$SceI$サイト（18塩基からなる認識配列でショウジョウバエのゲノムには存在しない）が両端2カ所組込んであり，その間にあるマルチクローニングサイトにターゲット配列とw^+マーカーをクローニングする（図5）．

ドナーコンストラクトを導入したトランスジェニック系統を作製したあと，FLPとI-$SceI$を同時に発現させてDSBを誘発する交配を行い，F1個体のなかからw^+マーカーをもった相同組換え体をスクリーニングする．このとき，染色体から切り出されていないドナーコンストラクトをもつw^+の個体を除外するために，恒常的にFLPを発現する系統と交配する．これによって，もとの位置に残っていたドナー配列は少なくとも一部の細胞では染色体から切り出されるためモザイク眼となるが，ターゲティングが成功した個体ではマーカーが安定に保持される．

最後に，PCRを使って遺伝子置換が起こっているか確認する．すべての手順が完了するまでには，ドナーコンストラクトの構築を始めてから半年程度をみておく必要がある．

準備するもの

〈材料〉
- pP{EndsOut2}
  ターゲティングベクター
- w系統
  ドナーコンストラクト挿入系統を作製するために用いるレシピエント系統
- P{70FLP} P{70I-SceI} 系統
  FLP，およびI-$SceI$を熱ショックで誘導できる系統
- P{70FLP}10系統
  恒常的にFLPを発現する系統

〈器具・試薬類〉
　分子生物学のために必要な一般的器具，試薬

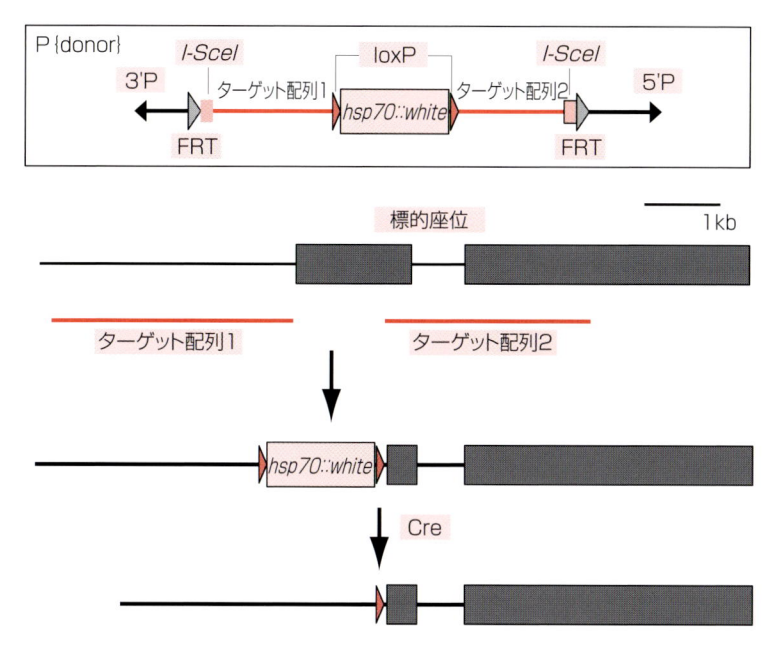

図6 Cre-loxPを用いたw^+マーカーの除去
ベクター内のw^+マーカー両端にCre組換え酵素の標的であるloxPサイトが導入されている．ターゲティングが成功した後に，Cre発現系統と交配することにより，w^+マーカーを除去できる

プロトコール

1 P{donor}の構築

pP{EndsOut2} 内のクローニングサイトを利用してP{donor}を構築する．ターゲット配列の長さとしては6 kb程度が標準である．これを2つに分割して，片側約3 kbの断片でw^+マーカー遺伝子を挟むように連結する．ターゲット配列の一部（機能的に重要な部位，翻訳開始点や活性ドメインの配列）を欠失するようにデザインしておく

2 P{donor}挿入系統の作製

P{donor} コンストラクトを通常のPエレメント形質転換法によってレシピエント（w）系統に導入する．ターゲティング効率はP{donor}の挿入位置によって影響を受けるので，複数の系統を作製しておく

3 ターゲティング交配

P{donor}挿入系統をP{70FLP} P{70I-SceI}系統に交配する．産下後3〜5日のF1を38℃，90分間，ウォーターバスを使って熱ショック処理する．羽化してきた成虫（雌を使った方がターゲティング効率が高い）をP{70FLP} 10系統に交配する．これにより，w^+がFRTに挟まれた状態のままで染色体上にあるものはモザイク眼となるので，バックグラウンドの偽陽性を排除することができる．ターゲティングが成功した候補として，赤（有色）眼の個体を選別する

4 ターゲティングの確認

赤（有色）眼の個体を通常バランサー染色体と交配するが，そのF1において，w^+がターゲットの染色体と連鎖していないものは排除する．最終的な候補については，w^+マーカー内部とドナーコンストラクトの外側にある配列をプライマーとしてPCRを行い，境界部の配列を調べる．ターゲットの配列であることが確認ができれば，機能破壊変異として利用できる

実験例

われわれの研究室で行ったターゲティングの実例を図6に示す．一般的に，ターゲット遺伝子内にマーカー遺伝子が残ることは問題ではないが，マーカー遺伝子の発現が表現型に影響する場合や，周辺の遺伝子発現に影響する可能性がある場合には注意が必要であ

る．例えば，標準的なマーカーとして使われている野生型白眼遺伝子（w^+）は雄の性行動に影響を及ぼすことが知られている．われわれは，ターゲティングが成功した後，マーカーを除去できるように w^+ の両端にCre組換え酵素の標的であるloxPサイトを導入した（図6参照）．最終的に残るのは34塩基からなるloxP配列のみである．

すでに複数の遺伝子座についてエンズアウト法による遺伝子置換を試み，いずれも成功している（未発表）．そのうちの1つは，ターゲティングを行う前に，Pエレメントの再転移によって欠失を誘発する方法を試みたが，機能破壊変異体を得ることができなかった遺伝子座である．目的の機能破壊変異を得られるならば，半年かかる実験であっても十分，割にあう．100％の保証はないが，機能破壊変異体を作製する選択肢として高い優先順位をつけてもよい．

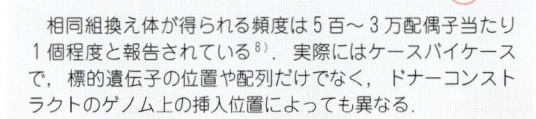

memo

相同組換え体が得られる頻度は5百〜3万配偶子当たり1個程度と報告されている[8]．実際にはケースバイケースで，標的遺伝子の位置や配列だけでなく，ドナーコンストラクトのゲノム上の挿入位置によっても異なる．

おわりに

ショウジョウバエを使った研究の多くは，単一遺伝子の突然変異体が明瞭な表現型を示すものが中心であった．ゲノム科学的観点からは，これらの主要な遺伝子だけでなく，大多数を占めるその他の遺伝子がどのような役割を果たしているのかを解明することが重要な課題である．遺伝子に機能的冗長性があることは事実であり，それはおそらく生命体が生命体として成り立っていることと切り離せない特性であるように思われる．この問題を解明するには，単一遺伝子のみを扱う従来のアプローチでは不十分であり，複数の遺伝子，複数の変異体を同時に扱っていくアプローチが必要である．本項で紹介した強制発現法やターゲティング法を含めて，ショウジョウバエの多彩な"芸"が威力を発揮するものと期待される．

参考文献

1) 相垣敏郎：「ゲノミクス・プロテオミクスの新展開，Drosophila」，pp347-354，エヌ・ティー・エス，2004
2) Adams, M. D. & Sekelsky, J. J. : Nat. Rev. Genet., 3 : 189-198, 2002
3) Thibault, S. T. et al. : Nature Genet., 36 : 283-287, 2004
4) Rong, Y. S. & Golic, K. G. : Science, 288 : 2013-2018, 2000
5) Rorth, P. et al. : Development, 125 : 1049-1057, 1998
6) Toba, G. et al. : Genetics, 151 : 725-737, 1999
7) Dolezal, T. et al. : Genetics, 165 : 653-666, 2003
8) Rong, Y. S. et al. : Genes Dev., 15 : 1568-1581, 2002

第5章 モデル生物を利用した遺伝子機能解析

4. RDA法を用いたゼブラフィッシュの遺伝子マッピング

和田浩則　岩崎美樹　岡本 仁

RDA（representational difference analysis）法は，異なる系統間のゲノムDNAの制限酵素多型サイトを，サブトラクションによって単離する方法である．本法によって，突然変異遺伝子のポジショナル・クローニングのための近傍のDNAマーカーを容易に得ることができる．

ゼブラフィッシュのモデル生物としての特徴とゲノムプロジェクトの成果

分子生物学的手法の発達にともなって，突然変異体の単離と解析は，特定の遺伝子の機能を知るための常套手段となっている．これまで，脊椎動物における突然変異体の解析は主としてマウスで行われてきた．しかし，マウスは胎生であるため，発生初期に異常を示す突然変異体は検出が困難であり，また，飼育に必要なスペースの制約から，系統的な変異体のスクリーニングは一部の研究施設に限られてきた．一方，ゼブラフィッシュは，同じ脊椎動物としての発生機構をもちながら，卵生で透明な胚をしていること，狭いスペースで多くの個体を維持できることから，発生遺伝学における新たなモデル動物として注目を浴びるようになった．これまで，ゼブラフィッシュを用いて，大規模な変異体スクリーニングが行われ[1) 3)]，変異体に関する情報は，すべてZFINホームページ（the zebrafish information network, http://zfin.org）に集められている．

ゼブラフィッシュのゲノムDNAの塩基配列の情報は，サンガー研究所（sanger institute zebrafish genome browser, http://www.ensembl.org/Danio_rerio/）によって蓄積されており，近日中に，全ゲノム配列が読まれる予定である．今後，これらの情報を用いたポジショナル・クローニングによる，突然変異体の原因遺伝子の同定が効率よく行われていくものと思われる．1人の研究者が，自分のアイデアで変異体をスクリーニングし，かつ，その原因遺伝子の単離・解析まで行うことのできる実験動物は，これまで，センチュウとショウジョウバエに限られていた．脊椎動物のゼブラフィッシュにおいて，同じ方法が手軽にできるようになったことで，そのモデル動物としての価値はますます高くなったといえる．

はじめに

現在，サンガー研究所には，ゼブラフィッシュゲノム 1,459,115,486 bpのシークエンス情報が，58,339個の断片（supercontigと呼ばれる）として登録されている（2003年11月リリース）．これらの断片のほとんどは，ギャップが多く，遺伝子のアノテーションも十分にはされていない．そのため，連鎖するDNAマーカーから，変異遺伝子を含むゲノムDNA断片を単離するためには，PACライブラリー（インサート120 kb

Hironori Wada[1)] / Miki Iwasaki[1) 2)] / Hitoshi Okamoto[1) 2)]: Lab. for Developmental Gene Regulation, Brain Science Institute (BSI), The Institute of Physical and Chemical Research (RIKEN)[1)] / Core Research for Evolutional Science and Technology (CREST), Japan Science and Technology Agency (JST)[2)]（理化学研究所脳科学総合研究センター発生遺伝子制御研究チーム[1)] / 科学技術振興事業団戦略的創造研究推進事業[2)]）

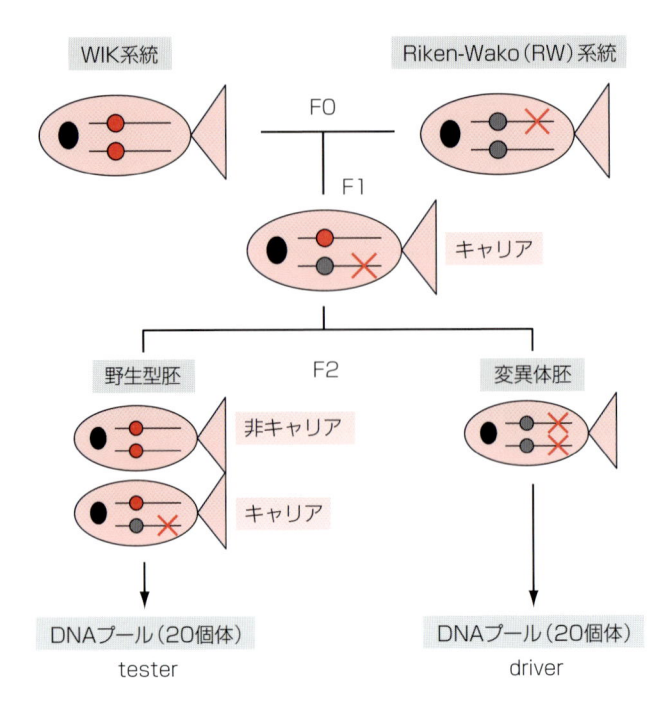

図1　RDAのための実験交配の模式図
Riken-Wako（RW）系統と野生型WIK系統をかけ合わせF1世代を得る．F1キャリアどうしをかけ合わせ，F2世代を得る．F2世代における野生型胚のDNAプール（tester）と，変異体胚のDNAプール（driver）を作製する

程度）スクリーニングによる染色体歩行（chromosomal walking）が必要である．われわれは，0.2 cM（約160 kb）より近いマーカーからのPACクローン1～2個分の染色体歩行を行っている．

　原因遺伝子の近傍のDNAマーカーを得るために，マイクロサテライトDNAマーカーによるマッピングを行う（下田・岡本，1999）．現在，3,800以上のDNAマーカーについてのシークエンス情報がMGH/CVRC Zebrafish Server（http://zebrafish.mgh.harvard.edu/）より入手可能である．しかし，ゼブラフィッシュには近交系が存在しないため，同じ系統中にも多くのDNA多型が存在する．ある系統間では多型を示すマイクロサテライトDNAが，別の系統間では多型を示さないことが多い．本項では，原因遺伝子の近傍のDNAマーカーを単離する確実な方法として，representational difference analysis（以下，RDA）[4)〜6)]法を紹介する．本法は，ゼブラフィッシュに限らず，ゲノム情報が乏しい生物種における遺伝子マッピングに有用である．

　ゼブラフィッシュを用いた基礎的な実験法について

は，the zebrafish book[7)]（http://zdb.wehi.edu.au:8282/zf_info/zfbook/zfbk.html）に詳しい．また，遺伝子のマッピングとクローニングの実際については，文献2もしくは，the zon lab guide to positional cloning in the zebrafish（http://134.174.23.167/zonrhmapper/positionCloningGuidenew/index.htm）を参照していただきたい．

原理

　RDA法は，異なる系統間のゲノムDNAの制限酵素多型サイトを，サブトラクションによって単離する方法である．図1にマッピングのための実験交配図を示す．変異体の由来系統であるRiken-Wako（RW）系統と，遺伝的に異なる野生型WIK系統をかけ合わせF1世代を得る．F1キャリアどうしをかけ合わせ，F2世代を得る．F2世代における野生型胚のDNAプール（tester）と，変異体胚のDNAプール（driver）を作製する．図2A①に，このときの変異遺伝子座近傍

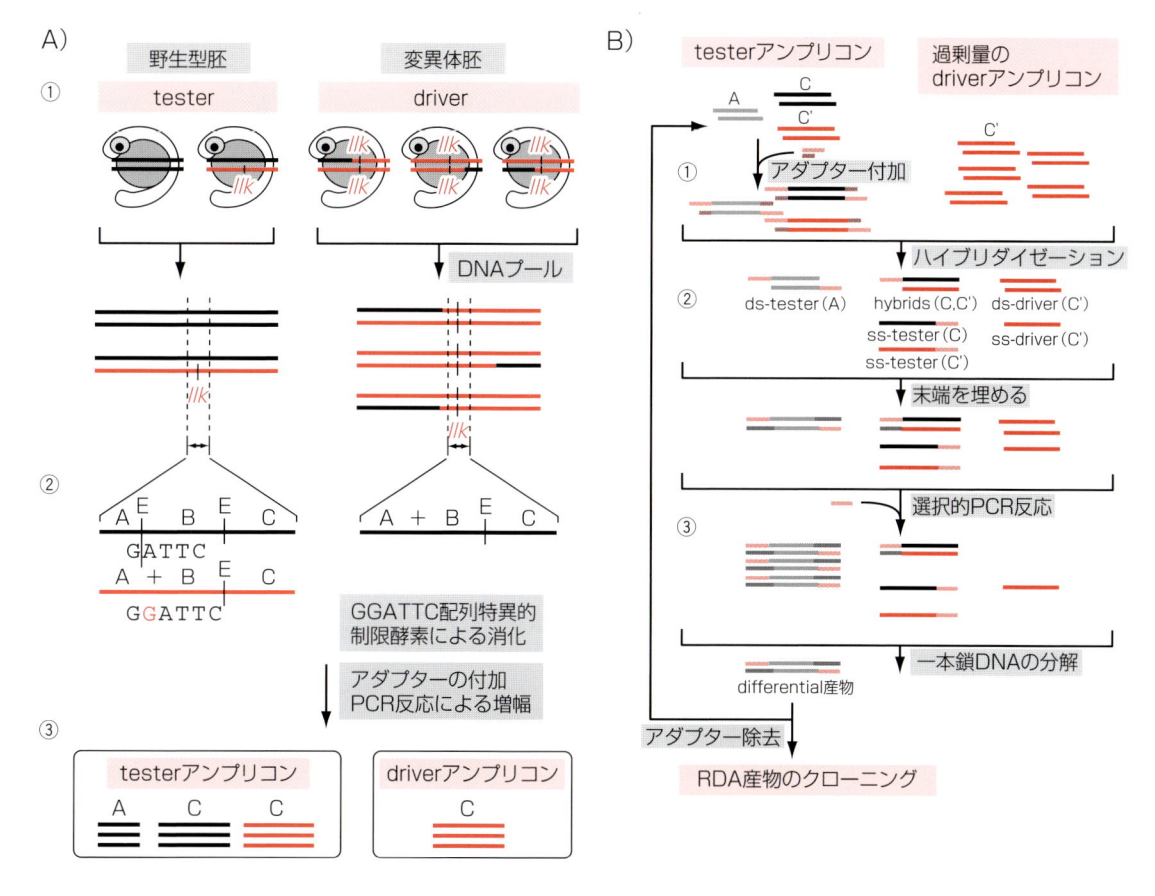

図2 RDA法の原理

RDA法は，異なる系統間のゲノムDNAの，制限酵素消化断片の長さの違いをサブトラクションによって検出する方法である．（A）変異体由来のRW系統と野生型WIK系統のF2世代の胚から，野生型胚のDNAプール（tester）と変異体胚のDNAプール（driver）を制限酵素消化し，アダプター配列を連結しPCRを行う．（B）tester由来のPCR産物のみに別のアダプター配列を連結し，過剰量のdriver由来のPCR産物をハイブリダイズさせ，tester/tester間で結合したDNA断片のみを選択的に増幅する．アダプター配列を替えてこの操作を3回繰り返す

でのゲノムDNAの組成を模式的に示す．変異遺伝子座［ここでは，例としてlandlocked（llk）遺伝子座］近傍のゲノムDNAについてみると，tester DNAはRW系統およびWIK系統由来であるのに対し，driver DNAはRW系統由来のみである．この領域には一定の頻度で制限酵素多型が存在する［図2 A②］．制限酵素消化した断片にアダプター配列を連結し，これを認識するプライマーを用いて150〜1,500 bpを増幅する条件下でPCRを行う［図2 A③］．つぎにPCR産物からアダプター配列を取り除き，tester由来のPCR産物のみに別のアダプター配列を連結させる［図2 B①］．さらに，tester由来のPCR産物と過剰量のdriver由来のPCR産物をハイブリダイズさせることにより，同じ組成をもつDNA断片どうしが結合する［図2 B②］．driver/driver間，もしくはtester/driver間で結合したDNA断片は両端または片側にアダプター配列をもたない．一方，tester/tester間で結合したDNA断片は両端にアダプター配列をもつ［図2 B②］．したがって，このアダプター配列を認識するプライマーを用いPCRを行うと，tester由来のDNA断片が選択的に増幅される［図2 B③］．アダプター配列を替えてこの操作を3回繰り返すことによって，tester由来の断片のみを濃縮することができる．以下，具体的な実験手順を示す．

準備するもの

<機器>
- 高速冷却遠心分離機
- thermal cycler [Applied Biosystems社, PCR system 9700および2700 (ABI) を使用した]
- ヒートブロック
- 電気泳動装置

<試薬>
- フェノール
- フェノール・クロロホルム
- クロロホルム
- 3 M 酢酸ナトリウム (pH 4.8)
- 10 M 酢酸アンモニウム
- 5 M 塩化ナトリウム
- mung-bean nuclease (NEB社)
- ミネラルオイル
- tRNA 溶液
  TE (pH 8.0) で 5 mg/mlに調製. −20℃で保存 (Sigma社)
- T4 DNA リガーゼ (New England Biolabs社, 400 U/μl)
- Ampli Taq DNA ポリメラーゼ (PE Applied Biosystems社)
- 2 mM dNTP (PE Applied Biosystems社, Ampli Taq ポリメラーゼに付属)
- 5×PCR バッファー　　　　　　　　　　(最終濃度)

1 M Tris-HCl (pH 8.9)	16.8 ml	335 mM
1 M MgCl$_2$	1 ml	20 mM
1 M 硫酸アンモニウム	4 ml	80 mM
β-メルカプトエタノール	175 μl	50 mM
10 mg/ml BSA	0.5 ml	100 mg/ml

  →滅菌水で 50 mlにメスアップ. 4℃で保存.
- 3×EE Buffer

1 M EPPS (pH 8.0)	3 ml	30 mM
0.5 M EDTA (pH 8.0)	0.6 ml	3 mM

  →滅菌水で 100 mlにメスアップ. 4℃で保存.
- 各種制限酵素 (TAKARA社)
- オリゴヌクレオチド・プライマー
  ここでは, 例として BglⅡを利用したアダプター配列を示す)

Name	Sequence
R-24	5´-AGCACTCTCCAGCCTCTCACCGCA-3´
R-12	5´-GATCTGCGGTGA-3´
J-24	5´-ACCGACGTCGACTATCCATGAACA-3´
J-12	5´-GATCTGTTCATG-3´
N-24	5´-AGGCAACTGTGCTATCCGAGGGAA-3´
N-12	5´-GATCTTCCCTCG-3´

プロトコール

1 ゲノムの制限酵素消化

❶ tester および driver のゲノム DNA 4 μg に制限酵素 (ここでは BglⅡ) を加え, 37℃で一晩インキュベーションし, 消化する

❷ キャリアとして tRNA 溶液 (5 mg/ml) を 2 μl 加え, ピペッティングにより撹拌する

❸ フェノール, フェノール・クロロホルム, クロロホルム処理 (以下, フェノール処理) を行う

❹ 1/10倍量 3 M 酢酸ナトリウム, 3 倍量エタノールを加え撹拌後, 遠心分離を行い, 沈殿を得る. 70％エタノールでリンスする (以下, エタノール沈殿)

❺ 得られた DNA を TE に溶解し 0.1 $\mu g/\mu l$ に調整する*1

> *1：濃度の決定は, 0.1〜0.35 μg (0.05 μg 間隔に希釈) の DNA スタンダード・マーカーを一緒に泳動し, サンプルがウェルからゲルに約1.5 mm ほど入ったところで止め, 染色し比較を行った. 各ステップにおいて, 濃度の調整はできるだけ正確に行う.

2 アダプターのライゲーション (R-12/R-24の付加)

❶ ライゲーション溶液の調製

DNA 消化産物	0.8 μg
(tester および driver)	
R-24 プライマー (60 pmol/μl)	7.5 μl
R-12 プライマー (60 pmol/μl)	7.5 μl
10×リガーゼバッファー	3.0 μl
滅菌水で全量が 30 μl になるように調製する	

❷ ヒートブロックを用い 55℃で10分インキュベーションする*2

> *2：ヒートブロックの穴は, 熱伝導率をよくするため水で満たしておく.

❸ ヒートブロックをコールドルーム (4℃) に移し, 10℃以下に下げる (約60分)

❹ T4 DNA リガーゼ (400 U/μl) を 1 μl 加え, 16℃で一晩インキュベーションする

3 PCRによる tester および driver アンプリコンの増幅 (R-24プライマー)

❶ 0.8 μg/30 μl の反応溶液に TE を 370 μl 加え 2 ng/μl に濃度を調整する

❷ PCR 反応の全容量が tester で 800 μl, driver で 4.8 ml になるように, 複数のチューブに分けて PCR 反応を行う

❸ PCR 反応液の作製

5×PCRバッファー	20 μl
2 mM dNTP	16 μl
DNA（testerまたはdriver）	10 ng
R-24プライマー（60 pmol/ml）	2 μl
減菌水で全量が100 μlになるように調製する	

❹ 72℃で3分インキュベーションする
❺ Ampli Taqをそれぞれ0.75 μlずつ加える*3

> *3：酵素添加は，thermal cyclerのプログラムをポーズにして行った．また，われわれはミネラルオイルを使用しておらず，反応液の蒸発を防ぐため，各チューブに蓋の付いているものを使用した．酵素を加える際には，1本ずつ蓋の開閉を行った．

❻
```
72℃   5分
  ▼
95℃   1分  ┐
72℃   3分  ┘ ×20サイクル
  ▼
72℃   10分
```

上記のプログラムでPCR反応を行う

4 PCR産物の精製
❶ PCR産物をtesterは1.5 mlチューブ1本，driverは6本にまとめる
❷ フェノール処理を行う
❸ 1/10倍量の3M酢酸ナトリウム，等量のイソプロパノールを加え，撹拌した後，-20℃に15分以上静置する
❹ 15,000 rpm×15分，4℃で遠心分離を行い，沈殿をTE 150 μlに溶解する

5 アダプターの除去
❶ tester-10 μg/200 μl，driver-150 μg/1.6 mlに調製し，制限酵素（ここではBgl II）を加え，37℃で14時間以上インキュベーションする
❷ tester産物にtRNA溶液（5 μg/μl）を2 μl加える
❸ フェノール処理，エタノール沈殿を行う
❹ tester産物をTE 100 μlに，driver産物をTE 63 μlに溶解する

6 testerのアダプター交換（testerにJ-24/J-12を付加）
❶ tester産物を5 μg/100 μlに調製し，2%アガロースゲル（BMA社，Nusive GTG-agarose）で電気泳動を行う．150～1,500 bpの範囲を切り出し，精製を行う（QIAGEN社，QIA quick gel extraction kit）

❷ アダプターをJ-24/J-12に変えて，❷と同条件でライゲーションを行う

7 サブトラクション（1回目）
❶ driver産物を40 μg/80 μl（0.5 μg/μl）に，tester産物を0.4 μg/40 μl（0.01 μg/μl）に調製し，1.5 mlチューブで混合する
❷ フェノール処理を行う
❸ 10 M酢酸アンモニウムを30 μl，エタノールを380 μl加え，-80℃で10分静置する
❹ さらに37℃で2分静置した後，15,000 rpm×10分でエタノール沈殿を行う
❺ 3×EEバッファーを4 μl加え，沈殿を完全に溶解する
❻ 0.2 mlチューブに移し，ミネラルオイルを35 μl重層する
❼ 98℃で4分間変性させる
❽ 5 M塩化ナトリウムを1 μl加える
❾ 67℃で20時間以上インキュベーションする（ハイブリダイゼーション）
❿ ミネラルオイルを除去した後，tRNA溶液（5 mg/ml）を8 μl，TEを390 μl加える

8 選択的PCR反応（1回目：J-24プライマー）
❶ PCR反応液の作製：

5×PCRバッファー	20 μl
2 mM dNTP	16 μl
減菌水	52 μl
これを0.2 mlチューブに8本作製する	

❷ ハイブリダイゼーション反応溶液を10 μlずつ加え，72℃で3分インキュベーションする
❸ Ampli Taqを0.75 μl加え，72℃で5分インキュベーションした後，J-24プライマー（60 pmol/ml）を2.5 μl加える
❹
```
95℃   1分  ┐ ×10サイクル
70℃   3分  ┘
  ▼
72℃   10分
```

上記のプログラムでPCR反応を行う*4

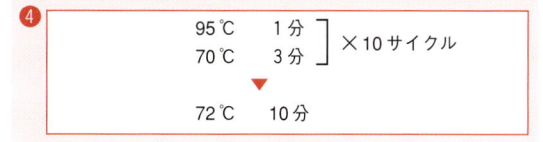

> *4：このときのPCR反応は，アダプターの付いた断片を選択的に増幅させるものである．プライマーを加える前の72℃，5分のインキュベーションにより，3′側に付いていた12 merのアダプターはフラグメントから外れ，その領域をヌクレオチドが埋める．使用するアダプターにより，アニーリング温度が異なることに注意する．

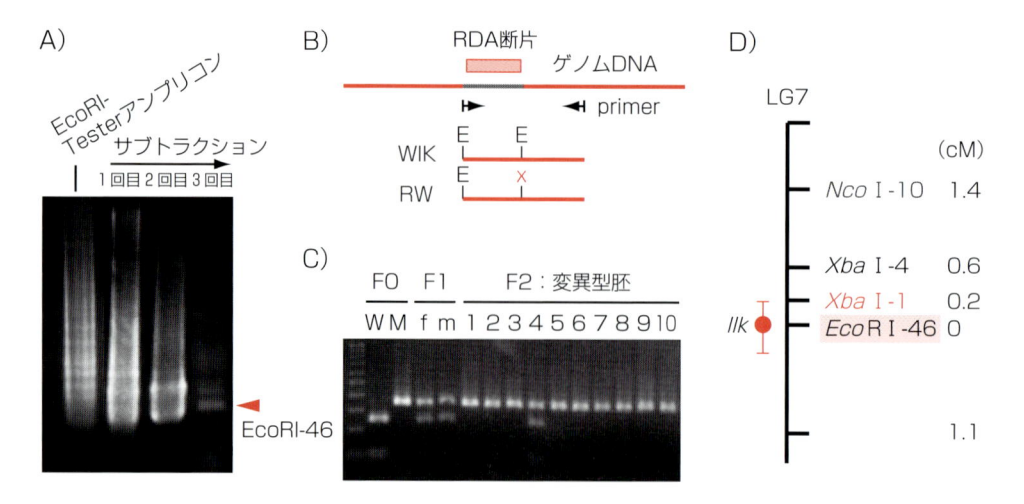

図3 RDA法によるIlk遺伝子座近傍のDNA断片の単離
(A) 制限酵素EcoR I を用いたRDAの実験例．3回サブトラクションを繰り返すごとに，Tester由来の断片のみが濃縮され，バックグラウンドを取り除かれる．(B) RDAマーカーの多型検出の原理．RDA産物は，両端の酵素サイトのどちらかが，Driver（RW系）由来のゲノムDNAでは欠失している．RDA断片の片側の酵素サイトを挟むように設計したプライマーでPCR増幅し，制限酵素で消化することにより系統間の多型を検出する．(C) RDA多型検出の一例．(D) マッピングの結果，最も近いRDAマーカー（EcoR I -46）は，Ilk遺伝子座から0 cMに位置した（和田浩則他：神経研究の進歩，47：814-822, 2003より転載）

⑤ PCR産物を1本のチューブにまとめ，フェノール処理，エタノール沈殿を行い，TE 40 µlに溶解する
⑥ DNA溶液20 µlに，mung-bean nucleaseを20 U加え，全量を40 µlとし，30℃で30分インキュベーションする（一本鎖DNAの分解）
⑦ 50 mM Tris-HCl（pH 8.9）を160 µl加え，98℃で5分インキュベーションする（酵素の失活）
⑧ 反応産物をテンプレートに，再度J-24プライマーを用いる（①～③と同条件）

```
95℃  1分  ┐
70℃  3分  ┘×20サイクル
   ▼
72℃  10分
```

上記のプログラムでPCR反応を行う

⑨ フェノール処理，エタノール沈殿を行い，PCR産物を精製する

９ アダプターの交換（N-24/N-12プライマーの付加）

❶ PCR産物5 µgを制限酵素（ここではBgl II）で消化する（アダプターの除去）
❷ tRNA溶液（5 µg/µl）を2 µl加え，フェノール処理，エタノール沈殿を行い，TE 50 µlに溶解し，濃度を確認する

❸ ライゲーション溶液の調製

DNA消化産物	0.1 µg
N-24 プライマー（60 pmol/µl）	7.5 µl
N-12 プライマー（60 pmol/µl）	7.5 µl
10×リガーゼバッファー	3.0 µl
減菌水で全量が30 µlになるように調製する	

❹ ②と同様の条件でアダプターのライゲーションを行う

１０ サブトラクション（2回目）

N-24/N-12 アダプターが付いた1st differential産物50 ng/40 µlと，driver産物40 µg/80 µl（0.5 µg/µl）を1.5 mlチューブにおいて混合する．⑦，⑧と同様に，サブトラクション（2回目）とPCR反応（2回目，N-24プライマー）を行う

１１ サブトラクション（3回目）

❶ 2nd differential産物のアダプターを，前述した⑨～と同様の方法によりJ-24/J-12アダプターに交換する
❷ J-24/J-12アダプターが付いた2nd differential産物100 pg/40 µlと，driver産物40 µg/80 µl（0.5 µg/µl）を混合し，⑦，⑧と同様の方法により，サブトラクション（3回目），およびPCR反応（3回目，J-24プライマー）を行う．電気泳動により検出されたバンドをクローニングし解析する

実験例

サブトラクション操作を3回繰り返すことによって，tester由来の断片のみが濃縮され，バックグラウンドが取り除かれることがわかる（図3 A）．われわれは，Xba I，EcoR I，BamH I，Spe I，Nco I の5つの制限酵素を用い，計4個のRDA産物を得た．これら4つのRDA産物をマーカーとして，組換え地図を作成した．driver（RW系統）由来のゲノムDNAでは，RDA産物の両端の酵素サイトのどちらかが，欠失していることが期待される（図3 B）．そこで，RDA断片のフランキング領域の塩基配列をデータベースから得て，RW系統およびWIK系統のゲノムDNAから，酵素サイトを挟むように設計したプライマーでPCR増幅し，同じ制限酵素で消化することにより系統間の多型を検出した（図3 C）．マッピングの結果，最も近いRDAマーカー（EcoRI-46）は，*llk*遺伝子座から0 cMに位置することがわかった（図3 D）．染色体歩行とシークエンス解析の結果，得られたRDA配列は，変異サイトからわずか50 kbの位置にあることがわかっている．

おわりに

本法によって，突然変異遺伝子の近傍のDNAマーカーを効率よく得られることが示された．ゲノム情報が整いつつあるとはいえ，新規の突然変異遺伝子のポジショナル・クローニングは，労力を要する作業である．クローニングの成功の鍵はひとえに，いかに原因遺伝子の近傍のDNAマーカーを得られるかにかかっている．逆にいえば，近傍のDNAマーカーを得さえすれば，ゲノム情報が乏しくても，原因遺伝子を同定することができる．本法が，ゼブラフィッシュに限らず，さまざまな生物種におけるユニークな変異体の原因遺伝子単離に役立つことを期待している．

参考文献

1) Driever, W. et al. : Development, 123 : 37-46, 1996
2) Haffter, P. et al. : Development, 123 : 1-36, 1996
3) Lisitsyn, N. et al. : Science, 259 : 946-951, 1993
4) Lisitsyn, N. et al. : Nature Genet., 6 : 57-63, 1994
5) Sato, T. & Mishina, M. : Genomics, 82 : 218-229, 2003
6) Westerfield, M. :「The zebrafish book 4th edition」, University of Oregon, Eugene, 2000
7) 下田修義，岡本 仁：「ゼブラフィッシュにおける変異のマッピング　脳神経研究のための分子生物学技術講座」，（小幡邦彦他／編），pp155-163，分光堂，1999
8) Geisler, R. :「Mapping and cloning. In Zebrafish A practical approach」(Nüsslein-Volhard, C. & Dahm, R.), pp175-212, Oxford Univ. Press, 2002

第5章 モデル生物を利用した遺伝子機能解析

5. シロイヌナズナ

櫻井 望　柴田大輔

全塩基配列が決定されて以降，シロイヌナズナの塩基配列情報を活用したゲノムワイドな研究手法は多種多様なものが開発されている．従来のフォワードおよびリバースジェネティクスのためのツールをさらに進化させ，遺伝子機能解析を加速させるシステムとして，ここではFox-huntingとTILLINGを紹介する．

はじめに

ーシロイヌナズナを取り囲むゲノムプロジェクトの成果ー

シロイヌナズナは，アブラナ科に属する双子葉植物である．実験室内で容易に育ち，世代時間が短く（約40日で次世代の種が採れる），遺伝学的な解析が可能，ゲノムサイズが小さい，アグロバクテリウムを介した遺伝子導入が簡便に行えるなどの特徴から，広く植物の基礎研究に利用されている．高等植物における最初の例として2000年12月に全ゲノム塩基配列が決定されたことにより[1]，シロイヌナズナはモデル植物としての揺るぎない地位を獲得した．後にゲノム解読がほぼ完了した単子葉の実用作物であるイネ[2]と並び，植物研究の中心的役割を演じている．約125 Mbのシロイヌナズナゲノムには，およそ26,000個の遺伝子が存在すると見積もられており，その遺伝子領域予測や機能的注釈づけは，年々精度を高めている．特に，理化学研究所の篠崎らを中心に行われた完全長cDNAの大規模解析により，遺伝子構造の正確性は大幅に向上した[3]．これらのゲノム情報は，TAIR, TIGR, MIPSなどのデータベースに集積されている[4]〜[6]．

ゲノム配列情報が整備される一方で，今なお約30％の遺伝子の機能が不明である．ゲノム解読が完了した多くのモデル生物同様，これらの遺伝子機能の解明が大きな課題となっている．アメリカでは，2010年までにシロイヌナズナの全遺伝子の機能を明らかにしようという「2010年プロジェクト」が，NSF（national science foundation）の莫大な資金援助のもとで進行中である．

植物ゲノムの大きな特徴は，微生物や動物などと比較して，遺伝子ファミリーのメンバー（パラログ）が多いことである．例えば，さまざまな代謝産物の水酸化を行うチトクロムP450遺伝子は，ヒトでは57個，ショウジョウバエでは90個であるが，シロイヌナズナでは273個，イネでは478個が見つかっている．植物では倍数体が普遍的にみられるが，遺伝子重複に寛容なゲノムの性質が，このようなパラログの多さに繋がっており，植物の豊富な多様性を形成しているのだろう．パラログが多くなると，遺伝子の機能的重複によって，劣性変異が形質としてあらわれない場合が多くなる．したがって，植物の遺伝子機能解析では，優性形質をみることができる研究手法の重要性が特に高い．ゲノム中にエンハンサー配列をランダムに挿入し，周辺遺伝子の発現を増強させたアクティベーションタグ系統の利用はその代表例であるが，本項で紹介する

Nozomu Sakurai / Daisuke Shibata : Kazusa DNA Research Institute, The 2nd Laboratory for Plant Gene Research [（財）かずさDNA研究所植物遺伝子第2研究室]

Fox-huntingシステムは，優性表現型からその原因遺伝子を迅速に同定することができる点で優れた手法である．一方，遺伝子の構造情報からその遺伝子の変異体を探し出し，機能解析に用いる，いわゆるリバースジェネティクスの手法も種々開発されている．T-DNAやトランスポゾンの挿入変異体系統が作製されており，PCRスクリーニングや，挿入部位周辺の配列のデータベース検索により，目的遺伝子が変異した系統を見つけることが可能となっている．本項で紹介するTILLING法では，ヘテロ接合体においても目的遺伝子の変異体を迅速に高確率で発見できる．

これら大規模なスクリーニング系統が多数作製されてきた背景として，植物のもつ特色，すなわち，系統を「種子」として保管できる点をあげることができるだろう．特にシロイヌナズナは1個体から数千の種子が得られ，冷凍保存すれば5～10年に1度の更新で維持できるので，変異系統の作製，維持，管理が，他の高等モデル生物に比べて圧倒的に容易である．

植物は，種間における多様性に富んでおり，シロイヌナズナには存在しないような興味深い遺伝子も他植物には数多い．Fox-huntingとTILLINGは，ともにシロイヌナズナで最初に開発されたが，その原理から，さまざまな植物や他生物の研究に応用することができる．特にFox-huntingシステムは，他植物の遺伝子機能を，シロイヌナズナを使って解析できる可能性があり，その意味で，シロイヌナズナを真のモデル植物として位置づけることができる画期的な手法といえる．

代表的な実験方法
ⅰ）Fox-huntingシステム

はじめに

Fox-huntingシステム（full-length cDNA over-expressor gene hunting system）は，理化学研究所においてシロイヌナズナの完全長cDNA解析を行った篠崎一雄博士と，アクティベーションタグ系統の整備を行った松井南博士が共同開発した方法である[7]．T-DNAおよびトランスポゾンの挿入変異系統や，アルキル化剤EMS（ethylmethane sulfonate）による変異系統は，ほとんどの場合が遺伝子機能の欠失，すなわちloss of functionの変異による表現型を示す．Fox-huntingシステムでは，完全長cDNAライブラリーを強発現型ベクターに繋ぎ，シロイヌナズナゲノムにランダムに挿入することで，遺伝子機能を獲得・増強したgain of functionの変異体をスクリーニングできる点が特徴である．同じくgain of function型変異をスクリーニングできるアクティベーションタギング法では，ゲノム中に挿入されたエンハンサーが影響を及ぼしている近傍の遺伝子を特定することが困難な場合があるが，Fox-huntingシステムでは，優性表現型と原因遺伝子を1対1で対応させることができる．このため，フォワードジェネティクスの有力な手法として注目されている．

理化学研究所で作製されたFox-hunting系統のスクリーニングは，現在，理化学研究所との共同研究により行うことができる．また，新たなラインの作製やスクリーニングは，株式会社インプランタイノベーションズ[8]に委託することができる．

原　理

Fox-huntingシステムでは，強発現させる遺伝子ソースとして完全長cDNAライブラリーを用いる点がユニークで，これを混合物のまま強発現型のバイナリーベクターにのせかえ，アグロバクテリウムを介してシロイヌナズナに遺伝子導入する（図1）．得られたT1種子を播種し，表現型のスクリーニングを行う．興味深い表現型が現れた場合，その系統に挿入されていた完全長cDNAをPCRおよびシーケンスによって調べることで，原因遺伝子を即座に同定することができる．また，各T1植物よりそれぞれT2種子を得れば，1度作製した形質転換系統から，くり返しスクリーニングを行うためのリソースとして用いることができる．

準備するもの

表現型を正確に評価できるスクリーニング方法が，最も重要である．そのために，植物を均一に育てることができる環境を準備する必要がある．

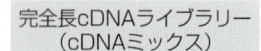

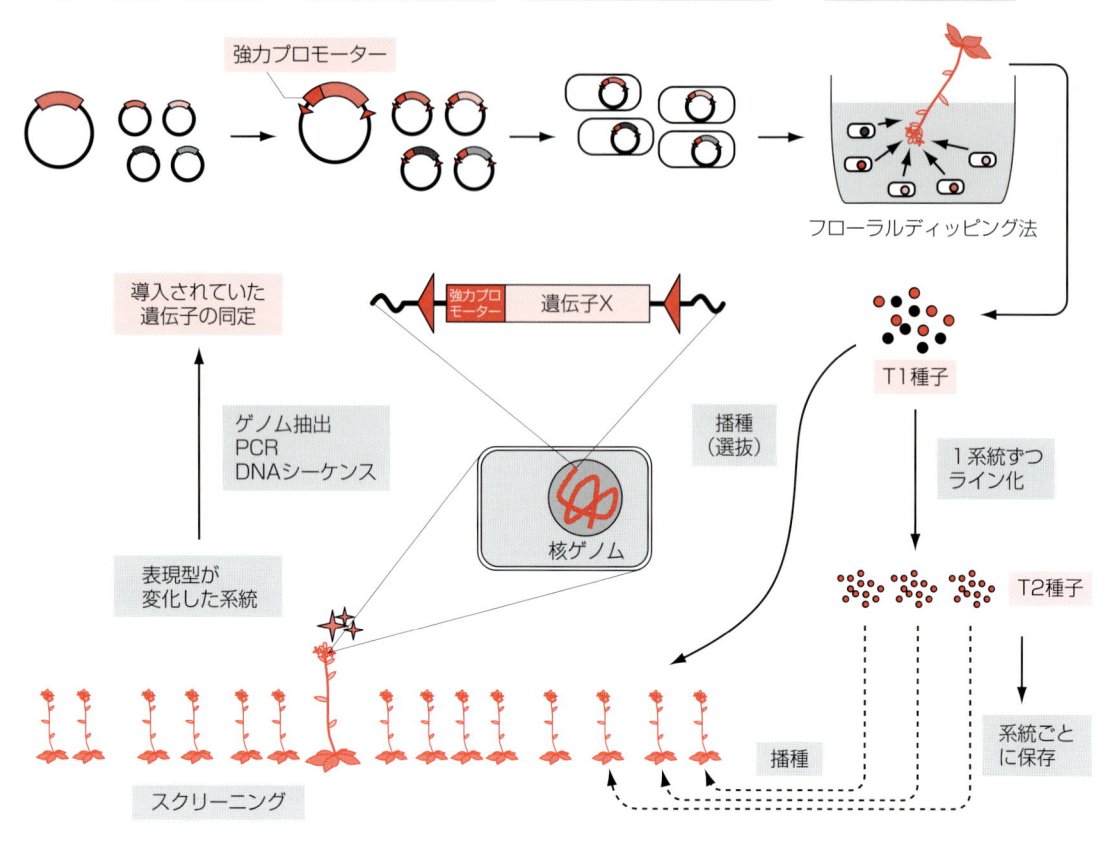

図1 Fox-hunting システム
詳細は本文を参照

プロトコール

❶ 完全長cDNAライブラリーの作製
後にインサートをバイナリーベクターに移し替えるため、適切な制限酵素サイトなどでインサートを移し替えやすいベクターを用いてcDNAライブラリーを作製する*1

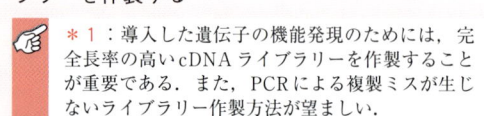

*1：導入した遺伝子の機能発現のためには、完全長率の高いcDNAライブラリーを作製することが重要である。また、PCRによる複製ミスが生じないライブラリー作製方法が望ましい。

❷ ライブラリーの均一化
同じ遺伝子が導入された系統が生じにくいよう、ライブラリーを均一化（標準化）する*2

*2：理化学研究所では、クローン化された重複しない完全長cDNAを等量ずつ混合することにより、クローンの重複を回避している。

❸ 強発現型バイナリーベクターへの組込み
アグロバクテリウムを介してシロイヌナズナへ遺伝子導入を行うために、ライブラリーをバイナリーベクターへ移し替え、アグロバクテリウムライブラリーを作製する

❹ シロイヌナズナへの遺伝子導入
フローラルディッピング法[9]などによりシロイヌナズナへ遺伝子導入を行い、T1種子を得る

❺ スクリーニング
T1種子を播種し、表現型の変化があらわれる個体をスクリーニングする。この際、同時に遺伝子導入した適当な選抜マーカー（薬剤耐性遺伝子など）を用いて、遺伝子導入された個体のみを選抜することも可能である

❻ 導入遺伝子の同定
興味深い表現型が見つかった系統よりゲノムDNA

を調製する．導入したベクターのcDNAインサート部分を挟むような特異的プライマーを用いてゲノムDNAを鋳型にPCRを行う．増幅断片の塩基配列をDNAシーケンサーで解読することにより，導入されていたcDNAを同定する．

実験例

理化学研究所で作製されたFox-hunting系統では，それぞれのT1系統にほぼ1つの完全長cDNAが挿入されていた．また，挿入されたcDNAの断片長や種類は，もとのライブラリーにおける分布と大差がなく，ライブラリーの移し替えや遺伝子導入によるバイアスがほとんどかかっていないことが確認されている．理化学研究所では，すでにさまざまな表現型を示す系統が単離されており，そのなかには，植物体全体でアントシアニンが高蓄積する系統などが含まれている．

Fox-huntingシステムでは，強発現させる完全長cDNAライブラリーのソースとして，シロイヌナズナに限らずどんな植物（生物）を用いても構わない．（独）農業生物資源研究所，理化学研究所，および岡山県生物科学総合研究所では，イネ完全長cDNAライブラリーからFox-huntingを行うプロジェクトが共同で進行しており，イネ遺伝子の機能解析に向けて大きな期待が寄せられている．

ii) TILLING

はじめに

TILLING（targeting induced local lesions in genomes）は，EMSによる変異集団のなかから，任意の遺伝子に変異をもつ変異体を迅速にスクリーニングするリバースジェネティクスの手法として開発された[10]．TILLINGでは，薬剤による変異がゲノム全域にわたり偏りなく起こる点や，ヘテロ接合体であっても検出が可能であるため，ホモ接合体で致死になるような変異の場合でも解析可能な点などが，従来の遺伝子断片挿入変異体のスクリーニングなどに比べて有利である．アメリカでは，シロイヌナズナのTILLINGを受託解析するATP（Arabidopsis TILLING project）が，2010年プロジェクトのなかで進行中であり（2005年8月までの予定）[11]，日本からもオーダーすることが可能である．現在，NSFの援助のもと実費の1/3相当である500ドルで，1解析をオーダーできる（価格は変動する可能性がある）．

原理

TILLINGではまず，スクリーニングのための系統作製とDNAプールの準備が必要である（図2）．EMS処理したシロイヌナズナの種子を播種してM1個体を得る．M1個体では，変異が部分的にキメラになっている可能性があるため，それを自殖してM2個体を得る．M2個体からゲノムDNAを抽出し，その一部を，濃度を揃えて8個体分混ぜ合わせ，96穴プレートにプールする．一方，M2個体からはM3種子を収穫して，スクリーニング後の解析用にストックセンターに保管する．

次に，作製したDNAプールをスクリーニングし，目的遺伝子の変異体を検索する．対象となる遺伝子に特異的なプライマーを作製し，5′側と3′側のプライマーをそれぞれ別の近赤外蛍光色素（IRDye 700およびIRDye 800，LI-COR）でラベルする．このプライマーセットと上記のDNAプールを用いてPCRを行い，その産物を熱変性後，再会合させると，塩基の置換や欠失などが混在していた場合，ミスマッチになる部位が生じる．そこで，ミスマッチ塩基の3′側の片鎖のみを特異的に切断するCEL Iというエンドヌクレアーゼで処理する．これを変性し，高分解能のゲルで電気泳動すると，ミスマッチ部分で切断され短くなった断片が検出される．IRDye 700およびIRDye 800のそれぞれを検出し，バンドの長さの合計が全長になるかどうかを評価することができるので，擬陽性を検出する可能性を排除できる．

このようにして，8個体を集めたDNAプールに変異のある個体が含まれることが確認されたら，それぞれの個体のDNAについて再度同様の解析を行い，変異がある個体を同定する（実際には，各個体のDNAと，標準シロイヌナズナ系統であるCol-0株のDNAを等量加えて検定を行う）．最後に，DNAシークエンサーで変位部位の塩基配列を確認する．

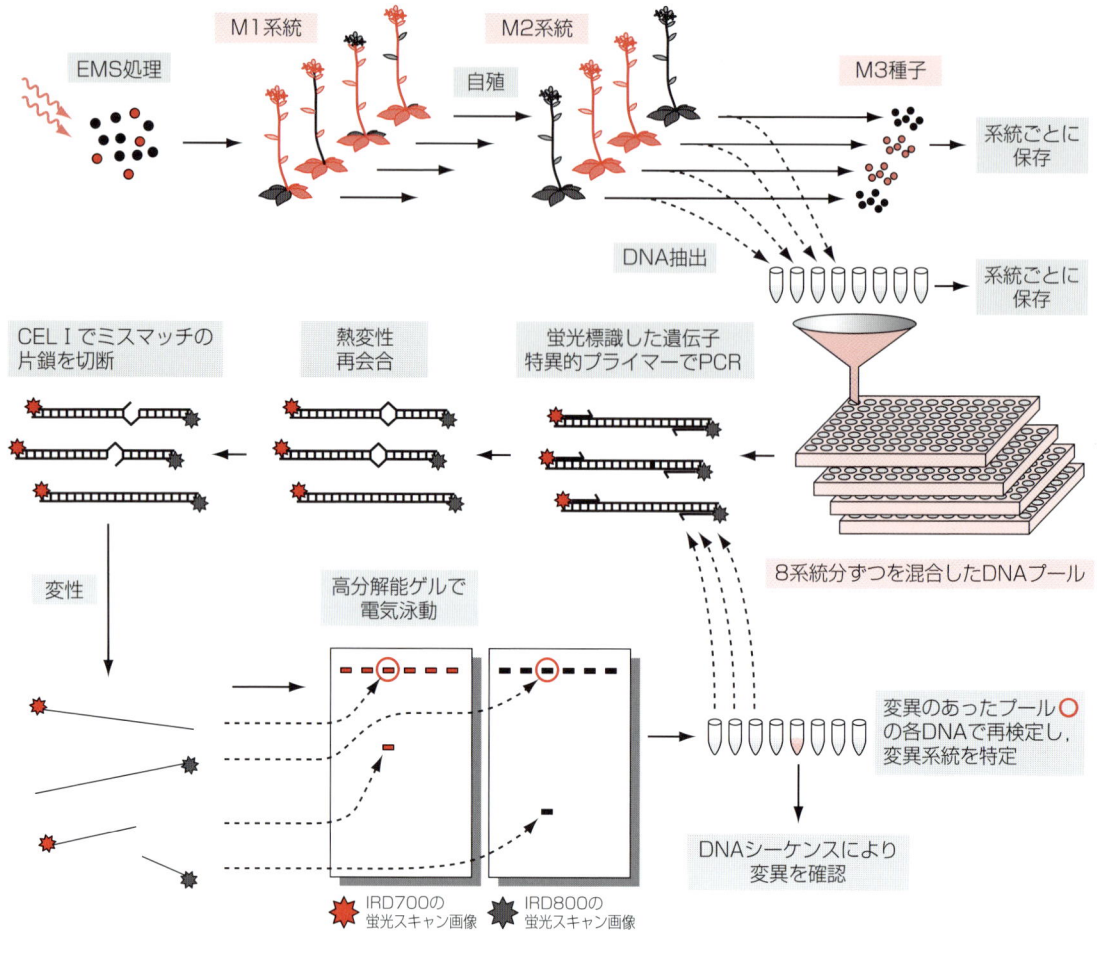

図2 TILLINGの原理
詳細は本文を参照

準備するもの

ここではATPに解析委託する方法を解説する．変異体を見つけたい遺伝子の塩基配列情報を準備しておく．

プロトコール

❶ 解析する遺伝子の調査
TAIRのウェブサイト[4]で，すでにその遺伝子についてTILLING変異体が得られていないかどうかを確認する

❷ プライマーの設計
ATP[11]の提供するCODDLEというウェブプログラムを用いて，TILLINGで結果が得られそうな遺伝子領域を推定し，続いて推奨されるパラメーターのもと，Primer3で遺伝子特異的プライマーを設計する

❸ 解析の申し込みと解析
設計したプライマー配列とともにオーダーをすると，蛍光標識プライマーの作製から，スクリーニングまでを行ってくれる．通常の解析では3,072個体のスクリーニングが行われ，最大で12個の変異個体の発見・変異部位の解析を行ってくれる

❹ 解析結果の評価
TILLINGの結果はPERSNPというソフトにより解析される．正常な遺伝子配列との比較から，変異の種類などが自動的に評価され，結果はメールで返送されてくる．また，その結果は自動的にTAIRのデータベースに登録される

❺ 変異体の解析

発見された変異体のなかから解析したい変異体を選び，種子ストックセンター（ABRC[4]）から入手する．その後，必要に応じて戻し交配や自殖を行い，遺伝子の変異と表現型の関係から遺伝子機能の解析を行う

実験例

ATPによるこれまでのスクリーニングで，約320遺伝子に対する3,700個以上の変異部位が確認された．それらの遺伝子，変異体については，すべてTAIRより情報を入手することができる．ATPによるTILLINGでは，1遺伝子について平均10個の変異体が発見される．また，変異はEMSによるG/C→A/T変異が99％以上であることが実証された．変異は，ホモ接合体，ヘテロ接合体それぞれで検出されており，その頻度はM2個体で予測されるホモ：ヘテロの割合（＝1：2）によく合致していた．しかし，不完全タンパク質ができるナンセンス変異やエキソン-イントロン結合部位の変異は，ヘテロ接合体での発見頻度が高まっており（ホモ：ヘテロ＝1：3.6），これはホモで致死となる遺伝子がヘテロ接合体としてスクリーニングされてきているためと考えられた[12]．デザインしたプライマーで解析が成功する確率は90％以上で，失敗のほとんどは，目的の断片がPCRで増幅されないことである．この場合，プライマーを作り直せば再度解析できるため，TILLINGではほとんど失敗がないといえる．また，シーケンスで変異部位を確認するので，疑陽性が限りなくゼロである．

TILLINGの手法は，薬剤変異をもとにしているため，広い生物種に適用可能である．現在すでに，他の植物（トウモロコシ，ミヤコグサなど）や，ショウジョウバエなどでもプロジェクト研究が進行している．また，TILLINGは，野生型系統間での多型解析やSNPの発見にも応用できる．シロイヌナズナの野生系統を用いた遺伝子多型の解析は，Ecotillingと呼ばれており[13]，進化的な側面から遺伝子機能の重要性についての知見を得られることで注目されている．

おわりに

シロイヌナズナの小さいゲノムのなかには，少なくとも植物として生命を維持するために必要な遺伝子がすべて含まれているはずである．いまだ機能の不明な遺伝子のなかには，他の植物にも共通してみられるものも多数あり，それらの機能は，ここで紹介した手法などを用いた今後のシロイヌナズナ研究や，比較ゲノム学により明らかにされてゆくだろう．植物の基礎的な側面を解明してゆくうえで，シロイヌナズナはこれからもモデル植物としての地位を維持し続けると思われる．一方，植物には種に固有な多様性が数多く存在するため，シロイヌナズナのみでは，その多様性の研究はできない．例えば，シロイヌナズナはジャガイモのような塊茎をつくらないし，健康食品成分であるイソフラボンは，マメ科や一部の植物でしか生産されない．しかしこのような多様性も，植物に共通な基本骨格の上に，種に特有な機能が追加されることによって形成されている場合が多い．したがって，シロイヌナズナに他植物種の遺伝子を導入することにより，シロイヌナズナではみられない他植物種特有な表現型があらわれる可能性がある．Fox-huntingシステムではそのような遺伝子を探索することが可能であると同時に，植物種間で機能的な枝分かれが起きた可能性のあるシロイヌナズナの基本経路を特定することにも応用できると考えられる．他植物を研究するための参照植物（reference plant）としても，シロイヌナズナは今後も大きな役割を果たしていくだろう．

遺伝子の機能解析において，表現型の評価は非常に重要な要素である．近年，一見目にみえない表現型の変化を，代謝産物の変化として，網羅的に，しかもハイスループットで解析していく研究手法として，メタボロミクスという分野が注目されている．メタボロミクスでは，高速液体クロマトグラフ，ガスクロマトグラフ，キャピラリー電気泳動などの分析装置と高感度質量分析装置を組合せることによって，代謝産物を網羅的に検出する．分析機器から出力される大量のデータを解析して，意味のある結果を抽出するためには，バイオインフォマティクスの向上も必要である．このような技術の発展により，それまでは検出することが困難だった遺伝子変異の効果を探ることが可能となり，遺伝子の機能解析も大きく進展することだろう．

〈謝辞〉

本項の執筆にあたり情報提供にご協力いただいた理研市川尚斉博士に感謝いたします．

参考文献

1) The Arabidopsis Genome Initiative : Nature, 408 : 796-815, 2000
2) Sasaki, T. & Sederoff, R. R. : Curr. Opin. Plant Biol., 6 : 97-100, 2003
3) Seki, M. et al. : Science, 296 : 141-145, 2002
4) http://www.arabidopsis.org/home.html
5) http://www.tigr.org/tdb/e2k1/ath1/
6) http://mips.gsf.de/proj/thal/db/
7) 市川尚斉他：生物の科学 遺伝 別冊No.15「遺伝学はゲノム情報でどう変わるか－ポストゲノム時代を展望する－」（高畑尚之他／編），pp22-31，裳華房，2002
8) http://www.inplanta.jp/
9) Clough, S. J. & Bent, A. F. : Plant J., 16 : 735-743, 1998
10) McCallum, C. M. et al. : Nature Biotech., 18 : 455-457, 2000
11) http://tilling.fhcrc.org:9366/
12) Greene, E. A. et al. : Genetics, 164 : 731-740, 2003
13) Comai, L. et al. : Plant J., 37 : 778-786, 2004

第5章 モデル生物を利用した遺伝子機能解析

6. マウス

高田豊行　吉川欣亮　米川博通

> マウスの分子遺伝学分野において，巨大DNAを安定にクローン化できるBAC（bacterial artificial chromosome：細菌人工染色体）クローンの取り扱いは，*in vitro*のBAC改変技術とともに，マウスで行いうる*in vivo*での解析，ポジショナルクローニングや遺伝子改変動物による解析（特に表現型レスキュー）などに必須の共通技術であり，さまざまなレベルでのゲノム機能解析を可能にする．

はじめに

　実験用マウスは，1900年代初頭に開発されて以来，遺伝学，基礎医学の分野で広く利用されてきた．特に多産で世代交代が早く（約2カ月），小型でおとなしいなど，取り扱いが容易であることが理由である．これに加えて，450系統以上にのぼる近交系の存在，それを基礎としたミュータント，コアイソジェニック，コンジェニック，コンソミック系統の充実，遺伝学的知識と材料の蓄積，トランスジェネシス，遺伝子ターゲティングなど，逆遺伝学的手法の発展による遺伝子機能の個体レベルでの解析など，哺乳動物のなかでは遺伝学，逆遺伝学の両学問体系に沿った唯一の実験動物であり，その応用範囲はきわめて多岐にわたる．マウスを対象としたゲノムプロジェクトについても，ヒトに対するカウンターパートの最上位に位置する哺乳動物として，ヒトに次いで2002年12月にドラフトシークエンスが発表[1]された．このことにより，ヒト・マウス間のゲノム情報比較が可能となり，その結果，両者間には約95％の遺伝子が機能を保存された状態にあることが明らかになっている．また，マウスは全塩基配列が明らかになっているという利点に加えて，前述のように遺伝的に均一な近交系が多数存在することも大きな特徴である．これら実験用マウス全般にわたる情報はデータベース化され，インターネット上で公開されている（http://jaxmice.jax.org/info/index.html/，http://shigen.lab.nig.ac.jp/mouse/jmsr/など）．さらに統合ゲノムブラウザー（http://ncbi.nlm.nih.gov/genome/guide/mouse/, http://www.ensembl.org/Mus_musculus/など）を利用すれば，塩基配列情報のみならず，連鎖解析に必要な各種マーカー，EST（expressed sequence tag），完全長cDNA，BACやPAC（P1-derived artificial chromosome：P1人工染色体）などのライブラリー情報がたちどころに検索できる．さらに現在，欧米ならびに日本でENUミュータジェネシス（化学変異原であるN-エチル-N-ニトロソウレアを用いたランダムな突然変異誘発法）プロジェクトが精力的に行われている．これにより，多種多様な表現法をもつ突然変異体を多数得ることが可能となると予想され，これらを用いることで，突然変異体個々の表現型の変化とゲノム機能を結びつけることによる遺伝子機能の解明に大きく貢献するものと期待されている．特にヒト疾患に対する利用可能なモデルマウス（疾患モデルマウス）の数と種類の拡大にも大きな力を発揮するものと思われる．本項では突然変異体の連鎖解析後の原因遺伝子の同定に必要なBACク

Toyoyuki Takada / Yoshiaki Kikkawa / Hiromichi Yonekawa : Department of Laboratory Animal Science, Tokyo Metropolitan Organization for Medical Research, The Tokyo Metropolitan Institute of Medical Science（財団法人東京都医学研究機構東京都臨床医学総合研究所実験動物研究部門）

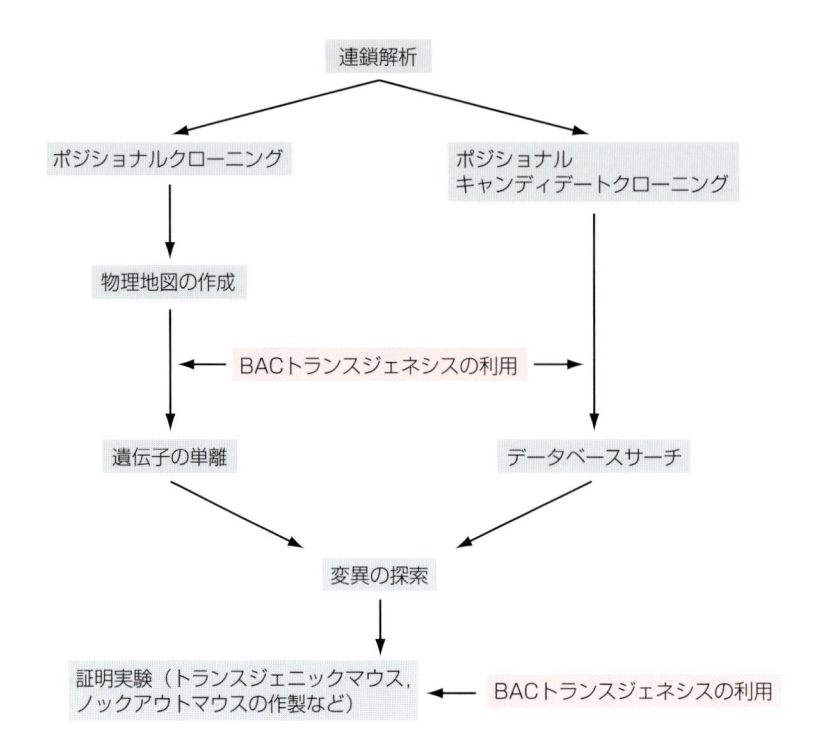

図1 マウスにおける連鎖解析後のポジショナルクローニングの流れ
一連のクローニングの過程において，候補領域の絞り込みや証明実験にBACクローンを利用したトランスジェネシスが有効である

ローンの取り扱いを中心に，BACクローンを利用したトランスジェネシスによる変異表現型のレスキュー実験を含めたポジショナルクローニング（PC）の具体例，データベースを利用したポジショナルキャンディデートクローニング（PCC）における候補領域へのアプローチについて述べる．連鎖解析や発生工学的手法に関しての詳細は他項，拙書[2]，ならびに優れた成書[3]があるのでそれらを参考にしていただきたい．

i) ポジショナルクローニング

原理

変異個体の表現型を規定する責任遺伝子を単離するには，表現型を指標として連鎖解析（302ページ参照）を行い，その表現型を支配する遺伝子を染色体上に位置づける．次に，その遺伝子を含む領域を確実にカバーする物理的地図を作成し，その領域に含まれるすべての遺伝子に対する塩基配列を変異個体と野生型個体間で比較し，変異個体のみに欠失・塩基置換など突然変異のある遺伝子を同定する（図1）．この方法は1990年代の疾患遺伝子のクローニングのための主要な戦略として，肥満に関連するホルモンであるレプチンの発見[4]など，大きな成果をあげてきた．一方，この変法として「PCC」がある．この方法は，連鎖解析後直ちに，その標的遺伝子の存在する染色体領域に含まれる遺伝子のうち，表現型に関連しそうな遺伝子の塩基変異を網羅的に調べ，特定しようというものである．古くはこの手法により，白斑，貧血などを伴うW突然変異がc-kit遺伝子の突然変異によって起きることなどが明らかにされた[5)6]．しかしながら，従来この方法は的中確率が非常に低く，ギャンブル的要素がかなり大であったが，現在のようにゲノム基盤情報が整備されてからは，研究者自らが物理地図を作成する必要が非常に少なくなり[*1]，BAC-トランスジェネシスとの併用によって，PCとともに非常に有効な方法へと変貌してきている．

> **memo**
>
> *1：BACの塩基配列から新たに遺伝子マーカーを作製し，連鎖解析に利用することで候補領域をさらに狭めることが可能となる場合がある．また，まれではあるが，データベースには，領域によって不完全な塩基配列のデータしかない部分が存在するため，現在でも実験者自ら物理的地図を作成する必要が生じる場合もあることを考慮しておく必要がある．

1）BACクローンの取り扱い

ポジショナルクローニングを成功させるためには，候補領域すべてをカバーするDNAクローンが必須であり，YAC（yeast artificial chromosome：酵母人工染色体），BAC，PAC，コスミド，ラムダファージの存在はこれら研究の発展に欠かせないツールであった．特にBACクローンは比較的大きなインサートサイズ（100～300 kb）をもち，組換えによるゲノムの再構成や欠失をほとんど起こさず，非常に安定であることから，現在では巨大DNA断片のクローニングに必須のものとなっている．染色体上の数百キロにわたって存在する巨大遺伝子を1つのBACで捕捉することは不可能であるが，BACクローンには翻訳領域のみならず，完全なプロモーターなどの遺伝子機能領域すべてが含まれ，かつ，これらすべてを個体に導入できる．さらにはloxPサイトが組込まれたベクターにより作製されたBACクローンと組織特異的，あるいは発現時期特異的Cre発現系との併用により，導入した遺伝子の発現の特異性を高めると考えられることや，大腸菌のRecA（あるいはλ-ファージのγ，δ遺伝子）などを組込んだベクターを利用することで，BACクローン中に含まれる遺伝子を大腸菌中で相同組換えにより容易に改変することが可能になった[4]．これらの in vitro で改変されたBACクローンを用いてBAC-トランスジェネシスを行うことにより，遺伝子機能解析のためのさまざまな in vivo 研究に応用できることからも，その利用価値は非常に高い．

2）BACクローンの入手と保存

BAC，PACなどの巨大ゲノムクローンライブラリーに関しては，現在のところC57BL/6Jならびに129/Sv系統由来のものが主であるが，ほかにも数種類の汎用近系統において作製が行われている（http://bacpac.chori.org/libraries.php，http://informa.bio.caltech.edu/lib_status.html，http://www.brc.riken.jp/lab/dna/ja/MSMbac.html）．一般に利用可能なライブラリーは，インビトロジェン社（http://www.invitrogen.co.jp，http://clones.invitrogen.com/cloneinfo.php?clone=bacpac），または米国Children's Hospital Oakland Research Institute（http://bacpac.chori.org/，http://bacpac.chori.org/ordering_information.htm）から購入できる*2．

> **memo**
>
> *2 自らスクリーニングする必要がある場合は，高密度メンブレンならびにPCRキットが販売されている．

準備するもの

- インキュベーター
- シェーカー付インキュベーター
- 遠心機
- 小型遠心機
- チューブ，1.5 mL，2 mLなど

<試薬>
- LB培地（クロラムフェニコール入り）
  bacto-tripton 10 g，bacto-yeast extract 5 g，NaCl 10 g，蒸留水で溶解後，10 N NaOHでpH 7.0に調整し1,000 mLにする．オートクレーブ後50℃くらいまで冷却し，12.5 μg/mLになるようクロラムフェニコール（エタノール溶解）を加える
- LB培地プレート（クロラムフェニコール入り）
  上述のLB培地にbacto-agar 15 gを加え，オートクレーブ後50℃くらいまで冷却し，同量のクロラムフェニコールを加えプレートを作製する

プロトコール

1. グリセロールストックで送られてきた場合は3 μLのストック溶液を，アガロース培地で送られてきた場合はプラークの見えている部分を滅菌した白金耳などで掻きとり，500 μLのLBクロラムフェニコール培地に入れ，37℃で1時間培養する
2. LBクロラムフェニコール培地にプレーティングし，37℃で一晩培養する
3. 目的のDNAマーカーを増幅するプライマーを用いてコロニーPCRを行う
4. 目的とするBACクローンは，37℃で一晩培養

し，終濃度15％となるように滅菌グリセロールを加え，-80℃で保存する

3）BAC DNA の調整

少量のDNAのみが必要とされる場合は，以下のミニプレップ法で行う．また各社から販売されている小容量のプラスミド精製キットのなかにもBAC DNAの調整に利用できるものがある（QIAGEN社のR.E.A.L.Prep 96 Kitなど）．トランスジェネシスなどで大容量のDNAが必要なときは，超遠心密度勾配法もしくはQIAGEN社のLarge-constract Kitで行う．

準備するもの

- インキュベーター
- シェーカー付インキュベーター
- 遠心機
- 小型遠心機
- チューブ，1.5 ml，2 mlなど

<試薬>
- LBクロラムフェニコール培地
- P1溶液
  TRIZMA Base 6.06 g，EDTA 2Na 3.72 g，蒸留水で溶解後NaOHでpH 8.0に調整し1,000 mlにする．オートクレーブ
- P2溶液
  NaOH 8 g，10％ SDS 100 ml，蒸留水で1,000 mlにする．オートクレーブ
- P3溶液
  酢酸カリウム 294.5 g，蒸留水で1,000 mlにする．オートクレーブ
- RNaseA溶液（10 mg/ml）
- クロロホルム
- イソプロパノール
- 70％エタノール
- 4 M NaCl
- 13％ポリエチレングリコール8000
- TE溶液（pH 7.5）
  トランスジェネシスに使用する場合は0.22 μmフィルター処理
- エチジウムブロマイド溶液（10 mg/ml）

プロトコール

1 ミニプレップ法

① PCRにより目的のクローンであることを確認したコロニーを選び，5 mlのLBクロラムフェニコール培地で37℃，15～18時間培養する

② 3,500 rpmで10分間遠心したのち，上清を捨て，ペレットを500 $\mu$$l$のP1溶液に懸濁し，2 m$l$チューブに移す

③ 500 $\mu$$l$のP2溶液を加え穏やかに混合（数回の転倒混和）し，室温に5分間置く

④ 500 $\mu$$l$のP3溶液を加え穏やかに混合し，氷中に10分間置く

⑤ 12,000 rpmで20分間遠心する

⑥ ペレットを吸い込まないように上清を1.5 mlチューブに2本に分けて回収し，それぞれに2 $\mu$$l$のRNaseA溶液を加え，37℃，30分間置く

⑦ それぞれのチューブに500 $\mu$$l$のクロロホルムを加え，混合し12,000 rpmで1分間遠心する

⑧ 上清を1.5 mlチューブに回収し，それぞれに700 $\mu$$l$のイソプロパノールを加え，混合し12,000 rpmで15分間遠心する

⑨ 上清を捨て，500 $\mu$$l$の70％エタノールを加える．このとき2本のチューブのDNAを1本の1.5 mlチューブにまとめておく

⑩ 12,000 rpmで5分間遠心し，上清を捨て，真空ポンプにつないだデシケーター内でチューブに細かい水滴が確認できない程度に乾燥させる．

⑪ 乾燥後，64 $\mu$$l$の蒸留水に溶解する

⑫ 16 $\mu$$l$の4 M NaClおよび80 $\mu$$l$のポリエチレングリコール溶液を加え，ピペットでよく混合し，氷中に1時間以上置く（4℃オーバーナイトでも可）

⑬ 12,000 rpmで10分間遠心した後，ペレットを吸い込まないように注意しながらピペットを使って上清を捨てる

⑭ 1,000 $\mu$$l$の70％エタノールを加え，混合し12,000 rpmで5分間遠心する

⑮ 上清を捨て，真空ポンプにつないだデシケーター内で乾燥させる

⑯ 30～50 $\mu$$l$のTE溶液に溶解し，濃度を測る

2 超遠心密度勾配法

① コロニーをピックアップし，2～5 mlのクロラムフェニコール培地で37℃，1時間以上培養する

② 200 mlのクロラムフェニコール培地に①の培地を加えて37℃，15～18時間培養する

③ 6,000 rpmで10分間遠心したのち，上清を捨て，ペレットを20 mlのP1溶液に懸濁し，等量ずつ2本のチューブに移す．

④ それぞれのチューブに10 mlのP2溶液を加え穏やかに混合（数回の転倒混和）し，室温に5分間置く

❺ それぞれのチューブに 10 mL の P3 溶液を加え穏やかに混合（数回の転倒混和）し，氷中に 10 分間置く
❻ 12,000 rpm で 25 分間遠心する
❼ ペレットを吸い込まないように，上清を 4 本の 50 mL チューブに 15 mL ずつ回収し，35 mL の冷エタノールを加え混合し，3,000 rpm で 10 分間遠心する
❽ 上清を捨て，70％エタノールを加える．このときチューブの DNA を 1 本の 1.5 mL チューブにまとめておく
❾ 12,000 rpm で 10 分間遠心し，上清を捨て，真空ポンプにつないだデシケーター内でチューブに細かい水滴が確認できない程度に乾燥させる
❿ 乾燥後，3.5 mL の TE 溶液に溶解する
⓫ 超遠心用チューブに 3.7 g の CsCl をいれ，DNA 溶液で懸濁する
⓬ 200 μL のエチジウムブロミド溶液を加え，重量を測定し，50％CsCl で調整する．
⓭ 密封し 55,000 rpm で 15〜17 時間超遠心を行う
⓮ 遠心後，長波長 UV ランプでかざしながら，下方のバンドのやや下側に注射針を刺す．次にチューブ上方に空気穴を開け，下方に刺した注射針から DNA 溶液を回収する
⓯ 1.5 mL チューブに DNA 溶液を回収し，等量の水飽和イソアミルアルコールを加え，混合し 3,000 rpm で 10 分間遠心する．エチジウムブロミドの色が抜けるまでこの作業を繰り返す（3〜4 回）
⓰ DNA 溶液を透析チューブに入れ，TE 溶液で 4℃，一晩透析する．1〜2 回 TE 溶液を交換する

4）BAC クローンのダイレクトシークエンス

購入した BAC クローンが正しいものであるかの確認，ならびに物理地図作成のためのスクリーニング，あるいはマーカーの作製に利用できる．

準備するもの

- シークエンスプライマー*
- サーマルサイクラー
- PCR 用チューブ
- 小型遠心機

* : ベクター情報は http://bacpac.chori.org/vectorsdet.htm などから取得可能であるが，pBACe3.6, pTARBAC2.1, pTABAC6, pBeloBAC11 については T7 プライマー：5′-TAATACGACTCAC-TATAGGG-3′ および SP6 プライマー：5′-ATT-TAGGTGACACTATAG-3′ が挿入部位の末端配列に対応しており，これを使用すればよい．

<試薬>
- サイクルシークエンスキット
- シークエンスプライマー

プロトコール

BAC DNA をテンプレートとしてシークエンスを行う．

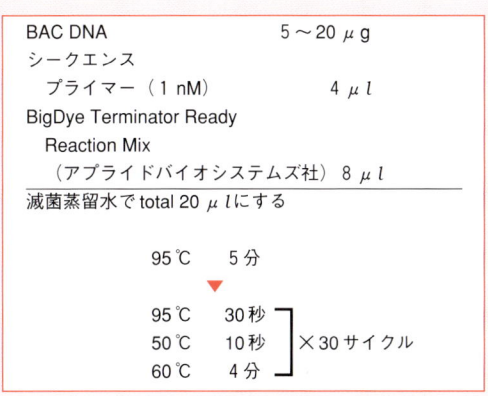

BAC DNA	5〜20 μg
シークエンスプライマー（1 nM）	4 μL
BigDye Terminator Ready Reaction Mix（アプライドバイオシステムズ社）	8 μL
滅菌蒸留水で total 20 μL にする	

95℃　5 分
▼
95℃　30 秒
50℃　10 秒　］×30 サイクル
60℃　4 分

反応物を精製し，シークエンサーで塩基配列を決定する

5）物理地図の作成

準備するもの

- サイクルシークエンスキット
- BAC 末端用シークエンスプライマー

プロトコール

❶ 目的とする遺伝子座近傍にあるマーカーを用いて，PCR 法またはハイブリダイゼーションにより BAC ライブラリーのスクリーニングを行う
❷ 得られたクローンを購入し DNA 調整を行い，両末端の塩基配列決定を行う*1

☞ ＊1：BACの末端のダイレクトシークエンスについて，クローンによっては，末端の高次構造などの影響によって，どうしても読めないものが存在する．よって候補となる領域をカバーするクローンは複数入手しておくとよい．

❸ 得られた塩基配列からプライマーを作製し，新たなマーカーとする＊2

☞ ＊2：BACの末端にはゲノムに高頻度で含まれる反復配列（LINE，SINEなど）が含まれることがあるので，プライマーの作製には十分注意する．反復配列の検索にはRepeatMasker（http://www.repeatmasker.org/）を利用する．

❹ ❶～❸の作業を繰り返し，目的とする遺伝子領域を含むBACコンティグを作製する．

ii）BAC-トランスジェネシス

原理

責任遺伝子を同定した後にその変異形質の回復を目的として行う．さらにポジショナルクローニングの過程で，遺伝子を単離するには候補領域が広すぎる場合（数百kb以上），その領域のコンティグを構成する数種のBACクローン全長をそれぞれ変異個体に導入することで，候補領域を数分の1の範囲に狭めることが可能になる．トランスジェニックマウスの作製については[2]を参考にしていただきたい．

プロトコール

❶ BAC DNAは超遠心密度勾配法によって調整する＊1

☞ ＊1：標品はCsCl超遠心密度勾配遠心で精製・濃縮したものが最適であるが，市販の精製キットで精製してもよい．ただし，フィルターで処理した滅菌溶液を使用すること．

❷ TE透析後，BAC DNA濃度を通常3～5 ng/mℓ（クローンによっては10 ng/mℓ程度）に調整する

❸ 透析後直ちに，受精卵へのマイクロインジェクションを行う＊2

☞ ＊2：透析後の時間経過が成否の最も重要なファクターである．時間が長引けば長引くほど成功率は激減するので注意が肝要である．

実験例

以下に当研究室で行われたポジショナルクローニングについて述べる（図2）．

Jackson shaker（js）は劣性の突然変異体であり，旋回，高運動といった行動異常ならびに高度の難聴を示す．それらの異常は内耳有毛細胞の不動毛の変性に起因しており，この責任遺伝子を単離することは聴覚において重要な役割を果たす有毛細胞の機能を解明するための有力な手がかりとなる．このため，このjsマウスからの，原因遺伝子のポジショナルクローニングが行われた．日本産野生マウスの近交系MSM系統との戻し交配により作製した分離個体約2,000頭を用いた連鎖解析，BACによる物理地図の作成，突然変異解析による候補遺伝子の選定，BAC-トランスジェネシスによるレスキュー実験を経て，jsマウスの原因遺伝子がSansであることを解明した[8]．また，共同研究により，ヒトでもSANS遺伝子の突然変異が，Usher1Gと呼ばれる症候群性難聴家系より検出されたことから，SANSはマウス同様ヒトにおいても難聴の原因遺伝子であることがわかった[9]．このように，ヒト疾患モデルマウスを用いた疾患責任遺伝子の同定は，対応するヒト疾患の責任遺伝子の同定に，直接結びつく重要なアプローチとなる．

iii）ゲノムの基盤情報を利用したポジショナルキャンディデートクローニング

原理

連鎖解析後の物理地図の作成については，近年のマウスゲノムプロジェクトの急速な進展によって研究者自ら行う必要が非常に少なくなり，大幅な労力の削減が可能になった．すなわちその表現型を支配する遺伝子座を染色体上に位置付け＊1できさえすれば（表現型の診断を含めたこの作業が重要かつ大変であることに変わりはないが），すでにその領域には候補遺伝子が塩基配列，アミノ酸配列，SNP，ESTなどの情報がデータベース化されており，実験者は，変異体の解析などにより得られた情報をこれらと「in silico」で比較することで，候補遺伝子とその変異を同定することが可能になったのである．しかも候補遺伝子を含む

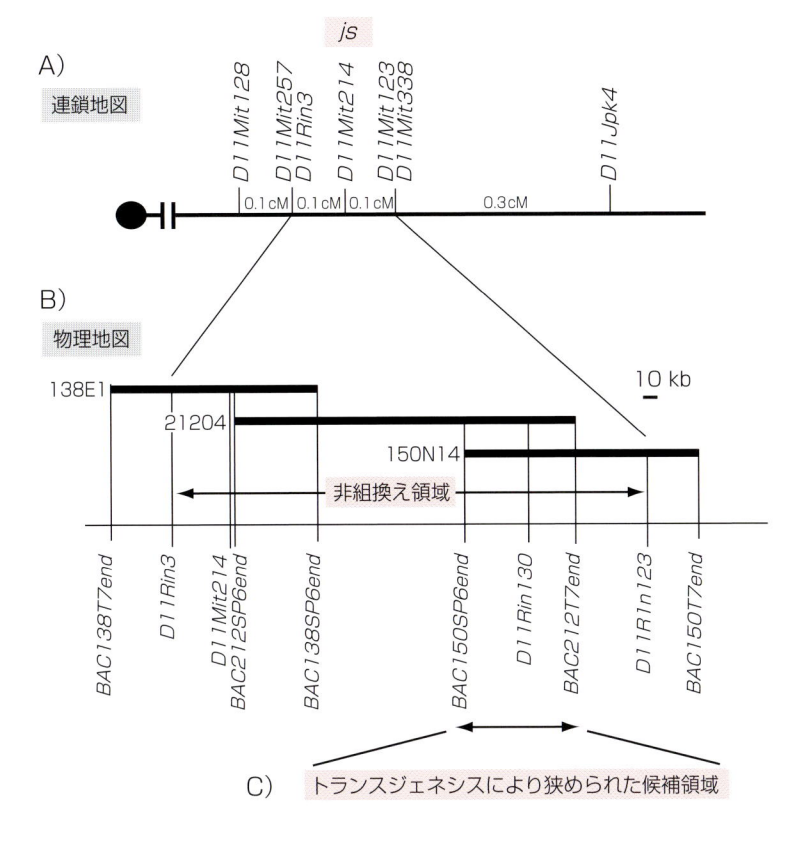

図2 難聴マウス Jackson shaker (js) の責任遺伝子近傍の連鎖地図と物理地図
A) 連鎖地図．MSMとの戻し交配により作製した分離個体を用いた連鎖解析の結果．
B) 候補遺伝子が存在すると考えられる領域は3つのBACクローンでカバーされた．
C) BAC-トランスジェネシスの結果，212O4および150N14のBACクローンがこのマウスの変異をレスキューした．すなわちこれらBACクローン双方によってカバーされる領域（マーカーBAC150SP6およびBAC212T7の間）には責任遺伝子が正常な状態で含まれていることを示す（文献8より改変）

BACやPACクローン情報も平行して得ることができるため，責任遺伝子としての証明実験のために必要なトランスジェニックマウスやノックアウトマウスの作製に直ちに取りかかれるという解析の高速化を現実のものとした．

memo

＊1：日本で独自に開発された日本産野生マウス由来の近交系であるMSM，JF1は汎用近交系と適度な遺伝的背景の差異が存在するため，解析に利用できる多型マーカー（マイクロサテライトマーカー：http://www.shigen.nig.ac.jp/mouse/mmdbj/top.jsp）が多数存在する．これらの系統を連鎖解析に用いることで，候補遺伝子探索の効率的なアプローチが可能となる場合がある．

1）データベースを利用した物理地図へのアプローチ

ensembl mouse genome server（http://www.ensembl.org/Mus_musculus/）を利用したBACクローンの検索例を示す．

2）マイクロサテライトマーカーを用いた検索例

①ensembl mouse genome server（図3A）にアクセスする
②目的の染色体を選択する．連鎖解析で明らかになった領域近傍に存在する第11染色体のマーカーD11Mit257とD11Mit338を入力し，「Go」をクリックする（図3B）

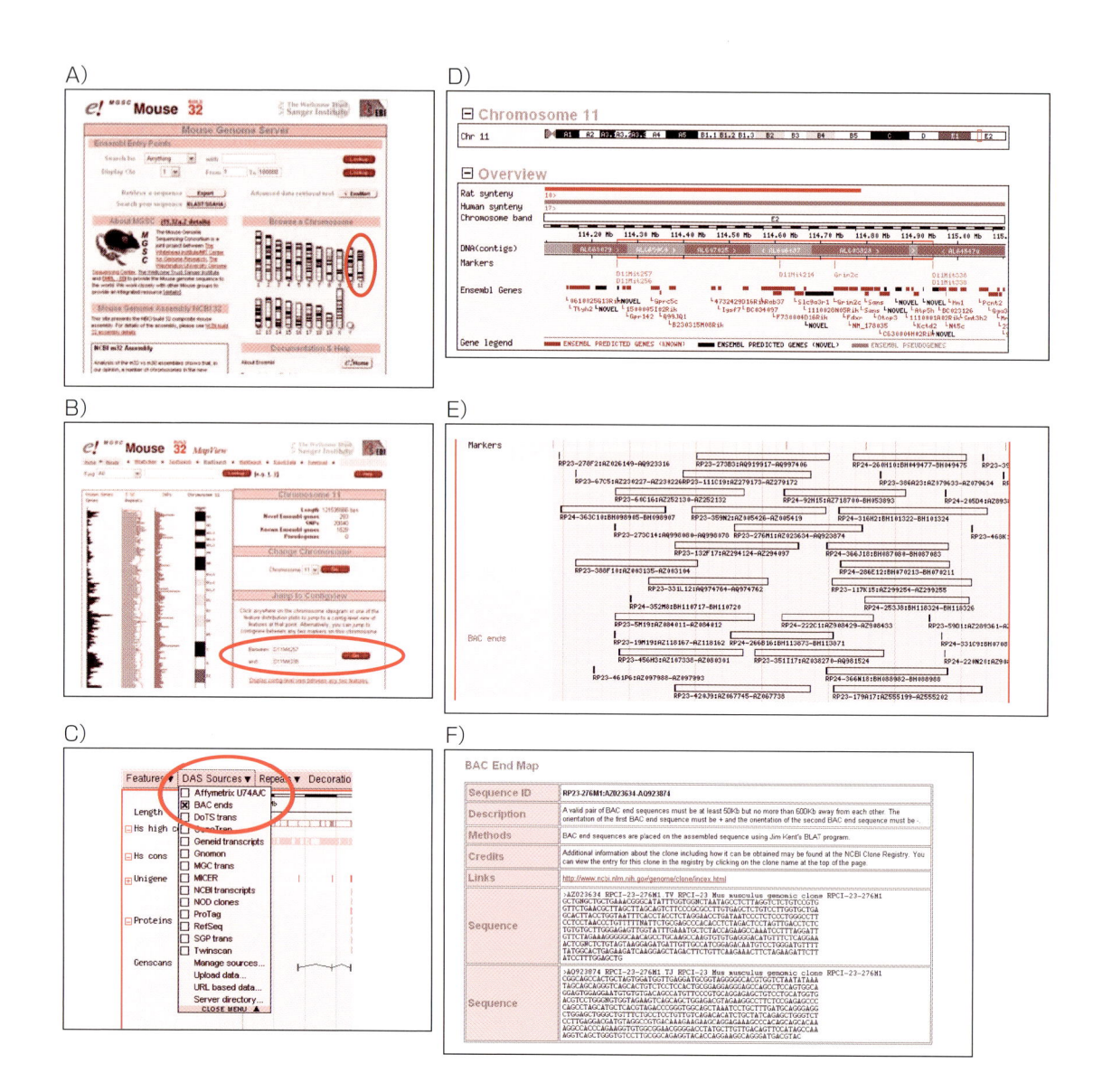

図3 難聴マウス Jackson shaker（*js*）の責任遺伝子近傍の Ensembl Mouse Genome Server による物理地図の検索

第11染色体のマイクロサテライトマーカー D11Mit257 と D11Mit338 を用いた検索例．A) Ensembl Mouse Genome Server のトップページ．B) マーカーの記入例．C) BAC end 情報を表示させるボックス．D) E) 検索結果．マーカー間のゲノム領域は複数の BAC クローンでカバーされていることがわかる．F) BAC end の塩基配列

③DAS sources の BAC end を選択する（図3C）

④（図3D）に検索結果を示した．下部にこの領域をカバーする BAC が表示されている（図3E）．目的とする領域をカバーする BAC クローンを購入する．各 BAC クローンをクリックすると BAC end の塩基配列が表示される（図3F）．購入したクローンが正しいものであるかの判定に必要となるためこの塩基配列を記録しておく

⑤必要であれば，この領域の塩基配列データを利用して新たなマーカー（マイクロサテライトおよび SNP[*2]）を作製して連鎖解析を行い，非組換え領域をより狭めてから購入するとよい

> **memo**
>
> *2：多型マーカーについて，SNPはポジショナルクローニングなどに利用できるマーカーの数がマイクロサテライトに比べて非常に高密度で存在し，候補領域の多型解析を行うには強力な力を発揮することから，遺伝子のポジショナルクローニングを行う研究者にとっては必須の技術である．

おわりに

現在マウスを利用して解析できる研究は，ゲノム機能解析をはじめとし，さまざまな領域に及び，かつ，日々の進歩も著しい．さらには各種のデータベース，リソースの充実振りも加えると，マウスは実験動物としての地位を不動のものとしているといえるだろう．本項では哺乳動物のゲノム機能を解析するという点において最も必要かつ不可欠な，「遺伝子変異の同定」と「表現型の回復（レスキュー）」という非常に重要な解析に，巨大DNAクローンがきわめて大きな貢献をしている例を紹介した．

参考文献

1) Mouse Genome Sequence Consortium：Nature, 420：520-562, 2002
2) 「マウスラボマニュアル 第2版」（東京都臨床医学総合研究所実験動物研究部門／編），シュプリンガーフェアラーク東京，2004
3) 「新遺伝子工学ハンドブック改訂第4版」（村松正實，山本雅／編），羊土社，2003
4) Zhang, Y. et al.：Nature, 372：425-432, 1994
5) Chabot, B. et al.：Nature, 335：88-89, 1988
6) Geissler, E. N. et al.：Cell, 55：185-192, 1988
7) Gong, S. et al.：Genome Res., 12：1992-1998, 2002
8) Kikkawa, Y. et al.：Hum. Mol. Genet., 12：453-461, 2003
9) Weil, D. et al.：Hum. Mol. Genet., 12：463-471, 2003

第5章 モデル生物を利用した遺伝子機能解析

7．ラット

山下 聡　牛島俊和

ラットは，その適度な大きさのために，生理学的・病理学的な解析が容易である．これまで，多くの疾患モデルが開発されてきた．ゲノムマーカー数ではマウスを凌駕し，全ゲノム塩基配列も決定された．胚性幹細胞は利用できないが，トランスジェニックラットの作製，核移植が可能である．

はじめに

ラットのモデル動物としての特徴は，適度な大きさをもつ哺乳動物であるということである．マウスと同様，産仔数が多く，世代期間が比較的短い哺乳類であり，複雑な生体現象の解析が可能である．また，ラットでは，その適度な大きさ，おとなしさのために，生体試料の採取や生理学的・行動学的実験処置が容易である．これらの特徴を利用して，高血圧症のモデルであるSHR（spontaneously hypertensive rat）やDahlラット，脳卒中のモデルであるSHRSP（SHR stroke-prone），インスリン非依存性糖尿病のモデルであるGKラットやOLETFラットなど，優れた疾患モデルラットが多数開発されてきた．また，さまざまな物質の毒性試験には，古くからラットが好んで用いられており，現在でも頻用されている．以上の理由から，高血圧，糖尿病，脳・神経，癌など，遺伝子を中心とした研究分野でも，ラットは多く利用されている．

特筆すべきは，多種なモデルラットのなかには，わが国で開発されたものも多数含まれるということである[1]．現在，ラット系統の「収集・保存・提供」，および，ゲノムプロファイルと特性プロファイルの収集・公開を行う，NBRP（national bio resource project for the rat）が進行中である．これらの興味あるモデルから，有用な遺伝子情報を抽出するためのリソース，逆に，興味ある遺伝子の機能をラットで解析するためのリソースについて，われわれの経験を交えながら述べてみたい．

i）ラットでのゲノム解析

興味ある遺伝的形質をもつラットモデルが得られたとする．原因遺伝子を同定するには，まず，交配実験により遺伝様式を決定する．表現形質がなるべく異なる系統と交配するのか，目的の形質以外は類似の形質をもつ系統と交配するのか，工夫が必要である．単一遺伝子の変異で100％の浸透率をもつ場合，現在では，比較的容易に有力な候補遺伝子までたどり着くことが期待できる．

一方，癌へのかかりやすさ，血圧の高さなど，一般に「体質」と呼ばれている「量的表現形質」は，複数の，低い浸透率の遺伝子座（quantitative trait loci：QTLs）により規定される場合が多い．遺伝的にヘテロ性が強く，環境要因への暴露も個体ごとに異なるヒ

Satoshi Yamashita / Toshikazu Ushijima：Carcinogenesis Division, National Cancer Center Research Institute（国立がんセンター研究所発がん研究部）

ト集団では，このQTLsの解析は困難を極める．したがって，遺伝的背景と環境要因への暴露の両方を厳密にコントロールした条件下で実験をデザインすることができるモデル動物を用いて，QTLsをマッピングおよびクローニングする方が実現性が高い．最近，マウスで，作用の弱い，癌感受性遺伝子の同定に成功した例も報告された[2]．

ⅱ) ゲノムリソース

遺伝的形質にアプローチする際に役立つ，ラットゲノムリソースの現況を，表1に示す．

1 ゲノム情報

ラットのゲノムリソースは，近年充実が著しい．2002年11月にドラフトシークエンスが公表され，2004年4月にBN（Brown Norway）系統のゲノムの解読が発表された[3]．その配列情報はNCBIのwebsiteに集約されており，ラットの場合もヒトやマウス同様，遺伝子名から，遺伝子およびその周辺の塩基配列，染色体上の位置，文献，別名などの情報が容易に入手できる．ディファレンシャルディスプレイ法，サブトラクション法などで得られたクローンに関しては，塩基配列を決定し，blast the rat genomeでホモロジー検索すれば，ほとんどの場合，その位置情報や周辺の塩基配列を入手できる．ギャップに該当してしまった場合は，radiation hybrid panelを利用すれば，染色体上の位置は決定可能である．large-insertライブラリーも商業的に入手可能であり，どうしても必要な場合は，周囲のゲノム構造を決定できる．

ラットの全染色体領域について，相同なマウスおよびヒトの染色体領域が明らかとなっている．ヒトやマウスのcDNA情報などを取り入れて，相互に比較できる．ラットゲノムのデータを，後述のマーカー情報を含め，網羅的に収集したデータベースも，いくつか構築され公開されている．

2 ゲノムマーカー

ラットのゲノムマーカーは，発表されている数だけでも1万をゆうに超え，マウスを凌駕するほどある．RatシリーズのマーカーはrAT genome databaseやRatMapで，Otsuka markerはGENOME RESOURCES for RATで検索し，系統間多型，染色体上の位置，マーカーの配列などの情報が入手できる．RatシリーズのマーカーはMapPairs（Invitrogen社）として購入可能であるが，業者に合成を依頼した方が割安である．

3 cDNA情報

cDNAに関しては，マウスの完全長cDNAライブラリーのようなものはない．しかし，ラットとマウスとでは，タンパク質翻訳領域のみならず，非翻訳領域でも，cDNAの塩基配列の相同性が高いことが多く，マウスの情報を流用して設計したプライマーでPCRが可能なことも多い．

4 cDNAマイクロアレイ

ラットcDNAマイクロアレイは，Affymetrix社，Amersham Biosciences社，Agilent社，BD Clontech社などから商業的に入手可能である．ヒト・マウスに比べて，最新型のアレイのリリースが遅れていたが，最近では1枚あたり31,000プローブのアレイ（Affymetrix Rat Genome 230 2.0 Array）も発売されている．スポットされているEST（expressed sequence tag）については，ゲノムプロジェクトの進展に伴い，染色体上の位置やホモログが容易にわかるようになってきた．

cDNAマイクロアレイの活用例として，同じ組織型を示す乳癌でも，異なる発癌物質により誘発された場合，それぞれに応じた発現プロファイルが存在することが判明している[4]．

ⅲ) ラットリソース

ゲノム解析のもととなるモデルラットおよびその情報はブリーダー，維持機関の他に，NBRPなどから入手可能である（表1）．一方，ラットを用いたリバースジェネティクスによる遺伝子機能解析，および新しいモデル動物の作出に関しては，現時点ではマウスに比べて制限がある．しかし，現在多くの取り組みがなされており，制限の大部分は近い将来解消されると予

表1　ラットのゲノム解析に役立つホームページ一覧

名称	アドレス	特徴
ゲノムリソース		
Taxonomy Browser	http://www.ncbi.nlm.nih.gov/Taxonomy/Browser/wwwtax.cgi?id=10116	ラットゲノム情報がまとめられている
Blast the Rat Genome	http://www.ncbi.nlm.nih.gov/genome/seq/RnBlast.html	ラットゲノム配列のホモロジー検索
Entrez Gene	http://www.ncbi.nlm.nih.gov:80/entrez/query.fcgi?db=gene	遺伝子別の情報データベース,旧LocusLink
UniGene（Rattus norvegicus）	http://www.ncbi.nlm.nih.gov/UniGene/UGOrg.cgi?TAXID=10116	UniGeneのラット版
LocusLink	http://www.ncbi.nlm.nih.gov/LocusLink/	遺伝子別の情報データベース,わかりやすいがEntrez Geneにリプレースされる予定
OMIM	http://www.ncbi.nlm.nih.gov/entrez/query.fcgi?db=OMIM	ヒト遺伝病の非常に充実したデータベース.候補遺伝子の検索に用いる
Rat Genome Resources	http://www.ncbi.nlm.nih.gov/genome/guide/rat/	NCBIのラットゲノムリソースのリンク集
Rat Genome Project	http://www.hgsc.bcm.tmc.edu/projects/rat/	ラット全塩基配列決定プロジェクトのホームページ
Ensembl Rat Genome Server	http://www.ensembl.org/Rattus_norvegicus/	ラット全塩基配列決定プロジェクトのSanger Institute版ホームページ
Genetic Maps of the Rat Genome（MIT）	http://www.broad.mit.edu/rat/public/	ラット全塩基配列決定プロジェクトのBaylor College版ホームページ
Rat Genome Database	http://rgd.mcw.edu/	充実したマーカー,マップ情報.米国のJacobsらのグループから産出される情報を統合している
RatMap（Sweden）	http://ratmap.gen.gu.se/	充実したマーカー,マップ情報.ラットの核型分析に関してノウハウがあるヨーテボリ大学のサイト
GENOME RESOURCES for RAT（大塚製薬・東大医科研）	http://ratmap.hgc.jp/menu/Genome.html	ラット-マウス-ヒトのみやすい比較地図.Otsuka markerの情報.RH mapping serviceもある
BACPAC Resources Center	http://bacpac.chori.org/	ラットのBAC, PACの情報,入手
Radiation Hybrid Database	http://corba.ebi.ac.uk/RHdb/stats/RAT/rhdb_stat.html	radiation hybridの情報
ResGen products（Invitrogen）	http://mp.invitrogen.com/	MapPairs Microsatellite Markersやcloneの販売
ARB Rat Genetic Database index page	http://www.niams.nih.gov/rtbc/ratgbase/	さまざまなQTLを図示,マーカー情報
Rat-genome（国立がんセンター）	http://www.ncc.go.jp/research/rat-genome/	多数個体の解析で効率的なAP-RDAマーカーの情報
Rat-Est Project（Iowa）	http://ratest.uiowa.edu/	ESTのシーケンシング
ラットリソース		
Inbred Strains of Mice and Rats	http://www.informatics.jax.org/external/festing/search_form.cgi	ラット（200系統以上）,マウス（400系統以上）純系の紹介
NBRP	http://www.anim.med.kyoto-u.ac.jp/nbr/	京都大学を中心としたナショナルバイオリソースプロジェクト「ラット」.さまざまなモデルラットの詳細が記載されており,さまざまな検索が可能.系統保存の委託,分与も行っている.有用性が高い
ANEX（徳島大学）	http://www.anex.med.tokushima-u.ac.jp/index.shtml	マイクロサテライトマーカーの多型情報を含んだ系統情報
Experimental Animal Database	http://shigen.lab.nig.ac.jp/animal/animal1.html	市販のラット系統と供給業者の検索（日本）が可能な遺伝研のサイト
Charles River Laboratories	http://www.criver.com/	ラットの販売,カタログが充実している
CLEA Japan,Inc.	http://www.clea-japan.com/	ラットの販売
株式会社ワイエス研究所	http://www.ystg.co.jp/	トランスジェニック動物の作製
株式会社アーク・リソース	http://www.ark-resource.co.jp/	ラット精子の凍結保存（試験的）

想される．

1 近交系，ミュータント

ラットでは，近交系（兄妹交配を20代以上行って維持されてきたもので，すべての遺伝子座が基本的にホモとなっている）が，マウスの約半数の200種以上存在している．これらは，自然発症疾患あるいは薬物で誘発する疾患に対する感受性が異なり，QTLsの研究に活用されている．インスリン抵抗性や関節炎の重症度を規定する遺伝子はラットを用いて同定されている[5)6)]．

発癌感受性に関与する遺伝子についても多くの研究がある．自然発症疾患モデルラットの詳しい内容，維持機関については文献1にまとめられている．市販のラットについては，experimental animal databaseでブリーダーを検索し，ブリーダーから情報を入手することができる．

ミュータントとして得られた疾患モデルラットや，戻し交配を重ねることにより染色体の1部のみを別の系統に置き換えたコンジェニックラットについては，特定の機関のみで維持されているものがほとんどである．これらについてはNBRPで，情報集積と委託収集が進められている．疾患名などで検索を行い，欲しいラットに関しては分与制度を利用して入手が可能である．

2 トランスジェニックラット

トランスジェニックラットに関しては，卵がもろい，排卵が安定しないなど，作製上の問題点があった．現在，一部の系統では克服されており，株式会社ワイエス研究所で商業的に利用可能である．ヒト正常型c-Ha-ras遺伝子トランスジェニックラット（Hras 128）などのように，トランスジェニックを利用した新たな疾患モデルの創出も行われている．

3 特定遺伝子のノックアウト

ラットでは，ES（embryonic stem）細胞の培養法が未確立であるため，ES細胞を用いたノックアウトラットの作製は，現時点では不可能である．この点が，ラットを遺伝子の機能解析に用いる際の大きな障害となっている．ただし，ES細胞を樹立する試みは，世界各地で行われており，いずれ，利用可能になると思われる．

体細胞核移植によるクローニングは，ES細胞を用いないで特定遺伝子を修飾するアプローチの1つである．ラットでも，最近，卵母細胞の自然活性化の制御が可能となり，核移植が成功した[7)]．現時点では直接共同研究を申し込むしかないが，将来的には商業的に利用可能になると考えられる．

4 ランダム mutagenesis

精子の凍結保存の技術を利用して，人工的に変異個体を作製し，ライブラリーとして保存することが，マウスでは大規模なプロジェクトとして行われてきた．ラットでも精子の凍結保存が最近可能となり，変異個体の保存も可能となった（アーク・リソース社，表1）．ラットでも，ENU（N-ethyl-N-nitrosourea）変異体を大量に作製し，特定遺伝子の異常をスクリーニングすることにより，ノックアウトラットが作製されるようになってきている[8)]．

iv）疾患モデルラットの解析事例・候補遺伝子からのアプローチ

本項では，興味ある形質から，その原因遺伝子に迫った事例として，白内障のモデルラットであるUPLラットの解析過程を紹介する[9)]．

1 連鎖解析

原　理

流れを図1Aに示した．ある形質を示すラット（A系統とする）と別系統のラット（B系統）の戻し交雑子［A×（A×B）など］もしくはF$_2$交雑子［（A×B）×（A×B）］を約100匹作製し，ゲノム全域をカバーするマーカーで，交雑子の遺伝子型を決定する．そして，交雑子の遺伝子型と表現型が最も強く相関する（連鎖する）遺伝マーカーを見つける．その遺伝マーカー近傍にこの表現型を支配する遺伝子があると考えられる．

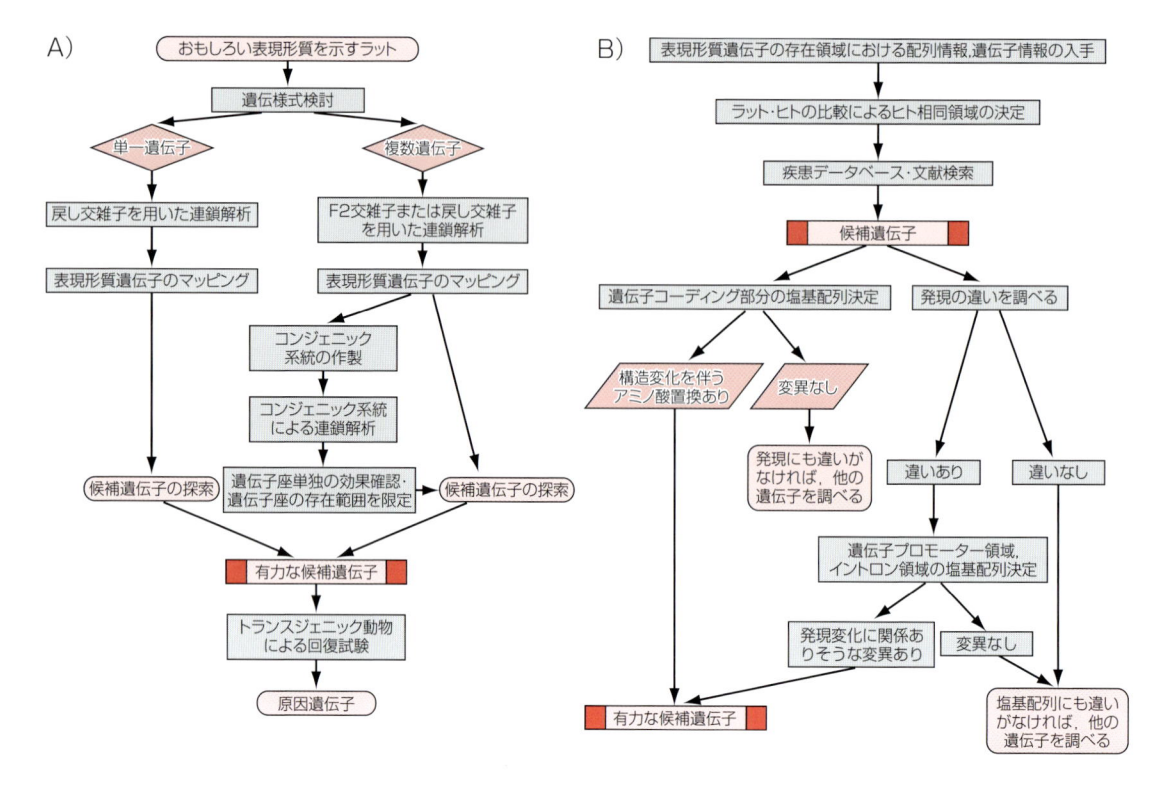

図1　おもしろい形質をもつラットへのアプローチ
A) 全体の流れ．B) 候補遺伝子の探索．詳細は本文を参照

準備するもの

- ラット飼育設備
  感染症などの事故や表現型への影響を防ぐため，微生物コントロールされているバリアシステムが望ましい．
- 表現型をしっかり評価できる環境
  表現型（形質）による．できるだけ人の恣意，感覚が介在しない測定システムが望ましい．
- ゲノムマーカー
  親系統間で多型があるマーカーをGENOMESCANNER（http://rgd.mcw.edu/GENOMESCANNER/）で検索する
  ①多型をアガロースゲルで識別するためには，差は8 bp以上必要である
  ②マーカーは全遺伝子をカバーできるように，間隔は20 cM以内になるように選ぶ．ラットの場合，最低100個程度のゲノムマーカーが必要となる．RatMapのLocus Query（http://ratmap.gen.gu.se/SearchLocus.html）あるいはGoogleなどの汎用検索エンジンでマーカー名を用いて検索すれば，マーカー（PCRプライマー）の配列が入手できるので，業者に合成を依頼する．

プロトコール

❶ 遺伝様式の確認を行う．形質を示さないラットと交配したとき，あるいは，同じ形質を示す産仔同士を交配したときの産仔の形質を示す率を調べて，メンデル遺伝に従うかどうかをまず確認する

❷ F_1〔(A×B) F_1〕系統を作製し，これを用いて戻し交雑子を作製する．ラットの個体識別は耳パンチなどで確実に行い，絶対に間違わないようにする

❸ 戻し交雑子の尾を3ミリ程度切断し，ゲノムDNAを抽出する

❹ ゲノムDNAをテンプレートにPCRを行い，4％のアガロースゲルを用いて電気泳動により遺伝型を決定する．10％ RediLoad（インビトロジェン社）を増幅の前に加えておくとPCR産物を直接ゲルにロードできるので簡便である

❺ 戻し交雑子の表現型を測定する．その後の解析に大きな支障となるので判定ミスや入力ミスが起きないよう気を付ける

❻ 表現型と遺伝型を表にまとめ，各マーカーごとに，表現型と遺伝型の2×2分割表を作る．カイ二乗検定によりP値を算出，最もP値の小さいマーカーを選択する．これは簡便法であり，linkage software list（http://www.nslij-genetics.org/soft/）に掲

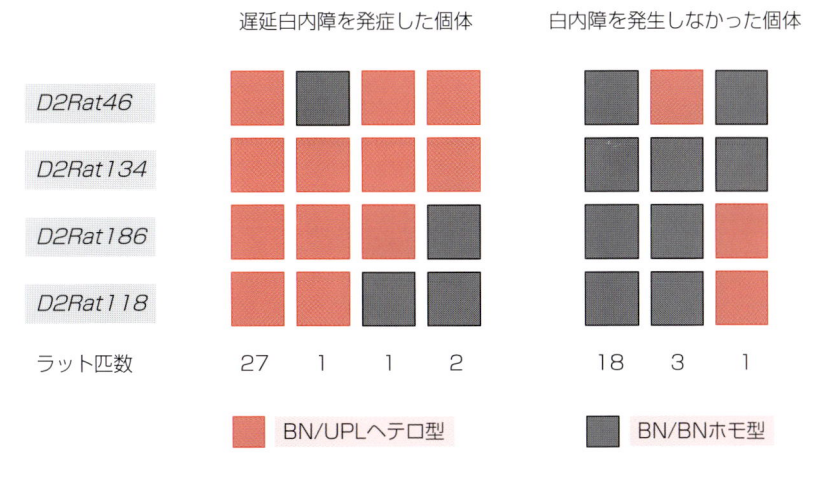

	遅延白内障を発症した個体				白内障を発生しなかった個体		
D2Rat46	赤	黒	赤	赤	黒	黒	赤
D2Rat134	赤	赤	赤	赤	黒	黒	黒
D2Rat186	赤	赤	赤	黒	黒	黒	赤
D2Rat118	赤	赤	黒	黒	黒	赤	赤
ラット匹数	27	1	1	2	18	3	1

■ BN/UPLヘテロ型　　■ BN/BNホモ型

図2　ラット染色体2番の遺伝マーカーとUPL白内障との連鎖
*D2Rat134*マーカーの遺伝子型と白内障有無の結果が一致したことから，白内障の原因遺伝子は*D2Rat46-D2Rat134-D2Rat186*領域であることがわかった

載されているソフトなど（例えばMapManager QTX：http://mapmgr.roswellpark.org/mmQTX .html）を用いて連鎖地図を作成するのが望ましい．
❼近傍のマーカーを検索，入手して同様に解析を行い，最終的に最もP値の小さいマーカーを選択する．そのマーカー近傍に表現型を支配する遺伝子が存在すると考えられる

実験例

UPLラットでは，突然変異ホモ個体は早期（開眼時）白内障を100％，ヘテロ個体は遅発型（生後7週以降）白内障を100％発症する．したがって，単一遺伝子による，不完全常染色体優性遺伝であることがわかっていた．そこで白内障を示さないBNラットを用いて戻し交雑子BN×（BN×UPL）F₁ 53匹を作製し，BNとUPLで多型を示すマーカー123個で遺伝子型の全ゲノム解析を行った．その結果，53匹のラット中すべてで*D2Rat134*マーカーの遺伝子型と白内障有無の結果が一致（P値最小）した．その近傍のマーカーでの遺伝子型の結果から，白内障の原因遺伝子は*D2Rat46-D2Rat134-D2Rat186*領域にあることがわかった（図2）．133匹のF₂交雑子を用いた実験でも同様の結果が得られた．

2 染色体座位から候補遺伝子へのアプローチ

原　理

連鎖解析により特定した原因遺伝子のラット染色体座位に存在する遺伝子をリストアップし，そのなかから原因遺伝子の候補を選び，変異を検索する（図1B）．ラットのように，ゲノム情報が完全ではない動物種では，データベース上にギャップがあることを認識し，ヒトやマウスのデータと比較しながら作業を進める[9]．

あるラット染色体領域が，どのヒト染色体領域に相当するかの解析には，比較地図を用いる．最近は，NCBIのThe Entrez Nucleotides databaseの検索ダイアログボックスにラット遺伝マーカー名を入力するだけで，マーカーを含む広大なsupercontigにヒットすることも多い．

実験例

①The Entrez Nucleotides databaseを用いて*D2Rat134*を検索するがヒットしなかった．そこで，その近傍の*D2Rat46*を検索するとsupercontig（NW_047626）にヒットした．*D2Rat186*はその隣のsupercontig（NW_047627）にヒットした．

②比較地図作成のため，supercontigの情報から，遺

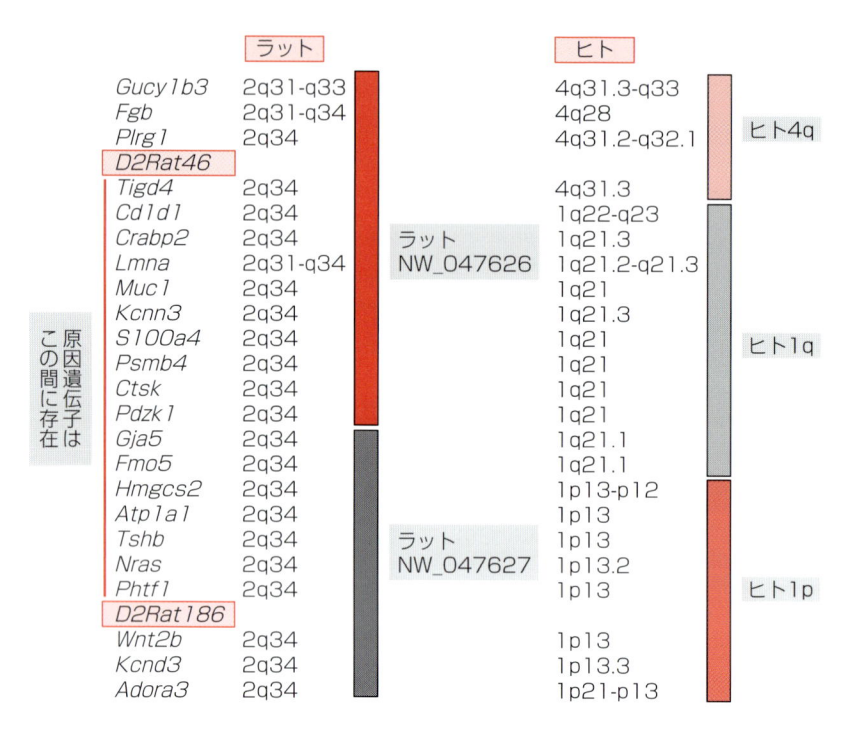

ラット			ヒト	
Gucy1b3	2q31-q33		4q31.3-q33	
Fgb	2q31-q34		4q28	
Plrg1	2q34		4q31.2-q32.1	ヒト4q
D2Rat46				
Tigd4	2q34		4q31.3	
Cd1d1	2q34		1q22-q23	
Crabp2	2q34	ラット NW_047626	1q21.3	
Lmna	2q31-q34		1q21.2-q21.3	
Muc1	2q34		1q21	
Kcnn3	2q34		1q21.3	
S100a4	2q34		1q21	
Psmb4	2q34		1q21	ヒト1q
Ctsk	2q34		1q21	
Pdzk1	2q34		1q21	
Gja5	2q34		1q21.1	
Fmo5	2q34		1q21.1	
Hmgcs2	2q34		1p13-p12	
Atp1a1	2q34		1p13	
Tshb	2q34	ラット NW_047627	1p13	
Nras	2q34		1p13.2	ヒト1p
Phtf1	2q34		1p13	
D2Rat186				
Wnt2b	2q34		1p13	
Kcnd3	2q34		1p13.3	
Adora3	2q34		1p21-p13	

（左欄に縦書き：原因遺伝子はこの間に存在）

図3　ラットとヒトの比較地図
UPLラット白内障原因遺伝子が存在するD2Rat46とD2Rat186を含むsupercontigを同定，そのうえのラット遺伝子を抽出した．抽出された遺伝子のヒト染色体上の位置を，LocusLinkで調べた．ラットの2個のsupercontig間のギャップは，50 kbpと小さかった

伝子名だけ取り出した[*1]．これら遺伝子の，ラットゲノムおよびヒトゲノムにおける位置をNCBIのLocus Linkで検索し，知りたいラットゲノム領域とヒトゲノム領域の対応を作成した．白内障原因遺伝子の場合，ヒト4q31か1q21か1p13に存在すると考えられた（図3）．

③候補遺伝子同定のため，相当するヒトゲノム領域名と疾患名によりNCBIのOMIM，PubMedなどを検索した．疾患名と遺伝子名で検索したり，疾患名のみならず症状などの表現型でも検索した．ヒト白内障に関係があることが知られている遺伝子としては，Gja8（コネキシン50）がヒットした．この遺伝子の変異は，ヒト家族性白内障の原因の1つとして知られ，ノックアウトマウスは白内障を生じることが知られている．

この方法で候補遺伝子が見つからない場合，a）コンジェニックラットを作製して存在範囲を狭め，その領域の全遺伝子について塩基配列を比較する，

b）疾患との関連が指摘されていない遺伝子でもその機能が関与しうるものは解析する，c）網羅的発現解析と組合せる，などの他の煩雑な手段をとる必要がある．

④候補遺伝子周辺のゲノム配列をNCBIのThe Entrez Nucleotides databaseから入手した．その際優先順位はラット，マウス，ヒトの順とした．ラットGja8の場合，近傍のゲノム領域は配列が決定されておらず，ギャップのままであった．そこで，マウスの配列を入手した[*2]．

⑤マウスゲノムの配列にもとづき作製したGja8遺伝子のプライマーを用いて，ラットゲノムDNAをPCRにより増幅した．マウスGja8はイントロンのない1,323 bpの遺伝子であり，3組のPCRで，ラットGja8のコーディングエクソンをすべて増幅できた．親系統ラットについて塩基配列を決定した．

⑥決定した塩基配列を系統間で比較し，多型の有無とその内容（コードするアミノ酸の違い）を検討した．UPLラットでは，340番目のアミノ酸をR→Wに置換する変異が存在した．この変異は，白内障を発症しなかったすべての個体，他の10種以上のラット系統では全く認められなかった．タンパク質の構造を大きく変えうるこの変異は，UPLラットの白内障の原因である可能性が高いと考えられた．

memo

＊1：supercontigから遺伝子情報だけ抜き出す方法
NCBI sequence viewerではGenBank formatでは多様な情報が1度に表示される．そのなかで，supercontigから必要な情報だけ抜き出すには，Excelの並べ替えを活用すると便利である．
① supercontigのwebページをtext形式で保存する
② Excelで開く
③ 1列挿入し，行番号をつける
④ 2列目順列で並べ替え，/gene=で始まる行以外を消去する
⑤ 1列目順列（行番号）で並べ替え，もとのテキストから，/gene=で始まる行のみ取り出したtextを作成する
これを利用すると，マーカー間の既知の遺伝子名やその個数といった情報を，比較的簡単に手に入れることができる

＊2：遺伝子近傍のゲノム配列を入手する方法
① NCBI（http://www.ncbi.nlm.nih.gov/）のNucleotideを用いて，遺伝子名で検索すると，さまざまな生物種のcomplete cdsかgenomic contigがヒットする
② 欲しい生物種のgenomic contigへのリンクをクリックすると，genomic contigの配列やそのなかの遺伝子の情報が表示される
③ ブラウザの検索機能を用いて，遺伝子名で検索する．その遺伝子のmRNAがそのgenomic contigの何塩基目から始まっているのかわかるので，その数字をメモしておく
④ 一番上までスクロールし，"Get Subsequence"ボタンを押す．必要な範囲の数字を入力し，"Set Range"ボタンを押す．その範囲のみの情報が表示される
⑤ GenBank形式で"send to"ボタンをクリックすると，その情報のファイルがダウンロードされる．市販の遺伝子解析ソフトで読み込むことができる

その後の展開

最終的には，正常型 *Gja8* のトランスジーンを導入し，白内障発症が抑えられることを確認する（レスキュー実験）ことによって，責任遺伝子と確定できるので，これを行うことが今後の課題と考えている．

UPLラットが白内障モデル動物としてユニークな点は，原因座位である *Gja8* 領域がヘテロの場合でも，他の座位の影響により白内障の発症時期が遅れることである．白内障発症時期を量的表現形質として連鎖解析を行い，発症遅延に関与する遺伝子座をラット染色体5番に同定した．この白内障発症遅延の原因遺伝子は白内障発症過程の修飾因子（modifier）と考えられ，その同定はヒト白内障の予防に役立つ可能性がある．

しかし，現在のところ，白内障の遅延を直接説明できる候補遺伝子は見つかっていない．よって，今後の展開としてコンジェニックラットの作製により遺伝子座の領域を徐々に狭めていくこと，UPLラットとBNラットの水晶体での遺伝子発現をマイクロアレイにより網羅的に検索し，この領域に存在するものを絞り込むこと，を考えている．

おわりに

ゲノム解析自体が珍しくなくなった現在，ラットのゲノム解析による結果のおもしろさは，結局はそのラットの表現型のおもしろさにかかっているといえる．興味深い疾患モデルの解析を丁寧に積み重ねていくのが大切と感じている．今後，ラットの生理学上の知見とゲノム情報・発生工学技術とがより進歩・融合することにより，疾患の本態解明や新たな診断・治療の開発につながることを期待している．

参考文献

1) 松本耕三（資料）：Molecular Medicine別冊「自然発症疾患モデル動物」（森脇和郎，樋野興夫／編），pp181-194，中山書店，1999
2) Ewart-Toland, A. et al.：Nature Genet., 34：403-412, 2003
3) Gibbs, R. A. et al.：Nature, 428：493-521, 2004
4) Kuramoto, T. et al.：Cancer Res., 62：3592-3597, 2002
5) Aitman, T. J. et al.：Nature Genet., 21：76-83, 1999
6) Olofsson, P. et al.：Nature Genet., 33：25-32, 2003
7) Zhou, Q. et al.：Science, 302：1179, 2003
8) Zan, Y. et al.：Nature Biotechnol., 21：645-651, 2003
9) Yamashita, S. et al.：Invest Ophthalmol Vis Sci., 43：3153-3159, 2002

第5章 モデル生物を利用した遺伝子機能解析

8. 比較ゲノムインフォマティクス

谷嶋成樹　田中利男

多くのモデル生物のゲノムシークエンスを基盤に，本格的比較ゲノミクスや比較ゲノムインフォマティクスが構築されている．その結果，次の大きなゴールが期待されている．①ゲノムワイドな分子進化機構に関する解明．②ヒトの臨床機能ゲノミクスに対する外挿性（代替性）の確立．③感染症などにおける異種ゲノム間の相互作用解析．さらに，比較ゲノミクス／インフォマティクスにおいても，シークエンスから機能解析へのシフトが認められる．

比較ゲノムデータベース

マウスやラットなどのモデル生物は，優れた研究成果や実験用ライブラリーなどのバイオバンクが蓄積されており，遺伝子ノックアウトなどヒトでは不可能な解析手法が適用できることから，分子機能の解明においてきわめて強力な武器となっている．ゲノム配列から得られる情報を上手に生かすことでモデル生物を用いた実験を効率的に進めることができるようになった．

モデル生物活用のためには，ヒトとの相同遺伝子を同定する必要がある．例えば代表的な相同遺伝子データベースであるNCBI HomoloGene（図1）を利用することにより，相同遺伝子を簡単に探し出すことが出来る．

NCBI HomoloGene（http://www.ncbi.nlm.nih.gov/HomoloGene/）はUniGeneクラスタの核酸配列レベルでの比較で予測されたオーソログ遺伝子をデータベース化したものである．NCBI HomoloGeneでは，基準となる生物種（図2の例ではヒト）に対して2つの生物種（図2の例ではマウスとラット）を選択し，それぞれのオーソログ遺伝子のblastpスコア分布が表示される．スコア分布図から遺伝子を示すシンボルを選ぶことにより，予測された相同遺伝子ペアが得られる．図2の例では，非常に簡単な操作で，ヒトとマウスおよびヒトとラットの間で等しく相同性の高いオーソログペアとしてReelin遺伝子を取り出すことができた．

相同遺伝子データベースの作成方法

モデル生物をより効率的に活用するには，ヒトとモデル生物間の相同遺伝子を事前に網羅的に解析しておくことが望ましい．最近では，研究テーマに応じてさまざまなモデル生物を使い分けることが多くなっている．例えば，初期胚発生における器官形成や再生のモデルとして胚が透明であり発生速度が速いゼブラフィッシュなどの小型魚類の利用頻度が高まっている．このような新しいモデル生物を利用するためには，ヒトと複数のモデル生物のオーソログ遺伝子を抽出し，簡単に閲覧できる相同遺伝子データベースが必須である（図3）．

相同遺伝子データベースを作成する最も簡単な方法は，比較する生物種の遺伝子群同士の配列類似性をblastで解析し，ホモロジースコアにもとづいて以下に示すようにオーソログ（orthologous）およびパラ

Shigeki Tanishima [1] / Toshio Tanaka [2] [3] : Bioinformatics Dept. Kansai Division, MITSUBISHI SPACE SOFTWARE Co., LTD. [1] / Department of Molecular and Cellular Pharmacology and Pharmacogenomics, Mie University School of Medicine [2] / Department of Bioinformatics, Mie University Life Science Research Center（三菱スペースソフトウエア株式会社 [1] / 三重大学医学部薬理学 [2] / 三重大学生命科学研究支援センター・バイオインフォマティクス部門 [3]）

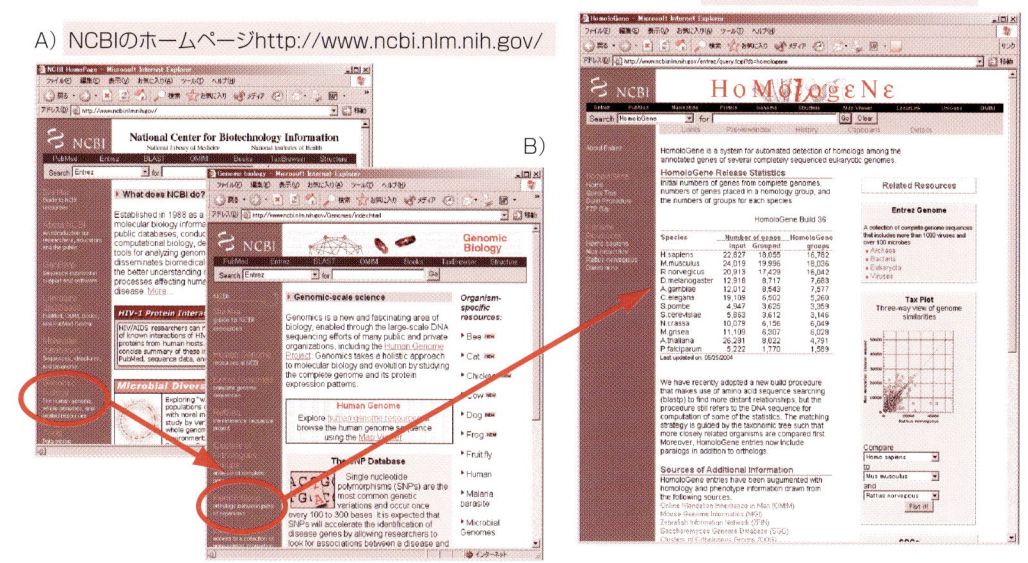

図1　NCBIが運営する相同遺伝子データベースHomoloGene
A) Genomic biologyをクリック，B) HomoloGeneをクリック，C) ヒト，マウス，ラットなど合計12生物種の相同遺伝子を抽出することができる．→巻頭カラー16参照

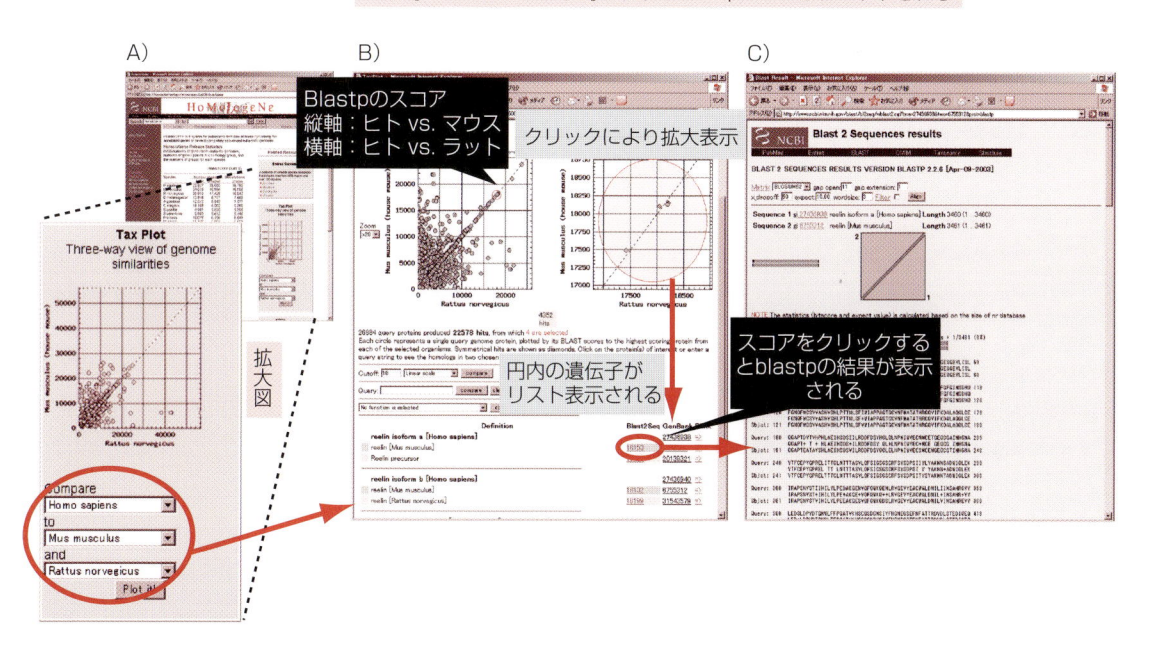

図2　HomoloGeneによる相同遺伝子の抽出例
A) ヒトに対してマウスとラットを比較する，B) マウスおよびラットに等しく相同性の高い遺伝子を探すことができる．この例では，Reelin遺伝子が抽出された，C) ヒトとマウスのReelin遺伝子配列のアライメント表示．アミノ酸配列はゲノム配列から予測されたものが使用される．→巻頭カラー17参照

5章8．比較ゲノムインフォマティクス

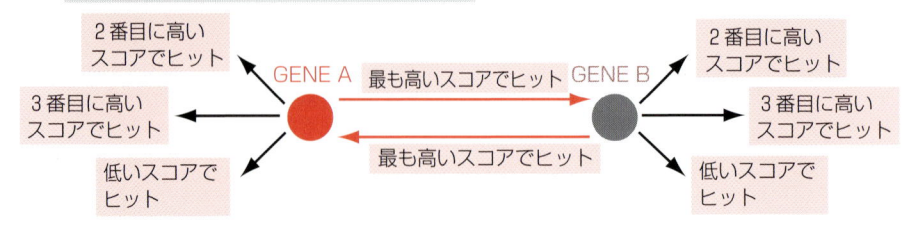

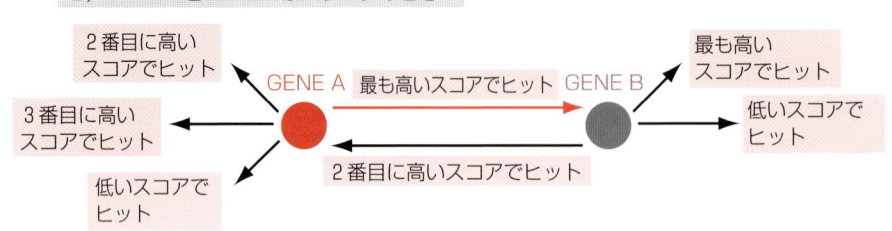

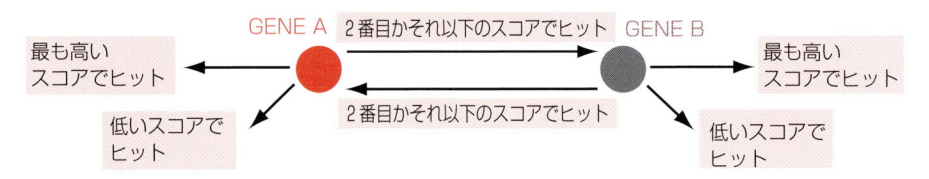

図3 オーソログ遺伝子を予測する方法

異なる生物種の全遺伝子間の相同性スコアにもとづきオーソログ・パラログを分類する．上図に示す例では，A) ヒトGENE Aとマウス GENE Bが相互に最も高いスコアでヒットした場合，遺伝子AとBはorthologousな遺伝子と予測される．B) ヒトGENE Aとマウス GENE Bのどちらか一方向のスコアが最も高く，かつ，逆方向の相同性も有意な場合，遺伝子AとBはparalogousと予測される．C) 上記A) およびB) 以外で有意な相同性が検出された場合は，homologous(単なる配列の類似性)とする

ログ（paralogous）に分類する方法である．

分類法

❶計算機を準備する（推奨スペック）
  CPU：Intel Xeon 2.4 GHz Dual 以上
  メモリ：1 GB 以上
  HDD：40 GB 以上
  OS：Linux （RedHat Linux8 など）

❷BLAST プログラムをインストールする
  NCBI の FTP サイト（ftp://ftp.ncbi.nlm.nih.gov/blast/executables/LATEST-BLAST）から BLAST プログラム実行モジュール netblast-*.*.*-ia32-linux.tar.gz をダウンロードし，blast.txt および formatdb.txt の記述に従いモジュールをインストールする

❸NCBI の FTP サイト（ftp://ftp.ncbi.nlm.nih.gov/blast/db/FASTA/）から fasta フォーマットへ変換済みのファイル(swissprot.gz)をダウンロードするのがよい

  ダウンロードしたファイルは gzunzip コマンドより解凍し，swissprot.fa というファイル名で保存しておく

  最新のデータベースを入手したい場合は ExPASy（http://www.expasy.org/）の FTP サイトから行う

❹formatdb コマンドを使用して，swissprot.fa から BLAST データベースを生成する．formatdb.txt を参照のこと

❺blastall を使用して，formatdb で生成した BLAST データベースに対して swissprot.fa をクエリとして blastp を実行する（処理が終了するまで数週間以上

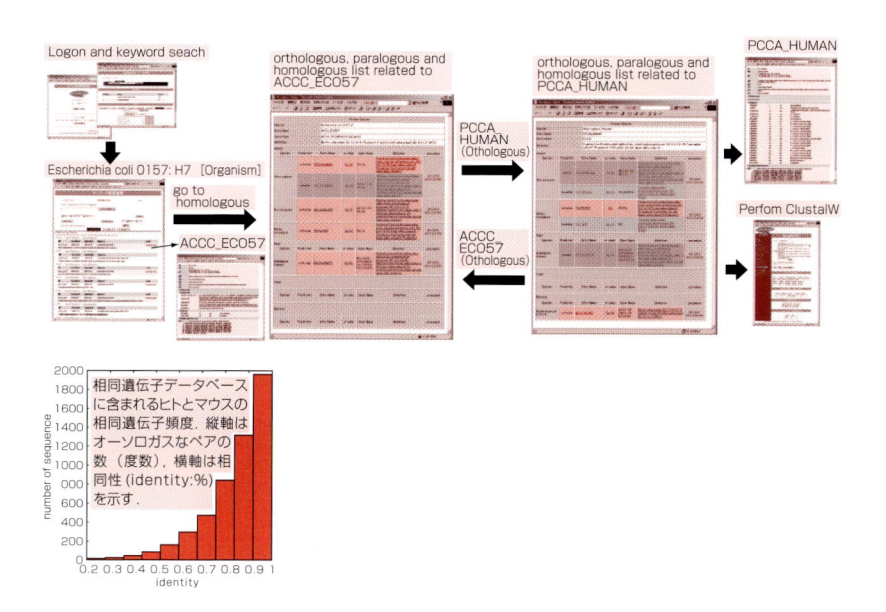

5 モデル生物を利用した遺伝子機能解析

■SWISS-PROT Rel.41に含まれる30,382エントリーからの相同遺伝子の固定

Table 1. Orthologous-like, paralogous-like, homologous pairs

		Escherichia coli O157:H7	Saccharomyces cereviseae	Homo sapiens	Mus musculus	Rattus norvegicus	Danio rerio	Takifugu rubripes	Caenorhabditis elegans	Drosophila melanogaster	Arabidopsis thaliana	Oryza sativa
Escherichia coli O157:H7	ortholog paralog homolog	 66 66										
Saccharomyces cereviside	ortholog paralog homolog	140 72 222	 5,669 5,669									
Homo sapiens	ortholog paralog homolog	116 94 224	2,226 2,706 13,188	 105,444 105,444								
Mus musculus	ortholog paralog homolog	88 56 156	1,524 1,776 7,794	10,458 5,626 119,748	 39,863 39,863							
Rattus norvegicus	ortholog paralog homolog	66 38 112	898 1,356 5,336	5,634 5,712 68,732	4,790 3,852 47,590	 18,862 18,862						
Danio rerio	ortholog paralog homolog	2 0 2	54 110 180	372 1,572 4,110	358 1,280 3,602	252 794 1,914	 436 436					
Takifugu rubripes	ortholog paralog homolog	0 0 0	34 48 138	100 420 1,164	88 342 878	58 216 620	10 38 62	 94 94				
Caenorthabditis elegans	ortholog paralog homolog	66 32 100	1,068 930 3,246	1,870 3,636 11,316	1,422 2,502 7,864	864 1,780 5,864	134 212 518	32 66 162	 3,532 3,532			
Drosophila melanogaster	ortholog paralog homolog	40 4 44	862 946 3,582	1,866 4,152 20,086	1,488 2,824 14,986	908 1,958 13,470	158 356 756	40 56 268	952 870 4,580	 9,827 9,827		
Arabidopsis thaliana	ortholog paralog homolog	94 56 158	9,8 1,578 5,342	1,108 2,396 16,374	800 1,648 11,470	526 1,256 11,264	56 206 348	14 42 168	634 982 4,152	624 1,168 13,472	 17,611 17,611	
Oryza sativa	ortholog paralog homolog	18 6 28	278 370 1,060	304 826 2,276	244 504 1,434	178 328 928	36 16 56	6 20 68	224 224 774	218 238 858	542 876 2,432	 490 490
total number of query entries		379	4,892	9,172	6,000	3,226	238	60	2,291	1,763	1,952	409

total : 30,382 entries.

ホモログ遺伝子はNeedleman-Wunschアルゴリズムにより相同性をもつとされたオーソログ遺伝子, パラログ遺伝子など, 他の遺伝子を含んでいる

図4 **相同遺伝子データベースの構築例（BioINTEGRA 相同遺伝子データベース）**
　使用したデータベースSwissProt Release41に含まれるタンパク質のエントリー数は, ヒトが9,172配列, マウスが6,000配列であった. この内, オーソロガスであると予測された配列は5,229組あり, マウスの87%のタンパク質がヒトタンパク質とオーソロガな関係にある, という結果が得られた. またオーソロガスなペアのアラインメントは, その約99.7%が30%以上の相同性をもっており, 信頼性のある結果であることが示唆される. また, SwissProtは高いレベルのアノテーションが付加されているデータベースであり, その情報を用いて結果を検証した. オーソロガスペアの内, ヒトとマウスでそれぞれ同一の遺伝子名が付加されているペアは5,031組あり, 全オーソロガスペアの96%にのぼる. ただし, この遺伝子名称とアミノ酸配列は1：1の関係ではなく, 1つの遺伝子名称が複数のアミノ酸配列に付加されている場合が多く存在する. このような遺伝子は, サブタイプ間で共通に使われているものがほとんどで, 相同遺伝子データベースによりヒトとマウス間で1：1の関係を確立することができた. 遺伝子名が異なる残りの198組には, ヒトとマウス間でもっているサブタイプが異なるもの, ヒトとマウス間で遺伝子名の付け方が異なるものが含まれていた. 例えば, ヒト白血球抗原（Human Leukocyte Antigen：HLA）は, ヒトにのみ付けられている遺伝子名称であり, ヒト以外の動物の場合はHistocompatibility Antigens（組織適合性抗原）と呼ばれている. 相同遺伝子データベースでは, このように遺伝子名は異なるが機能が同じ遺伝子ペアについても, そのアミノ酸配列の相同性によりオーソロガスペアと予測している. →巻頭カラー 18 参照

5章8. 比較ゲノムインフォマティクス

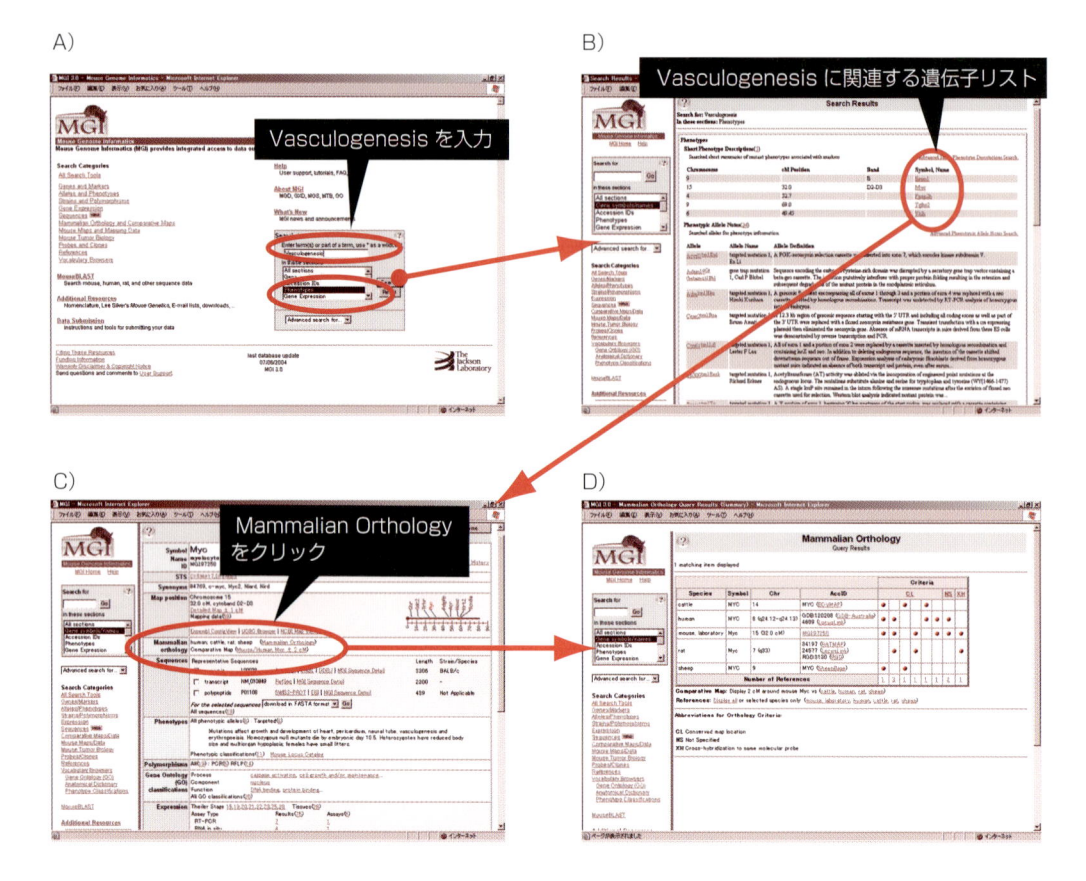

図5 表現型からオーソログ遺伝子を探す
MGIのホームページ　http://www.informatics.jax.org/，A）血管発生（Vasculogenesis）に関係する表現型を検索する，B）遺伝子（マーカー）と表現型がリストアップされる，C）遺伝子の詳細画面．染色体マップ，表現型などに関する詳細な情報が表示される．哺乳類のオーソログ遺伝子へのリンク有り，D）他の哺乳類のオーソログ遺伝子が得られる．この例では，ヒト，ウシ，マウス，ラット，ヒツジの遺伝子がリストアップされている．→巻頭カラー⑲参照

かかる場合がある）
❻ BLASTの結果よりperlプログラムを使用して図3の分類を行う
　Perlプログラムの詳細に関しては本書の範囲を超えるのでここでは記載しない．Perlプログラムによる BLAST結果の処理方法に関しては，参考図書1および2を参照してほしい
❼ 上記と同様にperlプログラムを用いて，オーソログペアをリスト化する
　結果をMySQLなどのリレーショナルデータベースに格納しておけば，非常に便利に検索が行える

　ここで示した手順で結果を得るまでに，プログラムの手直しなどの期間を含めて2カ月程度の期間をみて

おくとよい．

　図4はオーソログデータベース作成の実例である．この実例では，相同性解析にNeedleman-Wunschアルゴリズムによるグローバルアライメントを使用してオーソログ判定精度を向上させている．BLASTアルゴリズムは検出感度では十分な実用性をもっているが，得られる相同性の順位は，しばしば誤りを含んでいる（Liisa et al., 2001）．BLASTの結果は局所的なアライメントごとに得られるため，大域的により相同性の高い配列が検出されないという欠点がある．そのため，オーソログ遺伝子判定に高い精度が要求される場合は，BLASTプログラムと他のアルゴリズムを組合せるというアプローチ（Wall et al., 2003）や図4の例で示

すNeedleman-Wunschアルゴリズムが用いられる．

表現型からモデル生物の遺伝子を探す

モデル生物の遺伝子を探す場合，表現型をキーワードにしてヒトとモデル生物のオーソログ遺伝子を検索できれば非常に効率的である．MGI（mouse genome informatics）サイトでは，マウスの表現型をキーワードとして，ヒトや他の哺乳類のオーソログ遺伝子を検索することができる．図5に示す例では，血管発生（vasculogenesis）に関連するマウスの遺伝子Esam1，Myc，Ppap2b，Tgfbr2およびVhlhを簡単に検索できる．さらにそれら遺伝子のオーソログもデータベース化されている．例では，Mycのオーソログ遺伝子を簡単に検索できることが示されている．

参考文献

1) James, T.：「バイオインフォマティクスのためのPerl入門」（水島洋／監修，訳），pp307-336，オライリー・ジャパン，2002
2) Cyntbia, G. 他：「実践バイオインフォマティクス」（水島洋／監修，訳），オライリー・ジャパン，2002
3) Denis, C. : Nature, 426 : 750-751, 2003
4) http://www.ncbi.nih.gov
5) Liisa, B. et al. : J. Mol. Evol., 52 : 540-542, 2001
6) Wall, D. P. et al. : Bioinformatics, 19 : 1710-1711, 2003
7) www.expasy.org
8) Mouse Genome Sequencing Consortium : Nature, 420 : 520-562, 2002
9) http://www.informatics.jax.org/

第6章 疾患ゲノミクスと集団遺伝学

1. 癌ゲノミクス

佐々木 博己　西垣 美智子　大幸 宏幸　青柳 一彦

> 癌のゲノム網羅的解析を行う場合，微量の細胞DNA・RNAを増幅する信頼性の高い技術の開発が切望されていた．われわれが開発したDNAの増幅法（PRSG）は，末梢血およびパラフィン包埋組織切片からLCM（laser captured-microdissection）によって分離した約1,000個の癌細胞のDNA（10 ng）から数100μgまで増幅することが可能である[1]．増幅したDNAはあらゆる構造解析（塩基配列，マイクロサテライトの多型，LOH，遺伝子増幅・欠失）に使える．同様に，微量RNA（1〜10 ng）を増幅する方法（TALPAT）は，各遺伝子のもとの発現量をよく保って増幅することができ，100〜1,000細胞のマイクロアレイ解析を可能にする[2〜4]．各方法のプロトコールは既刊の単行本を参照していただきたい[5〜7]．

LCMを網羅的遺伝子発現・構造異常の解析に適用する方法と，そのマイクロアレイ解析による癌研究への適用

はじめに

癌は，成体幹細胞の遺伝子異常の蓄積とエピジェネティックな変化によって，発生・進展すると考えられている．ウイルスや細菌による発癌も，例外ではないと考えられる．遺伝子異常は癌遺伝子の活性化と癌抑制遺伝子の不活性化を起こし，DNAの異常メチル化はゲノム不安定性や癌抑制遺伝子の発現抑制を起こす（報告は少ないが癌関連遺伝子の異常発現も起こすらしい）．

遺伝子の構造異常を同定する場合，従来は，LOH解析，ゲノムDNAサブトラクション，RLGS法による二次元ゲノムDNAフィンガープリント，染色体CGH（comparative genomic hybridization）によって，癌で欠失・増幅する染色体領域を同定し，次にその領域に存在する候補遺伝子（ヒトゲノム解読前はこの段階で見落とされる遺伝子も多かった．落とさないようにするためには，該当するBACクローンDNAからのエキソン-トラップ法やcDNAセレクション法などの努力によって，遺伝子を分離することが必要であった）のコピー数や変異を解析する方法で行われていた．

一方，遺伝子の発現異常を同定する場合，従来は，ディファレンシャルハイブリダイゼーション法，cDNAサブトラクション法とその変法であるRDA法，DD（ディファレンシャルディスプレイ）とその変法であるAP-PCR法，SAGE法で解析されてきた．しかし，これらの方法はいずれも，多検体解析には不向きであり，SAGEを除けば，とてもゲノム網羅的とはいえない解析手法であった．どちらの場合も，最近5年間に，急速に普及したマイクロアレイ技術によって，多検体をゲノムワイドまたはゲノム網羅的に解析が可能になった．ただし，癌細胞DNAの異常メチル化を同定する場合は，ヒト癌細胞株にメチル化阻害剤と脱アセチル化阻害剤を処理後，マイクロアレイ解析によって，reactivationされる遺伝子を候補遺伝子として分離する方法も行われている．しかし，候補遺伝子プロモーター近傍のメチル化の状態を調べる網羅的な方法はなく，HapⅡ/MspⅠによるサザンブロットやバイ

Hiroki Sasaki / Michiko Nishigaki / Hiroyuki Daiko / Kazuhiko Aoyagi : Genetics Division, National Cancer Center Research Institute（国立がんセンター研究所腫瘍ゲノム解析・情報研究部）

サルファイト（bisulfite）処理したDNAの塩基配列の解析を候補遺伝子ごとに行う必要がある．

一方，直接ゲノムDNAのメチル化の程度の違いを網羅的に捉える方法として，MCA（methylated CpG island amplification）法やMS-RDA（methylation-sensitive representational difference analysis）法のようなゲノムDNAサブトラクションおよびRLGS法のようなゲノムフィンガープリントが用いられてきた．しかし，これらの方法で同定されるゲノム断片のメチル化変動が，直接近傍の遺伝子発現に結びつくものではない．このように異常メチル化のゲノム網羅的解析は，現在でも手間がかかる．

疾患解明のためのストラテジー

1 均一微小細胞のマイクロアレイ解析

成体幹細胞の遺伝子異常の蓄積とエピジェネティックな変化によって発生・進展した癌組織の細胞構成は複雑である．これは癌細胞が癌間質との相互作用で生存することや，宿主免疫応答の結果と考えられる．主な構成は，癌細胞，繊維芽細胞，腫瘍血管・リンパ管，浸潤した各種炎症性リンパ球，および細菌（特に消化器癌）である．スキルス胃癌など，間質の多い癌では癌細胞の割合が10〜20％であることもしばしばである．

また原発層の表層，中心部，浸潤先端部さらには転移層の癌細胞の特徴は，一律ではない．したがって，癌組織まるごと解析するだけでなく，LCMによって部位ごとの癌細胞や間質を分離して発現解析を行うことは重要な研究である．

さらにLCMによって分離した成体上皮の幹細胞や前駆細胞の発現プロファイルと，癌細胞の発現プロファイルの比較は，癌細胞に固有および特徴的増殖シグナル伝達系の解明に役立ち，創薬に向けた分子標的の同定に多大な貢献をするものと期待される．LCMによって分離した細胞RNAの増幅は，TALPATによって行い，マイクロアレイ解析に用いる．この一連のストラテジーは，LCM-TALPAT-マイクロアレイの流れで行う．

2 LCMによって分離した癌細胞のアレイCGH解析と変異解析

上述のように，癌組織は多くの細胞の集まりである．したがって，パラフィン包埋組織切片から癌細胞のみを分離し，アレイCGHや変異解析をすることによって，高い感度の解析が可能となる．LCMによって分離した1,000〜2,000個の癌細胞DNA（10〜20 ng）を，われわれが開発したPRSG法で増幅後，アレイCGH解析と変異解析を行うことができる．増幅したDNAは，多くの遺伝子の構造解析を可能にするのみならず，半永久ストックとして，次世代の解析のために保存できる．この一連のストラテジーは，LCM-PRSG-アレイCGH-変異解析である．

研究・実験例

1 均一微小細胞のマイクロアレイ解析

20世紀の最後の20年間に，癌は複数の癌遺伝子や癌抑制遺伝子が特異的に構造・発現異常（メチル化の変動を含め）を起こし，しかもその異常は多段階過程のなかで集積するという基本的考えが確立した．今後，癌研究において網羅的な遺伝子発現の把握や遺伝子多型の大規模な解析が進めば，より個人の体質にあった良質で効率のよい医療が可能になることが期待される．

遺伝子発現解析においてはマイクロアレイ技術が遺伝子発現のゲノムワイドな解析，遺伝子のコピー数の変動に役立つことが示された．同時にマイクロアレイ解析のための，RNAの増幅法や蛍光ラベル法の開発が行われた．特に，T7RNAポリメラーゼを使ったRNAの増幅法はcDNAアレイやAffymetrix社のオリゴヌクレオチドアレイの解析に適用されている．

しかし，この方法では乳癌や大腸癌のなかでも癌細胞が密な部分をLCMで分離したサンプルに適用するのが限界であり，数千個以上の細胞が必要である．スキルス胃癌に代表されるように，間質との相互作用で増殖するタイプの癌も多く，より少ない癌細胞（数100個）でもマイクロアレイ解析ができる微量RNAの増幅方法の開発が待たれていた．

本項では100個の細胞でも解析できることを目標に開発した新しいmRNAの増幅法であるTALPAT（T7RNApolymerase promoter-attached adaptor liga-

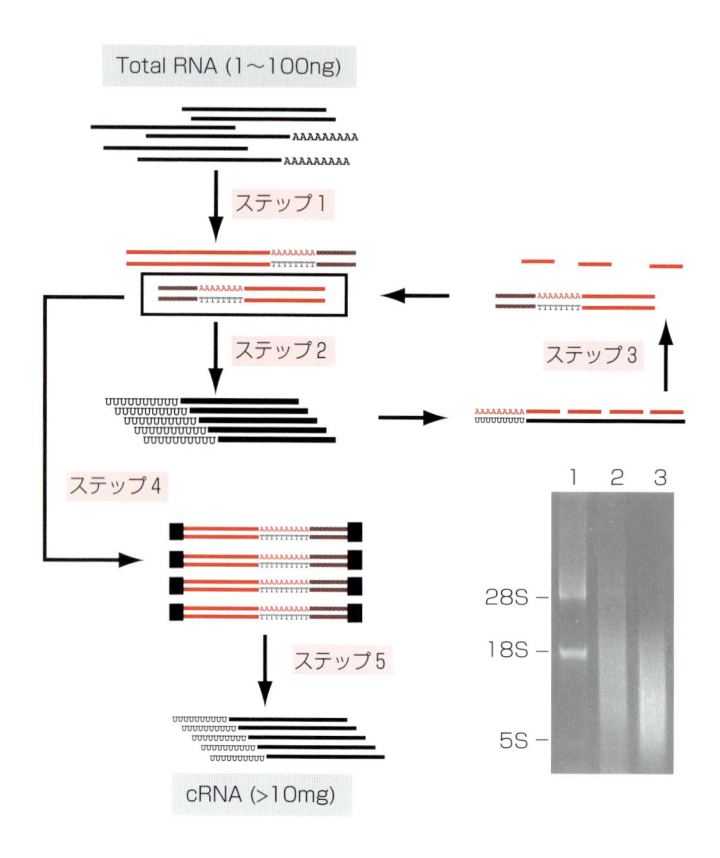

図1　TALPAT法の概略図と得られるcRNAのサイズ分布

TALPATは，ステップ1～3でcDNA合成とT7transcription（1～2回）の後，さらにステップ4でアダプター付加PCRを行う方法である．このcDNA（100μg）を通常のRT-PCRの鋳型（1st strand cDNA）として利用すると，1遺伝子1プライマーセット1回のPCRにつき10ng cDNAで十分なので，1万回のRT-PCRを行うことができる計算となる．実際に，100遺伝子に対して各4プライマーセットで100サンプルのPCRを行い，胃癌の術後再発予測に有効な遺伝子11種を同定している[3]．もちろん，最終ステップ5で蛍光標識を行えば，マイクロアレイ解析に使える．この場合の，鋳型は0.5～1μgなので，マイクロアレイ解析は100～200回可能である．ステップ2とステップ5で得られるcRNAのサイズに大きな変動はなかった（電気泳動図レーン2とレーン3）

tion-mediated PCR amplification followed by T7RNApolymerase reaction）法を紹介する．図1に方法の概略を示した．

まず約100個の生細胞から得られた微量RNA（1ng）の3′末端にT7RNAポリメラーゼのプロモーター配列を付加し，PRSG法と同様に高温PCRに耐えるアダプターを付加後，PCRで増幅し，T7RNAポリメラーゼのプロモーター配列が付いた二本鎖cDNAを合成する．したがって，このcDNAを鋳型にT7RNAポリメラーゼによって随時cRNAを合成することが可能となる．各遺伝子のもともとの発現量を保って合成されているか，実際に約12,000の遺伝子を含むマイクロアレイで検討した結果，約8割以上の遺伝子が保持され，かつ全体的に高感度になっていることを確認した．

また凍結胃癌組織切片からLCMを用いたマイクロダイセクションによって得られた約500個の癌細胞と間質からでも，マイクロアレイ解析が可能であることを実証した（図2）．食道上皮の幹細胞は，1層の基底細胞である．この基底細胞，分裂分化中の細胞を含む傍基底細胞および分化した上層の細胞を分離し（図3A），マイクロアレイ解析を行い基底細胞特異的に発現する遺伝子を約500種同定した．そのうち1つの遺伝子の免疫染色の結果を図3Bに示した．

2 末梢血およびパラフィン包埋切片DNAの新しい増幅法（PRSG法）の開発

末梢血，細胞株，凍結した正常組織，癌組織から通常の方法で抽出した場合，数100 kb程の高分子DNA

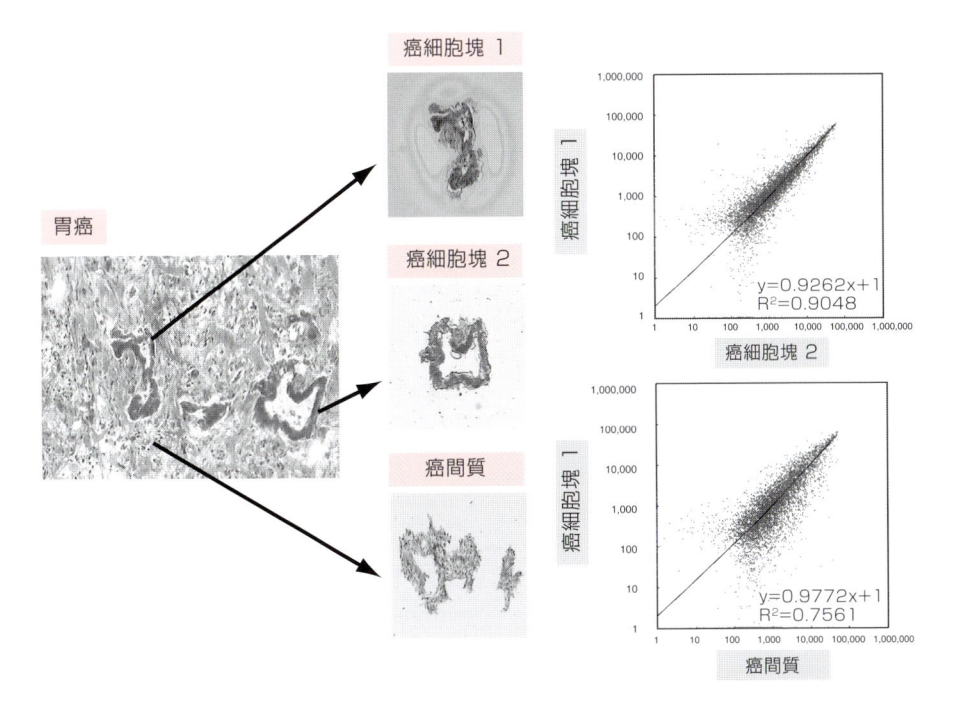

図2　LCMとTALPATを組合せたマイクロアレイの解析例1
　TALPATは，100〜1,000個の細胞からRNAを増幅できる方法である．これは，胃の非充実型（間質量が多い）分化型腺癌（癌が腺管構造をとっている）から癌腺管1つとその周辺の間質の発現プロファイルを比較した実験である（文献2の図を改変）．右のスキャタープロットは，別々の癌腺管でも発現プロファイルの差に比べ，癌腺管と間質のプロファイルに大きな違いがあることを示す．→表紙写真解説④参照

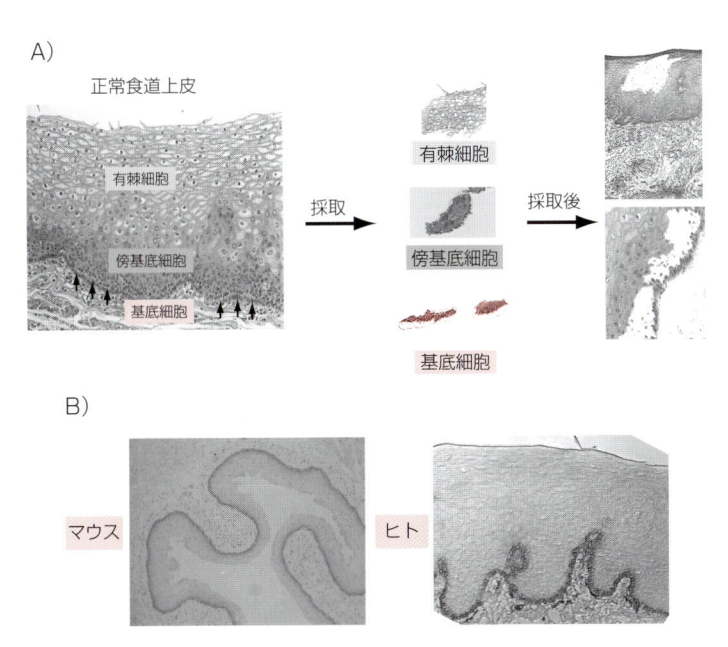

図3　LCMとTALPATを組合せたマイクロアレイの解析例2
　正常食道上皮をLCMで分割し，基底細胞（幹細胞）で特異的に発現する遺伝子群を同定する工程を示した（A）．同定した約500遺伝子（12,600遺伝子から）のうち，ある1つの遺伝子の免疫染色の結果を示した（B）．マウス，ヒトともに，基底細胞特異的染色が確認された

6章1．癌ゲノミクス　267

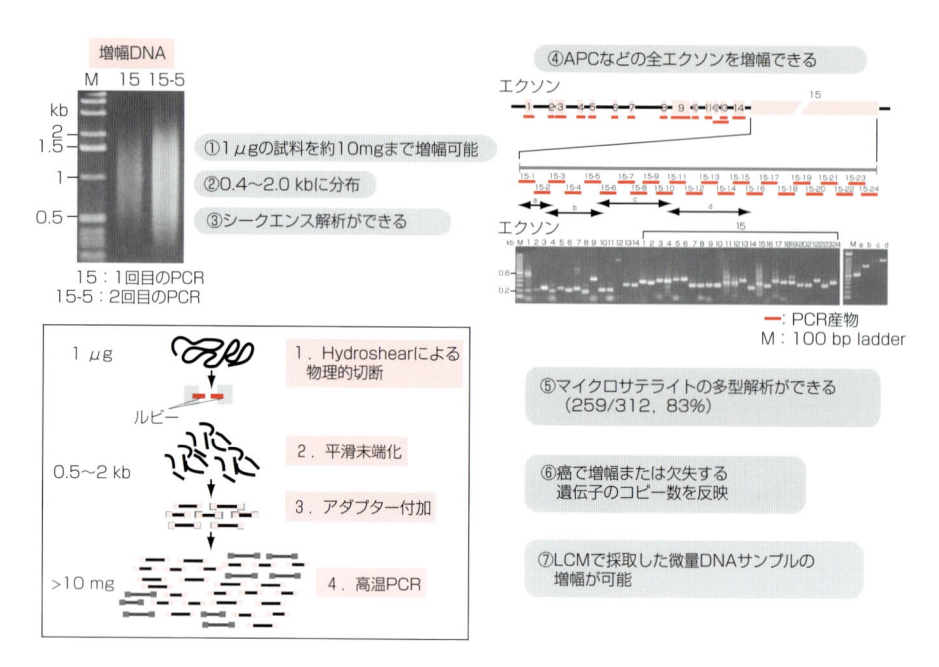

図4　PRSG法によって増幅したDNAの特徴
①ExTaqでは1μgのDNAから10 mgまで増幅される．②増幅後のDNAのサイズは90％以上が0.4～2.0 kbとなる．③目的の遺伝子を増幅し，塩基配列解析ができる．④200種以上の遺伝子の全エクソンが含まれた．⑤全染色体上に分散しているマイクロサテライトマーカー312個のうち259個（83％）が増幅前のゲノムDNAと同じパターンを示した．⑥食道癌細胞株TE6で増幅しているCyclinD1, EMS1（11q13），c-ERBB2, GRB7（17q12），CyclinE（19q12）およびホモ欠損しているp16（9p21）遺伝子断片をプローブにスロットブロット解析を行った結果，増幅前のゲノムDNAのサザンブロットのデータで得られるコピー数とほぼ一致した．アレイCGHでも癌細胞で確認されている増幅領域はすべて同定できた．⑦LCMで採取した微量細胞DNAの増幅ができた

を得ることができる．これまでは各研究者が保管し，興味のある遺伝子の構造解析を行ってきたが，サザンブロット法のように，1回に数μgのDNAを使う場合は1年も経ずにサンプルが不足することがよくある．PCRの開発と普及によって，多くの遺伝子の構造異常やLOHの解析が比較的少量のサンプルで行えるようになった．しかし1回の反応には数10 ngは必要であり，何人もの研究者でサンプルを共有すると，やはり枯渇することは避けられない．したがって末梢血，細胞株，凍結した正常組織，癌組織から得られた臨床情報のある貴重なDNAを増幅・半永久保存することは21世紀の医学研究に不可欠である．

これまで報告されているヒト全ゲノムDNAの増幅法としては，以下に示す2つのタイプがある．

ⅰ）genome representation 法

これは制限酵素で切断したDNA断片を増幅する方法であり，部分的にはゲノムDNAを増やすことに成功しており，多くの種類の制限酵素を使えば80～90％をカバーできる可能性がある．しかしPCRには300 bp以下の短い断片が優先的に増幅する特徴があるため，ゲノム断片が不均等に増幅され，欠落してしまう配列が多い．

ⅱ）DOP-PCRおよびPEP法

これはdegenerateプライマーによる伸長反応で増幅する方法であり，サイクル数を増やすほど，短いDNA断片に傾くため，大量に増幅することは困難であるばかりでなく，配列によって増幅効率が異なるため，サイクル数を増やすほど，やはり不均等な構成になる．

これらの2つのタイプの方法を凌駕すべく開発されたのがPRSG（PCR of randomly sheared genomic DNA）法である．特徴としては，以下の2つがあげられる．

① 数100 kbほどの高分子DNAを物理的な切断によって，0.4～2 kbの範囲に90％以上が入るように断片化し，短いDNA断片の混入を防いだ．

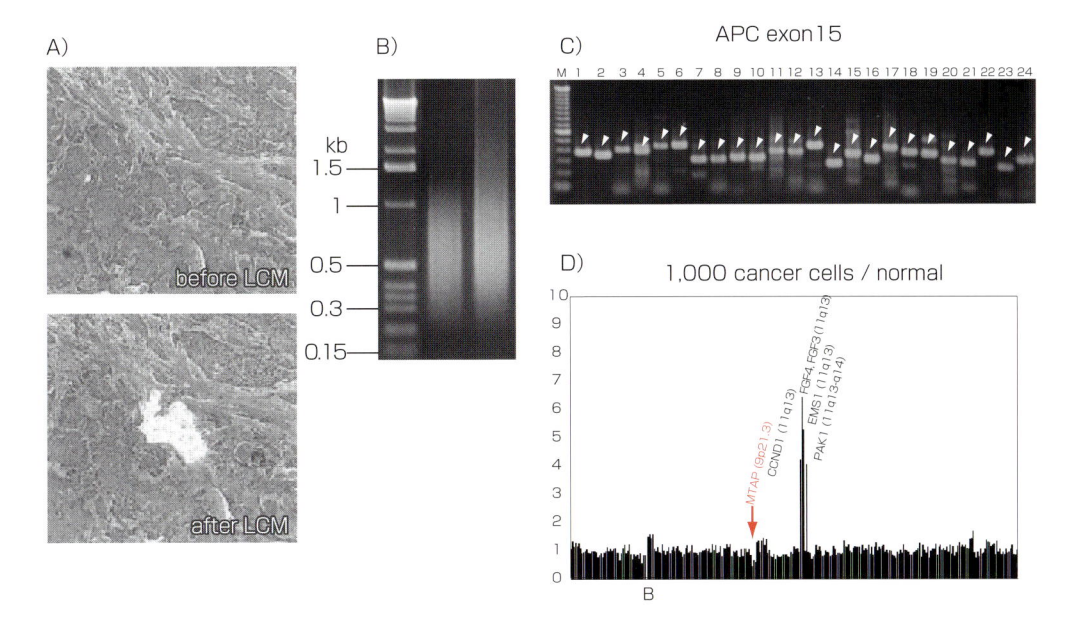

図5 PRSG法によって増幅したDNAの特徴
メタノール固定後,パラフィン包埋した食道扁平上皮癌から癌細胞をLCMで分離し(A),PRSGで増幅した.その増幅産物のサイズは,0.4〜1.5 kbであった(B).さらにAPCの最長エキソンであるexon 15を24分割し,PCRを行った結果,すべての断片が増幅可能であった(C).正常上皮と1,000癌細胞からPRSGで増幅したDNAをCy3,Cy5で標識し,アレイCGH(Vysis社,400BACsがのっている)解析を行い遺伝子の増幅や欠損が測定できることを示した(D)

② 高温でPCRを行えるアダプターを末端に付加し,2次構造やGC含量の差による増幅の不均等化を防げた.

方法の流れを図4に示した.約1μgのDNAをHydro Shearという機械によって,切断する.これはDNA溶液をルビーに開けられた0.002インチほどの穴を10回ほど通すことによって行う.この機械による切断は塩基配列にもDNAの濃度にも依存せず,再現性も高い.次にBAL31で末端の一本鎖DNAを削り,T4DNAポリメラーゼで平滑末端とする.さらに高温PCR耐性アダプターをライゲーションし,その1/1,000量(1 ng)に対して2段階のPCRを行う.その結果,約10μgのDNAを得ることができる,したがってこの方法では,1μgのゲノムDNAを10 mgまで増やすことが可能である.得られたDNAの特徴は図4の①〜⑦で示すように,多くの構造解析(塩基配列,マイクロサテライトの多型,LOH,遺伝子増幅・欠損)に使える.

PRSG法は基本的にDNAのサイズを均一にした後にadaptor-ligation mediated PCRを行うことによって,増幅する方法である.したがってパラフィン包埋切片からのDNAにも,サイズが均一化されていれば,Hydro Shearによる切断の行程なしに,増幅可能である.ホルマリン固定とメタノール固定サンプルから得られるDNAは0.5〜5 kbほどである.しかし二本鎖DNAの片側に切れ目があり,特にホルマリン固定パラフィン包埋切片からのDNAを鋳型に,特定のエキソンをPCRによって増幅する場合,通常500 bp以上の長さの断片は増えにくい.われわれもホルマリン固定パラフィン包埋切片から抽出したDNAをBAL31で末端の一本鎖DNAを削り,T4DNAポリメラーゼで平滑末端とし,同様に増幅を行った結果,300〜800 bpのDNAが得られた.しかし,50個ほどの異なるエクソン配列をPCRした結果,50%程度しか増やすことができていなかった.ただし500 bpほどの比較的長いDNAが増幅できるという改善は明らかに認められた.一方,メタノール固定したサンプルでは,末梢血や癌細胞から得られた高分子DNAの場合と同様に,約0.4〜2.0 kbのDNAを得ることができる.さらにLCMによって分離した約100〜1,000個の癌細胞DNA

（1〜10 ng）では数10μg〜数100μgに増幅できた，また得られたDNAは多くの構造解析（塩基配列，マイクロサテライトの多型，LOH，遺伝子増幅・欠損）に使えることが実証された（図5）．

> **memo**
>
> ゲノムには三重鎖構造をとるような特殊なDNA配列が散在することが知られている．このような配列は複製・転写を阻害しやすく，大腸菌でのクローン化も困難で，PCRでも増えにくい．通常，ゲノムDNAを鋳型として増幅されにくく，実際にわれわれの方法で増幅したDNAからも欠落している．しかしこれらの配列以外の大半はGC含量の高さに依存せず，増幅することが可能であると考えている．
> TALPAT法は今後の癌研究はもちろん，生理学や発生生物学の研究に有用であることが期待される．実際，癌以外の疾患や，モデル生物の研究者からの技術提供の依頼が多く寄せられている．今後は癌細胞がまばらに生育するスキルス胃癌などを含め，種々の癌への適用が期待される．

おわりに

今後，上皮の癌は成体幹細胞の病気であるという研究の視点に沿った研究報告が多くなると考えられる．

一方，マイクロアレイ研究は網羅的であるが故に，多すぎる情報をもたらす．この5年間の戦いで得られた結論は，ニューテクノロジーとまた戦うという決意であった．ここで紹介した手技は，癌幹細胞を捉える研究に対して有効である．

参考文献

1) Tanabe, C. et al.: Genes Chromosome Cancer, 38: 168-176, 2003
2) Aoyagi, K. et al.: Biochem. Biophys. Res. Commun., 300: 915-920, 2003
3) Mori, K. et al.: Biochem. Biophys. Res. Commun., 313: 931-937, 2004
4) Kobayashi, K. et al.: Oncogene, 23: 3089-3096, 2004
5) 佐々木博己：実験医学別冊「ここまでできるPCR最新活用マニュアル」（佐々木博己編），pp197-203, 羊土社，2003
6) 佐々木博己：実験医学別冊「ここまでできるPCR最新活用マニュアル」（佐々木博己編），pp204-210, 羊土社，2003
7) 青柳一彦：実験医学別冊「ここまでできるPCR最新活用マニュアル」（佐々木博己／編），pp211-223, 羊土社，2003

第6章 疾患ゲノミクスと集団遺伝学

2．高血圧ゲノミクス

三木哲郎

> 生活習慣病，多因子病の高血圧関連遺伝子の単離同定に向けた，国家レベルでの共同研究であるミレニアム・ゲノム・プロジェクトの，研究の現状について報告する．発症には，遺伝因子よりも環境因子の影響の方が強く，解析は難航している．

はじめに

　本邦の生活習慣病のなかで，高血圧患者数は約3,000万人存在し，患者数の最も多い疾患の1つである．また高血圧そのものが大きな危険因子となる脳血管障害や，心血管性疾患をあわせると，日本人の主要死因として癌を上回り第1位である．平成13年度の国民医療費のうち，一般診療医療費は24兆4,133億円であるが，傷病分類別では，循環器疾患が最も多く5兆4,609億円（22.4％）であり，早急に予防，治療医学を充実させる必要がある．

　高血圧は多因子病であり，その発症には環境因子に遺伝因子が複雑に関与する．高血圧の発症予防の目標として，環境要因の是正に関して，厚生労働省の提唱する「健康日本21」では，1日に摂取する食塩（10 g/日未満）・アルコールの減量（1合/日未満），体重の減量（BMI 25未満），1日30分の歩行などを推奨しているが，このような生活習慣の指導も，高血圧感受性遺伝子を同定し，個人それぞれの解析結果に応じて適用することで，より一層効果をあげることができる．

　遺伝因子は個体間の差を決定する遺伝子配列の差，すなわち遺伝子多型に由来することが明らかである．これまでに，世界的に遺伝子多型を用いた連鎖解析が高血圧について行われているが，その成果は一定していない．この原因の1つは統計学的パワーの不足にあると考えられる．また，連鎖解析では遺伝子と環境の相互作用の影響を考慮に入れることが困難であることも，高血圧の連鎖解析結果を不統一なものにしている可能性がある．

　さらに連鎖解析に影響を及ぼす領域は広いため，各候補領域を同定した後に，候補遺伝子を同定するためには莫大な労力を要することに加えて，連鎖解析の結果に複数の遺伝子の影響が含まれる可能性もある．表1aに遺伝統計学での諸問題をまとめて示した．さらに，これらの問題に対処するための研究方針を表1bに示したが，本項では，高血圧関連遺伝子の単離・同定に向けたミレニアム・ゲノム・プロジェクト研究の現状を紹介する．

高血圧疾患遺伝子プロジェクトとは

　遺伝因子がその発症に関連する疾患の解析は，単一遺伝子病や染色体異常の遺伝子変異（mutation）から，多因子病の発病促進因子である遺伝子変異（variation）の時代に移行している．高血圧，糖尿病，高脂血症などのように，誰もが罹患する可能性のあるcommon diseasesの解析には，一般人のなかで遺伝子頻度の高い多様性がどのように各個人の病気の発症に

Tetsuro Miki：Department of Geriatric Medicine, Ehime University School of Medicine（国立大学法人愛媛大学医学部老年医学講座）

表1　高血圧関連遺伝子の単離同定に向けた諸問題と戦略

a) 遺伝統計学的諸問題
1. 血圧変動に関与する遺伝子座（SNPs）の数は膨大である
   - 主働遺伝子が存在する集団がある可能性（300〜600種）
   - 主働遺伝子がなければ，1つの遺伝子座の効果が微弱（8〜16種で25％）
2. 遺伝因子の影響が小さく，環境因子の影響が大きい
3. 感受性対立遺伝子の種類は一般に1つではない
   - 対立遺伝子異質性（allelic heterogeneity）の存在？
   - CD（common disease）/CV（common variant）仮説の妥当性？
4. 交絡因子の処理方法が不定
   - 共線性および相互作用あり，調整あるいは補正が困難
5. 遺伝-環境相互作用が，あまり考慮されていない
6. オーダーメイド医療を目指した研究では一般集団での寄与率が重要
   - 患者-対照者研究はスクリーニングである

b) 研究方針
1. 日本人で確認されている多型を使用（経済面）
2. 相関有りと報告された多型を使用（効率面，信頼性）
   ⇒ミレニアム計画のスクリーニングで有意な多型を使用
3. 機能として候補となる遺伝子多型を使用（信頼性）
   ⇒ minor allele frequency の高い多型を使用（統計学的パワー）
4. 遺伝-環境，および遺伝-遺伝相互作用（解析数は増加傾向）
5. 多重検定（集団を変えて再確認）
6. 確率的なばらつきや，測定誤差（サンプル数を増やす）
7. 分布の偏りや，はずれ値
   （層別化やランダムサンプリングで確認）

c) 中間報告
1. 約7,000例集団の解析では30多型のなかの6多型が有意を示し，そのオッズ比は 1.1〜1.2 のものが多かったことから，影響力の小さな高血圧の遺伝因子が多数存在する可能性が示唆された．
2. 有意な遺伝-環境相互作用が見出されたことから，高血圧の相関解析において相互作用を考慮しながら行う必要性が示唆された．
3. オーダーメイド医療を目指した，降圧薬感受性遺伝子の同定も可能となった．

関与しているか，ゲノム情報とともに，環境因子を考慮に入れた全く新しい解析方法が必要となる．

　高血圧疾患遺伝子解析プロジェクトチーム（高血圧チーム）は，ミレニアムプロジェクトのなかの高齢化対策に属する．また，高血圧チームは，ヒトゲノム解析を行っているミレニアム・ゲノム・プロジェクトの「疾患遺伝子」プロジェクトチームの5大疾患の1つに属する．本プロジェクトは，2000年の4月にスタートし，目標は5年間の間に①疾患関連遺伝子・薬剤反応性関連遺伝子を合わせて30以上発見．②疾患個人に対する最適投薬（オーダーメイド医療）などによる治療成績の向上．③循環器病の推計入院患者数を20％削減し，脳卒中の受療率を20％削るなどの画期的新薬の開発に着手する，ことである．2004年10月現在，計画開始からすでに4年が経過し，図1に示すような国立循環器病センターを含む全国14施設からなる「高血圧チーム」を組んでいる．各施設は，表2に示すような個別研究を行っているが，チーム内で行う共同作業として決定していることは，①症例-対照研究など，研究の進め方について，②高血圧患者・健常者の診断基準について，③サンプルの収集方法について，④候補遺伝子アプローチ，ゲノムワイドスキャニング（網羅的解析）について，⑤SNP（single nucleotide polymorphism）とMS（マイクロサテライト多型）の種類，選択方法について，⑥SNPとMSのタイピング法について，⑦データ整理，共有，データマイニングについて，などである．

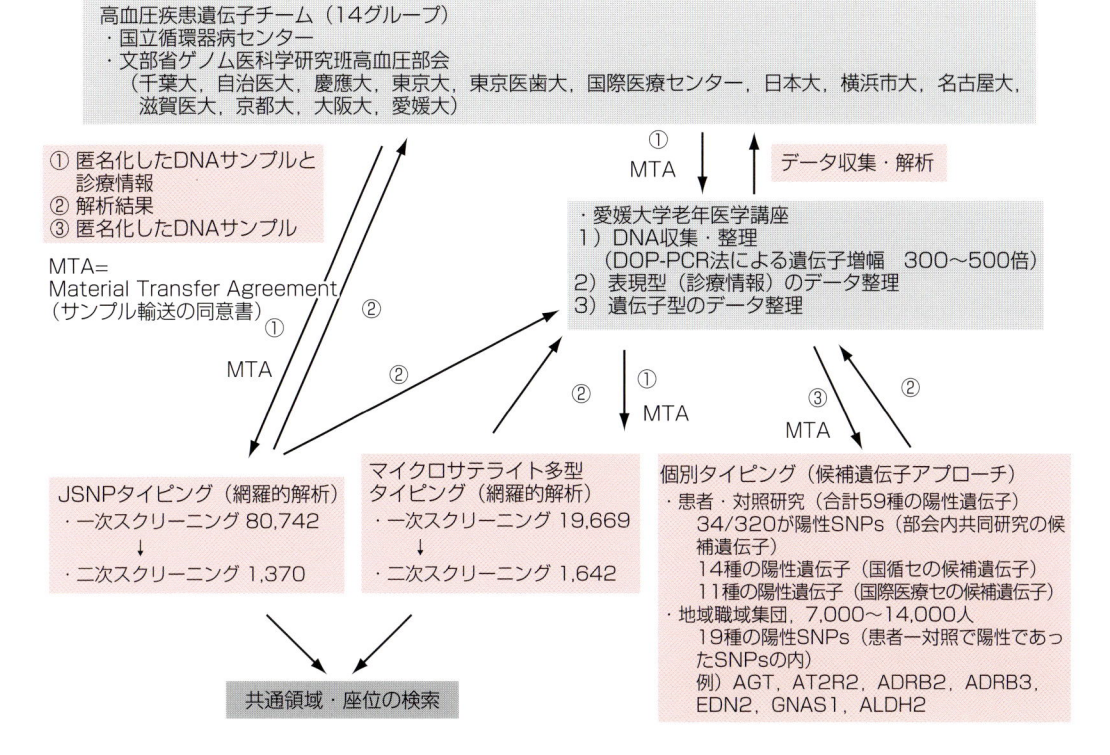

図1 高血圧疾患遺伝子チームの共同研究体制と組織図

高血圧疾患遺伝子チーム（14グループ）
・国立循環器病センター
・文部省ゲノム医科学研究班高血圧部会
（千葉大，自治医大，慶應大，東京大，東京医歯大，国際医療センター，日本大，横浜市大，名古屋大，滋賀医大，京都大，大阪大，愛媛大）

① 匿名化したDNAサンプルと診療情報
② 解析結果
③ 匿名化したDNAサンプル

MTA = Material Transfer Agreement（サンプル輸送の同意書）

・愛媛大学老年医学講座
1）DNA収集・整理（DOP-PCR法による遺伝子増幅 300～500倍）
2）表現型（診療情報）のデータ整理
3）遺伝子型のデータ整理

JSNPタイピング（網羅的解析）
・一次スクリーニング 80,742
→ 二次スクリーニング 1,370

マイクロサテライト多型タイピング（網羅的解析）
・一次スクリーニング 19,669
→ 二次スクリーニング 1,642

→ 共通領域・座位の検索

個別タイピング（候補遺伝子アプローチ）
・患者・対照研究（合計59種の陽性遺伝子）
  34/320が陽性SNPs（部会内共同研究の候補遺伝子）
  14種の陽性遺伝子（国循セの候補遺伝子）
  11種の陽性遺伝子（国際医療セの候補遺伝子）
・地域職域集団，7,000～14,000人
  19種の陽性SNPs（患者—対照で陽性であったSNPsの内）
  例）AGT, AT2R2, ADRB2, ADRB3, EDN2, GNAS1, ALDH2

詳細は本文を参照

表2 各施設の個別研究による事業実績

候補遺伝子→ハプロタイプ作成	
羽田 明（千葉大）	高血圧約1,400例，地域集団約2,000例収集，73種の候補遺伝子を解析し，6種が陽性
加藤規弘（国際医療セ）	食塩感受性を中心に候補遺伝子（150種）のハプロタイプを作製，11種が陽性
特殊な病態	
猿田享男（慶應大）	母集団約400例から，若年性遺伝性高血圧，インスリン抵抗性の関連遺伝子の探索
中尾一和（京都大）	ナトリウム利尿ペプチド関連遺伝子と高血圧（360例）との関連研究
地域・職域・受療者集団	
相馬正義（日本大）	約4,000例を利用して中間型表現型（血管反応性，薬剤反応性など）検討中
梅村 敏（横浜市大）	職域集団，約2,400例の収集作業を開始し，全国規模の研究に参画
横田充弘（名古屋大）	心筋梗塞・冠動脈疾患，糖尿病，高血圧症など生活習慣病について15,000以上の試料を収集
上島弘嗣（滋賀医大）	地域集団で約4,150例のゲノムを収集した．約2,300例でSNPと生活習慣の交互作用を検討
荻原俊男（大阪大）	約5,800例の集団の収集終了，食塩感受性遺伝子群の頻度が日本人で高いことを証明
友池仁暢（循環器病セ）	約10,000例の集団の収集終了，高血圧約1,800例を収集，14種の高血圧関連遺伝子を同定
三木哲郎（愛媛大）	地域・職域集団約7,500例を収集，16種の高血圧関連遺伝子を同定
高橋規郎（放影研）	地域集団で，人体に対する放射線の影響をコホート研究で追跡中
高血圧→心血管疾患	
間野博行（自治医大）	卒業生ネットワークを介してサンプル収集，心不全発症機構をDNAチップで解析中
山崎 力（東京大）	冠動脈疾患（約900例）の包括的臨床データベースを作製し，2種の候補遺伝子を同定
木村彰方（東京医歯大）	心筋梗塞患者（約600例）を収集し，20種の候補遺伝子座位を同定．高安病なども研究

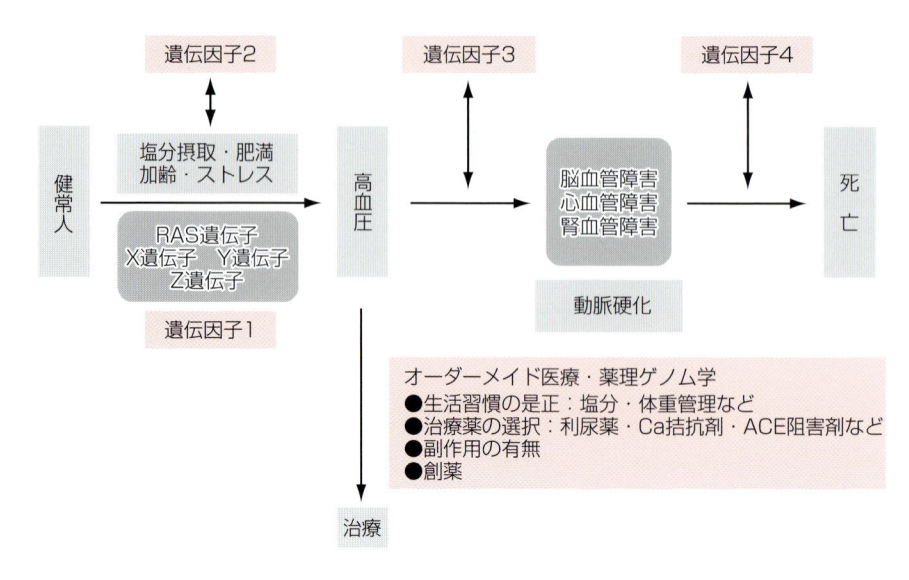

図2 高血圧と動脈硬化の発症要因のまとめとオーダーメイド医療の位置づけ
詳細は本文を参照

疾患解明のためのストラテジー

図2に示すように，高血圧の発症までに，純粋な遺伝子因子1と，遺伝子因子2（例えば，食塩摂取を制限しても全員の血圧が低下しない事実は，環境因子が血圧へ影響する際にも遺伝子因子）が関与していると考えられる．高血圧から次の出来事である動脈硬化による血管障害，さらに死亡までの過程にも遺伝子因子3，4が関与している．高血圧発症遺伝子の単離は，遺伝子因子の1，2を探索することとなる．

これまで，血圧調節因子を探索する作業は，動物モデル（自然高血圧発症ラット＝SHRなど）や，トランスジェニックマウス，ノックアウトマウスを利用した研究系，およびヒトを利用した研究系によっても行われてきた．ヒトを対象とした実際の解析は，家系を用いた（A）罹患同胞対法（affected sib-pair analysis）と（B）伝達不平衡試験（TDT＝transmission disequilibrium test），さらに患者集団と健常者集団を比較する（C）症例−対照研究（case-control study）がある．遺伝因子の情報の1例として，Dr. McKusickによって作成されたOMIMのホームページ（online mendelian inheritance in man, http://www.ncbi.nlm.nih.gov/entrez/query.fcgi?db=OMIM）によると，本態性高血圧（essential hypertension）は，OMIM＃145500として登録されている．

本邦での共同研究，個別研究の現状

高血圧チームで，これまでに収集した全施設の合計サンプル数は，地域・職域集団：約1万4千人，高血圧患者：約3,600人，心筋梗塞患者：約3,000人である．これらのサンプルはDNA量が少ないこと，診断基準が一定しないことなどで，図1のJSNPやマイクロサテライト多型の解析には利用していないが，三次スクリーニングなどの際，試料として利用する予定である．DNA量が少ないサンプルについては，DOP-PCR法などを用いて増幅している[1]．また，過去の採取例で，「説明と同意」の内容の不備な例については，連結不可能匿名化試料として利用する予定である．特に，すでに1施設で報告された候補遺伝子のSNPについて，他の集団を用いて結果の再確認をする作業は価値があると考えている．

現在，ヒトゲノム計画の進展によって多くの多型性DNAマーカーや遺伝子が同定されつつあり，それに伴って，未知の生活習慣病関連遺伝子を統計学的に選別することが比較的容易になりつつある．そこで，われわれの研究では，大規模かつ臨床データの整った集団を対象に，既知および未知の動脈硬化・高血圧関連

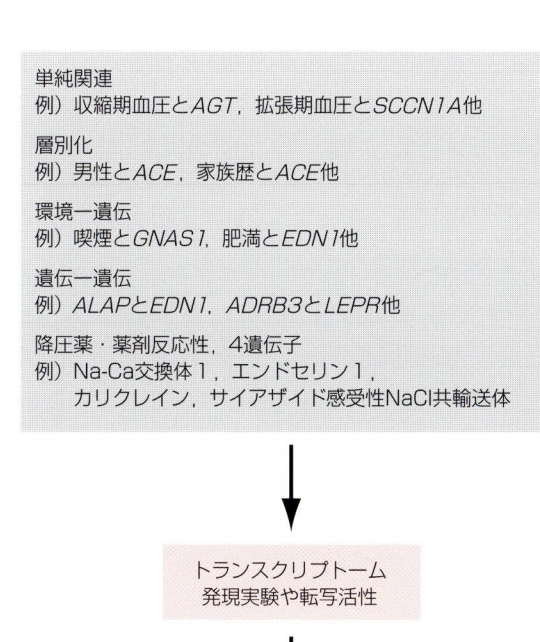

```
単純関連
 例）収縮期血圧とAGT，拡張期血圧とSCCN1A他
層別化
 例）男性とACE，家族歴とACE他
環境－遺伝
 例）喫煙とGNAS1，肥満とEDN1他
遺伝－遺伝
 例）ALAPとEDN1，ADRB3とLEPR他
降圧薬・薬剤反応性，4遺伝子
 例）Na-Ca交換体1，エンドセリン1，
  カリクレイン，サイアザイド感受性NaCl共輸送体
```

↓

トランスクリプトーム
発現実験や転写活性

↓

遺伝子多型の機能解析

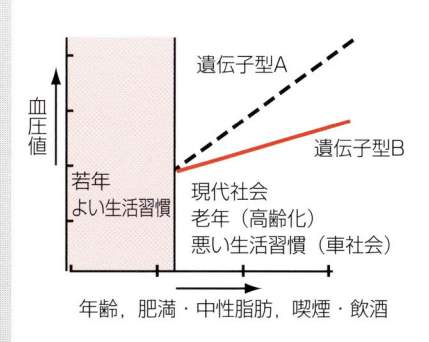

図3 高血圧等循環器疾患に関連する遺伝子
右上の図：遺伝子型Aと遺伝子型Bが交差する点を通りY軸と平行の線より右の部分は，悪い生活習慣や加齢による影響を受ける領域である

候補遺伝子を統計学的に選別することを目的とした．既知の動脈硬化・高血圧関連候補遺伝子の遺伝子多型を用いた大規模集団における相関解析に関して，GNAS1，EDN1，BDKRB2およびAGTを高血圧関連遺伝子として同定した．さらに，高血圧に関してGNAS1と喫煙との相互作用[2]，およびEDN1とBMIとの相互作用を確認し，遺伝的要因の関与を環境要因や，他の危険因子との相互作用の観点から明らかにすることもできた．その他にも，DBHおよびGNB3と起立性の血圧変化との相関，MTHFRおよびBDKRB2と糖尿病との相関，頸動脈硬化に関してAPOEとBMIとの相互作用，高血圧に関してBDKRB2およびAGTと飲酒との相互作用，などを示唆する結果も得ており，これらを確認するために，さらなる大規模集団の血液DNAサンプルおよび臨床データの収集を開始した．図3の右上に示すように，加齢・性別などの避けられない因子，肥満度・中性脂肪などの生活習慣や，喫煙・飲酒などの嗜好品が，ある閾値を超えると，高血圧関連遺伝子の特定の遺伝子型において，勾配が急になる現象が観察された．例えば，肥満により，血圧が上昇し易いA群と，上昇しにくいB群に分かれる遺伝子型（＝体質と呼ばれる）を見出したことになる．

本筋とは別に，老年者における医療費の高騰は，大きな社会的な問題であるが，レセプトから算出した医療費が，ACE遺伝子のDD群で他群に比し，有意に高額であることを報告した．その理由としてDD群では，高血圧を始めとする傷病数が多く，ACE遺伝子多型が老年病の特徴である多病の病態に関連し，医療費に影響していることを認めた[3]．つまり，DD群では，他の群の集団より，1.5倍の医療費を必要とするという，究極の遺伝子診断である．予防医学の面からは，DD群には日頃から生活習慣の罹患を避けるようにする指導を行う必要がある[4]．

今後の研究の展開

これまでの，既知および未知の動脈硬化・高血圧関連候補遺伝子の解析を通じて，大規模集団における解析の重要性および遺伝的要因の関与を，環境要因や，他の危険因子との相互作用の観点から明らかにすることの重要性が，より明確になりつつあるため，今後，さらに大規模集団を収集するとともに，環境要因や他

の危険因子の情報を収集する．また，方法論の有効性は明確になりつつあるが，さらに多くの動脈硬化・高血圧関連候補遺伝子の解析を行うためには，経済面および労力面において，効率的な研究を進めることが重要になってくる．したがって，大規模集団および多型のデータの管理，多型のタイピング，統計解析を自動化するとともに，倫理面における作業の効率化を進める予定である．また，解析対象となる多型の，効率的な選別作業の最適化（日本人での対立遺伝子頻度，連鎖不平衡，ハプロタイプの情報や多型の機能情報にもとづく）も進める必要がある．ヒト高血圧因子の遺伝子解析はさまざまな問題を含み，決して容易なものではない．しかし急速なヒトゲノム計画の進展と，各国およびバイオ関連ベンチャー企業の意欲的な行動によって，世界中のゲノム研究分野は，技術的に飛躍的な進展をみせている．最終的にオーダーメード医療の実現，健康寿命の延長，QOL（quality of life）の向上，医療費の大幅削減などに生かされることが期待されているが，そのためにも多くの研究機関および医療機関の協力，提携がより一層の成果につながると考えている．

参考文献

1) Barbaux, S. et al. : J. Mol. Med., 79 : 329-332, 2001
2) Abe, M. et al. : Hypertension, 41 : 261-265, 2002
3) Tabara, Y. et al. : J. Am. Geriatr. Soc., 50 : 775-776, 2002
4) Uemura, K. et al. : Hum. Genet., 107 : 239-242, 2000

第6章 疾患ゲノミクスと集団遺伝学

3. トランスクリプトーム解析からの動脈硬化のシステム生物医学

児玉龍彦

> ゲノム解読をうけて動脈硬化研究は，血管システムにおける，代謝システムの破たんとしてとらえられるようになってきた．そこで「代謝症候群」を中心とする生活習慣病としての解明が進みつつあるが，同時に代謝異常と炎症性反応の関連，血管でのアテローム病変の進展にもゲノムワイドな解析が始まっている．

はじめに

代謝制御においては，コレステロール制御系から発見されてきたSREBPが1型はインシュリンシグナルと脂肪酸制御，2型はコレステロール制御の中心的な転写因子と解明されてきた．同時に，各種脂質センサーである核内受容体遺伝子がゲノム上に48種類同定され，コファクターとともに，ゲノム上の遺伝子の10％以上の制御にもかかわるという複雑なネットワークが示されている．

血管システムにおいては，血管前駆細胞からつくられる内皮細胞と平滑筋細胞が構成する血管システムの活性化機構がトランスクリプトーム解析で解明が進んできた．TNFαなどの炎症性サイトカイン，VEGFなどの血管増殖因子，トロンビンなどの凝固刺激による活性化から，単球，リンパ球の侵入から開始されるアテローム病変形成への組織再構築により最終的なイベント形成にいたる．

治療薬についてもトランスクリプトーム解析から，スタチンの血管での転写制御作用が，rac1またはcdc42を介するということが同定されている．核内受容体アゴニストのトランスクリプトーム解析から副作用を抑えるためコファクター選択性をもった医薬品がスクリーニングされている．

本項ではトランスクリプトーム解析からの情報を中心に，動脈硬化のシステム生物医学による解析についてのべる．

monogenic diseaseから血管システムの解析に

動脈硬化発症のメカニズムにおいては，従来からコレステロールを蓄積したマクロファージが集積したアテローム性病変の形成と，その崩壊が注目されている．BrownとGoldsteinは，遺伝的な家族性高コレステロール血症の解明からLDL受容体とHMG-CoA還元酵素のSREBP2による制御システムを解明し，monogenic disease（単一遺伝子病）としてのLDL受容体欠損による動脈硬化形成の研究を大きく進めた[1]．かれらの仮説では，図1のように，LDL受容体を介するコレステロール取り込みが低下すると，血管壁などにLDLコレステロールが沈着し，それが酸化的変成を受けてスカベンジャー受容体を介してマクロファージに取り込まれ泡沫細胞を形成する．

われわれは，彼らのスカベンジャー受容体仮説の実証を試み，マクロファージスカベンジャー受容体（ク

Tatsuhiko Kodama : Laboratory for systems Biology and Medicine, University of Tokyo（東京大学先端科学技術研究センターシステム生物学ラボラトリー）

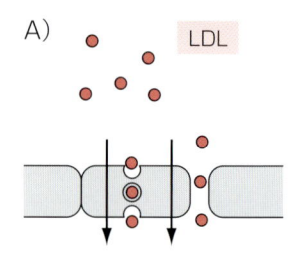

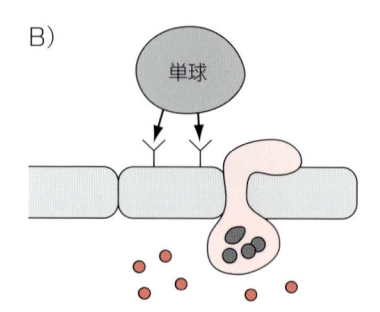

図1 コレステロール代謝異常とアテローム形成の謎
A）LDLが沈着すると内皮細胞が活性化する．そのメカニズムは不明である．B）VCAM-1発現部位に単球が侵入する．そこにアテロームが形成される．侵入したマクロファージはコレステロールをとりこみ泡沫化する

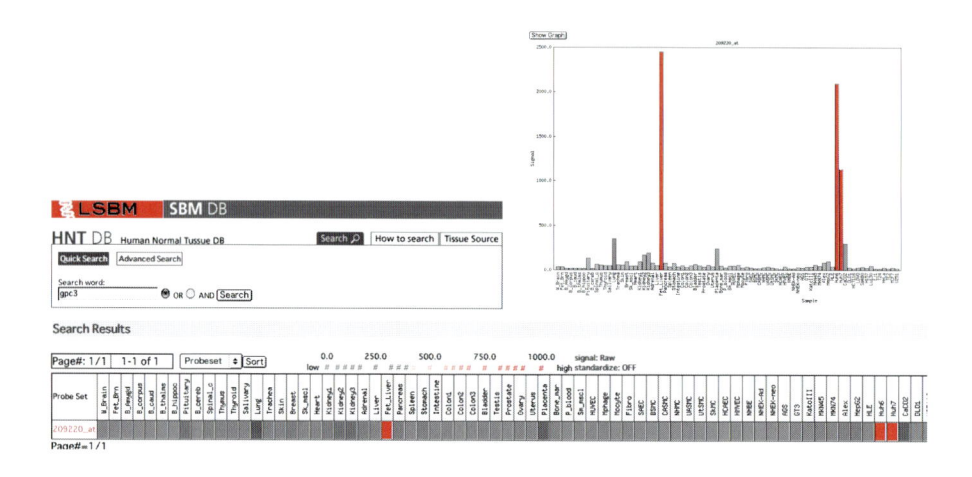

図2 Webでアクセスできるヒトのトランスクリプトームのデータベース
東大先端研では，40のヒト臓器，100種のヒト培養細胞について，世界最大級の遺伝子発現データベースを作成，web上で開示している．http://www.lsbm.org

ラスA）をクローニングし，ノックアウトマウスを作製し，アポE欠損マウスの背景では病変を縮小させるが，アポEライデン型異常の背景では病変を悪化させることを発見した[2)～4)]．

これまでの仮説の最大の難点はLDL沈着がなぜ，内皮細胞の活性化（＝VCAM1などの単球接着因子の発現）を引き起こすかである．この点はさまざまな解析にもかかわらず，まだ謎のままである．動脈硬化のこれまでのゲノム科学は，単純に単一遺伝子から動脈硬化性疾患の発症とリンクする遺伝子を抽出しようとする試みであった．だが，それは動脈硬化の数値化の困難もあってうまくいっていない．今までのところ，コレステロール代謝異常や，MODYなどの糖代謝の発見にとどまっている．

monogenic diseaseの場合は表現型とのリンケージを比較的予想しやすいが，multigenic disease（多遺伝子病）においては，遺伝型から表現型を予測することは簡単ではない．さらに，LDLの酸化的変成を抑制すると考えられた抗酸化剤プロブコールは，高コレステロールウサギではアテローム形成をほぼ完全に阻害できるのに，マウスではむしろ病変を悪化させることが示された．ノックアウトマウスなどのマウス実験結果をもとにした遺伝子還元論では，人間の病気の治療法開発にはあまり有力な根拠とならない場合もある．人間の治療薬開発には，人体内の制御系のシステム的な解明が必要である[5)]．

そこで東京大学先端科学技術研究センターシステム生物学ラボラトリーでは1998年からトランスクリプトームデータベース開発に取り組み，図2に示すような3万個の遺伝子が含まれる40の臓器と100種類あま

りの細胞でのデータベースを開発し，一般にアクセスしやすい形でウェブ上に2万個分まで開示している（http://www.lsbm.org）．

そこから血管システムと代謝システムのトランスクリプトーム解析に取り組み，さらにモノクローナル抗体の系統的作製によるタンパクレベルでのシステム生物医学の解析を進めている．特に核内受容体では48遺伝子につき，47種の発現を完了し，42種のタンパクへのモノクローナル抗体を作製し，特に20種については免疫組織学的解析を進めている．そのなかでLXRαが人間においてはマクロファージ特異的に高い発現を示し，アテローム病変にも高度に発現することを発見した[6]（渡辺ら，未発表）．

ゲノミクス，トランスクリプトミクス，プロテオミクスを統合して研究する手法をシステム生物医学とよび，動脈硬化研究においても，新たな診断マーカー，治療法の開発が急ピッチで進んでいる．

血管システムの活性化と動脈硬化

高コレステロール血症はアテローム形成モデルとしては，動物実験も再現性がある有効なモデルである．しかし，コレステロール沈着がどのようにアテローム形成につながるかは不明である．われわれは，内皮細胞が活性化されて単球を接着させることが，動脈硬化の第一歩として重要なことに注目し，解析を始めた．

血管壁の解析のため，内皮細胞と平滑筋細胞からなり，培養液の流れの存在下で，単球の接着するモデル系を作製した[7]．このモデルでサイトカイン刺激時に単球の接着を抑制する医薬品をスクリーニングしたところ，VCAM1の発現を抑制する一方，ICAM1の発現には関与しないK7174に代表される一連の化合物が選択されてきた．従来の病理所見，動物実験，流れの変化における病変形成とあわせてVCAM1の発現が単球接着および病変形成に決定的な要因であることが示された[8][9]．

図3に示すように，TNFα刺激後の一連のVCAM1誘導阻害のトランスクリプトーム解析から，VCAM1はNFκB活性化の直接的結果というよりは，タンパク合成を必要とする第2段階にあたる反応であることがわかってきた．このVCAM1誘導は，タンパク合成阻害剤，シクロヘキシミドで阻害されるとともに，P13K阻害剤，HDAC阻害剤トリコスタチンでも阻害される．

TNFαなど炎症性サイトカインによる活性化は，図4のようにNFκB活性化と核移行を引き起こす．ICAM1などの転写が誘導されるが，同時にNFκBの抑制因子のIκBαが誘導され，ここで一応の終息シグナルとなる．ところが，この段階でシクロヘキシミドを加えておくと，ICAM1，IκBαの転写は誘導されるが，VCAM1やフラクタルカインの転写活性化は抑制される．この結果は，VCAM1誘導は慢性期反応であることを示唆している（又木，井上ら，未発表）．

一方，内皮細胞を活性化することが知られる血管新生刺激（VEGF）や凝固刺激（トロンビン）は，NFκB＝IκBα系でなく，NFATc＝DSCR1系を刺激することがトランスクリプトーム解析でわかってきた．DSCR1は，NFATcの脱リン酸化を阻害するタンパクで，核移行を阻害する（南ら，未発表）．

さらに内皮細胞にとって重要な流れ刺激は転写因子NRF2を活性化し，HO1（ヘムオキシゲネース1）などを誘導し動脈硬化抑制的に働く．NRF2欠損マウスでは流れはむしろ，NFκBの活性化とVCAM1の誘導をもたらす（蕨ら，未発表）．

これらの結果をまとめると図3のようなシステムが想定される．

代謝ネットワークのSREBP群と核内受容体の作る多重な制御系

19世紀に開始された代謝経路の探求は，20世紀になり，放射性トレーサーを用いて詳細な，メタボリックマップが作成された．その成果がハーパーの生科学（丸善）教科書となっている．しかしこの膨大な代謝ネットワークが全体としてどのように調節されているか，そのメカニズムは大きな謎であった．近年のメタボローム解析では，代謝の流れ（flow）には，多量の代謝産物の流れる一部の経路と，少量の代謝産物が流れる多数の経路が存在し，環境変化に対応するのは，多量の代謝産物の流れる経路の統合的な活性化，または不活性化による代謝変動であることが示されている[10]．

生活習慣病にかかわる栄養状態の変化は，糖分過剰，カロリー過剰，コレステロール過剰，その他の脂質成分過剰であらわれる．これらの制御系を統合して

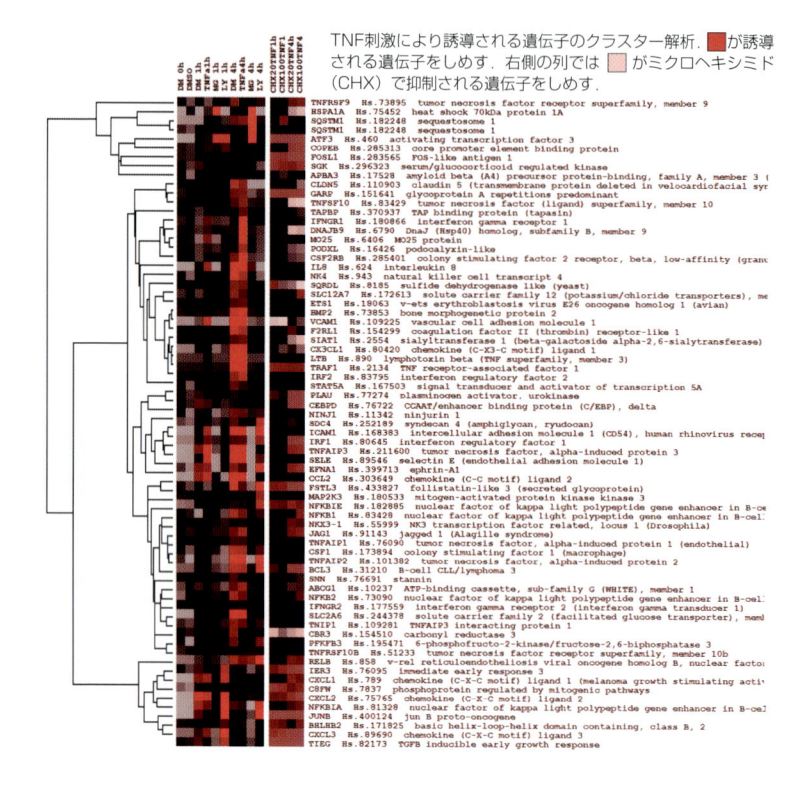

図3　TNFα刺激後の血管内皮細胞のトランスクリプトーム変化
　左側の列では ■ が高い誘導を示す．TNFαでの誘導をプロテアソーム阻害剤（MG132）P13K 阻害剤（Ly）で抑制した結果も示してある．左側の列ではシクロヘキシミド（CHX）により抑制された遺伝子を ■ で示している．シクロヘキシミドで抑制される遺伝子群（VCAM1, フラクタルカイン）などは Ly でよく抑制されていることがわかってくる．→巻頭カラー20参照

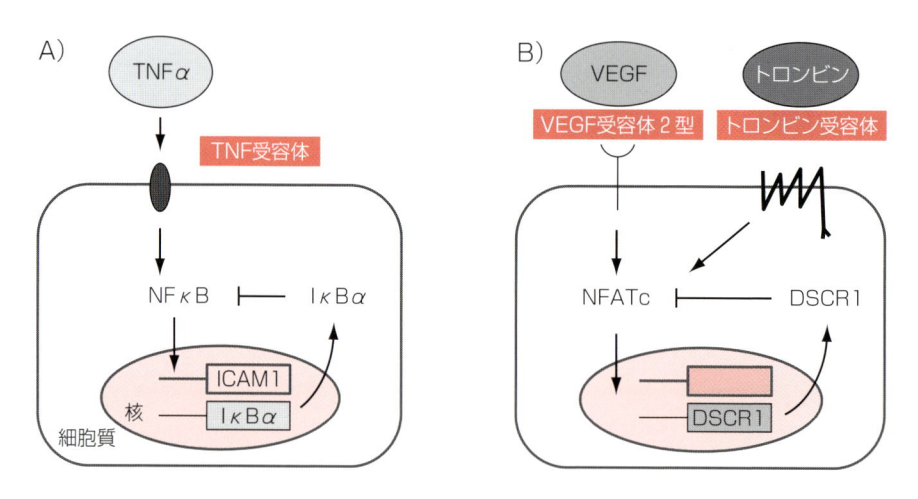

図4　内皮細胞活性化の2つの経路
　A）炎症性サイトカインによる活性化 TNFα は NFκB の核移行を促す．このシグナルは IκBα 誘導で終息する．B）VEGFおよび凝固刺激による活性化．VEGFとトロンビンは NFATc の核移行を促す．このシグナルは DSCR1 誘導で終息する

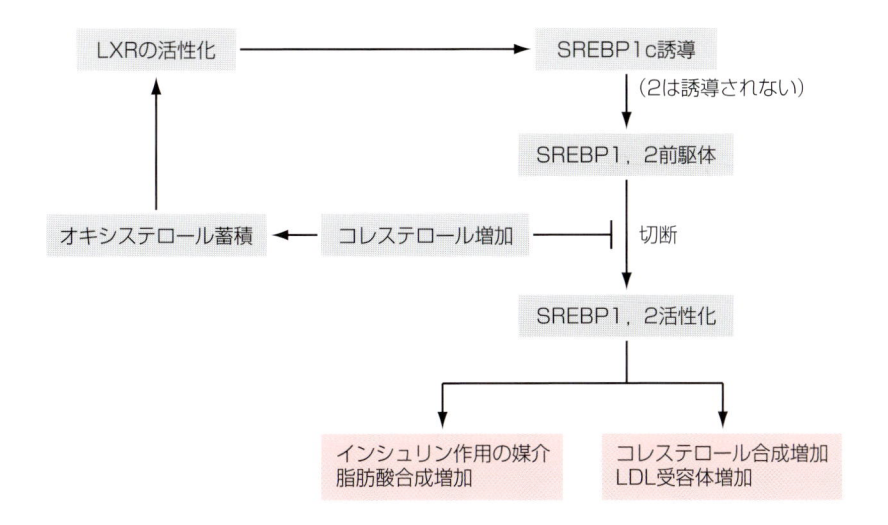

```
LXRの活性化 ──────────────→ SREBP1c誘導
    ↑                              │（2は誘導されない）
    │                              ↓
オキシステロール蓄積 ← コレステロール増加 ─┤ SREBP1, 2前駆体
                                      │切断
                                      ↓
                              SREBP1, 2活性化
                                  ↙     ↘
            インシュリン作用の媒介       コレステロール合成増加
            脂肪酸合成増加             LDL受容体増加
```

図5　コレステロールとSREBPとLXRα
肝細胞などにおけるSREBPとLXRαの脂質代謝制御における関与を示す

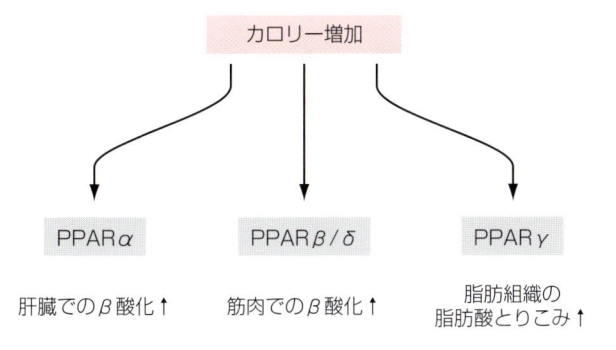

```
              カロリー増加
           ↙     ↓      ↘
        PPARα   PPARβ/δ   PPARγ

      肝臓でのβ酸化↑  筋肉でのβ酸化↑  脂肪組織の
                                     脂肪酸とりこみ↑
```

図6　PPAR群のカロリー過剰への反応特異性
3つのPPARは主に肝臓（α）、筋肉（β／δ）、脂肪細胞（γ）で中心的な働きを示す

　図5に示した．カロリー過剰による血糖上昇は膵臓のインシュリン分泌を引き起こす．インシュリンは筋肉や脂肪組織における糖輸送体GLUT4を細胞表面に移行させ，血糖のこれらの組織への取込みを促す．血糖が取込まれた脂肪組織では脂肪酸合成が亢進する．この上昇はSREBP1cにより担われる[11) 12)]．

　SREBPファミリーは代謝調節で非常に重要な役割を果たす．SREBP2は前にも述べたとおりコレステロールの合成と細胞への取込みを促進する．コレステロール上昇はSREBP1，2のプロセッシングを阻害し，核移行を阻害する．しかし図5のように，細胞中へのコレステロール蓄積増加によって酸化ステロールのセンサーである核内受容体LXRαがSREBP1cの転写

を活性化する．SREBP1cでは，転写活性化によるタンパク増加が，プロセッシングの低下を打ち消して，活性化と核移行を促すと考えられる[13)]．

　もう1つの生活習慣病の，代謝面からの制御の中心となるのは核内受容体のPPARファミリーである[14)]．PPAR群の核内受容体はカロリー過剰への対応で重要な役割を果たす．図6に示すように，PPARはペルオキシゾーム増殖因子により活性化される受容体の略で，α，β，γの3種が知られる．PPARαは主に肝臓で，βは主に筋肉でペルオキシゾームを増殖させ，脂肪酸を燃焼させ，インシュリン抵抗性を改善する．γは脂肪組織への脂質沈着を促し，インシュリン抵抗性を改善するが肥満や浮腫などの副作用も生まれやす

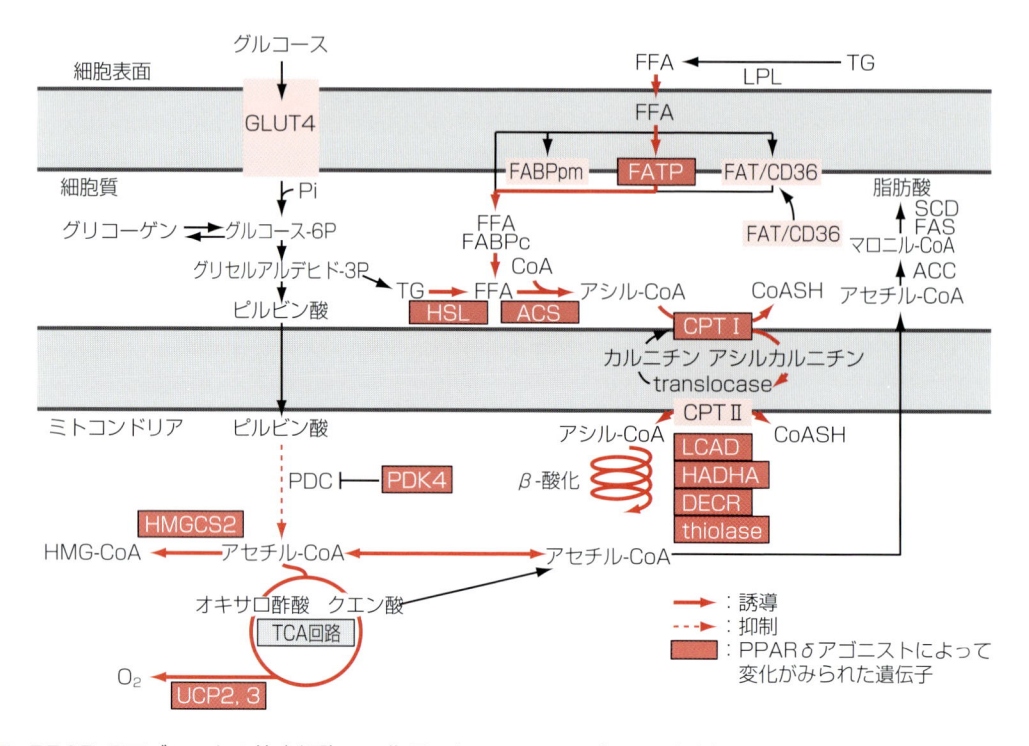

PPARδはL6 myotubeにおける脂肪酸のβ-酸化にかかわる転写を刺激する

図7　PPARδアゴニストの筋肉細胞での作用のトランスクリプトーム解析結果
ラットの筋肉系モデル細胞L6をもちいてPPARδアゴニストの作用を検討した．PPARδはβ酸化により蓄積した脂肪を燃焼させることを促す方向にトランスクリプトームを変化させることがわかった

い．PPARδの作用をトランスクリプトームで解析すると図7のように脂肪酸燃焼へ向かう一連の代謝調節が系統的に制御されることがわかる[15]．PPARδの本来の作用は，これらの結果をみるとむしろ「飢餓センサー」と思われ，カロリー不足のときに脂肪分を栄養として動員しているように思われる．カロリー過剰はこれらPPAR群の働きも低下させる．

さらに脂肪組織のcDNAの系統的解析からは，レプチンやアディポネクチンというアディポサイトカインが分泌され[16]，レプチンは食欲を制御し，アディポフィリンは肝臓などの受容体でAMP-カイネースとPPARαを活性化させ，インスリン抵抗性を改善させる．門脇，山内らによりアディポネクチン受容体が7回膜貫通型でありながら全く新規の受容体であること，肝臓とそれ以外では異なる2つの受容体があることが示され，注目されている[17]．脂肪組織への過度の脂肪沈着はこれらのアディポサイトカイン分泌を低下させ，生活習慣病を一層悪化させる．

多数の核内受容体は脂質センシングに関与しているが，PPARファミリーを始めとして，生体内の本当のリガンドが不明であることが制御機構の理解を難しくしている．HNF4αなど，ゲノミクスからMODY型糖尿病の原因遺伝子であり，脂肪酸との結晶構造が解かれている核内受容体でも，リガンドにどの程度支配されているか不明な受容体もあり[18]，今後，核内受容体活性の制御の理解が重要であろう．

治療薬のトランスクリプトーム解析

こうした，ゲノミクス，トランスクリプトミクス，プロテオミクスの進歩から，動脈硬化の治療法についても大きな進歩がみられてきた．

1 スタチンのトランスクリプトーム解析

基本的なコレステロール低下薬として用いられているスタチンのトランスクリプトーム解析から，その作

用機構と薬物選択性について大きな成果が得られてきた．われわれはスタチンの肝臓での作用について，トランスクリプトーム解析からコレステロール合成低下に比して，ピタバスタチンは高いLDL受容体mRNAを誘導することを発見した[19]．そのピタバスタチンの臨床成績から，低容量でも効果的な血液中LDL濃度低下が示され，さらに服用者6万人で横紋筋融解症などの重篤な筋肉障害はゼロであることがわかり，あらたな治療法として期待している．一方，すでに市場から撤退したセリバスタチンに続いて，アメリカで発売されたロスバスタチンではすでに7名の横紋筋融解症が報告され，市民団体から発売停止すべきとの訴えがでている（http://www.worstpills.org/public/crestor.cfm）．

ピタバスタチンの血管内皮細胞でのトランスクリプトーム解析では，Rac.cdc42のプロセッシングを阻害するLT（リーサルトキシン）による効果と類似したトランスクリプトーム変化がみられ，このような変化はトロンボモジュリンではタンパクレベルでも証明された．ピタバスタチンはラフトでのrac1の集積を抑制し，核移行を促していると思われ，全く新規の役割が注目されている[20][21]（興梠ら，未発表）．一方，筋肉細胞では調べられたすべてのスタチンに反応してコレステロール合成系遺伝子が強烈に誘導され，コレステロール合成低下に非常に過敏に反応する細胞種であることが証明された．さらに，神経細胞ではピタバスタチン投与で，ラフトへのγセクレターゼ集積が抑制され，アルツハイマー病へスタチンが有効かもしれないという予測を支持する結果として注目されている．これらの効果を統合して考えると，スタチンの効果はHMG-CoA還元酵素阻害が直接にコレステロールを低下させるとともに，細胞ごとにラフト機能にどのように作用するかが鍵と思われる．

特に注目されているのは，ピタバスタチンで血管内皮細胞および平滑筋細胞で最も高度に抑制されたPTX3（ペントラキシン3）という遺伝子である．従来，動脈硬化の予後判定に高感度CRP（C reactive protein）がコレステロールと独立の危険因子として注目されている．CRPも含めペントラキシンファミリーには多数の遺伝子があり，CRPが肝臓で主に発現されるのに対し，PTX3は血管内皮細胞および平滑筋細胞，心筋細胞で高く発現している．最近イタリアのミラノ大学のグループからPTX3タンパクの血液中レベルが心筋梗塞で上昇していることが報告されている．PTX3タンパクレベルの臨床レベルの測定法が開発され，スタチン服用でタンパクレベルが低下することが発見されている．今後の臨床での治療必要患者の同定に有力な手段と期待されると同時に，動脈硬化病巣に多量に検出されているPTX3タンパクの動脈硬化進展への関与が注目されている[22][23]．

2 生活習慣病治療薬のトランスクリプトーム解析

PPARアゴニストの標的遺伝子のトランスクリプトーム解析が急速に進んでいる．そこではPPAR α と γ は受容体タンパクの過剰発現のみでアディポフィリンなどを誘導するのに対し，PPAR δ は受容体タンパクだけではアディポフィリンmRNA誘導を抑制し，リガンド刺激で誘導するという特殊な動きがわかってきた（土井ら，未発表）．またPPAR γ アゴニストにはコファクター選択性があり，グリタゾン群はTIF2を主に結合させ，インシュリン抵抗性改善と同時に肥満，浮腫を起こすのに対し，FMOCロイシンなどはコファクターとしてSRC1を主に結合させるため，こうした副作用なく，インシュリン抵抗性を改善する[24]．

そこで核内受容体アゴニストには選択性が求められ，プロテオミクスによるコファクターとの複合体解析が求められている．HNF4 α へのモノクローナル抗体で複合体を免疫沈降させると，ゲノム上の10％以上の遺伝子にも細胞特異的に結合していることが証明され，核内受容体アゴニストの選択性が医薬品開発の鍵となってきている[25]．

生活習慣病の新たな治療薬としてアディポサイトカインであるレプチン，アディポネクチンの投与も試みられている．しかし現在のところ臨床的有用性についての確実な結果は得られていない．

3 血管の内皮細胞を制御する治療法

アテロームの形成の治療には，内皮細胞の活性化と単球の集積を抑制することが重要である．単球の内皮細胞への接着を抑制するには，接着因子VCAM1および種々のケモカインのmRNAの誘導を抑えるのが有効である．前述したように，VCAM1の炎症性サイトカインでの誘導を抑える，K7174，K11430などの一

連のNFκBカスケード阻害薬は，これから in vivo での治療効果の検討が必要である．これらの薬物はGATA転写因子の活性を抑制する作用が知られるが，それに加えてほかの作用があるか，解析が必要である．NFκBやサイトカインの抑制療法も検討されている．一方，凝固刺激などに伴う内皮細胞活性化にはNFATc活性の抑制が重要と思われる．DSCR1の活性化抑制が動脈硬化治療に有用かの検討も必要である．

虚血部位での血管新生を促すことによる動脈硬化治療も重要である．そのためには，血管壁細胞のプロジェニター細胞の補充や，VEGFなどの利用も考えられている．プロジェニター細胞を増加させるG-CSFの使用による虚血性心疾患の治療の検討も臨床で試みられている．

流れ刺激で誘導される転写因子NRF2活性が抗炎症作用をもつことから，抗酸化剤もNRF2活性との関連で重要と思われる．

ゲノム解読とシステム生物医学の進展から多数の新規標的が同定され，動脈硬化への応用が試みられているが，血管システムの複雑性を理解し，選択性をもち副作用の少ない治療法を開発していくことが重要となるであろう．

参考文献

1) Horton, J. D. et al. : Cold Spring Harb. Symp. Quant Biol., 67 : 491-498, 2002
2) Kodama, T. et al. : Nature, 343 : 531-535, 1990
3) Suzuki, H. et al. : Nature, 386 : 292-296, 1997
4) de Winther, M. P. et al. : Atherosclerosis, 144 : 315-321, 1999
5) 金子勝，児玉龍彦：「逆システム学」，岩波新書，2004
6) Watanabe, Y. et al. : Nucl. Recept., 1 : 1, 2003
7) Wada, Y. et al. : Arterioscler Thromb Vasc Biol., 22 : 1712-1719, 2002
8) Umetani, M. et al. : Arterioscler Thromb Vasc Biol., 21 : 917-922, 2001
9) Umetani, M. et al. : Biochem. Biophys. Res. Commun., 272 : 370-374, 2000
10) Almaas, E. et al. : Nature, 427 : 839-843, 2004
11) Shimomura, I. et al. : Proc. Natl. Acad. Sci. USA, 96 : 13656-13661, 1999
12) Shimomura, I. et al. : J. Biol. Chem., 274 : 30028-30032, 1999
13) Repa, J. J. et al. : Genes. Dev., 14 : 2819-2830, 2000
14) Francis, G. A. et al. : Curr. Opin. Pharmacol., 3 : 186-191, 2003
15) Tanaka, T. et al. : Proc. Natl. Acad. Sci. USA, 100 : 15924-15929, 2003
16) Matsuzawa, Y. et al. : Arterioscler. Thromb. Vasc. Biol., 24 : 29-33, 2004
17) Yamauchi, T. et al. : Nature, 423 : 762-769, 2003
18) Dhe-Paganon, S. et al. : J. Biol. Chem., 277 : 37973-37976, 2002
19) Morikawa, S. et al. : J. Atheroscler Thromb, 7 : 138-144, 2000
20) Morikawa, S. et al. : J. Atheroscler Thromb, 9 : 178-183, 2002
21) Masamura, K. et al. : Arterioscler Thromb. Vasc Biol., 23 : 512-517, 2003
22) Rolph, M. S. et al. : Arterioscler Thromb Vasc Biol., 22 : e10-4, 2002
23) Peri, G. et al. : Circulation, 102 : 636-641, 2000
24) Picard, F. et al. : Cell, 111 : 931-941, 2002
25) Odom, D. T. et al. : Science, 303 : 1378-1381, 2004

第6章 疾患ゲノミクスと集団遺伝学

4．糖尿病ゲノミクス

井上 寛　野村恭子　板倉光夫

2型糖尿病は遺伝的素因を背景にさまざまな環境因子の負荷が加わることによって発症する多因子遺伝性疾患である．最近，糖尿病疾患感受性遺伝子を同定する研究の主流は，罹患同胞対解析などの連鎖解析からSNPsを用いた関連解析へ移行しつつある．

はじめに

現在，世界の糖尿病患者は約2億人と推定され，20年後には3億人を超えると予測されている．わが国の推計患者数は約740万人で，予備群（耐糖能異常：IGT）を含めると約1,620万人に達し，特に過去30年間の患者増加率は生活習慣病のうちで第1位である．医療経済に対する影響も甚大で，糖尿病に要する医療費は現在約2兆円/年程度と推定されているが，糖尿病に関連する合併症や併発症にかかる医療費も含めると，現在においても糖尿病が医療費を最も使っている疾患の1つであることは間違いない．

慢性の高血糖状態を主徴とする糖尿病は，膵ホルモンの1つであるインスリンの作用不足に伴う代謝性症候群と定義される．糖尿病は1型と2型に分類され，1型は主に自己免疫学的機序により膵ラ氏島のインスリン分泌細胞（膵β細胞）が破壊されインスリン分泌が枯渇し発症する．これに対し，本邦で95％以上を占める2型は，肥満・過食，ストレス，運動不足など現代のライフスタイルに起因するインスリン感受性の低下（抵抗性）が主な病態とされている．旧来，糖尿病の病態については，膵β細胞のインスリン分泌不全と，肝・筋肉・脂肪におけるインスリン抵抗性とに明確に分けるのが一般的であったが，現在では1型患者においてもインスリン抵抗性が存在し，2型においても加齢や膵β細胞の疲弊に伴うインスリン分泌低下が発症に必須であることが臨床的に証明され，すべての糖尿病患者において，程度の差はあれ，両者が複合した病態が存在していると考えられている．糖尿病は人種・民族の違いによっても大きく異なり，例えば1型糖尿病患者の頻度は白人の方が日本人より数倍から数十倍高い（人口10万人当たりの患者数，日本　0.8人，フィンランド　28.6人，アメリカ　14.6人，イスラエル　4.3人）またやせ型の2型糖尿病の多い日本人では，肥満型が多い白人などに比べ民族的にインスリン分泌能が劣っていることなどが指摘されている．

糖尿病はきわめて家族内発症の多い疾患としても知られ，①家系内の集積傾向（40〜50％），②一卵性双生児による高い一致率（2型の一致率が60〜90％，1型では30〜40％程度）などが指摘されている．糖尿病の発症に遺伝素因が深くかかわっていることは疑いないが，現代の糖尿病の著しい増加にはさまざまな環境因子の変化（高齢化，ライフスタイル関連因子など）が起因すると考えられている．すなわち糖尿病は，遺伝的因子（遺伝素因）を背景に，さまざまな環境因子の負荷が複雑に加わることによって発症するのであり，このため糖尿病は多因子疾患（multifactorial disease），複雑性疾患（complex disease）の代表的

Hiroshi Inoue[1] / Kyoko Nomura[1,2] / Mitsuo Itakura[1] : Institute for Genome Research, The University of Tokushima[1] / FUJITSU Japan[2]（徳島大学ゲノム機能研究センター遺伝情報分野[1] / 富士通株式会社共同研究員[2]）

存在として取り扱われる．本項では特に2型糖尿病のゲノミクスを中心に概説する．

疾患解明のためのストラテジー

　2型糖尿病の原因または疾患感受性遺伝子を探求する遺伝統計学的な方法には，主に①連鎖解析と，②患者-対照関連解析法の2つがある．両者はともに，疾患感受性遺伝子の存在しているゲノム領域について，患者間で共通祖先から同じものを受け継いでいる可能性が高いと想定し，①が家系内における共有の程度，②が一般集団での共有の程度を統計学的にテストする方法といえる[1]．

　2型糖尿病の分野において，まず①が世界で精力的に進められてきた．特に，一般の2型糖尿病の発症は晩発性で，家系内で複数世代にわたるサンプルを収集することが困難であるため，罹患した兄弟を含む家系を集めて解析する罹患同胞対解析（affected sib-pair analysis）が主に用いられた．

　罹患同胞対解析とは，遺伝形式や浸透率を仮定せずに行うノンパラメトリック連鎖解析の1つの方法で，2型糖尿病のように複合的な遺伝形式をとる場合や，浸透率が予測できないときにでも解析が可能である．概略すると，罹患同胞間で連鎖がないときに期待される0，1，2対立遺伝子共有の期待される同胞対の割合25％，50％，25％からどれだけ0対立遺伝子共有の割合が減り，2対立遺伝子共有の割合が増えるかを検定する．もし，両親の遺伝子型が異なったヘテロ接合であれば，両対立遺伝子とも同じである同胞対が同祖的IBD（identical by descent）であるかどうかがわかる．

　一般に全ゲノムにわたり，平均10 cM間隔で離れた約400のマイクロサテライトマーカーを用いてゲノム全体の一次スクリーニングを行う計画がとられることが多い．統計的な有意性の目安として，最大ロッド値（MLS）と観察された偏りが偶然起こる確率をはかるP値の2つの数値が用いられる．

　過去10年の間に，全ゲノム領域を対象とした罹患同胞対解析により，現在まで20カ所以上の染色体座位が，2型糖尿病の候補領域として同定され，一定の成果が得られたといえる．しかし，このなかで現在まで疾患感受性遺伝子として（候補）遺伝子まで単離で きたのは唯一，カルパイン10遺伝子1つでしかない．

　他の非メンデル型多因子疾患でも同じような状況で，メンデル型単一遺伝性疾患において連鎖解析が原因遺伝子を次々に明らかにしてきた状況と大きく異なることが明らかになってきた．すなわち，多因子遺伝性疾患において連鎖解析はさほど信頼性がなく，多くの疾患感受性遺伝子を検出するためのパワーが不足している可能性が高いことが指摘されてきた．

　上述のような状況で，最近注目されているのがSNPs（single nucleotide polymorphisms：一塩基多型）を使用した患者-対照関連解析（case-control study）による疾患感受性遺伝子の同定の試みである．SNPはゲノム全体の約0.1％，300万〜1000万程度存在するDNA多型で，SSRPs（simple sequence repeat polymorphisms）などほかのDNA多型に比べその数が圧倒的に多いためマーカーとしての利用価値が大きい．

　関連解析では，健常対照群と比較して患者群における特定対立遺伝子（遺伝子変異）の共有の程度に差があるかを検定する．あるSNPが疾患との間に"関連がある"とは，①みているSNP（遺伝子変異）そのものが疾患感受性を規定する変異である場合，②みているSNP（遺伝子変異）と疾患との間に直接的な因果関係はないが，そのSNPと真の疾患感受性遺伝子との間に連鎖不平衡（linkage disequilibrium：LD）が成立している場合，がある．

　ランダムに選択されたSNPを用いて解析する場合，②の検出が主な目的となるが，問題点として，LDのおよぶ範囲はゲノム上の位置により異なり，その範囲も数kbから数百kbと幅があることがあげられる．さらに関連の検出感度はこのLDの程度，および真の遺伝子座とマーカーSNPとのアレル頻度の関係に依存することなどにより，ゲノム全体を網羅的にスクリーニングするためには非常に数多くのSNPで関連解析を行う必要がある点も問題である．これをクリアするため大量高速SNPタイピングシステムの開発が進められつつあるが，まだ一般的に普及しているとはいいがたい．

　また関連解析において，内部対照として非血縁健常集団が使われることが多いが，関連解析の方法の1つである伝達不平衡テストでは発端者の両親を用いる．この場合，検体収集上の困難が伴う点は連鎖解析・罹患同胞対解析と同様である．

その他，関連解析における主な問題点として，①多点解析，すなわち数千，数万という多数のSNPsが解析に使われるような場合に，必要有意水準をどのように設定するかのコンセンサスが確立していないこと［対処法として，Bonferroniの補正がある：例えば，危険率（有意水準）を5％に設定して，20個のSNPに関して関連解析を行えば，そのうちほぼ1つ（＝0.05×20）が疾患との関連とは無関係に有意となってしまう．すなわち，n個のSNPを検討する場合には有意水準を0.05ではなく，0.05 /nに補正する，などもあるが，厳格すぎるとの批評がある］，②検定力はサンプルサイズに比例し，多くの，（おそらく）弱い疾患感受性遺伝子を効率よく検出するためには，数千から数万という多くの検体が必要である可能性が高いこと，③集団階層化，すなわち患者群と対照群で遺伝的に異なる集団（例えば人種など）をそれぞれ形成すると，2群間で特定のアレルの出現頻度が異なって，それが疾患感受性と関連しているようにみえてしまう，いわゆる偽陽性の増加すること，などが指摘されている．

2型糖尿病において，以前からインスリン遺伝子を筆頭に，インスリン受容体，グルコキナーゼ，グルコーストランスポーター，HNFなどすでに250以上もの候補遺伝子が関連解析により解析されているが，残念なことに，1型糖尿病におけるHLAや，アルツハイマー病におけるApoEといったメジャーな疾患感受性遺伝子が同定されるに至っていない．メジャーとはいえないものの，2型糖尿病の疾患感受性遺伝子としてある程度コンセンサスが得られている遺伝子として，PPARγ，膵KATPチャネルを構成する2つのサブユニット（Kir6.2とSUR1）をコードするKCNJ11，ABCC8遺伝子などがある．

今後，ゲノム情報の充実やプロテオミクス技術の向上による網羅的タンパク質機能の解明から，ますます新しい遺伝子が2型糖尿病に対する候補遺伝子として解析されることが期待される．新規の候補遺伝子だけでなく，サンプルサイズなど遺伝学的解析方法の見直しから，すでに解析された候補遺伝子も再吟味が必要である．

研究・実験例

当教室では，日本人2型糖尿病の疾患感受性遺伝子をgene-centric even-spacing common-shared SNPsを使用した患者－対照関連解析で同定する研究を行っている．gene-centric even-spacing common-shared SNPsとは，次の基準を満たして選択されたSNPマーカーである（図1）．

まず，①従来は塩基変異がアミノ酸変化を起こしえるexon領域を中心にゲノムマーカー（exon-centric SNPs）を配置するのが一般的であったが，5′非翻訳領域，3′非翻訳領域およびintron領域を含めて各遺伝子の全領域をカバーするように，すなわちgene-centric SNPsを配置する．

次に，②SNPマーカーと疾患感受性遺伝子座のゲノム上の距離が近ければ近いほど，より強い連鎖不平衡にある可能性が高いが，われわれは日本人における連鎖不平衡の平均的な長さを調査し，等間隔（5または10 kbごと）にeven-spacing SNPsを設定した．この場合，SNPマーカーの両側2.5または5 kbが連鎖不平衡状態であれば，疾患感受性遺伝子領域を検出しもらすことがない．

最後に，③SNPsはできるだけ他人種でも共通にみられるものをNCBIなどのデータベースから選択し，さらに頻度の高いSNPは検出力が大きいので，日本人でマイナーアレル頻度が15％以上のcommon-shared SNPsを解析対象とした．

このような選択基準で選ばれたSNPsは，日本人と中国人それぞれ46名のアレル頻度とともに，Tokushima Asian SNPs（ASNPs，現在約9万個）としてホームページにて公開している[2]．

われわれの段階的関連解析のデザインを図2に示す．糖尿病患者および対照とする健常者の検体は，多施設共同研究として，現在までおのおの3,000以上の収集が完了している．これらgene-centric even-spacing common-shared SNPsとDNAサンプルを使用して，民族人種を超えて，繰り返し連鎖が報告されている2型糖尿病疾患感受性候補領域から，3領域（locus A：23 cM / locus B：19 cM /locus C：24 cM）を選択し，関連解析を実施した．解析したSNPsの数は1,654個にのぼる（locus A：508 SNPs / locus B：527 SNPs /locus C：619 SNPs）．

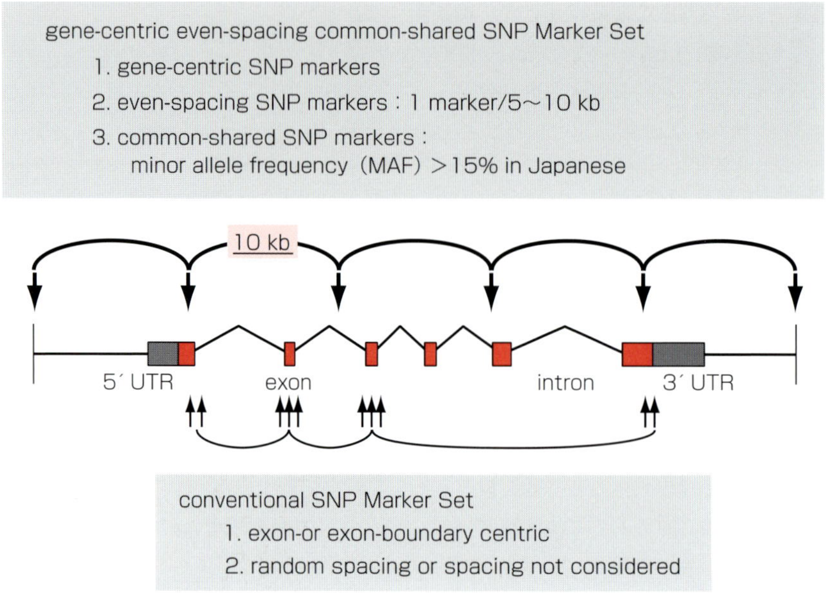

図1　gene-centric even-spacing common-shared SNP マーカーの概念
詳細は本文を参照

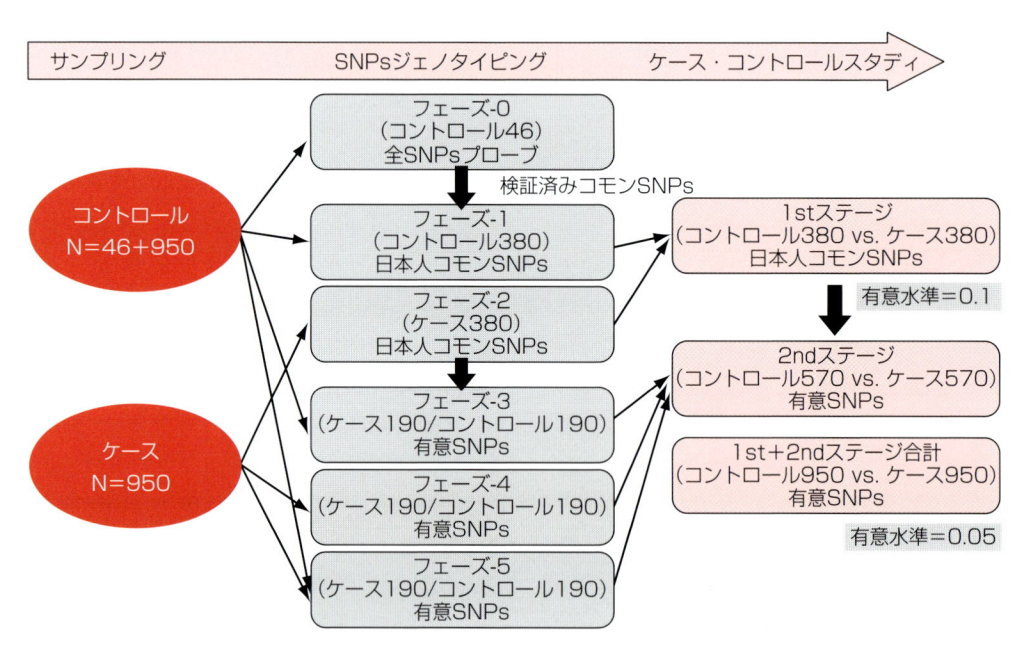

図2　SNP 関連解析のスタディ・デザイン
詳細は本文を参照

その結果として現在までのところ，疾患感受性が示唆されたSNPとして，有意水準 $a = 0.05$ を満たす127 SNPs，有意水準 $a = 0.01$ を満たす54 SNPsの抽出に成功している．

今後の研究の展開

糖尿病も含め生活習慣病と呼ばれる多因子疾患においては，一般集団とSNPsマーカーを用いた患者-対照関連解析が，DNAサンプルの確保の容易さ，解析結果の明快なことなどから，今後ますます重要なストラテジーとなると予想される．

しかし現時点で，個々のSNPsの解析を全ゲノムワイドに拡大して関連解析を行うことには，莫大なコストを要するなどの障害がある．これを克服するためには，個々のSNPsを解析するのではなく，挙動をともにするSNPsからなるブロック（ハプロタイプ）単位で遺伝子型を解析していくことで効率化をはかることが有効と考えられる．

この実現に向けてSNPハプロタイプ地図作成に向けた国際協力プロジェクト（国際ハップマップ作成プロジェクト[3]）も進行中である．SNPsデータの蓄積に加えて，新しい疫学・統計学的な方法論の開発も必要となってくるであろう．将来，これらの取り組みが成功すれば，病態理解に役立つのみならず，発症予知・予防，治療薬選択など，実際の臨床現場でも有用なSNPsマーカー群が同定される日も遠くないものと期待される．

参考文献

1) 形質マッピングホームページ：http://www.genstat.net/
2) http://www.genome.tokushima-u.ac.jp/dgi/JAPDGI/ASNPs/index_Japanese.html
3) http://www.hapmap.org/

第6章 疾患ゲノミクスと集団遺伝学

5. 喘息ゲノミクス

広田朝光　赤星光輝　松田 彰　高橋尚美　清水麻貴子　小久保美紀　関口寛史
中島加珠子　程 雷　小原和彦　玉利真由美　岸 文雄　白川太郎

気管支喘息（以下喘息）における疾患関連遺伝子の同定に用いられてきた2つの代表的な手法—連鎖解析と関連解析—について，これまでの報告をふまえて概説する．また現在，分子生物学的手法の飛躍的な向上により可能となった大規模な患者対照解析を用いた疾患関連遺伝子同定法についても述べ，最近のこの分野での研究成果の一端を紹介する．

はじめに

喘息は気道炎症と可逆性気道閉塞を特徴とする，閉塞性呼吸機能障害を呈する疾患であり，高血圧，糖尿病などと同様，common disease（ありふれた疾患）の1つである．近年，先進国を中心に増加の一途をたどっており，その原因解明とそれにもとづく予防・治療対策が急がれている．アレルギー疾患では，双生児研究における二卵性より一卵性での罹患一致率が高いとする報告[1]など，遺伝要因の関与が強く示唆されている．一方，近年の急激な喘息罹患率の増加は遺伝要因だけでは説明がつかず，途上国（農村部）より先進国（都市部）における罹患率が高いことなどを示したいくつかの疫学調査により，衛生的な環境要因が発症に関与すると考えられている．このように，喘息は遺伝要因と環境要因が絡み合って発症する多因子疾患（複合遺伝性疾患）であり，本項では現在まで遺伝要因に関する喘息関連遺伝子の同定がどのような手法で行われてきたかについて述べる．

疾患関連遺伝子同定のための手法

喘息に限らず，多くの疾患で関連遺伝子を同定する方法としてこれまでに，**1** 連鎖解析，**2** 候補遺伝子関連解析，の2つが行われてきたが，近年 **3** 大規模な関連解析による関連遺伝子同定法が注目されている．

1 連鎖解析

連鎖解析とは，疾患と遺伝子多型[*1]との連鎖の程度を調べることにより，染色体上での疾患関連遺伝子の領域を絞り込んでいく手法である．common diseaseにおいてしばしば用いられる手法が兄弟発症症例を用いた罹患同胞対解析（affected sib-pair analysis, 同胞：兄弟姉妹）である．この連鎖解析の詳細については他項を参照されたい．

喘息においては1996年Oxford大学のCooksonらのグループにより，オーストラリア人を対象とした連鎖解析がはじめて報告され[2]，その後，さまざまな人種で喘息の候補領域が相次いで報告された．しかし，それらの候補領域はすべての報告で完全に一致している

Tomomitsu Hirota [1) 2)] / Mitsuteru Akahoshi [1)] / Akira Matsuda [1)] / Naomi Takahashi [1)] / Makiko Shimizu [1)] / Miki Kokubo [1)] / Hiroshi Sekiguchi [1)] / Kazuko Nakashima [1) 3)] / Cheng Lei [3)] / Kazuhiko Obara [1) 4)] / Mayumi Tamari [1)] / Fumio Kishi [2)] / Taro Shirakawa [1) 3)] : Laboratory for Genetics of Allergic Diseases, SNP Research Center, RIKEN Yokohama Institute [1)] / Department of Molecular Genetics, Field of Developmental Medicine, Health Sciences Course, Kagoshima University Graduate School of Medical and Dental Sciences [2)] / Department of Health Promotion and Human Behavior, Kyoto University Graduate School of Public Health [3)] / Hitachi Chemical Co., Ltd. Life Science Center [4)]（理研横浜研究所遺伝子多型研究センターアレルギー関連遺伝子研究チーム[1)] / 鹿児島大学大学院医歯学総合研究科健康科学専攻発生発達成育学講座分子遺伝学教室[2)] / 京都大学大学院医学研究科社会健康医学系専攻健康要因学講座健康増進・行動学分野[3)] / 日立化成工業株式会社ライフサイエンスセンタ[4)]）

わけではない．その理由として対照症例の環境因子が異なること，人種により遺伝子多型の頻度が異なること，多因子であるため疾患感受性が1つの遺伝子では説明できないこと，などが考えられている．しかしながら，人種を越えて共通の候補領域もあり，この領域には普遍的な喘息関連遺伝子の存在する可能性が高いと考えられ，注目されている．また，日本人ダニ感受性喘息の罹患同胞対解析も2000年に筑波大学のグループにより報告されている（表）．

しかし，罹患家系内からの複数のサンプル収集は困難であり，検出力が比較的低いなどの短所もある．また罹患同胞対解析のようなノンパラメトリック解析では，一般に絞り込める候補領域は10 cM程度（約10 Mb）と考えられ，この非常に広いゲノム領域に存在する多数の遺伝子（およそ100～200個存在すると考えられる）から疾患関連遺伝子を絞り込むためにはさらなる解析手法が必要となる．

> **memo**
>
> ＊1：ある遺伝子座に存在するアレルが2種類以上存在し，その頻度が人口の1％以上であるもの．SNP（single nucleotide polymorphism：一塩基多型），インサーション（挿入）／デリーション（欠失），マイクロサテライト，VNTR（variable number of tandem repeat）などの種類がある．

2 候補遺伝子関連解析

この方法は既知の遺伝子産物の生理的作用などから，喘息の病態に関連すると予測される候補遺伝子を選択し，その遺伝子多型のアレルの頻度を患者群と対照群（非疾患群）で比較し，両者のアレル頻度に統計学的有意差があるときに疾患との関連ありと考える手法である．実際この手法により，喘息に関与すると考えられる多くの遺伝子が報告され，またこの手法は現在も盛んに行われている＊．連鎖解析と比べ検出力も高く，サンプル収集が容易であるなどの長所がある一方，疾患群と非疾患群が遺伝的に異なる集団を形成していると偽陽性が生じたり，発症機序への関与が予想されにくい遺伝子や機能未知の遺伝子については検索の対象から外れるという短所がある．

> **memo**
>
> **IL4，IL13関連**
>
> IL（Interleukin）-4はIgE産生調節にかかわる重要なサイトカインであり，Th2型反応を増幅させる作用を有する．*IL4*，*IL5*，*IL13*遺伝子を含むIL4サイトカインクラスターをはじめ，多くの有力な候補遺伝子が存在するヒトの染色体5q31-33領域は，これまで多くの連鎖解析にて喘息との関連が示されている．1994年に最初に*IL4*遺伝子座と血清IgE値の関連が報告されて以来，多くの関連解析が精力的に行われてきた．
>
> IL-13はB細胞に作用しIgE産生を誘導するが，これが喘息の発症に重要であることは，動物モデルの実験などからも多くの確証が得られている．プロモーター領域の−1,055C/T，3´UTR領域の4,738G/Aといった*IL13*遺伝子の喘息やアレルギー形質との相関が報告されている．特にエクソン4のGln110Arg（4,464G/A）多型については，Gln110アレルが喘息患者において発現頻度が高く，血中IL-13値が高いという結果が日本人およびイギリス人で認められており，人種を越えて幅広いアレルギー形質に関わる遺伝子として特に注目されている．
>
> IL-4，IL-13はそれぞれの受容体を介して作用を発現するが，両受容体はIL-4Rα鎖を共有する．IL-4はIL-4Rα鎖によって両方の受容体に結合できるが，IL-13はB細胞上のみに存在するIL-13受容体としか結合できない．両受容体ともSTAT6を活性化し，このIL4/IL13－IL-4Rα－STAT6経路がこれらのシグナル伝達さらにはTh2反応の発現に必須である．このためIL4Rα（16p11-12），STAT6（12q13.3-14.1）に関しては遺伝的影響が強く予想され，実際に*IL4RA*遺伝子のIle50Val多型やSTAT6遺伝子の3´UTR変異（2,964G/A）と，喘息や血清IgE値などとの統計学的な関連が認められており，同様にアレルギー形質にかかわる有力な候補遺伝子として注目されている．さらにIL4RAに関しては，機能的にもシグナル伝達機能が増強されることが示されている．
>
> **IL12B**
>
> 連鎖解析による候補領域の5q31領域における候補遺伝子の1つとして*IL12B*遺伝子が報告されている．IL-12は，それぞれ*IL12A*遺伝子および*IL12B*遺伝子でコードされるp35，p40からなるヘテロダイマーである．IL-12は，B細胞，マクロファージ，樹状細胞より産生され，Th1細胞の分化促進やIL-4，9，13といったTh2サイトカインの遊離を抑制することで，喘息の炎症反応を調節するのに重要な役割を果たしている．小児のコホート研究の報告では，*IL12B*遺伝子のプロモーター多型とその遺伝子発現，タンパク産生との関連が示され，喘息の重症度に関する関与が示唆されている．
>
> **CD14**
>
> *CD14*遺伝子も5q31に位置し，マクロファージや単球の表面に発現するLPS（lipopolysaccharide）やほかの細菌壁成分に対する重要な高親和性レセプターである．LPSからの刺激はTh1免疫応答の成熟，およびそれに伴う，アトピー誘導性のTh2反応の抑制に寄与していると考えられている．これは，幼少期におけるLPSへの曝露の程度とアレルゲンに対する耐性の発現との相関を示した疫学調査からも裏付けられる．*CD14*遺伝子多型に関してはこれまで，プロモーター領域に5カ所（−1619，−1359，−1145，−809，−159）のSNPおよびエクソン2のSNP（1344G/C）の報告があり，−159C/T多型と可溶性CD14値，血清

（後のページにつづく）

表　連鎖解析により喘息、またはその関連表現型と相関が認められた染色体の領域

人種	表現系	染色体											
		1	2	3	4	5	6	7	8	9	10	11	12
アフリカ系アメリカ人	喘息					5p15							
アフリカ系アメリカ人	喘息											11q21	
スペイン系アメリカ人	喘息		2q33										
スペイン系アメリカ人	喘息	1p32											
オーストラリア人	アトピー性喘息				4q35		6p21.3-23	7q				11q13	
白人	喘息			3p24.2-22								11p15	
フッター派	喘息		2pter			5q23-31							12q15-24.1
ドイツ人、スウェーデン人	喘息/喘息関連表現型	1p31					6p21.3			9q13-32			12q13-21
フランス人	喘息/喘息/喘息関連表現型					5p,5q			8p			11p13,q13	12q24
フッター派	喘息/喘息関連表現型					5q		7q					12q
オランダ	喘息/IgE							7p14-15					
フィンランド人、フランス系カナダ人	喘息/喘息関連表現型				4q								
ヨーロッパ系アメリカ人	喘息			3q21-22			6p21						
デンマーク人	喘息/喘息関連表現型	1p36				5q31	6p24-22						
アイスランド人	喘息												
日本人	ダニ感受性小児喘息				4q35	5q31-33	6p22-21.3						12q21-23

人種	表現系	染色体										研究グループ
		13	14	15	16	17	18	19	20	21	22	
アフリカ系アメリカ人	喘息					17p11.1-q11.2						CSGA (1997)
アフリカ系アメリカ人	喘息											CSGA (2001)
スペイン系アメリカ人	喘息									21q21		CSGA (1997)
スペイン系アメリカ人	喘息											CSGA (2001)
オーストラリア人	アトピー性喘息	13q14-31			16q23-24							Daniels ら (1996)
白人	喘息							19q13				CSGA (1997)
フッター派	喘息							19q13		21q21		Ober ら (1998)
ドイツ人、スウェーデン人	喘息/喘息関連表現型											Wjst ら (1999)
フランス人	喘息/喘息/喘息関連表現型	13q31	14q			17q12-21		19q13				EGEA (2000)
フッター派	喘息/喘息関連表現型				16q			19q				Ober ら (2000)
オランダ	喘息/IgE											Xu ら (2000)
フィンランド人、フランス系カナダ人	喘息/喘息関連表現型											Laitinen ら (2001)
ヨーロッパ系アメリカ人	喘息											CSGA (2001)
デンマーク人	喘息/喘息関連表現型		14q24									Haageup ら (2002)
アイスランド人	喘息											Hakonarson ら (2002)
日本人	ダニ感受性小児喘息	13q14.1-14.3										Yokouchi ら (2000)

（前のページのつづき）

IgE値およびアレルギー形質との関連が示されている．

TNFA

遺伝子座をMHC class III領域（6p21）に有するTNF（tumor necrosis factor）-αは強力な炎症性サイトカインであり，喘息患者の気道や気管支肺胞洗浄液中に高濃度に存在する．TNFA遺伝子のプロモーター領域に存在するSNP（-308G/T）はTNF-α発現量と関連し，喘息との有意な相関が認められている．これは強い気道炎症を惹起する喘息反応の特徴を支持するものと考えられる．

FCER1B

FCER1B遺伝子は11q12-13に存在するが，この領域は1989年にアトピー原因遺伝子が存在すると最初に報告された領域である．FcεRIは主にマスト細胞と好塩基球に発現し，IgEに特異的に結合する高親和性レセプターとして同定された．FcεRIは3つのサブユニットによる四量体構造（αβγ$_2$）をとり，そのうちβ鎖はシグナル伝達に関与する．IgE結合後のシグナル伝達により，細胞内の化学物質の放出や各種メディエーターの合成・分泌が生じ，いわゆるアレルギー症状が引き起こされる．これまでFCER1B遺伝子の多型解析が数多く行われ，プロモーター（-109C/T，イントロン2（RsaI RFLP），イントロン5（CA repeat），エクソン6（Ile181Leu, Val183Leu），エクソン7（Glu237Gly）といった多型が報告されている．Ile181Leu（イギリス人集団），Glu237Gly（オーストラリア人集団）と血清IgE値および喘息・気道過敏性などとの関連を示した多型報告をはじめ，FCER1B遺伝子がアレルギーの感受性遺伝子の1つであることが強く示唆されている．しかし，多型頻度の人種間での差が大きく，追試結果もさまざまであり，未だ一定した見解は得られていない．最近，日本人集団における-109C/T多型と血清IgE値との関連も示されている．

3 大規模な関連解析による関連遺伝子同定法

ヒトゲノムの解読が完了し，それに伴いヒトゲノムに関する有用な公共のデーターベースもさらなる充実をみせている．また分子生物学的手法が飛躍的に向上した現在，安価に高速に大量のサンプルの遺伝子型を決定できるシステムが開発され，大規模な関連解析を利用した関連遺伝子同定法が注目されている．この方法はその解析を行う対象領域の設定の仕方により，2つに大別できる．

① 連鎖解析で得られた候補領域を対象とした関連解析

連鎖解析により特定した（またはすでに特定されていた）疾患関連遺伝子の候補領域について，マーカーとなる遺伝子多型を詳細に抽出し，それらを用いて連鎖不平衡マッピング[*2]や患者対照関連解析などの関連解析を行い，疾患関連遺伝子の同定を試みる手法である．実際にこの手法により後述するようないくつかの喘息関連遺伝子が同定された．またわれわれも，日本人の喘息関連遺伝子の候補領域4q35，5q31-33，12q21-23について，当報告を行った筑波大学のグループと共同研究を行い詳細な解析を行っている．

② 全ゲノム領域を対象とした関連解析

われわれの属する理化学研究所遺伝子多型センターでは，全ゲノム領域を対象としたSNP体系的関連解析という手法を用いて，喘息をはじめ心筋梗塞，関節リウマチ，肥満など，common diseaseの関連遺伝子の同定を試みており，機能未知の全く新しい疾患関連遺伝子を同定できる可能性がある．またこの手法では血縁者サンプルを必要とせず，サンプル収集の困難さから遺伝解析の遅れていた成人喘息をはじめ，成人期以降の発症が大部分を占める多くの生活習慣病に関しても有用であると考えられる．

ここでこの手法について簡単に述べてみたい．われわれはゲノム上に数百～千塩基対に1カ所程度と高密度に存在するSNPのなかから，全ゲノム領域にわたりおよそ100,000 SNPsについて患者対照関連解析を行い，統計学的有意差の得られたSNPについて周辺の領域を含めてさらなる解析（解析サンプル数の追加，連鎖不平衡マッピング，ハプロタイプ解析）を行い疾患関連遺伝子の同定を試みている．

近年，ゲノム上の複数の領域を1度にPCRで増幅するMultiplex PCR法とInvader法を組合わせた方法が開発され[3]，わずか0.05 ng～0.1 ngのゲノムDNAでSNPをタイピングできる，高速，大量処理に適したSNPタイピングシステムが確立された．Invader法の原理と実際のタイピングについては，図1，2に示す．この方法の大きな特徴としては，①PCR反応を行わずSNPのタイピングができる，②短時間でタイピングができる，③1度にタイピングできるサンプル数が多い，④蛍光色素が結合しているプローブは共通のものを使用するためコストが安い，などがある．SNPは判定が非常に容易であり，結果を（0.1）信号化できるため情報処理がしやすく，これらの解析法を用いることにより全ゲノム領域でのSNPによる大規模かつ体系的関連解析が現実のものとなった．

当手法を用いて最近，心筋梗塞[4]，関節リウマチ[5]，糖尿病性腎症[6]と疾患関連遺伝子が相次いで報

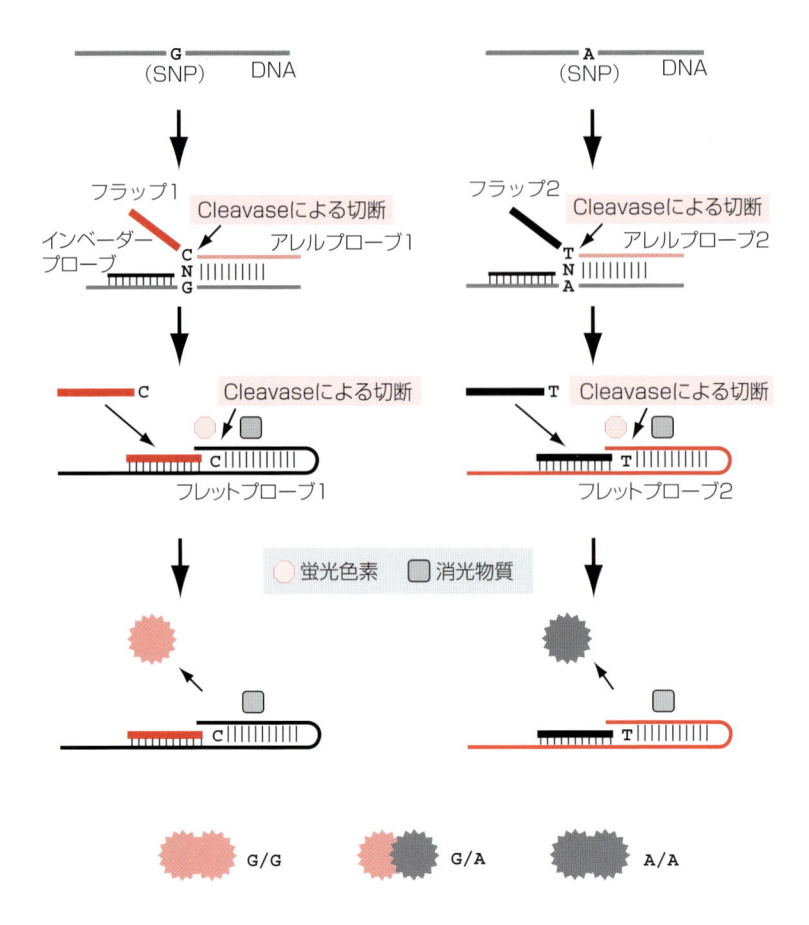

図1　インベーダー法の反応原理
　フラップと呼ばれる配列が付加されたアレル特異的な非標識オリゴヌクレオチドであるアレルプローブ（2種類）とインベーダープローブおよび蛍光標識オリゴヌクレオチドであるフレットプローブ（2種類）を反応に用いる．はじめに鋳型DNAにハイブリダイズしたアレルプローブのSNPの位置にインベーダープローブが侵入（invade）し，この構造を，Cleavase®が認識しフラップ配列が切り離される．そして，遊離したフラップ配列がさらにフレットプローブにハイブリダイズし，各フレット内のSNPの部位で生じる構造が再びCleavase®によって認識され切断される．これによりSNPに対応した各フレットプローブ上の異なる蛍光色素（VICとFAM）が遊離し消光物質の影響を受けなくなり蛍光が発せられる

告された．現在，われわれアレルギー関連遺伝子研究チームでもいくつかの候補領域に絞り込み，詳細な検討を行っている段階である．

memo

＊2：真の疾患関連SNPはその近傍にあるSNPと強い連鎖不平衡の関係にあると予測され，SNP間の連鎖不平衡の強さを利用して，疾患関連遺伝子（座）が存在する候補領域を狭めていく手法であり，比較的狭い範囲（数10〜数100 kb）にまで絞り込むことが可能となる．

新規喘息関連遺伝子

　現在は前述のように喘息関連遺伝子の同定に対して大規模な関連遺伝子同定の手法が用いられるようになったが，そのさきがけとなった記念すべき第一報がHolgateらによって2002年に報告[7]されたADAM33である．以下にその解析法の概略およびその病態における役割について述べる．
　まずはじめに米国と英国の喘息患者白人家系についての罹患同胞対解析によって，最も強い連鎖が20p13領域に見出された．これまでの大規模な連鎖解析では

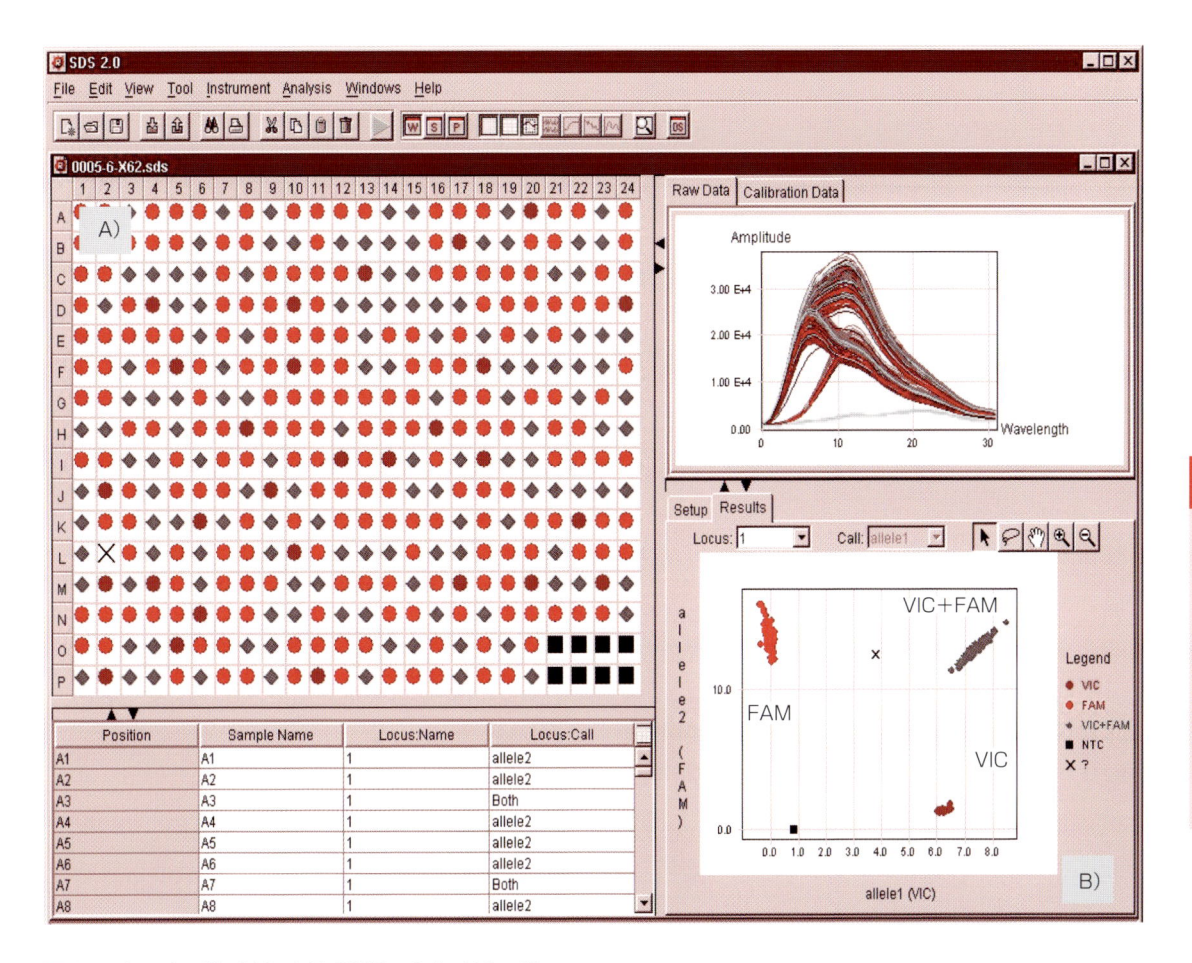

図2 インベーダー法によるSNPsのタイピング
A) サンプル個別のタイピングの結果．384人分の結果が各ウェルに示されている．B) 蛍光色素強度の二次元プロット．アレル1のホモ（●VIC），アレル2のホモ（●FAM），アレル1とアレル2のヘテロ（◆VIC + FAM）が図のような座標にプロットされる

報告のない領域であったが，マウス染色体の相同領域は気道過敏性（BHR）との相関が認められていたため，連鎖解析の対象をBHRありの喘息患者に限定したところ，サンプルサイズが減少したにもかかわらず，より強い連鎖が認められた．そこで，最も強い連鎖のみられた2.5 Mb領域のフィジカルマップを作成し，次にSNPやハプロタイプを用いて患者対照関連解析を行った結果，最も強い相関がADAM33上のマーカーにおいて認められた．さらに，そのSNPマーカーを家系調査にもとづくTDT[*3]によって関連解析した結果，特定のADAM33アレルが喘息の子供（特にBHRありの喘息患者）に有意に伝達されていることが確認され，新規喘息遺伝子の同定に至った．

ADAM33はメタロプロテアーゼをコードし，気道障害に対する組織の再構築（リモデリング）に重要と考えられ，この機能的な遺伝子産物の質的あるいは量的変化がリモデリング障害，さらには気道の慢性炎症を引き起こすことが推測されている．この報告は，ここでとられたさまざまな遺伝学的手法が複雑な遺伝形質をもつ多因子疾患の遺伝解析に有用であること，またアレルギー疾患の遺伝要因が免疫学的プロセス以外にも少なくともいくつか存在する可能性を示すものであった．ヒトゲノムプロジェクトの結果をふまえ，さまざまな遺伝学的解析手法を駆使して多因子疾患における候補遺伝子の同定に至った1つの好例といえる．

このほかにも同様の手法を用いて，CooksonらによりPHF11[8]，DPP10[9]と相継いで連鎖解析の候補領域から喘息関連遺伝子が報告されている．

> **memo**
>
> *3：TDT（transmission disequilibrium test：伝達不平衡テスト）は相関があると考えられるマーカー座位と疾患座位との間に連鎖があるかを検定する手法である．「マーカー座位と疾患座位との間に連鎖がない」という帰無仮説のもとでは病気の有無とは関係なく，独立にアレルが伝達される（メンデルの独立の法則に従う）．この帰無仮説のもとではアレルの伝達が自由度1のχ二乗分布に近似的に従うことを利用して検定を行い，帰無仮説が棄却されればマーカー座位と疾患座位との間に連鎖があると考える．この方法には集団の構造化（偏り）の影響を受けずに連鎖不平衡を検出できる大きなメリットがある．

今後の研究の展開

現在，分子生物学的手法の発展により，連鎖解析の候補領域よりいくつかの喘息関連遺伝子が同定された．また関連解析を大規模かつ体系的に行うことが可能となり，機能未知の新しい喘息関連遺伝子の同定が期待されている．今後はその関連遺伝子の喘息の病態における機能的意義のより詳細な解析が望まれる．それらにより喘息の病態の解明が進み疾患の原因を標的とした新しい診断法，治療法，治療薬の開発が進み，薬剤の使い分けをはじめとするきめ細かい個別化された医療（オーダーメイド医療）が現実のものとなり，疾患易罹患性のリスク判定による疾患の予防，発症の遅延，早期発見，早期治療が可能となることが望まれる．

4）参考文献

1）Harris, J. R. et al.：Am. J. Respir. Crit. Care Med., 156：43-49, 1997
2）Daniels, S. E. et al.：Nature, 383：247-250, 1996
3）Ohnishi, Y. et al.：J. Hum. Genet., 46：471-477, 2001
4）Ozaki, K. et al：Nature Genet., 32：650-654, 2002
5）Tokuhiro, S. et al.：Nature Genet., 35：341-348, 2003
6）Tanaka, N. et al.：Diabetes, 52：2848-2853, 2003
7）Van Eerdewegh, P. et al.：Nature, 418：426-430, 2002
8）Zhang, Y. et al：Nature Genet., 34：181-186, 2003
9）Allen, M. et al：Nature Genet., 35：258-263, 2003

第6章 疾患ゲノミクスと集団遺伝学

6. 疾患モデル動物ゲノミクス

樋野興夫　小林敏之

> 遺伝性腎癌ラット（EkerおよびNihonラット）の研究の進展によって起始遺伝子（Tsc2およびBhd遺伝子）のレベルで，腎発癌の機序が具体的に考えられるようになってきた．今後，腎癌発症の分子機構にもとづいた腎癌の予防と治療法の戦略が具体的に可能になってくるものと思われる．エキサイティングな時代の到来である．

はじめに

しばしば「動物とヒトの病態は異なるといういい方がされるが，実際のところどのように異なるのか，どこが異なるのか，あるいは，それでもどこに動物とヒトの共通性を見つけて研究を進めているのか？」と質問されることがある．

われわれは，疾患モデルの意義として
①「遺伝学」は同じである
②初期病変の研究に有効である
③「遺伝子型と表現型」の種差の解析と「予防と治療法」の開発戦略に資する

の3つを強調している．

過渡期の指導原理と新時代の形成力を求めて

昨年（2003年）は，山極勝三郎生誕140年，吉田富三生誕100年の記念事業に明け暮れた．日本医学会総会（福岡），日本病理学会総会（福岡），日本学術会議（東京），日本癌学会総会（名古屋），DDW総会（大阪）において記念シンポジウムを企画する機会が与えられた．「山極勝三郎＆吉田富三の提示した1つ1つの命題は今日の癌研究の命題であり，将来のそれでもあろう」と確認することができたことは大いなる学びのときであった．また「癌の遺伝学の父」といわれる恩師Knudson　80歳の記念特集号（Genes, Chromosomes & Cancer Vol 38, 2003）を出版することができた．「病理学の父」ウイルヒョウの下に留学した山極勝三郎は，刺激説にのっとりウサギの耳に世界で初めて，扁平上皮癌を作ることに成功した（1915年），その後1932年世界で初めてラットに内臓癌（肝癌）を作った吉田富三と日本は世界に誇る化学発癌の創始国である．

一方，私（樋野）は「発癌の2ヒット」（図1）で有名なKnudsonとの人格的出会い，遺伝性腎癌の研究において，遺伝性腎癌モデル［Eker（Tsc2 gene mutant）ラット＆Nihon（Bhd gene mutant）ラット］にめぐり会う機会が与えられ，それらの原因遺伝子（Tsc2 & Bhd遺伝子）の単離・同定に成功することができた（Nature Genetics, 1995, Proc. Natl. Acad. Sci. USA, 2004）．また，それらの研究を通して新規の遺伝子「Niban」を発見することもできた．ノックアウトマウスの作製にも成功し，現在，新しいモデル開発を目指している．

Okio Hino [1) 2)] / Toshiyuki Kobayashi [2)] : Department of Pathology（Ⅱ）, Juntendo University School of Medicine/ Department of Experimental Pathology Cancer Institute（順天堂大学第二病理 [1)] / 癌研究所実験病理部 [2)]）

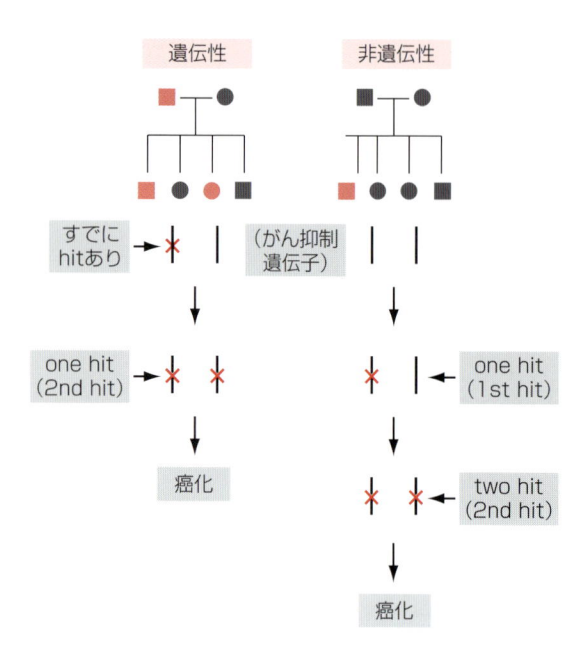

図1　Knudsonの2ヒット（1971年）
遺伝性の場合は，すでに生殖細胞のレベルで相同遺伝子（この場合は，がん抑制遺伝子）の片方に変異があり（1st hit），体細胞レベルで2nd hitが起こると細胞は癌化がスタートする

Ekerラットと結節性硬化症

1954年にノルウェーで発見されたEkerラットは，単一原因遺伝子による常染色体優性遺伝形式にのっとり腎癌を発生する[1]．原因遺伝子をヘテロ接合性にもったEkerラットは，生後1年までに両側性，多発性に腎癌を発生する．その組織型は，ヒトにおいて最も発生頻度の高い淡明細胞型とは異なり，好酸性細胞を主体とした腺管構造あるいは充実構造をとる．原因遺伝子のホモ接合体ラットは胎生期に死亡する．

われわれは戻し交配系を利用した遺伝的マッピングにより，Ekerラットの原因遺伝子がラット10番染色体に存在すること，腎発癌にはKnudsonの2ヒット仮説が適用されることを報告した[1]．さらにヒトとラットの染色体地図の比較から解析を進め，germline挿入変異により結節性硬化症（TS）原因遺伝子のホモログ（*Tsc2*）が不活性化されていることを明らかにした[1]．

またわれわれは*Tsc2*遺伝子のプロモーター領域とcDNAからなる導入遺伝子をもつトランスジェニック（Tg）・Ekerラットを作出し，腎発癌と胎生致死が抑制されることを証明した[1]．この例のように，Tgの手法を用いた表現型の抑制は重要な手法であり，表現型から見出された（phenotype-driven）疾患モデルの原因遺伝子を決定的に証明する手段となる．さらにわれわれはこのTg・Ekerラットを Tsc2産物（tuberin）の機能解析に利用している（後述）．

TSは種々の組織・臓器に過誤腫や腫瘍性病変を示す難病であり，Ekerラットと同様に常染色体優性遺伝形式をとる[2]．TS患者の腎病変は主に血管筋脂肪腫であるが，腎癌を合併する症例も知られている．TSの原因遺伝子としては*TSC2*（染色体16p13.3）とは異なる*TSC1*（9q34）が同定されている[2]．それぞれの遺伝子変異が関与する患者の症状に大きな差が見出されないことから，両遺伝子産物が共通の生化学的な反応系に関与することが示唆されていた．

われわれはEkerラットとともにマウスの利点を活かした手法を併用して研究を進めるために*Tsc2*ノックアウト（KO）マウスを作製し，ヘテロ変異体に腎腫瘍や肝血管腫が発生することを報告した[1]．引き続きわれわれは*TSC1*ホモログ（*Tsc1*）のKOマウスも作製し，表現型を*Tsc2* KOマウスと比較検討することを行った[1]．その結果，*Tsc1* KOマウスのヘテロ変異体にも腎腫瘍・肝血管腫が発生すること，*Tsc2* KOマウスの場合と同様にホモ変異体は胎生致死であることが明らかとなった．

これらの結果は生体内における両遺伝子の機能連関を反映していると考えられ，*Tsc1*，*Tsc2* KOマウスがTSの発症機序解明のために有用なモデルになると考えられた．興味深いことに，腎腫瘍発生に関しては*Tsc2* KOマウスの方が，*Tsc1* KOマウスよりも重篤な症状を示すことから，両遺伝子変異による腫瘍発生の機序には異なる側面があると予想される．

Tsc2遺伝子産物とmTOR～p70 S6キナーゼ経路

tuberinはSDS-PAGE上で約200 kDaの分子量を示し，カルボキシ末端近くにRap1のGTPアーゼ活性化因子（Rap1-GAP）と弱い相同性を示す領域がある．一方，Tsc1産物（hamartin）は全く別の構造を持つ約140 kDaのタンパクであり，比較的長いコイルド・コ

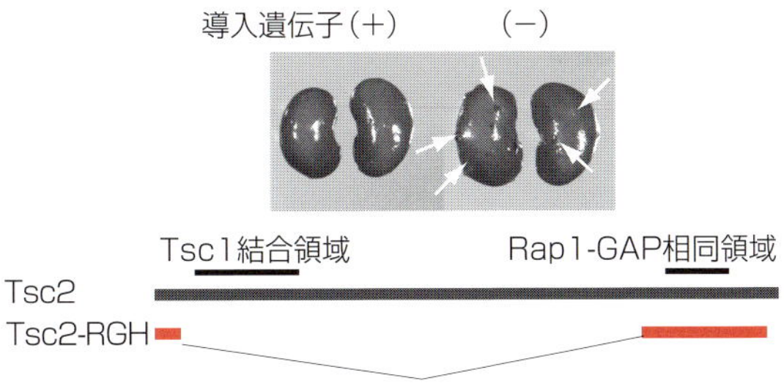

図2 Tsc2-RGH 欠失変異体による腎発癌抑制
図上にTsc2-RGH導入遺伝子による腎発癌抑制の様子を示す．図下にTsc2-RGHの模式図を示す（参考文献3より転載）

イル領域をもつ．先にも述べた通り，hamartinとtuberinは共通の反応系に関与すると考えられており，両者が複合体を形成することが見出されている[2]．

われわれはTg・Ekerラットのシステムを用い，hamartin結合部位をもたない，Rap1-GAP相同部位を含む短いtuberinの領域が，弱いながら腫瘍抑制能を示すことを見出している（図2）[1)3)]．

hamartinとtuberinがかかわるシグナル伝達系の探索においては，ショウジョウバエのTsc1とTsc2ホモログ（dTsc1, dTsc2）の解析により大きな進展がもたらされた（図3）．dTsc1とdTsc2変異体はともに個々の細胞が大きくなる表現型を示すが，交配実験により両遺伝子産物がmTOR～p70 S6キナーゼ（S6K1）の経路を抑制していることが明らかにされた[4]．

哺乳類細胞でも同様な報告がされ，mTORの上流に位置すると考えられているAktキナーゼによりtuberinがリン酸化されて機能が抑制されること，細胞の栄養状態を検知するAMPキナーゼがtuberinをリン酸化して機能を活性化することなどが報告されている[4)5)]．

また最近，低分子量Gタンパクの1つであるRhebがmTOR～S6K1経路の活性化にかかわっており，tuberinのGAP活性の標的となっていることが明らかにされた[4]．結節性硬化症の患者やEkerラット，Tsc1およびTsc2 KOマウスの病変部においてmTOR～S6K1経路の活性化が生じていることから，この経路が腫瘍発生に重要な役割を担っている可能性がある[5)6)]．

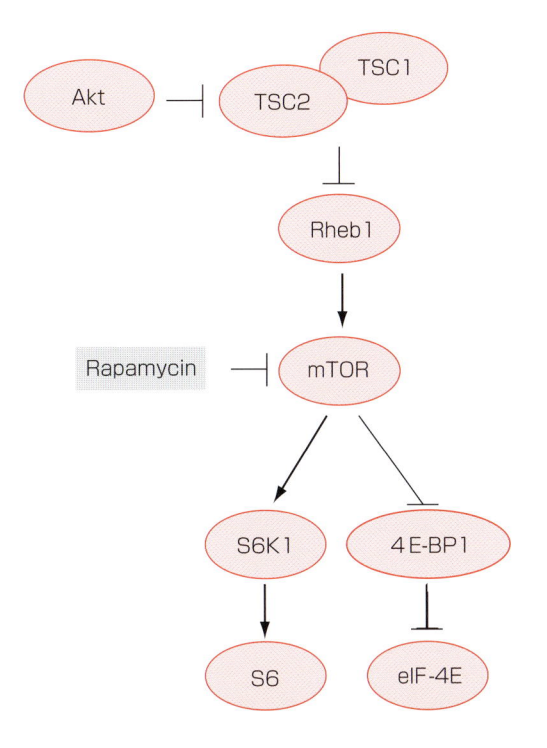

図3 TSC1とTSC2によるmTOR～S6K1/4E-BP1経路の制御
TSC1/TSC2複合体はRheb1の機能を抑制しその下流のmTORの活性化を抑制する．その結果mTORの下流ではS6K1～S6経路が抑制される．また，eIF-4E阻害分子である4E-BP1はmTORにより負の制御を受けているが，TSC1/TSC2によりその負の制御が回避される．一方，TSC1/TSC2複合体はAktにより負の制御を受けている

われわれが樹立したTsc2欠失腎腫瘍細胞株においては，Tsc2発現系を導入することによりmTOR～S6K1経路が抑制されるとともに，ヌードマウスにおける造腫瘍能が抑制される．またmTOR阻害剤であるラパマイシンによっても造腫瘍能が抑制される[7]．

これらの一連の知見からmTOR～S6K1経路はTSに対する治療の標的の1つと考えられる．

腎発癌過程における遺伝子発現解析

われわれはEkerラットの腎癌細胞を用いたサブトラクション法などにより，腎発癌過程に特異的に発現してくる遺伝子としてErc遺伝子とNiban遺伝子を同定した（図4）[8)9)]．

Erc遺伝子はヒトの中皮腫のマーカーとして知られるmesothelin遺伝子のホモログである．Erc産物は

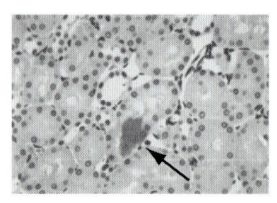

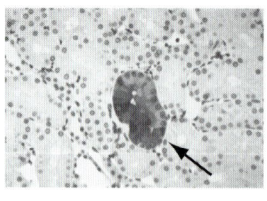

図4 Ekerラットの腎初期病変におけるNibanタンパクの発現
抗Niban抗体による組織染色の結果を示した．矢印は陽性反応を示した変異尿細管（初期病変）を示す

GPIアンカーを保持する膜タンパクであり，細胞接着にかかわると考えられているが機能の詳細はよくわかっていない．われわれは Tsc2 欠失腎腫瘍細胞に Tsc2 を再導入することにより Erc mRNA の発現が低下することを見出している．ラパマイシン処理では Erc の発現が変化しないことから，Erc の発現は Tsc2 の下流でmTOR～S6K1経路とは別に制御されている可能性がある．

一方，Niban 遺伝子は初期の病変である変異尿細管に強く発現してくる遺伝子であり，その機能は全くわかっていない．ヒトの腎癌や後述するNihonラットの腎癌においても発現が高く，新たな腎癌マーカーとして位置付けられる[10]．

Ekerラットにラパマイシンを短期に投与すると，S6K1の基質であるS6タンパクのリン酸化は抑制されるが，Nibanタンパクの発現は抑制されない[10]．このことから Niban の発現制御はmTOR～S6K1経路と直接のかかわりをもつものではないことが示唆される．

今後これらの遺伝子の機能を解明し，発癌過程においてどのような役割を果たしているのかを明らかにしたいと考えている．

交配による腎癌抑制

疾患モデル動物の大きな利点の1つは，交配実験によって表現型の修飾を観察し，病態発生の要因を解明する手がかりを得ることができることである．EkerラットはもともとLong Evans系の遺伝的背景で維持されていたが，交配により遺伝的背景をBrown Norway系に置き換えることにより腎発癌が抑制されるようになった．われわれは戻し交配系を利用したマッピング，およびDNAチップを用いた両系統の腎臓における遺伝子発現の比較を進め，腎発癌抑制の修飾要因を同定しようと試みている[11]．これまでのところ修飾要因の同定までには至っていないが，マッピングにより5番染色体に修飾遺伝子が存在する候補領域（D5Rat12マーカー，Lodスコア3.13）を見出している．

一方，われわれはIFNγを肝臓において多量に産生し，血中に放出するTgマウスを Tsc2 KOマウスと交配することにより，腎発癌が抑制されることを見出した[12]．IFNγがどのような機構により腫瘍発生を抑制しているのかは不明であるが，IFNγ自体あるいはそのシグナル伝達系を活性化する薬剤がTSの治療に有用であるのかも知れない．現在われわれは Erc KOマウスと Niban KOマウスの作製，および Tsc1，Tsc2 KOマウスとの交配も進めている．今後，mTOR～S6K1経路に関連する遺伝子改変マウスとの交配を含め，交配実験は発癌機構の解明とTSの治療法の開発に貢献するであろう．

NihonラットとBirt-Hogg-Dube症候群

Nihonラットは日本で発見された新規の遺伝性腎癌モデルであり，Ekerラットの場合と同様に常染色体優性遺伝形式をとる[13]．Ekerラットの場合と異なり，肉眼的な腎癌は生後4カ月までに発生し，その組織型は淡明細胞型を主とする．Nihonラットの原因遺伝子のホモ変異体は胎生致死となる．われわれは原因遺伝子のマッピングを進め，10番染色体上に遺伝子の位置を特定し，毛嚢腫瘍や腎癌を発生するBirt-Hogg-Dube症候群の原因遺伝子のホモログ（Bhd）中に1塩基のgermline挿入変異を見出した[14]～[16]．Nihonラットの腎発癌にもKnudsonの2ヒット仮説が適用される．Bhd遺伝子は約65 kDaの分子量を示す産物（folliculin）をコードしているが，その機能は全くわかっていない．今後NihonラットはBirt-Hogg-Dube症候群の疾患モデルとしての役割を果たしていくであろう．またEkerラットとNihonラットを用いた研究は，臓器における遺伝子変異特異的な病態発生を論ずるうえでよいモデルとなるであろう．

おわりに

疾患モデルも遺伝子導入動物，ノックアウトマウス，ミュータジェネシス，クローン動物作製と日々進化してバージョンアップしている．

①能率のよい実験系
②何が問題なのかを正確に把握できる系
③問題の本質が明瞭に浮かび上がってくる系

つまり，『The Complexity から Simplifying and unifyingrule へ』である．

学問の継承

筆者（樋野）は癌研究所病理部→アメリカ留学→癌研究所実験病理部と「発癌遺伝病理学」の道を歩んで来た．山極勝三郎（1863～1930）と吉田富三（1903～1973），Knudson（1922～）の学問の継承を「志」として「疾患モデル」を用いた研究に従事している．山極勝三郎，吉田富三，Knudson はまさに「大観し，要約して，真理のある方向を示し，混沌の中に一筋の正路を見出す」癌哲学者でもある．

参考文献

1) Hino, O. : Genes Chrom. Cancer, 38 : 357-367, 2003
2) Cheadle, J. P. et al. : Hum. Genet., 107 : 97-114, 2000
3) Momose, S. et al. : Hum. Mol. Genet., 11 : 2997-3006, 2002
4) Shamji, A. F. et al. : Mol. Cell, 12 : 271-280, 2003
5) Goncharova, E. A. et al. : J. Biol. Chem., 277 : 30958-30967, 2002
6) Kwiatkowski, D. J., et al. : Hum. Mol. Genet., 11 : 525-534, 2002
7) Kobayashi, T. et al. : Proc. Jpn. Acad., 79 : 22-25, 2003
8) Hino, O. et al. : J. Cancer Res. Clin. Oncol., 121 : 602-605, 1995
9) Majima, S. et al. : Jpn. J. Cancer Res., 91 : 869-874, 2000
10) Adachi, H. et al. : Oncogene, in press
11) Kikuchi, Y. et al. : Int. J. Oncol., 24 : 75-80, 2004
12) Hino, O. et al. : Proc. Jpn. Acad., 78 : 30-32, 2002
13) Okimoto, K. et al. : Jpn. J. Cancer Res., 91 : 1096-1099, 2000
14) Hino, O. et al. : Jpn. J. Cancer Res., 92 : 1147-1149, 2001
15) Nickerson, M. L., et al. : Cancer Cell, 2 : 157-164, 2002
16) Okimoto, K. et al. : Proc. Natl. Acad. Sci. USA, 101 : 2023-2027, 2004

第6章 疾患ゲノミクスと集団遺伝学

7. 連鎖解析による疾患遺伝子座マッピング

井ノ上 逸朗

> 連鎖解析とは疾患遺伝子座を染色体上にマップする手法である．単一遺伝病の遺伝子座特定に威力を発揮したが，複合形質であるcommon diseaseにおいても，罹患同胞対を用いたノンパラメトリック解析により遺伝子座が特定されている．

はじめに

多くの読者にとって連鎖解析の概念はわかりにくいものであろう．理論的基礎の理解はなおさらである．体系的SNP解析による疾患遺伝子研究が議論されている今日では，いささか時代遅れの感もある連鎖解析であるが，その意義と今後について論じていきたい．

連鎖解析とは，ゲノム上のどこに疾患遺伝子が存在するか（疾患遺伝子座，locus，複数形でloci）を特定する方法である．さて，メンデルの第2法則は独立の法則といわれ，異なる形質は分離独立して遺伝する．それは異なる形質の遺伝子座が離れて存在しているからである．もし，2つの形質が染色体上で隣接して存在すると分離独立せずに子孫へ遺伝することが予想される．すなわちたまたま2つの形質が近くに存在していたときメンデルの法則に反することになる．ここでメンデルの法則を帰無仮説とし，"たまたま"を確率（実際には尤度，likelihood）として求めることにより，ふたつの形質の関係，"連鎖"，を知ることができる．ふたつの形質という表現を用いたが，1つは疾患遺伝子座であり，もう1つはゲノム上での位置が決定されている多型マーカーとの連鎖を検定する．ゲノムにはいろいろな繰り返し配列が存在しており，それらは多様性を有する．そのなかで2塩基リピートに代表されるマイクロサテライトはゲノム上に高頻度に存在し（おおよそ100 k塩基対に1つ），多様度が高いことが知られている．遺伝子タイピングも2塩基リピート多型をサイズの違いとして検出するので比較的簡単である．

家系において罹患者と同じパターンで遺伝するマーカーを検索し，尤度推定することにより疾患遺伝子座の決定が可能となる．90年代に数多くの単一遺伝疾患の遺伝子座が決定され，かつポジショナル・クローニングにより多くの遺伝病の原因遺伝子が同定されたことは人類遺伝学の成果として特筆すべきことである．ところが高血圧，糖尿病，喘息といったありふれた疾患（common disease）の遺伝要因はまだまだ解明からほど遠い状況で，今後の課題である．

多因子疾患での連鎖解析

単一遺伝病においてはメンデルの遺伝形式が決定されているので，遺伝形式に従った連鎖解析が行われる．多因子疾患では遺伝形式が不明であること，浸透度が低いこと，疾患遺伝子頻度が不明であること，世代を隔てた家系収集が困難であること，などの要因で同様の解析を行うことは不可能である．そこで，パラメーターを設定しない（ノンパラメトリック）罹患同

Ituro Inoue : Division of Genetic Diagnosis, Institution of Medical Science, University of Tokyo（東京大学医科学研究所ゲノム情報応用診断部門）

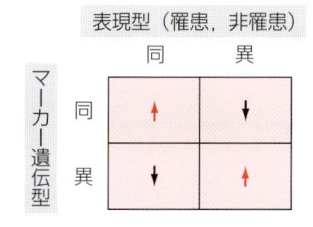

図1 罹患同胞間でのアレルの共有
あるマーカーが表現型と連鎖しているとする．同胞が同じ表現型を有すると（罹患同胞，concordant pair），同じ遺伝型を共有している割合が高くなる．一方，同胞が異なる表現型を有すると（罹患-非罹患同胞，discordant pair），異なる遺伝型を有する割合が高くなる

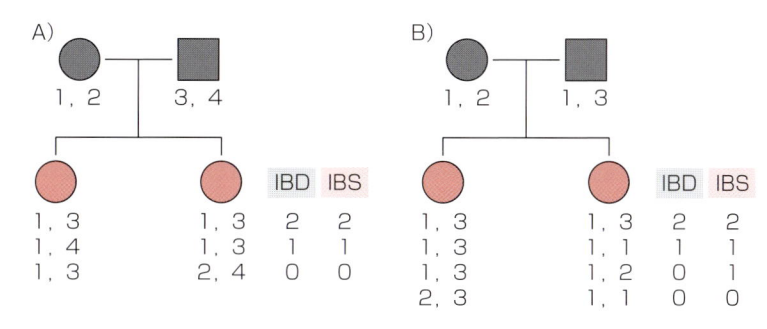

図2 IBD（同祖性）とIBS（同相性）
罹患同胞での連鎖は，同胞間で同祖性に共有するアレルの数が帰無仮説値より大きいことを検定する．Aに示すように両親がどちらもヘテロ接合体でしかも異なるアレルを有すると，IBDとIBSは一致する．Bに示すように，同じところがあるアレルを両親が共有していると，IBDとIBSが一致しないので，注意を要する

胞対連鎖解析が用いられる．

罹患同胞もしくは罹患-非罹患同胞がいるとする，そしてあるマーカーが病気と関係しているとしよう（連鎖のあるマーカー）．図1に示すように，同胞において表現型を共有するか，遺伝型を共有するかでマスに分けてみる．同じ表現型を有する同胞（罹患同胞）間では同じ遺伝型を有することが期待されるので，左上マスが多く観察されるであろう．一方，表現型の異なる同胞間（罹患-非罹患同胞）では異なる遺伝型の観察（右下）が増えるだろう．この現象を数理遺伝学的に示したのが罹患同胞対連鎖解析である．ここで身長を考えてみよう．同一性（男女では差があるので）で身長が極端に異なる同胞（extreme sib）を収集ができたとする．そのような家系ではある遺伝子（多型）を遺伝するか，しないかで，身長差を生じたと推測できる，そこから身長を規定するある遺伝子（多型）の同定が可能となる．しかし現実にはそのような同胞対は稀であるので，やはり身長は典型的な多因子遺伝であることを反映しているともいえる．

罹患同胞対連鎖解析法の特徴はその名のとおり，罹患している同胞を連鎖検定に用いることである．ある遺伝子座が疾患と連鎖しているとする．その遺伝子座は，罹患している同胞間では親から遺伝し共有されていると予想できる．その共有されている染色体はどちらか（もしくは両方）の親から受け継いでおり，罹患同胞間ではそのアレルを共有しているといいかえてもいい（identical descentという）．多くの家系を解析すると罹患同胞間で共有するアレル数は連鎖している方が，していない場合（帰無仮説値：1）より大きくなることが予想される．この過剰値を数理遺伝学的に検定することで連鎖解析を行う[1]．

IBS（同相性）かIBD（同祖性）か

罹患同胞間において，親から受け継いだアレルの共有を，IBD（identical by descent）という．同胞間でアレルを共有しても，片親からアレルを受け継ぎ共有したのではないことがある〔IBS（identical by state）〕．先述のように多くの家系でIBDをカウントし，帰無仮説（同胞は1つのアレルを共有する）より多い場合に連鎖を認めるという．

図2Aに示すよう，両親が異なる遺伝型をヘテロで

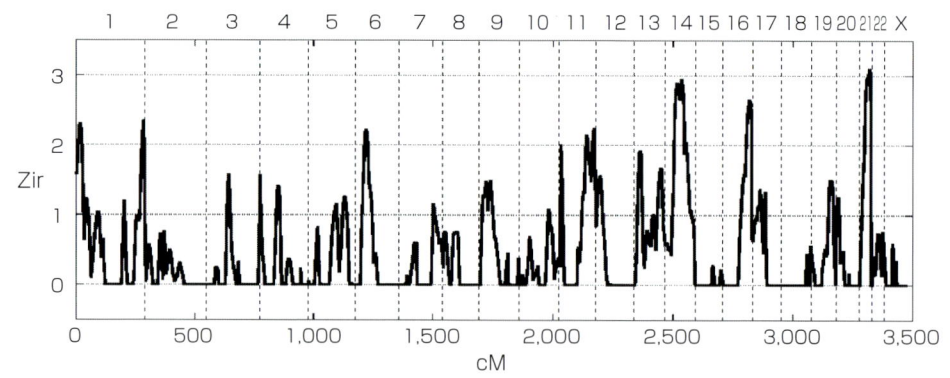

最大ロッド値を得た染色体領域

Chromosomal region	Position (cM)[a]	Width of peak (cM)	Peak Zir	Allele Sharing[b]	Framework marker(s) nearest to the peak of linkage
1p	18.0	6.9	2.31	0.605	D1S450
1q	285.8	4.9	2.34	0.640	D1S2836
6p	48.2	2.9	2.22	0.586	D6S276
11q	140.2	2.6	2.24	0.593	D11S910
14q	83.0	41.4	2.95	0.640	D14S276/D14S63/D14S258-D14S74
16q	117.0	19.0	2.64	0.597	D16S3091-D16S520
21q	41.7	23.3	3.09	0.677	D21S263/D21S1252-D21S266

図3 後縦靱帯骨化症のゲノム全域罹患同胞対連鎖解析
140対の罹患同胞対を収集し，ゲノム全域罹患同胞対連鎖解析を行った．ABI linkage mapping setを用いており，連鎖不平衡検定はGENEHUNTER-PLUSを用いた．図上にはゲノム全域スクリーニングの結果を示している．図下は連鎖を認めたlociの検定結果を示す．アレル共有はGENEHUNTERにより算出している（帰無仮説：0.5）（参考文献3より転載）

有している場合にはIBSとIBDは一致する．一方，図2Bで示されるよう，同胞間で共有していても（IBS），親から受け継いだアレルを共有していない例もある．common diseaseは中年以降の発症が多いので，罹患同胞の収集はできてもその両親の収集が困難なことが多い．その場合，観察されるデータはIBSのみであり，アレル頻度とハーディ・ワインバーグ平衡からIBD推定値を得る必要がある．その際，用いるマーカーの多様度が高いほど，精度の高い検定を行うことができる．図2Aに示されているよう両親とも異なるアレルをヘテロ接合性で有するとIBDとIBSは一致するが，ヘテロ接合性の低いマーカーを用いるとIBSは観察されても，IBDでないことが多い．市販されているマーカーセット（ABI linkage mapping set）では日本人において多様性の低いマーカーがみうけられるので注意を要する．

連鎖解析のためのコンピュータープログラム

連鎖解析のためのプログラムリストがURL http://linkage.rockefeller.edu/soft/list.htmlから入手できる．代表的なプログラムについて簡単に説明する．

- LINKAGE
単一遺伝病のパラメトリック解析法として最も頻用されている．もともとはマーカー間の遺伝的距離を推定する方法として開発された（染色体マッピング）．MLINKは座位間の組換え値を歳出し，LINKMAPはあらかじめマップされたマーカー間の距離に従い各区間での尤度を算出する．

- GENEHUNTER
現在最もよく用いられる連鎖解析プログラムである．罹患同胞対においてはそのなかのMapmaker/sibが用いられる．帰

21番染色体のデンスマッピング

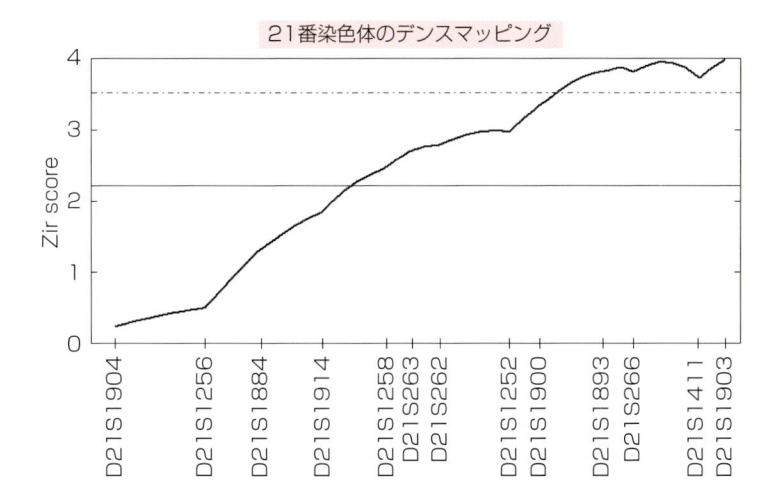

図4　21番染色体におけるデンスマッピング
最初のスクリーニングより8個のマーカーを追加して図3同様連鎖解析を行った．点線で示した値はLOD=3.6，実践は2.2を示し，それぞれゲノム全域スクリーニングにおけるsignificant linkage，suggestive linkageの目安となる[5]．実際には本解析にはGENEHUNTER-PLUS[2]を用いており基準は若干異なる（参考文献3より転載）

表　コラーゲン6A1と後縦靱帯骨化症との関連

	OPLL患者			非OPLL対照
	すべての患者	家族歴ありの患者	孤発患者	
Intron 21（+18）	0.340 (p=0.00009)	0.387 (p=0.0003)	0.327 (p=0.001)	0.236
Intron 32（-29）	0.335 (p=0.000003)	0.421 (p=0.0000006)	0.313 (p=0.0002)	0.216
Intron 33（+20）	0.440 (p=0.00005)	0.451 (p=0.006)	0.437 (p=0.0002)	0.329

有意差のあったCOL6A1 SNP．患者は孤発例と家族歴を有するグループに分けて，非後縦靱帯骨化症対照とアレル頻度の比較を行い，カイ検定にて有意差を求めた

無仮説にもとづく共有アレル分布（Z_0 0.25, Z_1 0.5, Z_2 0.25）からのずれを最尤法を用いて検定する．多点解析が可能で，欠損データをうまく補定する改良プログラム（GENE-HUNTER-PLUS）がでている[2]．

- SIBPAL
S.A.G.Eに組込まれている．もともと量的形質を対象とした解析プログラムである遺伝子座が形質と連鎖しているとすると，アレルを共有する同胞間では形質の差が小さく，共有しない同胞間では大きいことが予測できる．形質の差の2乗を推定IBDの回帰で検定する．多点解析ができない欠点がある．

連鎖解析とポジショナル・クローニングの例

連鎖解析はゲノム上のどこに疾患遺伝子が存在するかを示すのみであり，遺伝子そのものの同定はできない．感受性遺伝子同定にはSNPを用いたアソシエーション・スタディを組合せる必要がある．われわれが最近報告した疾患関連遺伝子解析の1例を示したい[3]．

後縦靱帯骨化症（OPLL）は脊柱靱帯の異所性骨化を特徴とし，高齢者において頻度の高い疾患である．高齢発症にもかかわらず，比較的強い遺伝背景が存在している．われわれは141対の罹患同胞を収集することができ，全ゲノムを8センチモルガンインターバル

でカバーする400カ所のマイクロサテライト・マーカーを用いてゲノム全域での連鎖解析を行った．連鎖検定はGENEHUNTER-PLUSを用いている（図3）．いくつかの染色体でロッドスコア2以上の連鎖を認め，21番染色体で最も有意な連鎖を認めることができた．そこで21番染色体についてマーカーを増やしデンスマップを行ったところ（図4），D21S1903で最大ロッド（Zlr=3.97）を得た．しかしながら，ロッド値2を超える連鎖領域は21番染色体のおおよそ半分を占め，狭い範囲に連鎖領域を絞り込むことはできなかった．そこでピークロッド値より1ロッド低下した領域（1 lod drop）でのスクリーニングを試みた．そこには150遺伝子が存在する．それらについてSNPによる連鎖不平衡解析とアソシエーション・スタディを行った結果，コラーゲン6A1遺伝子で後縦靱帯骨化症と関連した多型を検出できている．最も高い有意差を示したのはイントロン32（-29）多型で，表に示したように，家族歴のある患者と非OPLL（レントゲン上でOPLLを否定できたグループ）との間でP=0.0000006と有意な関連を検出できた．すべての患者との比較でも有意差0.000003を得ている．得られた多型が疾患にどのように作用しているかは今後の課題であるが，後縦靱帯骨化症の原因遺伝子を同定できたといえる．

いまだに連鎖解析は有用性があるか

先述したように，ノンパラメトリック連鎖解析で遺伝子座を特定できるといっても領域は10〜20 M塩基におよぶ．そこには100〜200の遺伝子が存在しており，関連遺伝子同定までには膨大な作業を要する．単一遺伝病では家系解析により組換え情報が得られるので，より狭い領域にマッピングできるのが，多因子疾患では世代を隔てた大家系での解析ができないことが多いため，組換え情報を得ることができず，狭い領域へのマッピングはできない．連鎖解析のためには家系収集が必要であり，臨床家の多大な協力が必要とされるばかりでなく，連鎖を検出するに十分数の家系収集ができるかは不確定要素である．それならばSNPを用いた体系的アソシエーション・スタディにより関連遺伝子を検出するほうがより直接的，効率的であるという議論もある．

2003年，ヒトゲノムはほぼ完全解読され，ポストシークエンス時代に入った．科学の進歩に従い，疾患遺伝子解析の手法も変革を求められて当然であろう．ヒトゲノム計画の大きな成果の1つはヒト全遺伝子数が3万2千程度と判明したことである．1塩基多型（SNP）はデータベース化され，この先，日本人でのアレル頻度を得ることも可能となるだろう．また，国際HapMap計画が進行中であり[4]，数年内に全ゲノムのハプロタイプおよび連鎖不平衡構造が明らかになるだろう．同時に，タイピング技術の進歩は著しく，膨大な数のタイピングを低コスト，低労力，迅速に処理することが可能となった．またDNAプーリング法により遺伝子頻度を比較することで，アソシエーション・スタディを行うことが可能である．DNAプーリング法は，定量性に優れたタイピング法を用いると，ゲノム全域でのスクリーニング法としては有望な手法である．このようなことが家系ごとに多型情報を得る必要がある連鎖解析との大きな違いである．またアソシエーション・スタディは原因にアプローチする手法であるので，マッピングを目的とする連鎖解析より，直接的といえる．家系収集なしには連鎖解析を行うことはできないので，家系収集の困難さを考慮すると，アソシエーション・スタディの方が時代にマッチした手法といえるかもしれない．近い将来，疾患遺伝子座をマップするだけの連鎖解析の重要性は低くなることが予想される．しかしながら，「遺伝要因は遺伝する」という事実は変わらない．これは，疾患遺伝子研究が遺伝学に基盤をおく以上，当然であり，遺伝するかどうかの検討は，家系解析が不可避であることを付け加え，本項を締めくくりたい．

参考文献

1) J・オット：「ヒトゲノムの連鎖分析」（安田徳一/訳），講談社，2002
2) Kong, A. & Cox, N. J. : Am. J. Hum. Genet., 61 : 1179-1188, 1997
3) Tanaka, T. et al. : Am. J. Hum. Genet., 73 : 812-822, 2003
4) The International HapMap Consortium : Nature, 426 : 789-796, 2003
5) Lander, E. S. & Kruglyak, L. : Nature Genet., 11 : 241-247, 1995

第6章 疾患ゲノミクスと集団遺伝学

8. 量的形質遺伝子座位（QTL）解析による糖尿病の疾患感受性遺伝子座位の同定

森谷眞紀　戸川克彦　板倉光夫

> 糖尿病は，複数の「遺伝因子」と「環境因子」が関与して発症する多遺伝子性疾患である．その疾患関連遺伝子の同定には，糖尿病モデルマウスの交配系を用いて，血糖値，体重，脂肪重量などの量的形質を決める座位（quantitative trait loci：QTL）解析が有効である．本項では，レプチンレセプター欠損マウス「dbマウス」と正常系統マウスとのF_2インタークロス交配系を用いてQTL解析を行い，複数の新たな糖尿病の発症を修飾する疾患関連遺伝子座位を見出した．

はじめに

　糖尿病は「ありふれた病気（common diseases）」の代表的疾患で，その発症と進展に複数の『遺伝因子』と『環境因子』が関与する．わが国の約700万人以上におよぶ糖尿病患者やその予備群に対し，ゲノムレベルの診断と治療を行うためには，糖尿病の疾患関連遺伝子を同定することが必須である．

　糖尿病は血糖値，体重，インスリン値のような連続値をとる量的形質（quantitative trait；QT）によって表現され，これら量的形質は複数の遺伝子座位群（loci）による制御を受けると考えられる．このような量的形質を制御する遺伝子座位群（quantitative traits loci：QTLs）を抽出する手法がQTL解析である．その際，解析対象としてマウスなどのモデル動物を用いることで，遺伝因子・環境因子を均一化することができ，ヒトを対象とした場合に比べ，より効率的な目的遺伝子の抽出が期待できる．遺伝的背景が全く同一のクローン化されたマウスを用いて，一定の環境条件下で，糖尿病モデルマウスを他系統のマウスと交配させ，その遺伝的背景を混合することで，どのような遺伝子座位群をもつ場合に，糖尿病にかかわる形質が修飾されるかを明らかにすることが可能である．

　本項では，2型糖尿病モデルマウスBKS.Cg-+ $Lepr^{db}$/+ $Lepr^{db}$/Jc1（以下，BKS－db/db）と正常系統マウスの交配から作出される子孫マウスを糖尿病発症群，非発症群に分け，各群内にて個別にQTL解析を行うことにより，糖尿病の発症にかかわる修飾遺伝子群の座位を検索した結果について述べる．

QTL解析の原理および実際

　QTL解析では，まず遺伝子型を決定するための多型マーカー（マイクロサテライトマーカー）を全ゲノム領域に配置する．マイクロサテライトマーカーはゲノム上に広く分布するCAリピートに代表される反復配列の1つで，マウス系統ごとに高頻度の多型を示す．これらの多型はSTS（sequence tagged site）化の後，PCR用プライマーが設計され，データベース化されている．（http://www.informatics.jax.org/searches/marker_form.shtml）

　次に，対象集団の各個体について，設定したすべて

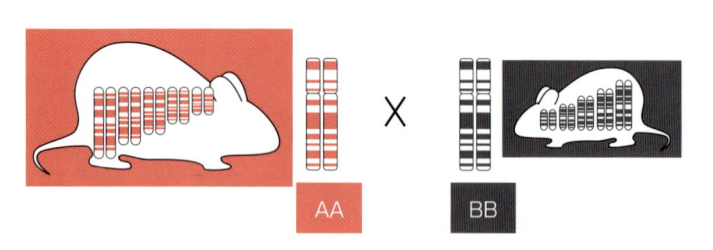

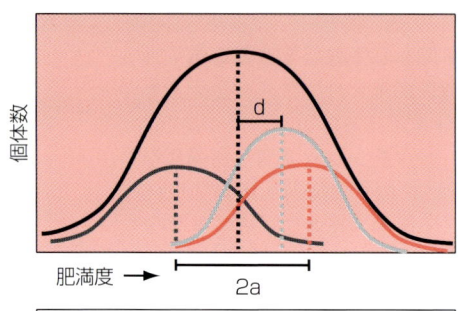

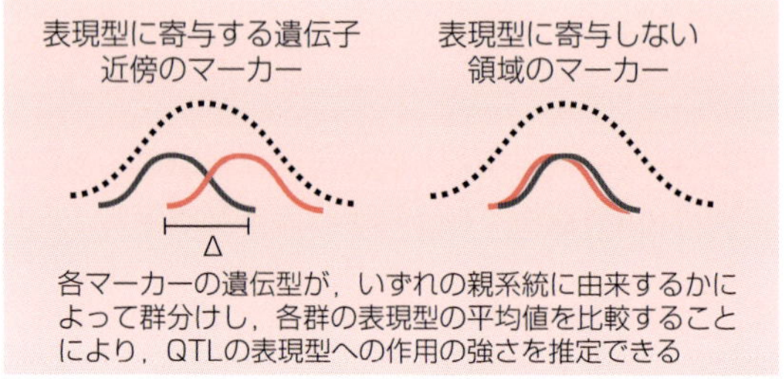

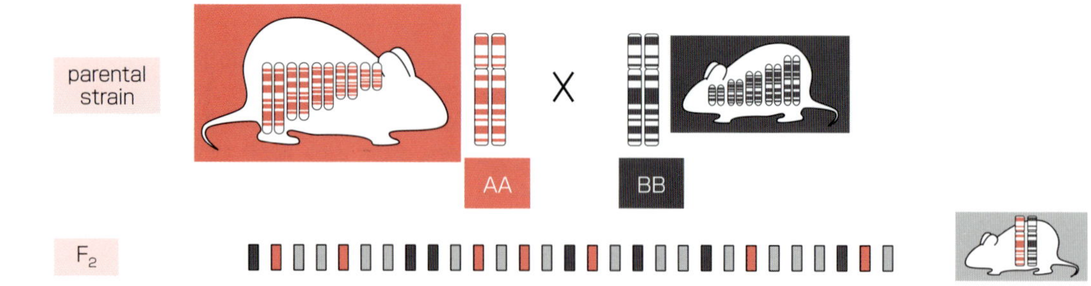

図1 F₂インタークロス交配系での遺伝子型別分類による表現型の分布

F₂などの分離世代の各個体の遺伝子型（genotype）と量的形質（表現型：phenotype）データを計測した場合，遺伝子型別に分けた集団の量的形質の平均値に差が認められたとき，量的形質に影響を与える遺伝子座が存在する，と考えられる

	Degree of freedom (mode of inheritance)	Suggestive linkage P value (lod)	Significant linkage P value (lod)
バッククロス	1	$3.4×10^{-3}$ (1.9)	$1.0×10^{-4}$ (3.3)
インタークロス	1 (additive)	$3.4×10^{-3}$ (1.9)	$1.0×10^{-4}$ (3.3)
	1 (recessive)	$2.4×10^{-3}$ (2.0)	$7.2×10^{-4}$ (3.4)
	1 (dominant)	$2.4×10^{-3}$ (2.0)	$7.2×10^{-4}$ (3.3)
	2 (free)	$1.6×10^{-3}$ (2.8)	$5.2×10^{-5}$ (4.3)

Lander, E. & Kruglyak, L.：Nature Genet., 11: 241-247, 1995

のマイクロサテライトマーカーの遺伝子型（genotype）を決定し，その遺伝地図（genetic map）を作成する．このとき，あるマーカーの遺伝子型に従って対象集団を再分類し，各群の量的形質の平均値に差が認められた場合，その遺伝子型を決めたマーカーに連鎖して，量的形質座位（quantitative traits locus：QTL）が存在すると考える（図1）．設定した全マーカーに対して，同作業を実施し，群間の表現型（量的形質の測定値）に有意な差が生じるマーカーを検出することにより，QTLが存在するゲノム領域を特定することができる．

この場合，仮にQTLの存在が示唆されたとしても，その正確な位置情報が不明であるため，マーカー近傍に効果の小さいQTLが存在するのか，マーカーの遠位に効果の大きいQTL存在するのかが区別できない．

結果として重要なQTLを見逃したり，その効果を過小評価する可能性がある．そこで，QTLが各マーカー間のどの位置に存在するかを正確に推定する手段として，区間マッピング法（interval mapping）[1]が用いられる．本法では，実在マーカー間の任意の位置にQTLの存在を仮定し，各遺伝子型群の表現型データが得られる確率を最大にする最尤推定値を求め，その尤度をLとする．一方でマーカー間にQTLが存在せず，座位と表現型が無関係と仮定した場合にデータが得られる確率（帰無仮説の尤度）をLoとし，$\log_{10}L/Lo = LOD$（logarithm of odds）値を計算する．このような反復計算を全ゲノム領域に対して実施し，LOD値が最大を示した点をQTLの位置と推定する．実際の計算にはMapmaker/QTL, Map Manager

QTXなどのプログラムが利用される．(http://mapmgr.roswellpark.org/qtsoftware.html)

LOD値の統計学的な有意性を判断する基準としては，Lander[2]らによりモデル動物における多因子性疾患のQTL解析の閾値ガイドラインが報告されている（図1）．すなわち，F_2インタークロスを解析対象とし，遺伝形式をフリーとした場合のQTL解析では，LOD値4.3以上がsignificant linkage，LOD値2.8～4.3がsuggestive linkageとなる．

研究背景

以下に，われわれの実験例について述べる．

BKS-db/dbは，食欲中枢に作用し摂食量を抑制するレプチン受容体（Ob-R）に変異をもつため，過食により肥満し，糖尿病を発症する2型糖尿病モデルマウスである[3]．Jackson研究所で維持されたC57BL/6Jマウスから1947年に分枝したC57BL/KsJコロニーのなかから，顕著な肥満を特徴とするマウスとして見出された．BKS-db/dbの糖尿病発症を詳細に検討すると，C57BL/KsJの遺伝的背景をもつ場合には，5週齢時より肥満，膵ランゲルハンス島の肥大，高血糖，インスリン抵抗性，高インスリン血症などが認められるが，他系統のマウス，例えばC3H/HeJ（C3H），DBA/2J（DBA），C57BL/6J（B6）などと交配させた場合，糖尿病の発症率が低下し，体重，血糖値，インスリン値などの表現型が著しく多様化する[4][5]．この結果から，これら他系統マウスのゲノム内に，BKS-db/dbの糖尿病の発症に影響をおよぼす修飾遺伝子群（modifier genes）が存在することが示唆される．したがって，BKS-db/dbと他系統マウスの交配から作出される子孫マウスを対象として，QTL解析を実施することにより，糖尿病の発症にかかわる上記修飾遺伝子群の座位を特定することが可能である．

F_2インタークロスマウスの作製

BKS-db/dbは，雄は精子形成不全，雌は視床下部の障害による性腺刺激ホルモンの分泌障害で，ともに生殖不能を示す．そこで，db遺伝子をヘテロでもつマウスBKS.Cg-m+/+$Lepr^{db}$/Jcl（以下BKS-db/+m）の雄とC3H，DBAの2系統の雌を種親に用いて作出される第1世代の産仔（F_1）同士をさらに交配（インタークロス）し，第2世代の産仔（F_2）を作製した．F_2マウスについては尾より抽出したDNAを用いてPCR-PIRA法でdb遺伝子型を判定し，群分けを行った結果，BKS-（db/+m×C3H）交配系からはdb遺伝子をホモで有するホモ群（F_2-db/db：228匹），ヘテロで有するヘテロ群（F_2-db/+m：380匹）およびワイルド群（F_2-−/−：180匹）の計788匹，（BKS-db/+m×DBA）交配系からは，ホモ群（F_2-db/db：283匹），ヘテロ群（F_2-db/−：351匹）およびワイルド群（F_2-−/−：171匹）の計805匹，両系統で合計1,593匹が作出された．図2では1系統との高配図のみを示す．

糖尿病に関する表現型（phenotype）の測定

F_2マウスはdb遺伝子の受け継がれ方によって，db/db群（ホモ），db/+m群（ヘテロ）および−/−群（ワイルド）の3群に分かれる．事前の予備情報として，F_2産仔の離乳時期（29日±1日）や飼料，ケージ収容頭数を含めた諸条件を検討し，各群の表現型が最も分散する条件（ホモ群は8週齢時，ヘテロおよびワイルド群は10週齢時）にて，データの収集を行った．具体的な形質として，体重（4，5，6，7，8，9，10週，解剖時），絶食時血糖値（4，6，8週，解剖時），飽食時血糖値（8，10週），糖負荷試験血糖値（db/db群が57日±1日，db/+mおよび−/−群が72日±2日に前値，30，60，120分値を測定），インスリン値（解剖時，糖負荷試験30分時），レプチン値（解剖時），TG値（解剖時），精巣（卵巣）周囲脂肪組織重量（解剖時）を測定した．

遺伝子型（genotype）の測定

遺伝子型の測定は，F_2マウスの尾より抽出したDNAを鋳型として，マイクロサテライトマーカー領域をPCRにて増幅し，PCR産物のフラグメントサイズをシークエンサーで決定することにより，当該マーカー領域が交配に用いた2系統マウスのいずれに由来する

疾患関連性遺伝子同定におけるQTL解析

多遺伝子性疾患の疾患関連遺伝子の同定には，高率に糖尿病を発症するモデルマウスの交配系を用いて，血糖値，体重，糖負荷後の血糖値などの，定量的形質を決める座位（quantitative trait loci：QTL）解析が有効である．QTL解析の利点として，
1) 糖尿病発症マウスに糖尿病を発症しないマウスに交配したF2-インタークロスにQTL解析を応用し，修飾遺伝子（modifier）を探索できる．
2) マウスでは，6,000種以上のマイクロサテライトマーカーの使用が可能．
3) クローン化されたマウス系統由来の親の相同染色体が同一であるため，遺伝子型のタイピングが容易．
4) 20世代以上純系化されたマウスは，遺伝的背景，環境因子が均一，有意な連鎖を検出しやすい．
5) 人工交配（バッククロス，インタークロス）で短期間に繁殖可能．
6) 5系統（セレラ社，NLH，マウスゲノムエンソーシアムなど）のマウスゲノム配列が決定され，マウスゲノムデーター使用が可能．

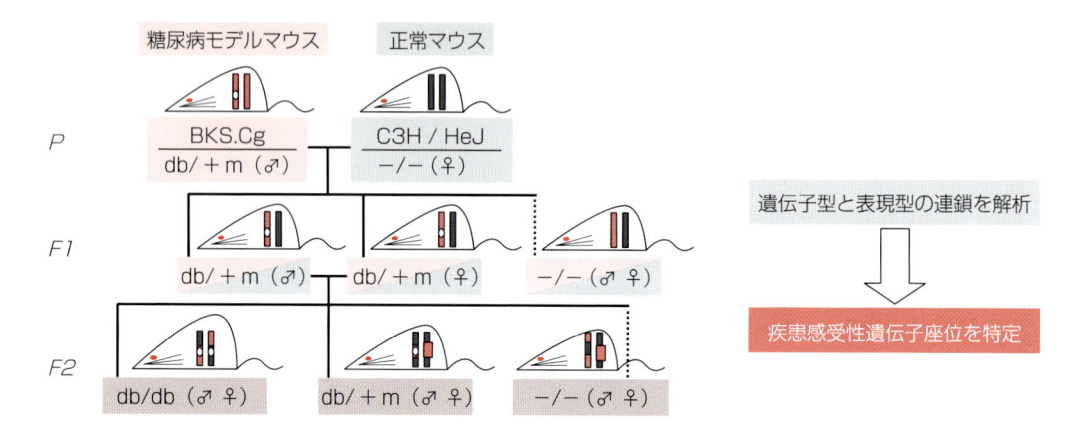

図2　糖尿病の疾患感受性遺伝子同定におけるQTL解析の利点および実験に用いた交配系プロトコール
db遺伝子をヘテロでもつマウス（db/＋m）の雄と正常系統マウス（この図ではC3H）を交配系種に用い，作出される第1世代の産仔（F_1）同士をさらに交配（インタークロス）し，第2世代の産仔（F_2）を作製した

かを判定する．

マイクロサテライトマーカーについては，Jackson研究所およびMITで公表されたマウス系統間多型情報にもとづき，合計350種類以上を遺伝子型の測定に選択した．その際の選択基準として次の点に留意した．

❶ 10 cM以下の間隔で全ゲノムをカバーするように配置した．
❷ マーカー領域のPCR産物のサイズが，交配に使用した種親マウス系統間で明確に区別できるものを使用した．
❸ シークエンサーによる泳動時のハイスループット化をはかるため，増幅後のPCR産物のサイズが，できるだけ100, 200, 300 bpの3段階になるように選択し，サイズが近いマーカー同士については，可能な限り異なる種類の蛍光色素で標識した．（これにより，複数のPCR産物をプールして同時に泳動させることが可能になる．）
❹ 一律のPCR条件にて確実に増幅可能であるマーカーを選択した．

鋳型DNAは，離乳時のF_2産仔の尾を約1 cm程度切断し，ゲノムDNA抽出機（KURABO社，NA-1000）にて抽出精製し，PCR反応用に濃度調整したものを用いた．PCR反応は，384ウェルプレートによる5 μlの反応量で実施し（ABI社，GeneAmp9700），4種類程度のマーカーを1度に増幅させるmultiplex PCRや，PCR産物のプールなどを導入することにより，PCR反応からフラグメント解析までに要するランニングコストおよび時間を節約した．また，大量のサンプルを短時間で処理し，かつサンプル取り違えなどの手作業による人為的なミスを削減するために，試薬やDNAサンプルの分注，PCR産物の回収作業には各種の分注ロボット（ABI社，PRISM877，およびTECAN社，GenesisRSP100/MiniPrep75）を利用した．

PCR産物のフラグメント解析はキャピラリシークエンサー（ABI社，PRISM3700）を用いて実施し，専用プログラム（ABI社，GeneScan/Genotyper, Ver.3.1）にて，フラグメントサイズによる遺伝子型の判定を行った．判定結果については，複数の研究者によるチェックを行い，人為的な判定ミスを可能な限り除外した．

QTL解析

表現型の数値データと遺伝子型の判定データをMapmaker/QTL, Map Manager QTXなどの解析プログラムに直接入力することにより，使用したマーカーの遺伝地図（genetic map）の作成や，各形質に対するQTLの検出が可能である．データの入力については，あらかじめ全表現型データと全遺伝子型データを含むデータシートを，EXCELなどの表計算ソフトを用いて作成し，適切なフォーマットに変換後，一括して解析プログラムに導入することが可能であるが，詳細な手順などの説明は各種プログラムの付属マニュアルに譲る．

本件のQTL解析では，解析サンプル群は次のように構成された．すなわち，C3Hとの交配系から作出されたF$_2$産仔とDBAとの交配系から作出されたF$_2$産仔をまず，db遺伝子型によって，ホモ，ヘテロ，ワイルドの3群に分け，次に各群を雌雄で分けることにより，2系統で合計12群の解析サンプル集団が作成された．この群分けにより，サンプル集団の均質性を保つことは，集団の階層化による擬陽性の検出を除外するだけでなく，より効率的なQTLの検出を可能にする．

また，サンプル集団間のQTL解析結果を比較することにより，各QTLのもつ生理作用の本質を理解するうえで重要な情報が得られる．つまり，db遺伝子型による各群を比較した場合，重度の肥満によって糖尿病を発症した状態（ホモ群）と発症していない状態（ヘテロ群，ワイルド群）において，それぞれ特異的に作用するQTLを検出した結果を反映した可能性があり，糖尿病の進展に応じて変動するQTLを観察できる．また，BKS-（db/+m×C3H）交配系とBKS-（db/+m×DBA）交配系のQTL解析結果を比較することにより，C3HとDBAの遺伝的背景が生み出すQTLの変化を検出することが可能となる．

結果

糖尿病を発症する群（ホモ群）では，著明に全個体が高血糖および肥満状態を示したが，比較的症状が軽い個体からより重篤な症状を呈する個体まで，症状の多様化が観察された．糖尿病を発症しない群（ヘテロ群，ワイルド群）においても，程度の差はあるものの，同様に多様な症状が観察された．これらの表現型結果に対するQTL解析の結果，BKS-（db/+m×DBA）交配系から17カ所，またBKS-（db/+m×C3H）交配系からは18カ所のQTLs［いずれも統計学的有意水準（significant level）を満たす］が特定され，本件F$_2$マウスの病態が，系統により異なる遺伝子背景に存在する，複数の遺伝子座位により支配を受けていることが確認された．いくつかのQTLについては，遺伝的背景が異なる両交配系に共通して検出されており，これらのQTLには多少の遺伝素因を越えて普遍的に病態への作用を示す主働遺伝子が含まれる可能性が示唆された．糖尿病を発症した状態（ホモ群）と発症していない状態（ヘテロ群，ワイルド群）の比較においては，ほとんどのQTLがいずれか一方にのみ特異的に検出されており，糖尿病の進展に応じて多様なQTLが作用することが示された（投稿準備中）．

今後の方針-QTL解析による糖尿病にかかわる原因遺伝子本体同定への過程

モデルマウスの解析から抽出された糖尿病の発症にかかわる染色体領域（QTLs）に対し，病態に対する影響力の大きさを検証したうえで，領域内に存在する原因遺伝子本体を同定する必要がある．

1 コンジェニックマウスの作出

候補座位（QTL）以外を，系統の異なるマウス由来の染色体に置換した"コンジェニックマウス"を作製する．導入系統（ドナー）マウスと基準系統（レシピエント）マウスの交配から得られた子孫マウスを，再び基準系統マウスに戻し交配する．ターゲット座位を保持し，かつ，染色体置換率の高いマウスを優先的に選抜して次回交配に使用するスピード-コンジェニック法により，最終的にはN4世代まで交配を行う．コンジェニックマウスでの病態の再現性の確認，すなわ

ち，QTLの単独領域としての効果を確認する．さらに，コンジェニック亜系統による解析，マウス系統間ハプロタイプ解析などにより，選択領域を可能な限り狭める．

2 候補遺伝子のスクリーニング

近年，マウスのゲノム全塩基配列が5系統で決定（NIH，米セレラ社，マウスゲノムコンソーシアムなど）された．さらに，SNPsについて，複数の研究施設（Jackson研究所，whitehead/MITセンター，genome institute of the novartis research foundation）から，マウス系統間でのSNPsの比較結果が公表された．これらの情報をもとに，候補座位領域内に存在する遺伝子のスクリーニングを行う．候補領域に存在するcDNAに対して，交配した系統間でアミノ酸配列の異なる遺伝子，異なるSNP多型およびmRNAの発現量に差のある遺伝子を見出す．

3 マウス候補遺伝子機能解析

候補遺伝子のcDNAで，coding 領域内について，アミノ酸変異が同定された遺伝子については，コンジェニックマウスで，脂肪組織，膵臓，筋肉組織での各発現量の差の変動を確認する．トランスジェニックマウスを作製して過剰発現させた場合，糖尿病の病態におよぼす影響，さらにはRNAi手法を用いて候補遺伝子の機能をつぶした場合の in vivo での変化を検討する．このように「mRNAレベルの発現解析」と「タンパクレベルの発現調節」で，糖尿病の病態成立の機序を明らかにしていく．

文献

1) Lander, E. S. & Botstein, D. : Genetics, 121 : 185-199, 1989
2) Lander, E. S. et al. : Nature Genet., 11 : 241-247, 1995
3) Lee, G. W. et al. : Nature, 379 : 632-635
4) Bahay, N. et al. : Proc. Natl. Acad. Sci. USA, 87 : 8642-8646, 1990
5) Kaku, K. et al. : Doabetologia, 32 : 636-643, 1989

第7章 ゲノム創薬と薬理ゲノミクス

1. ゲノム創薬オーバービュー

辻本豪三

> ゲノム科学の展開にもとづきグローバルな生命科学の進歩と，医療・経済的なニーズを背景に誕生した，基礎研究から開発研究までを包括する画期的な創薬アプローチとしてゲノム創薬が登場した．ゲノム創薬研究は特にネットワーク，ケモゲノミクスなどの新たな科学領域の進展によりますます加速化される．

はじめに

創薬研究は，先端的な科学と技術の融合のうえに成り立っている．したがって，創薬研究のアプローチの歴史を振り返ってみると，それぞれの時代における先端的な科学と技術にもとづき，研究コンセプトや開発手法の技術が大きく推移している．近年，各学問領域のなかで，生化学，分子生物学，細胞生物学の著しい進展は目をみはるものがあるが，なかでも最大の収穫の1つはヒトゲノムの完全解読であろう．ヒト以外のモデル生物のゲノム情報が充実することと相まって，ゲノム科学が著しく進展してきている．

このような背景のもと，従来の化学合成が出発点である試行錯誤的なオーソドックス創薬研究から，ゲノム情報に医学・生物学知識を盛り込み，バイオインフォマティクス，ゲノムテクノロジーにより薬物標的を絞り込む合目的創薬アプローチ（ゲノム創薬）へとパラダイムシフトしつつある．

今後，この方向の創薬アプローチは引き続き進展することは明らかであり，また各種のゲノム科学技術開発と相まって，ますます活発な創薬研究開発が期待されている．

ゲノム創薬の研究プロセスを図1に示す[1)2)]．概略は『ゲノム研究→個々の遺伝子の同定→個々の遺伝子の機能→創薬ターゲットの探索・同定→リード化合物の発見と構造の最適化→安全性・薬物動態の研究→薬理ゲノミクスの研究→臨床試験』である．

では，ゲノム研究を基盤とした創薬研究と，従来の創薬研究との違いは何であろうか．現在知られている遺伝子は約1万以下で，現在世界の医薬品の分子標的は約500程度といわれており，全体の約5％である．ヒトゲノム全解読を受けて，cDNA予測からヒトの遺伝子は約3万数千と予測されており，したがって単純に計算しても創薬ターゲットは，およそ3倍になると推測できる．

また，今後ポストゲノム計画として機能ゲノム科学および構造ゲノム科学が進展し，個々の遺伝子やタンパク質の機能解析が進むと，さらに疾患メカニズムの明確なターゲットが多くなることが予想される．

しかし，もっと大きな違いは，これまでの創薬が1つのターゲットを対象として，それに対する活性を中心に調べていたのに対し，ゲノム全解読により遺伝子あるいはタンパク質全体を対象としたネットワークの研究へと変わっていくことであろう．すなわち生命現象の全体像を捉えるネットワーク研究が可能となるということである．

DNAマイクロアレイやプロテインチップにより，病態や薬物による，遺伝子発現プロファイルの変化とい

Gouzou Tsujimoto : Department of Genomic Drug Discovery Science, Graduate School of Pharmaceutical Sciences, Kyoto University
（京都大学大学院薬学研究科ゲノム創薬科学分野）

新規ゲノム創薬探索プロセス

ゲノム研究	遺伝子探索	機能的／構造的ゲノミクス	プロテオミクス標的確認	リード化合物の発見と最適化	薬理ゲノミクストキシコゲノミクス	前臨床研究	臨床研究
ゲノム ↓ トランスクリプトーム(mRNA) ↓ プロテオーム(タンパク)	ポジショナルクローニング 機能的クローニング 発現クローニング	発現プロファイル 比較ゲノミクス	病態モデル 遺伝子改変・KO動物 薬理プロテオミクス	コンビケムとハイスループットスクリーニング 薬物理論設計	薬理遺伝学 薬理学 新陳代謝 薬物動態 生物学的利用能	ゲノム医療 遺伝子治療 診断	
		バイオインフォマティクス			SNPs	テーラーメイド医療	

図1　ゲノム創薬の研究ストリーム（文献1より引用）
詳細は本文を参照

ったネットワークを，そのままモニターすることが可能になってきている．そして，生命科学研究は全体をみながら進める方向へと向かう一方で，医療そのものは個人個人の遺伝的な体質にもとづいて個人差を考慮して，その人に合う有効な薬剤を選択し，最適量処方するテーラーメイド医療に向かうことになろう．疾患の治療とともにゲノム医科学を基盤とした予防医療と先端医療が飛躍的に発展するものと期待されている．

このネットワーク研究による生命科学の理解にもとづく創薬，またテーラーメイド医療を可能にする治療薬レパートリーの品揃えを可能にするものとして，ゲノム創薬が最も注目されている．

研究ストラテジーと研究例

ヒトゲノム構造が解読され，その創薬研究への影響は多岐に渡るが，特に，直接そのことを背景にした創薬アプローチが活発になってきている．それらゲノム創薬アプローチとしては，オーファン受容体リガンド探索研究，DNAチップなどによる網羅的遺伝子発現解析（トランスクリプトームレベル，プロテオームレベル）にもとづく創薬標的探索，ノックアウトマウスなどの遺伝子改変動物による個体レベルのゲノム機能解析，さらにはsiRNAを用いた網羅的遺伝子機能解析による創薬標的探索，などがある．以下に，これらのアプローチに関して具体的例をあげながら解説，考察する．

i ）ゲノム情報からゲノム創薬へ
オーファンGタンパク質共役型受容体（GPCR）リガンド探索

Gタンパク質共役型受容体（GPCR）は，細胞膜を7回貫通する特徴的な分子構造を有し，単一の分子としては薬物治療標的上，最も重要なものである．ホルモンや神経伝達物質などの生理活性物質やにおい，光といったシグナルを受容する最大数の分子ファミリーである．さらに，多様なリガンドに対応して重要な生理機能の制御を司るとともに，すでに低分子化合物によりその機能を制御できており，直接治療に結びつく創薬ターゲットとしての輝かしい実績を有する．

現在世界で使用されている医薬品の約50％が受容体に作用する薬剤であり，そのほとんどがGPCRである．巨大な遺伝子ファミリーで，ゲノム上には約数千遺伝子が存在すると考えられてきたが，ゲノム地図にもとづく遺伝子予測に加えて，膜貫通部分予測アルゴリズムにより膜貫通部分を予測し，さらにGPCRの独特な7回貫通する特徴的な分子構造を規定するものを抽出すると，ゲノム上の部位として約700から800あると推定されている．

そのなかには創薬標的としては可能性が低いと考え

られる嗅覚受容体も多く含まれ，さらに現在までに約150のGPCRでリガンドとの対応がなされている．すなわち，現在約350ほど同定されている医薬品開発の標的となり得る可能性の高いGPCRは，そのリガンド，生理的機能が不明のいわゆる"オーファン"受容体である．オーファン受容体に対応する生体内リガンド並びにその受容体生理機能を迅速かつ高効率に解析，同定することはまさにゲノム機能科学を考えるうえで格好のモデルであり，また新薬創出につながる最先端の研究領域分野の1つになっている[3)4)]．

最近の成果を例としてオーファン受容体GPR40に関する研究成果がある．ガラニン受容体様という構造特徴をもつオーファン受容体GPR40，並びにそのファミリーであるGPR41，43は従来エネルギー源として重要な栄養素であることが知られている遊離脂肪酸がリガンドとして同定された[5)6)]．

さらに，GPR40では，その生理機能として，オレイン酸やリノレン酸などの遊離脂肪酸刺激により膵臓β細胞からのインスリン分泌をグルコース刺激と協調的に制御する機構が明らかとされた[6)]．具体的には，ゲノム情報にもとづきcDNAクローニングし，安定発現細胞を用いて，長鎖遊離脂肪酸がリガンドとして働くことを明らかにした．

同時に，GPR40受容体が膵臓β細胞で特異的に発現していることを確認し，遊離脂肪酸の同受容体に対する機能を，単離膵島細胞を用いて解析し，生体が高グルコース状態にあるとき，GPR40をより活性化し，インスリン分泌を促進していることを見出した．また，その機能解析においてGPR40特異的siRNAを用いて，遊離脂肪酸による膵臓β細胞からのインスリン分泌が抑制されることを示した．

したがって，GPR40に特異的に作用する化合物は，血中インスリン濃度をコントロールできる可能性が考えられ，糖尿病に対する新規の作用メカニズムを有する予防・治療薬の開発につながるものと期待されている．

ii) ゲノム情報からゲノム創薬へ
網羅的遺伝子発現解析にもとづく創薬標的探索

DNAチップによる，体系的かつ網羅的な遺伝子発現解析は，疾患分子機構の解明，臨床分子診断やゲノム創薬における標的分子の抽出・同定において，その

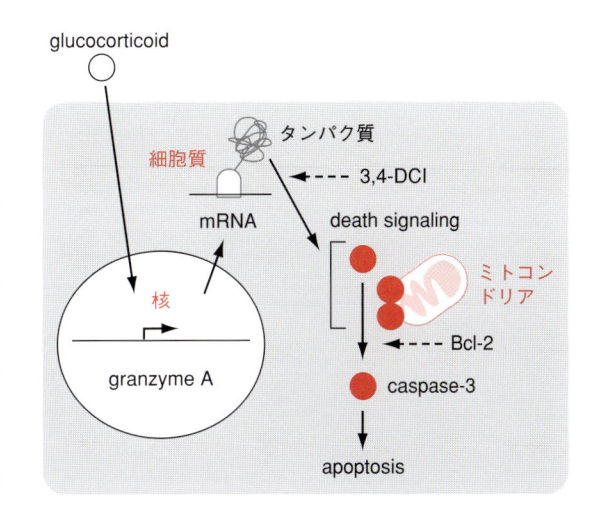

図2 ステロイド薬により発現誘導される granzyme A の apoptosis 誘導における寄与
詳細は本文を参照（文献7より引用）

有用性が注目されている．

また，従来作用メカニズムが不明な医薬品の作用分子機構の解明と，さらにはケモゲノミクス情報収集のツールとしても注目されている．

最近われわれは，DNAチップによるステロイド剤の作用解析から新規の創薬標的を見出している[7)]．ステロイド薬は，抗アレルギー・抗炎症作用を有し，喘息やアトピー性皮膚炎などのアレルギー性疾患の治療薬として頻用される一方，白血病細胞にアポトーシスを誘導させる作用があり，その治療薬としても用いられている．

しかし，ステロイド薬の白血病細胞に対するアポトーシス誘導における具体的な分子機構については，何らかの発現遺伝子が標的分子として関与していることは想定されているが，具体的にどのような発現遺伝子がこれに関与しているか明らかではない．

そこで，われわれはステロイド薬の白血病細胞に対する，アポトーシス誘導における分子機構の解明を目的として，DNAチップを用いた遺伝子発現解析を行った．

ヒト前B急性白血病株化細胞である697細胞では，臨床的な濃度のステロイド薬を含む培養液中で一定時間培養すると，細胞生存率の低下，DNA断片化およびCaspase-3活性の上昇がみられ，アポトーシスが誘導される．ステロイド薬によるアポトーシス誘導に関

図3　薬理ゲノミクスデータベースによる治療・病態遺伝子クラスター
詳細は本文を参照（文献8より引用）

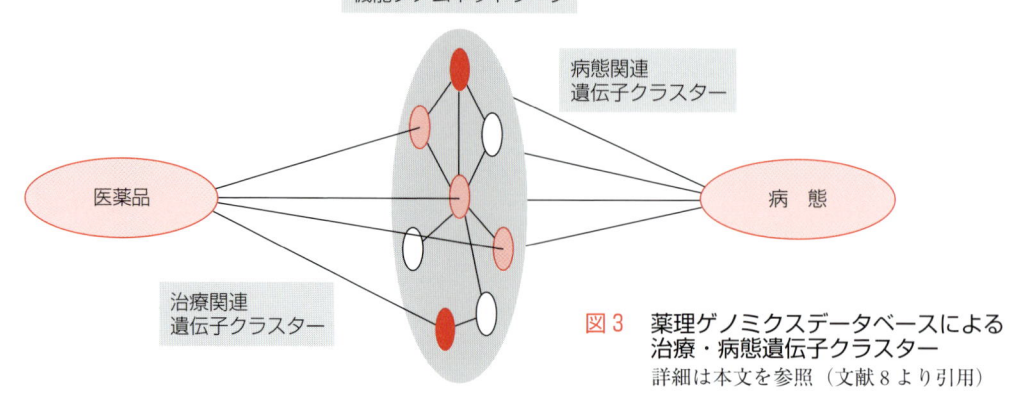

連した遺伝子発現について，DNAチップを用いて解析した結果，ステロイド薬により発現が変化した遺伝子として，26個の遺伝子が同定された．そのうち発現上昇した遺伝子は17個であり，granzyme A, glucocorticoid受容体，およびSOCS-2などの遺伝子が含まれていた．

DNAチップ解析により同定されたステロイド薬による発現変化遺伝子のうち，granzyme A遺伝子のアポトーシス誘導との関連性についてさらに検討し，ステロイド薬により発現誘導されるgranzyme Aのアポトーシス誘導における寄与を明らかとした（図2）．

このステロイド薬の白血病細胞に対するアポトーシス誘導の分子機構について，DNAチップを用いて解析した研究から，granzyme Aの遺伝子発現が関与していることが見出され，このことにもとづき副作用のない優れた治療薬の開発につながる可能性が考えられている．

この例のような，医薬品の作用機構，疾患の病態機構が，トランスクリプトーム解析を共通基盤とした分子機構ネットワークでリンクすることによりファルマインフォマティクス（三重大学，田中教授提案[8]：図3）が成立すれば，新たなゲノム創薬を推進することが期待される．

今後の展開

今後，ゲノム研究が進むにつれて，ますます個々の遺伝子型と表現型に関する情報が蓄積され，テーラーメイド医療，さらにはゲノム医療が大きく推進されよう．

ごく近未来的な予測としては，ポストゲノムシークエンスの大規模プロジェクトである米国ENCODE計画や，わが国におけるゲノムネットワーク計画，プロテイン3000計画などのゲノム機能科学成果が，創薬科学のインフラを大きく拡げるであろう．特に，前述したように生命活動を成立させている分子ネットワークの解明には，さらに複雑な理解が必要とされることから，ますますバイオインフォマティクスの重要性が増すことが予測に難くない．

この生命分子ネットワークと化合物データベースが融合したケモゲノミクスは基礎的生命科学研究の成果を特に医療，創薬産業などに直接応用できる形で提供するものとして注目されている．

参考文献

1) 野口照久：「ゲノム創薬の新潮流」（古谷利夫／編，野口照久／監），pp1-4，シーエムシー，2000
2) 「ポストシークエンスのゲノム科学」第5巻　ゲノム創薬－創薬のパラダイムシフト（古谷利夫他／編，松原謙一，榊佳之／監），中山書店，2001
3) 勝間進，辻本豪三：「先端バイオ研究の進めかた」（辻本豪三，田中利男／編），pp14-16，羊土社，2001
4) 波多江典之，辻本豪三：「受容体がわかる」（加藤茂明／編），pp20-28，羊土社，2003
5) Brown, A. J. et al. : J. Biol. Chem., 278 : 11312-11319, 2003
6) Itoh, Y. et al. : Nature, 422 : 173-176, 2003
7) Yamada, M. et al. : FASEB J., 17 : 1712-1714, 2003
8) 田中利男：日本臨床，60 : 39-50, 2002

第7章 ゲノム創薬と薬理ゲノミクス

2. 薬理ゲノミクスと薬物応答

田中利男

> 薬物応答性におけるゲノム機構は，薬理ゲノミクスを基盤に解析されている．薬物応答性の解明には，遺伝子多型，トランスクリプトーム，プロテオーム，メタボローム解析に加え，薬理ゲノミクスデータベースによる薬理インフォマティクスが不可欠であり，*in vitro, in vivo, in silico* の統合的解析が重要な役割を果たしている．

薬物応答における多因子性

薬物応答における個体差は，臨床医学において永年観察されてきた．その影響因子は，疾患，性，年令，薬物相互作用に加えて，遺伝因子が20～95％存在し，1950年代から主に薬物動態遺伝子を中心に解析が開始され，薬理遺伝学として確立されつつある．その後，薬物受容体遺伝子における変異型と薬物応答性の関連が解明され，薬物動態遺伝子と薬物受容体遺伝子の遺伝子型の，複合的な多因子性が薬物応答形質発現に存在することが，明らかとなりつつある（図1）．すなわち，薬理ゲノミクスの誕生であり，現在はこの薬理ゲノミクスを基盤に，薬物応答性が解析されている[1]．

薬理ゲノミクスの展開

ポストゲノムシークエンス時代である現在，機能ゲノミクスを基盤に薬理ゲノミクス[2]とケモゲノミクス[3,4]が構築されつつある．米国におけるケモゲノミクスは，GenBank に相当するデータベース PubChem に発展しようとしている[4]．ゲノム創薬は，この薬理ゲノミクスやケモゲノミクスによりはじめて可能になることから，今後の展開は熾烈さを極めると思われる．

薬理ゲノミクスは，医薬品の作用／副作用に関与する遺伝子クラスターを同定，ゲノム／プロテオーム機構を解明し，薬物応答の個体差機序を解析する．さらに最終目的として，未解決のヒト病態（主に多因子疾患）に有効な新しい薬物療法を確立することがあげられる[5]．

精密なゲノム地図が完成した今世紀には，人類史上始めて経験する，想像もできない速度での創薬ターゲット発見／バリデーションや新しい治療法開発が成し遂げられることが期待されている．

一方，2003年11月3日，米国食品医薬品局（FDA）から薬理ゲノミクスデータに関するドラフトガイダンス[6]が発表され，薬務行政においてもいよいよ本格的な薬理ゲノミクス時代に突入した．

またわが国の厚生労働省は，2004年6月8日から「医薬品の臨床試験におけるファルマコゲノミクスの利用指針の作成に係る行政機関への情報の提出について（案）」に関するパブリックコメントを募集している[7]．

薬理ゲノミクスは，①医薬品応答性に関連する遺伝子クラスターを，明らかにすることにより，それらの遺伝子における多型解析を基盤に，②レスポンダーと

Toshio Tanaka : Department of Molecular and Cellular Pharmacology and Pharmacogenomics, Mie University School of Medicine／Department of Bioinformatics, Mie University Life Science Research Center（三重大学医学部薬理学／三重大学生命科学研究支援センター・バイオインフォマティクス部門）

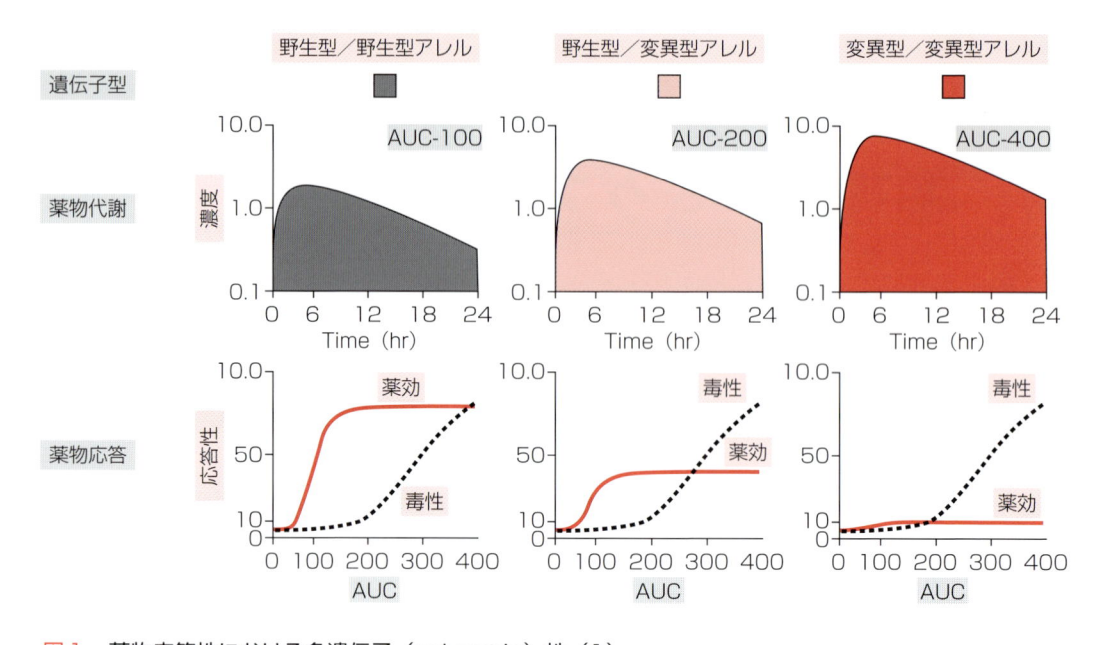

図1　薬物応答性における多遺伝子（polygenic）性（1）
　　AUC：the area under the plasma concentration-time curve．詳細は本文を参照．（参考文献1より引用）

ノンレスポンダーを区別し，③副作用を予測することが期待されている．その結果，薬物療法において最大の治療効果と安全性を確立することになる．また，最終的ゴールである最適の医薬品が，最適の患者さんに，最適な容量で，最適な時刻に，最適な方法で投与されるテーラーメイド薬物療法の実現を可能とする．

しかし，薬物作用のゲノム機構解明は，予想以上に困難が伴うことも明らかになりつつある[5]．そこで，薬理ゲノミクスを補う基盤科学としてのケモゲノミクス（chemogenomics）が新しく展開している[3)4)]．

創薬ターゲットバリデーションにおいて，最も重要なエビデンスは，低分子化合物による治療的薬理作用の確証である[5)8)]．われわれはこの課題に対して，薬理ゲノミクス（ファルマコゲノミクス）と薬理インフォマティクス（ファルマコインフォマティクス）の統合的解析の有効性を明らかにしたので，解説する（図2）[9)～12)]．

薬理インフォマティクスの構築

現代におけるゲノム創薬ターゲットバリデーションの方法論として，現在国際的に最も期待されているものが薬理ゲノミクス／ケモゲノミクスである．

これらの方法論の特色として，ハイスループット化された手法が活用されるため，そのデータ生産速度や量は従来の方法に比較すると莫大な増加がありデータ過重は不可避である．さらに，ヒトゲノムプロジェクトを中心とした公開遺伝子データベース，公開文献データベース，化合物データベースは，インターネットなど最近のインフラストラクチャー整備に伴いその拡充に著しいものがある．

そこで，われわれは独自の薬理ゲノミクスデータベースを構築した．このデータベースが薬理ゲノミクス／ケモゲノミクスと有機的に統合され，活用される研究領域が薬理インフォマティクスである（図2）．

具体的には，登録低分子化合物13,883種／延べ5,642,535文献数，登録疾患1,214種／延べ4,606,342文献数，登録遺伝子11,980種／延べ76,452,677文献数による薬理ゲノミクスデータベースのことである．

さらにリアルタイムゲノム創薬ターゲット決定支援プログラムとして次世代薬理ゲノミクスデータベースを開発中である．その基盤は，医薬品に関連する治療遺伝子クラスターと，疾患関連遺伝子クラスターを，機能ゲノムネットワーク上に表示するものである（図

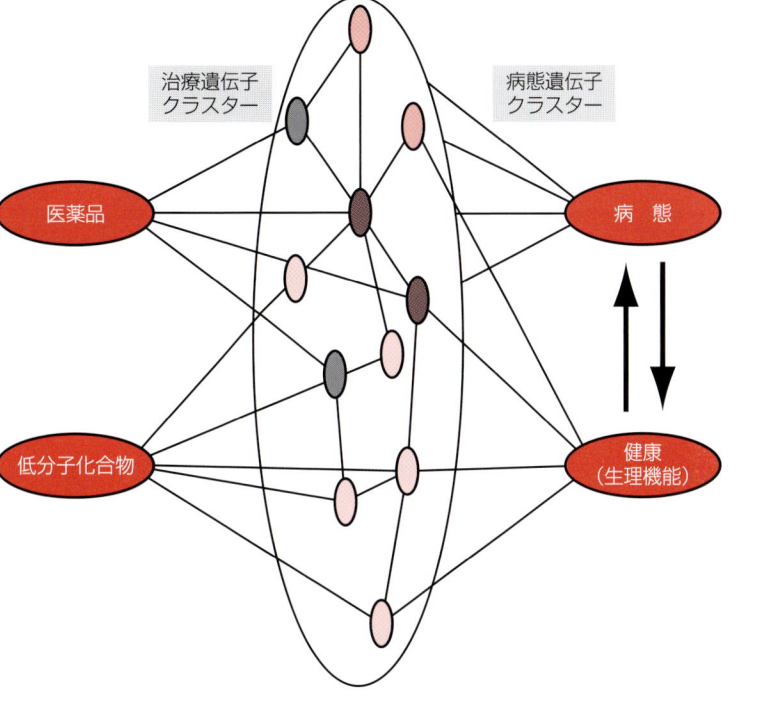

図2 薬理ゲノミクス／ケモゲノミクスと薬理インフォマティクスの統合的解析
詳細は本文を参照

2，3，5）．この結果，治療遺伝子クラスター，病態遺伝子クラスター，治療／病態遺伝子クラスター（薬理ゲノム機構）が機能ゲノムネットワーク上に明示されることになる（図3）．

これらの情報を統合することにより，医薬品作用の薬理ゲノム／プロテオーム機構に対する新しい洞察が可能となり，テーラーメイド医療の基盤情報として活用されると思われる．その成果の一部は，公開しているので御活用頂きたい〔三重大学生命科学研究支援センター・バイオインフォマティクス（http://www.lsrc.mie-u.ac.jp/bioinfo/），日本心脈管作動物質学会（http://www.jscr.medic.mie-u.ac.jp/）〕．

これらの新しい薬理ゲノミクス／ケモゲノミクスを基盤とした薬理インフォマティクスを構築し，その有効性を確立することが，次世代ゲノム創薬の成否を決定すると思われる．

薬理ゲノミクス／インフォマティクスの探索研究

このテーラーメイド薬物療法を可能にする薬理ゲノミクスは，いうまでもなくポストゲノムシークエンス時代の機能ゲノミクスを基盤にしている．ヒトゲノムシークエンスが読了された現在，薬物応答性も疾患の発症機構もすべてヒトゲノム内での現象であり，有限なヒトゲノム内に解答が存在すると，原理的には理解されている．

そこで，われわれはヒトゲノム上にあるすべての遺伝子を，作業仮説的に4種類に分類している（図3）．①医薬品の作用機構に関連する治療遺伝子クラスター（■），②疾患発症や病態形成に関連する疾患遺伝子クラスター（■），③病態形成と薬物作用の両方に関連する治療機構（治療／病態）遺伝子クラスター（■），④病態にも薬物作用にも関連しない機能不明遺伝

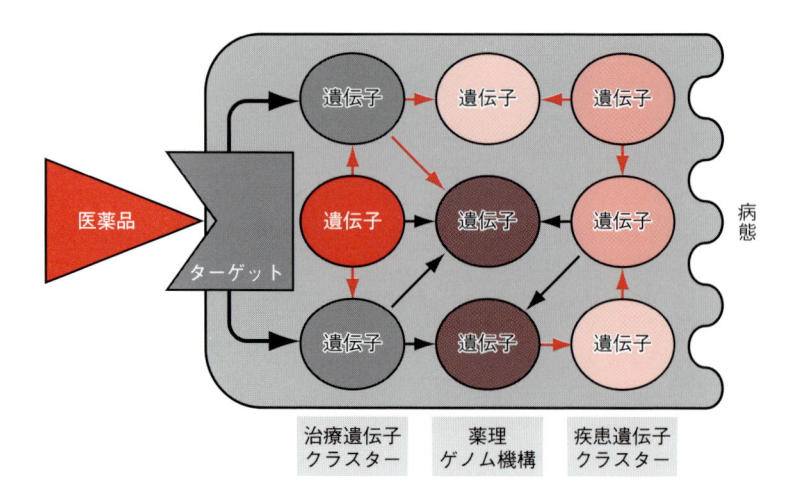

図3 薬理ゲノミクスデータベースによる治療遺伝子クラスター（□）治療／病態遺伝子クラスター：薬理ゲノム機構（■），疾患遺伝子クラスター（■）の表示
詳細は本文を参照

子クラスター（■）である．このなかで，薬理ゲノミクスにおいては，まず治療遺伝子クラスターの探索研究が，最優先される．

この探索における研究戦略は世界的に多彩であるが，現時点におけるわれわれの戦略は以下の3点を核にしている．まず，治療遺伝子は病態に対する相対的機能的存在であることから，①病態形成時の発現変動遺伝子群のなかに疾患遺伝子と治療遺伝子が内在しているという作業仮説を基盤にする．②病態形成時のメタボロームには，疾患代謝物と治療代謝物が内在する（図4）．③現時点における国際的薬理ゲノミクス情報量は不十分である．そこで，その不足する情報を文献情報などで補充しないとゲノムワイドな包括的機能解析が，不可能である．

そこでわれわれは独自の薬理ゲノミクスデータベースを構築し，文献情報と実験情報の統合を試みている（図2）．われわれの薬理ゲノミクスデータベースの特徴は，すべての医薬品を含む低分子化合物とヒト多因子疾患の情報を，機能ゲノムネットワーク情報に変換していることである．こうすることにより，化合物と多因子疾患は同じ言語体系となり，その連関を機能ゲノムネットワークとして解析することが可能となる（図2，3，5）．

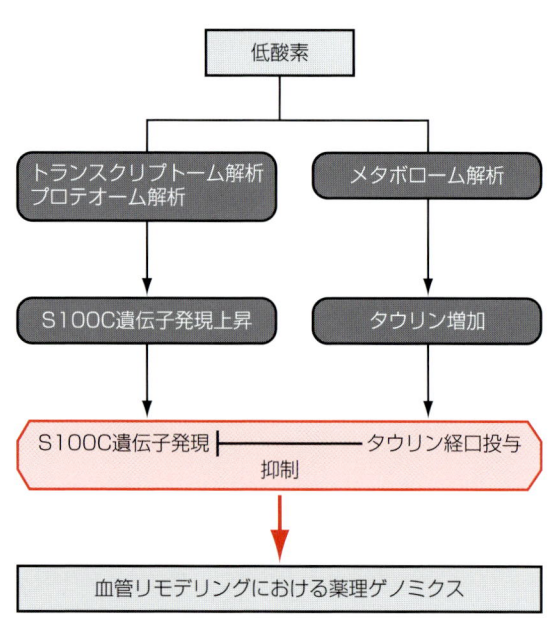

図4 トランスクリプトーム／メタボローム解析による薬理ゲノミクス
詳細は本文を参照

トランスクリプトーム／メタボローム解析による薬理ゲノミクス

われわれは，薬理ゲノミクスににおいてトランスクリプトーム／メタボローム解析を主に一次スクリーニングとして活用している[9)～12)]．国際的にも現時点では，病態選択性の確立はトランスクリプトーム／プロ

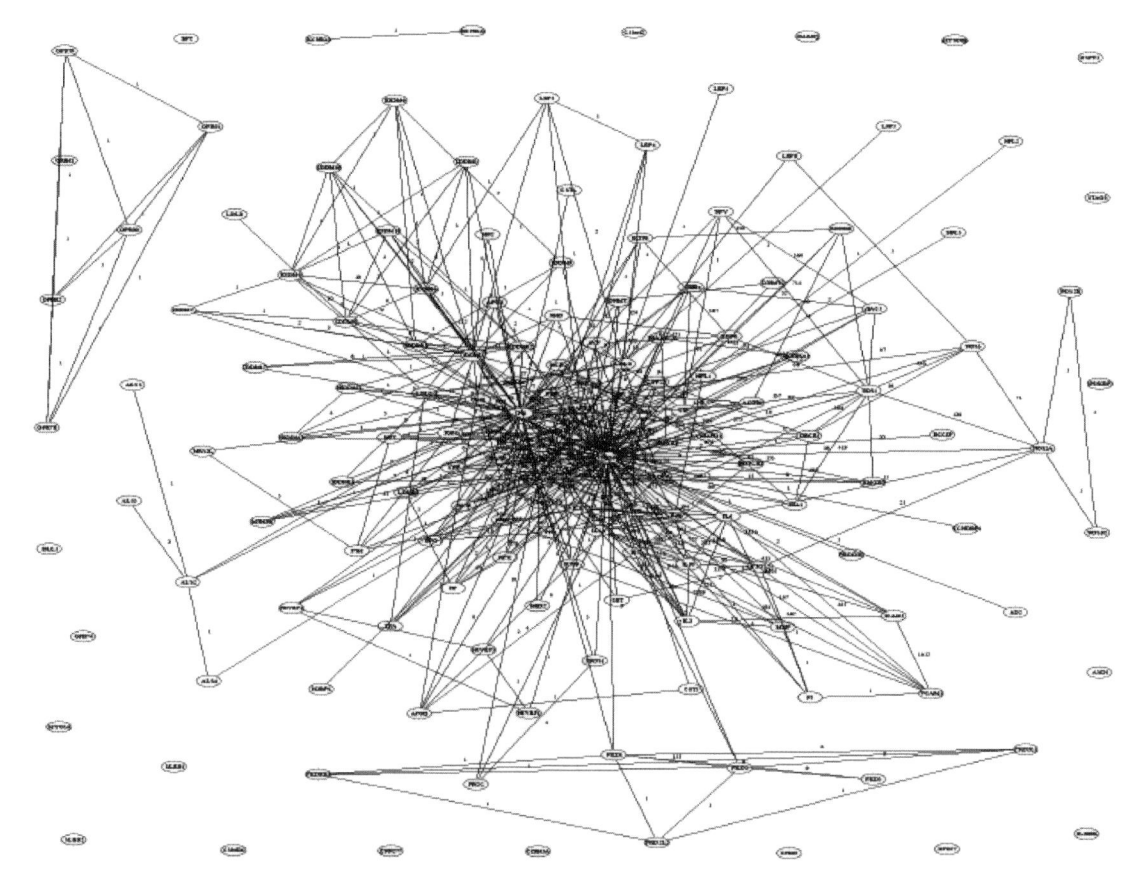

図5 薬理ゲノミクスデータベースによる脳血管障害における疾患遺伝子ネットワーク
詳細は本文を参照. →表紙写真解説⑤参照

テオーム／メタボローム解析が頻用されている.すなわち病態時に発現が変動する生体防御遺伝子や治療遺伝子（新規創薬ターゲット）に焦点を当て解析している.

具体的には，病態選択的に疾患形質を改善する機能をもつ新規創薬ターゲット遺伝子（産物）や代謝物が得られているので，ここではその具体例を提示する[9)〜12)].

薬理ゲノミクスは，医薬品を含む低分子化合物の活用により，初めて確立する.しかしながら，創薬ターゲット候補に作用する低分子化合物が，常に存在するわけではない.そこで，創薬ターゲット候補に作用する低分子化合物を得る（リード化合物発見）ため，大規模なケミカルライブラリーのハイスループットスクリーニングが，試みられる.それでもなお適切なリード化合物が存在しない状況で，ターゲットバリデーションが必要となることがある.

そこで，われわれはこの基本的課題を克服するために，機能ゲノミクスに内在する知恵を活用している.すなわちラットの虚血や低酸素病態におけるトランスクリプトーム／メタボローム解析と薬理ゲノミクス研究から新しい創薬ターゲットとしてのS100C遺伝子発現機構を見出した.

この場合は，創薬ターゲット発見と同時に，そのターゲットに作用する低分子発見をメタボローム解析により成し遂げ，バリデーションへの活用につなげた.すなわち，低酸素に曝露したラット肺高血圧症でのトランスクリプトーム解析や，冠状動脈結紮により作製した心筋梗塞ラットモデルにおいて，われわれが独自にクローニングしたS100CのmRNA，およびタンパク質レベルでの発現量が増加していることを見出した.

さらに低酸素暴露ラット肺におけるメタボローム解

7章2. 薬理ゲノミクスと薬物応答

析より，選択的なタウリンの濃度上昇を見出した．そこで血管平滑筋細胞において，S100C遺伝子の低酸素性発現誘導は，タウリンによって抑制されることを見出した（図4）．

また，レポーターアッセイの結果から，この抑制は転写レベルでの阻害を介していることが明らかとなり，タウリンによる低酸素や虚血に対する細胞保護作用は，S100C遺伝子の転写制御を介していることが示唆された．さらにこの肺高血圧症モデルラットにタウリンを経口投与すると，S100C遺伝子の発現上昇が阻害されると同時に，病的な血管リモデリングが抑制されることが明らかとなった（図4）．

以上の具体的な例から，病態選択的に疾患形質を軽快させる治療遺伝子を探索し絞りこんでゆく過程におけるトランスクリプトーム／メタボローム解析による薬理ゲノミクスの重要性が明らかとなった．

薬理ゲノミクスと薬理インフォマティクスの統合

われわれの薬理ゲノミクスデータベースより，脳血管障害におけるゲノムネットワークの全体像が得られる（図5）．

さらに，ラットモデルにおけるトランスクリプトーム解析から，このなかに治療遺伝子（HO-1，HSP72など）が含まれていることが明らかとなった[11,12]．すなわち，脳血管攣縮時に誘導されるHSP72遺伝子をアンチセンスで抑制すると，脳血管攣縮が悪化することを見出した．

さらに，胃潰瘍治療薬であるテプレノン（GGA）が，HSP72を脳血管で発現誘導することを見出し，脳血管攣縮を軽快させることを明らかにした．

しかしながら国際的にも薬理ゲノミクスデータはまだ不足しており，*in silico*のみでは既存医薬品の新しい適応症発見には至らないのが現状である．*in vitro, in vivo, in silico*薬理ゲノミクスの統合が，ゲノム創薬に不可欠の研究戦略である（図2）．

本研究の一部は，文部科学省，厚生労働省，経済産業省の支援による．

参考文献

1）Evans, W. E. & McLeod, H. L.：N. Engl. J. Med., 384：538-549, 2003
1）Lander, E. S. et al.：Nature, 409：860, 2001
2）Tanaka, T. et al.：J. Cardiovasc Pharmaco., l36（Suppl. 2）：S1-4, 2000
3）ter Haar, E. et al.：Mini Rev. Med. Chem., 4：235-253, 2004
4）Kaiser, J.：Science, 304：1728, 2004
5）Drews, J.：Science, 287：1960-1964, 2000
6）http://www.fda.gpv/bbs/topics/NEWS/2003/NEW00969.html
7）http://search.e-gov.gp.jp/servlet/Public
8）Liebman, M. N.：TARGETS, 1：47-50, 2002
9）Amano, H. et al.：The Pharmacogenomics J., 3：183-188, 2003
10）Nishimura, Y. & Tanaka, T：J. Biol. Chem., 276：19921-19928, 2001
11）Suzuki, H. et al.：J. Clin. Invest., 104：59-66, 1999
12）Nikaido, H. et al.：Circulation, in press, 2004

第7章 ゲノム創薬と薬理ゲノミクス

3. 薬物動態ゲノミクス

山下富義　橋田 充

薬物の体内動態は，薬物代謝酵素やトランスポーターなどのタンパク質によって大きく支配され，遺伝子多形が薬効や副作用発現と深く関連している．本項では，ゲノム情報にもとづいて薬物動態を定量的に予測する方法を中心に，例をあげて説明する．

はじめに

薬理ゲノミクス分野の誕生以前から，薬理遺伝学という学問領域があり，薬物に対する反応や副作用における個人差を遺伝的要因に注目して説明する研究がなされてきた．その多くは遺伝子の翻訳領域および調節領域での一塩基多型すなわちcSNPに関するものであり，薬物動態に関係する分子種に関して多くの研究がなされている．薬物動態とは，生体に投与された薬物の生体内運命のことであり，大きく吸収，分布，代謝，排泄の4つの過程からなっている．薬物の作用は当然ながら標的分子との相互作用によるものの，標的組織における薬物濃度は薬剤投与後の全身動態によって規定される．したがって，薬物動態は医薬品の有効性と深くかかわっている．さらに，非標的組織への分布は，医薬品の副作用の原因になりうる．薬物動態関連因子の薬理遺伝学に関しては，特に薬物代謝酵素に関する研究が進んでおり，SNPが薬物代謝酵素の質的あるいは量的な違いをもたらし，薬効や副作用発現の個人差や人種差の原因となることが示されている．さらに，ヒトゲノム配列の決定後は，薬物代謝酵素のみならずトランスポーターに関してもSNP研究に拍車がかかっている．例えば，バイオ産業情報化コンソーシアムとファルマ・スニップ・コンソーシアムは，日本人の薬物動態関連遺伝子のSNPsの頻度解析データをもとにした薬物動態頻度解析データベースを共同開発し，公開に至っている（http://jbic1.jbic.or.jp/ec3/biodb/index.html）．

i) 研究ストラテジーと実施例

新規薬物動態関連分子の同定

薬物代謝酵素やトランスポーターなどのタンパク質は，薬物の体内動態を規定する重要な因子であり，生体異物としての薬物の分解や排泄に関与している．これらの薬物動態関連タンパク質は，個々に非常に広い基質認識スペクトラムを示す一方でスーパーファミリーを形成しており，多様な化学物質の処理機構として働いている．薬物動態を包括的に理解するためには，これらタンパク質のクローニングおよび機能解析が必須の課題である．ゲノム配列解析によりトランスポーターと予想される遺伝子は，少なくとも300種類以上あるといわれているが，機能が明らかにされているものはまだほんの一部に過ぎない（表，http://www.TP-search.jp）．

未知のタンパク質を発見する有効な手段の1つは，

Fumiyoshi Yamashita / Mitsuru Hashida : Department of Drug Delivery Research, Graduate School of Pharmaceutical Sciences, Kyoto University（京都大学大学院薬学研究科薬品動態制御学分野）

表　ヒト薬物トランスポーターの一覧表

遺伝子記号		標準遺伝子記号*
MDR1/P-gp	multidrug resistant gene/P-glycoprotein	*ABCB1*
BSEP/SPGP	bile salt export pump/sister P-glycoprotein	*ABCB11*
MRP1	multidrug resistance associated protein 1	*ABCC1*
MRP2/cMOAT	multidrug resistance associated protein 2	*ABCC2*
MRP3	multidrug resistance associated protein 3	*ABCC3*
MRP4	multidrug resistance associated protein 4	*ABCC4*
BCRP	breast cancer resistance protein	*ABCG2*
NTCP	sodium taurocholate cotransporting peptide	*SLC10A1*
ASBT	apical sodium-dependent bile acid transporter	*SLC10A2*
PEPT1	oligopeptide transporter 1	*SLC15A1*
PEPT2	oligopeptide transporter 2	*SLC15A2*
OATP-A	organic anion transporting polypeptide-A	*SLC21A3*
OATP-C/OATP2/LST-1	organic anion transporting polypeptide-C	*SLC21A6*
OATP8	organic anion transporting polypeptide 8	*SLC21A8*
OATP-B	organic anion transporting polypeptide-B	*SLC21A9*
OATP-D	organic anion transporting polypeptide-D	*SLC21A11*
OATP-E	organic anion transporting polypeptide-E	*SLC21A12*
OATP-F	organic anion transporting polypeptide-F	*SLC21A14*
1-Oct	organic cation transporter 1	*SLC22A1*
2-Oct	organic cation transporter 2	*SLC22A2*
3-Oct	organic cation transporter 3	*SLC22A3*
OCTN1	novel organic cation transporter 1	*SLC22A4*
OCTN2	novel organic cation transporter 2	*SLC22A5*
OAT1	organic anion transporter 1	*SLC22A6*
OAT2	organic anion transporter 2	*SLC22A7*
OAT3	organic anion transporter 3	*SLC22A8*
OAT4	organic anion transporter 4	*SLC22A9*

＊HUMAN GENE NOMENCLATURE COMMITTEEによる標準遺伝子記号．　（Mizuno et al.：Pharmacol. Rev., 55：425-461, 2003より引用）

既知のタンパク質構造とのホモロジーをもとにしてゲノムデータベースから解析する方法である．既知タンパク質，あるいはその遺伝子の部分配列を質問配列として，BLASTNあるいはBLASTXで配列データベースを検索し，相同性の高い領域を見出す．次に，この領域をGENSCANに代表されるエクソン／イントロン予測プログラムで解析し，ゲノム上のORFを見出す．

また，ESTデータベースで再解析することによって，すでにクローニングされている断片配列の確認を行うことができる．このようにして配列予測を行い，適当なPCRプライマーを設計して，cDNAライブラリーのスクリーニングを行う．

上述のような方法を利用した一例として薮内らの報告[1]がある．薮内らは，肝臓に発現する新規ABCトランスポーターのクローニングを目的として，既知のヒトMRP1（ABCC1）遺伝子の配列をもとにして，その各部分配列をBLASTNで解析した．その結果，16番染色体ドラフト配列上に，ヒトMRP1の断片遺伝子配列と相同性の比較的高い領域を発見し，16q12.1上に2つの新規ABCトランスポーターが約20 kbの間隔で並んで存在することを見出した．

予測cDNA配列にもとづいてPCRプライマーを設計し，ヒト肝臓cDNAライブラリーよりPCRクローニングを行った結果，ABCCファミリーに属する他のトランスポーターと約30％程度の相同性を示す2種類の新規ABCトランスポーター，ABCC11およびABCC12をクローニングすることに成功し，さらにその過程でそれぞれ2種類，3種類のスプライシングバリアントの存在を明らかにしている．

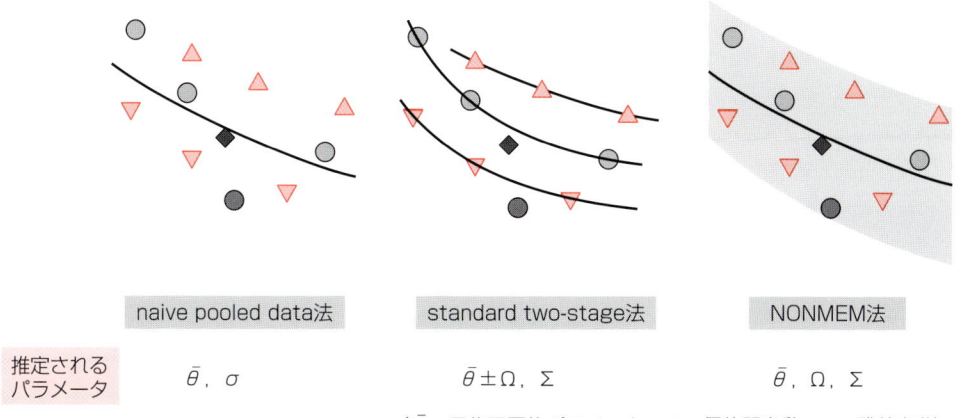

naive pooled data法	standard two-stage法	NONMEM法
推定されるパラメータ $\bar{\theta}, \sigma$	$\bar{\theta} \pm \Omega, \Sigma$	$\bar{\theta}, \Omega, \Sigma$

（$\bar{\theta}$：母集団平均パラメータ，Ω：個体間変動，Σ：残差変動）

図1 母集団薬物動態パラメータの推定方法
naive pooled data法は個体間変動を全く考慮しないで，すべての測定点から平均パラメータを推定する方法であり，standard two-stage法は個体ごとにパラメータ推定を行った後，平均と分散を計算する方法である．後者の方法は，個体間変動を考慮できるが，個別にパラメータ推定を行うので多くの測定点を必要とする．NONMEM（nonlinear mixed effect model）法は，個体差の原因となる固定効果を考慮しながら拡張最小二乗法により，すべてのデータを一括して解析する方法で，平均パラメータ，個体間変動ともに推定が可能である

患者情報を考慮した臨床薬物動態

テーラーメード医療という言葉が広く認知される以前から，臨床現場では患者志向の個別化薬物療法を実践する流れがあり，特に薬効治療濃度域の狭い医薬品を対象に薬物治療管理（therapeutic drug monitoring）が1970年代頃から導入されてきた．

臨床薬物速度論は，これをサポートする学問的基盤であり，ポピュレーションファーマコキネティクスのように，臨床現場で十分な採血点数が得られない状況で，臨床データを効率よく活用する解析方法も開発されている[2]．ポピュレーションファーマコキネティクスは，同じような背景をもった患者群を集団として捉え，その集団における平均的な薬物動態，それにおよぼす病態生理学的要因，集団内における個体差，個体内変動，分析誤差などを定量的に評価する方法論である．遺伝的要因も個体間変動を生じさせる重要な因子の1つであり，これをモデルに組込むことも可能である．

混合モデル（mixed effect model）は，年齢，性別，肝疾患など測定可能な要因を固定効果とみなし，薬物動態パラメータへの影響の程度を回帰式で表現する[2]．例えば，ある薬剤で全身クリアランス（CL）が，代謝クリアランスと腎クリアランスの和で表わされ，前者が体重WTに比例し，後者がクレアチニンクリアランスCLcrに比例すると仮定すると，

$$CL_j = \theta_1 \cdot WT_j + \theta_2 \cdot CLcr_j$$

と表わされる．ここで，θ_1，θ_2 は各固定効果に対する母集団平均パラメータであり，jは個人ごとに異なることを意味する．また，固定効果は必ずしも連続変量である必要はなく，病型や併用薬の有無など，カテゴリー変数を用いてモデル化することもよくある．遺伝子多型についてもカテゴリー変数として取り扱うことができる．しかしながら，薬物動態パラメータは，これらの固定効果に加え，未知の，あるいは測定不可能な要因によっても支配される．したがって，このような原因で生じる個体間変動，すなわち変量効果を，確率変数ηを用いて

$$CL_j = CL_j + \eta_j$$

のように表現し，この確率変数ηの分散を最尤推定することによって，母集団の特徴を明らかにする．

本解析では，拡張最小二乗法を基本とするNONMEM（nonlinear mixed effect model）法が通常用いられる（図1）．ポピュレーション解析で決定されるのは，あくまで母集団のパラメータであり，個々の患者での体内動態パラメータを推定するには，患者の血中薬物濃度データを使ってベイズ推定法を利用し

た非線形最小二乗法を行う．このとき母集団データが利用されるので，原理的には，測定値が1点しかない場合でも，複数の体内動態パラメータを推定できるという特徴がある．

Yatesらは，腎移植患者におけるシクロスポリン経口投与後の体内動態パラメータを解析した[3]．シクロスポリンの経口吸収（バイオアベイラビリティ）は，薬物代謝酵素であるCYP3A（CYP3A4/5），および排出トランスポーターMDR1の変動によって影響されることが知られている．Yatesらは，シクロスポリン経口投与時のクリアランス（理論的には全身クリアランスを経口バイオアベイラビリティで除したもの）に対して，MDR1の遺伝子多型がどの程度影響を与えるかをNONMEM法によって解析した．MDR1遺伝子エクソン26のC3435Tの変異はサイレント変異であるが，小腸におけるMDR1の発現を顕著に低下させることが知られている[4]．NONMEM法による解析では，3435Tのヘテロ変異体，あるいはホモ変異体の場合，野生型に比べ有意に経口クリアランスを上昇させ（経口バイオアベイラビリティの低下による），MDR1 C3435Tの変異が個体間変動の43％を説明しうることが明らかになった．しかしながら，C3435T変異による小腸でのMDR1発現量や薬物体内動態への影響については，いくつかの論文で異なった報告がなされており，C3435T遺伝子型や，関連するSNPを含めてハプロタイプ解析を行うなど，さらなる大規模な解析が必要とされている．

分子機能解析データから全身動態の予測

薬物代謝酵素やトランスポーターの遺伝子を細胞に導入して機能解析を行ったり，あるいは目的遺伝子の上流に位置するプロモーター活性をレポーター遺伝子で評価する研究が現在盛んに行われている．これらの実験方法を利用して，各種タンパク質機能に対するSNPの影響が現在検討されており，今後，遺伝子多型と体内動態との関係について，多くの情報が蓄積されると期待される．しかしながら，薬物動態はあくまで全身レベルでの問題であり，in vitro データから in vivo 動態を予測する技術が不可欠となる．

そのためには，生体の階層構造に立脚し，生化学および生理学的要因を考慮した適切な数学的モデルが必要である[5][6]．こうした概念にもとづく体内動態解析は生理学的薬物速度論解析と呼ばれ，薬物動態学分野では古くから研究がなされてきた．ここでは，生体は各臓器で構成され，これらが血流に連結されているというモデルが基本となる．このモデルでは，薬物は動脈血の流れに乗って組織内に入り，組織内に分布後，代謝，排泄を受けたり，静脈血によって組織から運び去られると仮定する．

組織による薬物抽出が起こる場合には組織の入口と出口の間で薬物濃度差が生じるが，これを記述するための臓器モデルがいくつか考案されている．最も単純なものは，組織内は十分混合され，薬物濃度は位置によらず一定で静脈血濃度に等しいと仮定するwell-stirredモデルである．細胞外液と細胞内液のコンパートメントからなる2-コンパートメントモデルにおいて，well-stirredモデルにもとづく物質収支式は，

細胞外液：$V_e \dfrac{dC_e}{dt} = QC_a - QC_e - flux$

細胞内液：$V_i \dfrac{dC_i}{dt} = flux - v_{elim}$

となる．

ここで，Q は血流速度，V_e，V_i はそれぞれ細胞外液，細胞内液の分布容積，C_a は動脈血液中濃度，C_e，C_i は各コンパートメントでの濃度，$flux$ は細胞外液から細胞内液への移行速度，v_{elim} は組織からの薬物消失速度を表わす．さらに，細胞外液から細胞内液への移行が受動拡散によって起こる場合，膜透過クリアランス PS および各コンパーメントでのタンパク非結合型分率 $f_{u,e}$，$f_{u,i}$ を用いて，$flux$ は

$flux = PS(f_{u,e}C_e - f_{u,i}C_i)$

となる．また，薬物消失を表わす固有クリアランスを CL_{int} とすると，ve_{lim} は

$v_{elim} = f_{u,i}CL_{int}C_i$

で表わされる．その他，流れ方向に対する血管内での混合を全く考慮しない parallel-tube モデルや，流れ方向に対して乱流拡散を考慮する dispersion モデルなどが提案されている．

岩坪らは，14種類の薬物のラットにおける肝抽出率（肝臓を通過する際に消失する割合）を，遊離肝細胞，あるいは肝ミクロソームを用いた in vitro 代謝クリアランスから予測する研究を行った[5][6]．その結果，肝

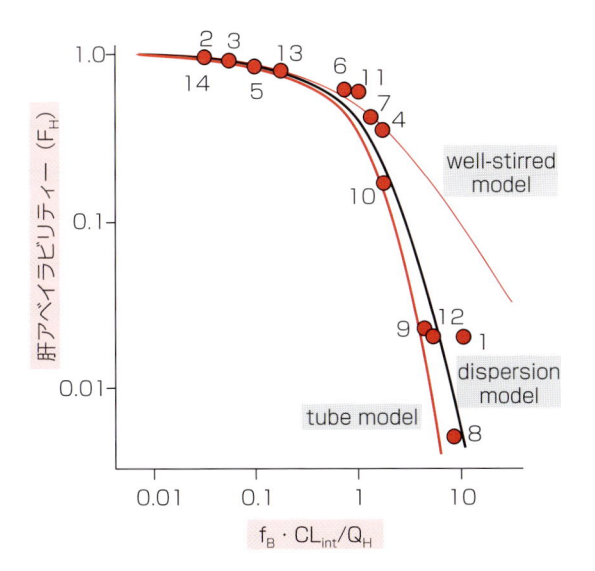

図2 ラットにおける in vitro 代謝固有クリアランス（CL_{int}）からの肝抽出率（E_H），および肝アベイラビリティー（F_H）の予測．

f_B, Q_H は，それぞれタンパク非結合型分率，肝血流量を表わす．1：alprenolol，2：antipyrine，3：carbamazepine，4：diazepam，5：ethoxybenzamide，6：hexobarbital，7：5-hydroxytryptamine，8：lignocaine，9：pethidine，10：phenacetin，11：phenytoin，12：propranolol，1：thiopental，14：tolbutamide. Ref.5より引用

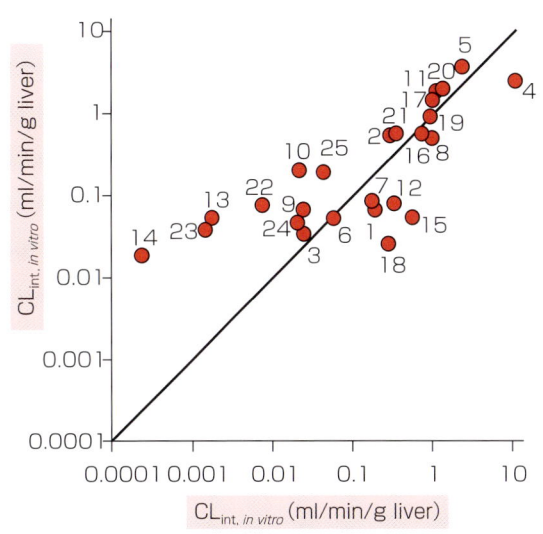

図3 ヒトにおける in vivo 肝固有クリアランス（$CL_{int, in\ vivo}$）と in vitro 代謝固有クリアランス（$CL_{int, in\ vitro}$）の比較．

1：alprazolam，2：diazepa，3：dofetilide，4：imipramine，5：lidocaine，6：loxitidine，7：a-hydroxymetoprolol，8：O-demethylmetoprolol，9：hydroxymethulmexiletine，10：p-hydroxymexiletine，11：phenacetin，12：quinidine，13：1, 3-dimethyluric acid + 1-methyl xanthine，14：3-methylxanthine，15：tolbutamide，16：norverapamil (R)，17：D-617 (S)，18：D-703 (R)，19：norverapamil (S)，20：D-617 (S)，21：D-703 (S)，22：6-hydroxywarfarin (R)，23；7-hydroxywarfarin (R)，24：6-hydroxywarfarin (S)，25：7-hydroxywarfarin (S). Ref.5より引用

抽出率が小さい場合，各モデル間で予測性に大きな違いは認められないが，肝抽出率が大きな場合にはdispersionモデルの方がwell-stirredモデルやparallel-tubeモデルに比べてより高い予測性を示すことを明らかにしている（図2）．

さらに，岩坪らは，代謝過程に薬物代謝酵素CYPが関与する25種類の化合物について，ヒト肝ミクロソームによる in vitro 代謝速度，血漿タンパク結合率，ヒト体内動態試験に関する文献情報から，in vitro/in vivo 相関に関する検討を行った[5)6)]．なお，in vivo 固有クリアランスの算出においては，化合物の血中消失，尿中排泄，代謝物の尿中回収データをもとに，肝臓外での代謝は生じない，肝臓への分布は瞬時平衡，受動拡散によるという仮定がなされている．解析の結果，in vitro と in vivo の固有クリアランスを比較すると，両者の比が3倍以下のものが全体の約50％，5倍以下のものが約70％という比較的良好な一致が認められ，in vitro データから in vivo 動態予測の可能性が示されている（図3）．

今後の研究の展開

現在，臨床開発における薬物動態の重要性が再認識されるなか，創薬研究の早い段階で動態特性の至適化が唱えられ，スループットを改善した薬物動態評価系が開発されつつある．しかしながら，薬物動態を支配する分子機構の多さを考えると，評価系のさらなる小型化および集積化が重要な課題であろう．

さらに重要な問題は，ヒトでの薬物動態に関する情報が，依然として乏しいという点にある．生体は階層構造をもち，全身レベルでの振舞いは非常に複雑である．多くの in vitro 情報が得られたとしても，階層的な薬物動態ネットワークが整理されない限り，動態予

測の目的は達成できない．

　安全性の問題などにより，臨床薬物動態の情報が不足しているが，きわめて高感度な物質定量を可能とする加速器質量分析法（accelerator mass spectroscopy：AMS）の登場などによりマイクロドージングによる臨床評価も可能となりつつあり，今後ヒトでの薬物動態情報も数多く蓄積されてくると予想される．

　今後，これらのヒトでの薬物動態情報を如何に管理，評価するかが重要な課題であり，特にゲノム情報との有機的な関連付けは，ゲノム創薬およびテーラーメード医療の実践に向けて不可欠であろう．

参考文献

1) Yabuuchi, H. et al. : Biochem. Biophys. Res. Commun., 288 : 933-939, 2001
2) 「薬物血中濃度モニタリングのためのPopulation Pharmacokinetics入門」（堀了平／監），薬業時報社，1988
3) Yates, C. R. et al. : J. Clin. Pharmacol., 43 : 555-564, 2003
4) Hoffmeyer, S. et al. : Proc. Natl. Acad. Sci. USA, 97 : 3473-3478, 2000
5) Iwatsubo, T. et al. : Biopharm. Drug Dispos., 17 : 273-310, 1996
6) Iwatsubo, T. et al. : Pharmacol. Ther., 73 : 147-171, 1997

第7章 ゲノム創薬と薬理ゲノミクス

4. トキシコゲノミクス

菅野 純　相﨑健一　五十嵐勝秀　小野 敦　中津則之

> 遺伝子発現カスケード解析を目指した形質非依存型トキシコゲノミクスに適用するため，マイクロアレイから細胞1個当たりのmRNA絶対量を得る方法（"Percellome"）を開発した．これにより遺伝子発現量を，ゼロを起点とする均等目盛りで表示し直接比較することができるようになった．対照群も処置群も無理なく同列に表示することができ，さらなる標準化操作が原則的に不必要となったため，測定し得たすべての遺伝子についてマイクロアレイ間はもとより，実験間での直接比較が行えるようになった．この特長は，生物学者が内容を直感的に把握しやすいようなデータの可視化にも役立ち，その後のデータ解析とインフォマティクス形成を促進することが示されつつある．本システムは大型プロジェクトを対象として開発したものであるが，実際には小規模の実験サンプルに対しても有用性が高いことが実証されている．特に変動遺伝子リストの遺伝子数が飛躍的に増大することが多い．それは，変動比率による足切りやハズレ値計算のような統計手法を用いる必要がなく，個々の遺伝子について逐一比較検討ができるためである．異なったプラットフォーム間でのデータ互換にも拡張可能であり，研究規模やプラットフォームの種類にかかわらずデータをもちより，相互にデータを直接比較することが可能なコンソーシアムを構築することに本手法が貢献することが期待される．

はじめに

毒性学は，生物界（biosphere）と化学物質界（chemosphere）との相互作用を解析し，現実に起きてしまった有害作用（薬の副作用，健康被害など）の把握，評価，対策のみならず，そのような事態の未然防止を目指す学問体系である．例えば，PCB（ポリ塩化ビフェニール）はその電気抵抗性，熱安定性，低反応性などから，工業的に優秀な材料として熱交換や絶縁に汎用された．この物質の毒性知識が早期に浸透していれば食品を直接加熱する熱媒体にPCBを用いるという発想は回避されたのかもしれない．当時の生物学・臨床医学・病理学・毒性学では，PCBのような化学物質の生体影響は，肝臓などでの代謝酵素（P450など）の誘導現象として把握されていたが，その基礎となるリガンド依存的転写因子群（AhR，CAR，PXRをはじめとするorphan受容体群）とその関連シグナル伝達に関する事象が明らかとなってきたのは比較的最近のことである[1]．その結果を受けて胎児影響を含む毒性の分子機構が明らかになるに連れて，実際にどの程度の暴露が，どの発達時期の人体に，どのように有害であるかの判断がより正確にくだせるようになり

Jun Kanno / Ken-ichi Aisaki / Katsuhide Igarashi / Atsushi Ono / Noriyuki Nakatsu : Division of Cellular & Molecular Toxicology, Biological Safety Research Center, National Institute of Health Sciences（国立医薬品食品衛生研究所安全性生物試験研究センター毒性部）

つつある．さらには，個人を対象とした毒性評価から，集団（日本国民全体）を対象としたそれまでを，広く見渡すことが要求される．例として有名なのは，PCB 暴露による IQ 低下論議である．ある集団の IQ が5 ポイント下がると，何らかの介護を必要とする人々の数が著増するというものである．すなわち，平均的な IQ をもつ個人の IQ が 5 ポイント下がっても実質上問題はないが，社会集団としての影響は無視できないという問題である[2)][3)]．科学的には，高感受性亜集団，個体差，動物実験データからヒトへの外挿に際しての種差問題などが関連する．

近年の健康ブームは，いわゆる「サプリメント」など，健康に有益な効能を示唆あるいは謳う一連の食品関連製品を生み出している．他方の医薬品については「薬効」と引き換えに「副作用」が常に考慮されることから，使用者の cost-benefit（費用便益・費用対効果）の概念を基礎に，取り扱いの体系ができあがっており「処方箋」が必要であったり，注意書きが添付されていたりする．これに対してサプリメントなどは食品，および食品に由来する成分からなるとされることから，「食経験」にもとづいた安全性の概念が基本となっている．しかし，食品も医薬品も，生活の利便性のために毎日利用する化学物質も，体内で生体分子と相互作用を起こす．それらの毒性評価を生体側からみると，身体に入るまでの「物質の分類」や「能書き」はもはや重要ではなく，身体に入ったあとにどのような反応が如何に惹起されるかが問題となる．

人体に化学物質が何を引き起こすかを検討するためには，ヒトからの情報を得ることが一番正確なことはいうまでもない．薬の開発の過程では，ヒトによる「臨床試験」が可能である．この場合の毒性には，用量作用関係の概念が乏しい．すなわち，実際に薬として投与するときの薬用量において，どのような毒性（副作用）があらわれるかが，最大の焦点であり，わざわざ「自殺目的」の大量投与を行うことはなく，薬効が期待できない微量投与も行わないわけである．これに対して，いわゆる化学物質，例えば，家庭用品，工業製品，食品添加物などの現代生活の利便性に欠かせない物質に由来する化学成分の体内への侵入に対しては，一般的に cost-benefit の概念が弱く働き，可能ならばゼロにしたいという傾向がある．しかし，「完全ゼロ」は使用する限り基本的には不可能であるので，どの位の量までなら安全と見なせるかを検討することが行われてきている．これらについては，人体実験が倫理的にも現実的にもできないと考えるのが通常である．なお，薬でも「人体実験」が事実上できない対象がある．それは，胎児と子供である．いずれの場合も，現在のところ，人の身代わりとしてモデル動物を用いることになる．他方，食品そのもの，あるいは食品の主成分については「食経験有り」＝「安全」という考えの下に，毒性評価を行ってきていないのが現状である．しかし，成分などの濃縮や抽出により錠剤やエキスの形を取るサプリメントでは少なくとも「調理法」と「摂取量」のコントロールが「今までの経験の適用外」となる場合が多い．このようなものが「処方箋なし」に利用される場合の安全性を検討する際に，人体実験を行うか，動物実験を行うか，動物で得た情報はどのようにヒトに適用するのか，などが問題となる．

化学物質の毒性の量と質の問題

多量に摂取すれば毒性は強く，少量になれば毒性は弱まるという大原則（毒性は用量に関して単調増加する）の下では，「毒性に閾値がある」と考えられる場合と，「閾値が存在しない」と考えられる場合とで扱いを分けている．前者の場合は無毒性量あるいは無作用量を実験動物で求め，種差や個体差を勘案した係数（不確実係数あるいは安全係数と呼び，通常 100 を用いる）で除して，安全の目安となる基準値とする．後者の場合は，無毒性量の代わりに，俗に「運悪く雷に打たれて死ぬ確率」を目安とする実質安全量（virtually safe dose，通常 10^{-5} ないし 10^{-6} の危険率を適用）を採用し，同様の手続きを経てヒトへの外挿を行っている．これらの判断が正しいか否かを検討する材料としては人での中毒事例，自殺事例，事故事例やそれらに関する疫学調査が活用され，それにもとづく基準設定法の修正が折にふれて加えられてきた歴史がある．ところで，食品あるいは食品関連製品（サプリメントなど）の場合，安全性評価に不確実係数 100 を使用するとどういうことになるであろうか．例えば，ニンニクや玉ねぎを毎日 1 個食べても安全であるという結果を引き出そうとすると，実験動物に毎日 100 個相当を食べても何も起こらないことを示す必要がある．

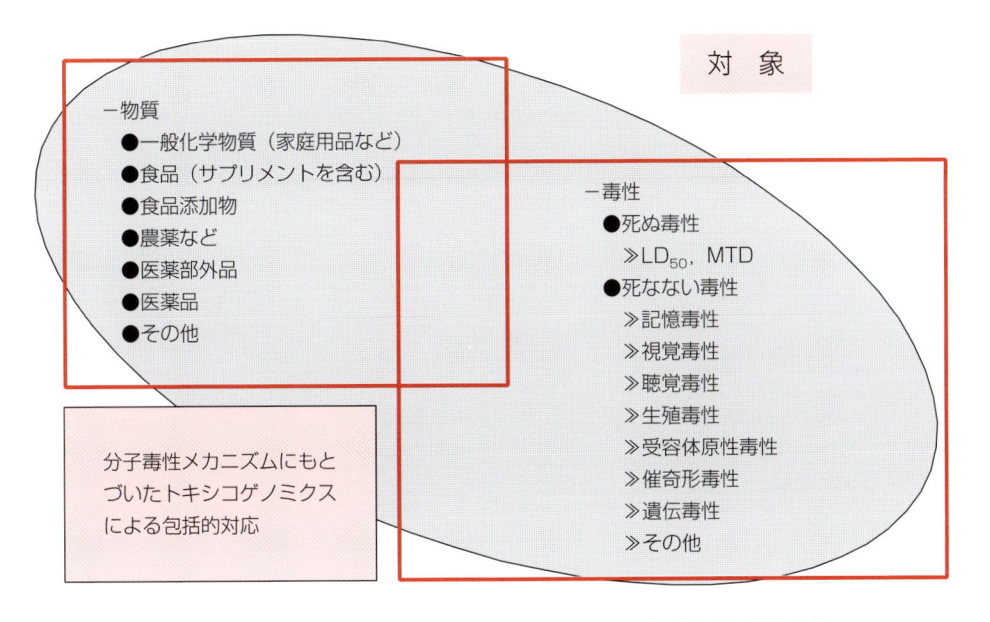

図1 分子毒性メカニズムにもとづいたトキシコゲノミクスが目指す包括的毒性
毒性を分類する際に，物質のカテゴリーを用いたり，毒性の症状を用いたりする．しかし，生体側からみれば，体内に入った物質がどのような生体反応を誘導するかが問題である．分子毒性メカニズムにもとづいたトキシコゲノミクスでは，生体反応を遺伝子発現カスケードとして把握することにより，このような従来の分類を包括した対応を目指す

ニンニクや玉ねぎ中のアリシンが動物に溶血を引き起こすが，100倍量を摂取すれば影響がみられる可能性が高い．すなわち，食品に関して動物実験を行った場合，一般論として不確実係数は利用できず，問題とする成分に対する生体反応のヒト・動物間の種差そのものを検討することが必要となる．

毒性の質的な問題はどのように取り扱われてきたか．生物学が現象の記述学に基礎を置いていた段階での毒性学は，対象が医薬品であれ，一般的な化学物質であれ，その要求される役割を果たすために，投与された化学物質と症状との連関性にもとづいた化学物質の体系化を基盤として発達してきた（図1）．その過程でのさまざまな経験を取り入れる形で，前述の「不確実係数」や「LD_{50}」の概念が利用され，現在まで，非常に有効に機能してきている．ここまでの毒性学は，化学物質の投与とそれによる症状（毒性）発現の関連性を分類し体系化するものであり，実験動物と人とをつなぐために，回帰モデル（regression model）の概念に根差した後向きの検討が行われることが多かった．しかし，サリドマイド禍（奇形発生）に象徴されるように，げっ歯類の実験動物では毒性が確認されず，人に使用して初めて催奇形性が明らかになった事例の存在は，この方法の限界を示している．

火事場の現場検証？

近年，科学の進歩により，毒性学は生体内で引き起こされる反応の分子レベルから形態レベルまでのメカニズム記述を基礎とするものへと変貌しつつある．ここで，活躍するのがハイスループット性の高いマイクロアレイ技術である．しかし，マイクロアレイから得られた遺伝子発現プロファイルによる検討も，そのときに観測される毒性形質と関連付け，いわゆる化学物質のフィンガープリント（指紋）として毒性反応の類型化を行うことが多い．このような関連付けを「phenotypic anchoring」と呼ぶことがある[4]．

分子毒性学の立場からは，化学物質が生体内で引き起こしている一連の事象を理解することが直近の目標である（図2）．毒性所見が明瞭に現れた段階では，化学物質による遺伝子発現はすでに十分にタンパク発現を引き起こしており，その結果としての組織改変までも完了してしまっている．この段階での遺伝子発現プロファイルは，所見と直結したものであることに間違いはないが，そこに至る過程を端的に示すものでは

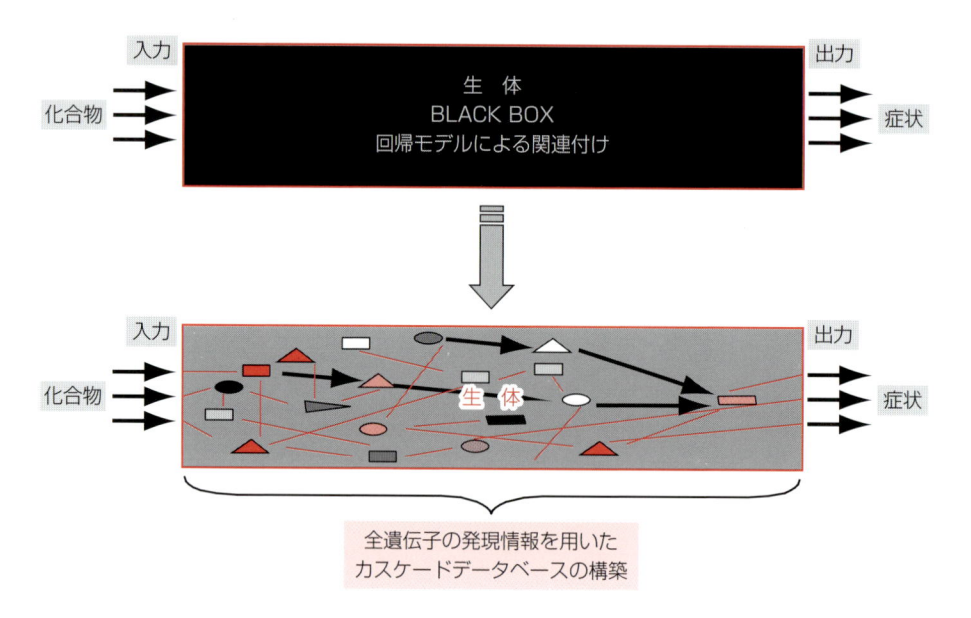

図2 経験則からメカニズムによる予測へ
　生物学が現象の記述学に基礎を置いていた段階での毒性学は，投与された化学物質と症状との間を回帰モデルにより関連付けることで体系化が行われてきた．しかし，分子毒性学の立場から一番知りたいことは，生体内で実際に起こっている一連の事象であり，遺伝子発現解析の場合にはすべての遺伝子の情報をもとにした遺伝子カスケードの全容解明である．毒性学的に重要なマーカー遺伝子（数十〜数百のことが多い）についてのこのようなデータベースは存在するが，ここではすべての遺伝子を対象としたものを指向する

必ずしもない．丁度，火事場の現場検証で出火元を特定する作業に似ている．これに対する別のアプローチとして，出火直後の変化から逐次検索することが考えられる．すなわち，化学物質に暴露され始めた初期からの遺伝子カスケードの全容解明である（図2）．全ゲノムが明らかになった現在，形質発現の有無にかかわらずすべての遺伝子の発現をモニターするこのようなアプローチ，すなわち「形質非依存型トキシコゲノミクス（phenotype-independent toxicogenomics）」を考慮せざるを得ない．

　動物実験を主な手段として駆使しうる立場からは，この目的のための実験プロジェクトを企画することが可能である．タンパクのリン酸化や発現の変化も同時に観測できれば理想的であるが，それらに関する網羅的観測手法が整っていない現段階では，マイクロアレイ技術による遺伝子発現が頼りである．十分に精密かつ実態的に生体反応が記載されれば，従来の膨大な時間と費用のかかる長期毒性試験（ラットなどを用いる）の代替として，より早く，安く，正確な評価，さらに，種差や個人差を勘案した正確なヒト毒性予測が可能となることが強く期待される．特に胎児，新生児，小児，成人，老人の各発達段階における生体側の反応様式・感受性の変化や，複数の物質の進入による複合作用なども包括的に扱えるようになると考えられる．マウスにおいては遺伝子ノックアウト手法により遺伝子ごとの機能解析が可能であり，ヒトではSNPs解析が同様に利用できるであろう．これらについても，形質発現が伴わないために解析が行き詰まった場合には，形質発現に依存しない手段を選ばざるを得ない．恒常性維持機構に深くかかわる内分泌かく乱化学物質の問題など，外界からの影響が効率よく中和されてしまい，形質変化がモニターしにくい対象を扱う場合にも，形質発現の有無にかかわらずmRNAやタンパクの発現修飾を観測することが有効な影響解析手段となることが考えられる．

　今後の毒性学における遺伝子発現解析（transcriptome），すなわちトキシコゲノミクス（toxicogenomics）は，従来の「形質依存型」のものに「形質非依存型（phenotype-independent）」のものを加える時期にきているといえよう．

形質非依存型トキシコゲノミクス (phenotype-independent toxicogenomics) の条件

形質依存型では，ある特定の毒性所見に連関した遺伝子をマーカーとして選択し，それが毒性発現に重要であると認定することから始まる．これに対して，形質非依存型トキシコゲノミクスは，まずは形質発現情報などの情報を用いずに，自らの遺伝子発現プロファイル情報のみを頼りに遺伝子発現変化の解析を開始しようとする点に特徴がある．このためには，測定するすべての遺伝子はどれも平等に重要であると仮定する必要がある．そして，そのすべてがどれだけ変動したかを正確に観測する必要がある．さらに，幾多の実験の結果を統合してはじめて全体像が明らかになるため，複数の実験の結果を長期にわたり集積し，それらのデータを縦横に解析する必要がある．

この条件を満たすためには，今までのマイクロアレイ手法には問題があった．まず，マイクロアレイの性能として，mRNAの測定可能な範囲が比較的狭いためにチップ1枚当たりに用いる総mRNA量を一定量に揃える必要があった点である．この場合，サンプル中の細胞1個当たりのmRNAの絶対的な多寡に関する情報は消失してしまう．これを補う種々の標準化手法が編み出されている[5)～12)]が，それらは原則的には統計学的な有意差検定をもとにした変動遺伝子の抽出を行う．このような計算では，一般に大半の遺伝子はサンプル間で不変であるとの前提から，多数の遺伝子が「変動したとはいえない」と位置付けられることが多い．また，変動を表現するために対照サンプルに対する比率表示をすることが多い．この場合，異なる時期に実施した複数の実験から得られたデータを比較する際に，対照群の実験間変動を吟味することが難しいという問題が加わる．

細胞1個当たりの mRNA絶対量を得る方法

このような問題を解決し，形質非依存型トキシコゲノミクスに適用するため，われわれは，細胞1個当たりのmRNA絶対量を得る方法（"Percellome"）を，当時それに必要な条件を満たしていたアフィメトリクス社のGeneChip®を対象に開発した（特許出願中，投稿中）．このシステムは大きく4つの要素からなっている．

①RNA用に準備したサンプル破砕液の一部からそのDNA濃度を簡便に測定する方法：細胞1個当たりのmRNA情報を得るために，サンプルを構成する総細胞数を測定する．実際に細胞数を計測することは特に実質臓器の場合には困難であるため，その代替指標として細胞核内のゲノムDNA量を用いる．サンプルをDNA測定専用に消費することを避けるため，RNA調整用の組織破砕液の極一部（通常，$10\mu l$）からDNAを測定するプロトコールを確立した．

②用量関係を考慮し工夫された多段階濃度スパイクカクテル（GSC：dose-graded spike cocktail）の調整と，それの破砕液への添加法：細胞1個当たりのmRNAの標準として，組織破砕液に添加するスパイクRNAには，GeneChip®が使用者のために用意していた5種類の枯草菌由来遺伝子のRNAを用いた．5種類の枯草菌RNAをおのおの約2,000塩基の長さに合成し，5段階の用量に配合したカクテルを作製した．これにより，広い濃度範囲をカバーする標準用量作用曲線をすべてのサンプルに導入することが可能となった．

③Hill式にもとづいた絶対化アルゴリズム：GeneChip®では，蛍光シグナルとmRNA量との間にHill式に従う関係が成立することを後述のLBM標準サンプルなどにより確認した．その結果からHill式の直線化式によりGSCを直線化して絶対量化を行う変換アルゴリズムを開発し，それを自動実行するプログラムを独自に開発した．

④マイクロアレイの用量相関性確認およびバージョン間・プラットフォーム間データ変換対応のためのLBM（liver-brain mix）標準サンプルおよびデータ変換アルゴリズム：遺伝子発現プロファイルが大きく異なる一対の組織を一定の比率で相互に希釈しあったサンプルセットを表記の目的のために用意した．具体的には，肝と脳を用い，100：0, 75：25, 50：50, 25：75, および0：100の混合比の5サンプルからな

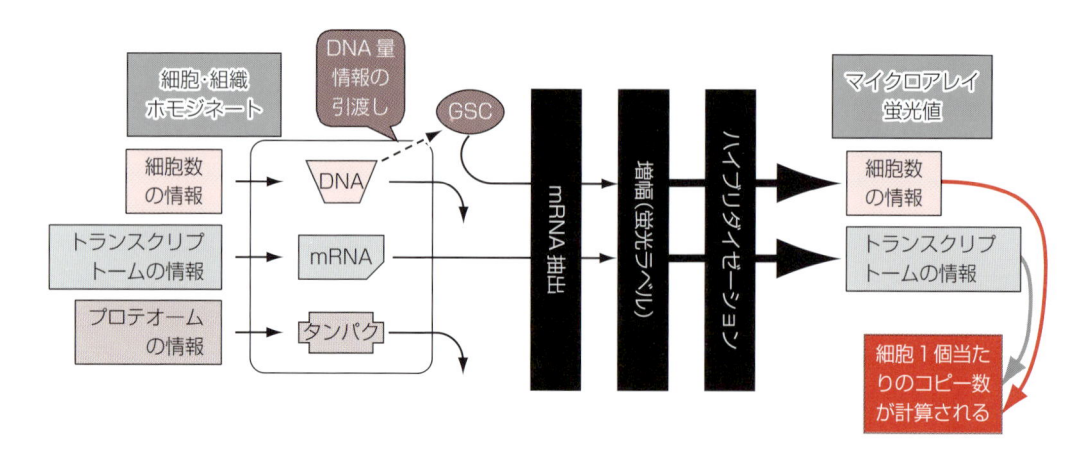

図3 絶対量化の原理
マイクロアレイなどから絶対量を得る方策は，まず，サンプル・ホモジネートのもととなった検体の細胞数の情報をDNA量として捉える．mRNA抽出段階でこのDNA情報が失われてしまうことを回避するために，DNA量の代わりに相当量の多段階濃度スパイクRNAカクテル（GSC）を添加する．mRNA抽出以降，GSCとサンプルのmRNAがともに増幅・蛍光ラベリング，マイクロアレイ表面へのハイブリダイゼーションなどの段階をほぼ平等に経験する．その結果，マイクロアレイの蛍光値を適切に比較・補正することにより，mRNAの細胞1個当たりのコピー数が計算される

るセットを用意した．

絶対量化の基本的原理は，サンプルの細胞数（ゲノムDNA濃度で代替）に比例した分子数のスパイクRNAを添加することで，サンプルの細胞1個当たりのmRNA絶対量（コピー数）の指標をサンプル中に導入するものである（図3）．ただし，スパイクRNAは1点を規定するものではなく，5種類の枯草菌遺伝子に対するRNA（哺乳類の配列と交叉しない）を適切な公比をもたせて5段階の濃度に割り振ったカクテルとして用いることが特長である．これにより，絶対コピー数の指標になると同時に，広い用量範囲について検量線を各サンプルに導入したことになり，mRNA抽出からGeneChip®の蛍光測光までの過程で生じるデータ全体の歪みを補正する際に威力を発揮する

他方，チップ内での異なる遺伝子の発現量の正確さに関しては，GeneChip®のプローブセットの設計に依存する．アフィメトリクス社はプローブの設計に際してそれらのTm値を一定に保つアルゴリズムを用いている．これについては，利用者として個々に定量的PCRなどにより検証する必要がある．本手法の特徴の1つとして，真の値が明らかになった時点で，すべての既測定値を一括修正することが可能であることがあげられる．

LBM（liver-brain mix）標準サンプルとの組合せ

LBMは実験動物サンプルに対しては肝と脳の組合せを用いたが，遺伝子発現プロファイルの異なるペアであればどのような組合せでも利用可能である（ヒトサンプルに対しては2種類のヒト培養細胞株も可）．複数のペアを併用すればさらに精度のよい検定が可能となる．GSCをDNA濃度に応じて添加したLBMセットを測定し，絶対量化した結果は，グラフ化すると直線を描くはずであり，さらに50：50のサンプルで除した場合，理想的にはすべての遺伝子が50：50のところで1の値を取り，100：0あるいは0：100では0から2の間の値を取るところの直線を描くはずである．この結果から，マイクロアレイの定量性が確認される．

さらに，LBMをバージョンアップ前後の新旧GeneChip®で測定しておくことにより（図4），LBMに含まれるすべての遺伝子（プローブセット）について，5点からなる新旧のチップ間の換算関数を求めることができる．LBMに他の臓器の組合せを用いることで取り扱える遺伝子数を増やすことが可能である．

本システムのGSCを添加したサンプルはスパイクRNAを検出するプライマーセットを用意することでPCRにおいても容易に絶対量化データを得ることができる．詳細は他に譲るが，プライマーペアの増幅効率

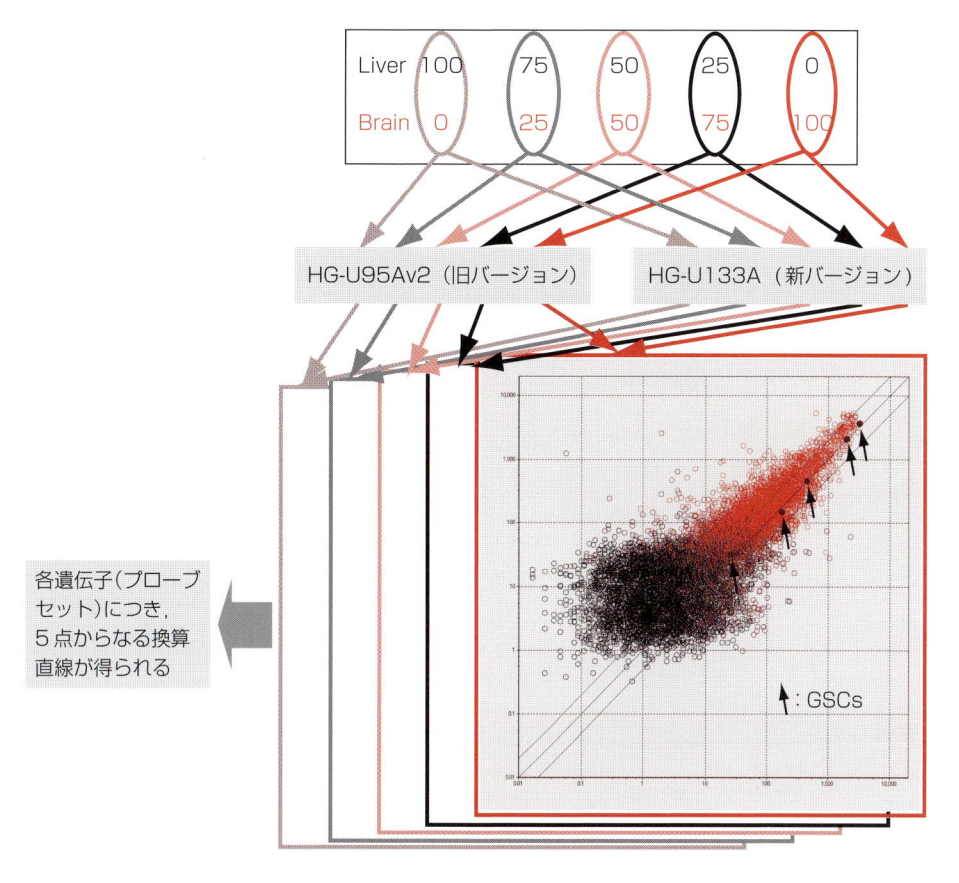

図4 GeneChipの新旧バージョン間のデータ互換
LBMサンプルセットを新旧のバージョンのGeneChip®において測定する．スキャッターグラフで示すような関係が5組得られる．矢印で示す黒丸がGSCである．ここにプロットされた遺伝子（両バージョンに同一または対応するアノテーションが得られ，かつ，LBMサンプルに発現されているもの）については個々について直接変換式が得られる．これは，定量的PCRやアフィメトリクス社以外のマイクロアレイプラットフォームにも拡張可能である

のばらつきを勘案した絶対化アルゴリズムとともにPercellome定量PCRシステムを構築中である．GeneChip®以外のプラットフォームとのデータ互換も可能である．本システムが適応可能なプラットフォームの条件としては，GSCを受け付けるプローブセットが用意されていること，および用量相関性が確保されてることの2点を満たしている必要がある（図5）（現在，2社の製品について検討開発中）．

遺伝子カスケード解析を目指した形質非依存型トキシコゲノミクスへの適用

厚生労働科学研究費のプロジェクトにこのPercellomeシステムが採用され進行中である〔厚生労働科学研究費補助金H14-トキシコ-001（創薬支援トキシコゲノミクス）およびH15-化学-002（化学物質トキシコゲノミクス）〕．4～5段階の用量（公比$\sqrt{10}$等）について，4時点（2，4，8，24時間等）での遺伝子発現を観測する16～20群（一群3匹）の構成からなるプロトコールにより，1つの化合物について48～60匹の動物のサンプルからPercellomeデータを生成している．化学物質トキシコゲノミクスプロジェクトでは，遺伝子の発現値を3次元表示することでその用量・時間依存性を視覚化し，データ解析を進めている．X軸に用量，Y軸に時間，Z軸に発現量（ゼロからの均等目盛り表示）をプロットすることにより，1つの遺伝子につき16～20格子点（48～60枚のGeneChipからのデータ）からなる1枚の局面を描くことができる（図6）．1つのGeneChipが45,000のプローブセットからなる場合，1つの化合物の用量・

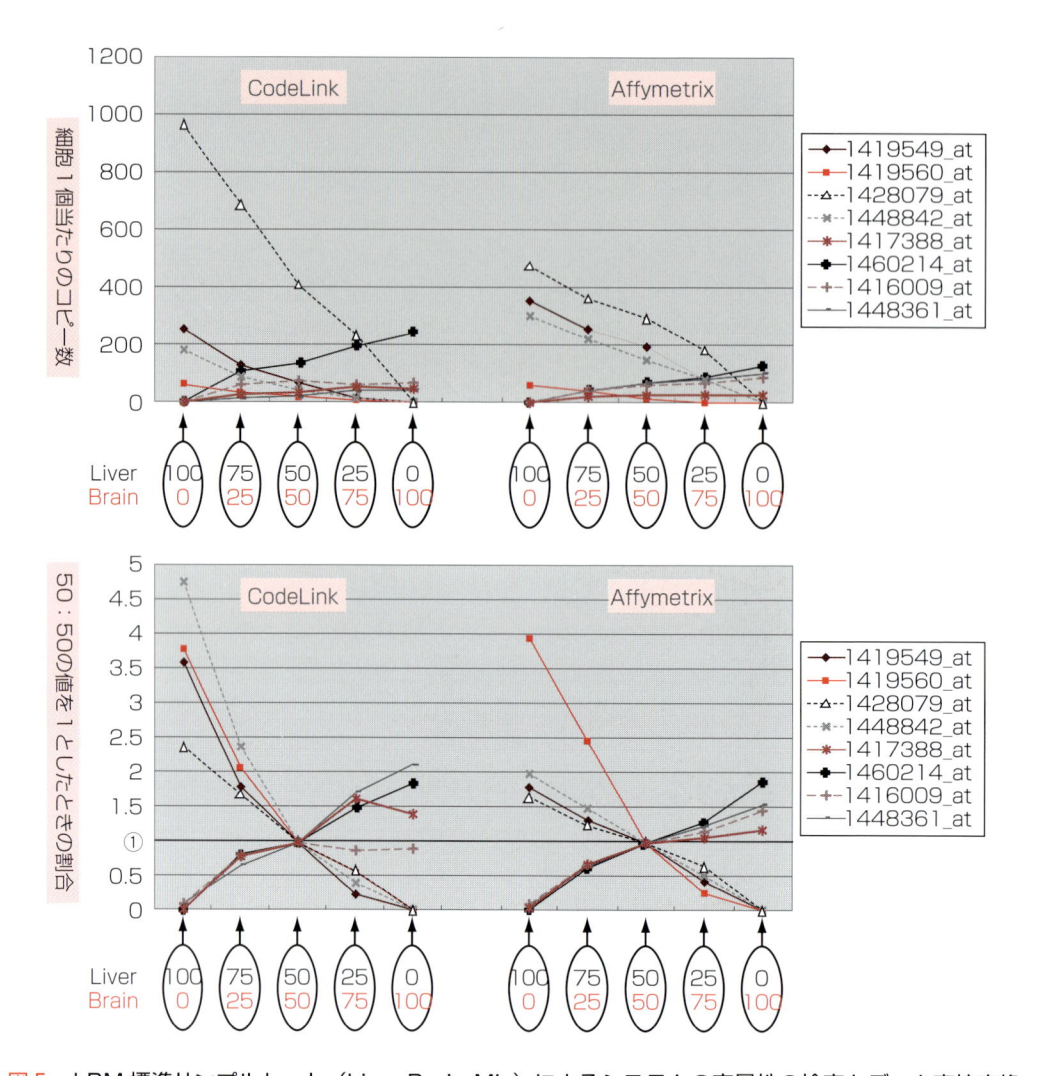

図5　LBM 標準サンプルセット（Liver-Brain Mix）によるシステムの定量性の検定とデータ直接変換式の生成

　LBM の 5 サンプルを Affymetrix 社 GeneChip® (MOE430v2) および，Amersham 社 CodeLink アレイ（GSC が測定可能な試作品）にて測定した．ここでは，共通に測定された 8 遺伝子（Affymetrix の ID にて表示）を示す．上段は，細胞 1 個当たりのコピー数で表示したもの．下段は LBM (50：50) の値に対する比を表示したもの（理想的には，すべての遺伝子が 50：50 のところで 1 を通り 100：0 における y 切片が 0〜2 の範囲に収まる直線を描く）．個々の probe set には若干の性質の相違があるが，押しなべて直線性がよく，2 社間のデータの相互直接変換関数が求められる．別途に真のコピー数が判明した際（定量 PCR などにより）には，その値をもとに過去のマイクロアレイ・データを一括変換することが可能となる

時間依存的データ 3 次元表示では 45,000 枚の局面の層状集合体からなる〔多層構造からなる菓子などになぞらえミルフィーユ・データ〔millefeuille (MF) data〕と名付けた〕．この MF data は 1 局面の各格子点が 3 匹の動物に由来する 3 つのデータにもとづいており，格子点のデータの信頼性の評価，artifact の除去や，生物学的な蓋然性を有する変化であるか否かの判別に適しているうえに，類似の用量・時間反応を示す遺伝子の選別に威力を発揮する．

　生体反応の分子メカニズム解析（カスケード解析）を目標に，遺伝子欠失動物の活用を見込んで，マウスを用いた実験を重ね，2004 年 6 月現在で約 25 の既知化合物についてのデータ収集を終え，向こう 2 年の内に 90 化合物のデータを蓄積する予定である．まずはすべての遺伝子が平等に重要と考える方策を取るため，生物学者が視覚的に確認できる MF data を利用した完全な教師なし (unsupervised) クラスタリングを開発・実施している．〔NTT コムウェア株式会社

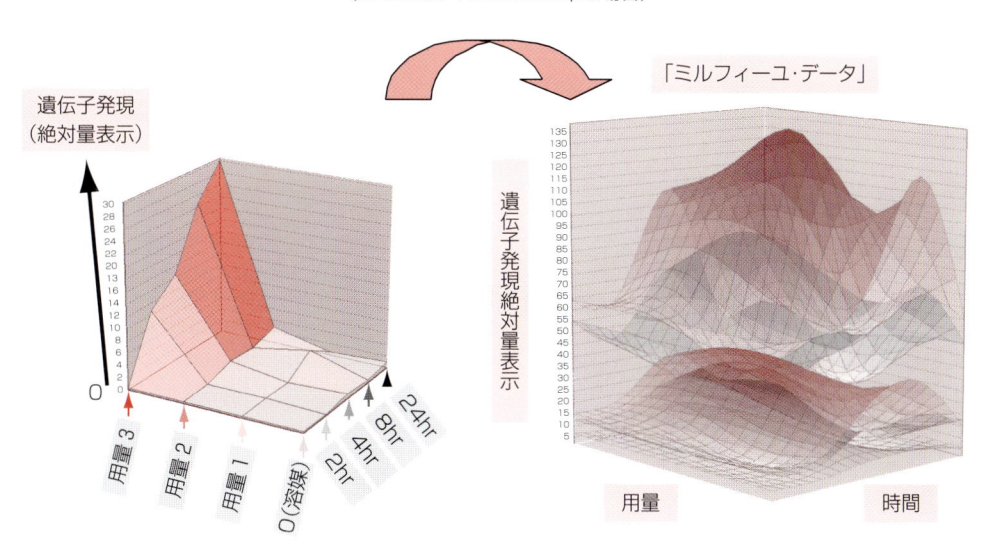

図6 トキシコゲノミクス・プロジェクトにおける単回投与実験の基本構成とミルフィーユ・データ

時間と用量の組合せからなる 4 × 4 のマトリックス構造のプロトコールを示す．各群3匹，サンプルはプールせず個別に GeneChip® 解析を実施している．X軸に用量，Y軸に時間，Z軸に発現量（ゼロからの均等目盛り表示）をプロットすることにより，1つのプローブセットごとに1枚の発現局面を描くことができる．現在使用中のMOE430v2は約45,000のプローブセット情報を生成するため，1つの化合物のトランスクリプトーム情報は45,000枚の局面の集合体（ミルフィーユ・データ）であらわされる．→巻頭カラー21参照

と共同開発し，Teradata（日本NCR株式会社）による解析・データベース上に搭載した］．このクラスタリング手法は，クラスター数を指定せず，45,000プローブセット（MOE430v2）を小さいクラスターから数百のクラスターに分類する．複数の化学物質からのクラスターデータの解析と，適切な遺伝子欠失マウスによるMF dataにより，客観的な遺伝子カスケードの描出を試みている．これと既知の情報との比較を行い，必要に応じて不足部分の確認実験を別途追加して実施し，最終的に信頼性の高い遺伝子カスケードデータベースの構築と，これにもとづいた効率的で正確な毒性評価・予測技術の開発を目指している．

〈謝辞〉

本システムの開発とプロジェクトの遂行に当たり，当毒性部の諸先生方および安東朋子，森山紀子，近藤優子，中村祐子，安部麻紀，吉木健太，松田菜恵，森田紘一，今井あや子，青柳千百合，相原妃佐子の各氏に深く感謝する．本研究は厚生労働科学研究費補助金H13-生活-012，H13-生活-013，H14-トキシコ-001およびH15-化学-002による．

参考文献

1) Ema, M. et al.：J. Biol. Chem., 269：27337-27343, 1994
2) Jacobson, J. L. & Jacobson, S. W.：Neurotoxicology, 18：415-424, 1997
3) Jacobson, J. L. & Jacobson, S. W.：Obstet Gynecol Surv., 59：412-413, 2004
4) Waters, M. D. et al.：Mutat. Res., 544：415-424, 2003
5) Hill, A. A. et al.：Genome Biol., 2：RESEARCH0055, 2001
6) van de Peppel, J. et al.：EMBO Rep., 4：387-393, 2003
7) Hekstra, D. et. al.：Nucleic Acids Res., 31：1962-1968, 2003
8) Sterrenburg, E. et al.：Nucleic Acids Res., 30：e116, 2002
9) Talaat, A. M. et al.：Nucleic Acids Res., 30：e104, 2002
10) Bolstad, B. M. et al.：Bioinformatics, 19：185-193, 2003
11) Lee, P. D. et al.：Genome Res., 12：292-297, 2002
12) Wilson, M., et al.：Proc. Natl. Acad. Sci. USA, 96：12833-12838, 1999

付録　ゲノム研究関連アウトソーシング企業

辻本豪三

ゲノム医科学研究を進めるにあたっては，特殊な機器や技術を必要とすることが多いために，受託解析企業を有効に活用していくことが重要です．本付録では，本文で紹介した実験技術を中心に，ゲノム機能解析の受託企業をまとめました．資料不足により未収載の企業が多数あるかと存じますが，本付録は読者の方々にアウトソーシングの有効活用を促すことを目的として作成したものですので，なにとぞご容赦ください．なお，すべて2004年9月現在の情報です．

1 DNAチップ作製・解析

社名	URL
旭テクノグラス株式会社	http://www.atgc.co.jp/
アマシャムバイオサイエンス株式会社	http://www.jp.amershambiosciences.com/
家田貿易株式会社	http://www.ieda-boeki.co.jp/
インビトロジェン株式会社	http://www.invitrogen.co.jp/
株式会社インフォジーンズ	http://www.infogenes.co.jp/
オリエンタル酵母工業株式会社	http://www.oyc.co.jp/
株式会社カケンジェネックス	http://www.kakengeneqs.co.jp/
倉敷紡績株式会社	http://www.kurabo.co.jp/
国産化学株式会社	http://kokusan-chem.co.jp/
株式会社サイメディア	http://www.scimedia.co.jp/
株式会社ジェネティックラボ	http://www.gene-lab.com/
シグマアルドリッチジャパン株式会社	http://www.sigma-aldrich.co.jp/
ジーンフロンティア株式会社	http://www.genefrontier.com/
株式会社　島津製作所	http://www.shimadzu-biotech.jp/
タカラバイオ株式会社	http://www.takara-bio.co.jp/
株式会社DNAチップ研究所	http://www.dna-chip.co.jp/
株式会社TUMジーン	http://www.tum-gene.com/ff
ディスカバリー・バイオテクノロジーズ株式会社	http://www.discoverybio.co.jp/
東洋紡績株式会社	http://www.toyobo.co.jp/
日清紡績株式会社	http://www.nisshinbo.co.jp/
日本ガイシ株式会社	http://www.ngk.co.jp/
日本ベクトン・ディッキンソン株式会社	http://www.bdj.co.jp/
株式会社ノバスジーン	http://www.novusgene.co.jp/
株式会社バイオマトリックス研究所	http://www.biomatrix.co.jp/
株式会社日立製作所	http://www.hitachi.co.jp/
日立計測器サービス株式会社	http://www.hisco.co.jp/
日立ソフトウェアエンジニアリング株式会社	http://www.hitachi-sk.co.jp/
株式会社日立ハイテクノロジーズ	http://www.hitachi-hitec.com/
プロメガ株式会社	http://www.promega.co.jp/
北海道システム・サイエンス株式会社	http://ssl.lilac.co.jp/hssnet/
三菱レイヨン株式会社	http://www.mrc.co.jp/
横河アナリティカルシステムズ株式会社	http://www.agilent.co.jp/
株式会社ラボエイド	http://www.laboaid.co.jp/

2 SNP解析

社名	URL
イルミナ株式会社	http://www.illuminakk.co.jp/
インテック・ウェブ・アンド・ゲノム・インフォマティクス株式会社	http://www.webgen.co.jp/
株式会社インプランタイノベーションズ	http://www.inplanta.jp/
オリエンタル酵母工業株式会社	http://www.oyc.co.jp/
株式会社 島津製作所	http://www.shimadzu-biotech.jp/
第一化学薬品株式会社	http://www.kensa-daiichi.jp/
タカラバイオ株式会社	http://www.takara-bio.co.jp/
東洋紡績株式会社	http://www.toyobo.co.jp/
株式会社ノバスジーン	http://www.novusgene.co.jp/
株式会社　バイオロジカ	http://www.biologica.co.jp/
株式会社ビー・エム・エル	http://www.bml.co.jp/
株式会社日立製作所	http://www.hitachi.co.jp/
株式会社日立ハイテクノロジーズ	http://www.hitachi-hitec.com/
ヒュービットジェノミクス株式会社	http://www.hubitgenomix.com/
フナコシ株式会社	http://www.funakoshi.co.jp/
プロメガ株式会社	http://www.promega.co.jp/
ユニーテック株式会社	http://www.uniqtech.co.jp/

3 siRNA合成

社名	URL
株式会社iGENE	http://igene-therapeutics.co.jp/
株式会社医学生物学研究所	http://www.mbl.co.jp/
岩井化学薬品株式会社	http://www.iwai-chem.co.jp/
インビトロジェン株式会社	http://www.invitrogen.co.jp/
エスペックオリゴサービス株式会社	http://www.business-zone.com/espec-oligo/
株式会社キアゲン	http://www1.qiagen.com/jp/
株式会社グライナー・ジャパン	http://www.greiner-bio-one.co.jp/
株式会社ゲノムサイエンス研究所	http://www.gsl.co.jp/
ジーンワールド株式会社	http://www.geneworld.co.jp/
タカラバイオ株式会社	http://www.takara-bio.co.jp/
東洋紡績株式会社	http://www.toyobo.co.jp/
株式会社日本遺伝子研究所	http://www.ngrl.co.jp/
株式会社ニッポンジーン	http://www.nippongene.jp/
株式会社日本バイオサービス	http://www.jbios.co.jp/
日立計測器サービス株式会社	http://www.hisco.co.jp/
"B-Bridgeinternational,inc"	http://www.b-bridge.com/
北海道システム・サイエンス株式会社	http://ssl.lilac.co.jp/hssnet/
株式会社ファスマック	http://www.fasmac.co.jp/
フナコシ株式会社	http://www.funakoshi.co.jp/
株式会社ベックス	http://www.bexnet.co.jp/
和光純薬工業株式会社	http://www.wako-chem.co.jp/

4 遺伝子改変動物作出

社名	URL
オリエンタル酵母工業株式会社	http://www.oyc.co.jp/
倉敷紡績株式会社	http://www.kurabo.co.jp/
株式会社ケー・エー・シー	http://www.kacnet.co.jp/
株式会社ジーンテクノサイエンス	http://www.g-gts.com/
株式会社トランスジェニック	http://www.transgenic.co.jp/
株式会社ナルク	http://www.narc.co.jp/
日本エスエルシー株式会社	なし
日本クレア株式会社	http://www.clea-japan.com/
日本チャールス・リバー株式会社	http://www.crj.co.jp/
日本農産工業株式会社	http://www.nosan.co.jp/
フナコシ株式会社	http://www.funakoshi.co.jp/
ユニーテック株式会社	http://www.uniqtech.co.jp/
株式会社ワイエス研究所	http://www.ystg.co.jp/

5 ペプチド合成・抗体作製

社名	URL
アーク・リソース株式会社	http://www.ark-resource.co.jp/
旭テクノグラス株式会社	http://www.atgc.co.jp/
株式会社医学生物学研究所	http://www.mbl.co.jp/
株式会社イムノバイオン	http://www.asahi-net.or.jp/~jz7s-mw/
インビトロジェン株式会社	http://www.invitrogen.co.jp/
オリエンタル酵母工業株式会社	http://www.oyc.co.jp/
株式会社キアゲン	http://www1.qiagen.com/jp/
倉敷紡績株式会社	http://www.kurabo.co.jp/
国産化学株式会社	http://kokusan-chem.co.jp/
コスモ・バイオ株式会社	http://www.cosmobio.co.jp/
シグマアルドリッチジャパン株式会社	http://www.sigma-aldrich.co.jp/
株式会社 島津製作所	http://www.shimadzu-biotech.jp/
株式会社ジーンネット	http://www.genenet.co.jp/
第一化学薬品株式会社	http://www.kensa-daiichi.jp/
タカラバイオ株式会社	http://www.takara-bio.co.jp/
株式会社ティー・ケー・クラフト	http://www.tkcraft.co.jp/
株式会社東レリサーチセンター	http://www.toray-research.co.jp/
株式会社トランスジェニック	http://www.transgenic.co.jp/
日化テクノサービス株式会社	http://www.nikka-ts.com/
株式会社ニッピ	http://www.nippi-inc.co.jp/
株式会社日本バイオサービス	http://www.jbios.co.jp/
株式会社日本バイオテスト研究所	http://www.nbiotest.co.jp/
株式会社バイオロジカ	http://www.biologica.co.jp/
株式会社ペプチド研究所	http://www.peptide.co.jp/
フナコシ株式会社	http://www.funakoshi.co.jp/

プロメガ株式会社	http://www.promega.co.jp/
株式会社フロンティア・サイエンス	http://www.frontier-science.co.jp/
株式会社ベックス	http://www.bexnet.co.jp/
北海道システム・サイエンス株式会社	http://ssl.lilac.co.jp/hssnet/
株式会社ホクドー	http://www.hokudo.co.jp/
株式会社矢内原研究所	http://www.yanaihara.co.jp/
ユニーテック株式会社	http://www.uniqtech.co.jp/
和光純薬工業株式会社	http://www.wako-chem.co.jp/
株式会社免疫生物研究所	http://www.ibl-japan.co.jp/

6 タンパク質同定

社名	URL
株式会社アプロサイエンス	http://www.aprosci.com/
インビトロジェン株式会社	http://www.invitrogen.co.jp/
有限会社エキシジェン	http://www.exigen.co.jp/
株式会社環境研究センター	http://www.erc-net.com/
株式会社 島津製作所	http://www.shimadzu-biotech.jp/
株式会社ジーンネット	http://www.genenet.co.jp/
ジーンワールド株式会社	http://www.geneworld.co.jp/
タカラバイオ株式会社	http://www.takara-bio.co.jp/
株式会社東レリサーチセンター	http://www.toray-research.co.jp/
株式会社ナノ・ソリューション	http://www.snbl.co.jp/5900.html
日本農産工業株式会社	http://www.nosan.co.jp/
株式会社日立ハイテクノロジーズ	http://www.hitachi-hitec.com/
フナコシ株式会社	http://www.funakoshi.co.jp/
有限会社プロテイン・リサーチ・ネットワーク	http://protein-research.net/
株式会社プロフェニックス	http://www.prophoenix.co.jp/
プロメガ株式会社	http://www.promega.co.jp/
株式会社フロンティア・サイエンス	http://www.frontier-science.co.jp/
ユニーテック株式会社	http://www.uniqtech.co.jp/

7 バイオインフォマティクス

社名	URL
株式会社インシリコサイエンス	http://www.pd-fams.com/
インテック・ウェブ・アンド・ゲノム・インフォマティクス株式会社	http://www.webgen.co.jp/
インフォコム株式会社	http://www.infocom.co.jp/
株式会社国際バイオインフォマティクス研究所	http://www.biggjapan.com/
サイエンス・テクノロジー・システムズ株式会社	http://www.st-systems.co.jp/
株式会社ザナジェン	http://www.xanagen.com/
シーティーシー・ラボラトリーシステムズ株式会社	http://www.ctcls.jp/
株式会社ジェネシス・テクノロジーズ	http://www.genesys-tech.co.jp/
ジーンフロンティア株式会社	http://www.genefrontier.com/

株式会社数理システム	http://www.msi.co.jp/
住商バイオサイエンス株式会社	http://www.scbio.co.jp/
株式会社中電シーティーアイ	http://www.cti.co.jp/
株式会社ダイナコム	http://www.dynacom.co.jp/
株式会社日立製作所ライフサイエンス推進事業部	http://www.hitachi.co.jp/products/lifescience/index.html
株式会社ファルマデザイン	http://www.pharmadesign.co.jp/
株式会社プラネトロン	http://www.planetron.co.jp/
三井情報開発株式会社	http://www.mki.co.jp/
株式会社メイズ	http://www.maze.co.jp/
株式会社メディビック	http://www.medibic.com/
ユニーテック株式会社	http://www.uniqtech.co.jp/
株式会社菱化システム	http://www.rsi.co.jp/
株式会社理経	http://www.rikei.co.jp/
株式会社ワールドフュージョン	http://www.w-fusion.co.jp/

8 insituハイブリダイゼーション

社名	URL
ジェノスタッフ有限会社	http://www.genostaff.com/
株式会社ジーンネット	http://www.genenet.co.jp/
株式会社ティーエスエル	http://www.tjnsrl.co.jp/
株式会社東レリサーチセンター	http://www.toray-research.co.jp/
フナコシ株式会社	http://www.funakoshi.co.jp/
株式会社フロンティア・サイエンス	http://www.frontier-science.co.jp/
北海道システム・サイエンス株式会社	http://ssl.lilac.co.jp/hssnet/
ユニーテック株式会社	http://www.uniqtech.co.jp/

9 BACライブラリー作製

社名	URL
株式会社インターバイオテクノ	http://www.interbio.net/
インビトロジェン株式会社	http://www.invitrogen.co.jp/
エア・ブラウン株式会社	http://www.arbrown.com/
有限会社ジェノテックス	http://www.geno-gtac.co.jp/
タカラバイオ株式会社	http://www.takara-bio.co.jp/
ユニーテック株式会社	http://www.uniqtech.co.jp/

索 引

和 文

あ

アグロバクテリウム ... 235
アプリオリアルゴリズム ... 46
アポトーシス ... 216
一塩基多型（SNP） ... 121
遺伝子導入 ... 198
遺伝子ネットワーク ... 50
遺伝子破壊 ... 204
遺伝子発現解析 ... 148
遺伝子マッピング ... 228
遺伝子領域予測 ... 31
インターカレーター ... 127
遺伝的相互作用解析 ... 203
インデックス ... 62
インベーダー法 ... 294
エレクトロポレーション ... 200
オーソログ ... 68, 82
オーソログ遺伝子 ... 258
オルタナティブスプライシング ... 85
オントロジー ... 95

か

核移植 ... 253
環境変数 ... 59
幹細胞 ... 265
患者-対照関連解析 ... 286
関連解析 ... 285
キャラクターユーザー
　インターフェイス ... 55
近交系 ... 253
近赤外蛍光 ... 237
区間マッピング法 ... 308
クラスタリング ... 32, 47, 190
クラスター解析 ... 106
クラスタリングツール ... 106
グラフィカル・
　ガウシアンモデル ... 50
クロスバリデーション法 ... 193

グローバルアライメント ... 262
形質転換株 ... 208
決定木 ... 195
結節性硬化症（TS） ... 298
ゲノムマーカー ... 251
健康日本21 ... 271
検索エンジン ... 20
高血圧患者 ... 271
構造データベース ... 73
構造分類データベース ... 78
候補遺伝子 ... 255
候補遺伝子関連解析 ... 291
固有クリアランス ... 326, 327
コロニーPCR ... 209
コンジェニックマウス ... 311
コンジェニック亜系統 ... 312

さ

細胞機能 ... 203
細胞制御 ... 89
細胞マイクロアレイ ... 198
サポートベクターマシン ... 195
自己組織化単分子膜 ... 199
修飾遺伝子群 ... 309
主成分分析 ... 190
出芽酵母 ... 203
シリコンチップ ... 134
システム生物学 ... 49
シミュレーション ... 51
常微分方程式系モデル ... 50
シンテニー ... 82
数値化 ... 187
スキャニング ... 186
スクリーニング ... 198
スコア行列 ... 35
スミス-ウォーターマンダイナミック
　プログラミング法 ... 30
生活習慣病 ... 271
生命分子ネットワーク ... 53
生理学的薬物速度論解析 ... 326
絶対パス ... 56
生分解経路 ... 90

ゼブラフィッシュ ... 227
喘息 ... 290
選択マーカー遺伝子 ... 206
全文検索システム ... 63
相関ルール ... 46
相対パス ... 56
相同遺伝子 ... 258
相同組換え ... 204

た

代謝経路 ... 89
代謝流束解析 ... 53
代謝流束収支解析 ... 53
多因子遺伝性疾患 ... 285
多因子疾患 ... 290
タグベクター ... 146
タグ融合遺伝子 ... 204
ターゲットDNA ... 185
多細胞モデル生物 ... 213
多変量解析 ... 190
糖尿病の疾患感受性 遺伝子 ... 307
突然変異体 ... 227
ドメイン ... 67
トランスクリプトーム ... 181
トランスフェクショナルアレイ ... 198
定量的RT-PCR ... 180
テキストファイル ... 57
データベース管理システム（DBMS）
　 ... 61
データマイニング ... 45
電気化学反応 ... 126
電気パルス ... 201
電子ジャーナル ... 21
トランスジェニック株 ... 213
トランスジェニックラット ... 253
トランスポーター ... 323

な

ナショナルバイオリソース
　プロジェクト ... 216
二次構造予測 ... 37

索引

ニューラルネットワーク ... 195
ネットワーク解析 ... 32
ノックアウトラット ... 253

は

バイナリーベクター ... 236
ハイブリダイゼーション ... 185
パイプ ... 58
配列スレッディング ... 37
白内障 ... 253
パスウェイマップ ... 91
パタン発見 ... 46
発癌の2ヒット ... 297
発現プロファイル ... 32
発現プロファイル解析 ... 181
ハプロタイプ ... 125
パラログ ... 67
判別器 ... 192
非必須遺伝子 ... 209
表現形質 ... 250
標準エラー出力 ... 58
標準出力 ... 58
標準入力 ... 58
微量RNAサンプル ... 173
物理地図 ... 245
ブートストラップ法 ... 193
プライマー伸長反応 ... 133
ブーリアンネットワーク ... 50
プロテインチップ解析 ... 210
プロテオーム解析 ... 210
プローブセット ... 101
プローブDNA ... 184
分子系統解析 ... 43
ベイジアンネットワーク ... 50
ペトリネット ... 51
変異体株 ... 213
包括的遺伝子解析法 ... 161
ポジショナル・クローニング ... 227
ポピュレーションファーマコキネティクス ... 325
ホームディレクトリ ... 56
ホモロジー検索 ... 38
ホモロジー検索 ... 66

ま

マイクロアレイ ... 32, 251, 264
マイクロアレイ解析 ... 50
マイクロサテライト ... 272
マイクロサテライトマーカー ... 310
マウス ... 241
マウスのゲノム ... 312

マルチプル・アライメント ... 41
ミレニアムプロジェクト ... 272
メガクローン (Megaclone) ... 145
メタボロミクス ... 239
メタボローム解析 ... 210
モチーフ ... 68
モチーフ・ドメイン解析プログラム ... 35
モチーフ・プロファイル検索 ... 35

や

薬物代謝酵素 ... 323
薬物動態 ... 323
山極勝三郎 ... 297
吉田富三 ... 297
四分子解析 ... 209

ら

ラット ... 250
ラパマイシン ... 299
罹患同胞対解析 ... 285, 286
リダイレクション ... 58
立体構造 ... 73
量的形質遺伝子座位 (QTL) ... 307
量的表現形質 ... 250
ルートディレクトリ ... 56
レファレンスパスウェイ ... 89
連鎖解析 ... 255, 285, 290

わ

ワイルドカード ... 59
ワーキングディレクトリ ... 56

欧文

A～C

ADAM33 ... 294
AmiGO ... 96
BAC ... 241
BAC-トランスジェネシス ... 246
BioConductor ... 187
BioFetch ... 25
BioPerl ... 24
BioRuby ... 24
Birt-Hogg-Dube症候群 ... 300
BKS－db/db ... 307
BLAST ... 30, 69
BLASTプログラム ... 262
CASP ... 37
CATH ... 73, 78
CEL I ... 237
CGH ... 101
CGC (caenorhabditis genetic center) ... 215, 216
CGH (comparative genomic hybridization) ... 264
clustalW ... 42
COGs ... 68
controlled vocabulary (統制語句) ... 96
CUI ... 55
CVS ... 28

D～F

DAG-Edit ... 98
DAS ... 28
DDBJ ... 22, 66
DNAマイクロアレイ ... 181
DOP-PCR ... 268
ECA ... 126
Ecotilling ... 239
EFetch ... 23
Eker ... 297
EMBL ... 22, 66
EMBOSS ... 24
EMS (ethylmethane sulfonate) ... 235
Ensembl ... 27, 247
Entrez ... 68
Erc遺伝子 ... 299
ESearch ... 23
ES細胞 ... 179
EST ... 67

E-Utility ... 23	アルゴリズム ... 262	TALPAT ... 265
Evidence Code ... 97	Niban遺伝子 ... 299	TaqMan® probe法 ... 180
FASTA ... 30	Nihon ... 297	TaqMan法 ... 122
folliculin ... 300	NONMEM ... 325	TF結合部位 ... 32
Fox-hunting ... 234	OBO ... 28, 98	TILLING ... 234
FTP ... 24	one-cycle target labeling法 ... 174	TrEMBL ... 24
F2インタークロス ... 309		Tsc2 & Bhd遺伝子 ... 297
		tuberin ... 298
		two-cycle target labeling法 ... 174

G〜I

G＋C含量 ... 84		UniGene ... 23, 67
GenBank ... 22, 66		UniParc ... 24
GeneChip®アレイ ... 173		UniProt ... 24, 67
Gene Ontology ... 95		UniRef ... 24

P〜R

PATH ... 59	
PCR-RFLP法 ... 121	
PDB ... 25, 73	
PEP ... 268	
Perl ... 110	
Pfam ... 67	
PIR ... 24	
Platform ... 101	
PROSITE ... 68	
PRSG ... 265	
PSI-BLAST ... 30, 35, 38, 70	
PSSM ... 41	
PubMed ... 21	
PyMOL ... 25	
Ramachandran Plot ... 80	
Rasmol ... 80	
RefSeq ... 22, 67	
representational difference analysis ... 228	
RNA干渉法 ... 213	
RT-PCR法 ... 180	
Ruby ... 110	
R言語 ... 187	

W, X

Webサービス ... 110
wo-cycle target labeling法による
Wormbase ... 214
WSDL ... 110
XML ... 110
XMLデータベース ... 63

GENESデータベース ... 93
GeneSpringR ... 179
GenomeNet ... 90
GEO DataSets ... 105
GEO Profiles ... 104
GMOD ... 27
GO ... 28
GTD ... 73
GTOP ... 73
hamartin ... 298
Invader法 ... 293
InterPro ... 68
Invader法 ... 122
iv ... 57

J〜L

Java ... 65
JDBC ... 65
KEGG ... 26, 89, 110
KEGG API ... 26, 110
KEGG DAS ... 28
KEGG/PATHWAY
　データベース ... 91
KGML ... 26, 90
K-means法 ... 47
Knudson ... 297
LightCycler法 ... 122
LocusLink ... 23

M〜O

MALDI-TOF質量分析計 ... 133
MassARRAY ... 133
MeSH ... 21
ModBase ... 73
NBRP ... 250
NCBI ... 21
Needleman–Wunsch

S〜U

SAGE ... 101, 161
Sample ... 101
SCOP ... 73, 80
Series ... 101
Signature配列 ... 145
SMMD法 ... 127
SNP ... 84, 272
SNPs ... 285, 312
SNP解析システム ... 133
SNPタイピング ... 145
SNPマイニング ... 145
SO ... 28
SOAP ... 110
SOFT ... 101, 105
SQL ... 61
supercontig ... 255
SWISS-PROT ... 24, 67
S言語 ... 187

羊土社ホームページ

「実験医学」「レジデントノート」「Bioベンチャー」の各雑誌のページでは，過去の連載が一目でわかるほか，最新情報やホームページ連載などをどんどん提供していきます．ぜひご活用下さい！

ACCESS！ http://www.yodosha.co.jp/

書籍情報
新刊書籍情報のお知らせのほか，書評も御覧いただけます．

オンラインカタログ
欲しい本がすぐ見つかる！
オンラインでそのまま買える！！

各雑誌のページも充実
「実験医学」「レジデントノート」「Bioベンチャー」の様々な情報が御覧いただけます．ホームページだけで御覧いただける連載もあります！！

実験医学別冊

ゲノム研究実験ハンドブック

高効率な発現解析から，多様な生物を用いた機能解析と注目の疾患・創薬研究まで，ゲノム研究法を完全網羅！

2004年10月25日　第1刷発行

編集	辻本 豪三　田中 利男
編集協力	金久 實　村松 正明
発行人	葛西 文明
発行所	株式会社　羊　土　社

〒101-0052　東京都千代田区神田小川町2-5-1
神田三和ビル
TEL　03(5282)1215（編集部）
　　　03(5282)1211（営業部）
FAX　03(5282)1212
E-mail：eigyo@yodosha.co.jp
URL address：http://www.yodosha.co.jp/

印刷所　東京書籍印刷株式会社

© YODOSHA CO., LTD. 2004
ISBN4-89706-886-X

本書の複写権・複製権・転載権・翻訳権・データベースへの取り込みおよび送信（送信可能化権を含む）・上映権・譲渡権は，（株）羊土社が保有します．

JCLS ＜（株）日本著作出版管理システム委託出版物＞　本書の無断複写は著作権法上での例外を除き禁じられています．複写される場合は，そのつど事前に（株）日本著作出版管理システム（TEL 03-3817-5670, FAX 03-3815-8199）の許諾を得てください．

Mutector®

TrimGen
GENETIC TECHNOLOGY

研究用

TrimGen Corporation 独自の技術 **STA** を基盤とする
遺伝子突然変異・SNP の高感度検出キット

● 高い感度
1% の変異型 DNA も検出できます

● 高い精度
シークエンシングによる解析よりも正確です

● 高い汎用性
必要な機器は PCR 用装置とプレートリーダーのみです

● 簡便・迅速
4ステップ・3時間で結果が得られます

製品ラインナップ

Complete Kit
特定の遺伝子突然変異または SNP を検出するための試薬と，検出プライマーが固定されたマイクロプレートが含まれています。

Detection Kit
検出プライマーをマイクロプレートに固定して，遺伝子突然変異または SNP を検出するキットです。

Custom Kit
ご希望に応じて特定の遺伝子突然変異または SNP に対する Mutector® Kit の受託作製を承ります。

STA : Shifted Termination Assay の原理

変異塩基を含む断片では検出用プローブからビオチン標識デオキシヌクレオチドが複数個伸長するのに対し，野生型の断片ではダイデオキシヌクレオチド（下図では T ）が一塩基付加され伸長反応が停止する。発色反応を行うことにより，変異塩基を含む断片が検出できる。

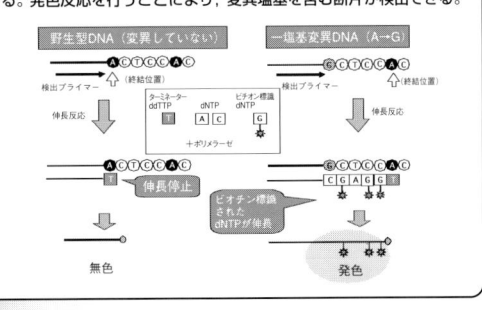

日本総代理店

フナコシ株式会社

やさしさ & ライフサイエンス

〒113-0033 東京都文京区本郷2丁目9番7号 http://www.funakoshi.co.jp/ e-mail:info@funakoshi.co.jp
試薬に関して：Tel.03-5684-1620 Fax：03-5684-1775 e-mail：reagent@funakoshi.co.jp
機器に関して：Tel.03-5684-1619 Fax：03-5684-5643 e-mail：kiki@funakoshi.co.jp

Infocom's Bioinfomatics Solution
ゲノムに関わる解析を広くサポートします!!

OMNIVIZ 統合オミックスツール

遺伝子多型解析、遺伝子発現解析等、ゲノムに関わる研究では、膨大なデータが出力されますが、それらを十分に活かせていないのが研究者の悩みです。更にタンパク質の発現や相互作用を含めた全体的変化を理解するには、データを多角的に解釈する新しいツールが必要です。
OmniViz（オムニビズ）には、データ探索、遺伝子とサンプルのプロファイリング、疾患と遺伝子発現の関連付け、膨大な文献を解釈する優れたテキストマイニング・アルゴリズムなど、最新の解析・可視化ツールが搭載されています。

PathwayAssist パスウェイ解析

PathwayAssistは生物学的パスウェイ、遺伝子制御ネットワーク、タンパク質相互作用マップのナビゲーションと解析を目的とするアプリケーションです。パスウェイ描画、編集に関する様々な機能を有しています。
独自開発した自然言語処理アルゴリズムにより、文献から分子間相互作用を自動抽出し、また注目する相互作用の根拠となっている文献の即時確認が可能です。
Human, Mouse, Rat, S.cerevisiae, C.elegans, Drosophila, Arabidopsisのデータベースを初期搭載しており、KEGG、BIND、DIPなど外部データベースのインポート機能も搭載しています。マニュアルで抽出した文献情報のデータベースであるPathArt、Metabolic Visionの情報の読み込みも可能です

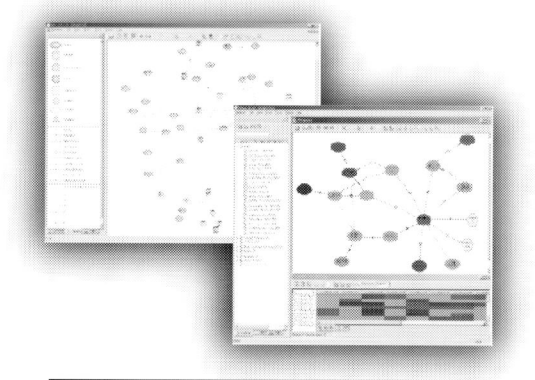

20日間無料トライアル実施中！
トライアルは以下のサイトよりお申し込み可能です。
http://www.infocom.co.jp/bio/download/index.htm

ASIAN ネットワーク推定

ASIANは、遺伝子発現プロファイルに対し階層的クラスタリングを行い、Graphical Gaussian Modelingによるクラスター間のネットワークの推定を行うことで直接的・間接的相関を判別するソフトウェアです。また、OmniViz、Pathway Assistとの連携も予定されております。

偏相関行列の導入により、相関係数だけでは取り除くことができない直接的相関を見つけます。

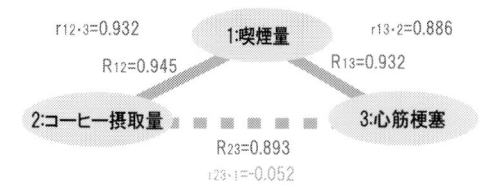

$r_{12\cdot3}=0.932$　　$r_{13\cdot2}=0.886$
$R_{12}=0.945$　1:喫煙量　$R_{13}=0.932$
2:コーヒー摂取量 --- 3:心筋梗塞
$R_{23}=0.893$
$r_{23\cdot1}=-0.052$

2003年度GIWポスター賞受賞！

PatternHunter 配列相同性検索

高速・高感度な配列相同性検索を行うソフトウェアです。

■■ 特徴1：相同性領域をより早く、より多く拾います ■■
"Spaced Seeds法"という独自のアルゴリズムにより、BLASTでは、見落としてしまう相同性領域も検出することができます。短い塩基配列をゲノムデータから探す場合など、BLASTでは十分な結果が得られないケースにも対応可能です。

■■ 特徴2：非常に効率的なメモリ使用 ■■
ゲノム対ゲノムなどの大規模検索、大量の遺伝子マッピングといった計算が、1台のデスクトップPC上で実現可能です。大型コンピュータの導入と比べ、コストを抑えることができます。

製品に関するお問い合わせは

■ 記載の商品名等は各社の登録商標、または商品の場合があります。
■ 本広告の仕様は予告なく変更する場合があります。

infocom
インフォコム株式会社

ライフサイエンス本部　バイオサイエンス部
〒101-0062 東京都千代田区神田駿河台3-11 三井住友海上駿河台別館
TEL：03-3518-3860　FAX：03-3518-3760
Email: info-bioscience@infocom.co.jp　URL http://www.infocom.co.jp/bio/

ジェノテックスのゲノムリソース

BAC/PACライブラリーの作製からスクリーニング、そしてシークエンスまでゲノム解析の全てを受注します。豊富な経験と熟練。研究開発の効率化と期間短縮に貢献できます。是非、GenoTechsと御用命ください。

GenoTechsのBACライブラリーとスクリーニング実績 (*自社販売)

生物種	特性(系統)	使用組織	平均サイズ kb	ライブラリー ×10³ クローン	ゲノム被覆度 倍量	PCRスクリーン DNAプール数	クローン適中率
ウシ	和牛	培養細胞	103	86	2.5	225	
ニワトリー1	ウイルス感受性	腎臓	110	160	7	192	1/1
ニワトリー2	ウイルス抵抗性	腎臓	120	112	8	192	1/1
微生物ー1	発酵生産菌	菌体	111	3.5	67		
ヒト1	遺伝性疾患	末梢血	78	443	9.5		
ヒト2	遺伝性疾患	末梢血	130	360	15.6		
ヒト3	遺伝性疾患	培養細胞	95	530	17		
マウスーGT1*	C57BL/6J♂	腎臓	131	132	5.7		
マウスー2	129/SvJ♂	腎臓	110	148	5.4	388	
マウスー3	129/01a	ES細胞	130	159	8.2		
カニクイザルー1*	実験系	腎臓	125	110	3.4	288	MHC
カニクイザルー2*	実験系	腎臓	115	110	3.2	288	MHC (完成)
昆虫	実験系	精巣	118	154	5.8	400	
回遊魚1	養殖	精子	141	111	13.6	288	3/4
回遊魚2	養殖	精巣	105	111	8.9	288	3/4
植物1	実験系	芽生え					
植物2	根菜類	幼葉	210				

受託サービス

- BAC新規ライブラリー作製(原液)
- 384ウェル整列化ライブラリーの作製
- ヒト・マウスBAC標準クローンの販売
- 迅速スクリーニング・システム構築
- BAC/PACスクリーニング・サービス
- クローンDNAの精製(20μg)
- ドラフトシークエンス(95%以上)
- BAC/PACの両末端シークエンス

事業所

G^A_CT **Advanced GenoTechs Co.**

(有)ジェノテックス

〒305-0051 つくば市二の宮2-12-9
Tel. 029-849-2566 Fax. 029-849-2567
Email : ginfo@geno-gtac.co.jp
http://www.geno-gtac.co.jp

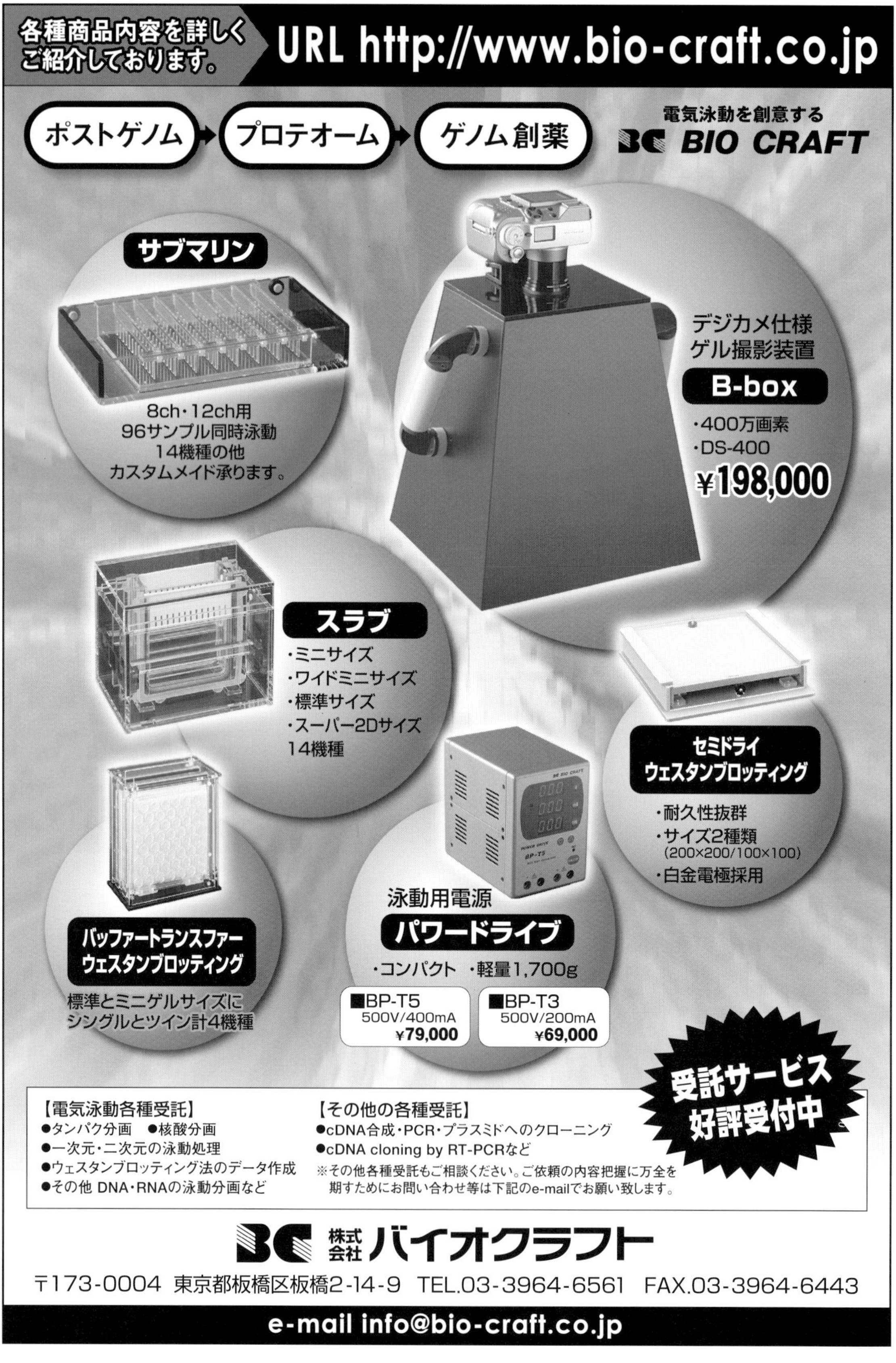

各種商品内容を詳しくご紹介しております。
URL http://www.bio-craft.co.jp
ポストゲノム
プロテオーム
ゲノム創薬
電気泳動を創意する
BC BIO CRAFT
サブマリン
8ch・12ch用
96サンプル同時泳動
14機種の他
カスタムメイド承ります。
デジカメ仕様
ゲル撮影装置
B-box
・400万画素
・DS-400
¥198,000
スラブ
・ミニサイズ
・ワイドミニサイズ
・標準サイズ
・スーパー2Dサイズ
14機種
セミドライ
ウェスタンブロッティング
・耐久性抜群
・サイズ2種類
(200×200/100×100)
・白金電極採用
バッファートランスファー
ウェスタンブロッティング
標準とミニゲルサイズに
シングルとツイン計4機種
泳動用電源
パワードライブ
・コンパクト ・軽量1,700g
■BP-T5
500V/400mA
¥79,000
■BP-T3
500V/200mA
¥69,000
受託サービス
好評受付中
【電気泳動各種受託】
●タンパク分画 ●核酸分画
●一次元・二次元の泳動処理
●ウェスタンブロッティング法のデータ作成
●その他 DNA・RNAの泳動分画など
【その他の各種受託】
●cDNA合成・PCR・プラスミドへのクローニング
●cDNA cloning by RT-PCRなど
※その他各種受託もご相談ください。ご依頼の内容把握に万全を期すためにお問い合わせ等は下記のe-mailでお願い致します。
BC 株式会社 バイオクラフト
〒173-0004 東京都板橋区板橋2-14-9 TEL.03-3964-6561 FAX.03-3964-6443
e-mail info@bio-craft.co.jp

TaKaRa

MPSS®で見えてくる!

Analog Data
Now

氷山の一角で満足ですか?

Digital Data
If you use MPSS®

MPSS®を利用すると
ほぼ完全な発現プロファイルを
得ることが可能です。

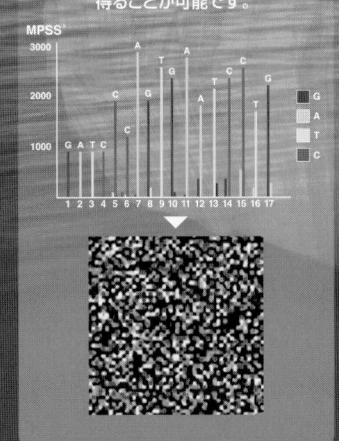

異なるサンプルの発現プロファイルの比較

MPSS®(Massively Parallel Signature Sequencing)技術を用いることで、細胞内で発現しているほぼすべての遺伝子の種類と発現頻度に関する情報を得ることができます。
また、種々のサンプルに関して得られた遺伝子発現プロファイルを比較することで、特定遺伝子の発現差だけでなく、発現量の差に関する網羅的な情報を得ることができるので、過去の知見にとらわれない新規の有用遺伝子を得ることや、遺伝子ネットワークに新たな知見を加えることが期待できます。

タカラバイオ株式会社

東日本販売課 TEL.03-3271-8553 FAX.03-3271-7282
西日本販売課 TEL.077-565-6979 FAX.077-565-6978

TaKaRaテクニカルサポートライン
製品についての技術的なご質問に専門の係がお応えします。
TEL.077-543-6116 FAX.077-543-1977

Visit us at

www.takara-bio.co.jp/

L006C-TD

大好評！初心者のための実験入門書シリーズ

無敵のバイオテクニカルシリーズ
改訂第3版 タンパク質実験ノート

好評発売中！

編／岡田雅人（大阪大学微生物病研究所）　宮崎 香（横浜市立大学木原生物学研究所）

上巻 抽出・分離と組換えタンパク質の発現
- ■定価 3,990円（本体 3,800円＋税5％）
- ■A4判　■218頁　■ISBN4-89706-918-1

下巻 分離同定から機能解析へ
- ■定価 3,885円（本体 3,700円＋税5％）
- ■A4判　■164頁　■ISBN4-89706-919-X

イラストが豊富でわかりやすいプロトコール！
タンパク質実験の入門書として最適です！

好評シリーズ既刊！

改訂　顕微鏡の使い方ノート
初めての観察から高度な顕微鏡の使い方まで
野島 博／編　A4判　200頁　定価5,670円（本体5,400円＋税5％）

改訂　バイオ実験の進めかた
佐々木博己／編　A4判　197頁　定価4,410円（本体4,200円＋税5％）

改訂　遺伝子工学実験ノート
田村隆明／編
- **上** DNAを得る［取扱いの基本と抽出・精製・分離］
  192頁　定価3,885円（本体 3,700円＋税5％）
- **下** 遺伝子の解析［シークエンスからマイクロアレイまで］
  208頁　定価4,095円（本体 3,900円＋税5％）

バイオ研究 はじめの一歩
ゼロから学ぶ基礎知識と実践的スキル
野地澄晴／著　A4判　155頁　定価3,990円（本体3,800円＋税5％）

細胞培養入門ノート
井出利憲／著　A4判　164頁　定価4,410円（本体4,200円＋税5％）

脳・神経研究の進めかた
真鍋俊也　森 寿　片山正寛／編　A4判　188頁
定価4,935円（本体4,700円＋税5％）

タンパク実験の進めかた
岡田雅人　宮崎 香／編　A4判　212頁
定価4,725円（本体4,500円＋税5％）

分子生物学実験カード
カードで整理する試薬とプロトコール
谷口武利／編　A4変型判　103頁
定価4,095円（本体3,900円＋税5％）

PCR実験ノート
谷口武利／編　A4判　160頁
定価3,990円（本体3,800円＋税5％）

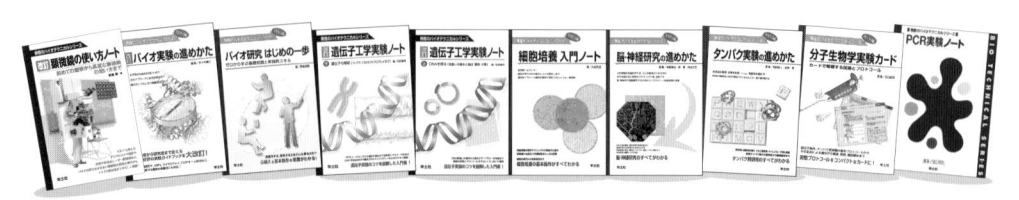

発行　羊土社

〒101-0052
東京都千代田区神田小川町2-5-1 神田三和ビル
TEL 03(5282)1211（営業）　FAX 03(5282)1212
E-mail: eigyo@yodosha.co.jp　URL: http://www.yodosha.co.jp/

ご注文は最寄りの書店，または小社営業部まで
郵便振替00130-3-38674

実験医学別冊　**注目のバイオ実験シリーズ**

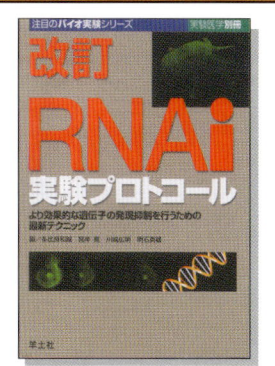

改訂 RNAi 実験プロトコール

最新刊！
大好評につき，早くも改訂！

多比良和誠，宮岸 真，川崎広明，明石英雄／編　定価4,935円（本体4,700円＋税5％）
B5判　240頁　2色刷り　ISBN4-89706-417-1

基礎から先端までの クロマチン・染色体 実験プロトコール
好評既刊

押村光雄，平岡 泰／編

定価5,460円（本体5,200円＋税5％）
B5判　232頁　2色刷り　ISBN4-89706-416-3

決定版！ プロテオーム解析マニュアル
大好評発売中

礒辺俊明，高橋信弘／編

定価6,510円（本体6,200円＋税5％）
B5判　281頁　2色刷り　ISBN4-89706-415-5

タンパク質研究のための 抗体 実験マニュアル
好評既刊

高津聖志，三宅健介，山元 弘，瀧 伸介／編

定価5,355円（本体5,100円＋税5％）
B5判　195頁　2色刷り　ISBN4-89706-414-7

初めてでもできる 共焦点顕微鏡 活用プロトコール
好評既刊

高田邦昭／編

定価5,880円（本体5,600円＋税5％）B5判
218頁　オールカラー　ISBN4-89706-413-9

ここまでできる PCR 最新活用マニュアル
好評既刊

佐々木博己／編

定価5,460円（本体5,200円＋税5％）
B5判　242頁　2色刷り　ISBN4-89706-412-0

必ず上手くいく 遺伝子導入と発現解析 プロトコール
好評既刊

仲嶋一範，北村義浩／編

定価5,670円（本体5,400円＋税5％）
B5判　229頁　2色刷り　ISBN4-89706-411-2

発行　**羊土社**

〒101-0052　東京都千代田区神田小川町2-5-1　神田三和ビル
TEL 03(5282)1211（営業）　　FAX 03(5282)1212　　郵便振替00130-3-38674
E-mail：eigyo@yodosha.co.jp　　URL：http://www.yodosha.co.jp/

ご注文は最寄りの書店，または小社営業部まで

羊土社オススメのテキスト！

バイオインフォマティクスの「はじめの一歩」としておすすめです！

東京大学 バイオインフォマティクス集中講義

監修／高木利久（東京大学大学院新領域創成科学研究科 教授）
編集／東京大学理学部生物情報科学学部教育特別プログラム

ISBN4-89706-881-9
B5判　141ページ　2色刷り　定価2,940円（本体2,800円＋税5％）

理解しやすい2部構成！
基礎編：重要事項をおさえて基礎固め
応用編：バイオインフォマティクスの実際を学ぶ

専門知識は不要！
難しい語句も"用語解説"でわかる！

学生から教授まで幅広い読者に大好評！

著者　井出利憲（広島大学大学院医歯薬学総合研究科長/教授）

分子生物学講義中継 part 1
増刷を重ねる話題の書

教科書だけじゃ足りない絶対必要な生物学的背景から最新の分子生物学まで楽しく学べる名物講義

定価 3,990円（本体3,800円＋税5％）　B5判　260頁　2色刷り
ISBN4-89706-280-2

普通の分子生物学の教科書では学べない，医師・研究者に最も大切な生物学的背景から「生物学的ものの見方」も含めた最新の分子生物学までが講義の語り口で楽しくわかる！

分子生物学講義中継 part 2
たちまち増刷

細胞の増殖とシグナル伝達の細胞生物学を学ぼう

定価 3,885円（本体3,700円＋税5％）　B5判　164頁　2色刷り
ISBN4-89706-876-2

因子を網羅してカスケードを覚えるだけでは，シグナル伝達の本当の意味はわかりません！細胞増殖を例に，シグナル伝達を学ぶ！

分子生物学講義中継 part 3
たちまち増刷

発生・分化や再生のしくみと癌,老化を個体レベルで理解しよう

定価 4,095円（本体3,900円＋税5％）　B5判　212頁　2色刷り
ISBN4-89706-877-0

発生・分化の制御を分子生物学的しくみからみっちり講義．
注目のエピジェネティクスや幹細胞も解説！

発行　羊土社

〒101-0052　東京都千代田区神田小川町2-5-1 神田三和ビル
TEL 03(5282)1211（営業）　FAX 03(5282)1212　郵便振替00130-3-38674
E-mail：eigyo@yodosha.co.jp　URL：http://www.yodosha.co.jp/

ご注文は最寄りの書店，または小社営業部まで

実験医学別冊　あらゆる実験法を網羅した実験書の決定版！

実験医学別冊
培養細胞実験ハンドブック

最新刊

細胞培養の基本と解析法のすべて

編集／黒木登志夫（岐阜大学学長），許 南浩（岡山大学大学院医歯学総合研究科教授）

- 定価7,350円（本体7,000円＋税5％）　■B5判　■300頁　■2色刷り
- ISBN4-89706-884-3

培養細胞を用いたあらゆる実験法を網羅！

本書内容

1章　培養実験の総論	5章　形態観察	9章　細胞分画・酵素活性分析法
2章　細胞培養の準備	6章　遺伝子導入・細胞工学的手法	10章　初代培養
3章　基礎的な培養技術	7章　遺伝子発現レベル解析	11章　幹細胞培養
4章　細胞増殖と死	8章　遺伝子発現の抑制	12章　生体組織への近似化

実験医学別冊　改訂第4版
新 遺伝子工学ハンドブック

編集／村松正實　山本 雅

近年のゲノム科学の急速な進展に対応し，RNAi，SNP解析などの新たな技術を追加．
また実験法の進歩に対応するため全項目のプロトコールを刷新．

研究者必携の実験書！

- B5判　335頁
- 定価7,770円（本体7,400円＋税5％）
- ISBN4-89706-373-6

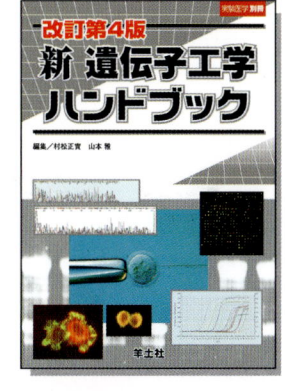

「研究者のバイブル」待望の改訂版！

実験医学別冊
タンパク質実験ハンドブック

分離・精製，質量分析，抗体作製，分子間相互作用解析などの基本原理と最新プロトコール 総集編！

編集／竹縄忠臣

クロマトグラフィーによる精製から，SDS電気泳動，質量分析，抗体作製，プロテインチップなどのプロテオーム解析に必要な手法まで，タンパク質を扱うすべての実験法を網羅！

- B5判　281頁
- 定価7,245円（本体6,900円＋税5％）
- ISBN4-89706-369-8

初心者にもわかりやすい！タンパク質実験書の決定版！

発行　羊土社

〒101-0052　東京都千代田区神田小川町2-5-1 神田三和ビル
TEL 03(5282)1211（営業）　FAX 03(5282)1212
E-mail：eigyo@yodosha.co.jp

ご注文は最寄りの書店，または小社営業部まで
郵便振替00130-3-38674
URL：http://www.yodosha.co.jp/

DNAチップ研究所

HitachiSoft

進化の一枚。
NEW AceGene® 1枚版

AceGene® - 1 Chip Version -

Human Oligo Chip 30K
Mouse Oligo Chip 30K

登場から1年半、DNAチップの普及に大きく貢献した
AceGene®が、いよいよ1枚になって登場。
圧倒的な遺伝子数（3万遺伝子）、高品質はそのままに、
実験に必要なターゲットRNA、蛍光色素、解析時間を大幅に削減。
さらなる性能向上により、研究を確実に加速させます。

Designed by Oligos&Array
MNG
THE GENOMIC COMPANY
www.THE-MNG.com

more information
http://hitachisoft.jp/dnasis/

ライフサイエンスソリューションは、日立ソフト。

製造元
HITACHI 日立ソフトウェアエンジニアリング株式会社
ライフサイエンス研究センター
〒230-0045 横浜市鶴見区末広町1-1-43
製品に関するお問合せ：dnachip@hitachisoft.jp

販売元
株式会社DNAチップ研究所
〒230-0045 横浜市鶴見区末広町1-1-43
TEL：045-500-5211　FAX：045-500-5229　http://www.dna-chip.co.jp
製品のご説明・ご購入：info@dna-chip.co.jp
受託実験解析のお問合せ：dnachip-support@dna-chip.co.jp

DNASIS® HitachiSoft

DNAチップ解析が、変わる。

DNASISは、多彩なソフトウェアがラインアップ。
単体でももちろん、それぞれを連携させることにより、
さまざまな研究を幅広くトータルにサポートします。

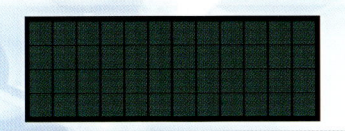

簡単操作で
正確なスポット自動認識と、多彩な機能を実現。

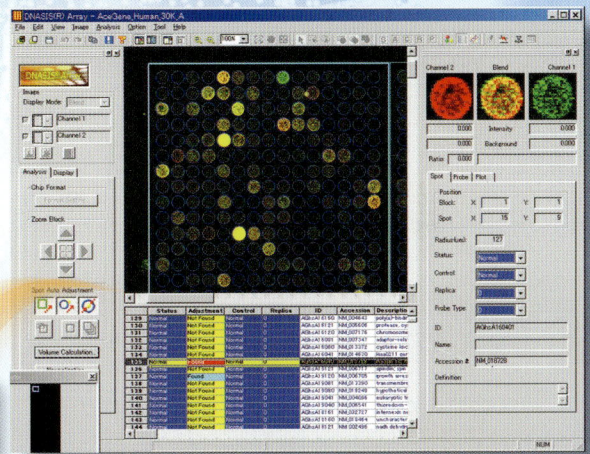

発現イメージ解析ソフトウェア
DNASIS® Array

効率的に
多数のチップデータから類似発現遺伝子を抽出。

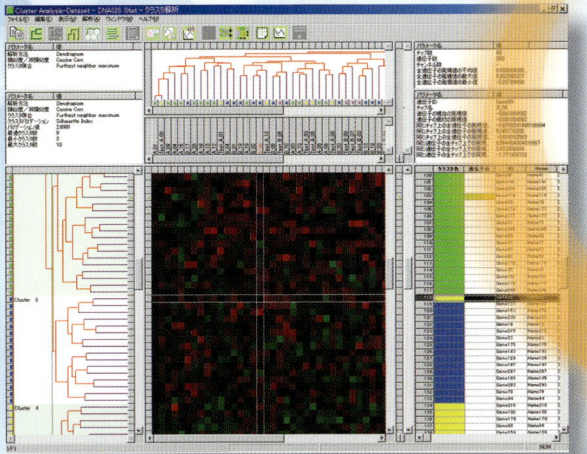

発現統計解析ソフトウェア
DNASIS® Stat

一瞬で
クラスタの特徴づけや複数のデータベース検索。

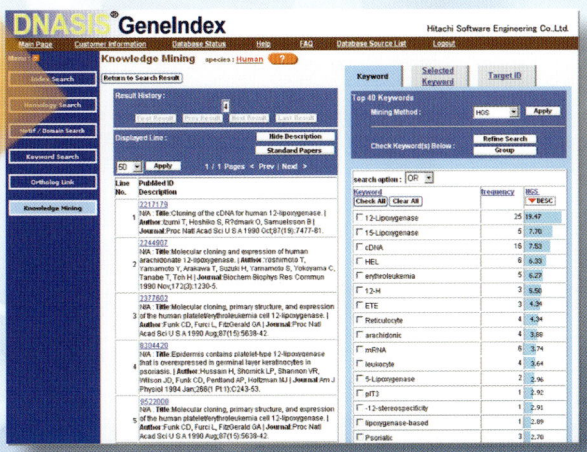

ライフサイエンス情報検索支援サービス
DNASIS® GeneIndex

無料トライアル実施中
info@dnasis.jp
または下記HPアドレスへ。

more information　http://hitachisoft.jp/dnasis/

ライフサイエンスソリューションは、日立ソフト。

HITACHI　日立ソフトウェアエンジニアリング株式会社

ライフサイエンス研究センター
〒230-0045　横浜市鶴見区末広町1丁目1番43号
TEL：(045)500-5111　FAX：(045)500-5124

The MathWorks

Advanced Research Computing with MATLAB

MATLAB®

R14販売開始

バイオテック、創薬、メディカルにおける研究を強力にサポート

MATLABの提供する高度な解析機能と強力なビジュアライゼーション機能は、生体信号処理やデータ解析、医療画像処理、シミュレーションなどバイオテック、創薬、メディカルにおける研究を強力にサポートします。

1. 高速な数値演算/データ解析とビジュアライゼーション機能
LAPACK、BLASといった数値計算の最新ライブラリをベースに構築されているため、非常に信頼性のある高速な演算環境を提供します。また強力で使いやすいビジュアライゼーション機能を併せて利用することで、より高度に結果を視覚的に捉えることが可能です。

2. 統計だけでなく幅広い解析機能
統計をはじめ、画像解析、信号処理、最適化、ニューラル、Fuzzy、制御、データベースアクセスなど60を超える専門分野に特化したモジュールも提供。ひとつの環境でさまざまな解析が行うことができます。

3. 使いやすいプログラミング環境
インタプリタ形式の言語なのでコンパイルなど操作不要です。また、配列の型や次元の宣言もいりません。開発者はアルゴリズム実行順に並べる感覚でプログラミングができます。

4. マルチプラットフォームで利用可能
Windows、Linux、Mac、UNIXをサポート。目的に合わせて最適な環境をご利用になれます。

5. 安心のサポート
電話、メール等でサポートを提供。また、操作や機能を説明する各種セミナーなども定期的に開催しています。

ゲノム、プロテオーム、マイクロアレー解析の実現

Bioinformatics Toolbox リリース

■ ゲノム/プロテオームデータベースのアクセスとファイルI/O
GENBANK、EMBL、PIR、PDBなど生理学データベースからインターネット経由でデータの取得や、業界標準のFASTA、PDB、SCFなどのデータファイル・マイクロアレーファイルからデータ読み込み

■ 配列のアラインメント
Needleman-Wunsch、Smith-Waterman、隠れマルコフモデル（HMM）を用いたアライメン機能やグラフィカルな表示

■ 配列のユーティリティと統計量
DNAやRNA配列を、アミノ酸配列に変換やORF、パリンドロームなどの固有のパターン検索、制限酵素やプロテアーゼ（たんぱく質分解酵素）を使って、insilicoな配列操作の実行や、テスト用にランダムな配列を作成

■ マイクロアレー解析機能
Lowess、global mean、MAD（median absolutedeviation）などの正規化機能や、フィルタリング、クラスタリング、視覚化機能（ボックスプロット、I-Rプロット、樹状図、ヒートマップ）

※MATLABとSimulinkは、米国The MathWorks,Inc. の登録商標です。※その他の製品等の固有名詞は、それぞれ各社の商標または登録商標です。

ユーザ事例や各種セミナーなど、さらに詳しい情報は、**www.cybernet.co.jp/MATLAB**

サイバネットシステム株式会社 TEL:(03)5978-5410 infomatlab@cybernet.co.jp

Research | Drug Discovery | Clinical Screening

Protein Arrays

Protein Arrays
タンパク質研究用のマイクロアレイ関連製品

Piezorray™ (ピエゾレイ)
バイオチップ作成システム

プロテインアレイ作製用スポッターに

- Piezo Tipによる非接触・微量スポッティング
- 高精度スポッティング（350-450pL/drop）
- 専用ウォッシュ機能によりコンタミネーションを回避
- すぐれた信頼性と柔軟性

ProteinArray™ Workstation (PAW)
プロテインアレイ スライド専用
自動ハイブリダイゼーション装置

自動プロテインアレイプロセッシングに

- プロテインアレイ専用に設計・開発
- 低温度（4 - 45℃）での高精度温度制御
- 蛍光増感試薬（TSAキット）用のTSAモジュールを標準搭載

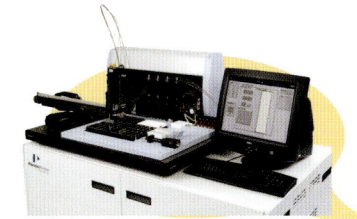

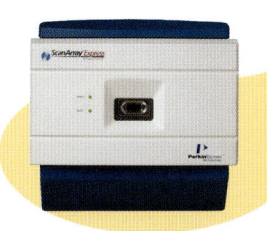

ScanArray™ Express
マイクロアレイ解析システム

高解像度蛍光スキャニングに

- 共焦点レーザースキャニング方式
- 高感度（>0.05蛍光分子/μm^2）&高解像度（5μm）
- 最大4種類のHe-Neレーザーを搭載可能
- 20枚連続自動スキャニング（HTモデル）
- スキャニング〜定量〜解析のトータルシステム

HydroGel™ (ハイドロゲル)
プロテインアレイ作成用3D-マイクロアレイスライド

プロテインチップに最適な3Dスライド

- 親水性薄層ゲルでスライドをコーティング
- タンパク質の活性を失わずにスポッティング可能
- ローディングキャパシティが高く検出感度やダイナミックレンジを向上

株式会社パーキンエルマージャパン ライフサイエンス事業部

横浜本社 〒220-0004 横浜市西区北幸2-8-4 TEL.(045)314-8261／FAX.(045)314-8267
大阪支社 〒564-0051 大阪府吹田市豊津町5-3 TEL.(06)6386-1771／FAX.(06)6386-6401

PerkinElmer® precisely.

www.perkinelmer.co.jp

NEW Choices from the leader in real-time PCR!

Real affordable（低価格）
Real performance（高性能）
Real easy（簡便性）

Applied Biosystems 7300
リアルタイム PCR システム

Applied Biosystems 7500
リアルタイム PCR システム

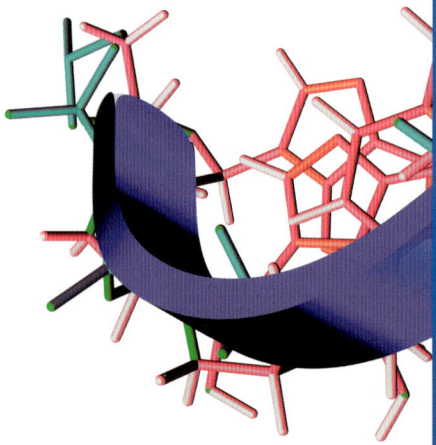

次世代リアルタイム PCR システム 2 機種新発売

遺伝子発現定量においてゴールドスタンダードとされている TaqMan® アッセイに加え、SYABR グリーンケミストリも選択できます。Applied Biosystems 7300 システムは、高性能かつ低価格。Applied Biosystems 7500 システムは、幅広い蛍光に対応する"高機能"システムで、パワフルな相対定量解析ソフトウェアが付属しています。どちらのシステムも一新されたソフトウェアと 50 万種以上の遺伝子発現定量用の TaqMan® アッセイ、そして幅広い試薬と消耗品が使用でき、極めて簡単に系を構築することができます。リアルタイム PCR にご興味がおありの方は、
www.apppliedbiosystems.co.jp/ website/7500-7300.html をご覧ください。

iScience：バイオロジカルシステムの複雑な相互作用をより広く、深く理解するために、ライフサイエンティストたちは従来の研究手法に先端技術、そしてインフォマティクスを結び付ける新たな発見への革命的なアプローチを開発しています。共に歩むパートナーとしてアプライドバイオシステムズは、この新しい **Integrated Science**、˝**iScience**˝ を可能にする革命的な製品、サービス、知的情報を提供します。

AB Applied Biosystems

アプライドバイオシステムズジャパン株式会社　　本社：東京都中央区八丁堀 4-5-4 TEL：03-5566-6100

The PCR process and 5' nuclease process are covered by patents owned by Roche Molecular Systems, Inc. and F. Hoffmann-La Roche Ltd. Practice of the patented polymerase chain reaction (PCR) process requires a license. The Applied Biosystems 7300/7500 Real-Time PCR Systems are Authorized Thermal Cyclers for PCR and may be used with PCR licenses available from Applied Biosystems. Their use with Authorized Reagents also provides a limited PCR license in accordance with the label rights accompanying such reagents. Applied Biosystems is a registered trademark and AB (Design), Applera, Assays-on-Demand, iScience, and iScience (Design) are trademarks of Applera Corporation or its subsidiaries in the US and/or certain other countries. TaqMan is a registered trademark of Roche Molecular Systems, Inc. Information is subject to change without notice. For Research Use Only. Not for use in diagnostic procedures. ©2004 Applied Biosystems. All rights reserved.

AD001-A0407